The Game

Alessandro Baricco

The Game

Traducción de Xavier González Rovira

EDITORIAL ANAGRAMA
BARCELONA

Título de la edición original:
The Game
© Giulio Einaudi editore
Turín, 2018

Ilustración: foto © dov makabaw sundry / Alamy Stock Photo / Cordon Press

Primera edición: mayo 2019

Diseño de la colección: Julio Vivas y Estudio A

© De la traducción, Xavier González Rovira, 2019

© EDITORIAL ANAGRAMA, S. A., 2019
Pedró de la Creu, 58
08034 Barcelona

ISBN: 978-84-339-6436-6
Depósito Legal: B. 9889-2019

Printed in Spain

Black Print CPI Ibérica, S. L., Torre Bovera, 19-25
08740 Sant Andreu de la Barca

A Carlo, Oscar y Andrea.
A los siete sabios.
A quien inventa cada día la Scuola Holden.
Esta lección es para vosotros.

► Username
Password

Play

Maps

Level Up

Hace unos diez años escribí un libro que se titulaba *Los bárbaros*. En esa época solía ocurrir que muchas personas normales, y casi todas las que habían estudiado, se veían denunciando un hecho desconcertante: algunas de las acciones más elevadas, hermosas y dotadas de sentido que los humanos habían llevado a cabo tras siglos de dedicación estaban perdiendo lo más valioso que poseían, deslizándose en apariencia hacia un obrar desatento y simplista. Ya se tratara de comer, de estudiar, de divertirse, de viajar o de follar, no había mucha diferencia: los humanos parecían haber desaprendido a hacer todas estas cosas de buenas maneras, con la debida atención y con el sabio cuidado que habían aprendido de sus padres. Se diría que preferían ejecutarlas rápida y superficialmente.

Un desconcierto particular venía dictado por la cotidiana observación de los hijos: se les veía como presas de una inexplicable marcha atrás genética por la que, en vez de mejorar la especie, parecían perpetrar con plena evidencia una misteriosa involución. Incapaces de concentrarse, dispersos en un estéril multitasking, siempre pegados a cualquier ordenador, vagaban por la corteza de las cosas sin otra razón aparente que no fuera la de limitar la posibilidad de una aflicción. En su ilegible moverse por el mundo se adivinaba el anuncio de una forma de crisis y uno creía captar la inminencia de un apocalipsis cultural.

Fue un período irritante. Durante un tiempo pareció que el ejercicio de la inteligencia se solventaba por completo con la capacidad de denunciar la decadencia de esto y de aquello. Uno se pasaba el tiempo defendiendo cosas que estaban colapsando. Se podía ver a gente sensata firmando, sin ningún sentido del ridículo, manifiestos en defensa de las viejas lecherías o del subjuntivo. Uno se sentía mejor cada vez que lograba defender algo y evitar que el viento del tiempo se lo llevara. La mayoría se sentía legítimamente liberada de la obligación del futuro: existía la urgencia de salvar el pasado.

Debo añadir que se creía tener algún retal de explicación, frente a todo ese colapso de la civilización: el asunto no estaba nada claro, pero sin duda alguna tenía que ver con la revolución digital (todos esos ordenadores) y la globalización (todos esos mercados). En la incubadora de esas dos fuerzas irresistibles había madurado evidentemente una tipología de personas cuyas ambiciones no resultaban comprensibles, cuya lengua se ignoraba, cuyos gustos no se compartían y cuyos modales se repudiaban: *bárbaros,* para utilizar un término que ya en otras ocasiones, en nuestra historia como dominadores del planeta, nos había servido para resumir la irritante diversidad de gente a la que no lográbamos entender ni domar.

El instinto era el de detenerlos. El prejuicio, extendido, que se trataba de destructores. Y punto.

Quién sabe, pensaba yo.

Y de hecho, entonces, escribí ese libro, y lo hice para aclararme a mí mismo y a los demás el hecho de que con toda probabilidad aquello a lo que estábamos asistiendo no era una invasión de bárbaros que barrían nuestra refinada civilización, sino una mutación que nos concernía a todos y que a corto plazo iba a alumbrar una nueva civilización, de alguna manera mejor que aquella en la que habíamos crecido. Estaba convencido de que no se trataba de una ruinosa invasión, sino de una astuta mutación. Una conversión colectiva a nuevas técnicas de supervivencia. Un giro estratégico genial. Pensaba en esos giros espectaculares a los que les hemos puesto nombres como Humanismo, Ilustración, Romanticismo, y estaba convencido de que estábamos viviendo un análogo y formidable cambio de paradigma. Estábamos haciendo girar nuestros principios ciento ochenta grados, como habíamos hecho en esas circunstancias históricas que luego se hicieron memorables. No había que tener miedo: todo iba a ir bien. Por muy sorprendente que pudiera parecer, pronto encontraríamos una buena razón para renunciar con serenidad a las viejas lecherías y, al final, al subjuntivo.

No se trataba de un optimismo idiota, como repetidas veces intenté explicar: para mí era realismo puro y simple. Cuando la gente cree vislumbrar la degradación cultural en un chico de dieciséis años que ya no usa el subjuntivo, sin fijarse, sin embargo, que para compensar ese chico había visto treinta veces las películas que a la misma edad había visto su padre, no es que yo sea optimista, es que ellos están distraídos. Cuando el radar de los intelectuales se centra en la estupidez ilimitada del libro que ha acabado en el primer puesto de los más vendidos y deduce de ello una catástrofe cultural, yo trato de atenerme a los hechos y acabo recordando que quien ha llevado ese libro hasta ahí arriba es un tipo de público que, solo sesenta años antes, no solo no compraba libros sino que era *analfabeto:* el paso adelante es evidente. Ante un paisaje semejante, no resulta fácil establecer con claridad quién es el que está relatando cuentos: si yo, con mi realismo quisquilloso, o ellos, con esa poética propensión a la literatura fantástica catastrofista.

Mientras perdíamos el tiempo discutiendo sobre esto, otros humanos, por regla general instalados en California, y por regla general pertenecientes a una élite escasamente llamativa, muy pragmática y dotada de cierto instinto para los negocios, estaban cambiando el mundo, y lo hacían TÉCNICAMENTE, sin explicar qué clase de proyecto para la humanidad tenían pensado, y quizá sin saber qué consecuencias iba a tener en nuestros cerebros y en nuestros sentimientos. No albergaban ninguna opinión sobre las lecherías ni sobre el subjuntivo: de la defensa del pasado, de hecho, se sentían legítimamente liberados. Existía la urgencia de inventar el futuro.

Más tarde, con inexplicable retraso, tuve ocasión de comprender que para mucha gente el paradigma de la decadencia representa un escenario cómodo, un campo de juego agradable. No hablo de las tragedias, ni de las catástrofes –que son, por el contrario, el hábitat preferido de ciertas minorías formadas por gente excepcionalmente smart–. Hablo de algo más vaporoso: por muy absurdo que pueda parecer, somos animales que suelen depositar los huevos donde estos puedan contar con una CIERTA ELEGANTE Y LENTA DECADENCIA. Además, hay que tener en cuenta que el plano inclinado de una desgracia moderada parece particularmente compatible con el tipo más extendido de inteligencia: la que es capaz de sufrimiento, obstinada en el paso, más paciente que imaginativa, sustancialmente conservadora. Dado que le resulta más fácil percibir el mundo cuando el mundo avanza con una velocidad mesurada, lo ralentiza; dado que en general le resulta más cómodo el juego de defensa, da lo mejor de sí en presencia de enemigos y catástrofes inminentes; dado que en general no tiene predisposición para el juego de ataque, tiene miedo al futuro.

Así, si les resulta posible, los humanos tienden a evitar una exposición demasiado prolongada al campo abierto de la invención, llevando a su tribu, siempre que pueden, al partido más apropiado para sus capacidades, es decir, a la salvaguardia de la memoria. Protegidos por las cosas que hay que salvar, reposamos, depositamos los huevos y aquietamos los tiempos futuros, posponiendo todo lo posible el próximo ataque de hambre que nos empujará fuera de las guaridas.

En cualquier caso, al final decidí escribir ese libro, y de hecho lo escribí, por entregas, en un periódico: una forma que me parecía maravillosamente bárbara. Pensaba titularlo *La mutación*. Pero el director del periódico –un genio, en su campo– estuvo largo rato observando ese título y luego dijo simplemente: «No. Es mucho mejor *Los bárbaros*.»

A veces tengo buen carácter: lo titulé *Los bárbaros*.

Añadí un subtítulo: *Ensayo sobre la mutación*.

Y ya está.

Lo primero que pasó me pilló por sorpresa: me costó un montón de trabajo convencer a la gente de que no era un libro CONTRA los bárbaros. Tenían tantas ganas de oír que les dijeran de un modo convincente y brillante que todo estaba desmoronándose y que la culpa era de ESOS, que en cuanto veían el título mencionado se colocaban dentro de cierta modalidad mental por la que, leyendo lo que leyeran, leían que todo estaba desmoronándose y la culpa era de ESOS.

Os lo juro.

Tenía que repetir una y otra vez que los bárbaros, como explicaba el libro, no existen, somos nosotros, todos nosotros, que estamos cambiando, y de modo espectacular: venían a darme las gracias porque había denunciado los estragos que ESOS estaban perpetrando. Probablemente tendría que haber elegido como título *Vivan los bárbaros,* pero tampoco es seguro que eso hubiera resultado suficiente. Si uno está depositando sus hermosos huevos con tranquilidad en la guarida de sus cosas que salvar, protegido bajo la tibia colcha de una hermosa decadencia, no resulta nada fácil sacarlo de allí. La inercia colectiva se decantaba hacia la denuncia satisfecha de cierto apocalipsis que estaba por llegar, destinado a asfixiar el alma bella del mundo: invertir el curso de esos pensamientos era terriblemente difícil, a veces imposible.

Desde entonces han pasado unos diez años y ahora soy capaz de indicar algo que, entretanto, me ha tranquilizado: la narración colectiva ha cambiado, la tribu ha salido de las guaridas, y hoy son pocos los que han seguido explicándose lo que estaba pasando con ese cuento de algunos bárbaros que estaban apuntando hacia nuestras fortalezas, galvanizados por un grupo de comerciantes que tenían el botín como meta. Hoy la mayoría de la gente occidental ha aceptado el hecho de que está viviendo una especie de revolución —sin duda alguna tecnológica, tal vez mental— destinada a cambiar casi todos sus actos, y probablemente también sus prioridades y, en definitiva, la idea misma de lo que debería ser la experiencia. Quizá tiene miedo de las consecuencias, quizá no la entiende del todo, pero a estas alturas tiene pocas dudas sobre el hecho de que es una revolución necesaria e irreversible, y que se ha emprendido intentando corregir errores que nos habían costado caros. De manera que la ha asumido como una tarea, como un desafío. No resulta extraño que crea que nos conducirá a un mejor mundo. Todavía queda mucha gente resguardada bajo el paraguas del relato de la decadencia, pero, como en una especie de reloj de arena, tienden a pasar uno a uno por el cuello de botella de sus miedos y alcanzar a los otros al otro lado del tiempo.

¿Qué ha pasado, se preguntará alguien, para hacernos cambiar de idea en tan pocos años y llevarnos a aceptar la idea de una revolución en la que nos lo estamos jugando todo?

16

No tengo una respuesta exacta, pero tengo una breve lista de cosas que hace veinte años no existían y ahora sí:

- [ ] WIKIPEDIA
- [ ] FACEBOOK
- [ ] SKYPE
- [ ] YOUTUBE
- [ ] SPOTIFY
- [ ] NETFLIX
- [ ] TWITTER
- [ ] YOUPORN
- [ ] AIRBNB
- [ ] IPHONE
- [ ] INSTAGRAM
- [ ] UBER
- [ ] WHATSAPP
- [ ] TINDER
- [ ] TRIPADVISOR
- [ ] PINTEREST

Si no tenéis nada mejor que hacer, marcad con una x aquellas a las que, cada día, dedicáis una parte no insignificante de vuestro tiempo.

¿Unas cuantas, verdad? Cabe preguntarse en qué demonios ocupábamos antes nuestros días.

¿Hacíamos puzles de los Alpes suizos?

Esta lista nos enseña muchas cosas, pero hay una que debemos consignar aquí: en veinte años la revolución ha ido anidando en la normalidad —en los gestos simples, en la vida cotidiana, en nuestra gestión de deseos y de miedos—. A ese nivel de penetración, negar su existencia es propio de idiotas; pero presentarla como una metamorfosis impuesta desde arriba y por las fuerzas del mal también empieza a resultar bastante dificultoso. De hecho, nos damos cuenta de que en las costumbres más elementales de nuestra vida cotidiana procedemos con movimientos físicos y mentales que hace solo veinte años habríamos aceptado a regañadientes en nuevas generaciones cuyo sentido no entendíamos y cuya degradación denunciábamos. ¿Qué ha pasado? ¿Hemos sido conquistados? ¿Alguien nos ha impuesto un modelo de vida que no nos pertenece? Sería incorrecto responder que sí. En todo caso alguien nos lo ha PROPUESTO, y nosotros aceptamos cada día esa invitación, imprimiendo a nuestro estar en el mundo una precisa torsión respecto al pasado: en virtud de esta, hemos adquirido una posición mental que hace veinte años todavía podía parecernos grotesca, deforme y bárbara, y que ahora es, ateniéndonos a los hechos, nuestra forma de estar cómodos, vivos e incluso *elegantes* en la corriente de la vida cotidiana. La impresión de haber sido invadidos se ha desvanecido, y ahora prevalece la sensación de haber sido transportados más allá del mundo conocido, y de haber empezado a colonizar zonas de nosotros mismos que nunca antes habíamos explorado y, en parte, ni siquiera habíamos generado todavía. La idea de UNA HUMANIDAD AUMENTADA ha empezado a abrirse camino y la idea de formar parte de ella ha resultado más fascinante frente a lo temible que resultaba, en el punto de partida, la eventualidad de ser deportados hasta allí. Hemos terminado así permitiéndonos una mutación cuya existencia negamos abiertamente durante cierto tiempo –hemos destinado nuestra inteligencia a utilizarla, más que a boicotearla–. Anoto que la cosa nos ha llevado, entre otras cosas, a considerar el cierre de las viejas lecherías nada más que como un inevitable efecto colateral. En un tiempo muy rápido nos hemos puesto a abrir locales que son *citas de viejas lecherías:* es nuestro modo de decir adiós al pasado, metabolizándolo.

Que no se diga que no somos unos tipos geniales.

De manera que hemos enfocado bien el asunto y hemos corregido algunos desatinos de primera hora. Hoy sabemos que es una revolución, y estamos dispuestos a creer que es el fruto de una creación colectiva –incluso de una REIVINDICACIÓN colectiva– y no una degeneración imprevista del sistema o el plan diabólico de algún genio del mal. Estamos viviendo un futuro que hemos enajenado al pasado, que nos pertenece, y que hemos deseado con fuerza. Este mundo nuevo es el nuestro: es nuestra esta revolución.

Bien.

Ahora es necesario concentrarse en un punto cuanto menos interesante: ES UN MUNDO QUE NO SERÍAMOS CAPACES DE EXPLICAR, ES UNA REVOLUCIÓN CUYO ORIGEN Y PROPÓSITO NO CONOCEMOS CON EXACTITUD.

Por Dios, a lo mejor hay alguien que tiene alguna idea al respecto. Pero en conjunto, lo que sabemos acerca de la mutación que estamos llevando a cabo es realmente poco. Nuestros actos ya han cambiado, a una velocidad desconcertante, pero los pensamientos parecen haberse quedado atrás en la tarea de nombrar lo que vamos creando a cada momento. Hace ya bastante que el espacio y el tiempo no son iguales: le está sucediendo lo mismo a lugares mentales que durante mucho tiempo hemos llamado pasado, alma, experiencia, individuo, libertad. *Todo* y *Nada* tienen un significado que hace solo cinco años nos habría parecido inexacto, y las que durante siglos hemos llamado obras de arte se han quedado sin nombre. Sabemos con certeza que nos orientaremos con mapas que todavía no existen, tendremos una idea de la belleza que no sabemos prever, y llamaremos verdad a una red de imágenes que en el pasado habríamos denunciado como mentiras. Nos decimos que todo lo que está pasando tiene sin duda alguna un origen y una meta, pero ignoramos cuáles son. Dentro de unos siglos nos recordarán

19

como los *conquistadores*[1] de una tierra en la que hoy a duras penas seríamos capaces de encontrar el camino a casa. ¿No es fantástico? Lo es, yo lo creo, y esta es la razón por la que estoy escribiendo este libro: me atrae ir a vivir un rato hasta donde la revolución que estamos haciendo blanquea, enmudece, se abisma. Donde no entendemos sus movimientos, donde esconde el sentido de estos, donde niega el acceso a las raíces de lo que hace. Donde se nos aparece como una frontera misteriosa. Praderas ilimitadas, ni una chimenea echando humo en el horizonte. Ninguna indicación. Tan solo el relato de algún pionero.

No querría dar la sensación equivocada de que tengo respuestas y de que estoy aquí para explicar.

Pero tengo algunos mapas, eso sí. Por supuesto, hasta que no emprenda ese viaje no puedo saber si son fiables, precisos, útiles.

Para eso escribo este libro, para hacer este viaje.

Para no perderme demasiado, usaré una brújula que nunca me ha decepcionado: el miedo. Sigue las huellas del miedo y acabarás en casa: el tuyo y el de los demás. En este caso resulta bastante fácil debido a que hay miedos sueltos en abundancia y algunos no son en modo alguno estúpidos.

Por ejemplo. Hay uno que dice así: ESTAMOS AVANZANDO CON LAS LUCES APAGADAS. Es bastante cierto. No sabemos muy bien dónde nace esta revolución y menos aún cuál es su propósito. Ignoramos sus objetivos y de hecho no seríamos capaces de nombrar con una precisión decente sus valores y sus principios: conocemos los de la Ilustración, pongamos por caso, y no los nuestros. No con la misma claridad. De manera que si nuestro hijo nos pregunta adónde vamos

---

1. En español en el original. *(N. del T.)*

tendemos a refugiarnos en respuestas evasivas [en la actualidad, «Dímelo tú» es la mejor: se infiere la urgencia de que alguien escriba este libro, incluso alguien que no sea yo].

OTRO SUENA ASÍ: ¿estamos seguros de que no es una revolución tecnológica que, ciegamente, dicta una metamorfosis antropológica sin control? Hemos elegido los instrumentos, y nos gustan: pero ¿alguien se ha preocupado por calcular, de manera preventiva, las consecuencias que su uso tendrá en nuestro modo de estar en el mundo, quizá en nuestra inteligencia, en casos extremos en nuestra idea del bien y del mal? ¿Hay un proyecto de humanidad detrás de los distintos Gates, Jobs, Bezos, Zuckerberg, Brin, Page, o tan solo hay brillantes ideas de negocios que producen, involuntariamente, y un poco al azar, cierta humanidad nueva?

HAY OTRO QUE ME GUSTA EN PARTICULAR: estamos generando una civilización muy brillante, incluso atractiva, pero que no parece capaz de soportar la onda expansiva de la realidad. Es una civilización festiva, pero el mundo y la Historia no lo son: desmantelar nuestra capacidad de paciencia, esfuerzo, lentitud, ¿no acabará produciendo generaciones incapaces de resistir los reveses del destino o incluso la mera violencia inevitable de cualquier sino? A base de entrenar habilidades ligeras —se empieza a pensar— estamos perdiendo la fuerza muscular necesaria para el cuerpo a cuerpo con la realidad: de aquí una cierta tendencia a difuminar esta, a evitarla, a sustituirla con representaciones ligeras que adaptan sus contenidos y los hacen compatibles con nuestros dispositivos y con el tipo de inteligencia que se ha desarrollado con sus lógicas. ¿Estamos seguros de que no es una táctica suicida?

MÁS SUTIL ES INCLUSO OTRO MIEDO, bastante extendido, y que no sería capaz de resumir si no es con estas meras palabras: cada día que pasa, la gente está perdiendo algo de su humanidad, prefiriendo cierta artificialidad más performativa y menos falible. Cuando pueden, delegan elecciones, y decisiones, y opiniones, a máquinas, algoritmos, estadísticas, clasificaciones. El resultado es un mundo en el que se percibe cada vez menos la mano del alfarero, para utilizar una expresión grata a Walter Benjamin: parece salido más de un proceso industrial que de un gesto artesanal. ¿Es así como queremos el mundo? ¿Exacto, esmerilado y frío?

POR NO HABLAR DE LA PESADILLA DE LA SUPERFI-CIALIDAD, que resulta letal. Esta obstinada sospecha de que la percepción del mundo dictada por las nuevas tecnologías se pierde una buena parte de la realidad, probablemente la mejor: la que late bajo la superficie de las cosas, allí donde solo un paciente, voluntarioso y refinado camino puede llevarnos. Es un lugar para el que acuñamos, en el pasado, una palabra que más tarde se hizo totémica: PROFUNDIDAD. Daba forma a la convicción de que las cosas tenían, si bien escondido en lugares casi inaccesibles, un sentido. Indicaba un lugar: ¿cómo negar el hecho de que nuestras nuevas técnicas de lectura del mundo parecen hechas a propósito para hacer imposible el descenso a ese lugar, y casi obligatorio un movimiento rápido e inagotable sobre la superficie de las cosas? ¿Qué va a ser de una humanidad que ya no puede bajar hasta las raíces, ni remontar hasta las fuentes? ¿De qué servirá la habilidad con la que salta entre las ramas y navega siguiendo la velocidad de la corriente? ¿Estamos volatilizando en una festiva nada la que será nuestra última representación?

Hacía años que no escribía tantos signos de interrogación de una sola vez.

Lo que pienso de esos miedos, y de miedos como esos, lo escribo ahora aquí: tenerlos, hoy, no es cosa de imbéciles, como de hecho algunos sectores más elitistas de la revolución intentan hacernos creer, sino que es el resultado de una suma de indicios que, en todo caso, sería de imbéciles ignorar. Pero también:

22

▶ dentro de cada uno de esos miedos hemos cosido la definición de un movimiento que estamos haciendo, y que gracias al cual vamos haciéndonos mejores. Así, si fuéramos capaces de responder a cada uno de esos signos de interrogación, encontraríamos en nuestras manos el índice de nuestra revolución. Porque el mapa de lo que estamos llevando a cabo está dibujado en el revés de nuestros miedos. De esta manera cruzamos la frontera hacia una nueva civilización: sin llamar la atención, escondiendo en el doble fondo de nuestras dudas la certeza clandestina de una cierta, una genial Tierra Prometida. ◀

Es un viaje bastante emocionante, hasta el punto de que con frecuencia me he visto a mí mismo demorándome en la contemplación, con el resultado de quedarme atrás, y de perder el paso de quien lo está llevando a cabo de verdad. Desde esta perspectiva extraña, de cartógrafo retrasado y de sabio desinformado, sigo coleccionando anotaciones y bocetos en los cuales me atrevo a poner nombres y sitios. Sueño, en los momentos de más lúcido optimismo, con la precisión de un mapa, y con la composición de todas las intuiciones en la belleza de un mapamundi. Son escasos: sin querer malgastarlos, me ha parecido inevitable escribir el libro que estáis leyendo, algo que voy a hacer con todo el cuidado del que soy capaz.

Username
▶ Password

Play

Maps

Level Up

Bien, de entrada no estaría nada mal entender qué ha pasado. Qué ha pasado *realmente*.

Diría que la hipótesis más acreditada es esta: hubo una revolución tecnológica dictada por el advenimiento de lo digital. A corto plazo, ha generado una evidente mutación en las conductas de la gente y en sus movimientos mentales. Nadie puede decir cómo terminará.

Voilà.

Y ahora veamos si podemos hacerlo mejor.

El término DIGITAL viene del latín *digitus,* dedo: contamos con los dedos y por lo tanto DIGITAL significa, más o menos, NUMÉRICO. En nuestro contexto, el término es utilizado para darle nombre a un sistema, más bien brillante, de traducir cualquier información con un número. Si queremos entrar en detalles, se trata de números formados por la secuencia de dos cifras, el 0 y el 1. También podríamos utilizar el 7 o el 8, pero en definitiva lo importante es que son dos cifras, y solo dos: correspondientes más o menos a *on* y *off, sí* y *no.*

Bien. Cuando digo *traducir cualquier información en una lista de cifras,* no me refiero a las informaciones que encontráis en el periódico, la noticia del día, el resultado del partido, el nombre del asesino: me refiero a cualquier trozo del mundo que pueda descomponerse en unidades mínimas: sonidos, colores, imágenes, cantidades, temperaturas... Traduzco ese trozo del mundo a la lengua digital (una determinada secuencia de 0 y de 1) y allí se me hace ligerísimo, es ya una serie de cifras, no tiene peso, está en todas partes, viaja con una velocidad abrumadora, no se estropea por el camino, no se encoje, no ensucia y no se estropea: adonde lo envío, llega. Si, por otra parte, existe una máquina capaz de registrar esos números y traducirlos de nuevo a la información original, la partida está echada.

Pongamos por caso los colores. No estáis obligados a estar al corriente sobre el tema, pero un día asignamos a cada color un valor numérico exacto. Si queréis saberlo todo, decidimos que los colores son 16.777.216, y a cada uno de ellos les asignamos un valor numérico dado por una secuencia de 0 y de 1. Lo juro. El rojo más puro que existe, por ejemplo, después de haber sido digitalizado se llama así: 1111 1111 0000 0000 0000 0000. ¿Por qué hacer algo tan poco poético? Muy sencillo: porque traduciendo un color a un número puedo introducirlo en máquinas que pueden modificarlo, o simplemente transportarlo, o tan solo guardarlo: lo hacen con una irrisoria facilidad, sin margen de error, a una velocidad vertiginosa y con un coste ridículo. Cada vez que quiero ver de nuevo el color real le pido a la máquina que me lo devuelva: y ella lo hace.

Notable.

Funciona de la misma manera con los sonidos, o las letras del alfabeto, o la temperatura de vuestro cuerpo. Fragmentos de mundo.

Este truquito comenzó a propagarse a finales de los años setenta. En aquella época todos los datos que guardábamos o transmitíamos estaban elaborados de otro modo: se llama

ANALÓGICO. Lo analógico, como ocurre también con otras viejas cosas, como por ejemplo los compases o los abuelos, era una forma más completa de registrar la realidad, más exacta, incluso más poética, pero también condenadamente compleja, frágil, perecedera. Analógico era el termómetro de mercurio, pongamos por caso, el de cuando teníamos fiebre: en la columna el mercurio reaccionaba al calor cambiando de volumen y, basándonos en la experiencia, deducíamos nuestra temperatura según su movimiento en el espacio: los números impresos en el cristal traducían ese movimiento en el veredicto de una temperatura exacta en grados centígrados [por encima de los 37,5 uno no iba al colegio]. Ahora el termómetro es digital: lo apoyas contra la frente, pulsas un botón, y en un momento te dispara una determinada temperatura. Un sensor ha registrado cierto valor de temperatura que corresponde a una determinada secuencia de 0 y de 1 que la máquina computa y luego traduce a un valor en grados, escribiéndolo en la pantallita. Como tipo de experiencia recuerda muchísimo el paso del futbolín al videojuego.

Dos mundos.

El termómetro de mercurio y el digital.

El vinilo y el CD.

La película de celuloide y el DVD.

Futbolín y videojuego.

Dos mundos.

Un posible defecto del segundo (el digital) es que no es capaz de registrar todos los matices de la realidad: lo registra a saltos, de vez en cuando: para entendernos, la aguja del reloj del campanario avanza en un movimiento continuo, colma cada microinstante del tiempo, del mismo modo que el mercurio, al cambiar su volumen en el termómetro, se movía en la columna colmando cada micronivel de temperatura: pero vuestro reloj digital no lo hace, tal vez cuenta los segundos, tal vez cuenta también décimas o centésimas, pero luego, en un momento dado deja de contar y salta hasta el siguiente número: allí en medio queda una parte del mundo (infinitesimal) que el sistema digital pierde por el camino.

Por otra parte, el sistema digital tiene una ventaja impagable: es perfecto para los ordenadores. Es decir, para máquinas que pueden calcular, modificar, transferir la realidad, siempre y cuando se les proporcione la realidad en la lengua que conocen: números. Es esta la razón por la que, con el gradual perfeccionamiento de los ordenadores y su lenta aproximación a un consumo individual, hemos decidido pasarnos a lo digital: en la práctica, hemos empezado a trocear la realidad hasta obtener partículas infinitesimales a cada una de las cuales hemos encadenado una secuencia de 0 y 1. La hemos digitalizado, es decir, transformado en números. De esta manera hemos hecho que el mundo sea modificable, almacenable, reproducible y transferible por las máquinas que hemos inventado: lo hacen muy rápidamente, sin errores y con un gasto modesto. Nadie se dio cuenta, pero hubo un día en el que alguien almacenó digitalmente un trozo de mundo y ese trozo era el que decantaba para siempre la balanza hacia lo digital. No me preguntéis cómo, pero sabemos de qué año se trataba: el 2002. Utilizamos esa fecha como el punto exacto, en el tiempo, en el que alcanzamos la cima de la colina y nos encontramos el futuro por delante.

2002.

El descenso ha sido muy rápido: el advenimiento de la Web y la aplicación, a veces genial, del formato digital a una serie bastante importante de tecnologías ha generado con una espectacular evidencia la que ahora podemos llamar legítimamente REVOLUCIÓN DIGITAL. Tiene unos cuarenta años, y desde hace unos diez ha derrocado de forma oficial el poder anterior. Es la que, aparentemente, ha atontado a vuestro hijo.

¿Bastante simple, verdad? Lo difícil viene ahora.

Revolución es un concepto más bien genérico, que utilizamos con cierta ligereza. Podemos invocarlo tanto para definir profundas transformaciones históricas que han provocado montañas de muertos (Revolución francesa, Revolución rusa), como para malgastarlo en cositas como el paso a la defensa de tres de nuestro equipo predilecto (revolución táctica).

Vaya tropa.

En cualquier caso, significa que alguien, en vez de inventar un buen movimiento, ha modificado el tablero: se llama cambio de paradigma [un virtuosismo irresistible, por sí solo vale el precio de la entrada].

En términos generales, parecería que se trata realmente de nuestro caso, el caso de la revolución digital.

Pero existen varios tipos de revolución, y aquí es muy importante hablar con exactitud. La revolución que llevó a cabo Copérnico, al intuir que la Tierra giraba alrededor del Sol y no lo contrario, no es del mismo tipo que la que recordamos como Revolución francesa; del mismo modo que la invención de la democracia, en Atenas, en el siglo V a. C., no es comparable con la de la bombilla (Edison, 1879). Se trata de gente que ha inventado nuevos tableros: pero no parece que el juego sea exactamente el mismo.

Cuando se habla de revolución digital, por ejemplo, está bastante claro que se habla, en primera instancia, de una revolución *tecnológica:* la invención de algo que crea nuevas herramientas y una vida diferente. Como fue el arado, las armas de fuego, los ferrocarriles. Ahora bien, dado que hemos visto ya bastantes revoluciones tecnológicas, disponemos de algunas estadísticas interesantes y, si las estudiamos, resulta evidente que:

▶ las revoluciones tecnológicas, por muy fantásticas que puedan ser, no suelen producir, de forma directa, una revolución mental, es decir, una transformación igualmente visible en la forma de pensar de los hombres. ◀

31

GUTENBERG: Por ejemplo, la invención de la imprenta (Gutenberg, Maguncia, 1436-1440). Movimiento revolucionario al que le atribuimos consecuencias colosales. Mientras dejaba en el campo de batalla, muerta, buena parte de la cultura oral (en esa época, dominante indiscutible en un mundo de analfabetos), abría horizontes ilimitados al pensamiento humano, a su libertad y a su fuerza. De hecho, desarraigaba un privilegio que durante siglos había anclado la difusión de las ideas y de las informaciones al control de los poderosos de turno. Lo que estaba a punto de suceder consistía en que para hacer circular las propias ideas ya no sería necesario disponer de una red de amanuenses que ningún particular se podía permitir, y ni siquiera una máquina tan complicada y lenta cuyo uso excluyera cualquier beneficio. Fantástico.

Lo que ahora es importante destacar, no obstante, es que, a pesar de sus admirables consecuencias, la invención de la imprenta sigue siendo para nosotros sustancialmente una deslumbrante aceleración tecnológica, pero no un terremoto detectable de la posición mental de los seres humanos, comparable con el generado por revoluciones como la científica o la romántica. De manera semejante a otras revoluciones tecnológicas, no parece haber determinado, de manera directa, una mutación mental colectiva: es como si se hubiera empantanado antes de llegar a la meta, dándole tiempo a la gente de tomarle las medidas, y de domesticarla. Ha sido un movimiento genial en un juego que, en definitiva, no ha cambiado mucho, desarrollado según las mismas reglas, respetuoso con la historia de un juego que en esencia venía a ser el de siempre.

STEPHENSON: Pongo otro ejemplo, menos cómodo: la invención de la máquina a vapor (Inglaterra, 1765). No se trata, también en este caso, de un simple invento genial: es algo que ha cambiado el mundo. A esa invención se le debe la revolución industrial, que recordamos precisamente como revolución, y que tuvo consecuencias incalculables no solo sobre los hábitos cotidianos de la gente, sino en especial sobre la geografía social del mundo: el mapa que utilizaban para trazar las rutas del dinero y las fronteras entre ricos y pobres comenzó a quedarse obsoleto el mismo día en que pusieron en marcha el primer telar a vapor: todo iba a cambiar, y de un modo tan radical y violento que buena parte de la estremecedora reyerta sanguinaria que constituye el siglo XX puede remontarse al chirriar de esa máquina aparentemente inocua. Impresionante.

Pero, también en este caso, la onda parece haber llegado a rozar la identidad de los seres humanos, aunque luego se retiró, y si hoy buscamos las encrucijadas en la que nuestro modo de entender qué es la humanidad cambió de vía tomando nuevas direcciones no pensamos en la locomotora a vapor de Stephenson, ni tampoco en la profunda desesperación de las primeras fábricas inglesas. Pensamos, en todo caso, en el Humanismo, en la Ilustración. Auténticas revoluciones mentales, que parecen establecer poco más que una relación de cortesía con el progreso tecnológico. Es posible, a distancia de siglos, verlas gotear como aceite en los engranajes del mundo, hasta lubricar un sistema hidráulico capaz de mover superficies inmensas –placas ideológicas con un peso de toneladas– en la ambición de redibujar la carcasa del sentir de humano, o la corteza terrestre del planeta hombre. No se trataba simplemente de hermosos movimientos: eran un nuevo juego.

De hecho, simplificando un poco, podríamos decir que muchas son las revoluciones que cambian el mundo, y que a menudo son tecnológicas; pero son pocas las que cambian a los hombres y lo hacen radicalmente: quizá sería el caso de llamarlas REVOLUCIONES MENTALES. Lo curioso es que, de manera instintiva, COLOCAMOS NUESTRA REVOLUCIÓN, LA REVOLUCIÓN DIGITAL, EN EL SEGUNDO GRUPO, ENTRE LAS REVOLUCIONES MENTALES. Aunque nos parezca evidentemente una revolución tecnológica, le atribuimos un alcance del que las revoluciones tecnológicas suelen carecer: le reconocemos la capacidad de generar una nueva idea de humanidad. Es en este punto en el que reaccionamos, y en el que saltan nuestros miedos. No nos limitamos a percibir los riesgos que se pueden atribuir a cualquier revolución tecnológica: mucha gente perderá el trabajo, la riqueza se distribuirá de manera injusta, culturas enteras serán aniquiladas, el planeta Tierra sufrirá por ello, cerrarán las viejas lecherías, etcétera, etcétera. Anotamos, es cierto, todas estas objeciones, pero, como hemos visto, en el momento apropiado nos remontamos a miedos más altos, que conciernen al tejido moral, mental y hasta genético de los hombres: hacen temer una mutación radical, la generación de un hombre nuevo surgido de manera casual de un hallazgo tecnológico irresistible. Intuimos en esa revolución menor, en tanto que tecnológica, el paso de una revolución mayor, abiertamente mental.

Es un punto crucial. Requiere una cierta atención: por favor, poned el móvil en modo avión y dadle el chupete al niño, total, eso de que modifica el paladar aún hay que demostrarlo.

Intuimos en esa revolución menor, en tanto que tecnológica, el paso de una revolución mayor, abiertamente mental.

Es un gesto que deberíamos fijar en una imagen congelada, y luego observarlo detenidamente y preguntarnos: ¿qué puñetas estamos haciendo? ¿Sobrevaloramos la que estamos montando? ¿Estamos atribuyendo a un simple desarrollo tecnológico una importancia que no puede tener? ¿Nos hemos dejado llevar por el pánico? ¿Todo esto es un clamoroso malentendido, hijo de nuestros miedos?

Es posible que lo sea, pero yo no apostaría.

Estoy convencido, por el contrario, de que hay algo espléndidamente exacto en nuestra sospecha de que aquí no está cambiando algo, sino todo. Una especie de admirable instinto animal nos empuja a reconocer en lo que está sucediendo una mutación que no se detendrá en nuestra forma de elegir un restaurante. A ciegas, pero lo vemos a la perfección.

¿Y entonces?

Trato de exponerlo de la forma más sencilla posible: con toda probabilidad estamos viviendo realmente una revolución mental, y si ahora me preguntáis qué tiene esto que ver con toda esta historia de que las revoluciones tecnológicas nunca han generado embrollos de estas dimensiones, lo que tengo que deciros es esto: creedme, nos estamos enmarañando en un banal error de perspectiva, que es comprensible, pero que resulta pérfido y difícil de desarraigar: CREEMOS QUE LA REVOLUCIÓN MENTAL ES UN EFECTO DE LA REVOLUCIÓN TECNOLÓGICA, Y EN CAMBIO DEBERÍAMOS ENTENDER QUE LO CONTRARIO ES LA VERDAD. Pensamos que el mundo digital es la causa de todo y tendríamos, por el contrario, que leerlo como lo que probablemente es, o sea, un efecto: la consecuencia de una determinada revolución mental. Estamos mirando el mapa al revés, os lo juro. Es necesario darle la vuelta. Es necesario invertir esa condenada secuencia: *primero* la revolución mental, *luego* la tecnológica. Creemos que los ordenadores han generado una nueva forma de inteligencia (o de estupidez, llamadlo como os apetezca): invertid la secuencia, rápido: un nuevo tipo de inteligencia ha generado los ordenadores. Lo que significa: una cierta mutación mental se ha dotado de los instrumentos adecuados para su modo de estar en el mundo y lo ha hecho a gran velocidad: lo que ha hecho lo llamamos revolución digital. Seguid invirtiendo la secuencia y no os paréis. No os preguntéis qué clase de mente puede generar el uso de Google, preguntaos qué clase de mente ha generado una herramienta como Google. Dejad de intentar entender si el uso del smartphone nos desconecta de la realidad y dedicad el mismo tiempo a intentar entender qué clase de conexión con la realidad buscábamos cuando el teléfono fijo nos pareció definitivamente inapropiado. Os parece que el multitasking genera una incapacidad sustancial de prestar la debida atención a las cosas: invertid la secuencia: ¿de qué rincón estábamos intentando salir cuando nos construimos instrumentos que por fin nos permitían jugar en varias mesas de forma simultánea? Si la revolución digital os asusta, invertid la secuencia y preguntaos de qué estábamos huyendo cuando enfilamos la puerta de una revolución semejante. Buscad la inteligencia que ha generado la revolución digital: es bastante más importante que estudiar la que ha sido generada: esa es la matriz original de la misma. Porque el nuevo hombre no es el producido por el smartphone: es el que lo inventó, el que lo necesitaba, el que lo diseñó para su uso y consumo, el que lo construyó para escaparse de una prisión, o para responder a una pregunta, o para acallar un miedo. Pausa. Un último esfuerzo.

▶ Así, todas las fortalezas digitales que en la actualidad jalonan nuestro paisaje habría que leerlas como formaciones geológicas empujadas hacia el cielo por un seísmo subterráneo.

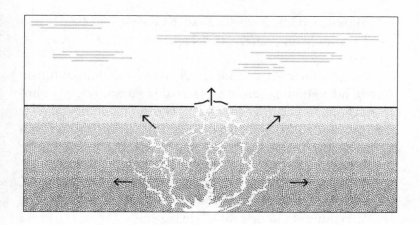

Ese seísmo es la revolución mental de la que somos hijos.

Ha pasado en otro lugar y en un pliegue del tiempo del que a menudo no tenemos ni conocimiento ni conciencia: pero podemos reconocerlos y estudiarlos en las espectaculares alteraciones con que ha marcado la corteza terrestre de nuestros gestos, de nuestros hábitos, de nuestras posturas mentales.

Muchas de estas alteraciones, de hecho, podemos atribuirlas a la revolución digital, y es cierto que precisamente esas nos parecen, más que otras, la escritura con que hemos fijado los últimos códigos de la mutación: con la condición de no ser tomadas como la causa de todo, tienen muchísimo que enseñar y que descubrir.

Sería necesario tratarlas como ruinas, como hallazgos arqueológicos de los que deducir la maravilla de una civilización escondida.

La nuestra. ◄

Ya podéis conectar de nuevo el móvil, gracias.

Ah, el niño está llorando.

Sintetizo: dadle la vuelta a ese maldito mapa.

La revolución digital está debajo, no encima.

Así.

Acostumbraos a considerar el mundo digital como un efecto, no como una causa. Desplazad la mirada hacia el punto en el que todo comenzó. Buscad la revolución mental de la que procede todo. Si existe un modelo de humanidad para el que todo esto trabaja, está escrito allí dentro.

Bien.

Es verdad que el mapa aún está prácticamente en blanco, pero por lo menos lo tenemos del lado correcto.

Creedme, era lo más difícil de hacer.

Ya podemos comenzar a medir, a poner unos cuantos nombres, a trazar algunas fronteras.

Partamos ahora nuevamente de esta idea de la revolución digital como cadena montañosa producida por un seísmo subterráneo. E intentemos dibujarla.

Username
Password

1978. LA VÉRTEBRA CERO

En efecto, a pesar de que la revolución digital es una constelación de fenómenos y de acontecimientos bastante articulada, es posible intentar dibujar cierta columna vertebral: la alineación de cimas más altas que otras, de formaciones geológicas empujadas más arriba por el movimiento sísmico que tratamos de entender. Vamos a intentarlo. Aislando una especie de simbólica VÉRTEBRA CERO. No querría que os esperarais nada particularmente solemne: lo que tengo en la cabeza es un videojuego.

Se llamaba *Space Invaders*. Los millennials probablemente no saben ni siquiera qué es. Yo sí, porque jugaba a eso: tenía veinte años e, inexplicablemente, tiempo que perder. Lo había inventado un ingeniero japonés que se llamaba Nishikado Tomohiro. Consistía en disparar a los extraterrestres que caían desde el cielo de una forma más bien idiota, repetitiva, previsible, pero letal. A medida que iban bajando, su velocidad aumentaba: cuando empezabas a tenerlos encima ya no te enterabas de nada.

Los gráficos, vistos ahora, eran lamentables: los alienígenas (a los que en Italia llamábamos *marcianitos)* parecían arañas dibujadas por un deficiente mental. Todo era rígidamente bidimensional y en blanco y negro. Las necrológicas del periódico eran más ingeniosas.

En las casas, no había ordenadores, de manera que uno jugaba a *Space Invaders* yendo a los locales públicos apropiados (también podía ser un bar) donde había una especie de mueblecito de dimensiones que ahora me parecen inexplicables: encajonados en ese mueblecito había una pantalla del tamaño de una pequeña televisión, y una sobria consola en la que se encontraban tres botones o, en las versiones más sofisticadas, un joystick y un par de botones.

Había que agacharse un poquito, insertar una moneda en la ranura correspondiente, le dabas al *play* y luego empezabas a pulsar los botones disparando como un loco. En Japón la moneda era de cien yenes: había tanta gente que jugaba a *Space Invaders* que la moneda desapareció de la circulación y la Fábrica de Moneda tuvo que apresurarse para producir una buena cantidad de las mismas.

Todo este éxito tiene algo que enseñarnos, pero solo puede hacerlo si uno recupera el recuerdo de los dos juegos que poblaban los bares antes de que llegara el fúnebre mueblecito de *Space Invaders:* el futbolín y el millón.

Y aquí llegamos al punto crucial.

Si dais un paso atrás, mejor dicho, dos, os encontráis de nuevo con una secuencia de juegos que más que otra cosa en el mundo os puede hacer SENTIR, más aún que entender, la esencia de la revolución digital.

La secuencia es esta: futbolín, millón, *Space Invaders.*

No pongáis esa cara, confiad en mí.

Y estudiad bien esa secuencia: intentad sentirla físicamente, volved a jugar a esos tres juegos, en vuestra mente, uno tras otro. Sentiréis que, a cada paso, algo se deshace, todo se vuelve más abstracto, ligero, líquido, artificial, rápido, sintético. Una mutación. Muy parecida a la que nos ha llevado de lo analógico a lo digital.

No es nada particularmente sesudo: es algo sobre todo físico. En el futbolín notas los golpes en la palma de la mano, los ruidos son naturales, proceden de la mecánica de las cosas, todo es muy real, la bola existe de verdad, te cansas físicamente, te mueves, sudas; en el millón algo cambia, el juego está colocado bajo el cristal, los sonidos por regla general son grabados, eléctricos, la distancia entre tú y la bola aumenta, todo está concentrado entre los dos mandos, que te transmiten de la bola una lejana sensación, algo como una semipercepción. El gesto de las manos, que en el futbolín podía elegir entre infinitas velocidades y matices de paradas, aquí se resume en el trabajo de dos dedos que todavía conservan un cierto número de opciones, aunque más bien limitado, y en el fondo reservado a los jugadores más expertos. En cuanto al cuerpo, casi asiste a la escena, prácticamente expulsado del corazón del asunto: sobrevive un cierto movimiento de caderas que se usaba para desviar la carrera de la bola y soltar alguna penosa alusión sexual: por ambos motivos, estaba prohibido un uso demasiado acentuado.

Y ahora poneos a jugar a *Space Invaders*.

¿El cuerpo? Ha desaparecido. Ya casi no existe nada físico en sentido estricto, la bola (los marcianitos) no es real, tampoco lo son los sonidos. Una pantalla, que en el futbolín no existía y en el millón estaba para sumar la puntuación, ahora se lo ha comido todo, CONVIRTIÉNDOSE en el campo de juego. Todo es inmaterial, gráfico, indirecto. Si hay una realidad, se ofrece en una figura bajo el cristal que no puedo modificar si no es mediante los mandos, que son externos y que de forma impersonal le comunican las órdenes. Sobre el papel parece todo muy frío, restrictivo, asfixiante, en el fondo, triste: pero ahora poneos a jugar e intentad sentir la repentina carencia de fricción, la suavidad de la superficie de juego, la ligereza del gesto, el flujo casi líquido de órdenes y decisiones, la reducción a su esencia de cualquier lance del juego, la limpieza del sistema, la posibilidad de concentración casi absoluta, la velocidad del acaecer. Apuesto a que empezáis a entender por qué esa gente se quedó sin calderilla.

Ahora volved en un nanosegundo a los mandos del futbolín. ¿Notáis como un sobresalto, verdad? Como si os hubieran sacado de una sesión de meditación para poneros en medio de una discusión en un bar: de repente es todo tan denso, complicado, impreciso y tediosamente real... No es que una cosa sea mejor que la otra, no podríamos asegurarlo, pero seguro que son diferentes, *realmente* diferentes. ¿En cuál podríais decir que estáis más presentes, más vivos, que sois más vosotros mismos?

Mariposead un poco por el futbolín y luego volved en un santiamén a la consola de *Space Invaders*.

Dad unos cuantos pasos adelante y atrás, quizá haciendo alguna parada, de vez en cuando, en la estación intermedia del millón.

Hacedlo, en serio.

¿No notáis la migración?

Quiero decir exactamente la MIGRACIÓN: el desplazamiento del baricentro alrededor del que se organiza la cuestión, el desplazamiento de muchos detalles de un lado al otro del paisaje, y hasta el cambio de posición de vuestras capacidades, vuestras potencialidades, vuestras sensaciones, vuestras emociones. LA MUTACIÓN DE CONSISTENCIA DE LA EXPERIENCIA.

No son más que tres juegos, pero cuántas cosas migran por el camino que va desde el más viejo al más nuevo.

No perdáis el tiempo intentando juzgar qué es mejor y qué es peor: concentraos y tratad de aprehender esa migración en una mirada sintética, en una única sensación. Sobre todo, en una sensación.

¿Lo habéis hecho? Bien. Lo que estáis sintiendo es la clase de flujo que caracteriza el paso de lo analógico a lo digital. Estáis aferrando el nervio central de la revolución que estamos llevando a cabo. Su movimiento base. Si lo preferís, su secreto.

Los *Space Invaders,* en su modestia de jueguecito para ociosos, es una de las primeras huellas geológicas de un seísmo. Su corazón, por otro lado, ya era completamente digital —un software contenido en una tarjeta—. Si la revolución digital tiene una columna vertebral, esta puede ser asumida como la primera vértebra. Empuja muy poco, por debajo de la piel del mundo, pero los dedos la notan, los ojos la ven. Existe. Es un principio.

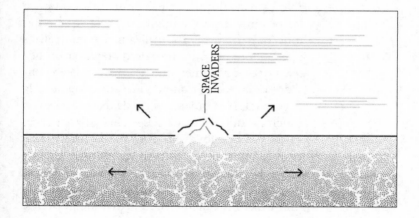

APOSTILLA   Para que os hagáis una idea del trabajo que nos aguarda, voy a detenerme un momento en esta vértebra y la trataré como hemos de tratar toda la columna vertebral de la revolución digital: como ruinas arqueológicas en las que podemos leer los vestigios de una civilización oculta. Hay que buscar restos fósiles de alguna vida precedente. Los códigos de la revolución mental que ha generado todo eso.

Es más rápido hacerlo que explicarlo. Así que ya me veis raspando la primera vértebra y llevándome para casa unos cuantos indicios.

PRIMERO Comparado con los habituales futbolín y millón, *Space Invaders* era un juego que establecía una revolucionaria postura física y mental, increíblemente sintética y brutalmente recapitulativa: hombre, *consola*, pantalla. Hombre, teclas, pantalla. Dedos en las teclas, ojos en la pantalla. Órdenes dadas con los dedos, resultados verificables con los ojos en la pantalla. Añadid unas dosis de audio, para que el sistema sea más funcional. ¿No os recuerda nada? Es, actualmente, una de las posturas físicas y mentales en las que pasamos más tiempo. La utilizamos para realizar operaciones de todo tipo, desde reservar un hotel, a decirle a alguien que le amamos. Bien pensado, es la postura que define por excelencia la era digital. Ni siquiera la llegada de la tecnología touch ha sido capaz de desestabilizarla en exceso. No es que los *Space Invaders* la inventaran, entendámonos, pero es probable que, en ese juego, esa postura saliera por primera vez a campo abierto, subiera a la superficie de la vida de un número realmente significativo de personas. Aunque solo sirva para entendernos, el primer ordenador personal de una cierta popularidad (pero que no llega ni de lejos a los números de *Space Invaders* ni de los llamados juegos de Arcade) es de 1982, se llamaba Commodore 64. El primer Mac –que es a *Space Invaders* lo que una catedral es a una capilla votiva– es de 1984. Para el primer smartphone del que la gente fuera consciente hay que esperar otros veintiún años: 2003.

Por tanto, si rebobináis la cinta y buscáis la primera vez en la que esa postura –hombre, teclas y pantalla, reunidos en un único animal– entró a formar parte de la vida de un montón de gente, ¿qué encontráis? *Space Invaders*, creo. Y los juegos de ese tipo.

QUÉ
APRENDEMOS

Que, mira tú por dónde, en la vértebra número cero, en su ADN, hay un tipo de postura que tendría un gran futuro y que reconoceremos en gran parte de las formaciones geológicas que llamamos revolución digital: hombre-teclas-pantalla en un único animal. Es la postura en la que escribo este libro. [No la misma en la que, probablemente, lo estáis leyendo: larga vida al libro de papel, que aún resiste a cualquier mutación.]

SEGUNDO

El futbolín era un mueble con su dignidad, el millón tenía su encanto: el mueblecito de *Space Invaders* daba náuseas. En compensación, sin embargo, un futbolín no podía ser mucho más que un futbolín, con suerte podías cambiar solo el color de las camisetas a los jugadores; el millón podía vestirse de muchas maneras diferentes [se iba de las ambientaciones de fantasía a cositas con mujercitas medio desnudas], podía complicar también un poco los movimientos de la bola, crear paradas, pequeños pasos elevados, pero en resumen siempre era lo mismo: la pelota rebotaba y al final se colaba, y punto. El horrible mueble de *Space Invaders,* en cambio, TENÍA EN SU INTERIOR EL INFINITO: una vez fijada la postura hombre-teclas-pantalla, el resto no tenía límites: allí dentro estaban todos los juegos del mundo, bastaba con cambiar la tarjeta. Para quien fuera capaz de verlos, también estaban ahí *FIFA 2018* y *Call of Duty.* Bastaba con hallar los gráficos, añadir algunas funciones y utilizar una tecnología de audio y de vídeo más avanzada: unos quince añitos nada más y lograríamos dar con una maestría espectacular: la PlayStation es de 1994.

Que en la vértebra número cero, en su ADN, hay un tipo de movimiento que iba a tener un gran futuro y que reconoceremos en gran parte en las formaciones geológicas que llamamos revolución digital: en vez de generar muchos mundos hermosos y diferentes, inviertes tu tiempo en inventar un único ambiente en el que puedan verterse todos los mundos que existen. Lo digo en otras palabras: no perder el tiempo en poner a punto cosas que no pueden tener un gran desarrollo; más bien tratar de inventar cosas cuyo desarrollo es infinito porque han sido pensadas para contenerlo TODO.

TERCERO *Space Invaders* era un JUEGO. No sé si os percatáis de las deliciosas implicaciones que esto sugiere. En la práctica, un cierto seísmo subterráneo parte la corteza de los hábitos de los terrestres y el primer punto en el que lo hace, o al menos uno de los primeros, es ese instante de su vida en el que se ponen las zapatillas, lo mandan todo a la porra y empiezan a jugar. Yo la encuentro una circunstancia conmovedora. Me pregunto si es casual. Por supuesto, me gusta pensar que el día en que decidimos darle la vuelta al tablero, lanzándonos a una revolución de época, era un día de vacaciones. Íbamos descalzos y nos pimplábamos una lata de cerveza.

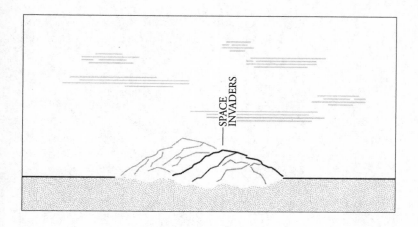

SPACE
INVADERS

QUÉ
APRENDEMOS
Que en la vértebra numero cero, en su ADN, hay una actitud que tendría un gran futuro y que reconoceremos en gran parte de las formaciones geológicas que llamamos revolución digital: generar el cambio dando a luz herramientas que si no son juegos al menos lo parecen. Somos divinidades de vacaciones, que crean en el séptimo día, cuando el Dios verdadero descansa.

Bien, por ahora me detengo aquí. Como veis, si de una única, pequeña, primera costilla ya pueden deducirse cosas semejantes, la idea de poder estudiar la parte sustancial de la columna vertebral es algo que acaba sonando irresistible.

De manera que vale la pena continuar. En el próximo capítulo, próximo fragmento de la columna vertebral, nuevas ruinas que estudiar. Empiezo a divertirme de verdad.

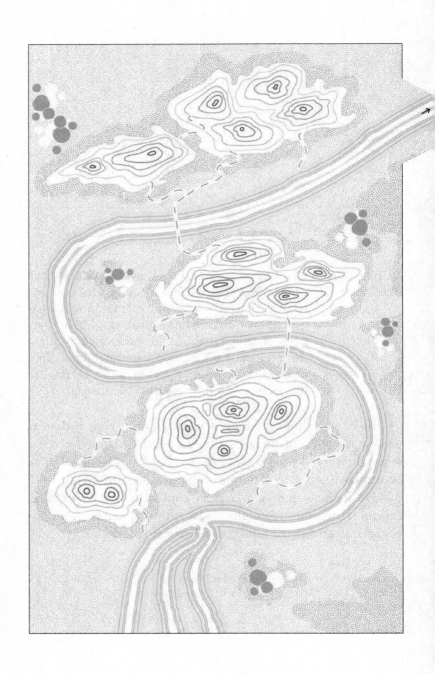

1981-1998. DEL COMMODORE 64 A GOOGLE: LA ÉPOCA CLÁSICA
Casi veinte años para colocar el tablero de juego

Una premisa inevitable, pero muy importante. Si queremos reconvertir la galaxia de acontecimientos a la que llamamos REVOLUCIÓN DIGITAL en una columna vertebral legible, una cadena montañosa que nos ayude a entender, forzosamente debemos sintetizar y renunciar a algunos matices. Resulta necesario centrarse en picos, sacrificando incluso el detalle de procesos que tal vez han durado décadas. En estas páginas se ha optado por dejar constancia de los acontecimientos solo cuando han emergido efectivamente hasta la superficie del consumo colectivo, convirtiéndose en escenarios habitados por muchas personas y no solo por determinadas élites. Lo sé, es un método arbitrario. Pero es que en definitiva tenemos demasiada necesidad de una síntesis legible como para demorarnos en exceso en el culto a la precisión. Lo que sugiero es que disfrutéis de la posibilidad de verlo todo desde arriba, como en una fotografía aérea, y que durante algunos capítulos aceptéis la inevitable inexactitud de una mirada sintética. Siempre que tengamos oportunidad, bajaremos planeando para ver más de cerca. Lo prometo.

Veamos. Dejemos ya *Space Invaders* a nuestras espaldas y miremos cómo se yerguen las primeras montañas de verdad. Estamos a principios de los años ochenta.

1981-1984

• En cuestión de cuatro años salen tres ordenadores personales que condensan larguísimas experimentaciones y que son capaces de triunfar en el mercado, convirtiendo un instrumento de élite en un objeto que uno podía imaginarse en casa, a pesar de no ser un genio o un profesor de la Universidad de Stanford: el PC IBM, el Commodore 64 y el Mac de Apple. Si uno los ve ahora son de una tristeza desoladora, pero en su momento debieron de parecer incluso elegantes, y en cualquier caso pasablemente amigables. De los tres, el que tuvo menor éxito comercial fue el Mac: a pesar de todo, era el más genial. Fue el primero en utilizar una resolución gráfica y una organización del material capaz de resultar inteligible incluso para un idiota: había un escritorio, se abrían unas ventanas, se tiraban las cosas a una papelera: gestos que la gente conocía. Uno se desplazaba por la pantalla moviendo sobre la mesa una cosa rara que se llamaba *ratón*. Es posible comprender que, desde ese día, la ecuación entre inteligencia y aburrimiento comenzó a hacer aguas.

ZOOM   No se entiende la importancia de todo esto si uno no se concentra un momento en la P de la expresión PC.
Personal.
A día de hoy, el hecho de que cada uno de nosotros tenga un ordenador parece darse por descontado, pero no debéis olvidar en cambio que la cosa, hace solo cuarenta años, habría sonado como una locura. Los ordenadores hacía años que existían, pero eran monstruos enormes y al-

bergaban datos en los laboratorios de unas pocas instituciones destinadas generalmente a alguna forma de dominación o supremacía. Pensar que acabarían en vuestros escritorios en aquellos tiempos sonaba como algo realmente visionario. Me atrevería a decir que el auténtico acto genial no fue tanto inventar los ordenadores como imaginar que podían llegar a ser un instrumento personal, individual. En esa idea anidaba la voluntad singular de concederle a cualquier individuo un poder que se había creado para ser de unos pocos. Increíble. Por eso, cuando uno mira una foto de un Commodore 64, además de preguntarse si realmente tenían que adoptar ese color enfermizo, debe entender que allí estaba girando REALMENTE el mundo: no un minuto antes.

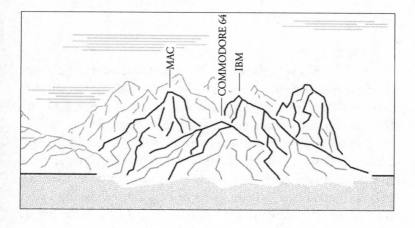

• En 1981 se divulga el SMTP, el primer protocolo de mail que, facilitando las cosas, iba a permitir una vertiginosa expansión del correo electrónico [treinta años más tarde, en 2012, los humanos enviábamos 144.000 millones de mails al día: tres de cada cuatro no eran otra cosa que spam]. El primer mail, quede consignado para la crónica, salió muchos años atrás: lo envió en 1971 Ray Tomlinson, un americano de treinta años que había estudiado ingeniería en Nueva York. La adopción de la arroba, pongo por caso, es cosa suya, según he descubierto.

IMPORTANTE Los mails iban de un ordenador a otro utilizando, por decirlo de algún modo, una red de carreteras invisible, de cuya existencia la gente normal, en aquella época, no sabía nada de nada: los que sabían algo sobre el tema lo llamaban *Internet*. Tenéis que imaginároslo como una especie de Santa Bárbara subterránea: si resistís unas pocas líneas más, veréis la inmensa eclosión que, al cabo de unos años, partiría la corteza terrestre y lanzaría al aire una de las cumbres más fantásticas que la revolución digital haya visto nacer.

1982
• Sube a la superficie, y ya no puede esconderse, la onda de digitalización que inundará el mundo: se comercializa el primer CD de música, es decir, una grabación traducida en formato digital y fijada en un soporte del tamaño de una pequeña sartén. Para lanzarlo al mercado se pusieron de acuerdo Philips y Sony: es decir, Holanda y Japón. El primer CD comercializado contenía, inexplicablemente, una música de una extraña fealdad: la *Sinfonía alpina* de Richard Strauss. [Por otra parte, el primer CD de música pop lo hicieron los de ABBA.]

1988
• Otra etapa importante de la progresiva digitalización del mundo: después de la música, las imágenes: nace la prime-

54

ra cámara fotográfica completamente digital. La fabrica Fuji, japonesa, evidentemente.

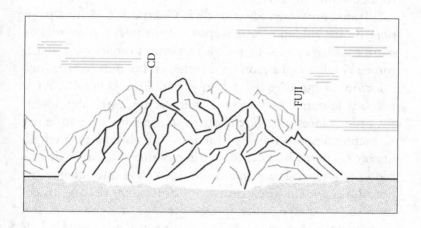

Diciembre de 1990
• Un ingeniero informático inglés, Tim Berners-Lee, inaugura la *World Wide Web,* y cambia el mundo.

Es, obviamente, un momento histórico. Algo así como medio mundo en el que vivimos nace en ese instante, y esto es algo que seguiría diciendo yo aunque pasado mañana la Web fuera arrasada y sustituida por algo mejor [lo cual está sucediendo, por otro lado]. En la invención de la Web hay un movimiento mental que en poco tiempo se convertirá en una jugada habitual del cerebro de miles de millones de personas: junto con otro par de movimientos sorprendentes, es lo que funda nuestra nueva civilización. Así que concentrémonos. Se impone un solemne paréntesis: es el mejor momento para entender bien las cosas. O, por lo menos: para mí lo ha sido.

Creo que será útil partir de una noticia que no va a gustaros: Internet y la Web son dos cosas diferentes. Lo sé, resulta peliagudo, pero haceos una idea al respecto: Internet nació antes que la Web, mucho antes. Ahora voy a intentar explicaros cómo fueron las cosas.

Todo empezó en los años de la Guerra Fría, de una paranoia de los soldados americanos: cómo poder comunicarse entre ellos sin que los soviéticos metieran sus narices. Trabajaron en el tema y pusieron en marcha, en los años sesenta, una solución bastante genial a la que llamaron ARPANET: en la práctica lograron establecer comunicación entre algunos de sus ordenadores, que físicamente estaban muy alejados entre sí, manteniendo un diálogo mediante un sistema para empaquetar los datos hasta entonces inexistente y creando de este modo una especie de circuito blindado en el que aquellos ordenadores podían intercambiar informaciones sin que los comunistas pudieran tener la esperanza de meterse a leerlos. Todo pasaba, hay que añadir, en una ridícula cantidad de tiempo. Pulsabas una tecla y tu mensaje llegaba al instante al otro lado. Bueno, si no era exactamente al instante, en cualquier caso con una velocidad sorprendente.

Ahora, bastaba con que uno no estuviera hipnotizado por la obsesión de los comunistas para darse cuenta de inmediato de que una solución semejante abría horizontes increíbles, más allá del contexto militar. Algunas universidades americanas que habían cooperado en el desarrollo de ARPANET se percataron de ello, mejoraron esa tecnología y la adoptaron para poner en comunicación los ordenadores de sus investigadores. El 29 de octubre de 1969 de un ordenador de la UCLA (Los Ángeles) salió un mensaje que llegó en tiempo real a la Universidad de Stanford (San Francisco), tragándose 550 kilómetros en un santiamén. El mensaje solo llegó a medias, de acuerdo, pero corrigieron las cosas enseguida y al segundo intento todo fue bien. Tanto fue así que montaron su propio circuito y empezaron a utilizarlo para comunicar todos sus ordenadores. Se enviaban, digamos, cartas (ahora los llamamos e-mails). Pero también investigaciones enteras. O libros. O chistes, me imagino, no lo sé. En cualquier caso, no estaba nada mal.

Lo que pasó entonces fue que muchas otras universidades, algunas grandes empresas y hasta los Estados nacionales se dieron cuenta de la fantástica utilidad del asunto y organizaron cada uno su propio circuito que ponía en comunicación todos sus ordenadores. Vamos a llamarlo con su verdadero nombre: pusieron en marcha su *network*. Cada uno tenía la suya, y cada network tenía su funcionamiento, sus reglas, sus mecanismos. Eran vasos no comunicantes. Como lenguas diferentes, eso es. No habría pasado nada, y vosotros seguiríais lamiendo sellos, si en 1974 dos ingenieros informáticos americanos no hubieran inventado un protocolo que era capaz de hacer dialogar los formatos de todas las redes del mundo, poniéndolas, como por arte de magia, en comunicación. Prácticamente, un traductor instantáneo planetario: cada uno hablaba en la lengua que le parecía y ese protocolo traducía al instante. No le dieron un bonito nombre [ingenieros...], pero de todas formas vale la pena aprenderlo: TCP/IP. Fue la invención que eliminó las barreras entre las varias network existentes, obteniendo el formidable resultado de poner sobre la mesa, de hecho, una única gran network mundial: alguien la llamó *Internet*.

Eran los años setenta y –muy importante– todo esto concernía a una cantidad más bien ridícula de personas. Una élite pequeñísima, si pensamos en los números del planeta. La misma élite, obviamente, que tenía acceso a los ordenadores. Era un juego de nicho. El curling tiene hoy, probablemente, más practicantes. Nada de todo esto aparece en nuestra columna vertebral de la revolución digital, que como queda dicho está consagrada a tomar nota de los pasos en que el seísmo afloró a la superficie modificando de verdad la vida de las personas. En esta historia, ese momento empieza a llegar solo en 1990.

57

Tim Berners-Lee, un inglés que trabajaba en el CERN de Ginebra, inventa una cosa a la que llama *Web*. [Por primera vez vemos la aparición de la vieja Europa en esta historia, en la que todos los héroes –todos– son americanos, y a menudo californianos. Tengo que añadir, para completar la información, que Berners-Lee inventó la Web trabajando con un ordenador americano: se llamaba NeXT y lo producía una compañía californiana de la que es interesante anotar el nombre del fundador: Steve Jobs.]

¿Qué inventó, exactamente, Berners-Lee? No Internet, y eso ya lo hemos entendido bien. ¿Pues entonces? He aprendido que las respuestas posibles a esta bellísima pregunta son muchas, todas ellas imprecisas o incompletas. Añado una más, la mía.

Sea lo que sea la Web, Berners-Lee la inventó realizando tres movimientos precisos.

El primero nace de una pregunta: si con Internet puedo poner en comunicación todos los ordenadores del mundo, ¿por qué contentarme con tan poco? Me explico. Imaginad el ordenador en el escritorio del profesor Berners-Lee y luego imaginaos el estudio donde está ese escritorio. Bien. Ahora mirad alrededor, seguramente veréis muebles, abridlos y concentraos en los cajones, muchos cajones, quizá un centenar de cajones, todos llenos de cosas, proyectos, ideas, apuntes, fotos de las vacaciones, cartas de amor, recetas médicas, CD de los Beatles, colecciones de cómics de Marvel, carnets de cinefórum, viejos extractos bancarios. Y ahora preguntaos: ¿por qué no entrar directamente en esos cajones? ¿Será posible que pueda surcar miles de kilómetros (¡miles!) y luego, al llegar a dos metros de ese cajón (¡dos metros!), no pueda entrar porque me detengo en el ordenador del profesor? Es estúpido. Entonces hablo del tema con el profesor Berners-Lee. Él se queda escuchándome y luego, puesto que sabe cómo hacerlo, inventa un sistema por el que, modificando la estructura de los cajones, me deja recorrer esos dos metros e ir a mirar en su interior. Naturalmente, no está obligado a abrírmelos todos, él elige los que pone a mi disposición, pero cuando los elige entonces se aplica a darles una estructura tal que los ponga a mi alcance, me deje verlos, y remover en su interior, e incluso llevarme lo que me interesa. ¿Cómo lo hace? Duplica el contenido de esos cajones en sendas representaciones digitales que coloca en un lugar que llama, con una sublime simplicidad, *lugar:* o, para decirlo mejor, *sitio.* Un sitio web. Lo imagina como un árbol que se extiende con sus ramas en el espacio: cada hoja es una página, una página web. ¿De qué está hecho ese árbol? De representaciones digitales, es decir, textos, imágenes, sonidos que, formateados en lenguaje digital, son almacenados en el ordenador. Una vez allí, por delante de ellos se abre la inmensa red «de carreteras» de Internet. Al servirse de esa red los cajones del profesor Berners-Lee, duplicados en representaciones digitales, se ponen en movimiento: y llegan hasta mí. Mi ordenador. Donde, al final del proceso, encuentro lo que buscaba: las colecciones de cómics Marvel del profesor Berners-Lee [las recetas médicas me interesaban menos].

Notable, es necesario admitirlo.

Aunque, en el fondo, bastante previsible, si no fuera porque el profesor Berners-Lee realiza inmediatamente después un segundo movimiento, este *en verdad* emocionante: para hacer las cosas más simples y espectaculares PONE EN COMUNICACIÓN TODOS LOS CAJONES ENTRE SÍ. Me refiero a que cuando entro en uno, puedo, sin cerrarlo siquiera, entrar en otro, sin pasar por la casilla de salida. Hago esto gracias a puertecitas que el profesor Berners-Lee pone en marcha y a las que llama *link.* Son palabras especiales, más que palabras, *hiperpalabras,* que generalmente aparecen en azul. Hago clic encima y acabo en otro cajón. Como veis, la cosa comienza a ponerse divertida. Si solo una hora antes enviar un e-mail podía parecerme algo extraordinario, ahora que revoloteo por todos los cajones del profesor, limitarme al envío de esas cartitas me parece una congoja inexplicable, un jueguecito de niños. Mucho mejor ponerme a viajar de un cajón a otro, de un sitio web a otro. Sobre todo cuando el profesor Berners-Lee ha decidido hacer la cosa definitivamente divertida realizando el tercer movimiento.

En vez de guardárselo o tratar de venderlo, el profesor (con permiso de su contratante, el CERN de Ginebra) hace público el sistema inventado por él para abrir sus cajones y dice algo muy simple: si lo hacemos todos, y a través de los links unimos todos nuestros cajones, nos encontraremos delante de una formidable telaraña de cajones por los que cualquiera podrá viajar libremente a su antojo, mirando y haciéndose con lo que necesite: obtendremos una *World Wide Web*, una telaraña tan grande como el mundo, que todos pueden recorrer, en la que todos los documentos del orbe, ya sean textos, fotos, sonidos, vídeos, estarán al alcance de la mano. Luego añade algo irresistible: ah, me olvidaba, será completamente gratis.

Guau.

¿Quién no querría algo semejante?

Nadie, y de hecho aquí estamos.

En 1991 había en el mundo un solo sitio web: el de Berners-Lee.

Al año siguiente, gente de buena voluntad abrió otros nueve.

En el 93 eran 130.

En el 94, 2.738.

En 95, 23.500.

En el 96, 257.601.

Hoy, mientras escribo esta línea, hay 1.000.284.792.

Como comprenderéis, las consecuencias de una avalancha semejante son incalculables. A nosotros nos interesan sobre todo las de tipo mental. Las encontraréis en los *Comentarios* que siguen a este capítulo. Por ahora, dejemos a un lado esta costilla gigantesca, esta montaña que ha brotado de la tierra, partiendo la corteza de los hábitos de un mundo, y levantándose a ritmos vertiginosos, cada año, en el paisaje de los humanos. Sigue ahí subiendo [durante el tiempo en que he escrito estas líneas han nacido trece mil sitios web, para entendernos]. [De acuerdo, he ido un momento al lavabo, pero de verdad que ha sido solo un momento.] [Y en cualquier caso, durante el tiempo de escribir estos dos paréntesis han nacido otros mil, para que conste.] [¿Que cómo lo sé? www.internetlivestats.com.]

Como iba diciendo. De las consecuencias mentales tendremos ocasión de ocuparnos dentro de un rato. Por ahora ya es un buen resultado archivar esta costilla con la vaga impresión de haber entendido qué es. ¿Vosotros la tenéis? Eso espero. Y volvamos a la columna vertebral. Habíamos llegado a 1990.

1990
• Tim Berners-Lee inaugura la *World Wide Web* y cambia el mundo.

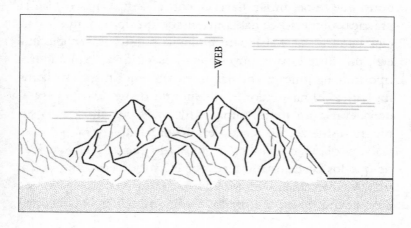

61

1991-1992

• Nada realmente notable, que yo sepa. Quizá tenían que recuperarse del shock.

1993

01 • Un grupo de investigadores europeos inventa el MP3. Es un sistema que permite hacer los archivos de audio todavía más ligeros que antes y, por tanto, minimizar su peso digital. Nace un concepto, el de COMPRESIÓN, que más tarde se aplicará a las imágenes fijas (generando el *jpeg)* y en movimiento *(mpeg).* La idea consiste en que si encuentras un sistema que elimine en la versión digital de un sonido todas las secuencias numéricas que no son estrictamente necesarias (por ejemplo, las que registran matices sustancialmente inaudibles para el oído humano) lo que acaba en tus manos es un sonido un tanto empobrecido, pero mucho más ligero, por tanto aún más fácil de transportar, de enviar, de almacenar. Ni por asomo podríais oír música con vuestro móvil sin un truco como ese. [Inútil decir que, al instante, el CD comenzó a parecer el resto de una conmovedora civilización pasada.]

• Abre *Mosaic,* el más usado entre los primeros navegadores que te permitían navegar por la Web. Decisivo. En la práctica, Berners-Lee había inventado un tipo de mundo digital paralelo (la Web), pero no había puesto un servicio inicial, por lo que para moverse era necesario ser exploradores tipo Indiana Jones y, en cualquier caso, unos magos de la informática. El navegador es el conjunto de servicios que pueden llevar a un inútil como yo de viaje por allí dentro sin ningún esfuerzo. Lo instalo en mi ordenador y me permite viajar por la Web sin saber ni siquiera lo que es. [Tengo la idea de que los cruceros son algo por el estilo, pero aplicados al mar Mediterráneo.] El Mosaic fue el primer navegador de cierto éxito, lo montaron dos estudiantes de la Universidad

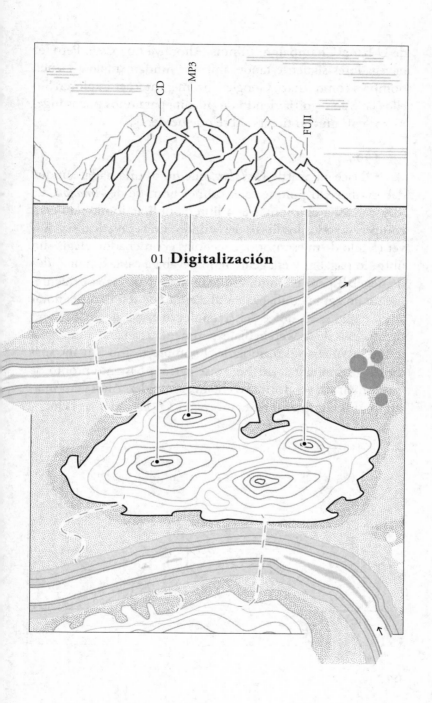

CD

MP3

FUJI

01 **Digitalización**

de Urbana-Champaign, Illinois. Ahora ya no existe. Pero los navegadores siguen estando ahí, son fundamentales. Tienen nombres como Safari, Google Chrome, Internet Explorer. Sin ellos la Web seguiría siendo un pijadita para unos pocos ingenieros con mucho tiempo libre que perder.

1994
• Nace en Seattle *Cadabra,* que no os dirá nada, aunque debería hacerlo porque es el primer nombre de *Amazon.* La idea consistía en montar una librería online donde pudieran comprarse todos los libros del mundo. En la práctica, sin mover el culo de tu escritorio, encendías el ordenador, elegías un libro, lo pagabas y esa gente te lo llevaba a casa. Era una idea demencial, pero el hombre que la tuvo depositaba evidentemente una gran confianza en una cifra que resulta útil anotar aquí, y que es el índice del crecimiento anual que el número de usuarios de la Web había experimentado el año anterior: + 2.300 %. Además de cambiarle el nombre al sitio (un año más tarde), su fundador, Jeff Bezos, se percató bastante pronto de que limitarse a vender libros era una estupidez. Ahora en Amazon podéis compraros hasta un coche. O el secador de pelo.

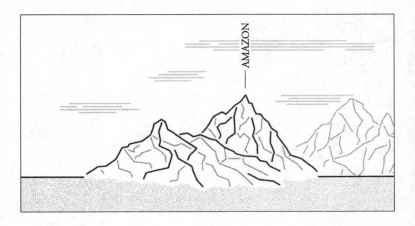

Otro paréntesis, necesario para recordar bien cómo funcionaban las cosas en aquella época. Documenta la Historia que Jeff Bezos, que necesitaba encontrar fondos con los que financiar los primeros años de Amazon, se dirigió, entre otros, a su padre. Quería convencerlo de que le confiara sus ahorros: parece que estos ascendían a 300.000 dólares. Tuvo que explicárselo todo de pe a pa, por supuesto de un modo convincente. Su padre estuvo escuchándolo y luego formuló la siguiente pregunta: «¿Qué es eso de Internet?»

La pregunta ahora os parecerá cómica, pero en cambio nos ayuda a concentrarnos sobre qué años eran aquellos, que es además el sentido de esta pausa: recordarnos qué años eran aquellos.

En mi caso, por ejemplo, más o menos en esos mismos años me encontraba en Santa Mónica, California, gastándome el primer dinero que había ganado permitiéndome el lujo de escribir en un cuarto de hotel un texto teatral que luego resultaría ser, con gran sorpresa por mi parte, una auténtica bazofia. De vez en cuando, para estirar las piernas, daba un paseo por la Promenade y allí un día hice el bonito gesto de entrar en una librería. Probablemente estaba mirando las tapas de los libros, tomando nota de la supremacía incuestionable de los grafistas americanos, cuando me di de bruces –y esto lo recuerdo *claramente*– con un tipo de libro cuyo sentido no entendía y cuya posible utilidad ignoraba, pero que me recordó algo que cierto amigo me había explicado. Lo que me puso sobre aviso era el hecho de que el libro parecía ser un catálogo de sitios, o de nombres, o de títulos (no lo entendía bien), pero todos con puntos en medio, con barras //, con siglas, quizá tipo CH, UE, es difícil recordar con exactitud. En resumen, se parecían entre sí y no se parecían a nada que yo conociera. Mi amigo debía de haberme mostrado algo semejante. Ahora sé lo que eran: direcciones de sitios web. Ahora sé que aquel era un libro conmovedor, esto es, una especie de listín telefónico de la Web, las Páginas Amarillas de la Web: el hecho de que lo vendieran en una librería extremadamente cool de Santa Mónica dice mucho sobre el estado neonatal de la revolución digital: no sabían muy bien ni adónde se encaminaban si hacían libros *de papel* con todos los sitios web escritos en orden alfabético, sobre todo clasificados de modo descorazonador por temas: los de deporte, los de gastronomía, los de médicos. Decidme si no resulta conmovedor. Como un motor de explosión cuya potencia se calculara contando cuántos caballos habrían movido el mismo peso. Son esos momentos aurorales en los que el genio del hombre convive con una forma irremediable de titubeo idiota. Momentos en los que uno, incluso siendo el padre de Jeff Bezos, puede hacer la pregunta «¿Qué es eso de Internet?», sin quedar como un imbécil. En cuanto a mí, compré el libro pensando en regalárselo a mi amigo, pero del mismo modo en que podría haberle regalado una gramática japonesa a un colega excéntrico que estaba estudiando una lengua para mí inútil. De hecho no sabía lo que era un sitio web, y no lo sabía de la manera más radical, y definitiva, y vergonzosa, es decir sin tener la más mínima idea de qué clase de objeto, o de forma, o de identidad se trataba. La Web no existía en el índice de lo que yo sabía, pero esto era lo de menos: no existía la *lógica* de la Web, su *forma,* su ARQUITECTURA MENTAL: yo no solo ignoraba que existía, es que no disponía de las categorías que la habían generado.

Tenía una carrera, me interesa subrayar. Filosofía. Quiero decir con esto que probablemente no era un problema personal mío: todos éramos unos ignorantes, no solo el señor Bezos y yo.

Así que ahora que estamos recorriendo de nuevo con la mirada la columna vertebral de la revolución digital, notamos bajo nuestros dedos las vértebras, una a una, percibiendo lo que realmente eran en aquellos tiempos: cartílagos blandos aún, provisionales, cambiantes. Eran realmente organismos nuevos, en su concepción y en su estructura: materiales ajenos.

Mi amigo ahora escribe libros, muy hermosos, por otra parte. El padre de Bezos no, pero le dio los 300.000 dólares a su hijo. Me da por suponer que le han redituado una hermosa cifra.

Bien. Volvamos a la columna vertebral. Habíamos llegado a 1994. Abre Amazon, pero no es lo único que ocurre.

1994
• IBM saca el primer smartphone. Los teléfonos móviles existían desde mucho tiempo atrás, pero este es el primer teléfono capaz de hacer cosas que un teléfono no debería hacer. Envía e-mails y lleva instalado un videojuego, para entendernos. Seis meses de vida y dejaron de producirlo. Salida en falso. Para ver la aparición de un smartphone en la superficie de los consumos de masa será necesario esperar al menos nueve años más. No sé, exactamente, por qué.

• Nace la PlayStation. La hacen los japoneses de la Sony. La relación con los hijos ya no será la misma. Y tampoco la relación con la realidad, como veremos.

• Nace *Yahoo!*, y empieza la moda de los nombres estúpidos. En todo caso, un momento histórico. El portal, inventado por dos estudiantes de la Universidad de Stanford (California, USA), hace la cosa más obvia, esto es, elimina la dolorosa necesidad de las Páginas Amarillas en papel que le había regalado a mi amigo: por fin hay alguien que te ayuda a orientarte en Internet y en la Web, y lo hace con un sitio web. No era tan difícil, después de todo.

1995
• Después de las fotos, las películas. Son digitalizados, esta vez, los audiovisuales. Se pone a la venta el primer DVD. De nuevo es Philips, de nuevo con los japoneses (Sony, Toshiba, Panasonic). Dos años más y el VHS estaba muerto. Amén.

02 • Bill Gates lanza *Windows 95*, el sistema operativo que convierte todos los ordenadores personales en instrumentos amigables como los Apple, pero mucho menos caros. Ya no hay más excusas para aplazar la entrada en casa de un ordenador. Si no lo tienes, entonces realmente es que no quieres entender...

• Nace *eBay* y lo hace, también, en California. Mercado abierto a todo el mundo, para poder comprar y vender cualquier cosa. Lo primero fue un puntero láser roto.

1998
• Gran Final. Dos estudiantes de veinticuatro años de la Universidad de Stanford (Serguéi Brin y Larry Page) lanzan un motor de búsqueda al que le ponen un nombre idiota: *Google*. Hoy es el sitio web más visitado del mundo. Cuando lo imaginaron había poco más de seiscientos mil sitios web: encontraron el modo de permitirte encontrar, en menos de un segundo, todos los que contenían una receta de lasaña, y de
03 soltártelos por orden de importancia. (La lasaña es solo un ejemplo: funcionaba también si buscabas *prótesis de cadera.)* Lo más sorprendente es que sigue siendo capaz de hacerlo ahora que los sitios son más de 1.000.000.200. Para utilizar una metáfora del siglo XVI, si los navegadores te proporciona-

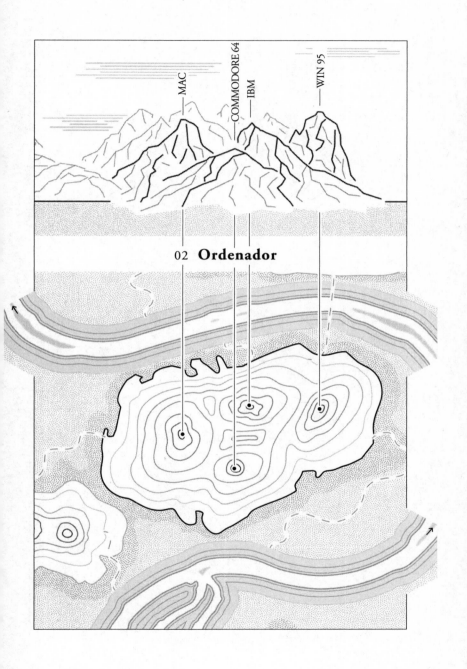

MAC

COMMODORE 64

IBM

WIN 95

02 **Ordenador**

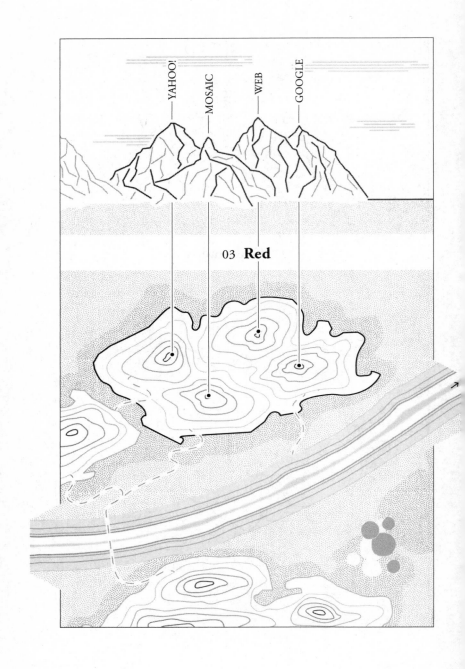

03 **Red**

ban los barcos de vela para viajar por el gran mar de la Web, si los portales como Yahoo! te indicaban rutas y peligros, esos dos tipos encontraron de golpe el sistema para calcular la longitud y la latitud, y pusieron al servicio de todos los navegantes un mapamundi en el que estaban todos puertos del planeta, ordenados por importancia, comodidad y vocación comercial. Eran capaces de decir en cuáles se comía mejor, en cuáles el precio de la pimienta era más bajo y en cuáles eran mejores los burdeles. No os asombraréis al saber que actualmente su marca, Google, es la más influyente del mundo [sea lo que sea que quiera decir esto].

También aquí, más allá de las incalculables consecuencias económicas, asistimos a la introducción de algunos movimientos mentales que resultarán ser decisivos para trazar el perfil de la nueva civilización que estaba naciendo. Variaciones de cualquier lógica conocida, y posiciones mentales que nunca fueron vistas: lo nuevo absoluto. Será interesante hablar del tema en los habituales *Comentarios* a los que ya me he referido. Por ahora quedémonos aquí y miremos lo que tenemos delante de los ojos.

Screenshot final

¿Veis la columna vertebral, la cadena montañosa? Es la época clásica de la revolución digital. Los *Space Invaders* no eran más que una primera colinita, más que nada simbólica: estas ya son montañas de verdad. Bastante espectaculares, hay que admitirlo. ¿Queremos intentar entenderlas de una forma sintética, tan sencilla que incluso un niño lo entendería [es un decir]? Sí, queremos. Pues veamos:

La revolución digital nace en tres largos gestos que delimitan un nuevo campo de juego.

A. Digitalizar textos, sonidos e imágenes: reducir a estado líquido el tejido del mundo.
Es un gesto que va del CD al DVD, pasando por el MP3: de 1982 a 1995. Más o menos la misma época del PC.

B. Hacer realidad el Ordenador Personal.
Es un gesto que viene de lejos y que se hace realmente visible a mediados de los años ochenta –con los tres PC mencionados– e irreversible a mediados de los años noventa –con la llegada de Windows 95.

C. Poner en contacto todos los ordenadores, ponerlos en red.
Es un gesto que empieza con ARPANET en 1969 y, pasando a través de la invención de la Web, llega a la línea de meta en 1998 con la invención de Google.

Llegados a este punto, sinteticemos: lo que hemos hecho, en la época clásica, ha sido reducir al estado líquido los datos que contenían el mundo (A), construir una tubería ilimitada por la que ese líquido podía correr a una velocidad vertiginosa y salir a borbotones en todas las casas de la gente (C) e inventar grifos y lavabos muy refinados que pudieran hacer de terminales de ese inmenso acueducto (B). En 1998 el trabajo había terminado. Era mejorable, pero había terminado. Lo que podemos decir sin miedo a equivocarnos es que un humano occidental, sentado delante de su PC, cualquier día de 1998, estaba sentado delante de un grifo bastante fácil de usar gracias al que accedía a un acueducto colosal: es importante señalar que no solo podía obtener agua cuando quería, sino que también podía a su vez meter agua para ponerla en circulación. O gaseosa, naturalmente. Whisky, si le apetecía. Bastante increíble. Como situación era completamente nueva, y ahora es particularmente importante –además de divertido– ver con exactitud cuáles fueron las primeras acciones que el ser humano llevó a cabo cuando se vio en esa situación y puso sus manos en ese grifo.

En esencia, utilizó ese enorme acueducto para poner tres cosas en circulación: informaciones personales (mails, investigaciones), mercancías (Amazon, eBay, videojuegos) y mapas del acueducto (Yahoo!, Google). Naturalmente, si volviéramos a esos años, con detalle, encontraríamos una cantidad casi infinita de usos de Internet: pero si ahora debemos verificar la columna vertebral, y tomar nota solo de las formaciones geológicas que nacieron entonces y que luego realmente llegarían a ser montañas, lo que vemos es sencillo: mapas, mercancías, documentos.

No habría sido posible decir algo muy distinto de los primeros navegantes que abrieron las grandes rutas intercontinentales en el siglo XVI. Una estrategia muy tradicional, en consecuencia. Una apertura clásica, la llamaríamos en el ajedrez. También en su movimiento más recóndito y, al final, más importante. Había otra cosa que los comerciantes marinos del siglo XVI llevaban alrededor del mundo: *Dios*. Misioneros. Una cierta *way of life*. Cierto modo de estar en el mundo. Lo mismo hace la revolución digital: empieza a sedimentar cierto modo de estar en el mundo. Representaciones mentales. Movimientos lógicos que no se conocían. Una idea diferente de orden, y de contacto con la realidad. No exactamente una religión, sino algo que está cerca: UNA CIVILIZACIÓN.

Podemos reconocerla si intentamos observar de cerca esos primeros movimientos –hallazgos arqueológicos– y estudiarlos: en esos gestos hay algo que se reproduce constantemente, casi unos rasgos somáticos comunes, a veces unos tics que se repiten igual. Los indicios de una cierta mutación. Las huellas de humanos hechos de una forma extraña, nunca vista.

Si queréis saber más sobre el tema, entreteneos un rato leyendo los *Comentarios* que siguen: resulta fascinante. Interrumpe un poco el ritmo de nuestra reconstrucción de la columna vertebral digital, pero también ayuda a entenderla *de verdad.*

Por otra parte, ahora que lo pienso, también cabe la posibilidad de lanzar el libro a la estufa, en cualquier caso. Lo entiendo y paso, haciendo caso omiso, a los *Comentarios.* Adoro ese nombre un tanto vintage.

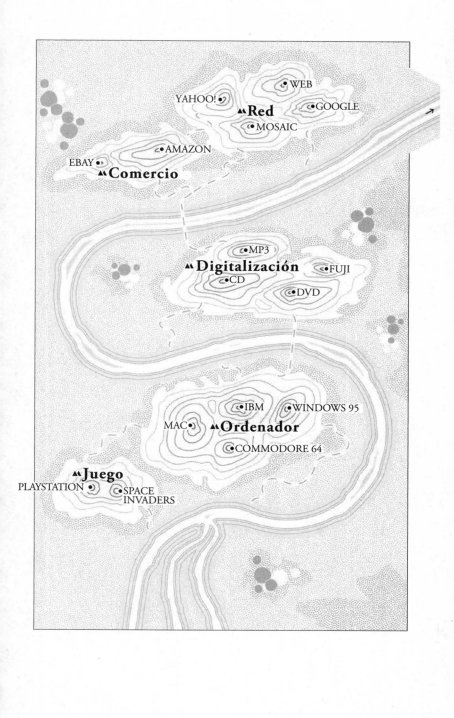

Ocaso de las mediaciones

La utilidad de reconstruir la columna vertebral de la revolución digital es que luego puedes ir y excavar en esas montañas. Como un geólogo, como un arqueólogo. ¿En busca de qué?

Fósiles. Huellas dejadas por esa gente. Indicios.

El primero lo encuentras casi de inmediato, hasta un niño lo vería: SE TRATABA DE ORGANISMOS QUE SE SALTABAN PASOS Y BUSCABAN UN CONTACTO DIRECTO CON LAS COSAS. Tenían esa forma de moverse: se saltaban pasos.

CONTACTO DIRECTO. Mirad las mercancías, que es lo más sencillo: al vender libros online, Amazon se saltaba un paso, dejaba en fuera de juego la librería [en realidad, se saltaba más de uno, pero centrémonos en el más visible]. eBay incluso hacía más: se saltaba todos los pasos, anulaba todas las tiendas, sobre el papel también aniquilaba a Amazon: la mercancía corría directamente entre una persona y otra: ningún mediador, los comerciantes son expulsados.

Igual de lineal era el camino del mail: directamente de quien lo escribe a quien lo lee: ¿dónde se habían metido el cartero, el sello, el mítico sistema postal? Aparentemente, en la nada. ¿Sobres, papel de cartas? *Puf.* También Google, y en el fondo de una forma más clamorosa, aniquilaba los pasos intermedios: ya no existía una casta de sabios que sabía dónde se encontraba el saber: el que lo sabía era un algoritmo que saltaba invisible y te llevaba directamente a lo que buscabas.

Esto era un fenómeno nuevo. Saltarse los movimientos no estaba previsto en ninguna apertura clásica. De manera que vale la pena mirarlo todavía más de cerca.

MAREAS. Es interesante fijarse en lo que queda sobre el tablero cuando sacas de en medio todas las mediaciones que puedes. A simple vista, queda una especie de GESTOR DE LA MESA, alejado, casi legendario, que habilita a los jugadores para utilizar las casillas que tienen delante, gobierna la funcionalidad del sistema, dirige el tráfico y obtiene de una manera u otra su beneficio: eBay, pongamos por caso. O Yahoo! Es una entidad bastante impersonal, o al menos suprapersonal (más que un individuo, es una nebulosa de individuos). A menudo es incluso un algoritmo, como en el caso de Google, o un protocolo informático, como en el caso del mail. Es poco más que un sistema de reglas, un espacio organizado, un tablero limpio, un campo vagamente abierto y controlado por alguna entidad bastante remota. La impresión de libertad es notable, es inútil negarlo.

Pero si se observa mejor aún, se notará que en el aparente vacío de ese campo abierto aflora el dibujo reconocible de una nueva fuerza, tan nueva que en un primer momento es difícil enfocarla bien: son como corrientes, apenas perceptibles. Mareas. Son generadas por los movimientos de los usuarios que están circulando en ese espacio. Los compradores de Amazon, pongamos por caso. O los que utilizan Google como buscador. Se mueven, viajan y dejan huellas. Desde el primer momento, los gestores de esos espacios abiertos se percataron de que esas huellas eran importantes: de manera que prestaron mucha atención a no borrarlas, es más, aprendieron a registrarlas y organizarlas para hacerlas legibles: y empezaron a utilizarlas, a darles un valor. El caso más clamoroso es Google. Querían indexar y jerarquizar las páginas web donde encontrar lo que buscabas, un propósito más que lógico, casi obvio. Lo difícil era cómo elegir las páginas que se debían colocar en cabeza de la clasificación, las que serían señaladas como las mejores. La lógica tradicional habría sugerido contratar a expertos que de vez en cuando indicaran cuáles eran los mejores sitios: pero Google trabajaba con tales cifras que eso no podía proponerse y, sobre todo, ya estaba más allá de una lógica como esa –instintivamente apuntaba a saltarse pasos y mediaciones, buscando un contacto directo con el mundo–. Así que nada de expertos. ¿Y entonces? Entonces hicieron uno de esos movimientos revolucionarios que realmente se encuentran en el seno de la mutación que estamos estudiando: decidieron que serían las elecciones de los distintos usuarios las que sancionaran qué era lo mejor y qué era lo peor: trazando el camino en la Red de cada usuario se captaban unos flujos más intensos y otros más débiles, y esa iba a ser, con pocas correcciones, la geografía del saber. EL MEJOR LUGAR ERA ESE AL QUE IBA MÁS GENTE. Resultado: hoy Google, que en sí mismo no es experto en nada, es consultado como si fuera un oráculo porque es capaz de dar cuenta, al milímetro, del juicio de millones de personas. Donde podéis ver establecido un principio que luego será decisivo: la opinión de millones de incompetentes es más fiable, si uno es capaz de leerla, que la de un experto.

Lo que podemos decir, pues, es que donde desaparecen los libreros, los carteros, los comerciantes, los expertos y, en resumen, cualquier forma de sacerdote, permanece la presencia vigilante de un sistema remoto y, a veces, las corrientes generadas por flujos colectivos de enormes dimensiones. Se genera una especie de EFECTO MAREA: el individuo concreto nada libremente en un mar protegido y organizado en el que no hay sacerdotes tocando las pelotas, pero donde corrientes creadas por inmensas mareas colectivas lo engloban sin que él casi lo note. Una mosca que volara alegremente en el compartimento de un tren en marcha no haría un viaje muy diferente. ¿Podríamos decir que vuela *libremente?* Ella no lo sé, con sinceridad, pero si vuelvo a centrarme en los humanos de esa nueva civilización, y en su tendencia a saltarse las mediaciones y a buscar un contacto directo con el mundo, creo que podría decirse que al menos volaban con cierta dosis de libertad, equivalente al menos a la que tenían antes de la revolución digital. En aquel entonces, en los tiempos de lo analógico, las mareas estaban constituidas por flujos ideológicos masivos a los cuales era esencialmente imposible sustraerse (la Iglesia o el Partido, pongamos por caso); en la época clásica de la revolución digital están formadas por movimientos de masas que vienen señalados con regularidad por los jugadores dominantes de la revolución: resulta difícil decir qué es preferible. Pero llegará el momento de hacerlo, y será fascinante. Por ahora me limito a evidenciar un efecto, de enorme alcance, que ha generado el deseo de contacto directo con el mundo: el ocaso de los sacerdotes.

DESTRUCCIÓN DE LAS ÉLITES. Si te saltas las mediaciones, dejas fuera de juego a la casta de los mediadores y, a largo plazo, aniquilas a todas las viejas élites. El cartero, el librero, el profesor universitario: todos ellos sacerdotes, aunque de modo diferente; todos ellos miembros de una élite a la que solía reconocérsele una determinada competencia, una autoridad y, en definitiva, cierto poder. Si organizo un sistema que los deja fuera de juego, sustituyéndolos por ambientes protegidos en los que pongo en contacto directo a los hombres y las cosas, y empujo a todo el mundo a flotar en mareas generadas por una inescrutable inteligencia de masas, hago realidad algo de la época: un mundo aparentemente sin élite, un planeta a tracción directa, donde la intención y la inteligencia colectivas se convierten en acción sin tener que pasar por autoridades intermedias. La consecuencia inevitable es que en un número significativo de personas se va abriendo paso la convicción de que puede prescindirse de las mediaciones, de los expertos, de los sacerdotes: muchos llegan a la conclusión de que han sido engañados durante siglos. Miran a su alrededor y, animados por una cierta vena comprensible de resentimiento, buscan la próxima mediación que debe destruirse, el próximo paso que saltarse, la próxima casta sacerdotal a la que inutilizar. Si has descubierto que eres capaz de prescindir alegremente de tu agente de viajes, ¿por qué no empezar a pensar en echar al médico de familia? En un ámbito que está ampliamente sobrevalorado como es la política, la presente inclinación de los electores hacia determinada forma de liderazgo populista que tiende a saltarse la mediación de los partidos tradicionales y, en el fondo, también los razonamientos, puede dar una idea particularmente clara del fenómeno. Pero se trata, como digo, solo de un ejemplo, y ni siquiera del más importante.

RESUMEN. Desde su época fundacional, clásica, la columna vertebral de la revolución digital da fe de organismos con un instinto elevadísimo de instalar un mundo a tracción directa, saltándose todos los pasos posibles y reduciendo al mínimo las mediaciones entre el hombre y las cosas o entre un hombre y otro. El individuo, bastante libre en su avance, casi carente de referencias-guía, acaba tomando como referencia los millones de huellas dejadas por otros individuos, porque es capaz de leerlas, de organizarlas, de traducirlas en datos ciertos. Se generan entonces mareas en donde flota la natación libre de cada individuo. Al final de este proceso, el hombre experimenta una vida en la que ha logrado prescindir de los sacerdotes, de los expertos, de los padres. La encuentra hermosa. OBTIENE UNA REJUVENECIDA CONCEPCIÓN DE SÍ MISMO.

Desmaterialización

Volvamos un momento atrás, a los *Space Invaders*. A la secuencia futbolín/millón/videojuego. Existía ese deslizamiento progresivo hacia una realidad carente de fricciones, esa disolución de los gestos, ese movimiento progresivo hacia algo cada vez más inmaterial. Ahora podemos decir que esa misma sensación se encuentra, con cierta regularidad, en todas las costillas de la época clásica.

La digitalización diluía los datos, haciéndolos ligerísimos e inmateriales. Textos, sonidos e imágenes quedaban en una nada que era posible convocar desde la nada gracias a instrumentos que eran cada vez más pequeños: como si hubieran querido retirarse de la realidad y ocupar cada vez menos mundo físico. Entretanto, los ordenadores desmaterializaban prácticamente el mundo, restituyéndolo todo en una pantalla que podía gestionarse pulsando teclas y moviendo un ratón (que, al revelarse más tarde como demasiado material, desapareció en la nada). Por otra parte, escribir y enviar una carta se habían convertido ya en gestos completamente factibles mientras uno estaba sentado y tecleando. La compra de un libro en Amazon o de una bicicleta usada en eBay era un proceso que solo a la entrega de la compra desembocaba en una verdadera realidad, material, tangible: de entrada todo pasaba por la materialidad de procesos que también podían ser una pura fábula y mediante representaciones de los objetos que, en cuanto tales, podían ofrecer poco más que su bonachona imagen. Por no hablar de la PlayStation, que hacía realidad el sueño visionario de los marcianitos, convirtiendo el acto de pilotar un coche de carreras (o de dispararle a la cabeza a una viejecita, o de lanzar un penalti) en una experiencia bastante real, a condición de no serlo en absoluto. Y, naturalmente, para terminar: la propia Web, como antes el mismo Internet, era, y es, una entidad que se percibe como sustancialmente INMATERIAL, seguramente «real», pero no como lo eran las redes ferroviarias e incluso las rutas marinas: ¿tiene peso?, ¿ocupa espacio?, ¿está en un lugar?, ¿puede romperse?, ¿tiene límites? Preguntas a las que por regla general no se sabe responder. ¿De qué estaban hechos los marcianitos, por otra parte? ¿Alguno de nosotros lo sabía? No.

Desmaterialización.

Voy a intentar traducirlo. [Cuando digo esto no quiero decir que estoy a punto de traducir a una lengua sencilla de manera que lo entendáis vosotros también, pobres idiotas: intento traducírmelo a mí mismo, intento convertir una colección de datos en una figura utilizable, en la rotundidad de un significado completo.] Voy a intentar traducirlo, como venía diciendo. A partir de la época clásica de la revolución digital, zonas cada vez más amplias del mundo real se hacen accesibles a través de una experiencia inmaterial. Hablamos de una experiencia en la que los elementos materiales se han reducido al mínimo. Es como si el instinto de esos primeros organismos fuera, desde siempre, delimitar el contacto con la realidad física, para hacer más fluida, más limpia y más agradable la relación con el mundo, con las cosas, con las personas. Es como si se les hubiera metido en la cabeza recoger la cosecha entera de la realidad y almacenarla en graneros que reducían su peso, hacían más simple su consumo y preservaban su valor nutritivo frente a cualquier invierno o asedio. Es como si buscaran aislar en todas las ocasiones la esencia de la experiencia y traducirla a un lenguaje artificial que la pusiera a salvo de las variables de la realidad material. Es como si tuvieran la urgencia de fundir toda su propia riqueza en oro ligerísimo, fácil de esconder, fácil de transportar, tan blando que fuera capaz de adaptarse a cualquier escondrijo, tan irrompible que fuera capaz de sobrevivir a cualquier explosión. La pregunta surge de forma espontánea: ¿de qué tenían miedo? ¿De quién estaban *huyendo?* ¿Se estaban preparando para una civilización *nómada?* Y si así era, ¿por qué?

Humanidad aumentada

Si existía una tendencia a desmaterializar la experiencia y a diluir el mundo en formas más ligeras, nómadas, la Web encarna, en esa tendencia, el momento más álgido, más claro y más visionario. Realmente vale la pena mirarlo de cerca hasta entenderlo mejor.

Una buena manera es la de ir a mirar la primera página web de la historia: aquella en la que el profesor Berners-Lee explicaba lo que era la Web. Es una maravillosa pieza de arqueología. Podéis encontrarla aquí: info.cern.ch/hypertext/www/TheProject.html.

La definición de lo que es la Web (no para nosotros, sino para un mundo que *no tenía la menor idea de lo que era)* es de VEINTIUNA PALABRAS. Toda la primera página no llega ni a doscientas palabras (ligereza, brevedad: del campo del futbolín a las dos teclas de los *Space Invaders).* En compensación, en la sexta palabra *(hypermedia)* ya cambia el color de los caracteres y las letras aparecen en azul, subrayadas. Haciendo clic sobre ella se acaba en otra página, esta también muy concisa. La primera línea ofrece en diez palabras la definición de lo que es un hipertexto: *un hipertexto es un texto que no está obligado a ser lineal.* Fantástico. Un texto libre de las cadenas de la linealidad. Un texto compuesto en telaraña, en árbol, en hoja, di lo que tengas que decir como diantres te parezca. Un texto que estalla en el espacio y ya no gotea de izquierda a derecha, de arriba abajo. Mientras entiendes lo que es, ya estás dentro, te estás moviendo como él: sigues haciendo clic en esas palabras azules y esto te proporciona una trayectoria oblicua, laxa, rápida, que gira casi sobre sí misma, en un movimiento que no conocías. Deambulando de esa manera y experimentando una ligereza nunca antes sentida, te cruzas con frases que le dan un nombre a lo que estás sintiendo. Una muy bella es: *No hay una clasificación en la Web. Puedes mirarla desde muchos puntos de vista.* A una civilización que durante siglos había sido acostumbrada a buscar la estructura del mundo poniéndolo en columna de lo alto a lo bajo, o a afrontar los problemas ordenándolos del más grande al más pequeño, ese hombre estaba diciendo que la Web era un mundo sin un principio o un final, sin antes ni después, sin arriba ni abajo —podías entrar por cualquier lado, y siempre sería la misma puerta principal, y nunca *la única* puerta principal—. ¿No veis el reflejo de una grandiosa revolución mental? No se trataba únicamente de una cuestión técnica, de ordenación del material: era una cuestión de estructura mental, de movimiento de los pensamientos, de uso del cerebro. Hay otra frase que a mí me parece decisiva, en su deslumbrante sobriedad: *Hipertextos e hipermedia son conceptos, no productos.* Qué bien conocía a sus retoños, el profesor Berners-Lee, sabía que era necesario decírnoslo bien clarito, en términos explícitos: *esto es una forma de pensar, no es un instrumento que te compras y luego usas mientras sigues pensando de la misma forma que antes.* Es una forma de mover la mente, y es tu responsabilidad elegirla como *tu* manera de mover la mente.

A quien elegía esa forma, la Web le proporcionaba una sensación que hay que consignar aquí como fundamental y que traza quizá la diferencia más evidente entre Internet y la Web. De una manera u otra, Internet, por muy de ciencia ficción que pudiera parecer, remitía a un esquema de experiencia bastante tradicional: yo estoy aquí, cargo cierta información o mercancía en un determinado medio de transporte, y esta llega a otro ser humano en la otra punta del mundo, en un momento. Bonito, pero un telégrafo, con todos sus límites, en el fondo no te ofrecía, mentalmente, una experiencia muy distinta. Las cosas cambian de manera drástica cuando te pones a navegar en la Web. Ocurra lo que ocurra realmente dentro del vientre tecnológico de la Web, la impresión, al viajar, es que eres TÚ quien se está moviendo, no las cosas: eres tú quien puede acabar en un instante en la otra punta del mundo, mirar a tu alrededor, robar lo que te apetezca, chapotear en todas direcciones, pillar lo que quieras y volver para casa a la hora de cenar. De hecho se dice *enviar* un mail con Internet (yo me quedo aquí, es él el que viaja), pero se dice *navegar* en la Web (soy yo quien se mueve, no el mundo el que se desplaza). Es una diferencia que significa muchísimo en términos de modelos mentales y de percepción de uno mismo. Toda la revolución digital, como ya hemos aprendido, tenía esta pequeña manía de disolver el mundo en fragmentos ligeros, rápidos, nómadas, pero es fácil percatarse de hasta qué punto la Web ha subido extraordinariamente la apuesta: ¡no se limitaba a desmaterializar las cosas, también desmaterializaba a la gente! Técnicamente, no hacía más que permitir que viajaran paquetes de datos digitales; pero a nivel de sensaciones, de impresiones, lo que hacía era hacernos a *nosotros* ligeros, rápidos, nómadas: igual que esos datos. Bastaba con apagar el ordenador y uno volvía a ser el paquidermo de antes, pero mientras estábamos en la Web éramos animales con el mismo diseño que nuestros productos digitales, con la misma técnica de caza.

El asunto tiene una consecuencia que puede parecer siniestra, pero que por ahora quisiera proponer que se considerara con la debida calma. De hipertexto en hipertexto, el hombre que viajaba por allí dentro acababa teniendo una percepción de sí mismo como de HIPERHOMBRE. No quisiera que entendierais esto en términos vagamente nazis o dignos de un cómic de Marvel: no es que uno se sintiera Dios en la tierra o un superhéroe con superpoderes. Es que uno se sentía un hiperhombre: UN HOMBRE QUE NO ESTABA OBLIGADO A SER LINEAL. A permanecer anclado en un lugar mental. A dejarse dictar por el mundo la estructura de sus pensamientos y los movimientos de su mente. A entrar siempre por la puerta principal.

Un hombre nuevo, diría alguien. Y es aquí, exactamente aquí, donde la revolución digital empieza a permitir que se perciba el hecho de que es hija de una revolución mental. Por primera vez vemos salir con claridad a la superficie la hipótesis de que UN HOMBRE HECHO DE FORMA DIFERENTE está en el origen de la elección digital: y que UN HOMBRE HECHO DE FORMA DIFERENTE será con toda probabilidad el resultado.

Un paso cuya importancia hace época.

Vamos a esforzarnos para tomarlo, por ahora, como un paso inocente: lo era. Era la perspectiva de una especie de HUMANIDAD AUMENTADA. Olvidémonos por un momento de Twitter, Facebook, WhatsApp, e incluso de la inteligencia artificial: ya llegaremos, pero por ahora olvidémonos de ello. En esa época no existían: en esa época se tenía esa sensación de ser humanos aumentados, sin estar ya obligados a movimientos rígidos, complicados, lentos. Tenéis que intuir la inesperada disolución del mundo y el desvanecimiento de cualquier forma de fricción. La libido de *Space Invaders*. Lo único es que ya no se trataba de un juego. Ahora se trataba de la vida.

¿De qué muerte estaban huyendo cuando decidieron vivirla de esa forma nunca antes vista?

No solo la Web aludía a una especie de HOMBRE NUEVO, sino que incluso le abría por delante su hábitat natural. Y aquí nos encontramos ante el auténtico quid de la cuestión.

¿Qué hacía la Web, dicho en palabras supersimples, que las pueda entender hasta un niño? CREABA UNA COPIA DIGITAL DEL MUNDO. No la creaba en ningún laboratorio elitista, la obtenía sumando los infinitos pequeños gestos de todos sus usuarios: era una especie de ULTRAMUNDO que brotaba desde el modesto artesanado de cualquiera. Si podía parecer un tanto artificial, en compensación era INFINITAMENTE MÁS ACCESIBLE. Las credenciales que se pedían a la entrada eran irrelevantes: bastaba con ser capaz de comprar un ordenador y a partir de entonces parecía que no existían obstáculos, ni económicos ni culturales: el movimiento en el ultramundo era libre y gratuito. Una locura.

Además, esa copia del mundo organizada por la Web ofrecía un tipo de realidad que parecía mucho más inteligente que la que uno podía ver cada día: era posible viajar en todas direcciones, moverse con gran libertad, organizar el material de la experiencia según infinitos criterios, y hacer todo esto en un tiempo increíblemente rápido. En comparación, la realidad verdadera, el primer mundo, era un lugar lento, complicado, lleno de fricciones y sostenido por un orden obtuso. Un futbolín comparado con un videojuego.

Por muy arriesgado que pueda parecer, creo que debemos ir más allá y admitir que, en el modelo mental que proponía, el ultramundo de la Web prometía algo más en consonancia con nuestras capacidades, me atrevo a decir más NATURAL. Si nos fijamos atentamente, el sistema de los links reproducía el genial funcionamiento de algo que conocemos muy bien: NUESTRA MENTE. Que a menudo se ve obligada a avanzar en sentido lineal, pero que probablemente no ha nacido para moverse así. Si la dejamos en libertad, lo que hace es moverse abriendo links de manera continua, manteniendo muchas ventanas abiertas de forma simultánea, sin llegar a profundizar en nada porque tiene tendencia a desplazarse sin detenerse de manera lateral hacia otra cosa, y conservando en algún disco duro la memoria y el mapa de todo ese viaje. Si pensamos solo en el esfuerzo que debe hacer un niño para concentrarse en una tarea, en una operación matemática, en la lectura de una página de libro, queda irremediablemente claro que, si no fuera obligada a ser lineal, esa mente se movería en cambio de una forma muy parecida a la que la Web sugiere. En el pasado, este modo de moverse fue estigmatizado, de manera irremediable, como una técnica mental incapaz de resolver problemas y de poner en movimiento la experiencia; sin embargo, la Web estaba ahí para decirnos que, por el contrario, es precisamente moviéndose de esa manera, no lineal, como podríamos solucionar un montón de problemas y tener una experiencia singular pero significativa del mundo. No solo lo decía: bastaba con aceptar navegar un rato y te lo demostraba. El asunto no podía pasar inadvertido: te estaban diciendo que ese anárquico, indisciplinado, instintivo gilipollas que estaba en tu interior no valía menos, como explorador, que ese oficialillo de marina que el colegio te sacaba del interior cada mañana. Con la condición —este es el quid— de aceptar que existían otros océanos, en los que la realidad se había duplicado y convertido en un formato distinto y más adecuado a tu mente: era por esos por donde tenías que navegar. Por las aguas del ultramundo.

En estos rasgos utópicos suyos —ofrecer a los humanos un campo de juego más acorde con sus capacidades instintivas y más accesible a quien quisiera jugar— la Web llevaba a cabo impulsos que hacía ya mucho tiempo que existían: podemos reconocerlos en procesos que no tenían nada de digital, pero que intentaban obtener el mismo resultado que la Web forzando las costumbres del mundo verdadero, no de una copia suya. Voy a citar cuatro, únicamente para entendernos: les debemos una especie de fantástica Web *ante litteram,* predigital. Aquí están (los datos se refieren a Europa, Estados Unidos es una historia aparte):

– los supermercados en los años cincuenta,
– la televisión a partir de los años sesenta,
– el fútbol total de los holandeses en los años setenta,
– los vuelos *low cost* en los años ochenta.

No resulta difícil comprender que la Web aprendió algunas cosas de los cuatro. Había una mezcla de accesibilidad, libertad y velocidad en esos modelos que había roto con décadas de sistemas bloqueados, lentos y selectivos. En ellos se disolvía una cierta rigidez del mundo, y ámbitos enteros de la experiencia (hacer la compra, pasar el rato, recibir información, jugar a fútbol, viajar) parecían haberse liberado de pronto de ataduras inútiles y perjudiciales. También en estos casos, una cierta pérdida de calidad, y hasta de realidad, cabía contabilizarse: en los aviones de Ryanair los asientos ni siquiera estaban numerados, en el súper Esselunga tenías que olvidarte de que el comerciante te preguntara cómo le iba el colegio a tu hijo, la selección holandesa no ganó prácticamente nada y la televisión, comparada con el teatro, la ópera o incluso el cine, era una experiencia que sabía a premio de consolación. A pesar de todo, la llamada era irresistible, y el asunto tenía que ver con cierta apertura de horizontes, la pulverización de numerosas reglas, la devastación de estúpidos bloqueos mentales y la reivindicación de una nueva igualdad. La Web heredó de una manera inconsciente ese empuje ideal y lo llevó hasta el triunfo sirviéndose de una estrategia tan genial como arriesgada: en vez de intentar modificar directamente el mundo, maniobró para pillarlo por la espalda, por sorpresa, y con un gesto de incalculables consecuencias invitó a todos a duplicarlo, a representarlo a través de miríadas de páginas digitales, organizando de este modo una copia por donde sería posible volar por unos céntimos como hacían los aviones de Ryanair, jugar en todas las zonas del campo como jugaba Cruyff, hacer llegar el planeta a nuestra sala de estar como era capaz de hacer la televisión y deambular por las mercancías del mundo empujando el carrito de Esselunga hasta los confines del planeta. Era, obviamente, un movimiento irresistible. Jaque mate.

Podría decirse, si aplicara la lógica ingeniosa del MP3 a la materia incandescente de la experiencia, que la Web ofreció a la gente una versión *comprimida* del mundo: al reescribir lo creado en una lengua más adecuada para ser leída por los seres vivos, restituía lo existente a un formato capaz de derribar las murallas que hacían que la experiencia fuera un producto de lujo. De este modo, cambió de manera irreversible el formato del mundo: y aquí de verdad os suplico que apaguéis el móvil, os bajéis del ciclomotor, dejéis a la novia un momento y me regaléis un minuto de concentración. Veamos:

de este modo, cambió de manera irreversible el formato del mundo.

Esto hay que entenderlo bien.

¿Qué son esos millones de páginas web que actualmente residen en un no-lugar virtual, pero al lado del mundo verdadero? Son un segundo corazón, que bombea realidad, al lado del primero. Es este el verdadero gesto genial llevado a cabo por la Web:

▶ dotar al mundo de una segunda fuerza motriz, imaginando que el flujo de la realidad podría circular por un sistema sanguíneo en el que dos corazones bombeaban armónicamente, el uno al lado del otro, el uno corrigiendo al otro, el uno sustituyendo rítmicamente al otro. ◄

Entendedme: no estoy diciendo que el hábitat del hiperhombre digital sea el ultramundo de la Web. La cosa es mucho más sofisticada. Su hábitat es un sistema de realidad con una doble fuerza motriz, donde la distinción entre mundo verdadero y mundo virtual se convierte en una frontera secundaria, dado que uno y otro se funden en un único movimiento que genera, en su conjunto, la realidad. Ese sí que es el campo de juego del hombre nuevo, el hábitat que se ha construido a medida, la civilización que ha cristalizado a su alrededor: es un sistema en el que mundo y ultramundo giran uno dentro de otro, produciendo experiencia, en una especie de creación infinita y permanente.

Es el escenario en el que vivimos en la actualidad. Inaugurado a principios de los años noventa, y llegado hasta nosotros a través de un sinfín de pequeñas mejoras que poco a poco descubriremos. Y el juego que nos aguarda cada mañana: no saber las reglas del mismo puede llevarnos a fracasos grotescos.

Webing

Organizar un ultramundo digital y ponerlo en rotación con el primer mundo, hasta organizar un único sistema de realidad basado en una doble fuerza motriz. Aprendido este truco de la Web, lo reproducimos más tarde en formas diferentes, muchas de las cuales guardan escasa relación con la Web. Pongamos por caso, no se entra en la Web para jugar a *FIFA 2018*, ni cuando enviamos un mensaje por WhatsApp, ni mucho menos mientras leemos un libro en el Kindle; no estamos en la Web cuando buscamos en Tinder a alguien con quien ir a cenar [eufemismo] ni tampoco cuando abrimos Spotify en nuestro smartphone. Y, sin embargo, todos estos actos no son más que variantes de ese gesto revolucionario que fue inventado por la Web: rebotar entre el mundo y el ultramundo digital, trazando un entramado al que legítimamente llamamos REALIDAD. En este sentido, el curioso malentendido que nos lleva a definir todo como Web y pasar de puntillas hasta por la diferencia que existe entre la Web e Internet revela una percepción infantil que, en el fondo, da en el blanco: sentimos que de una manera u otra todo lo que hacemos es WEBING, que sigue siendo WEBING cuando producimos realidad haciendo girar los dos corazones del mundo, sigue siendo WEBING ese paso nuestro por el ultramundo de las Apps para gestionar mejor nuestra vida material. Navegamos continuamente, y esta es nuestra forma de vivir, de producir sentido, de desmenuzar experiencia. En esto somos realmente una humanidad inédita, y lo éramos ya en el amanecer de la revolución, cuando a la luz auroral de la época clásica pusimos las bases de ese movimiento.

Si queremos condensar nuestro modo de vivir en una definición simple y definitiva, que podamos llevar en el bolsillo para los momentos difíciles, resulta muy útil volver atrás, hasta un indicio que habíamos vislumbrado en los *Space Invaders,* ese inocente jueguecito. ¿Os acordáis de aquella postura? *Hombre-teclado-pantalla.* No era más que un modo de estar *físicamente* en el espacio, pero tenía algo de revolucionario. Ahora sabemos que compendiaba un gesto bastante complejo: poner en comunicación el mundo y el ultramundo digital, estableciendo así, mediante esa postura hombre-teclado-pantalla, un nuevo sistema de realidad con dos fuerzas motrices. Parecía ser una simpática forma de estar, pero era una genial manera de existir. La nuestra. Nosotros somos ese hombre. Y hombre-teclado-pantalla es el logotipo de nuestra civilización. Tiene la misma hermosa esencialidad de un icono que durante siglos resumió otro tipo de civilización: hombre-espada-caballo. Era una civilización guerrera, y esa postura resumía todo lo que cabía decir sobre la vida: su campo de juego era el mundo físico, y caballo y espada eran los instrumentos con los que lo modificaba. Nosotros somos los de *HombreTecladoPantalla*. Nuestro campo de juego es más complejo porque contempla dos corazones, dos generadores de realidad: el mundo y el ultramundo. El logo nos capta en el momento exacto en que, sentados en el primero, viajamos por el segundo. Estamos navegando.

Es un logo muy exacto. ¿No os apetece bordarlo en el revés de todos vuestros miedos?

Máquinas

Del modo más inequívoco, el logo *HombreTecladoPantalla* fija, entre otras cosas, una verdad que no siempre queremos recordar: nada habría ocurrido si la gente no hubiera consentido que una parte de su experiencia pasara a través de las máquinas.

Una decisión semejante no les resultaba completamente nueva: los catalejos de Galileo eran máquinas, y utilizarlos para aumentar el conocimiento le había parecido a todo el mundo una óptima idea [a todos, menos a un puñado de obispos y papas, como es obvio]. Más recientemente, la gente había aceptado de buena gana comunicarse a través de una máquina, el teléfono, que incluso descartaba una buena parte de la experiencia posible, esto es, estar cerca y mirarse mientras se comunicaba: y, pese a todo, la única queja era que la línea a menudo tenía interferencias. En resumen, la gente ya tenía cierto hábito con las máquinas. Pero el caso de los ordenadores y del ultramundo era un caso particular. Allí, a través de una máquina, generabas y vivías en una ampliación de la realidad, una multiplicación del mundo. No era exactamente como calentar la leche en el microondas. De hecho, la máquina no te ayudaba únicamente a gestionar la realidad, sino que, si ese era tu deseo, generaba otra, a tus órdenes, que completaba la primera. La cosa se ponía bastante seria, y al aceptar que todo esto ocurriera, la gente emprendió probablemente un camino sin retorno, el mismo del que hoy tienen miedo: usar las máquinas para corregir y proseguir la creación. Una decisión temible: y, de hecho, haberla tomado por el contrario con atrevida despreocupación, disparando a los marcianitos y comprando corbatas online, ha permanecido en la conciencia de la mayoría como un lejano pecado original que tarde o temprano expiaremos. Es un reflejo irracional, pero puede explicar muchas vacilaciones y miedos que nos acompañan, y que, si nos fijamos bien, no dejan de ser propios de imbéciles (¡seremos barridos por los robots!).

Algo que me sorprende –si sigo con mi análisis– es que precisamente esos humanos que buscaban por todas partes un contacto directo con el mundo, y que se saltaban de manera sistemática todas las mediaciones, hayan sido los padres de una idea exactamente contraria: aumentar su experiencia gracias a la mediación de una máquina. ¿Curioso, verdad? Es un pequeño embrollo lógico que no resulta fácil entender. Sin duda alguna debe de revelar algo sobre esos hombres, pero ¿exactamente qué? Se me viene a la cabeza una frase que he escrito hace unas páginas [soy un tanto autorreferencial: ¿y qué?]: «La PlayStation hace realidad el sueño visionario de los marcianitos, disolviendo el acto de pilotar un coche de carreras en una experiencia bastante real, a condición de no serlo en absoluto.» *Una experiencia bastante real a condición de no serlo en absoluto:* otro embrollo lógico. ¿Será pariente del otro? ¿Enuncian ambos algo que yo aún no soy capaz de registrar bien?

Sí, probablemente. Y si debo intentar entenderlo mejor, de repente se me revela el error en que estoy incurriendo: sigo pensando con una mente antigua, prerrevolucionaria. Por otra parte, nací a mediados del siglo XX, ¿qué demonios podría hacer? Venir desde allí, eso es lo que podría hacer. Pensar como pensaba la mente colectiva que generó estas montañas que estoy estudiando.

Así pues: parecen embrollos lógicos, pero debo entender que no lo son. Definir un ordenador como *una mediación* es quizá algo razonable para un hombre del siglo XX, pero una tontería para un millennial: este considera las máquinas como una extensión de sí mismo, no algo que media en su relación con las cosas. Para él un smartphone no es diferente a un par de zapatos, o un estilo de vida, o incluso sus convicciones musicales: son extensiones de su yo. El instinto que tiene al saltarse las mediaciones no entra en conflicto con su obsesiva confianza en las máquinas por la sencilla razón de que para él esas máquinas NO SON MEDIACIONES. Son articulaciones de su forma de estar en el mundo. De manera análoga, demorarse en hacer distinciones entre lo que es real y lo que es irreal en la experiencia proporcionada por la PlayStation es para él un lujo discutible: en un sistema en el que el mundo y el ultramundo digital giran el uno en el otro generando un único sistema de realidad, meterse ahí a trazar la línea de demarcación entre lo real y lo irreal en *FIFA 2018* le parecerá tan curioso, al menos, como ponerse a separar las verduras en una menestra, o preguntarse si los ángeles son varones o mujeres o transgénero. Son ángeles, eso es lo que son. Y eso es una menestra, por Dios. Así, si vuelvo a esa frase que me parecía tan brillante —«la PlayStation hace realidad el sueño visionario de los marcianitos, disolviendo el acto de pilotar un coche de carreras en una experiencia bastante real, a condición de no serlo en absoluto»— me doy cuenta de que hace solo treinta años me habría hecho ganarme unos aplausos, pero hoy, objetivamente, expresa de una forma muy elegante una auténtica chorrada.

Resulta incómodo, debo admitirlo.

Creo que voy a ir a tomarme una cerveza.

Movimiento

Una cosa más, la última. Aunque de una enorme importancia.

Al final, si uno mira con el microscopio todos los movimientos que componen la época clásica de la revolución digital, encuentra cierta sustancia química en todas partes, realmente en todas partes, y siempre es dominante sobre todas las demás y, en cierto modo, *precedente* a todas las demás: LA OBSESIÓN POR EL MOVIMIENTO. Era gente que desmaterializaba todo lo que podía, que trabajaba para hacer ligero y nómada cualquier fragmento de lo creado, que pasaba su tiempo construyendo inmensos sistemas de conexión, y que no se rindió hasta que inventó un sistema sanguíneo que permitiera que circulara todo y en todas direcciones. Era gente que vivía la linealidad como una coacción, que destruía todas las mediaciones que podían ralentizar el movimiento y que prefería sistemáticamente la velocidad a la calidad. Era gente que llegó para edificar un ultramundo que anulara la posibilidad de que el mundo en el que vivían pudiera permanecer inmóvil sobre sí mismo y, por tanto, ser indiscutible.

Pero ¿qué problema tenían, cielo santo?

Era gente en fuga –esa es la respuesta–. Estaban escapándose de un siglo que había sido uno de los más horribles de la historia de la humanidad y que no había hecho excepciones con nadie. Dejaban a sus espaldas una serie impresionante de desastres, y si uno mirara con el microscopio esa secuencia de desgracias, habría encontrado una cierta sustancia química en todas partes, pero realmente en todas partes, y siempre dominante sobre todas las demás: LA OBSESIÓN POR LA FRONTERA, LA IDOLATRÍA HACIA CUALQUIER LÍNEA DE DEMARCACIÓN, EL INSTINTO DE ORGANIZAR EL MUNDO EN ZONAS PROTEGIDAS Y NO COMUNICANTES. Ya se tratara de la frontera entre Estados nación diferentes, o entre una ideología y otra, o entre una cultura alta y otra baja, cuando no directamente entre una raza humana superior y otra inferior, trazar una línea y hacer que fuera infranqueable representó durante al menos cuatro generaciones una obsesión por la que resultaba sensato morir y matar. El hecho de que se tratara de líneas artificiales, inventadas, casuales, estúpidas, no hizo que la masacre fuera más lenta. No puede entenderse mucho de la revolución digital si uno no se acuerda de que los abuelos de quienes la iniciaron lucharon en una guerra en la que millones de hombres murieron defendiendo la inmutabilidad de una frontera o en el intento de desplazarla algunos kilómetros, a veces algunos cientos de metros. Unos años más tarde, el aislamiento ciego de la élite, el inmovilismo cultural de los pueblos y el grave estancamiento de las informaciones llevaron a sus padres a vivir en un mundo en el que era posible la existencia de Auschwitz sin que nadie lo supiera, y lanzar una bomba atómica sin que la reflexión acerca de la oportunidad de hacerlo concerniera solo a un puñado de personas. Ellos mismos, al crecer, habían ido a la escuela, cada mañana, en un mundo dividido en dos por un telón de acero y anclado sobre sí mismo por el peligro de un apocalipsis nuclear, gestionado por otra parte en dependencias inaccesibles por una élite blindada en su aislamiento de casta. Todo esto no ocurría en un mundo todavía sumido en la barbarie de una precivilización, sino, *por el contrario,* en un rincón del mundo, Occidente, en el que una civilización aparentemente sublime transmitía desde hacía siglos el arte de cultivar ideales y valores elevadísimos: la tragedia era que todo ese desastre no parecía tanto el resultado imprevisto de un paso en falso de esa civilización, como el producto coherente e inevitable de sus principios, de su racionalidad, de su modo de estar en el mundo. Quien haya visto el siglo XX sabe que no fue un accidente, sino la lógica deducción de un determinado sistema de pensamiento. Podría haber ido mejor, pero si uno dejaba andar ese tipo de civilización hasta profundizar en sus principios, con facilidad se encontraba ante un matadero como el del siglo XX. ¿Qué podía salvarle?

Ponerlo todo en movimiento.

Hacerlo en el primer instante posible.

Boicotear las fronteras, derribar todas las murallas, organizar un único espacio abierto en el que todas las cosas se ponían en circulación. Demonizar la inmovilidad. Asumir el movimiento como un valor primordial, necesario, totémico, indiscutible.

La intuición era bastante genial: el siglo XX había enseñado que los sistemas fijos, si se dejaban demasiado tiempo en la inmovilidad, tendían a degenerar en monolitos famélicos y ruinosos. Una opinión se convertía en una convicción fanática, el sentimiento nacionalista se transfiguraba en ciega agresividad, las élites se enquistaban en castas, la verdad se convertía en credo místico, la falsedad se transformaba en mito, la ignorancia se difuminaba en barbarie; la cultura, en cinismo. Lo único que podía hacerse era impedir que todas estas partes del mundo pudieran permanecer durante mucho tiempo inmóviles, refugiadas dentro de sí mismas. Hombres, ideas y cosas tenían que ser arrastradas a cielo abierto e introducidas en un sistema dinámico donde la fricción con el mundo se redujera al mínimo y la facilidad de movimiento se convirtiera en el valor más alto, y su razón primera, y su único fundamento.

Nosotros venimos de esa decisión.

Muchos rasgos de nuestra civilización solo se explican cuando tomamos el MOVIMIENTO y lo reconocemos como el primer objetivo, y origen único, de esa civilización. Era el antídoto para cierto veneno por el que habían muerto de manera atroz al menos durante un siglo. No nos quedamos pensando mucho tiempo sobre los efectos colaterales ni en las posibles contraindicaciones. Teníamos prisa, no podíamos permitirnos dudas. Había un mundo que salvar.

Si echamos un vistazo a las fechas, hasta podemos intuir cómo debieron de suceder las cosas. Estuvimos preparándonos durante cierto tiempo y luego aprovechamos la primera ventana que nos ofreció la Historia: 1989, la caída del muro de Berlín. Son esos cinco minutos en los que caen todos los muros, todos los telones de acero, y en la cabeza de los occidentales hasta el propio valor del muro, de frontera, de separación. Una vez vista la ventana, nos colamos por ella. La revolución digital se combina con movimientos colectivos que van evidentemente en la misma dirección: la globalización y el nacimiento de la Unión Europea son solo dos ejemplos más evidentes que los demás. De hecho, durante un tiempo relativamente corto, rompemos un montón de cadenas y nos imponemos un nuevo juego, a campo abierto, donde el movimiento es la principal habilidad. El antídoto está en su sistema. Y empieza a funcionar. Se crea por ejemplo una situación absolutamente inédita para la gente occidental: invirtiendo una tendencia que durante milenios había marcado nuestra civilización, nos encontramos identificando la paz como el mejor escenario para hacer dinero. Siempre había sido la guerra. Pero, a partir de cierto momento, cualquier inestabilidad política o riesgo de enfrentamiento militar es visto como una desgracia porque suspende la fluidez del planeta, interrumpiendo la circulación del dinero, de las mercancías, de las ideas, de las personas. Si se está de parte de la paz no es tanto por convicción o por bondad como por conveniencia: que, en el fondo, es el único pacifismo que puede resistir cualquier emergencia. Resistió incluso cuando se intentó partir el mundo por la mitad con una frontera, optando incluso por una frontera mítica, que ya tenía cierta historia y su fama, una buena pieza, en ese ambiente: la frontera entre Occidente e Islam. La lucidez con la que en Occidente los poderes fuertes han reducido al mínimo el recurso a las armas y comprobado la agresividad instintiva de amplias zonas de la población dicen mucho sobre la penetración del antídoto en el sistema sanguíneo del sistema. El arte del movimiento parece haber reducido de hecho los riesgos al mínimo. Ahora podemos permitirnos hacer lo más difícil y ponernos a discutir sobre si todos estos vuelos low cost no estarán arruinando el turismo de calidad, o sobre si Google no ha destruido la capacidad de hacer investigaciones de geografía. Qué guay. Muchos de nosotros incluso estamos empezando a pensar de nuevo que, al fin y al cabo, algún muro no estaría de más, y crece la nostalgia por las élites. Memoria corta. Tenemos un trabajo que hacer y todavía no hemos terminado.

De manera que hoy se trata de volver a las raíces de todo y comprender bien el primer movimiento que dimos, el que precede y explica todos los demás: LE DIMOS AL MOVIMIENTO PRIORIDAD SOBRE TODAS LAS COSAS. Es necesario tomar el asunto al pie de la letra. Si haces del movimiento una obligación que se extiende a todo lo existente, lo encontrarás marcando cada capa de la experiencia, desde las más simples a las más complejas: es inútil pretender luego que tu hijo haga solo una cosa a la vez, que el trabajo fijo siga siendo una prioridad, y que la verdad se encuentre donde la dejaste la tarde anterior. Todo lo que para obtener un sentido necesita la firmeza de una inmovilidad termina apestando a siglo XX y, por tanto, pareciendo vagamente siniestro. Por eso privilegiamos sistemas que generan movimiento e impiden que las cosas se pudran en la inmovilidad. Hemos llegado al punto de valorar las cosas por su capacidad de generar o albergar movimiento. Y

101

no hay verdad ni maravilla que no resulte inútil, a nuestros ojos, si no es capaz de entrar en la corriente de algún significativo flujo colectivo. Así, lo que acaece tiende a hacerlo, para existir realmente, con la forma de una trayectoria, algunas veces con el aplomo de un punto: cada vez más a menudo no tiene principio, no tiene fin, y su sentido se inscribe en la huella cambiante que deja tras de sí. Estrellas fugaces. Así nos movemos, sin interrupción, y esto nos da ese andar un tanto neurótico y disperso que nos hace, a ratos, dudar de nosotros mismos. Lo atribuimos a menudo al efecto de las máquinas, pero una vez más tendríamos que darle la vuelta al razonamiento: en realidad somos NOSOTROS quienes hemos elegido el movimiento como objetivo prioritario y esas máquinas son solo los instrumentos que nos hemos construido, a medida, para perseguir ese objetivo. Hemos sido nosotros los que optamos por ese andar ligeros por el mundo, es lo que quisimos cuando empezamos esta revolución. Había una casa en llamas que debía ser abandonada a la carrera. Teníamos en la mente un plan de fuga y un sistema para salvarnos. Algunos eran capaces de ver, a lo lejos, una Tierra Prometida.

Excavar montañas no es subirse a las mismas. Adoptarlas como yacimientos arqueológicos no es pintarlas a la puesta de sol. Se excava y se trabaja duramente para encontrar pruebas de los movimientos telúricos acaecidos en tiempos remotos. Se busca el principio de todo. Es un trabajo incluso terco, si queremos, de paciencia y espera. Con la cabeza agachada. Lo hemos hecho, y ahora tenemos delante de los ojos un primer mapa del terremoto que nos generó. El primer mapamundi que buscábamos.

Lo que se vislumbra es el amanecer de una civilización... y sus motivos.

Venían de un desastre. Dos generaciones de padres, antes de ellos, habían vivido dando y recibiendo muerte en nombre de principios y valores que se habían revelado tan sofisticados como letales. Lo habían hecho bajo la guía indiscutible de élites implacables que habían sido formadas con esmero y lúcida programación. El resultado fue un siglo atroz y la primera comunidad humana capaz de autodestruirse con un arma total. Era el paradójico patrimonio que una civilización en apariencia refinadísima estuvo a punto de legar a sus herederos: el privilegio de un trágico final.

Fue en ese momento cuando una especie de inercia instintiva empujó a una parte de esa gente a la fuga. Una evasión de masas a trompicones, casi clandestina: en el fondo, era de ellos mismos, de su propia tradición, de su propia historia, de su propia civilización. Se veían acosados por dos enemigos: 1) cierto sistema inquietante de principios y valores; 2) la granítica élite que los custodiaba. Ambos habían arraigado profundamente en las instituciones, con la solidez de una firmeza secular, y con la fortaleza de una forma de inteligencia acreditada. Si querían desafiarlos podían elegir entre un choque frontal, y se trataría por tanto de producir ideas, principios, valores. Más o menos lo que habían hecho, en otros tiempos y en una situación parecida, los ilustrados. Una batalla ideológica en el campo abierto de las ideas. Pero los que inventaron el plan de la fuga habían visto tantas veces «las ideas» dando a luz desastres que albergaban con respecto a ellas cierto recelo instintivo. Además venían generalmente de una élite masculina, técnica, racional, pragmática, y si tenían algún talento era en el campo del *problem solving*, no en la elaboración de sistemas conceptuales. De manera que, instintivamente, afrontaron el problema a fondo, INTERVINIENDO SOBRE EL FUNCIONAMIENTO DE LAS COSAS. Empezaron a resolver problemas (cualesquiera, incluso el mero envío de una carta) ELIGIENDO SISTEMÁTICAMENTE LA SOLUCIÓN QUE ELIMINABA LA TIERRA BAJO LOS PIES A LA CIVILIZACIÓN DE LA QUE PRETENDÍAN EVADIRSE. No era la mejor solución o la más eficaz: era la que erosionaba los pilares fundamentales de la civilización de la que querían liberarse. Venían de una civilización que se apoyaba en el mito de la firmeza, de la permanencia, de los límites, de las separaciones: ellos empezaron a afrontar los problemas adoptando sistemáticamente la solución que aseguraba la máxima cantidad de movimiento, de movilidad, de fusión entre los diferentes, de demolición de barreras. Era una civilización que se mantenía en equilibrio sobre el punto fijo de una élite sacerdotal a la que se le había confiado un tranquilizador sistema de mediaciones: ellos se pusieron a adoptar de forma sistemática la solución que se saltaba el mayor número de pasos posibles, hacía inútiles las mediaciones y dejaba en fuera de juego a todos los sacerdotes que existían. Hicieron todo esto de una forma depredadora, feroz, rapidísima, y con una cierta dosis de urgencia, desprecio y hasta deseo de venganza. Más que una revolución, fue una insurrección. Robaron toda clase de tecnología que estuviera a disposición (lograron robar Internet a los militares, es decir, al enemigo). Se servían de las universidades como almacenes en los que quedarse el tiempo necesario para llevarse todo lo que podía resultarles de utilidad. No tenían compasión alguna hacia las víctimas que dejaban a sus espaldas (nadie ha visto nunca a Bezos conmoverse por las librerías a las que llevaba a la ruina), no tenían ningún manifiesto ideológico, una explícita perspectiva filosófica y ni siquiera las ideas guía especialmente claras. No construían, de hecho, ninguna TEORÍA SOBRE EL MUNDO: estaban estableciendo una PRÁCTICA DEL MUNDO. Si queréis los textos fundacionales de su filosofía, aquí los tenéis: el algoritmo de Google, la primera página web de Berners-Lee, la pantalla de inicio del iPhone. Cosas, no ideas. Mecanismos. Objetos. Soluciones. HERRAMIENTAS. Estaban huyendo de una civilización ruinosa y lo hacían con una estrategia que no necesitaba de particulares teorías: consistía en resolver problemas eligiendo sistemáticamente la solución que boicoteaba al enemigo, es decir, la que favorecía el movimiento y desmantelaba las mediaciones. Era un método ilícito, pero inexorable y difícilmente cuestionable. Aplicado a cualquier asidero de la experiencia –desde la compra de un libro, al modo de hacer las fotografías en las vacaciones o a la búsqueda del significado de «mecánica cuántica»– generaba una especie de erosión que, burlándose de los grandes palacios del poder (escuelas, parlamentos, iglesias), invadía el mundo desde abajo, liberándolo de un modo casi invisible. Era como excavar subterráneos por debajo de la piel de la civilización del siglo XX: tarde o temprano todo se derrumbaría.

Lo que ahora alcanzamos a comprender es que la aplicación en serie de soluciones elegidas sistemáticamente por su capacidad de facilitar el movimiento y de desmantelar las mediaciones, generó, en primera instancia, nuevos instrumentos que más adelante serían las bases del manual de conducta digital: digitalización de los datos, ordenador personal, Internet, Web. También sabemos que, en un segundo momento, el uso de estos instrumentos generó escenarios completamente inéditos e imprevisibles donde anidaba una auténtica revolución mental: la desmaterialización de la experiencia, la creación de un ultramundo, el acceso a una humanidad aumentada, el sistema de realidad de doble fuerza motriz, la postura *HombreTecladoPantalla*. Y ahora la pregunta es: *¿deseaban* escenarios como estos? ¿Eran el mundo que se habían propuesto construir previamente? ¿Encontraban ahí la idea de hombre por la que habían liado una buena? Podemos contestar serenamente que no. No tenían una idea del mundo que perseguir: tenían una idea del mundo del que huir. No tenían un proyecto de hombre: tenían la urgencia de desintegrar lo que los había jodido. De todas formas tenían, en su ADN de *problem solver*, una formidable capacidad de actualización: de vez en cuando, solución tras solución, se encontraban sobre el tablero escenarios que no se habían buscado y hay que reconocer en ellos una formidable capacidad de reconvertirlos en figuras eficientes que continuaran persiguiendo el objetivo último de la insurrección, es decir, desarmar al hombre del siglo XX. En esto, es necesario admitirlo, eran geniales. De tanto en tanto se equivocaban, iban por callejones ciegos, emprendían direcciones sin futuro. Pero en la mayor parte de los casos (la famosa columna vertebral) la constante corrección de la línea maestra de la insurrección es sorprendente. Eran pioneros, no lo olvidemos, y sin embargo lograron diseñar un tablero de juego que no era en modo alguno casual, sino que describía exactamente la partida por la que habían empezado a jugar. Cuando empezaron todo aquel follón, no podían imaginarse ni por asomo algo como Google: pero cuando lo tuvieron delante de sus ojos entendieron perfectamente que era un producto exacto de su revolución mental y tardaron poquísimo en adoptarlo como fortaleza estratégica que dejaba fuera de juego para siempre el grueso del ejército enemigo. Volvamos a la historia del ultramundo: no era muy difícil, tras haberlo generado, que quedara reducido a una especie de almacén donde guardar cosas más o menos útiles. Pero, en cambio, los padres de la insurrección digital entendieron que, si se lo tomaban en serio, ese ultramundo ofrecía una inmensa oportunidad de victoria: si lograban hacer girar la realidad también allí dentro, añadiendo un latido digital al corazón del mundo, resultaría enormemente más difícil confinar la experiencia de los seres humanos dentro de esa semiparálisis que había parecido indispensable al desastre del siglo XX. Análogamente, la idea de una humanidad aumentada, accesible a la mayoría, minaba desde el interior el propio concepto de élite: en cierto modo, prometía distribuir entre todos los participantes de la insurrección los poderes que antes estaban concentrados en unos pocos privilegiados: la mejor manera de deshacerse de un sacerdote es lograr que todo el mundo sea capaz de obrar milagros. Mientras tanto, la digitalización proyectada sobre cualquier información disponible creaba una especie de ligereza del mundo que aseguraba una natural inestabilidad del mismo: era un formato nacido para facilitar el movimiento y uno podía apostar a que generaría, sin ocuparse demasiado del asunto, una migración continua de cualquier material en todas direcciones: intenta trazar ahora una frontera, separar razas, esconder una bomba atómica o hacer pasar Auschwitz como un campo de trabajo. Suerte.

Así, tal vez no supieran adónde iban, pero seguro que de camino difícilmente se equivocaban de dirección. Quien trabajó en los primeros ordenadores personales seguro que no se habría imaginado la Web, y los hombres que crearon el MP3 probablemente no se esperaban que muchos años después se encontrarían con Spotify: pero una especie de brújula colectiva puso en fila india todas estas cosas trazando la línea recta de la que ahora podemos definir ya como una fuga conseguida. Lo que nos lleva, por fin, a dar con una de las respuestas que estábamos buscando [ya era hora]. ¿Os acordáis?, partía de uno de nuestros miedos:

pág. 21   *¿Estamos seguros de que no es una revolución tecnológica que, ciegamente, dicta una metamorfosis antropológica sin control? Hemos elegido los instrumentos, y nos gustan: pero ¿alguien se ha preocupado por calcular, de manera preventiva, las consecuencias que su uso tendrá en nuestro modo de estar en el mundo, quizás en nuestra inteligencia, en casos extremos en nuestra idea del bien y del mal? ¿Hay un proyecto de humanidad detrás de los distintos Gates, Jobs, Bezos, Zuckerberg, Brin, Page, o tan solo hay brillantes ideas de negocios que producen, involuntariamente, y un poco al azar, cierta humanidad nueva?*

Bien, ahora podemos atrevernos a dar una respuesta. No, los padres de la insurrección digital no tenían en efecto un proyecto exacto de humanidad, pero conocían de forma instintiva una línea de fuga del desastre, y en esa dirección han alineado efectivamente todo lo que durante ese tiempo han construido. Esto suelda la civilización que han inaugurado con una motivación originaria y le da a la misma ese rasgo de coherencia y de armonía que cualquiera puede percibir con facilidad, una precisión similar a la que reconocemos en períodos pasados del sentir humano, como la Era de la Ilustración o la Época Romántica: épocas hermosas o trágicas, no importa, pero períodos con su coherencia, un diseño armónico, una determinada orientación, una cierta necesidad.

Un sentido.

Sabemos, pues, al menos esto. No vivimos en una civilización nacida al azar. Existe una génesis que podemos reconstruir, y una dirección que tiene su lógica. No somos los escombros de ciegos procesos productivos. Tenemos una Historia y somos una Historia. De rebelión.

Me parece estar oyendo ya la objeción: sí, gracias, una bonita teoría, pero eso de hacer pasar Silicon Valley como un refugio de revolucionarios anarquistas con una gran conciencia histórica suena un poco a cuentecito consolador. Es decir, aparte de todas estas bonitas teorías, ¿hay algo allí que sea real, algunos hechos, alguna evidencia histórica?

Dado que la objeción, en primer lugar, me la he formulado yo mismo, estoy preparado. Y tengo una historia que contar. Ninguna teoría esta vez, solo hechos. Prestad atención. Seré breve.

Universidad de Stanford, San Francisco, 12 de junio de 2005. Bajo un sol jaguar, con un estadio lleno de gente, Steve Jobs pronuncia un discurso a los licenciados que luego se consideró su testamento espiritual. Lo concluye con una frase que se hará mítica. *Stay hungry, stay foolish.* «Quedaos con hambre, quedaos locos.» Como él mismo explicó, esas palabras no eran suyas. Venían de un libro que, como relató, «había sido la biblia de mi generación» y «una especie de Google treinta y cinco años antes de Google». Se trataba de un libro realmente extraño, que se llamaba *Whole Earth Catalog* (Catálogo General de la Tierra). Era un monumental catálogo de objetos e instrumentos útiles para vivir de forma libre e independiente en el planeta Tierra. La mezcla de cosas que podías encontrar y comprar allí era curiosa: podías aprender a tejerte un jersey con tus manos, y cómo utilizar el ordenador de Hewlett-Packard; había casas geodésicas, sistemas para drogarse, las primeras bicicletas de montaña de la historia, consejos para cultivar comida biológica en el huerto, libros que trataban de masturbación femenina, manuales para sepultar a un querido difunto y noticias sobre los primeros sintetizadores. Si buscáis algo que unifique todas estas cosas, solo hay una expresión que puede ayudaros: contracultura californiana. Un fenómeno que venía de los beat y pasaba por los hippies para toparse con un pelotón de nerds guarecidos en los laboratorios informáticos de las universidades. Es el humus del que procedía Steve Jobs (quien tenía ese libro en su mesita de noche), y, lo que más importa: ERA EL HUMUS DEL QUE PROCEDÍA GRAN PARTE DE LA INSURRECCIÓN DIGITAL. ¿Cómo lo sabemos? Escuchad.

El inventor del *Whole Earth Catalog* fue un hombre que se llamaba Stewart Brand. Era un tipo que llevaba un chaquetón de piel de gamo a rayas e iba por ahí fotografiando a los indios americanos. Vivía en el área de San Francisco, era licenciado en Biología, hacía un uso declarado del LSD y estaba bastante interesado en la idea de cambiar, a ser posible, el mundo. Contracultura, como ya he dicho. Lo más curioso para nosotros, aunque para él fuera obvio, era su otro hábito: frecuentaba los laboratorios de informática de las universidades y de las compañías californianas. No lo hacía colándose o como mero figurante. Era, de una manera u otra, uno de los protagonistas de ese mundo. En la mitología de la insurrección digital se recuerda una legendaria sesión celebrada en la Joint Computer Conference de San Francisco de 1968, en la que un inventor, Douglas Engelbart, exhibió, según un informe autorizado, «el primer ratón para ordenador, la primera teleconferencia, el primer programa de escritura y el primer ordenador interactivo». Este formidable Engelbart tenía para la ocasión un ayudante. ¿Quién era? Stewart Brand. Quien luego llegaría a ser de hecho [entre un guitarrazo y otro, se imagina uno] el primero en teorizar la insurrección digital como el proceso de liberación y de rebelión colectiva. Afirmaba que los ordenadores permitían devolverle a cada uno «poder personal», leía en el ciberespacio una especie de Tierra Prometida y había intuido que las comunidades que llegarían a formarse en ese mundo paralelo serían una fantástica implementación de las comunas hippies. Logró acuñar, en 1974, una expresión que en esa época no significaba nada, o en el mejor de los casos era una auténtica gilipollez: *ordenador personal*. Era, en definitiva, alguien que ya lo había previsto todo, o por lo menos muchísimo. El hecho de que fuera el héroe de Steve Jobs vincula a Apple con una determinada contracultura californiana, pero esto al final es incluso secundario comparado con lo que esta historia puede llegar a enseñarnos: Brand tan solo era la punta del iceberg, por detrás de él había todo un mundo en el que programar software era un modo de ir en contra del sistema, y en este sentido no era muy diferente a probar el LSD o practicar el amor libre en una multiván Volkswagen. Decimos que era un tanto más cómodo. Ya sé que para nosotros, los europeos, es algo difícil de entender: para nosotros los ingenieros programáticamente son parte orgánica del sistema, cuando no peones del poder. Si uno tiene un cuñado informático no se espera que sea un revolucionario. Pero en California, en esos años, estaba naciendo un nuevo hábitat, y en ese hábitat los ingenieros se llamaban hacker y a menudo llevaban el pelo largo, se drogaban y odiaban el sistema. Intentad comprenderlo. En ese momento, y en ese lugar, de cada diez que querían darle la vuelta al tablero, cinco se manifestaban contra la guerra de Vietnam, tres se retiraban a vivir en una comuna y dos se pasaban las noches en los departamentos de informática para inventar videojuegos. En este libro estamos tratando de entender qué fue lo que montaron esos dos últimos.

111

Por eso puedo decir con cierta seguridad que sí, que de verdad se trataba de una insurrección, era digital, y lo sabían. Era exactamente lo que buscaban. Darle la vuelta al tablero. Sé que ahora supone un gran esfuerzo imaginar a Zuckerberg como un paladín de la libertad, pero no estamos hablando de 2018, estamos hablando del amanecer de todo esto. Y en este momento sabemos que fue un amanecer iluminado por un preciso instinto de rebelión. A lo mejor no todos ellos eran conscientes de las implicaciones sociales de la que estaban montando, pero la mayor parte de ellos despreciaba realmente el sistema y trabajaba para quitarle la tierra bajo los pies. Con sorprendente determinación se sirvieron de una estrategia que quizá a muchas personas podía pasar desapercibida, pero no a los más perspicaces de ellos. La resumió, de modo fantástico, uno de ellos en cierta ocasión: a ver si sabéis quién. Stewart Brand. La resumió con tres líneas que no sin motivo deberían aparecer en el epígrafe de este libro. «Muchas personas intentan cambiar la naturaleza de la gente, pero es realmente una pérdida del tiempo. No puedes cambiar la naturaleza de la gente; lo que puedes hacer es cambiar los instrumentos que utilizan, cambiar las técnicas. Entonces, cambiarás la civilización.»

¡Strike!
¡Objeción rechazada!

Una última cosa. Si nos agachamos para observar de cerca las primeras costillas de la insurrección digital, nos encontramos aún un fósil, el último, demasiado importante como para no aparecer en este primer mapamundi. Se presenta como una minúscula constelación, casi una reacción química: LA FUSIÓN DEL HOMBRE Y LAS MÁQUINAS. Una elección hecha con lucidez, con absoluta frialdad. Una disponibilidad absoluta a correr el riesgo de una deriva artificial. La clara conciencia de que ninguna evasión habría sido posible sin una extensión artificial de nuestras destrezas innatas. Debemos esta drástica elección de campo a los primeros, a los pioneros, a los fundadores. Son ellos los que no tuvieron miedo a cristalizar en tiempos rapidísimos una postura que podía parecer innatural, pero que prometía asaltar con alguna esperanza las fortalezas de la cultura del siglo XX. El logo *Hombre-Teclado-Pantalla* lo dibujaron ellos. Resulta dudoso que lo hubieran hecho si entre ellos hubiera una mayoría de pensadores humanistas: en cierto sentido fue una exigencia establecida por el dominio de mentes que habían estudiado ingeniería, informática, ciencias. Fue sin duda alguna la frialdad de su saber, y tal vez una especie de obtusa insensibilidad ante las seducciones de lo humano, lo que generó las condiciones para girar tan drásticamente hacia un pacto con las máquinas. Una de nuestras tareas, hoy en día, es entender si fue una elección que nos ha recompensado. Lo resolveremos, prometido.

Por ahora, volvamos a 1997 y, provistos ya de un primer mapamundi, encaminémonos a descubrir qué pasó, realmente, después de que ese tablero de juego fuera fijado. No olvidemos que, a esas alturas de la historia, la insurrección digital era aún un movimiento salido desde hacía poco tiempo de la clandestinidad; durante mucho tiempo había implicado a una minoría absoluta de personas, por regla general guarecidas en sus garajes, departamentos de universidad y esotéricas puntocom. Los escenarios que habían dibujado con sus inventos eran tan sofisticados como desiertos. Eran años en los que, sirva para alegrarnos con un detalle de carácter doméstico, uno de los principales periódicos italianos abría su versión online (1997, Repubblica.it): la misma gente que lo confeccionaba lo llamaba con el conmovedor nombre de *periódico telemático*. En cierto sentido, todo el mundo se encontraba en la línea de salida y la mayor parte de nosotros tenía aspecto de no tener la más mínima idea de qué estaba haciendo allí. Lo que iba a pasar en el instante sucesivo era algo sobre lo que pocos corredores de apuestas habrían aceptado posturas. En la práctica, lo que quedaba por ver era si la insurrección sería aplastada por el poder absoluto de las instituciones y de las élites tradicionales o si seguiría excavando túneles bajo la piel del mundo hasta hacer que se derrumbara. Resulta un consuelo saber que nosotros, ahora, estamos en disposición de reconstruir exactamente cómo terminó la cosa. Como el próximo capítulo se divertirá demostrando.

Música.

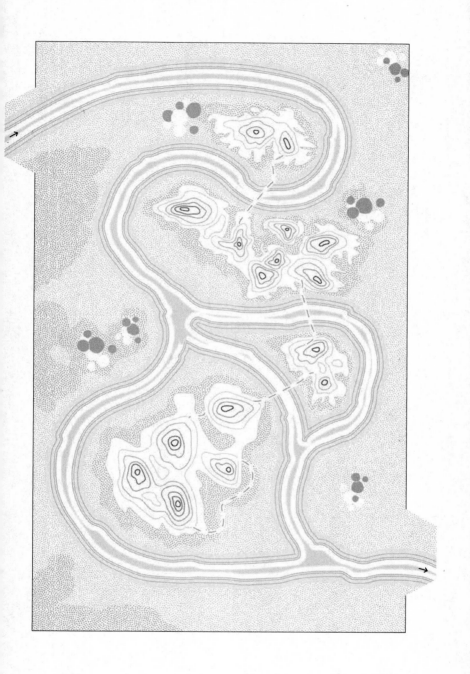

1999-2007. DE NAPSTER AL IPHONE:
LA COLONIZACIÓN
A la conquista de la Web

Así pues, teníamos ese nuevo tablero de juego y las piezas fundamentales habían sido colocadas en las casillas correspondientes. Ahora la pregunta era si la gente iba a jugar. Algunos números pueden ser de utilidad:

> – en el silbido inicial, los usuarios de Internet eran 188 millones, lo equivalente al 3,1% de los seres humanos.
> – los sitios web eran 2.410.000.
> – Amazon tenía un millón y medio de clientes.
> – El 35 % de los americanos tenía un ordenador en casa.

Dejemos esos datos aparcados un rato: que pasen unos años y luego volveremos a mirarlos.
¿Preparados? Adelante.

1999
• Un americano de diecinueve años se pega al ordenador de su tío y después de pasar algunos meses programando se saca de la manga un software que obtiene este resultado singular: si tienes la música en tu ordenador puedes enviarla gra-

tuitamente a cualquier humano que tenga un ordenador. Y viceversa. De repente la idea de gastar dinero para obtener música se hacía vagamente tontorrona. El chico de diecinueve años se llamaba Shawn Fanning; el software se llamaba Napster. Al cabo de dos años lo dejaron fuera de la ley, pero la tortilla ya estaba hecha. En esos pocos meses Napster se había convertido en un nombre famoso (Shawn acabó en la portada de *Times*) y en la imaginación colectiva había creado un clamoroso precedente: en la práctica, había enseñado que si eras un tipo despierto y te tomabas en serio los preceptos del profesor Berners-Lee (pongamos en conexión nuestros cajones) podías montar un lío de la hostia, del tipo destruir con solo diecinueve años toda una industria (en el caso que nos ocupa, la discográfica). Naturalmente, con un desprecio total hacia todas las élites, incluida la de los autores. Digamos que Napster enseñó lo que podía llegar a representar el ala más radical de la insurrección. El tipo de libertad –extrema e incondicional– que podía generar.

2000-2001

• Estalla la *dot.com bubble,* es decir, la burbuja especulativa que se había formado alrededor de las primeras compañías digitales. En la práctica: un montón de dinero se había invertido en compañías que prometían hacer un negocio con Internet, y en 2001 la mitad de ese dinero acabó en la nada por la sencilla razón de que, como probaban los hechos, aquellas compañías hacían cosas que la gente luego no compraba. ¿Y se dieron cuenta todos juntos una mañana?, os preguntaréis. Bueno, no fue exactamente así, los primeros en espabilar lo hicieron en 1997, pero, en resumen, el castillo de naipes se desmoronó en el 2000, y siguió desmoronándose un par de años más. Al final del derrumbe, para entendernos, el 52 % de las puntocom americanas besaban la lona. Y las que no lo hacían se tambaleaban en la esquina: una acción de Amazon, que a principios del

118

desastre valía 87 dólares, podías arramblarla por siete dólares. Imagínate las llamadas de papá Bezos a su hijo...

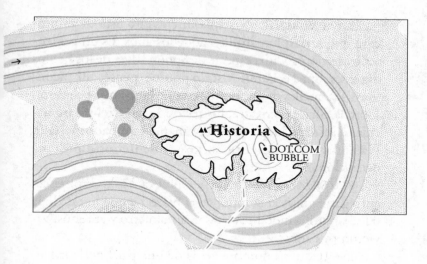

En sí misma, la señal parecía inequívoca: todo estaba perdido, fin del recreo, vuelta a la economía pesada y a un mundo predigital. De todos modos, a la luz de lo que luego pasó realmente, es posible también leer ese desastre de otro modo. De entrada, cuando lo vieron caer, mucha gente se dio cuenta de que el castillo EXISTÍA, y que además era enorme: fue una manera de descubrir qué eran las puntocom. El detalle que debió de resultar revelador fue que una clase muy particular de gente —los que se despertaban cada día para acumular dinero— creía en la revolución digital y lo creía hasta tal punto que perdía la lucidez y apostaba las fichas un poquito al tuntún sobre el tablero de juego. Cuando esa gente pierde lucidez por un exceso de entusiasmo, algo notable está pasando, puedes jurarlo. A esto hay que añadir que, como todas las tempestades, esta se había encargado de quitar de en medio un poquito de ramas secas y había dejado en pie, aunque fuera tambaleándose, los árboles más fuertes: gustara o no, esa hermosa poda tenía todo el aspecto de resultar providencial...

En la Wikipedia hay una interesante lista de puntocom que se desplomaron en aquellos años. Es un cementerio asombroso, una especie de Spoon River de los sueños digitales. Fui a echar un vistazo porque, pensé, allí encontraría las huellas de las montañas que luego no se elevaron sobre la corteza terrestre, los restos de la vértebras no nacidas. Entré, y luego no había manera de hacerme salir. Había historias fantásticas. Los cementerios nunca me decepcionan.

KOZMO.COM. Estaban en Nueva York. Prometían entregarte gratis la compra en el plazo de una hora. ¡Te la llevaban utilizando bicicletas y hasta metro y autobús! Vivieron tres años.

INKTOMI. El nombre venía de una palabra de la lengua lakota (indios americanos). Era un motor de búsqueda del que ya había oído hablar mientras leía la biografía de Brin y Page, los inventores de Google: uno de los motivos por los que habían comenzado a construir un motor de búsqueda era que los existentes daban asco; Inktomi, por ejemplo, no se encontraba ni siquiera a sí mismo: tecleabas «Inktomi» ¡y no salía nada! Yo lo habría entendido, pero ellos inventaron Google. Inktomi, en cambio, después de haber tenido un valor de 37.000 millones de dólares fue comprado por 235 millones por Yahoo, a la mañana siguiente de la tempestad.

PETS.COM. Vendían comida para perros. ¿Por qué deberíamos comprar online las croquetas?, se preguntó la gente. Porque vuestro perro no puede salir a comprárselas, era la respuesta de Pets.com. Duraron dos años.

RITMOTECA.COM. A veces lo que acababa con ellas es que llegaban antes de tiempo. Estos fueron en la práctica los primeros en vender música online: iban tres años por delante respecto a iTunes, para entendernos. Estaban en Miami y se especializaron en música latinoamericana. Pero también tenían a Madonna y los U2. Entonces llegó Napster, que regalaba música: todo el mundo para casa. EXCITE. Otros pioneros: era un portal lanzado en 1995, montado por algunos estudiantes que habían encontrado cuatro millones de dólares de financiación [qué tiempos aquellos]. Estaba bien hecho, también era famoso, pero no lograba hacer dinero. Quebró en 2001. Un par de años antes, por sus oficinas pasaron dos estudiantes para ofrecer por un millón de dólares el motor de búsqueda que habían inventado. Quizá debido al nombre estúpido (Google) los del Excite se partieron de risa y los echaron de la oficina.

Vale, vale, ya paro. Pero ya veis que vagar por allí era fascinante.

Es sorprendente a cuántas renuncias se condena uno si se decide únicamente a escribir un libro como es debido.

Vale, de acuerdo. Amén.

2001

• 11 de septiembre, atentado de las Torres Gemelas. Naturalmente, por muchas razones, es un durísimo golpe para la insurrección digital. La más evidente es que ponía en riesgo el escenario de paz que era condición y objetivo de la insurrección. Primero, el colapso de las puntocom, luego ese atentado: durísimo derecha-izquierda. No hay que subestimar, sin embargo, el hecho de que el 11 de septiembre comunicaba, de modo traumático, una noticia particular a la gente: ya no existían fronteras nacionales que se sostuvieran, ya no existía un frente, ya ni siquiera quedaban claras las fronteras *conceptuales* de la guerra, el perímetro de fenómenos que indicábamos con esa palabra [¿qué era el terrorismo? Y si los que dispararon en el Bataclan fueron ciudadanos franceses, nos preguntamos entonces, ¿cómo se llamaba eso, guerra civil?].

De manera que, al final, el 11 de septiembre fue *también* una lección fulminante, traumática e inolvidable: hacía visible una situación que, en cambio, esa sí, era incluso constitutiva de la insurrección digital: era necesario acostumbrarse a jugar cualquier partido en un campo abierto en el que quizá existían reglas, pero no límites. Si hasta la guerra se había hecho líquida, imagínate tú el campeonato de fútbol, comprendimos de manera definitiva.

Si, a la luz de esta reflexión, volvemos a la reacción del Gobierno americano en ese momento, lo que vemos es interesante: fueron a buscarse una guerra al viejo estilo, donde hubiera fronteras que atravesar y un enemigo visible al que aniquilar. Así, la guerra contra el Irak de Saddam, con su dañina inutilidad, puede ser tomada hoy como emblema de una determinada reacción, posible y primitiva, a la nueva civilización digital: no entender sus reglas y seguir jugando al juego de antaño. Es un comportamiento que podéis ver a menudo, a vuestro alrededor. A lo mejor incluso en vosotros mismos. Es extraño porque mezcla una enorme cuota de dignidad y de orgullo con una increíble dosis de ridículo. A mí se me vienen a la cabeza esos futbolistas que lo celebran después de haber marcado un gol cuando el juego ya estaba detenido. No habían oído el pitido del árbitro. Tienen esa mezcla de felicidad y de soledad... Están en una historia completamente suya, durante un largo instante. Son héroes y payasos al mismo tiempo.

La escuela, ya puestos, marca con el juego detenido cada vez que abre las puertas por la mañana, somos conscientes de ello, ¿verdad?

• Nace Wikipedia, la primera Enciclopedia online. Fantástico ejemplo de ultramundo construido, cotidianamente, por los usuarios, saltándose un montón de mediaciones y ex-

122

pulsando en apariencia a las élites tradicionales. En teoría –y también bastante en la práctica– cualquiera puede contribuir escribiendo entradas, modificándolas, traduciéndolas. ¿Cómo es posible no provocar un terrible follón? La idea de fondo consiste en que cuatro estudiosos bien intencionados no van a obtener, si se ponen a escribir la entrada *Italia,* más precisión que la que puede obtenerse dando libertad a toda la gente del planeta para que eche una mano. Lo más increíble es que la cosa es bastante así. Además –hay que anotar– es la misma idea que está detrás de la democracia y del sufragio universal: dos técnicas de gestión de la realidad que no nos permitimos poner en tela de juicio demasiado.

Wikipedia la fundaron dos americanos, blancos, varones y con poco más de treinta años. Uno de los dos se llamaba Larry Sanger y hay que recordarlo por una extraña característica suya: es uno de los pocos fabricantes de la revolución digital que ha cursado estudios humanísticos. Filósofo, especializado en Descartes. La inmensa mayoría de los héroes de la revolución son, de hecho, ingenieros: sí, lo sé, impresiona. Pero es insignificante comparado con otra estadística que siento tener que apuntar aquí: entre todos los héroes de la revolución digital, que yo sepa, solo hay una mujer. En esa epopeya todos son varones. [Increíble. Ni siquiera en las películas del oeste es así.] El otro inventor de la Wikipedia –el que al principio puso el dinero, entre otras cosas– había estudiado economía y finanzas. Los dos, al final, terminaron peleándose. Obvio.

2002
- LinkedIn. Su fundador puede ser considerado quizá como el primero a quien se le pasó por la cabeza el concepto de REDES SOCIALES. Se llamaba Reid Hoffman, era californiano y él también venía de estudios vagamente humanísticos: epistemología y ciencias cognitivas. La primera vez que se le vino a la cabeza utilizar la Red para conectar a personas fue para solucionar un problema que yo nunca he tenido: encontrar en mi barrio a alguien con quien jugar a golf. Era 1997. Al cabo de cinco años presentó Linkedin, que ponía en contacto a los que tenían trabajo con quienes lo buscaban. Para nosotros, en este libro, es una piedra miliar: es la primera vez que la gente hace una copia digital de sí misma y la coloca en el ultramundo. Ese gesto que, como sabéis, tendrá desarrollos increíbles.

- Es el año, recordémoslo, en que llegamos a la cima y empezamos el descenso, acarreando con nosotros un planeta cuyos datos ya eran digitales en un 50 % + 1. Repito: no tengo la más mínima idea de cómo podemos saberlo, y ni siquiera estoy seguro de entender qué significa con exactitud (¿qué entendemos por *datos?*): pero aunque lo tomemos como una leyenda, el hecho de que haya sido situada en ese año seguro que querrá decir algo. Evidentemente queremos creer que en ese año la insurrección digital obtuvo la mayoría y alcanzó el poder. Me parece una línea divisoria útil. Vamos a adoptarla.

2003
• Se pone a la venta la BlackBerry Quark. Es un momento histórico. Nace el primer smartphone que llega realmente a las manos de la gente. Quizá no a muchísimos, pero sin duda a los más despiertos. No era un teléfono: era una especie de PC que, sin embargo, llevabas en el bolsillo. También podías usarlo para telefonear, por supuesto, pero el quid no era este. El quid era que en ese pequeño instrumento la postura hombre-teclado-pantalla se desenganchaba de la sujeción al ordenador, se pegaba al humano y se marchaba por ahí con él. Intentad volver a la inocencia de entonces y tomad nota de

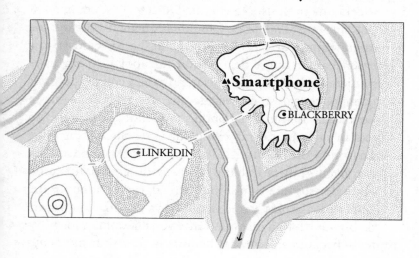

este clamoroso avance: de hecho, se hacía posible permanecer conectado con el ultramundo aproximadamente veinticuatro horas de veinticuatro, siete días de siete. Algunos lo hacían, en efecto, y en esa época parecían toxicómanos (incluso fue acuñado el término *crackberry*): es posible, no obstante, que no usaran el smartphone más de lo que ahora lo usamos un poco todos. No sé. Es difícil recordar bien.

A mí, lo que se me quedó grabado en la mente de ese paso histórico fueron dos imágenes aurorales, llamémoslas así, no por casualidad registradas una en Nueva York y la otra en Tokio: en nuestros pagos, provincia del Imperio, estábamos situados algunos pasos atrás. En Tokio veías a miles de chiquillas que iban por la calle sosteniendo el móvil en la mano: quiero decir que no lo sacaban y lo metían de nuevo en el bolsillo: lo mantenían constantemente en la mano –como un abanico, se me ocurrió pensar de manera instintiva, víctima de un enfoque cultural primario– como el eterno cigarrillo del fumador empedernido –como unas gafas–. No era un instrumento, era una prótesis. No era una MEDIACIÓN, era una EXTENSIÓN DE SÍ MISMAS. Chiquillas que habían leído una millonésima parte de los libros que había leído yo me enseñaban un punto de inflexión antropológico que yo ni siquiera imaginaba, y lo hacían pulsando con los pulgares [¡con los pulgares!] un teclado que aferraban en la mano. Lo hacían riendo, charlando, comiendo, fumando. Lo hacían sin pausas. Eran el logo de la revolución digital, y a menudo lamían un helado. En Nueva York, en cambio: ese joven grafista italiano, convertido en neoyorquino –uno de esos que van siempre un cuarto de hora por delante de los demás, y que alardeaba ya de una arquitectura de bigote y barba que más tarde vería adoptar a los hipsters– hacía unas portadas bellísimas. Y, en un momento dado, saca la BlackBerry, que yo miro con una especie de repugnancia, y me dice: ¿cómo puedes vivir sin uno? Resulta difícil olvidar la inmensa y angelical altivez con que lo miré negando con la cabeza y, convencido de mi sabiduría campesina, me incliné para ver de cerca ese instrumento, como inclinándome ante un examen de orina. Había un teclado que parecía hecho por hombres diminutos, parientes de las hadas. Había una pantalla en la que él, que hacía maravillosas portadas de maravillosos libros de papel, leía a Tolstoi mientras viajaba de pie en el metro. Había un montón de cosas que tenía que entender, en ese momento, y el hecho de que lo recuerde con exactitud, ese momento, me dice que no aprendí nada, de ese momento, aunque en cierto modo lo dejé a un lado, con la certeza de que un día u otro tendría la cultura suficiente para abrirlo de nuevo y leer en su interior lo que tenía que aprender. Hecho.

La BlackBerry murió en 2016. No estaba a la altura de la revolución que había puesto en marcha. Una especie de Gorbachov de la telefonía.

• Skype. En el mismo momento en que los móviles se ponían a hacer de PC, alguien encuentra el sistema de convertir los PC en teléfonos en los que telefonear no costaba ni un céntimo. Empate. Un detalle interesante: los dos emprendedores que lanzaron Skype eran uno sueco y el otro danés; técnicamente, el proyecto se puso a punto en Estonia. Rarísimo caso en el que la vieja Europa logra meterse en el suntuoso desfile de inventores y emprendedores americanos. La última vez, si os acordáis, fue diez años antes, con la invención del MP3.

• Nace, un año antes de Facebook, el progenitor de Facebook, que es Myspace. Es el desembarco definitivo de la gente en el ultramundo. Antes se enviaban mercancías e informaciones, movían su dinero, pegaban tiros dentro de cuentos fantásticos y mundos paralelos. Ahora se meten dentro ellos mismos. La cosa hay que tomarla al pie de la letra: no daban un paseo por el ultramundo, como en una especie de videojuego: iban a existir realmente también allí dentro. Un ejemplo que puede ayudarnos a entenderlo: Adele, la cantante, un fenómeno con cien millones de discos vendidos, empezó con diecinueve años grabando por su cuenta tres canciones que luego unos amigos colgaron en Myspace: un éxito clamoroso. En el mundo aún no existía mientras que en el ultramundo de una red social ya era una estrella. En un momento dado contactó con ella un sello independiente inglés, se llamaba XL Recordings: Adele pensó que se trataba de una broma. Todavía no era tan sencillo acostumbrarse a la idea de que ultramundo y mundo formaban parte de un único sistema de realidad con dos fuerzas motrices: se transitaba del uno al otro con un ápice de incredulidad y recelo...

2004
• El 4 de febrero nace Facebook. Al principio era una red social reservada a estudiantes de algunas universidades. En 2006 se abrió a cualquier persona que tuviera una dirección de mail y al menos catorce años. Hoy los usuarios de Facebook son casi dos mil millones. Es tal vez el fenómeno más multitudinario de colonización que nos resulta posible constatar: veamos, en la actualidad uno de cada dos italianos desembarca con regularidad en el ultramundo con las naves ofrecidas por Facebook. Un éxodo de masas, no hay más que decir. Será delicioso estudiarlo, en los *Comentarios,* para entender si tiene sentido o si simplemente se trata de una abrumadora prueba de locura.

• Nace Flickr, que en sí misma es simplemente una red social en que la gente cuelga sus propias fotografías. El punto interesante es que en este caso la gente va a vivir al ultramundo no consigo mismo, con su propia cara, su propia biografía, sus propias charlas, sino solo con sus propias miradas. Sus mejores miradas, para ser exactos. Todas ellas hechas realidad a través de esa extensión de uno mismo que es una cámara fotográfica. Es una forma de autorrepresentación bastante refinada [¿os presentaríais en una fiesta haciendo que os precedieran vuestras mejores fotos?], y de hecho no tiene el éxito de Facebook. Pero abre una técnica de colonización que hoy encontramos en Instagram o Snapchat y que tiene curiosas implicaciones mentales. Aquí debo añadir, de todas maneras, un detalle cuya paradójica singularidad no debe pasarse por alto: uno de los dos fundadores de Flickr se llamaba Caterina Fake: es la única mujer, que yo sepa, que aparece en la lista de inventores y emprendedores a los que debemos la insurrección

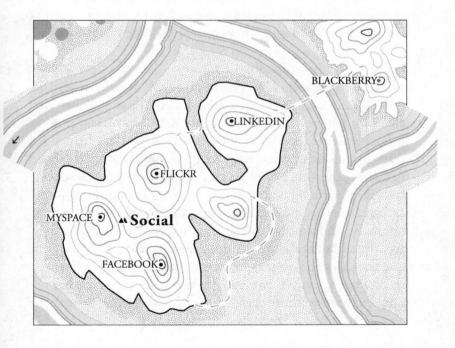

digital. La única. [Dice *Wired* que en su casa estaba prohibido ver la televisión, de manera que ella, por las tardes, escribía poesías y escuchaba música clásica. Conmovedor. A menos, naturalmente, que su apellido sea un mensaje en clave para idiotas como yo.]

• Alguien (un tal Tim O'Reilly, un editor irlandés que procedía de los estudios clásicos) acuña la expresión Web 2.0. Su intención era diferenciar una primera fase de la Web –en la que el usuario generalmente era pasivo: consultaba, navegaba, pero encontraba las cosas ya cocinadas– respecto a una segunda fase marcada por la interactividad expandida: el usuario era llamado, más directamente, a crear el ultramundo. Es una línea divisoria sensata, y da una idea bastante clara de lo que ha significado la colonización digital: no nos hemos limitado a tomar posesión de las tierras del ultramundo, sino que todos nos hemos puesto a cultivarlas, a dibujarlas, a construirlas. Eso fue lo que Tim comprendió hace catorce años.

• El 22 de septiembre se emite en la ABC el primer capítulo de *Perdidos*. Casi veinte millones de americanos lo ven. No era la primera serie de televisión: *Los Soprano,* por ejemplo, empezó en 1999. Pero he elegido *Perdidos* porque probablemente representa el momento en que esa forma narrativa sale a campo abierto y luego ya no desaparece. Si nos ocupamos aquí de ello es porque las series televisivas son un caso interesante de matrimonio entre un medio de comunicación antiguo, la televisión, y un medio nuevo, los ordenadores. Su deslumbrante éxito planetario no se explica sin recurrir al código genético de la insurrección digital, de la que las series son su más lograda expresión artística. Por eso se catalogan aquí. Y por eso, tarde o temprano, tendremos que detenernos a estudiarlas un rato. Lo haremos. Pero no ahora. Ahora nace YouTube.

2005

• Nace YouTube, que, en este momento, es el segundo sitio más popular del mundo. Cada minuto se suben cuatrocientas horas del vídeo. Si intentáis visualizar en concreto semejante número podéis ver una serie impresionante de seres humanos que destilan su experiencia en secuencias de vídeo para transferirlas más tarde y almacenarlas en el ultramundo: de ahí las recuperan cuando las necesitan –o por puro deleite–. De esta manera contribuyen a generar ese movimiento de rotación en que se ha convertido la realidad: una cíclica migración de los hechos a través de los dos polos, el mundo y el ultramundo. No importa el nivel de estupidez o de belleza de los contenidos a los que dedican ese gesto: sea como sea, tejen igual que arañas la tela circular en la que se enreda esa hermosa presa a la que, cuando la devoren, llamarán EXPERIENCIA.

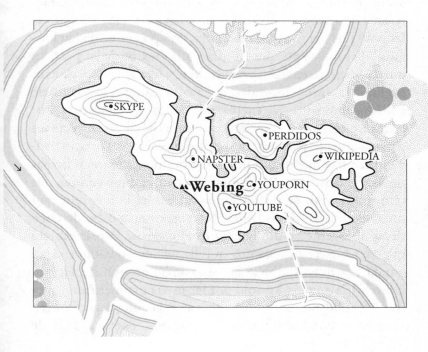

2006

• Nace Twitter, y para entender el sentido del asunto es necesario empezar desde los SMS. Durante años flotó en el ambiente la idea de utilizar los teléfonos para escribir con ellos mensajes que enviar al otro lado de la línea. Sobre el papel parecía una pijada colosal [ya puestos, ¿por qué no utilizar el radiocasete del coche para hacer unas tostadas?], aunque en realidad el principio era sensato. Dado que una línea telefónica permanece durante horas sin ser utilizada, ¿por qué no utilizarla, entonces, entre una llamada y otra, para transmitir pequeños textos en formato digital?, se preguntaron ya a mediados de los años ochenta. Hicieron algunos experimentos y realmente la cosa tenía aspecto de funcionar. Se trataba únicamente de producir paquetes digitales de dimensiones compatibles con la capacidad de la línea: por eso los primerísimos SMS tenían un máximo de dieciocho caracteres. Trabajaron un poco el tema y llegaron a los 160. No se les pasó por la cabeza implementar con posterioridad la longitud de los SMS porque estudiaron los textos de las postales que la gente se enviaba y vieron que 160 caracteres ya eran un lujo. Lo juro. Antes de que la cosa saliera a la superficie del consumo colectivo fueron necesarios, de todas maneras, unos cuantos años. El primer teléfono móvil que ofrecía un sistema sencillo para enviar SMS fue el Nokia 2010: era 1994. También hay que decir que la cosa no funcionó de inmediato. Las estadísticas del primer año son conmovedoras: por término medio, en 1994, los usuarios del Nokia enviaron un SMS al mes. Almas bellas. No obstante, al cabo de poco tiempo la gente se dio cuenta de dos cosas: la primera era que escribir costaba menos que llamar por teléfono; la segunda era que escribirse era más práctico que hablar. En 2006 los SMS enviados solo por los usuarios americanos fueron 159.000 millones. Fue entonces cuando llegó Twitter. Que en realidad se limitó a fusionar dos cosas que iban de maravilla: los SMS y las redes sociales. Lo hicieron con mucha habilidad, creando una plataforma decididamente cómoda, rápida y amable. Éxito mundial. En la época, lo que llamó la atención a todo el mundo –y supuso el desdén de muchas personas– fue esa historia de que los mensajes no debían exceder los 140 caracteres. En realidad, tratándose de SMS, la cosa era normalísima, pero a muchos ya les fue bien entenderlo como la enésima prueba de un apocalipsis cultural: había una humanidad que podría expresar sus propios pensamientos en 140 caracteres.

Bárbaros.

Anoto, a propósito de lo dicho, que precisamente hoy, día en que he escrito estas líneas, el presidente Trump (el Emperador del planeta) ha comunicado CON UN TUIT que China apoya en secreto a Corea del Norte y esto pone en serio peligro la paz mundial.

Estaréis de acuerdo conmigo que aquí el problema no es el hecho de que haya logrado decirlo en 140 caracteres. El problema es claramente otro. Esto es: que un presidente de Estados Unidos haya llegado a comunicar cosas semejantes utilizando el mismo instrumento del que se sirve el tipo que me cambia las ruedas para comentar los partidos de la Juve. Debo de haberme perdido algún paso. Habrá ocasión, en los *Comentarios,* de volver sobre este tema.

- Nace YouPorn. Vale, vale, ya sabéis qué es.

2007
- Amazon lanza el Kindle, es decir, un lector de e-books que prometía erradicar el libro de papel. Un umbral simbólicamente importantísimo. El libro de papel era –y es– una especie de fortaleza totémica en el choque entre insurrección digital y civilización del siglo XX. De manera que ahí se abría un frente decisivo.

Cabe decir que Bezos se valió del poder de su red de distribución, si bien no era el primero en intentar una operación semejante. En el 2000, por ejemplo, Stephen King había «publicado» su nuevo libro, *Riding the Bullet (Montado en la bala)*, solo en la Red: lo descargabas y te lo leías en el ordenador. Lo vendía a dos dólares y medio y luego, al cabo de un tiempo, se puso a distribuirlo gratis. En las primeras veinticuatro horas lo descargaron 400.000 veces [quizá solo para ver si era verdad que era posible hacerlo, no sé]. También hay que decir que los primeros en comercializar con cierta convicción un lector electrónico, es decir, un objeto hecho específicamente para leer libros electrónicos gracias a la patente de la tinta electrónica, fueron los de Sony, en 2004, con su Sony Librie: pero el hecho de que nadie se acuerde de ello querrá decir algo.

Si queréis saber cómo terminó la cosa, aquí tenéis unos datos relativos a Estados Unidos, es decir, el país en el que el e-book tuvo más fuerza. Nunca, desde el 2007, se han acercado siquiera a las ventas de los libros de papel. En 2011 más o menos empataron, en ventas, con las obras de tapa dura, es decir, las novedades salidas en papel. Al año siguiente incluso las superaron y durante más de tres años las dejaron atrás. Era la época en la que la pregunta típica era: ¿acaso el libro de papel está destinado a desaparecer? Ahora te la hacen mucho menos y esto quizá porque, en 2016, los e-books han retrocedido y los de tapa dura se los han comido, con un hermoso adelantamiento en el que, por otro lado, nadie se ha fijado, sobre todo los que gritaban de dolor cuando los que ganaban eran los e-books. Son cosas que resultan difíciles de entender.

• Gran Final. El 9 de enero de 2007, Steve Jobs sube al escenario del Moscone Center, en San Francisco, y comunica al mundo que ha reinventado el teléfono. Luego muestra un objeto pequeño, delgado, elegante, sencillo –una especie de pitillera–. Pronto aprenderíamos a llamarlo por su nombre: iPhone.

Puesto al lado de los otros smartphone en circulación recordaba claramente el efecto de los *Space Invaders* al lado del futbolín. Estaba claramente un par de generaciones por delante, y no cabía duda de que venía de cerebros que lo habían repensado todo desde el principio, olvidando cualquier lógica habitual. Bastaba con mirarlo, ni siquiera era necesario encenderlo. Los otros smartphone segregaban pequeñas teclas

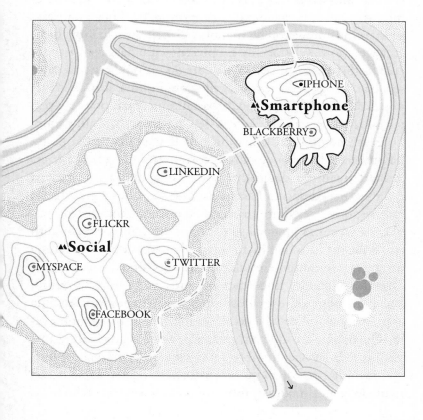

que te esperaban sollozando. Él ostentaba una sola, reconfortante, redonda, centrada abajo: casi paternal. Los otros smartphone eran pequeños ordenadores orgullosos de serlo. Él era un ordenador que fingía ser un juego. Hay que decir que lo lograba a la perfección.

Una de las cosas que más dejó con la boca abierta fue, obviamente, la tecnología touch. Nada de puntero, nada de ratón, nada de flechitas, nada de teclado, nada de cursor. Ibas directamente con los dedos sobre la pantalla y movías las cosas, las abrías, las arrastrabas aquí y allá. Había, sí, un teclado, pero aparecía solo cuando lo necesitabas y no eran teclas de verdad, solo letras sobre las que colocar los dedos (aquí tenemos, de nuevo, la ligereza de *Space Invaders*). Era algo irresistible, como comer con las manos, y el viejo Jobs lo sabía bien.

Es necesario ver el vídeo de esa presentación para comprender cuánto disfrutaba mientras, delante de un público extasiado, rozaba con los dedos esa pantalla como quien acaricia mariposas. Ahora todo nos parece bastante normal, pero ese día, cuando, una vez abierta la lista de Contactos, hizo un pequeño gesto, como sacar una mosca de la pantalla con la punta del índice, y la lista comenzó a correr armoniosamente hacia arriba para luego desacelerar como una canica que rodaba cada vez más despacio hasta detenerse, en fin, en ese preciso momento se oye cómo un estremecimiento sube entre el público, algo como un aplauso de niños, un temblor de infantil maravilla: os juro que incluso hay alguien al que se le escapa un grito. Únicamente estaba haciendo correr los contactos, caramba. Cuando, unos diez minutos más tarde, se puso a hacer un zoom sobre una foto simplemente apoyando encima el pulgar y el índice y luego alejándolos, el teatro se vino abajo. Quedaba claro que allí estaba pasando algo. Parecía una paz firmada entre el hombre y las máquinas, como el definitivo paso a natural de lo que era artificial. Algo se había desarticulado y una mansedumbre diferente parecía inclinar las máquinas a convertirse en una extensión de la mente y del cuerpo de las personas.

Algunos años después, cuando mi familia se había rendido ya a una compañía capaz de hacer que un cargador costara cincuenta euros, y así pues el iPhone ya era de casa, tuve la oportunidad de asistir a una escena que más tarde descubrí que era bastante común y que ahora me parece útil recordar aquí. Estaba mi hijo pequeño, un hombrecito de tres años, que se había subido a una silla para mirar de cerca el periódico que yo había dejado abierto sobre la mesa. No tenía intención de leerlo, no era tan inteligente. Le había llamado la atención la foto de un futbolista, y se había subido a la silla para mirársela bien. Yo lo vigilaba desde la habitación de al lado, lo justo para ver que no se caía. Pero en vez de caerse empezó a rozar la foto con un dedo, exactamente como hacía el viejo Jobs, aquel día, delante de toda aquella gente. Lo hizo una, dos, tres veces. Lo vi constatar, con fastidio, que no pasaba nada. Sin grandes ilusiones intentó hacer zoom, justo de aquella manera, el pulgar y el índice alejándose, dulcemente. Nada. Entonces se quedó un momento observando esa fijeza y yo sabía que estaba midiendo el fracaso de una civilización entera, la mía. Entendí en ese momento que de mayor no leería periódicos de papel y que en el colegio se rompería las pelotas con la pelota. Debo añadir también que, dado que en mi familia legamos valores típicamente saboyanos como la terquedad y la insana propensión a intentar solucionar los problemas, mi hijo no se rindió antes de haber realizado un último intento extremo, que me pareció una memorable mezcla de racionalidad y poesía: le dio la vuelta a la hoja y le echó un vistazo al dorso de la foto para ver si había algo que no funcionaba. Quizá un seguro que quitar. Quién sabe. Una función que activar. Una batería que cambiar.

Había un artículo sobre la selección de baloncesto. Lo vi bajarse de la silla con una cara de jazzista a la hora de cierre. No sé si logro explicarme, una cara de jazzista cuando se despide de la que hace la limpieza, se pone el abrigo y vuelve a casa: no sabría decirlo mejor.

Más o menos en ese mismo período, un amigo mío que durante un tiempo estuvo en California para hacer películas, regresó a casa para las vacaciones, encontrándose algo atontado por el viaje en el aeropuerto de Malpensa. Tenía que retirar un coche en el aparcamiento, o sacarse un billete para el autobús, no lo recuerdo, pero en definitiva, se encontró delante de una de esas máquinas donde pagas y te escupen un billete. Yo no estaba allí, me lo contó más tarde, tenía interés en hacerlo porque, decía, «es una historia que me ha enseñado mucho, aunque no sé exactamente qué». Estaba allí, en resumen, ligeramente atontado, con esa máquina delante. Había vivido en California algunos años, ya lo he dicho, era joven y bastante listo, hacía su compra online, para entendernos: así que empezó a tocar la pantalla con los dedos, había una especie de iconos en la pantalla, y con el dedo insistía en tocar el que le parecía más útil. Nada. Se quedó un rato tocando con los dedos esa pantalla. Luego se aproximó una pareja de mediana edad, bastante comprensiva, de aspecto tranquilo. Mi amigo nunca los había visto antes, pero cuando me contó toda la historia me dijo que sin duda eran dos de Cologno Monzese, llevaban una mercería y eran de esos que tienen la RAI 1 encendida las veinticuatro horas del día. Fuera como fuera, se aproximaron educadamente y con un gran espíritu de colaboración le indicaron a mi amigo que había teclas en la máquina, y que era necesario pulsarlas. Lo dijeron con cierta cortesía, escandiendo las palabras también un poco lentamente –me dijo más tarde mi amigo– y mirando de vez en cuando la gorrita de béisbol que llevaba en la cabeza, como buscando confirmación de algo.

Al final, le sacaron el billete.

Me los imagino en el coche, luego, a ellos dos, negando con la cabeza, sin decirse nada. Porque misterioso es el cruce de las civilizaciones, cuando acaece. Y no puede juzgarse el paso tortuoso de la inteligencia de la gente.

Me gustaría dejar claro que, personalmente, si entro en una tienda de Apple y veo a todas esas personas sonriéndome me pongo rígido hasta el calambre; además, considero que cualquier actualización del software es un chantaje e interpreto el constante y agotador intento de hacerme comprar el próximo modelo del iPhone como una agresión personal. Pero ahora debo escribir muy serenamente algo importante. El iPhone, el primer iPhone, era un teléfono, un sistema para entrar en Internet, una puerta para la Web, un instrumento para escribir mails y mensajes, una consola para videojuegos, una cámara fotográfica, un contenedor enorme de música y una caja potencialmente llena de aplicaciones, desde el tiempo hasta las cotizaciones de la Bolsa. Como el armario de los *Space Invaders,* contenía potencialmente el infinito, pero era inmensamente más hermoso. Cabía en el bolsillo y pesaba como un par de gafas. Ratificaba de manera oficial el amanecer de una época en la que el tránsito al ultramundo llegaría a ser un gesto casi líquido, absolutamente natural y potencialmente sin interrupciones. Aligerando hasta el extremo la postura hombre-teclado-pantalla, y desasiéndola de cualquier forma de inmovilidad, la imponía para siempre como forma de existir, acceso privilegiado a ese sistema de realidad con dos corazones que la época clásica había imaginado y que ahora se estaba convirtiendo en el nido de la experiencia de los hombres. Hacía todo esto llevando consigo una inflexión mental que luego resultaría decisiva: ERA DIVERTIDO. Era como un juego. Estaba diseñado para adultos niños, parecía diseñado por niños adultos. En esto, como veremos en los *Comentarios*, recogía y llevaba a cabo una herencia que venía de lejos y no era simplemente un resultado de la mentalidad Apple: toda la insurrección digital llevaba en su seno la pretensión no expresada de que la experiencia pudiera llegar a ser un gesto rotundo, hermoso y cómodo. No la recompensa a un esfuerzo. Sino la consecuencia de un juego.

Screenshot final

Una buena mirada panorámica a la columna vertebral y todo parece bastante claro. Al finalizar la época clásica, esa civilización siguió adelante, con coherencia, en la dirección que había tomado. Podían detenerse, volver atrás, arrepentirse o simplemente perderse. Pero no fue así. Siguieron avanzando, como podrían haber avanzado en un videojuego: intentando siempre llegar a la pantalla siguiente y sin interrumpir nunca la partida. De vez en cuando morían, pero como en los videojuegos no tenían una única vida: el 11 de septiembre o la burbuja financiera de las puntocom fueron dos golpes letales: uno amenazaba el espacio de paz que era el tablero de juego necesario para la partida y el otro sacaba del tablero unas cuantas piezas. Podía ser el final de todo. Pero no lo fue, porque pegando de cualquier manera el tablero y concentrándose en las piezas que quedaban en juego se pusieron a jugar de nuevo. Testarudos.

Si queremos, el resultado puede verse también solo con los números. ¿Os acordáis?, habíamos ofrecido algunas referencias. Veamos brevemente cómo terminó la cosa.

> – usuarios de Internet en el mundo. Había 188 millones, equivalentes al 3,1% de la población. Diez años más tarde, hay 1.500 millones, equivalentes al 23% de la población.
> – sitios web. Eran 2.410.000. Diez años más tarde hay 172 millones.
> – clientes de Amazon. Eran un millón y medio. Diez años más tarde son aproximadamente 88 millones.
> – porcentaje de los americanos con un ordenador en casa. Era del 35%. Diez años después es del 72%.

Bueno, bastante claro, ¿no?

Pero, más allá de los números, lo que queda claro es una inercia casi irrefrenable, colectiva, aparentemente feliz. Lo que ahora podemos decir con cierta seguridad es que en la época de la colonización esa gente, que en el fondo somos nosotros, hizo algo muy lineal: expandir el juego diseñado en la época precedente. El asunto les salió bien sobre todo en dos direcciones: las redes sociales y el smartphone. Son los dos tótems de la década. Facebook, Twitter / BlackBerry, iPhone. En sí mismos, son simples herramientas, pero como decía Stewart Brand cambia las herramientas y construirás una civilización. De hecho, esos dos instrumentos llevaban en las tripas al menos dos movimientos telúricos, por decirlo de algún modo, destinados a dejar huella. Vamos a anotarlos aquí:

UNO   Las redes sociales certificaban la colonización FÍSICA del ultramundo. Quiero decir que las personas, FÍSICAMENTE, se desplazaron allí adentro. Desplazaron allí adentro no solo documentos, sino ellos mismos, su propio perfil, su propia personalidad. O, en casos más refinados como Flickr, su propia reverberación, el calor de sus emociones, la vibración de sus deseos: el mundo que les gustaba. Simultáneamente, desplazaron allí adentro también una parte cada vez más grande de sus relaciones sociales. Si medís la distancia que hay entre enviar un SMS a un amigo y escribir un tuit que leerán tal vez decenas de miles de personas os haréis una idea de lo que ocurrió en poquísimos años: prácticamente nos hemos convertido en web a nosotros mismos, nos hemos hecho enlaces como los cajones del profesor Berners-Lee, hemos decidido comunicarnos como comunicaban las informaciones en la Web, hemos encontrado en el ultramundo un sistema carente de fricción que nos permitía propagar cualquier gesto o palabra nuestros en el mar abierto de una comunidad aparentemente sin fronteras.

Cuidado con entenderlo mal: no estoy diciendo que NOS HEMOS IDO A VIVIR AL ULTRAMUNDO. Le hemos colonizado, que es diferente. Lo hemos puesto en conexión con el mundo y hemos comenzado a hacer girar con cierta eficiencia ese sistema de doble tracción que habíamos inventado con la Web. Si os fijáis, precisamente las redes sociales os explican la cosa sin márgenes de error. Nadie se ha desplazado integralmente a vivir al ultramundo [bueno, aparte de algún nerd total, quiero decir]. La mayoría ha aprendido a hacer girar su personalidad en dos circuitos que al final han entendido que eran los dos corazones de un organismo: la realidad. Se diga lo que se diga, en esto hemos adquirido una cierta habilidad: hoy en día hasta un chiquillo de secundaria se desenvuelve con cierta habilidad en el juego diario de cruzar la frontera entre mundo y ultramundo, en ambas direcciones y de forma repetida. La idea misma de que esa frontera existe probablemente sea para él una idea inapropiada para definir su experiencia. Hábilmente habita en un sistema de realidad con doble tracción y la experiencia para él circula por un sistema sanguíneo de dos corazones: pedirle que te indique dónde late uno y dónde late el otro es claramente una pregunta superficial. Es probable que encuadre un problema, pero sin duda alguna tendría que formularse de maneras mucho menos infantiles...

DOS La masiva colonización del ultramundo, y el traslado físico de la gente al otro lado de la nueva frontera ha sido claramente un proceso acelerado por otro tótem de la época: el smartphone. Allí el movimiento es clarísimo: eliminar toda la rigidez posible de la postura hombre-teclado-pantalla, de modo que la migración entre el mundo y ultramundo sea lo más fácil posible. La coherencia con las intuiciones de la época precedente es, aquí, muy evidente: tanto la elección de esa postura como la invención del ultramundo eran dos elecciones de fondo que estaban a la espera de que la tecnología ofreciera un diseño que las hiciera compartibles por la mayoría de la población. Hecho.

Así, a unos treinta años de los marcianitos de *Space Invaders,* tenemos aquí frente a nosotros la cordillera bastante clara de un paisaje que podemos comenzar legítimamente a leer como una nueva civilización. No un avance tecnológico electrizante: una auténtica civilización.

143

Lo sorprendente –quisiera decir desconcertante– que podemos descubrir sobre ella agachándonos para excavar y estudiar fósiles resultará evidente en los *Comentarios* que siguen.

O al menos eso espero.

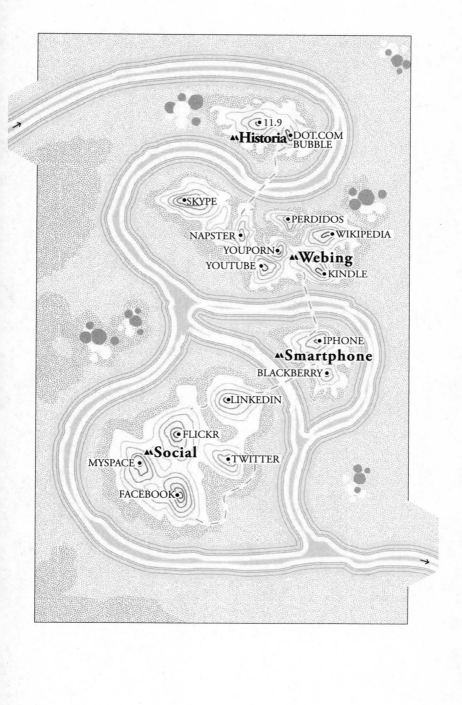

The Game

He vuelto a ver ese vídeo, ese en el que Steve Jobs presenta el iPhone. Quería verlo bien, excavar, buscar fósiles. Había algo que descubrir allí, algo que podía llevarnos lejos. Al terminar me convencí de que ese algo era el hecho evidente de que en ese vídeo JOBS SE DIVIERTE COMO UN CRÍO. No estoy diciendo que se divierta porque está allí haciéndose el guay sobre el escenario, no: se ve que lo que le divierte es precisamente el iPhone; no se divierte HABLANDO DE ÉL, se divierte precisamente UTILIZÁNDOLO. Todo en su conducta tiende a transmitir la información muy precisa de que el iPhone ERA DIVERTIDO. Ya sé que ahora el asunto puede darse por descontado, pero es necesario volver a ese momento. A lo que había antes. Al lugar del que venían. ¿Era DIVERTIDO el teléfono con auricular y disco con números? No. ¿Era DIVERTIDO el teléfono público de las cabinas? No. ¿Era DIVERTIDA la BlackBerry? No mucho. Todos ellos eran herramientas que solucionaban problemas, pero nadie había pensado en que debían hacerlo también DE MANERA DIVERTIDA, por lo que no lo hacían de manera divertida.

El iPhone sí. Y es lo que de una forma obsesiva Jobs trata de comunicar mientras habla.

ESTÁ DICIENDO QUE ES UN JUEGO.

Ahí está el fósil.

Está diciendo que es un juego.

Haced el intento de recordar cuántas veces en la vida os habéis encontrado en la situación de tener un problema (práctico) cuya solución ERA UN JUEGO. No serán muchas. Y en el fondo casi todas tenéis que ir a repescarlas en años lejanos, cuando erais niños, porque los primeros especialistas verdaderos de la *gamification* son los padres: el tenedor-avioncito que vuela y luego entra en la boca... El vasito convertido en astronave... Papá que se convierte en un monstruo, o águila, o cactus, depende del problema que hubiera que resolver. Yo abría los pañales de mi hijo fingiendo ser un buscador de oro del Yukón en busca de pepitas de oro [una vez encontré una monedita, de hecho]. Pero en fin... Quería decir que el iPhone había nacido para resolver muchos problemas, pero lo hacía como el tenedor-avioncito y todo, en ese objeto, estaba allí para recordártelo continuamente, eligiendo de forma sistemática soluciones que tenían sabor a juego y a infancia. Los colores, el diseño gráfico, esos iconos que parecían dulces, la fuente de niños cool, la presencia de un único botón [hasta los juegos para críos tienen al menos dos...]. La misma tecnología touch era, obviamente, infantil. ¿Qué os imagináis que pensaron aquellos dos de Cologno Monzese cuando mi amigo insistía en tocar la pantalla para sacar el billete en la máquina del aeropuerto? Que era un niño, eso es lo que pensaron (llevaba además esa gorrita de béisbol para confirmarlo).

Juego e infancia, pues. Pero es necesario no pensar que era solo una cuestión de presentación, de diseño, de apariencia. La sincera diversión de Jobs, sobre el escenario, sugería algo más sustancial: el iPhone —como ya antes del mismo el Mac y el iPod— no solo tenía el aspecto de un juego, sino que de alguna manera lo era de verdad: CONCEPTUALMENTE ESTABA CONSTRUIDO COMO UN VIDEOJUEGO. Con ese objeto en la mano, ¿qué acabas haciendo, sin pensártelo demasiado siquiera? Sumido en la postura hombre-teclado-pantalla, refinada por la pantalla táctil, derrotabas a los enemigos que caían sobre ti bajo la forma de pequeños quehaceres: como por ejemplo telefonear a mamá o buscar la dirección de un restaurante. A modestos problemas respondías con modestas contramedidas, siempre agradables al tacto y a la mirada, y subrayadas por satisfactorios efectos sonoros. ¿Quieres llamar a Gigi?, agradable secuencia de cuatro toques. ¿Quieres fotografiar a Marisa? Agradable secuencia de tres toques. ¿Quieres descartar la foto porque Marisa ha salido de pena? Agradable secuencia de dos toques. Y etcétera. Para los jugadores más expertos había niveles avanzados: entrar en la Web, comprarte música, escribir un mail. Pero también allí se trataba de un juego de toma y daca, de marcianito que sale a tu encuentro y tú lo aniquilas: al final, puedes darle las vueltas que quieras, pero aquello no era un teléfono, y en el fondo tampoco era una herramienta: tenía todo el aspecto de ser sobre todo un videojuego. Mejor dicho, un montón de videojuegos juntos.

Lo que luego descubrí es que aquello no pasaba así por casualidad, o debido a una estrategia de Jobs. La cosa venía de lejos. Porque el videojuego, bien está saberlo, es de hecho uno de los mitos fundacionales de la insurrección digital, una de las divinidades mayores en el Olimpo de esa gente. No lo digo porque en esta reconstrucción mía me ha dado por comenzar todo a partir de *Space Invaders*. Lo digo porque *históricamente* el videojuego ha sido una especie de cuna para muchos protagonistas de esa insurrección. ¿Os apetece oír dos historias instructivas?

Para la primera tenemos que volver al mítico Stewart Brand, el de *Stay hungry, stay foolish*. Bien, en una entrevista para *The Guardian* de hace algunos años, empezó a explicar más o menos cómo habían ido las cosas al principio, allí, en

California. Las personas a las que había conocido y que le habían abierto el cerebro. Y mirad lo que cuenta en un momento dado. «Estaba en la Universidad de Stanford, en el centro de computación, sería a principios de los años sesenta, y en cierto momento veo a unos muchachos jugando a *Spacewar* [un videojuego tipo *Space Invaders,* pero mucho más primitivo y mucho menos divertido]. Esa cosa la habían creado desde la nada, y mientras ellos jugaban tú te los mirabas y lo que entendías es que estaban completamente fuera. No sería capaz de describirlo con otras palabras. Estaban fuera de sus cuerpos. Hasta ese día, yo había visto solo una cosa capaz de hacerte sentir fuera de esa manera: las drogas.»

Naturalmente, lo primero que se os pasará por la cabeza memorizar de esta pequeña anécdota es la conexión videojuego-drogas, que además si tenéis hijos es una de vuestras peores pesadillas. Pero tengo que pediros que paséis del tema, que no os dejéis distraer y que me sigáis. Diez años después de haber tenido esa iluminación, Stewart Brand escribió para la revista *Rolling Stone* un largo artículo que entrará más tarde en la historia como la primera, profética y genial teorización de lo que iba a pasar con los ordenadores. Es el primer lugar en el mundo en el que alguien puso negro sobre blanco, cuando la cosa podía parecer solo una locura, que los ordenadores acabarían en manos de todo el mundo, que llegaría uno al escritorio de cada uno de nosotros: eran un poder que tenía que ser distribuido, y que haría más fácil la vida a todo el mundo, y apacible, y pasablemente feliz. En resumen un artículo histórico, creedme. La prosa no era gran cosa, si me lo permitís, pero los contenidos eran una bomba. Pues bien, ¿cómo se titulaba ese artículo?

Spacewar.

El nombre del videojuego.

Y de hecho la mitad del artículo versa sobre ese videojuego, os lo juro. ¿Por qué? Respuesta de Brand: «*Spacewar* era la perfecta bola de cristal en la que uno podía leer adónde nos iban a llevar las ciencias informáticas y el uso de los ordenadores.»

¿No veis cómo esa gente llevaba, en el ADN, ese juego, que venían de allí? No se trataba de que fueran unos capullos y pensaran que la vida era siempre un juego. Es diferente. Es que habían empezado a partir de allí, de los videojuegos, y esto iba a marcarlos para siempre.

Si todavía tenéis alguna duda, aquí va la segunda historia. Es esta.

De nuevo se refiere a Steve Jobs. En 1983 fue invitado a hablar en una convención de diseñadores, en Aspen, Colorado. No sé lo conocido que era por entonces. Pero sé lo que esa reunión de diseñadores sabía sobre los ordenadores: un carajo. Él estaba allí para intentar que comprendieran al menos las cosas fundamentales. Realmente la base. Bien. En un momento dado, apurado al ver que nadie –nadie– sabía lo que era un software, intenta explicarlo. Para ayudarse, hace una comparación con la televisión. Y más o menos dice: un programa televisivo es capaz de reproducir una experiencia: si miro el funeral de JFK me conmuevo, revivo esa experiencia, ¿vale? Si lanzo un programa informático, en cambio, hago algo diferente: no capturo la experiencia, sino LOS PRINCIPIOS SUBYACENTES DE LA EXPERIENCIA. Naturalmente, los diseñadores no entendieron un carajo [yo tampoco, por otra parte] y entonces añadió: Tranquilos, tengo el ejemplo perfecto para que entendáis qué es capaz de hacer un ordenador. ¿Y qué ejemplo eligió?

Un videojuego.

Para ser exactos eligió *Pong* –a lo mejor os acordáis de él, era un partido de pimpón muy rudimentario, podíais perder la cabeza, lo habían inventado en el 72, seis años antes de *Space Invaders*–. En resumen, que empezó a hablar de *Pong*. Para explicar lo que hacía un ordenador a gente que no tenía ni la menor idea eligió el ejemplo que en su cabeza encarnaba de forma más sintética y específica la capacidad inédita y revolucionaria del ordenador: un videojuego en el que tenías que darle a una pequeña pelota.

Así, no debe sorprendernos demasiado si nos lo encontramos de nuevo, veinticuatro años más tarde, presentando el iPhone, divirtiéndose como un loco y dando la impresión de que tenía un juego en la mano. Lo tenía: tenía un juego en la mano, ahora ya podemos decirlo con serenidad. Lo tenía desde siempre, nunca tuvo en su mano otra cosa que no fuera un juego; durante toda su vida de hacker no hizo más que juegos que jugaban al pimpón. Y, en el fondo, esto no sería tan importante si no fuera porque él era uno entre muchos, quizá más consciente que los otros, pero solo uno entre muchos: el videojuego fue el gimnasio de gran parte de los hackers que generaron la insurrección digital y en cierto modo era el esquema mental en el que se resumían con más claridad las intuiciones un tanto desenfocadas de esos cerebros tendencialmente encriptados. Estaban buscando un mundo, y de forma instintiva lo imaginaban con el diseño y la arquitectura lógica de un videojuego.

Esta inclinación, repetida casi con regularidad cada vez que había que afrontar un problema y elegir una solución, a largo plazo solo podía producir animales como los smartphone actuales, o ambientes como Spotify, o Tinder: en esencia, unos juegos. Pero ya en la época de la colonización, es decir, hace ya más de diez años, a esas alturas el resultado era bastante visible. Si Google todavía era un juego que no sabía que lo era (y, de hecho, solo con cierto esfuerzo podríamos definirlo como *divertido*), en cambio Facebook nace ya con un claro componente lúdico: el ambiente es, como una elección consciente, agradable, cómodo, divertido. Aparecen números (los *likes*, los *followers*...) que son claramente la puntuación del videojuego, recuperada y metabolizada con gran soltura. Twitter aprenderá la lección y se convertirá por su parte en una máquina que en el fondo lanza resultados unos detrás de otros (retuits, likes, etcétera) en un divertido e ininterrumpido hacinamiento de ganadores y perdedores. Mientras tanto, los links de la Web seguían ofreciendo esos adorables patinajes transversales sobre el hielo del ultramundo, Napster jugaba a policías y ladrones, los emoticonos empezaban a contagiar los SMS y el Kindle intentaba venderse como una pizarra mágica. Y todo esto sin citar siquiera los juegos verdaderos, los videojuegos, que a esas alturas ya se habían guarecido, como virus, en cualquier dispositivo. Resulta suficiente para entender bastante lo que estaba sucediendo: la elevación del juego a esquema fundacional de toda una civilización. A partir de ese momento, vivir prometía convertirse en una intrigante colección de partidas en la que las asperezas de la realidad representaban el campo de juego; y la emoción de la experiencia, el premio final. En cierto modo era la Tierra Prometida de los hackers: un único, libre e ininterrumpido videojuego. *The Game.*

No creo que sea necesario tener que señalaros que estamos en un punto crucial [dijo mientras lo señalaba]. En efecto, en todo este asunto del Game se desencadenan muchos de nuestros miedos, de nuestras dudas. Y no sin razón. Si en un determinado momento comenzamos a notar con desagrado que muchos de nuestros gestos habían perdido la respiración lenta y consciente que habíamos aprendido, transformándose en movimientos rápidos y a menudo carentes de poesía, aquí tenemos por fin una posible génesis del fenómeno: el mundo presente ha sido diseñado por gente que inventó *Space Invaders,* no el futbolín.

Una vez le pregunté a un amigo mío, que no es nada tonto, por qué se obstinaba en seguir comprando vinilos, los discos de 33 revoluciones. Él, en vez de soltarme el rollo habitual de que el sonido es mejor, etcétera, etcétera, me dijo: «Porque me gusta levantarme del sofá, ir a poner el disco, y volver a sentarme.» Es una persona que adora la música, y lo que me estaba diciendo es que para él escucharla era algo tan valioso que de forma instintiva lo asociaba con un gesto de alguna manera lento, también un poco cansado, tal vez incluso solemne. Si os preguntáis cómo hemos pasado de una civilización tan elegante a una capaz de inventar Spotify (cambio de disco con un clic), ahora por lo menos tenemos una parte de la respuesta: porque hemos elegido el camino del Game. Lo digo de forma brutal: por motivos históricos y, digámoslo así, darwinianos, a partir de un determinado momento (del iPhone en adelante, si tengo que arriesgar una fecha), nada ha tenido ya posibilidades serias de supervivencia si no llevaba en su ADN el patrimonio genético del videojuego. Puedo incluso arriesgarme a plasmar, para uso de todo el mundo, los rasgos genéticos de esa especie destinada a sobrevivir:

- un diseño agradable capaz de generar satisfacciones sensoriales;
- una estructura que remite al esquema elemental *problema/solución* repetido varias veces;
- poco tiempo entre cualquier problema y su solución;
- aumento progresivo de las dificultades de juego;
- inexistencia e ineficacia de la inmovilidad;
- aprendizaje dado por el juego y no por el estudio de abstractas instrucciones de uso;
- disfrute inmediato, sin preámbulos;
- tranquilizante exhibición de una puntuación después de determinados pasos.

Bueno, no se me ocurre nada más: pero tengo una noticia importante para todos vosotros: aparte de raras excepciones, si estáis haciendo algo que no tiene, por lo menos, la mitad de estas características, es que estáis haciendo algo que está muerto desde hace tiempo.

Estáis autorizados a poneros nerviosos.

Superficialidad
Pensar al revés

Esa presentación del iPhone, Steve Jobs y todo lo demás: en ese vídeo, si nos fijamos, había otra cosa que se repetía de forma casi obsesiva. Una palabra.
Simple. Very simple. Very, very simple.
Sencillo.
Ya se tratara de poner una canción de los Beatles, o de telefonear a un amigo, o de entrar en la Web, o de subir el volumen, o de apagarlo todo, siempre se trataba, con el iPhone, de un pequeño gesto que no solo era divertido sino también —como Jobs subrayaba repetidas veces— sencillo, muy sencillo.

Parece algo obvio, carente de consecuencias significativas. Pues no.

Sencillo no es solo lo contrario de *difícil*. También es —y, en este caso, sobre todo— lo contrario de *complicado*. Lo que a Jobs más le importaba era que el iPhone era capaz de hacer coincidir procesos muy complejos en la nitidez final de un gesto sencillo. No estaba diciendo que había *simplificado* el teléfono. Al contrario, estaba diciendo que había hecho un instrumento complejísimo: sin embargo, se empeñaba en subrayar que usarlo, luego, era malditamente *sencillo*. De alguna manera, ese trasto había logrado desprenderse de toda la complejidad del asunto en algún doble fondo oculto, dejando en la superficie, a flote, tan solo el fruto limpio de esos procesos complejos, su síntesis última, su corazón elemental y útil: iconos para tocar, listas que corrían, páginas para pasar. Con los ojos en esa pantalla, y los dedos rozándola, la impresión que se desprendía era la de acceder a gestos que habían sido limpiados de cualquier escoria y que te venían ofrecidos a ti, de repente, en una especie de simplicidad final, última: lo esencial había subido a la superficie y todo el resto había sido tragado en algún invisible no-lugar.

Era una impresión muy agradable, y la resumían a la perfección esos iconos amistosos, sonrientes, tornasolados. Ahora es más fácil comprender que detrás de su aspecto un tanto infantil había algo muy sofisticado: eran las puntas emergentes de inmensos icebergs, extremadamente complejos, que yacían escondidos en alguna parte por debajo de la superficie de aquella pantalla. Burlonamente, esos iconos utilizaban la imagen estilizada de la herramienta que justo en ese momento estaban destruyendo: el auricular del teléfono, la aguja de la brújula, el sobre de las cartas, el reloj con agujas. Había hasta una rueda dentada. Destinados a desaparecer como objetos, eran legados como boyas que señalaban el punto exacto donde había emergido el corazón útil de las cosas, desasido de la complejidad de los procesos propios del siglo XX que lo mantenían preso. Estaban allí señalando que LA ESENCIA DE LA EXPERIENCIA HABÍA SALIDO DE SUS GUARIDAS SUBTERRÁNEAS, ELIGIENDO LA SUPERFICIE COMO SU HÁBITAT NATURAL. He de decíroslo: hemos llegado al corazón de la cultura digital.

Al fin y al cabo se trataba solo de un teléfono, me diréis. De acuerdo, pero con gente que pretendía cambiar la cabeza de las personas cambiando los instrumentos que tenían en la mano, hay que prestar atención a cómo hacían esos instrumentos. Y en el iPhone debemos tener la lucidez de reconocer un esquema mental que iba a tener una enorme influencia en nuestro modo de estar en el mundo. Es una figura fácil de reconocer. Un iceberg. Una enorme complejidad desaparece bajo la superficie del agua y el minúsculo corazón útil de las cosas sale a flote. Articuladas operaciones matemáticas, almacenadas en depósitos subterráneos, generan resultados elementales que pueden leerse con facilidad en el aire limpio de la superficie. El esfuerzo fluye desde un *antes* olvidado, y la experiencia se presenta como un gesto inmediato, natural.

Un iceberg.

Ahora bien. Prestad atención porque este es un momento crucial. Lo más interesante de esta figura mental –el iceberg– es lo siguiente: SI LO INVERTÍS OBTENDRÉIS EXACTAMENTE LA FIGURA MENTAL QUE HA DOMINADO LA CULTURA DEL SIGLO XX.

Yo crecí con esa figura del siglo XX en la cabeza, por tanto puedo dibujárosla bien. En la superficie, flotando delante de nuestras narices, había caos o, en el mejor de los casos, la pérfida red de las percepciones *superficiales*. El juego consistía en superarlas, oportunamente guiados por los correspondientes maestros. A través de un camino de trabajo, aplicación y paciencia, era necesario bajar *en profundidad* donde, como en una pirámide invertida, la articulación compleja de la realidad se iría resumiendo, primero, lentamente en la claridad de unos pocos elementos y, luego, en el deslumbrante epílogo de una verdadera esencia: donde se guardaba EL SENTIDO AUTÉNTICO DE LAS COSAS. Llamábamos EXPERIENCIA al momento en que allí lográbamos acceder a la misma. Era un acontecimiento raro, y casi imposible sin alguna clase de mediación sacerdotal, ya fueran profesores o también, simplemente, libros, o viajes: a veces, sufrimientos. En cualquier caso, algo que implicaba dedicación y sacrificio. La idea de que pudiera tratarse de un juego o incluso únicamente de algo *sencillo* nos resultaba ajena. De manera que LA EXPERIENCIA acababa siendo un lujo poco frecuente, a veces el resultado de algún privilegio, siempre el legado de alguna casta sacerdotal. Era en última instancia un premio del que amábamos la espléndida reverberación en el vacío exhausto de nuestras vidas.

Como veis, una clara figura. La aplicábamos a los aspectos más diversos de la realidad: ya se tratara de investigar noticias, de entender una poesía o de vivir un amor, el esquema siempre era el mismo, una pirámide invertida: rápidamente, en superficie, encontrábamos el terreno friable y bastante articulado de las apariencias, y en profundidad, con paciencia y lentitud, intentábamos alcanzar la esencia de las cosas. La complejidad, por arriba; el corazón útil del mundo, por abajo. El esfuerzo, arriba. El premio, abajo. Una figura clara, ¿verdad?

Dadle la vuelta, por favor.

¿Qué veis?

El iPhone.

El premio, arriba. El esfuerzo, abajo. Las esencias llevadas a la superficie, la complejidad escondida en algún sitio.

Y el iPhone es solo un ejemplo. Ya la primera página de Google, con todo ese blanco y un veintena de palabras para explicarlo todo, ¿no era la punta de un iceberg, como el iPhone? Y las veintiuna palabras de la primera página web de Berners-Lee, ¿no lo eran también? Y la pantalla de Windows 95, con la reconfortante extensión de iconos ordenados y comandos prefijados, ¿qué decís sobre esto? Todo eso son puntas del iceberg: detrás, abajo, dentro —no sé— había un montón de complejidad, pero la esencia de las cosas flotaba en la superficie, la encontrabas al primer vistazo, la entendías en un momento, la utilizabas inmediatamente (sin mediaciones, sin sacerdotes). El iPhone está hecho así, Google está hecho así, Amazon está hecho así, Facebook está hecho así, YouTube está hecho así, Spotify está hecho así, WhatsApp está hecho así: despliegan una simplicidad donde la inmensa complejidad de la realidad emerge en la superficie dejando tras de sí cualquier escoria que haga más pesado el corazón esencial. De lo cual se deriva un índice sintético de lo existente que habría tranquilizado a Aristóteles, encantado a Darwin y excitado a Hegel: todos ellos gente que buscaba la esencia por detrás de la apariencia, lo sencillo dentro de lo complejo, el principio antes de la multiplicidad, la síntesis después de las diferencias. Estoy seguro de que habrían valorado muchísimo la página de inicio de YouPorn, en el caso de que tuvieran tiempo para semejantes amenidades.

Ahora sabemos que con instrumentos como esos la insurrección digital golpeaba de lleno el corazón de la cultura del siglo XX, desintegrando su principio fundamental: que el núcleo de la experiencia estaba sepultado en profundidad, que era accesible solo con el esfuerzo y gracias a la ayuda de algún sacerdote. La insurrección digital arrebataba ese núcleo de las garras de la élite y lo hacía subir a la superficie. No lo destruía, no lo anulaba, no lo banalizaba, no lo simplificaba miserablemente: LO DEJABA EN LIBERTAD SOBRE LA SUPERFICIE DEL MUNDO.

De manera que ahora podemos decir una cosa: eran hombres que pensaban al contrario. Rechazaban el mito de la profundidad y tenían el instinto de destruir la oposición apariencia/esencia: para ellos ESENCIA Y APARIENCIA COINCIDÍAN. Lo que querían era reconducir la experiencia a los elementos esenciales que pudieran ser colocados sobre un escritorio y estar al alcance de gestos sencillos y rápidos. En este instinto eran guiados por un miedo que ahora no tenemos que olvidar: el miedo a que otra vez el corazón de las cosas acabara hundiéndose en algún lugar donde permaneciera en una inmovilidad cuyo acceso quedara regulado por alguna casta sacerdotal: habían visto qué desastres podía producir un esquema semejante y de forma instintiva elegían soluciones que hicieran imposible volver a ese infierno. Tenían en mente una estrategia que, a su manera, resultaba genial: si existía un sentido auténtico de las cosas era necesario sustraérselo a cualquier forma de aislamiento y hacer que subiera a la superficie visible del mundo: entonces cesaría de ser un monolítico secreto sancionado por quién sabe quién, y llegaría a ser el resultado de las corrientes del vivir, la huella transparente y cambiante del caminar de los hombres. Algo no permanente y, sin embargo, verdadero.

Gente de esta clase desarrolló tecnologías adecuadas a su forma de pensar. No eran filósofos; por regla general, eran ingenieros: no diseñaron sistemas teóricos, pusieron al día herramientas. En todos ellos su forma de pensar al revés se transformaba en gesto, solución, hábito. Praxis que a veces eran mínimas (verificar el parte meteorológico, medir la fiebre), terminaron, al multiplicarse, generando una posición mental que no es el efecto arbitrario de objetos de éxito, sino el reflejo coherente de ese pensamiento al revés que originó. A largo plazo, lo que pasó es que hemos terminado esperando de la vida lo que veíamos funcionando en la praxis de nuestros pequeños gestos cotidianos: si para llamar por teléfono solo tenía que rozar una pantalla con los dedos eligiendo rápidamente entre un número limitado de opciones en el que un caos de posibilidades acababa limitado a un orden sintético y hasta divertido, ¿por qué en el colegio las cosas no eran así? ¿Y por qué tendría yo que viajar de otro modo? ¿O comer? ¿Y por qué entender de política tendría que ser en cambio más complicado? ¿O leer un periódico? ¿O descubrir la verdad? ¿O, en última instancia, encontrar a alguien a quien amar?

Así, poco a poco, todos empezamos a pensar al revés un poco, y a adoptar, como algo útil, la regla de que cualquier partida podía ser jugada con la condición de ser capaces de colocar las piezas en ese tablero iluminado que es la superficie del mundo: mientras permanecieran escondidas en las profundidades, controladas por la mirada de castas sacerdotales, todo era enormemente más complicado: y, en el fondo, injusto, falso y peligroso. Así, en una espectacular empresa colectiva, nos pusimos a desenterrar el corazón del mundo y colocarlo en superficie: el hábitat en el que descubrimos que éramos aptos para vivir. No pretendíamos arrancarle al mundo su sentido más auténtico: queríamos depositarlo donde fuéramos más capaces de respirarlo.

Decidme si no era un plan electrizante.

La primera guerra de resistencia

Lo era, sin duda alguna. Pero también era –ha llegado el momento de recordarlo– un plan en cierto modo devastador. Objetivamente, el acoplamiento de Game y Superficialidad era, para mucha gente, algo horrible: llevaba al Viejo Mundo a una migración tan extrema, escandalosa e imprevista, que por todas partes comenzó a sonar un poco una especie de campana de emergencia. Es verdad que la civilización del siglo XX seguía bien enrocada en las grandes instituciones culturales y políticas, pero, como ya hemos visto, la estrategia de los insurgentes era la de evitar esas fortificaciones dando un rodeo y apuntar hacia otro objetivo: los sitios donde se elegían las herramientas para el bricolage de la vida cotidiana. Y allí el avance del Game fue fulminante y casi no recibió contestación. Si añadimos que en 2002 habíamos llegado a la cumbre, eligiendo definitivamente el lenguaje digital, el cuadro de la situación parece bastante claro: a base de excavar túneles subterráneos, los insurgentes habían conseguido que el Viejo Mundo, allí arriba, empezara a derrumbarse.

Y, de hecho, es en ese momento cuando la civilización del siglo XX se percata, con nitidez, de la agresión. No la entiende, pero la siente. Tiene la impresión de estar siendo atacada por un enemigo invisible, porque casi no lo ve, no sabe dónde está, no ha entendido cómo debe luchar: pero ve los sitios por donde ha pasado, y lo que ve son las ruinas humeantes de los pueblos que hasta el día antes parecían destinados a prosperar para siempre. Saltan entonces las alarmas: una alarma repetida, prolongada, casi quisquillosa, una especie de meticuloso fuego antiaéreo que, sin embargo, se disparaba con regularidad cuando ya habían pasado los atacantes. Es la época de los manifiestos en defensa de las lecherías, para entendernos. Los años en que escribí *Los bárbaros*.

El fuego de cobertura –como es natural dirigido por las élites, que sentían que empezaba a faltarles la tierra bajo los pies– sembraba la confusión, era decididamente arrogante y, en definitiva, ciego: pero lograba enmarcar algo, con bastante claridad: algo había en el Game que parecía vaciar a la experiencia humana de sus razones más elevadas, o complejas, o misteriosas, reconduciéndolo todo a un sistema simplificado que daba un rodeo alrededor del esfuerzo, reducía el peso específico de los hechos y elegía soluciones que fueran cómodas y rápidas. Era una intuición un tanto vaga y desenfocada todavía: pero seguro que el Game parecía robarle el alma al mundo, por decirlo en términos un tanto compendiosos. Parecía poner en funcionamiento una versión laica de la misma funcional, lúdica, para uso de gente que no tenía ganas de empeñarse gran cosa.

Obviamente, como denuncia era irresistible: ¿quién iba a querer un mundo sin alma, diseñado por jugadores de PlayStation? Así, cualquier persona que en esa época tenía algo que perder ante el posible éxito de la insurrección digital, podía disponer de una formidable bandera bajo la que luchar: la defensa de lo humano, de una idea elevada y noble de lo humano. El enfrentamiento subió de nivel y ahora nosotros podemos colocar en esos años situados en vilo entre dos milenios la primera y decidida guerra de resistencia contra la cultura digital. Dado que quien la llevó a cabo, estratégicamente, fue sobre todo una cierta élite intelectual del siglo XX que no tenía entonces una gran familiaridad con las herramientas digitales, la batalla se llevó hacia el terreno, más familiar, de los gestos tradicionales: yo qué sé, leer, comer, estudiar. Incluso amarse. Las megalibrerías, la comida rápida, el turismo de aquí te pillo aquí te mato. El amor en los tiempos de YouPorn y Facebook. Las viejas élites constataban en todo ello un aparente desastre e intentaban ir allí para ponerle freno. Que todo nacía más arriba, de una inteligencia que estaba construyéndose sus herramientas a la medida de sus propios sueños, no era algo que resultara muy claro en aquellos tiempos. Tampoco se tenía muy claro todavía que mundo y ultramundo no eran dos ambientes en conflicto, sino, a esas alturas, los dos corazones de un único sistema de realidad. De manera que se luchaba, pero con armas obsoletas, sin entender del todo dónde se encontraba el frente, y con reglas estratégicas que estaban bien para un juego que ya no existía. En la práctica todos ellos estaban delante de un videojuego sosteniendo enérgicamente saber quién diantres había robado la bolita y exigiendo virilmente que la devolvieran. En algunos casos, particularmente dolorosos a la vista, se abrían de manera tardía debates sobre la posibilidad de permitir el cambio y el arrastre en el futbolín. *Hélas.*

Y, no obstante, ahora debemos dejar constancia de algo en esa guerra de resistencia, y respetarlo, y tomarlo en serio, y ponerlo bajo la lente de nuestro microscopio: esa intuición de fondo que veía en el Game una peligrosa migración en la que se perdía el alma del mundo y la nobleza de la experiencia de los humanos.

¿Era una ilusión óptica, una cómoda mentira, una elegante forma de ceguera? Hasta cierto punto, creo.

Porque todo era muy alegre en aquel escenario, el día en que Jobs se puso a juguetear con el iPhone, pero en realidad allí estaba a punto de pasar algo que, basta con que lo pensemos un momento, de hecho podía dar miedo. De entrada, todas las viejas élites salían destrozadas: al no disponer de un kit de supervivencia para vivir en la superficie y al haber perdido buena parte de su legitimidad, se veían abocadas a la extinción. Y cuando tu profesor se echa a temblar no es un buen momento para nadie. Cuando por el miedo se pone sectario, ciego, agresivo, no es un buen momento para nadie. Ni tampoco lo es cuando, harto, manda a todo el mundo a paseo y se larga: una tarima vacía es un mensaje ambiguo, habla sobre la liberación, pero también es un paso en falso del mundo. Sobre todo en el momento en que la subida a la superficie de un sistema entero de valores había generado una especie de *salvados todos* donde se acababa por despachar no solo nuevas formas de inteligencia de masas, sino también viejas formas de estupidez individual. Durante un largo instante, que quizá aún no ha terminado, la distinción entre profetas y gilipollas se hizo visible solo a ojos muy fríos y entrenados. Había bastante como para desconcertar a los más lentos y para alarmar a los más despiertos. Emergía el corazón del mundo a la superficie, y se diluía en un grandioso Game: pero no lo hacía sin sufrimiento. No lo hacía sin dar la impresión de perder, en la migración, algo importante.

Por otro lado, la duda de que al final no salieran las cuentas del todo era una duda que conocían incluso los que, como yo, miraban la insurrección digital con una instintiva simpatía. Si puedo remitirme a un recuerdo personal, es verdad que en esos momentos me sentía sobre todo desconcertado por la hipocresía con que veía cómo defendía el *statu quo* gente que sobre todo se defendía a sí misma: pero es verdad que yo también tenía la sensación de que por el camino perdíamos algo: no lo que decían esos (generalmente sus poltronas, sus facturaciones, sus privilegios), sino algo más importante, que estaba sepultado en algún lugar de nuestra sensibilidad colectiva: algo *como la memoria de una vibración*. Casi me molestaba pensarlo, pero lo cierto es que lo pensaba, no había manera:

ESTÁBAMOS PERDIENDO LA MEMORIA DE UNA CIERTA VI-
BRACIÓN. No sabría decirlo de otra forma, y sé que así no
acaba de entenderse bien: pero tengo un ejemplo que puede
explicaros lo que tengo en mente.

En los mismos años en que todo esto pasaba, tuve la oportunidad de dirigir una película. Era 2007, y el cine estaba en
vilo en una frontera: se filmaba en celuloide, luego se pasaba
todo a digital para hacer el montaje, las correcciones y los
efectos especiales, y por fin se pasaba de nuevo a celuloide
porque en los cines los proyectores eran todavía del viejo estilo, los que hacían girar unos rollos. Resumiendo: analógico,
luego digital, otra vez analógico. Un buen lío, obviamente, y
además tampoco éramos muy duchos en aquellas máquinas:
de manera que en el camino de ida y vuelta pasaba de todo.
En fin, no era posible seguir adelante de esa forma. Un par de
años más y el celuloide acabaría en el desván [para filmar una
película se necesitaba tanto que podía cubrir un campo de
fútbol, me dijeron]. Kodak (el *boss* del celuloide) se declaró en
bancarrota en 2012. Amén.

Pero, en esa época, como ya he dicho, todavía estábamos
en vilo entre lo viejo y lo nuevo, y el debate estaba abierto.
Puesto que yo estaba allí, me puse a intentar entenderlo. Me
parecía un caso típico para estudiar: la insurrección digital
contra la civilización del siglo XX. Fascinante. Y, de hecho, el
choque era bastante duro: los digitales iban por su camino,
más bien despectivos, y los analógicos negaban con la cabeza
disfrutando de los últimos kilómetros de celuloide, y anun-
ciando el final del cine. Tenéis que entender que no se trataba
únicamente de una cuestión de sensibilidad y de píxeles: lo
que estaba en discusión era todo un modo de entender esa
profesión: lo digital cambiaba el modo de iluminar, el peso de
las cámaras, los tiempos de elaboración, los costes, todo. En
general, parecía que simplifica las cosas pero –y he aquí el

pero– los viejos de la profesión sabían que en lo digital se perdía una belleza, una magia, algo que incluso podría definirse como *el alma del cine.*

Y de nuevo nos hallamos en el corazón del problema.

Bueno, se trataba de cine, no era el mundo, así que decidí que esta vez podía ir yo a verificar. Le pedí a mi director de fotografía que proyectara en una pequeña sala una escena de la película primero en celuloide y luego en digital. Quería entender la diferencia. Quería entender si existía. Quería ver dónde se perdía algo, y ese algo sería el alma. Un tanto infantil, pero astuto, en el fondo, venga.

Cuando diriges una película puedes pedir lo que quieras: hicieron esa proyección.

Y esto es lo que vi: *no había ninguna diferencia.* Gama de color, nitidez, profundidad, nada. Idéntico. Naturalmente, mi director de fotografía, sentado a mi lado, notaba algunas diferencias: pero era su profesión y cuando le pregunté si un espectador de cine normal tenía alguna posibilidad de notar esas diferencias me contestó serenamente: no.

Pero entonces dijo: mira el borde. El borde de la pantalla. En ese momento la proyección era en celuloide: miré: el borde oscilaba. No mucho, pero oscilaba. *Como una vibración.* Luego me puso la proyección digital. Mira el borde, me dijo.

Clavado.

El celuloide hace así, me explicó: e hizo un gesto con la mano abierta, como si limpiara un cristal, una especie de anillo en el aire. Lo digital, no. Con el celuloide la pantalla parece que respira, entendí. Con lo digital está clavada en la pared, y punto.

Así que se me quedó grabado ese gesto de la mano en el aire, y desde entonces sé que aquello cuya carencia sentimos, en cualquier objeto digital, y en definitiva en el mundo digital, es ese aliento, esa oscilación, esa irregularidad.

Como una vibración.

166

De hecho es algo bastante inexplicable, y si no sabes lo que es nunca lo sabrás. Pero si debo resumir lo que había de justo en la instintiva rigidez que una parte de los humanos sintió al darse cuenta de que había entrado alegremente en el Game, lo que viene en mi ayuda es tan solo esa expresión: *como una vibración.*

¿La hemos perdido para siempre? ¿Quienes hoy tienen diez años sabrán alguna vez qué es? ¿Estamos, colectivamente, perdiendo el recuerdo de ello? ¿Era lo que llamábamos *alma?*

Es difícil decirlo, pero si insistes en estudiarlo, algo se abre camino en tu mente y esto es lo que se me ha venido a la mente: esa vibración es el movimiento en el que la realidad se pone a resonar, es el desenfoque en el que la realidad asume el aliento de un sentido, es la dilación en la que la realidad produce misterio: y es por tanto el lugar, el único, de cualquier experiencia auténtica. No existe auténtica experiencia sin esa vibración.

Olé.

Entonces, ¡esa gente tenía razón!, diréis. ¡Los que clavaban los pies en el suelo, los que hacían la guerra de resistencia, los que firmaban los manifiestos en defensa de las lecherías! No.

Y ahora veamos si soy capaz de explicarme.

Posexperiencia

Es algo que, la verdad, tardé un poco en entender. No me cuadraba que, si por un lado lo digital parecía anular esa vibración y, por tanto, lo que yo SABÍA que era el corazón de la experiencia, por otro no podía decir con sinceridad que el mundo generado por lo digital sonara sordo, o muerto, o sin sentido. Uno podía decirlo de mala fe, para defender sus intereses, y eran muchos los que lo hacían. Pero si se miraban las cosas con un mínimo de inocencia enseguida te dabas cuenta de que en el Game se encontraba una pulsación casi en todas partes; había algo que palpitaba, que vivía, que producía experiencia, que generaba la intensidad del sentido, que transmitía alma. Era difícil entender de dónde brotaba toda esa fuerza, dónde se encontraba guarecida esa pulsión, pero negarla era propio de imbéciles. Ya que estamos, el caso más banal y evidente era el de los hijos y, más en general, el de los jóvenes que te pasaban por delante de los ojos. Era gente en la que la insurrección digital había empezado a encarnarse, a crear conductas, posiciones mentales. Para nosotros, procedentes de la vieja civilización, resultaba difícil leer todo aquello: es estúpido generalizar, pero en definitiva la impresión que reinaba es que no hacían casi nada de lo que para nosotros resultaba necesario para generar experiencia, sentido, intensidad. Sobre el papel, por tanto, debían de ser unos grandísimos idiotas. Pero no era así. En ellos percibíamos con claridad una intensidad, un sentido, una fuerza que, por el contrario, comparadas con las que recordábamos haber tenido en dotación a su edad, parecían bastante espectaculares.

¿De dónde demonios procedía esa fuerza?

Ahora me resulta más fácil entenderlo.

Si colocas sobre la cómoda de la vida cotidiana una serie de elementos esenciales donde la complejidad de la realidad se doma y se reconduce a un orden rápidamente utilizable (la pantalla del iPhone, para entendernos), las cosas que más tarde puedes hacer son básicamente dos.

La primera es utilizar esos elementos esenciales para solucionarte la vida: gran parte del trabajo lo han hecho otros, tú utilizas esos elementos, y la cosa acaba allí. En el fondo es como hacer clic en los iconos de cualquier dispositivo. Solucionas problemas y ahorras tiempo. Punto y final. No está nada mal, pero resulta evidente que se trata de un uso completamente básico de la cultura digital. Esa gente le dio la vuelta a un iceberg, devolvió el sentido a la superficie ¿y tú qué haces? Reservas online una mesa en el restaurante. Miras vídeos de YouTube. Administras el grupo del fútbol sala en WhatsApp. Qué bien.

¿Vibración? Cero.

O BIEN HACES OTRA COSA: te aprovechas del iceberg, te aprovechas del hecho de que alguien haya ido a desenterrar la esencia de las cosas y la haya colocado sobre la superficie del mundo, te aprovechas del hecho de tener una cómoda repleta de elementos esenciales fáciles de gestionar, te aprovechas del hecho de que cualquier cosa que hayan puesto en esa cómoda comunica con todas las demás, te aprovechas del hecho de que no haya alrededor sacerdotes tocando los huevos y realizas el único gesto que realmente el sistema parece sugerirte: lo pones todo en marcha. Cruzas. Relacionas. Superpones. Mezclas. Tienes a tu disposición células de realidad expuestas de una forma simple y rápidamente utilizable: pero no te detienes a utilizarlas, te pones a TRABAJARLAS. Son el resultado de un proceso geológico, por llamarlo de algún modo, pero tú las utilizas como el principio de una reacción química. Relacionas puntos para generar figuras. Aproximas luces lejanísimas para obtener las formas que buscas. Recorres con rapidez enormes distancias y desarrollas geografías que antes no existían. Superpones jergas que no tenían nada que ver entre sí y obtienes lenguas que nunca antes se habían hablado. Te desplazas a lugares que no son los tuyos y vas a perderte lejos de ellos. Dejas rodar tus convicciones en todos los planos inclinados que encuentras y los ves cómo confusamente se van haciendo ideas. Manipulas sonidos haciendo que viajen dentro de todas sus posibilidades y descubres el esfuerzo de recomponerlos más tarde en un sonido completo, quizá incluso hermoso; haces lo mismo con las imágenes. Dibujas conceptos que son trayectorias, armonías que son asimétricas, edificios que dibujan espacios en tiempos diferentes. Construyes y destruyes, y de nuevo construyes, y luego otra vez destruyes, continuamente. Tan solo necesitas velocidad, superficialidad, energía. Tu forma de estar en las cosas es un movimiento, nunca una inmovilidad; bajar en profundidad únicamente te hace más lento, el sentido de toda clase de figuras va unido a tu capacidad de moverte con la necesaria velocidad; estás en muchos sitios de manera simultánea y este es tu modo de vivir en solo uno de ellos, el que estás buscando. Si has trabajado bien, entonces no te será difícil encontrar en tus pasos una especie de extraño efecto, una especie de modificación que altera el texto del mundo, que parece ponerlo de nuevo en movimiento: COMO UNA ESPECIE DE VIBRACIÓN.

Mírate: es el alma: ha vuelto.

He decidido llamar POSEXPERIENCIA a este singular modo de hacer. No es gran cosa, de acuerdo, pero da una idea. Es la experiencia tal y como la hemos imaginado después de haber tomado distancias respecto a su modelo del siglo XX. Es la experiencia según podemos alcanzarla utilizando las herramientas de la insurrección digital. Es la experiencia hija de la superficialidad. La primera vez que la vislumbramos fue un fenómeno banal e irritante: el multitasking. Ya estaba todo allí: mientras parecía que tu hijo estaba haciendo de forma simultánea cinco cosas a la vez, todas mal, todas de una forma superficial, todas de una forma inútil, lo que estaba pasando era esto: que hacía uno, un gesto, para nosotros desconocido, y lo hacía divinamente. Estaba utilizando las semillas de experiencia –trabajadas mucho tiempo para tener esa forma sintética, final y completa que solo las semillas tienen– y las estaba cruzando y superponiendo para hacer madurar una vibración que, a largo plazo, restituiría el privilegio de una experiencia verdadera. Una posexperiencia.

Bueno, naturalmente también es posible que se tratara simplemente de un hijo neurótico, que ni siquiera era capaz de mirar la televisión sin jugar mientras tanto a *Minecraft*. Pero aunque así hubiera sido, en ese su modesto multitasking estaba inscrito de todas formas el esquema dinámico al que la cultura digital debe su idea de posexperiencia. Que él lo malgastara inútilmente, que terminara disparando a la caja fuerte, esto en todo caso formaba parte de otro problema: todos malgastamos nuestra vida, quizá; lo hacíamos también en el siglo XX, os lo juro. Pero mil hijos atontados –en el caso de que realmente los encontremos– no valen lo que ese único que está ensayando realmente en el multitasking el movimiento al que, tarde o temprano, le deberá su posibilidad de extraerle un sentido a la vida. Ese hijo nos está explicando lo que es la posexperiencia.

Nos está enseñando, pues, que no, que no tenían razón los que firmaban peticiones en defensa de las lecherías. Dejaban constancia de que en las maneras de la insurrección digital había desaparecido ese obrar sofisticado que en el pasado había permitido la defensa de una cierta alma del mundo, pero no eran completamente inocentes, o desinteresados, o inteligentes, como para entender que la experiencia no moría así, ni tampoco la pasión de las personas por una cierta vibración que era el sentido del mundo. De una manera completamente suya, memorizada mediante la utilización de las herramientas que se habían construido a medida, esos nuevos humanos seguían persiguiendo algo que parecía una intensidad, algo como un desenfoque de la realidad, como una vibración misteriosamente tenaz de los hechos, como una continua oportunidad adicional de creación. Ahora podemos decir con cierta certeza que habían desmontado el alma del mundo, la habían salvado de la profundidad y estaban montándola de nuevo donde les parecía más oportuno transmitirla. Era obvio que si uno iba a buscarla allí abajo, donde la habíamos colocado antaño, podía tener la impresión de que, simplemente, ya no estaba ahí, para nadie y en ningún lado. Pero es un error que ya hemos cometido: repetirlo hoy sería letal, grotesco y tristemente inútil.

Consternación

Más bien cabría dedicar tiempo e inteligencia para entender todo lo que no sabemos de la posexperiencia, todo lo que resultaría útil descubrir de la misma. Algo que, además, resulta difícil hacer estudiando los años de la colonización, cuando la posexperiencia era todavía un fenómeno fuera del alcance del radar, poco claro, a menudo restringido. Será necesario esperar a la siguiente época, la del Game de verdad, para ver cómo toma una forma precisa y verla aflorar explícitamente en las conductas colectivas.

Algo de ello, de todos modos, ya en los años del iPhone, de Facebook y de YouTube, se podía adivinar. Algo que me da vueltas por la cabeza desde que pensé en escribir este libro, y que ahora voy a tratar de escribirlo aquí, por primera vez, porque me parece que lo he encuadrado mejor, mientras escribía; digamos que se me ha presentado con toda la claridad de la ocasión.

Es esto: LA POSEXPERIENCIA ES TRABAJOSA, DIFÍCIL, SELECTIVA Y DESESTABILIZANTE. Bien, lo es como puede serlo un videojuego: pero es trabajosa, difícil, selectiva y desestabilizante. Quien crea que el Game es un ambiente fácil no ha entendido nada. El iPhone es fácil. No lo es el Game. No lo es vivir en el Game. No lo es GANAR al Game. Es todo lo contrario a dar un paseo.

Hasta el punto de que me atrevería a decir lo siguiente: al final, la principal diferencia entre la idea de experiencia que tenía el siglo XX y la idea de posexperiencia que surge de la insurrección digital no radica tanto en ese asunto de la profundidad y de la superficialidad. Sí, por supuesto, ese tema es colosal, son exactamente dos modelos simétricamente opuestos, es un vuelco completo de lo que se pensaba. De acuerdo. Pero, al final, la diferencia más grande es otra. La experiencia, como la imaginaba el siglo XX, era realización, plenitud, rotundidad, sistema hecho realidad. La posexperiencia, por el contrario, es arrebato, exploración, pérdida de control, dispersión. La experiencia era la conclusión de un gesto solemne, el resultado tranquilizador de una operación compleja, el regreso final al hogar. La posexperiencia es por el contrario el principio de un gesto, es la apertura de una exploración, es un rito de alejamiento: como las series de televisión, que de hecho son animales de la era digital, no tiene final. Y tampoco es un final. Es el durante de un movimiento, es la trayectoria de un andar. La experiencia tenía su propia estabilidad y comunicaba una sensación de firmeza, de permanencia del yo. La posexperiencia, por el contrario, es un movimiento, una huella, un cruce, y comunica esencialmente una sensación de falta de permanencia y de volatilidad: genera figuras que ni comienzan ni terminan, y nombres que se actualizan continuamente. La experiencia estaba vinculada a categorías que se querían bien perfiladas e imponentes en su firmeza: la verdad, lo bello, lo auténtico, lo humano. Pero la posexperiencia es un movimiento y su cosecha no podría ser nada tan firme: la verdad, como lo bello, como lo humano, acaban siendo su cosecha, sí, pero en forma de procesos cambiantes, constelaciones que se regeneran de manera continua, oscilaciones perseverantes entre orillas que ni siquiera están del todo quietas. Voy a intentar decirlo en dos palabras: la experiencia era un gesto, la posexperiencia es un movimiento. Los gestos llevan el orden al mundo, los movimientos lo desestabilizan. Los gestos recosen, los movimientos vuelven a abrir. Cada gesto es un punto de llegada, cada movimiento es un punto de partida. Los gestos son puertos, el movimiento es mar abierto. Pero, también, los gestos son firmeza, el movimiento es VI-BRACIÓN.

Si entendéis lo que estoy intentando explicar entonces podréis por fin constatar algo que, de una manera u otra, ya sabéis, pero que ahora tal vez sois capaces de explicaros mejor: la posexperiencia a menudo genera consternación. No podía ser de otro modo. Genera inestabilidad, desconcierto, desbarajuste, pérdida de control. Se está convirtiendo en nuestro modo de crear sentido, de encontrar nuevamente la vibración del mundo, de despertar un alma de las cosas: pero el precio es una inestabilidad de fondo, una falta de permanencia inevitable. Es por eso que el Game, contra todo pronóstico, se revela como un hábitat difícil, trabajoso y selectivo. Por Dios, siempre queda a nuestra disposición la opción 1, pulsar los iconos apropiados y solucionarnos la vida: limitarse a reservar online mesa en el restaurante. Pero lo cierto es que nadie se detiene de verdad allí, y todos, cada uno a su manera, tantean el camino de la posexperiencia: todo el mundo tiene hambre de alma. Lo que ocurre es que allí el juego se hace duro, hay alguno que recula, otro que da un salto adelante, surgen desigualdades, y al final se asiste a algo que la insurrección no tenía previsto, esto es, el hecho de que no todos son iguales ante el Game, unos juegan mejor, otros peor, y los que juegan mejor acaban condicionando el tablero de juego, a darle la vuelta como mejor les conviene, a convertirse, en cierto modo, en los vigilantes, o al menos en los primeros jugadores, hasta el punto de llegar a ser algo que podemos llamar tranquilamente con su nombre, por mucho que ahora nos parezca sorprendente: se convierten en una élite.

Ay.

Siempre ha pasado así, se dirá, el privilegio de la experiencia siempre ha sido una prerrogativa de los más prepara-

174

dos –a menudo, simplemente, de los más ricos–. Ya, pero ¿no era precisamente uno de los sueños de la insurrección digital interrumpir esta cadena de privilegios y abrir a todo el mundo el derecho a la experiencia? ¿Cómo diablos han ido las cosas para encontrarnos de nuevo en una situación en la que se han barajado las cartas, pero el juego de nuevo es el de antes?

Dejadme que recapitule: una de las cosas que no tenemos suficientemente en cuenta es que el Game es un hábitat muy difícil, que ofrece intensidad a cambio de seguridad, genera desigualdades y no resulta adecuado para un montón de gente, pese a que también vive allí. Añadid el hecho de que gran parte de las instituciones públicas, la primera de todas la escuela, no nos prepara para el Game, no entrena las capacidades útiles para vivir en el Game, no ayuda a los menos preparados a vivir en el Game. Siendo generosos, las instituciones preparan para vivir en un deslumbrante mundo del siglo XX posbélico y democrático: en modo alguno para el Game. Y entonces empezáis a entender por qué tanta gente, hoy en día, tiene dificultades y por qué se está abriendo otra vez una desproporcionada horquilla entre la élite y los demás, entre ricos y pobres, entre incluidos y excluidos. Empezáis a entender por qué una parte sustancial de la humanidad se ha visto limitada a un uso básico de las herramientas digitales dedicando la mayor parte de su atención a aglutinar todas las certezas al alcance de la mano. Si os estáis preguntando, por ejemplo, cómo es que nos encontramos otra vez con esta vuelta al nacionalismo o a la revalorización de las fronteras, ignorando los desastres que hace tan solo dos generaciones habían provocado, ahora podéis empezar a daros una explicación: porque si te encuentras justo en medio del Game, y se te ha pasado la borrachera de la humanidad aumentada, y de repente tienes la sensación de flotar en un juego que no te han enseñado, en el que estás perdiendo, y que quizá ni siquiera es para ti, entonces todo lo que puedes hacer es caminar hacia atrás hasta que encuentres un muro en el que apoyarte y estar cuanto menos seguro de que no te pillarán por la espalda.

Un muro, por favor.

Tenemos la vieja y querida frontera patria, ¿le parece bien?

Me parece perfecto, gracias.

Hecho.

¿Tan solo hay regresión, ignorancia y egoísmo en un instinto semejante, el de buscar un muro, el muro, cualquier muro? Os ruego que no lo penséis. Hay también –también– una forma de legítima consternación que ahora sabemos precisamente de dónde procede. Empezamos a generarla cuando le dimos la vuelta a la figura del siglo XX, cuando elegimos la superficie, desplegamos nuestros icebergs sobre las cómodas del mundo y empezamos a viajar encima de ellos, encontrando esa forma de estar vivos que podemos llamar posexperiencia. En cierto modo empeoramos esa forma de consternación cuando creímos que el Game, como el iPhone, o Google, o WhatsApp, no necesitaba instrucciones de uso, ni maestros, ni formación. Y la atornillamos definitivamente a la vida de demasiadas personas cuando nos olvidamos de preparar redes de seguridad, en las que pudieran rebotar los que se cayeran. A pesar de todo, en el videojuego no tienes solo una vida, empiezas de nuevo cuando quieres: pero no nos hemos acordado de eso.

De manera que aquí estamos, metidos en un lío que no está nada mal.

¿Puede un proceso de liberación desorientar hasta tal punto a las personas como para empujarlas a regresar, voluntariamente, a las jaulas? ¿Es esto lo que nos está pasando?

Mientras leéis este libro, compañías como Amazon, Google, Apple o Facebook se han convertido a estas alturas en una especie de monolitos imponentes e insondables sobre los que ya no sabemos exactamente qué pensar. Pero ahora lo que necesitamos es hacer un esfuerzo para volver a la época de la colonización, hace unos diez años, y entender qué fue lo que pasó en ese momento: porque el escenario en el que ahora vivimos nació allí, en una encrucijada de acontecimientos que comenzaron a hacerse visibles justo en esos años.

El primero es que algunas puntocom –no pocas– empezaron a ganar dinero a espuertas. Ni siquiera debo mencionarlas, son las de siempre. Pero la progresión de su cuenta de resultados es algo que ni siquiera en tiempos de la revolución industrial se había visto. Ahora la pregunta es: esos beneficios, ¿eran la razón de la insurrección digital? Sí y no. Amazon tenía como meta los beneficios, sin demasiados reparos; Microsoft tenía una idea fríamente comercial de su propia misión, pero los casos de Google y de Apple son levemente distintos: allí la urgencia de devolver el dinero de los inversores corría al mismo paso que el puro placer de hacer realidad su propia visión, cuando no, incluso, la de hacer un mundo mejor: sería difícil decir con seguridad si allí importaba más la sed de beneficios o el narcisismo puro y duro. Si Zuckerberg fue rapidísimo a la hora de rentabilizar una intuición que, al fin y al cabo, tampoco era tan visionaria, el hombre que inventó los mails no ganó nada, Wikipedia no nació para obtener beneficios, y la Web (en teoría la máquina de hacer dinero más grande jamás inventada) fue literalmente regalada a quien quisiera usarla. En definitiva, podríamos decir que en la atiborrada columna de los insurrectos había un poco de todo, desde los visionarios puros y duros a los tiburones de las finanzas, desde los más increíbles idealistas a los emprendedores hambrientos de beneficios. Todo ello nos permite decir que cualquier intento de hacer pasar la insurrección digital como una colosal operación mercantil es algo históricamente infundado y enormemente inexacto. Sin embargo, hay algo que debemos añadir, y es que justo en esos años EL RESULTADO ECONÓMICO EMPEZÓ DE HECHO A REPRESENTAR EN CIERTO MODO LA PUNTUACIÓN VISIBLE, COMÚNMENTE ACEPTADA, PARA ENTENDER QUIÉN ESTABA GANANDO EL PARTIDO ENTRE LO VIEJO Y LO NUEVO. Cuando hablamos de comportamientos, de hábitos mentales, de difusión de conductas, al final la forma más sencilla de entender de verdad cómo están las cosas es contar la pasta. Simplifica. Así, el inenarrable éxito comercial de determinadas compañías se convirtió para todo el mundo en la traducción inteligible de una toma de posesión del centro del tablero. Era la puntuación del videojuego, no sé si me explico. Y, además, cuando pienso en cómo se movieron en esos años Zuckerberg, o Jobs, o Brin y Page, soy incapaz de no ver algo que supera las dinámicas tradicionales del capitalismo y que me lleva una vez más hasta allí, al videojuego: soy incapaz de no verlos como ingeniosos nerds dispuestos a jugar de forma paranoica a un juego inventado por ellos mismos, casi en ausencia de rivales, casi en soledad, sin una auténtica necesidad de machacar al contrario, tan solo con la obsesión de ir subiendo niveles, superar sus propios récords, llevar el juego a sus límites, quizá sin tener siquiera todos esos intereses por los beneficios económicos del asunto, perdidos, más que nada, en su juego personal, metidos ahí adentro, devorados por una neurosis: «completamente fuera», como habría dicho Stewart Brand.

A esta especie de autohipnosis tal vez sea posible remontar un segundo fenómeno que procede de esos años: la sustancial separación respecto a las primeras razones de la insurrección, la tendencia a olvidar la presencia de un enemigo (la cultura del siglo XX) y la inclinación a adoptar el futuro, *ese* futuro, como una razón en sí misma. Siempre hay un momento en que las rebeliones contra un sistema, si alcanzan la victoria, se convierten a su vez en un sistema, y en la época de la colonización podemos reconocer el momento auroral en que la insurrección digital empezó a mostrarse capaz de ser, por decirlo de algún modo, una fuerza de gobierno. No es que controlara gran cosa, en esos tiempos, pero sin duda empezaba a desarrollarse según una propia lógica que comenzaba a olvidarse de dónde había nacido, de qué rebelión, de qué miedos. Ya no era la consecuencia de un pasado, era una invasión lúcida y casi fanática del futuro.

Mientras todo esto sucedía, alrededor de esos grandes jugadores, que iban desprendiéndose de las técnicas de la guerrilla y se preparaban para gobernar la realidad, se iba formando la que resulta difícil no llamar por su nombre: una especie de nueva élite. Ya no se trataba tanto de los programadores y de los ingenieros de Silicon Valley, más bien propensos a trabajar a la sombra. No, era algo diferente: era la cada vez más amplia comunidad de los que eran capaces de la posexperiencia, que sabían servirse de las ventajas de un sistema de realidad con dos fuerzas motrices, que transitaban sin esfuerzo entre mundo y ultramundo, que tenían en el movimiento su hábitat natural. También allí, a menudo, el valor lo ofrecían los números: empezó a formarse una especie de aristocracia que se apoyaba en la cantidad de movimiento que era capaz no solo de soportar, sino sobre todo de generar. Había números para medirlos, también aquí encontrábamos la tan vieja como querida puntuación del videojuego: los followers, los likes, cosas por el estilo. Las cosas aún discurrían bastante por debajo de la piel, no había youtubers en la cima de las clasificaciones de los libros, para entendernos. Y los influencers, si existían, no estaban a la altura de una presentadora de televisión. Pero algo se había puesto en marcha, y mientras una parte relevante de las personas descubría la consternación, otra se asomaba desde la nada para vivir la que durante años había sido una tierra prometida y ahora increíblemente estaba tomando el perfil de una *homeland*. Es en aquellos años cuando la insurrección digital se detiene. No en el sentido de que cesa: en el sentido de que planta las tiendas de campaña, de que abandona el nomadismo y toma posesión de la tierra que se había prometido. Lo hace con un preciso diseño estratégico en la mente, con una determinada clase dirigente capaz de hacerlo realidad, un restringido pero contrastado sistema de reglas y una letal disponibilidad financiera. El creciente malestar de muchas personas aún no se había organizado, la resistencia de las viejas élites intelectuales era cada vez más lábil. Podían contar, en compensación, con la complicidad un tanto pasiva pero verdadera de mucha gente que había elegido las herramientas digitales. En resumen, no faltaba nada. Había que llevar a cabo la misión de toda aventura colonizadora, había que completar el gesto que le iba a dar un sentido al viaje, a los riesgos, al coraje: fundar una ciudad. Tenía un nombre: The Game. Tan solo se trataba de construirla.

Los hermosos días de la insurrección, como podéis ver, estaban terminando.

Posexperiencia de uno mismo

Si cabe hablar en esos años de «complicidad pasiva pero real de un montón de gente» se debe también al éxito inmediato e inevitable que experimentaron las redes sociales. En cierto sentido, fue gracias a esas particulares herramientas como la insurrección digital reclutó definitivamente a un montón de habitantes del Game. Es ocioso decir que he dedicado bastante tiempo a estudiar estas redes sociales. También allí me agaché y me puse a excavar. Buscaba fósiles. Con cier-

180

ta sorpresa he de admitir que encontré esas excavaciones menos interesantes de lo que yo pensaba. Tal vez hay algo que se me escapa, no sé. Tengo la impresión de que lo que es posible encontrar en el ADN de las redes sociales no es nunca nada que nazca allí mismo, sino algo que se sustrae de otros lugares y se aplica a un ámbito particular: el de las personas. El hecho de que existan –las redes sociales– es la consecuencia natural de movimientos hechos en otra parte: eso es, tal vez así la cosa queda más clara.

El hecho es que si existe un ultramundo, la gente obviamente va. Si existe un sistema de realidad con dos fuerzas motrices, la gente termina de forma natural haciendo girar incluso a sí misma en ese motor. Y si la posexperiencia es lo que hemos dicho, la personalidad de la gente, la *auténtica* personalidad de la gente, se convierte en el resultado de una suma de presencias, en el mundo y en el ultramundo, que reaccionan juntas como sustancias químicas y suministran una última especie de identidad cambiante y móvil. Poned en fila india todas vuestras presencias en el mundo digital –cada una de ellas diferenciada de las demás, porque utilizar Twitter no es lo mismo que tener una página Facebook, ya se sabe– y tendréis una hermosa constelación de presencias latentes de manera continua: añadid aquí lo que antaño se llamaba «la vida verdadera», lo que hacéis en el mundo, y os daréis cuenta de que vuestra personalidad, en este momento, es un taller abierto de dimensiones decididamente notables. *Humanidad aumentada* es una expresión que puede ayudaros a definir el asunto...

De hecho, tampoco es que resulte tan fácil mantener todo el asunto ensamblado. Una vez más el Game se revela como lo que es: un juego difícil. Muchas personas consiguen moverse divinamente en esa doble rotación de mundo y ultramundo. Otras muchas, no: balbucean apenas algún movimiento, acaban colgando la foto de la piscina y amén. Se crean disparidades, clasificaciones, élites... Ya lo hemos visto, las cosas van así. Y para unos la humanidad aumentada representa de hecho un modo de enriquecer su propia vida, mientras que a otros les suena como un terreno de juego inútilmente amplio, dispersivo y desestabilizador. Sin embargo, una vez más todos intentamos tener una posexperiencia, en este caso DE NOSOTROS MISMOS, y por tanto *todos,* prescindiendo de capacidades, de educación o de destinos, nos encontramos viviendo en un escenario que hemos creado y que ahora nos parece muy claro: desde hace unos diez años, parte de ese vertiginoso misterio vertical que era nuestra personalidad ha salido a la superficie, ha ido a ubicarse en sitios visibles, expuesto al viento de las miradas ajenas. No son escombros que amontonamos en la basura del ultramundo: son piezas auténticas de nuestra matriz que estamos traduciendo a formatos compatibles con la lengua universal: de esta manera los ponemos a flotar en la corriente del discurso colectivo. A cambio, esperamos existir más, ser reconocidos, tal vez explicarnos mejor, sin duda alguna entendernos más, ser más evidentes a nosotros mismos. En el inmenso éxito de todo lo que es digital y social está inscrita la verdad fútil de que, abandonados en el misterio silencioso de lo que somos, tampoco es que vayamos muy lejos. Nos ayuda contar con testigos, nos ayuda poder existir bajo la mirada de los otros, nos ayuda el acto de llevar a la superficie fragmentos de lo que somos, nos ayuda hablar/mostrar/representar/dar forma: convertir retazos de ese misterio en objetos semovientes a los que echar a rodar sobre la superficie del mundo. Es tan complicado tener experiencia de uno mismo que ayudarse con una posexperiencia nuestra a menudo nos parece la solución perfecta. Es difícil llevarnos la contraria.

Vale, alguien dirá, pero así se termina por decantarse hacia el ultramundo y no prestarle al mundo la atención, el tiempo y el cuidado que se merece. ¿Qué sentido tiene vivir en las redes sociales si luego no nos damos cuenta siquiera de quién pasa a nuestro lado? Ningún sentido, es obvio. De hecho, cuando empiezas a coger confianza con los dispositivos digitales acabas en un plano inclinado que tiende a llevarte al lado teóricamente más cómodo, el del ultramundo. Es así. ¿Podemos hacer algo al respecto? Quién sabe. De todas formas dejaría constancia de una duda: tal vez nos falta algún elemento para poder decir que hemos enfocado realmente el problema. La cosa es importante, por lo que intentaré explicarme con un ejemplo.

En cierta ocasión me encontré hablando con dos personas mucho más jóvenes que yo, dos que no solo están en las redes sociales, sino que incluso trabajan allí. ¿Sabéis esos que se dedican a crear las redes sociales para empresas, instituciones, etcétera? Esa gente. Los había invitado a cenar a cambio de charlar un rato, quería comprobar si podían explicarme cosas que no sabía. Buscaba fósiles, ya lo he dicho. Pues bien, tenían un montón de cosas interesantes que decirme, obviamente. Me encantó, por ejemplo, oír cómo me explicaban que cada red social tiene, por decirlo de algún modo, su propia distancia media respecto a la verdad de las cosas. Es decir, puedes elegir hasta qué punto quieres estar encima de la verdad en ese momento. De manera que decides colgar una foto en Instagram, antes que escribir un par de líneas en Twitter. Puedes elegir. A lo mejor lo haces incluso de forma inconsciente, pero lo haces. Decides a qué distancia estar de la verdad. En un momento dado nos pusimos a analizar bien la página Facebook de mi vendedor de neumáticos (de nuevo él), así: estaba intentando entender qué es lo que de verdad quiere obtener la gente cuando hace esas cosas. Quería mirarlo EN LOS DETALLES junto a ellos. A lo mejor me lo explicaban. Y en cierto momento, visto que no lo estaba logrando, mientras veía pasar fotos de ciervos y selfis en medio de la nieve (la vida de mi mecánico), fui perdiendo un poco la paciencia y poniéndome un poco nervioso, creo; en fin, que les pregunté si ellos también hacían cosas semejantes, si ponían *fotos de ciervos*, y ellos muy tranquilos me respondieron: pues claro. Y en el forcejeo mental que siguió en un momento determinado uno de los dos, ella, suelta una frase que era: una vez, en un concierto de The National, era todo tan perfecto que LA VIDA NO NECESITABA SER ELABORADA, de manera que no escribí ningún tuit, no hice fotos, no envié ningún WhatsApp, nada de nada. Lo decía como si fuera algo muy especial, y en ese momento me quedé escuchándola, escuchándola con muchísima atención, y quizá entendí algo que no había entendido: que ese famoso plano inclinado no es solo el plano inclinado de bajada para el gesto fácil, digital, rápido, cómodo. Simultáneamente es también un plano inclinado en sentido contrario, de subida: en otras palabras, que cuando lanzamos fragmentos de vida al ultramundo estamos ELABORANDO esa vida, y que por tanto si empuñamos nuestro smartphone en vez de quedarnos allí mirando simplemente, escuchando y tocando, no es solo por el instinto del pusilánime que no sabe vivir, sino también por el motivo contrario, es decir, que la vida nunca es bastante, y nosotros seríamos capaces de más, por lo que salimos en su busca, en busca de ese algo más, ELABORANDO LA VIDA, y enviándola a un ultramundo en el que, quizá, ella estará por fin a nuestra altura.

Realmente lo pensé. Así, en estos términos. Es un plano inclinado: pero no siempre de bajada. A menudo es de subida. Subimos por él para encontrar en la posexperiencia la vida que anhelamos.

Por eso sigo encontrando inaceptable que alguien se siente a la mesa conmigo chateando simultáneamente con quién sabe quién, y no soy capaz de convencerme de que todos esos teléfonos delante de los ojos mientras estoy dando clase sean para tomar apuntes; pero, al mismo tiempo, debo constatar la idea de que en ese irritante ir y venir entre mundo y ultramundo nosotros también limamos con éxito una cierta soledad, y a menudo le arrancamos a la vida un brillo que por regla general tiene solo de forma esporádica, y cuando a ella le parece. Así, se vislumbra una especie de nueva habilidad, que linda con la neurosis; a menudo se decanta hacia la estupidez, pero que también existe en su mejor forma, cuando consiste en valentía, en utilizar el Game para darle a las cosas la vibración que mereceríamos de ellas. Saber remontar ese plano inclinado. Es una de las formas de la posexperiencia. Dado que nací en 1958 recuerdo bien cuando la soledad y el mudo aburrimiento de la vida no tenían remedio, o al menos se conocían algunos remedios, pero pocos, de una humillante simplicidad. El mal era mucho más listo. La gente se las apañaba soñando con mundos que no existían, o cultivando con esmero de otras épocas cada trago que la vida les concedía. Pero no querría que nos hiciéramos demasiadas ilusiones en la memoria sobre cómo era la cosecha, en aquellos tiempos, cuando todavía no teníamos la distracción de cosechar los frutos del ultramundo. Se sembraba mucho, se recolectaba con mesura, y esta era la normalidad de cada día. Nada particularmente glorioso, si se me permite. En cualquier momento lo habríamos trocado por un viaje más arriesgado que, sin embargo, prometiera, al final, alguna tierra dorada, en la que íbamos a encontrar más luz, jaulas más grandes, y días más rápidos.

De hecho, me parece que es lo que luego hicimos.

Tenían algunas líneas de guía, que venían del shock del siglo XX y no las soltaron: elegir siempre el movimiento, saltarse pasos para evitar así las mediaciones, desmaterializar la experiencia, no tener miedo a las máquinas y fiarse de la postura hombre-teclado-pantalla. Tenían, además, un método muy preciso, que venía del tipo de estudios que habían realizado: intervenir sobre las herramientas en vez de intentar una guerra de ideas, inventar herramientas en lugar de sistemas filosóficos. Con la fuerza de esos fundamentos, intentaron colonizar el mundo.

Al realizar esa empresa, su sistema de organización de la realidad se enriqueció al menos con tres pasos decisivos.

1. En primer lugar, retrocedieron para recuperar algo que estaba en los orígenes de su historia, lo estaba con esa aura que solo tienen ciertos recuerdos infantiles. Era un juego. O mejor. Era un ordenador que jugaba. Un videojuego. Allí encontraron de nuevo algo como un mito fundacional, reconocieron en él un rasgo genético que los acompañaba desde los orígenes, y empezaron a legarlo con cada herramienta que generaban. No era algo que fuera realmente sencillo, pero trabajaron en ello mucho tiempo y en maneras cada vez más refinadas hasta obtener herramientas que, de alguna manera, eran, sí, DIVERTIDAS, pero que sobre todo TRABAJABAN CON LAS LÓGICAS PRINCIPALES DE UN VIDEOJUEGO. Secuencias rápidas de acciones y reacciones, aprendizaje debido a la repetición y no a abstractas instrucciones de uso, presencia constante de una puntación, mínima resistencia física, disfrute sensorial. No era solo un reflejo nostálgico de gente que se había quedado infantil. En esa forma de ajustar las

cosas se abría camino la idea de que resolver problemas era un gesto que se empezaba siempre generando una determinada sencillez, una síntesis, una claridad. La condición previa era que la complejidad del problema fuera reducida previamente a partes elementales y depositada, de esa forma, sobre la superficie de un tablero de juego, a ser posible confortable, cuando no, incluso, divertido. Se trataba de nuevo de los *Space Invaders* derrotando al futbolín.

2. Probablemente fue este modo de ajustar las cosas lo que hizo posible, con una velocidad inusitada, el segundo movimiento que llevaron a cabo en esos años, un movimiento que sobre el papel resultaba simplemente prohibitivo: desmantelar el paradigma mental del siglo XX y ponerse a pensar al revés. Rechazar la profundidad como lugar de lo auténtico y situar el corazón del mundo en la superficie. Los iconos de las pantallas de inicio de ordenadores y teléfonos comenzaron a recordar cada día que la esencia de los gestos que realizábamos podía ser desenterrada de las profundidades ilusorias donde castas de sacerdotes los guardaban y devueltos a la superficie en forma de alegres iconos llamados a flotar a la luz del sol. Si aprendías algo semejante gracias a herramientas que usabas decenas de veces al día, terminabas asumiéndolo como una posible estrategia para la vida. Tal vez no la única, pero seguro que una de las mejores en circulación. El asunto resultaba clamoroso y apagaba siglos de geografía de la experiencia, reconstruyendo desde el punto de partida el arte de vivir optando por la superficialidad como su laboratorio ideal.

3. Cabe añadir que nada de todo esto habría pasado probablemente si esos hombres no hubieran seguido

creyendo, a ciegas, en la eficacia de la postura hombre-teclado-pantalla. Lograron perfeccionarla –en el smartphone, en la tableta, en los e-books, en la consola de videojuegos–, siempre en busca de un resultado que tenía algo de visionario: reducir hasta la nada la distancia entre esos tres elementos: intentar fundirlos en un único gesto. Buscaban una especie de POSTURA CERO, la limpieza absoluta del modelo que habían imaginado. En el smartphone llegaron de hecho a resultados notables: allí se hacía realidad una especie de utopía que estuvo presente en los albores de la insurrección digital: la de que los ordenadores a largo plazo llegaran a ser productos orgánicos, no objetos artificiales, sino extensiones del ser humano; no máquinas, sino gestos. En el libro de Stewart Brand que a Jobs tanto le gustaba, se presentaban de hecho realmente así: se encontraban entre las técnicas para cultivar tomates en el jardín o parir de modo natural en casa. Existía esa idea, demencial, pero ahí estaba: y después de algunos años la vemos de nuevo asomándose en herramientas como el iPhone, que lograba obtener, con la tecnología touch, la merma de la figura hombre-teclado-pantalla a una especie de POSTURA CERO de la que derivan todas las demás. Una vez obtenida esa síntesis extrema, esa simplificación casi mística, girar entre mundo y ultramundo se hacía realmente algo orgánico, natural, y el sistema de realidad con dos fuerzas motrices se convertía efectivamente en un escenario que ya no tenía ruido de fondo, un paisaje casi natural, un tablero de juego que parecía estar allí desde siempre. Obtener este resultado fue el tercer movimiento que hicieron.

No debe asombrarnos que frente a tanta lucidez estratégica la vieja cultura del siglo XX haya terminado despertándose de su propio letargo y adivinado que algo grande estaba pasando. Hubo reacción, y la hemos constatado aquí como la primera guerra verdadera de resistencia a la insurrección digital: estamos hablando de los años a caballo entre los dos milenios. En general, los resistentes no veían el proceso en su totalidad, sino solo sus efectos finales: veían las huellas del enemigo, pero nunca al enemigo. Esto hizo obviamente que su batalla fuera muy complicada, al límite de lo imposible. Pero la verdadera razón por la que, al final, acabaron siendo derrotados probablemente es otra. Fue el hecho de que su mejor arma, es decir, la denuncia de una pérdida del alma en el mundo —de una cierta desertización del sentido, de la experiencia verdadera, de la intensidad— en última instancia se reveló ineficaz. Aunque sobre el papel esa mezcla de superficialidad, alergia a los maestros, culto a los atajos, adoración al videojuego y escepticismo ante cualquier teoría que presagiara un apocalipsis intelectual e incluso hasta moral, lo que más o menos se evidenció fue que, de una manera u otra, aunque resultara difícil enfocarlo con claridad, la insurrección digital a su vez era capaz de generar experiencia, intensidad, sentido, vibración. Lo hacía de un modo completamente suyo, que nacía de su propia capacidad de llevar a la superficie las esencias del mundo: a partir de allí se abría la posibilidad de trabajar esas esencias, de ponerlas en red, o incluso solo en movimiento, y se reveló que esto constituía de verdad un modo de poner el mundo en vibración, aunque fuera para gente con nuevas habilidades, inéditas, y que quizá aún teníamos que entender absolutamente. Nacía la perspectiva de una posexperiencia que dejaría definitivamente obsoleto el modelo del siglo XX, el único que, hasta ese momento, era capaz de prometer, si bien a un precio altísimo, el acceso al sentido de las cosas.

Así, ahora, en nuestro mapamundi, podemos dibujar una zona todavía incierta, indefinida, pero real, que antes no estaba, a la que podemos llamar posexperiencia. Cuadra a la perfección con los otros continentes que hemos descubierto hace poco: el predominio del rasgo genético que procede del mito fundacional del videojuego; la inversión de la pirámide del siglo XX, la reinvención de la superficialidad, el pensamiento del revés; la aproximación a una postura cero, madre de todos los movimientos. ¿No veis cómo forman, todos juntos, una figura geográfica coherente, sólida, incluso equilibrada? Si la superponemos al primer mapamundi que habíamos trazado, el que daba cuenta de las primeras tierras que emergieron –el culto al movimiento, el contacto directo con la realidad, la apertura del ultramundo, el descubrimiento de la que se convertiría en la postura cero– lo que aparece ante nosotros es efectivamente un mundo, tal vez impreciso aún en los detalles, sin duda alguna aproximativo respecto a las medidas de las distancias, pero coherente, fruto de una génesis que podía recomponerse, detenido en una forma suya reconocible.

En tiempos lejanos, cuando el perfil de las tierras recién descubiertas acompañaba al cartógrafo con semejante evidencia, u orden, o incluso belleza, se consideraba oportuno entonces reconocerles a esas tierras el derecho a un nombre, certificando casi que habían surgido de lo ignoto, y que ahora ya formaban parte de nuestros falibles conocimientos. Era un gesto hermosísimo. Dar un nombre.

The Game.

Ahora sabemos que precisamente en los años de la colonización, la mayor parte de la gente emigró y fue a establecerse a ese mundo. Ni siquiera tenían mapas con los que orientarse, iban ahí y punto, generalmente empujados por el uso de herramientas que les enseñaban el camino. Lo que había nacido como un movimiento nómada de insurrección ahora estaba sedimentando, buscando el mejor suelo donde sustentar su propia técnica singular de construcción. Los grandes edificios de la civilización precedente por regla general no eran arrasados por completo, se les dejaba funcionar de esa forma suya sorda e ineluctable. De vez en cuando se corregían, las más de las veces los rodeaban construyendo a su alrededor nuevos barrios. Nacieron así torres y fortalezas, se desarrollaron los primeros sistemas de gestión y de defensa; surgió una red de reglas, se llamó a alguien para que las gestionara. Se perfilaron figuras líderes, y descollaron los jugadores que parecían más adecuados. Con el tiempo llegó la primera generación de nativos, humanos que no habían llegado hasta allí migrando, sino que habían nacido allí. Los primeros hijos del Game. Es en su obrar donde el Game olvida poco a poco sus raíces insurreccionales, reprime el fantasma del siglo XX, y se convierte en un juego de habilidad que tiene sus razones en sí mismo, no en la oposición a un enemigo. Ya no es un movimiento contra nadie, sino un movimiento hacia algo. En esto pierde espesor ideal, pero adquiere eficacia, confianza, firmeza. Empieza a rodar con un dominio sorprendente y en ese momento tiende a olvidar la obvia verdad de que no a todo el mundo podría resultarles cómodo ese nuevo modo de estar en el mundo. Eran demasiado visionarios, o demasiado poco, para percatarse de que la posexperiencia resultaba sustancialmente difícil, desestabilizadora, agotadora. Una difusa y arraigada inquietud que nadie había previsto que no tardaría en presentar la cuenta. Acababa de ser fundado y el Game ya sembraba el descontento.

Es fascinante, porque a estas alturas nos encontramos ya en el umbral de la época que es la nuestra. Parece que fue ayer cuando estábamos tratando de entender la diferencia entre la Web e Internet, fijaos. O qué quería decir, *de verdad,* digital. Y ahora estamos aquí, teniendo delante de los ojos las últimas ruinas que investigar: son espectaculares y las conocemos a la perfección. Son las casas en las que vivimos.

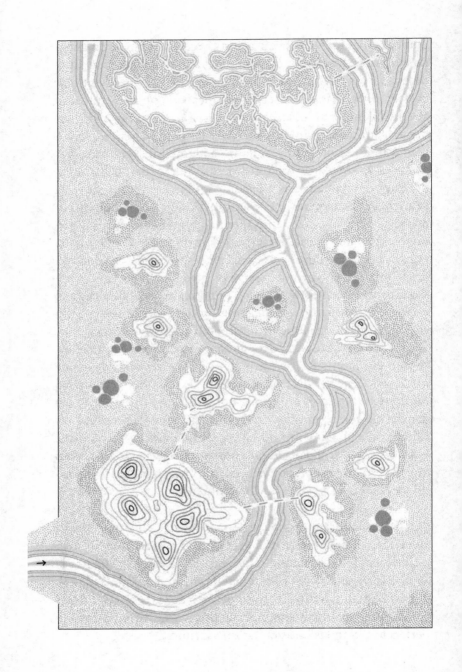

2008-2016. DE LAS APPS A ALPHAGO: THE GAME
El mundo en el que vivimos

2008

• En septiembre quiebra Lehman Brothers: más tarde aprenderíamos que era el principio de una durísima crisis económica, destinada a durar unos años. También en este caso, sin embargo, los más grandes jugadores del Game no parecen verse demasiado afectados por el asunto. Reducen la velocidad y luego empiezan otra vez. Parecen ir a lomos de una inercia que ninguna contracción del consumo puede realmente detener. Nace su aura de legendaria invencibilidad. Nace, para mucha gente, el instinto de considerarlos peligrosos, de temer su omnipotencia y de desear su ruina.

• En la monótona lista de compañías californianas se incluye increíblemente una start-up sueca, al inventar Spotify, una plataforma de streaming que se convertirá en modelo para muchas cosas. El fundador se llamaba Daniel Ek, tenía veinticinco años y comenzó a hacer dinero con la Web cuando tenía trece años [os lo juro]. Cuando se le ocurrió Spotify, la situación era esta: en el ultramundo de la Red, si eras espabilado, podías conseguir toda la música que querías sin soltar ni un céntimo. Se llamaba piratería, era ilegal, pero, como comprenderéis, ir a la caza de los piratas en el ultramundo no resultaba nada fácil. Entretanto, los músicos y las compañías discográficas veían cómo los beneficios se reducían al mínimo. Ek pensó que solo había un modo de salir de ahí: hacer lo que hacían los piratas, pero muchísimo mejor que ellos y haciendo que costara poco. Se percató de que si lograba poner toda la música del mundo a disposición por unos euros al mes dejarías de romperte las pelotas descargando archivos musicales que luego te costaba un montón organizar en tu ordenador. No era una idea novísima: iTunes, pongamos, había nacido siete años antes, y hacía sustancialmente eso mismo. Pero costaba más, era mucho menos divertido, permanecía agazapado en el mundo de Apple y, al final, resultaba terriblemente complicado. Ek tenía en su cabeza una especie de videojuego elemental, en el que todo fuera rapidísimo, guay y mágico: logró crearlo y así logró derrotar a Apple en el juego que Apple había inventado. En 2011 desembarcó en Estados Unidos y a partir de entonces no ha parado. Actualmente, Spotify te da acceso por 9,99 euros al mes a más de treinta millones de piezas musicales. Los hábitos de consumo a los que inclina y el tipo de negocio que ha impuesto encarnan un modelo que podemos reconocer en muchas vértebras del Game (Netflix, pongamos por caso, no es muy diferente): naturalmente puede provocar críticas de todo tipo, pero lo que ahora nos importa comprender es que representan, ambos, productos típicos del Game en su edad madura: espectaculares deducciones realizadas a partir de premisas lógicas y tecnológicas fijadas durante la década precedente. Traduzco: no inventaban nada realmente nuevo, sino que terminaban de modo genial el trabajo que habíamos dejado a medias.

• El 10 de julio aparece en los dispositivos de Apple una tienda online que antes no existía: vende cosas que en Italia se presentan con el nombre de *Aplicaciones*. Hoy, en el mundo entero, se llaman Apps. En las estanterías tenían unas qui-

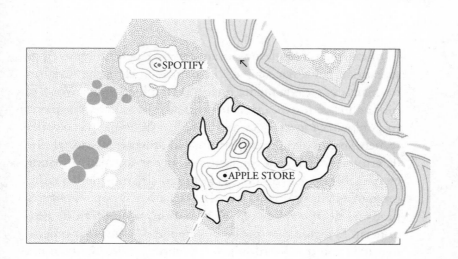

nientas: raramente superaban los diez dólares, y en uno de cada cuatro casos eran incluso gratuitas. Las descargabas utilizando una conexión cualquiera y se instalaban en tu dispositivo. Un jueguecito. Ahora intentad adivinar cuánto tiempo nos costó a nosotros, los habitantes del planeta Tierra, lograr descargar diez millones de Apps.

Cuatro días.

Apple se mostró encantada de difundir un comunicado de prensa en que prácticamente advertía de que el asunto se le había ido de las manos. Ni siquiera ellos mismos tenían idea de lo que habían desencadenado. Hoy, los habitantes del planeta Tierra descargamos 197.000 millones de Apps al año. O al menos eso es lo que hicimos en 2017. Seguro que en 2018 lo hacemos todavía mejor. La Apple Store sigue estando todavía allí: tiene más de dos millones de Apps, y si la cosa os impresiona pensad que ni siquiera es la tienda mejor abastecida. Google Play, ya que estamos, tiene un catálogo de tres millones de Apps.

Llegados a este punto, nos queda por entender una cosa insignificante: qué es, *realmente,* una App.

Si sois comunes mortales, la cosa no resulta tan sencilla.

Pero, para entendernos: cuando abrió Apple Store, las Apps ya existían desde hacía años. El sistema con el que se enviaban los mails era esencialmente una App. También lo era Word, el procesador de textos. Los llamábamos, no obstante, *programas* (o también *software,* haciendo un poco de trampa): colosales secuencias de órdenes que permitían al ordenador alcanzar una determinada función: por ejemplo, enviar un mail o dejarte escribir. Si a partir de un cierto punto dejamos de llamarlos programas, eligiendo una palabrita mucho más pop, es por tres motivos. El primero es que *App* era mucho más fácil de pronunciar. El segundo es que hemos empezado a inventar programas más pop que Word, hijos, en definitiva, del Game: miles de videojuegos, como es natural, pero también programas que te recordaban cuándo tenías que ir al lavabo, o te decían qué música era la que oías en el supermercado, o modificaban tus fotos hasta que parecían cuadros de Van Gogh. La tercera razón, decisiva, es que empezaron a nacer programas que no eran para tu ordenador, sino que estaban pensados de manera específica para tu smartphone: herramientas ligeras que prácticamente podías llevar encima. Acababan por cubrir una serie de necesidades o deseos que iban contigo por ahí y que no podían esperar a que volvieras a casa, delante de tu ordenador. O por las que tampoco valía la pena encender el ordenador: estaban allí, cogías el móvil, hacías clic en un icono, y listos. Como veis, el nombre *App* era perfecto. Es casi onomatopéyico, del tipo *bomba,* o *tictac.*

Desde que los programas se hicieron Apps empezamos a quererlos, a utilizarlos, a confiar en ellos, y a jugar con ellos. Se han convertido, por así decirlo, en animales domésticos: antes eran orcos. El asunto tuvo una consecuencia de la que sin lugar a dudas hay que dejar constancia: con las Apps hemos abierto una cantidad inmensa de puertecitas al ultramundo. Lo que en otra época solo sabía hacer en la práctica la Web (permitirnos entrar en el ultramundo), ahora lo hacen también millones de Apps que no necesariamente tienen que ver con la Web. A menudo carecen de una dirección web, no son accesibles en la Web. Son, por así decirlo, locales cerrados, donde entramos y salimos para llevarnos algo que necesitamos. Pero son locales cerrados situados en el ultramundo y el vertiginoso número de Apps que circulan por el planeta nos dice, pues, algo muy simple: el tráfico con el ultramundo, de entrada y salida, se ha hecho inmenso y rapidísimo, tan inmenso y tan rápido que a menudo conservar una línea de demarcación verdadera entre el mundo y ultramundo se ha convertido en algo imposible, y casi siempre inútil.

Nos encontramos en un nudo importante: cuando uno ya no es capaz de distinguir esa línea, entonces es que está en el Game.

• Nace Airbnb, una start-up que resulta del todo coherente con la ya antigua decisión de saltarse todas las mediaciones posibles y tener un contacto directo con la realidad. ¿Tienes una casa en la que no vives durante una temporada? Bien, ponla en el ultramundo y alquílala. Empezó a hacerlo bastante gente, y la cosa se hizo mucho más sencilla cuando tres jovencitos americanos encontraron el modo de crear un sitio web hecho a propósito para poner en contacto a los que buscaban casa con los que la tenían.

Para la crónica, el nombre nace de esta ingeniosa circunstancia: los tres jovencitos, al encontrarse en San Francisco con una casa decente pero con poco dinero en el bolsillo, cogieron tres colchones hinchables *(air bed),* los colocaron en la sala de estar y los alquilaron. Airbedandbreakfast, le llamaron a la cosa. Como nombre era un pelín largo. Ahora es Airbnb.

• El 4 de noviembre Barack Obama gana las presidenciales americanas. Será el primer presidente afroamericano en la historia de Estados Unidos. Si aparece en este acarreo nuestro

de datos, de todos modos, es por otro motivo: fue el primero en utilizar el mundo digital para ganar. No se limitó a considerarlo como uno de los muchos medios de comunicación posibles: como se ha puesto de manifiesto, lo eligió como «el sistema nervioso» de su campaña.

El corazón de todo aquello era su sitio web: se llamaba MyBO [sic] y en poco tiempo construyó algo que no era un partido, no era una campaña, no era una organización: era una enorme comunidad de personas que compartían un sueño, el de Obama como presidente, y ahora disponían de unas herramientas muy sencillas para encontrarse, reconocerse, intercambiarse información y echar una mano. En el sitio, para entendernos, había veinte mil grupos: elegías el que te gustaba (había de bailarines de tango, de madres solteras, etcétera) y entrabas en una pequeña comunidad de gente como tú. Si te apetecía echar una mano, el sitio te proporcionaba los contactos de electores que vivían en tu zona y que estaban indecisos: podías llamarlos por teléfono o ir a verlos, lo que prefirieras. También había una parte del sitio dedicada a la recaudación de fondos: no se trataba de que te pidieran dinero, era mucho más divertido: en la práctica, te convertías en alguien que recaudaba dinero para la campaña de Obama, te marcabas un objetivo, pongamos que diez mil dólares, y luego empezabas a dar la vara a amigos y conocidos. Un simpático termómetro te indicaba en qué punto de tu misión te encontrabas. Ya lo he dicho, eran años en los que si no hacías cosas que se parecieran a un videojuego, no ganabas [todavía lo son].

Quienes inspiraron e hicieron realidad todo esto fueron muchas personas, pero ahora es instructivo recordar a un personaje en particular, al que era el cerebro de toda la operación: tenía veinticuatro años, se llamaba Chris Hughes y era uno de los cuatro fundadores de Facebook, el intelectual del grupo: no le gustaba Silicon Valley, prefería la Costa Este, se había licenciado en Historia de la Literatura Francesa [!] y dejó Facebook para ir a trabajar con Obama. También vale la pena recordar que la sala de máquinas de MyBO, digamos la parte muscular de esa empresa, era jefe de una compañía, la Blue State Digital, que tampoco venía de Silicon Valley, y que tenía su sede en Washington D. C. y en Boston: el asunto tiene su significado porque nos ayuda a entender cómo en Silicon Valley la política no le interesaba a nadie lo más mínimo: hacía falta gente que iba a la oficina a pocas manzanas de donde se ejercía el poder para hacer creíble la hipótesis de aplicar lo digital a algo tan obsoleto como la vida política.

2009
• Nace, casi por casualidad, WhatsApp. En su origen la idea consistía en hacer una App que te permitiera añadir a tu nombre, cuando aparecía en las agendas de otros, una peque-

ña frase, del tipo «Hoy mejor me olvidáis», o «Me parece que voy a ir a la piscina». Una cosita divertida. Pero lo que ocurrió fue que al ponerlo en marcha los dos inventores se encontraron con que tenían un sistema de mensajería muy simple y eficaz. Se llamaban Jan Koum y Brian Acton. El primero había nacido en Kiev y había emigrado a Silicon Valley a los dieciséis años, pobre de solemnidad. Algo que debemos anotar no es tanto su parábola típicamente americana (ahora es multimillonario, obviamente) como el hecho de que tanto él como Brian Acton eran empleados de Yahoo, y que la idea de hacer WhatsApp se le ocurrió a Jan el día en que se compró un iPhone, viéndose luego en la Apple Store y descubriendo la existencia del mercado de Apps: quiero decir, eran inventores de segunda generación, como lo serán casi todos los inventores de esos años. Gente que trabajaba dentro de un sistema y que desarrollaba las potencialidades del mismo, no gente que inventaba sistemas, para entendernos. Era el Game el que comenzaba a tener hijos y a multiplicarse por sí mismo.

WhatsApp fue vendido a Facebook en 2014 por 19.000 millones de dólares.

Actualmente mil millones de habitantes del planeta Tierra lo utilizan con regularidad.

Por decisión de sus fundadores, en la aplicación no aparece y nunca aparecerá publicidad alguna.

Desde 2016 la App es completamente gratuita.

Entonces, ¿de qué puñetas viven?

Si queréis una respuesta fácil y reconfortante, aquí la tenéis: venden vuestros datos.

Aunque en realidad el asunto aún está pendiente de demostrar, es contrario a los principios de los dos fundadores y se excluye de los Términos de Servicio que aceptáis cuando descargáis la App. Puede existir un margen de duda sobre el uso de las fotografías, pero vuestros mensajes escritos WhatsApp no los lee y no los comercializa.

Pues entonces, ¿cómo demonios pagan los servidores con los que hacen funcionar todo eso?, os diréis.

Por lo que yo he alcanzado a comprender, la respuesta más razonable es esta: si eres capaz de llegar diariamente a mil millones de personas que confían en ti, siempre encontrarás a alguien que te preste dinero y, tarde o temprano, un sistema para poder devolverlo.

• Nace Uber, para regocijo de los taxistas de todo el mundo. Nace poco después de Airbnb y en el mismo lugar (San Francisco): evidentemente flotaba en el aire, por aquella zona, esa idea de que si tenías algo que no usabas, bueno, podías dárselo a otro ganando algo de dinero. ¿Que tienes un coche y un par de horas libres? Pues ponte a hacer de taxista, sin serlo, y expulsando por completo a los taxistas. Ensanchad un poco el concepto y os encontraréis ante la *sharing economy*, una de las líneas de tendencia de los años del Game. Nace del instinto de saltarse las mediaciones, pero añade un matiz importante: una idea de la propiedad compartida que empieza alquilando el cuarto de sobra y termina en el *cohousing*, en el *carsharing*, o en el *crowdfunding*. A los padres rebeldes y hippies de la insurrección digital sin duda les habría gustado este asunto. Por regla general, les gusta menos a las castas que controlan determinados consumos colectivos: si la gente se organiza y comparte las cosas que posee sin recurrir a expertos, mediadores, sacerdotes y poseedores de licencias, obviamente alguien acabará perdiendo bastantes cosas. En este sentido la reyerta legal (y a menudo física) entre Uber y los taxistas resume bien un choque que podemos reconocer en esos años un poquito por todas partes. No se trata de posicionarse aquí de una u otra parte: sin embargo, es útil entender que nada de todo esto habría pasado sin el nacimiento de plataformas digitales estudiadas precisamente para favorecer y regular el intercambio directo de bienes entre personas normalísimas. Es decir, para desencadenar la trifulca.

Ah, una cosa más. Los dos tipos que inventaron Uber ya eran riquísimos en el momento de ponerlo en marcha: ambos habían ganado dinero vendiendo empresas digitales de cierto éxito: una era un singular motor de búsqueda (Stumble-Upon); la otra, una plataforma del archivos compartidos (Web Swoosh). Quiero decir: ya estaban en la segunda vuelta del tiovivo. De donde se empieza a adivinar que, desde la creación visionaria de algunos outsiders, la insurrección digital se estaba convirtiendo en la neurosis de una determinada élite restringida, recién nacida.

• El 4 de octubre se funda en Italia el MoVimento 5 Stelle. Es la primera vez que la insurrección digital genera directamente una formación política, cuyo propósito es asaltar el palacio del poder. Como hemos visto varias veces, no es un gesto que resulte propio de su naturaleza: la técnica de invasión de la insurrección digital preveía arrinconar alegremente las grandes instituciones del siglo XX (política, escuela, iglesia, etcétera) e ir excavando pasos subterráneos alrededor, construyendo una herramienta tras otra. Incluso en la experiencia de Obama, el mundo digital se había limitado a ofrecer instrumentos, dejando que el sistema de valores y de principios del aspirante a presidente permaneciera tranquilamente en la sólida tradición del siglo XX del Partido Demócrata. Pero el M5S es otra cosa. Lo que allí ocurre es que, frente a una clase política cada vez más cansada, corrupta y grotesca, una parte de los habitantes del Game pierde la paciencia y sale en tromba diciendo una cosa muy simple: dejad que lo hagamos nosotros.

El ADN digital es desde el primer momento muy marcado. El M5S lo fundan dos personas. Una es Beppe Grillo, un actor cómico muy popular que hacía cuatro años que tenía un blog de gran éxito (autorizadas clasificaciones en esos años lo sitúan entre los diez sitios más influyentes del mundo). El otro fundador es Gianroberto Casaleggio, un programador de Olivetti que más tarde se convertiría en un consultor muy valorado por compañías que buscaban un posicionamiento en el mundo de la Web casi sin saber de qué estaban hablando (las compañías, no él, que lo sabía a la perfección). A Grillo se le daba muy bien despertar la energía latente que anidaba entre los pliegues de un país desilusionado, mortificado por la ignorancia de los políticos y receloso respecto a las grandes potencias económicas. Casaleggio sabía crear las herramientas para organizar esa energía y darle una forma política. Ya en 2007 se habían presentado a las elecciones regionales algunas candidaturas ciudadanas generadas por la comunidad que se congregaba alrededor del blog de Grillo. En ese mismo año, una manifestación bajo el sofisticado nombre de *Atomarporculo-Day* había llenado muchas plazas de Italia, y a partir de ese día esa comunidad se volvió tan visible que se hizo merecedora de un nombre: los *grillini*. Dos años más tarde nace propiamente el Movimiento. Las 5 Estrellas no son una referencia a un gran hotel, sino que señalan cinco prioridades: agua, medio ambiente, conectividad, desarrollo, transportes. Eran más o menos los caballos de batalla de Grillo: si los desenvolvéis os encontraréis con cosas como la renta de ciudadanía, el decrecimiento feliz, Internet como Derecho Fundamental, la tutela absoluta del medio ambiente, la opción de un estilo de vida con impacto cero. De su cosecha, Casaleggio aportó la idea de una democracia digital, una especie de democracia directa que, coherente con determinados axiomas de la insurrección digital, se saltara todas las mediaciones posibles y llevara a la gente a intervenir de manera directa en la acción política gracias al uso de dispositivos digitales. Parece una visión utópica, pero si lo pensáis era un progreso bastante lógico, y solo ambicioso, de lo que estaba pasando en los hechos: en un mundo donde existen Uber y Airbnb, donde la Enciclopedia más difundida está escrita por todos, donde puedes responder a un tuit del papa y donde las news te llegan a través de Facebook, ¿por qué la gente no iba a poder votar con un clic y, eventualmente, meterse en política sin pertenecer a ninguna élite particular? Dicho esto, el Game no se hace con ideas, sino con herramientas, y por tanto imaginar una democracia digital no significa nada si luego no creas una plataforma que la haga posible. Casaleggio la creó. Se llama *Rousseau*. A decir verdad, no goza de gran reputación. Ha sido juzgada por las Agencias de protección de datos «completamente carente de los requisitos de seguridad informática que debería caracterizar un auténtico sistema de voto electrónico». A muchos no les parece apropiado el hecho de que sea propiedad de quien la creó (tras la desaparición de Gianroberto Casaleggio en 2017, la plataforma es ahora propiedad de su hijo): de hecho, en un mundo en el que la Web fue regalada a todo el mundo, resulta curioso que alguien mantenga bajo su control la herramienta con la que hacer funcionar una democracia directa. Sea como sea, *Rousseau* existe, hace su trabajo y, de hecho, regula la democracia directa de los 5 Stelle: que yo sepa, no existe nada semejante en ningún lugar del mundo.

Para la crónica, el M5S se presentó por primera vez a las elecciones en 2010: eran elecciones regionales, y el resultado osciló entre 1 y el 7%. Ocho años más tarde, en las elecciones políticas de 2018, se convirtió en el primer partido italiano, a pesar de no ser un partido, recibiendo el 32% de los votos. Mientras estoy escribiendo estas líneas, intenta encontrar un modo de gobernar Italia. Está obligado a encontrar aliados, porque el 32% de los votos no basta para gobernar. Lo que ocurre es que si tu idea es la de darle la vuelta al sistema y entregarle a todos los italianos la contraseña del poder, lo cierto es que no vas a encontrarte a todos los demás partidos muriéndose de ganas de echarte una mano. Así están trasteando, con gran esfuerzo: en cierto sentido están intentando conectar una tableta con un tractor, e intentan hacerlo con una llave USB. Como comprenderéis, se requiere paciencia. Resulta difícil decir cómo acabará la cosa. Pero si antes del final del libro pasa algo, os prometo que os lo haré saber: a lo mejor le habéis tomado gusto al asunto y queréis saber cómo diablos hemos salido del trance.

2010
• Nace Instagram, una red social mucho más guay que Facebook: al cabo de dos años, Facebook la comprará. El inventor, Kevin Systrom, se licenció en Stanford, había trabajado para Google y había pasado por el trance de haber inventado una App para el iPhone que resultó bastante desastrosa

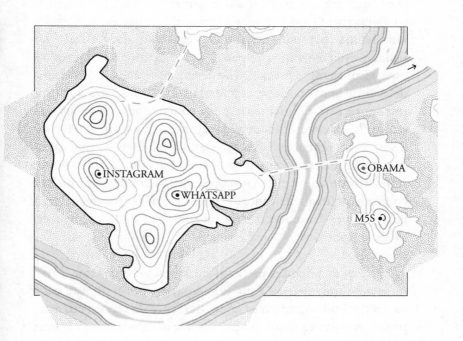

(Burbn): ¡un perfecto retrato robot del innovador de segunda generación! Naturalmente era varón, blanco, americano e ingeniero.

2011

• Apple lanza iCloud: es un sistema por el que puedes almacenar los contenidos de tu ordenador en un lugar que no es tu ordenador (lo mismo para tu iPhone). Los subes a una nube, por así decirlo: cuando los necesitas vas a buscarlos y cuando has acabado los colocas allí de nuevo. Al margen del funcionamiento técnico del asunto (aunque quede mal decirlo, vuestros archivos, vuestras direcciones, vuestros mensajes de amor y vuestras fotos en ropa interior no están en una nube, sino en otros ordenadores, almacenados por millones en lugares absurdos), el valor simbólico es notable: éramos gente que quería desmaterializar la realidad, y en ese momento ya podíamos decir que habíamos sido capaces de hacerlo. Una buena parte de nuestra vida se había puesto a no pesar nada, a estar en ninguna parte, y a seguirnos sin ocupar ni espacio ni tiempo. Notable. En términos prácticos, la ventaja del asunto consiste en que si el móvil acaba en la taza del váter puedes tirar tranquilamente de la cadena, porque tu agenda está en lugar seguro. La desventaja es esa sinistra sensación de dejar como rehén todo lo que tienes a alguien que no sabes muy bien quién es. Pensad en cuando estáis en la playa y queréis daros un baño, pero os molesta un poco dejar la mochila con todo dentro, y entonces el que está bajo la sombrilla de al lado os dice: «Vaya usted tranquilo, ya se la vigilo yo.» Eso es, así es la cosa.

• Tres estudiantes de Stanford inventan Snapchat. En sí misma, se trata de una App de mensajería normal, muy básica, fácil y directa, una cosa aparentemente de críos. Pero muy pronto incorpora una variante estrepitosa: los textos, las fotos

206

y los vídeos que envías con Snapchat al cabo de veinticuatro horas desaparecen en la nada. ¡Irresistible! Dado que una de las cosas más difíciles en el Game, a estas alturas, es esconderse, desaparecer, cambiar de idea, arrepentirse, borrar, etcétera, Snapchat obtiene de inmediato un cierto éxito. Actualmente se está acercando a los doscientos millones de usuarios diarios.

• 2011 también es el año en el que se verifica un curioso y, a su manera, crucial adelantamiento. No tengo la menor idea de cómo podemos saberlo pero es el año en que el uso de las Apps supera al de la Web. Seré más exacto: desde ese año, cuando tenemos un smartphone en la mano, hacemos clic más a menudo en el icono de una App que en el del navegador que nos hace entrar en la Web. Al profesor Berners-Lee, seguro que el asunto no le habrá gustado. No tanto por el adelantamiento en sí como por el hecho de que él que soñaba el ultramundo como un espacio abierto, que no era propiedad de nadie, en el que la gente intercambiaba todo lo que poseían. Las Apps no son exactamente esto: son propiedad de alguien, y no son un espacio abierto, sino hangares, a lo mejor inmensos, pero cerrados, en los que uno entra para obtener determinado servicio y luego se vuelve a su madriguera. Entendéis la diferencia. Tal vez se trata de un síntoma, entre otros, de una especie de alegre degeneración del Game: una lenta decantación que lo aleja de sus utópicos impulsos originales. Pero es una observación sobre la que pongo en guardia al lector: la posibilidad de que este sea un análisis moralizante, consolatorio y del siglo XX es bastante alta.

2012
• Después de música, fotos y vídeos, también la televisión se convierte, oficialmente, en digital. Fin del sistema analógico. En Italia se desmantela en el 2012. Actualmente el único país en el mundo al que no llega la señal digital es Corea del Norte.

• Nace Tinder, y logra abrir las puertas para siempre a un penoso deseo que tenía casi todo el mundo: al regresar a casa completamente hasta las pelotas, poder elegir en un catálogo a una pareja nunca vista antes con quien salir a cenar [o, si se tercia, irse a la cama]. No era la primera vez, obviamente, que alguien intentaba poner en marcha un sitio de citas, pero la genialidad de Tinder fue la de darse cuenta de que, para la gran mayoría de la gente, poder estar eligiendo en el catálogo, con las posaderas en el sofá y la tele encendida, representaba algo más divertido que salir a cenar [bastante caro y, por otro lado, primero tenías que darte una ducha y vestirte] o que aparearse de verdad [no me detengo a subrayar las innumerables molestias]. Así, se puso un gran esmero en hacer que ese catálogo se convirtiera en una especie de videojuego elemental, sutilmente erótico, y al que resultaba facilísimo jugar. En la práctica, como un solitario con los naipes. El hecho de que no quedara excluido verse después, dos horas más tarde, para enrollarse con la dama de picas contribuyó al éxito.

2016

• Del 9 al 15 de marzo, un software desarrollado por Google (ellos otra vez...) se enfrenta en una competición de Go al número 1 de la clasificación mundial, Lee Sedol (un surcoreano de treinta y dos años). En juego, un millón de dólares. El torneo se transmitió en directo por YouTube. Era al mejor de cinco partidas. AlphaGo ganó por 4 a 1.

Era una máquina. Ganó contra el mejor de los hombres.

Sé que todos tenéis en mente Deep Blue y su victoria al ajedrez con Kasparov (era en 1996, y el software lo había desarrollado IBM). Pero os invito a que veáis la diferencia: aquí estamos hablando de Go, un juego enormemente más complicado que el ajedrez. Para entendernos: cuando hacéis el primer movimiento de una partida de ajedrez podéis elegir entre veinte soluciones diferentes; si jugáis a Go, los movimientos posibles son 361. Suponiendo que lleguéis vivos al segundo movimiento, si jugáis al ajedrez tenéis que elegir entre cuatrocientas soluciones posibles. En Go, el número de los movimientos entre los que debéis elegir el vuestro es un poquito más alto: ¡130.000! Suerte.

Con esto pretendo decir que crear una máquina capaz de gestionar algo tan complicado implica un cierto trabajo. AlphaGo fue entrenada haciendo que memorizara treinta millones de partidas jugadas previamente por personas (de las buenas).

Y hasta allí, creedme, en el fondo se trataba tan solo de algo muscular, de capacidad de cálculo: nada particularmente fascinante. Lo bueno empezó cuando los planificadores empezaron a trabajar con redes neuronales profundas (no intentéis entender de qué se trata), obteniendo un resultado que tiene, este sí, algo fabuloso: AlphaGo aprende de los seres humanos, pero luego juega a su aire, inventa movimientos que los humanos nunca han hecho, aplica estrategias que ningún humano había pensado: es por eso por lo que gana.

Existe un nombre para lo que AlphaGo encarnaba, desarrollaba y situaba ante la atención de la gente: INTELIGENCIA ARTIFICIAL. No voy a intentar siquiera explicaros lo que sig-

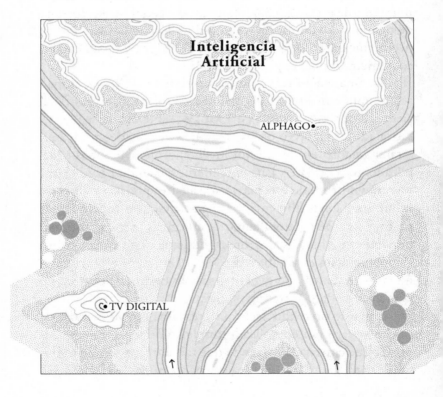

nifica exactamente, ya pensaré en ello dentro de diez años, cuando escriba el tercer capítulo de la saga de los Bárbaros. Pero aquí sentía la necesidad de señalar ese nombre porque es sin duda alguna el nombre de un paso adelante, de un nuevo avance tecnológico, quizá incluso de un nuevo horizonte mental. Con él se cierra un capítulo del Game (el que hemos estudiado en este libro) y se abre otro sobre el que resulta francamente difícil hacer pronósticos. Si pensáis en robots que se meen sobre nuestras cabezas, vais desencaminados (ese tipo de inteligencia artificial todavía está en el punto de salida). Pero el resto es un horizonte abierto, completamente por descubrir. Ya veremos.

Por ahora, llevémonos para casa la deliciosa satisfacción de haber dibujado una parábola que empieza con un juego de marcianitos y termina en un juego de surcoreanos. Entre un juego y otro, veo al fin el elegante despliegue de una cadena montañosa donde está escrita la civilización en la que vivo. ¿Puedo razonablemente tener la esperanza de que la veáis vosotros también?

> *Screenshot* final

Último tramo de la columna vertebral. Domina la vaga impresión de una civilización que a estas alturas ya tiene asentados sus pilares fundamentales y se permite ahora atornillar bien los remaches. Había un trabajo que terminar y lo han terminado.

Probablemente será recordado como el período de las Apps. De hecho, la transformación de orcos misteriosos, pesados y muy caros (los viejos software) en ligeros animalitos prácticamente gratuitos (las Apps) lleva a cabo un montón de movimientos iniciados años antes:

- diluye el tráfico entre mundo y ultramundo, disolviendo la frontera psicológica que aún en la época precedente separaba esas dos regiones de la experiencia;
- pone en marcha ese sistema de realidad con dos fuerzas motrices que la Web, antes, había empezado a imaginar;
- permite prescindir de un montón de mediaciones y, por tanto, de mediadores;
- acostumbra a resolver problemas solo y siempre de modo divertido, diluyendo las molestias diarias en un mar de pequeños videojuegos;
- generaliza la impresión de haber sido admitidos por una humanidad aumentada;
- facilita el acceso a la posexperiencia;
- inclina a la movilidad absoluta, favoreciendo el smartphone y aligerando al máximo la postura hombre-teclado-pantalla;
- reduce, para concluir, la distancia entre el hombre y la máquina hasta hacer que percibamos los dispositivos como productos orgánicos, casi «bio», prolongaciones «naturales» del cuerpo y de la mente.

No es poca cosa, como podéis ver. Son muchos impulsos que conforman un único modo de estar en el mundo. Muchas intuiciones que se incrustan en un único dibujo. Una insurrección que se convierte en civilización. Unos cuarenta años de rebelión que confluyen en una única gran Tierra Prometida: el Game.

Perfectamente realizada, esa patria deseada con tanta fuerza deja tras de sí la pesadilla del siglo XX para siempre y se prepara, recobrando fuerzas, para la que será una próxima y electrizante colonización: los sorprendentes progresos de la inteligencia artificial indican claramente la dirección.

En resumen, una época triunfal, se diría.

De todos modos, si nos ponemos a excavar, a entrar en las ruinas, y a sacar el polvo de los restos arqueológicos, las cosas nos cuentan otra historia, un poco más complicada. Una época que parecía echar las cuentas alegremente de todo trabajo realizado hasta entonces, en realidad resulta que se ve atravesada por movimientos geológicos subterráneos, contradictorios y, según y cómo, ruinosos. Huellas de destrucción, de luchas y de terremotos surgen aquí y allá. El cuadro se hace más difícil de leer. Se agrieta la certeza de que el Game sea un sistema acabado. Surgen preguntas extrañas. No todas tienen respuesta.

Como se verá en los *Comentarios* que siguen.

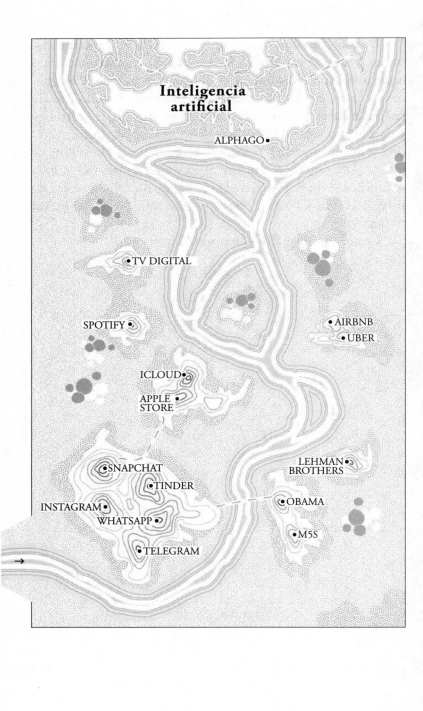

Individualismo de masas

Hace muchas páginas tuvimos ocasión de hablar, por primera vez, de *humanidad aumentada*. Estudiábamos los primeros años de la insurrección digital y utilizamos esa expresión para dejar constancia de la embriaguez que la Web, al nacer, había provocado en todos los usuarios: en su forma de moverse lateralmente, de viajar por todas partes, de acceder a los cajones ajenos; la nueva frontera del ultramundo que se abría, accesible a todo el mundo; la velocidad, la libertad.

Eran los primeros años noventa. Ahora, si pensamos en ello, nos provoca una sonrisa. Ahora que sabemos lo que pasó en los veinticinco años que siguieron, parece casi increíble que usáramos la expresión *humanidad aumentada* por tan poca cosa. Ni siquiera podíamos enviar un mail con el teléfono y lo llamábamos *humanidad aumentada:* ¡y ya estábamos discutiendo sobre si la cosa esa no sería dañina para la salud mental, la sociedad, el mundo!

Qué tipos más entrañables.

Pero ahora que estamos en el Game, podemos entender algo mucho más exacto. Mejor dicho, hemos de hacerlo.

Lo que sabemos con certeza es que esa genérica inclinación a desarrollar las posibilidades de cada individuo en particular se ha solidificado en la época del Game en una enorme red de herramientas que han aumentado de hecho, en todas las direcciones, las posibilidades de la gente. No me parece que valga la pena discutirlo, pero si de verdad queréis hacerlo, pensad en cuatro gestos al azar, yo qué sé, viajar, jugar, informarse, amar, y comparad las herramientas que hoy nos ayudan a realizarlos con las que teníamos hace veinte años. Pues bien, la diferencia es abismal, no hay discusión. Humanidad *realmente* aumentada.

Otra cosa que sabemos con certeza es que esta especie de mejora espectacular no concierne a una limitada élite de afortunados, sino que ha implicado prácticamente a todo el mundo. Vale, vale, no os gusta la expresión *todo el mundo,* de acuerdo. Pero si los usuarios de WhatsApp son mil millones, si la gente que tiene un perfil en Facebook es más de dos mil millones, y si las casas en alquiler en Airbnb son cinco millones, olvidaos de hablar de élites, de cosas de ricos, de jueguecitos para pijeras occidentales: aquí estamos hablando de algo que concierne a un número impresionante de personas. A estas alturas ya nos hemos acostumbrado, pero debéis aceptar que abrir el acceso a todas esas posibilidades a una base social tan amplia es una empresa colosal. En tanto que redistribución *de las posibilidades* es también una redistribución *del poder.* Hace treinta años, algo semejante podían imaginarlo únicamente algunos hackers un tanto excéntricos que se reproducían en el caldo de cultivo de la contracultura californiana. Ahora sabemos que no hablaban en vano. Increíblemente, su idea de utilizar los ordenadores para romper viejos privilegios de siglos y redistribuir el poder entre toda la gente tenía algo de sensato. Os juro que yo no habría apostado ni un dólar al respecto. Y ya veis.

Lo tercero que sabemos con certeza es que este tipo de redistribución del poder se ha entrecruzado coherentemente con otra inercia que puede rastrearse ya en los albores de la insurrección digital: el instinto de saltarse las mediaciones, de tener un contacto directo con la realidad, de desactivar las élites. Son dos fuerzas que han trabajado una dentro de la otra, durante años: a medida que cada individuo en particular recibía cuotas de poder, de privilegios, de posibilidades, de libertades, los utilizaba para deshacerse de la incómoda presencia de inútiles mediadores. Multiplicad esta dinámica por miles de millones de individuos y empezad a entender de qué estamos hablando. Una especie de espectacular agitación geológica. Un terremoto.

Naturalmente, el mundo ha salido muy diferente de ello. Y nosotros, ahora, podemos entender en efecto de qué forma ha cambiado. Pero es muy importante no detenerse en los detalles, o dejarse distraer por cualquier singularidad curiosa, como por ejemplo el hecho de que alguien pueda organizarse un viaje sin la agencia de viajes o que los foros de los lectores cuenten más que la opinión de los críticos. Pero a quién le importa eso. Ese no es el quid. Es necesario alejarse un poco, mirar como desde arriba, y entonces es posible ver el auténtico corazón del asunto, el punto exacto en el que ese terremoto ha redibujado la imagen del mundo. Es un punto que conocemos a la perfección.

Es donde se forma la conciencia de sí mismo.

Lo que ha sucedido en el Game es que el ego de miles de millones de seres humanos ha sido alimentado cotidianamente con supervitaminas, en parte generadas por las herramientas que multiplicaban sus habilidades, en parte desarrollado por los repetidos parricidios cometidos al liberarse de las élites. Una nueva conciencia de sí mismo ha subido a la superficie en la conciencia de millones de individuos que no estaban acostumbrados a imaginarse de ese modo. Ni siquiera estaban *destinados* a imaginarse de ese modo, si entendéis lo que quiero decir. En cierto sentido, se redescubrían contemplando la realidad desde asientos en primera fila a los que nunca habían tenido la lucidez de aspirar, o en palcos que desde siempre habían pensado que estaban reservados a otros por edictos sobrenaturales. Antes, si gritaban, se les oía solo en el hueco de las escaleras: ahora un susurro suyo podía acabar en Australia. Muchos incluso se percataron, de repente, de poder PENSAR DIRECTAMENTE: tener opiniones sin deber esperar, para tenerlas, a que alguna élite las pronunciara, las liberara y luego las pusiera a disposición, concediéndote la posibilidad de compartirlas. Podías producirlas tú mismo, darles una forma, pronunciarlas y luego incrustarlas en el sistema sanguíneo del mundo, donde potencialmente llegarían a millones de personas. Hace solo cien años una cosa semejante podían permitírsela, quieras que no, unos miles de personas en toda Europa.

Así, pues, una hipertrofia del ego. O mejor dicho: una reconstrucción del ego, porque en definitiva lo que la insurrección digital ha logrado restituir a la gente es la robustez del ego que antes estaba reservada a las élites, y que las élites nunca consideraron una hipertrofia, sino la equilibrada articulación de sus propias capacidades. Por tanto: una restitución del ego, llamémoslo así. Hecha con una tremenda habilidad, debéis admitir. Una característica ingeniosa de las herramientas digitales es que, aparte de alimentar nuestro ego, también le han proporcionado a ese ego una especie de hábitat protegido, un territorio cómodo donde ser capaz de crecer sin arriesgar demasiado. Todas las redes sociales, pero también los meros sistemas de mensajería o los grandes contenedores del tipo YouTube, están estudiados para dejarnos salir a terreno abierto, pero *no tan abierto:* te permiten expresarte a ti mismo, con cierta ambición o incluso cierta agresividad, pero sin salirte de cierta *zona de confort.* Como situación es ideal: hay quien lo aprovecha para tratar de furcia a una ministra y quien cuelga sus tres primeras canciones y luego se hace famoso; pero se trata, en cualquier caso, de una posibilidad de la que muchos individuos se han aprovechado y ahora lo que debemos entender es que, precisamente, SE TRATA DE INDIVIDUOS, de muchas personas singulares, y esto, creedme, no tiene casi precedentes. Quiero decir que si en el siglo XX, por ejemplo, podía ocurrir que un individuo se sintiera «humanidad aumentada» era casi siempre en el contexto de un rito colectivo, de una pertenencia a una determinada comunidad: podía experimentar momentos de altísima intensidad, de expresión de sí mismo, incluso de grandeza, pero por regla general se trataba de momentos que vivía en cuanto miembro de una comunidad, como su Nación, o una Iglesia, o incluso solo un partido, o en última instancia su pequeña comunidad familiar. La humanidad aumentada, en aquellos momentos, era un perfeccionamiento colectivo, no individual. Él, individualmente, el individuo singular, luego no iba mucho más allá.

Pero en los últimos treinta años algo ha cambiado, algo inmenso de verdad. El Game admite casi en exclusiva a jugadores singulares, está pensado para jugadores singulares, desarrolla las capacidades del jugador singular, da puntos a jugadores singulares. Incluso Trump y el Papa envían tuits, intuyendo que los habitantes del Game ya están acostumbrados a perfilarse individualmente, a jugar el uno contra uno. Así, el Game se ha convertido en la grandiosa incubadora de un individualismo de masas que nunca habíamos conocido, que no sabemos cómo tratar y que nos pilla esencialmente sin preparación. Resulta dudoso que haya sucedido alguna vez algo semejante sobre el planeta Tierra. El único caso precedente que se me viene a la cabeza es, quizá, la democracia ateniense del siglo V a. C.: que era efectivamente una especie de régimen de individualismo de masas, pero donde por masas se entendía el 15 % de los habitantes de Atenas. De todos modos fue suficiente para producir líos inmensos (y maravillas conmovedoras), pero, al fin y al cabo se trataba del 15 %

de los atenienses. En Italia, para quedarnos en mi pequeño patio, un humano de cada dos tiene un perfil de Facebook.

Nos encontramos así viviendo en un escenario inédito, donde nunca nadie, antes de nosotros, ha jugado ningún partido de verdad hasta el final. Repetidas veces nos encontramos ante absurdas situaciones del juego que nos cuesta un gran esfuerzo el mero hecho de enmarcarlas. Me explico: cuando el individualismo se hace de masas, lo primero que entra en crisis es el propio concepto de masas. Ya no existen, quiero decir, placas sociales que se mueven en cuanto placas, como grandes supraindividualidades que se mantienen unidas por una cierta pertenencia: yo qué sé, los católicos, los ingleses, los amantes de la música pop, los comunistas. Eran, en el pasado, grandes animales que se movían con un movimiento casi impersonal, generado por la dócil pertenencia de muchas personas a una comunidad, y controlado por una élite capaz de mano de hierro y guía firme. En el Game este tipo del movimiento es un hecho raro porque el individualismo de masas genera millones de micromovimientos y desmantela la labor de los guías. Coherentemente con el viejo precepto del movimiento en primer lugar, también las grandes coagulaciones de consenso se forman y se deshacen con rapidez, porque no son formaciones geológicas sedimentadas a lo largo del tiempo, sino rápidos reagrupamientos de individuos destinados luego a recomponerse de otra forma con el próximo movimiento. Resultado: en el Game, a consecuencia del advenimiento del individualismo de masas, la masa ya no existe, en todo caso se forma, episódicamente, en determinados lances de juego.

Otra paradoja que me fascina es esta: se produce a menudo el triste fenómeno del individualismo sin identidad. Es decir, personas que, por ejemplo, pueden manejar brillantemente sus propias opiniones sin tenerlas, emitir juicios autorizados sin contar con la suficiente competencia, o tomar decisiones cruciales para su vida sin tener un conocimiento pasable de su propia vida. Es como si la capacidad técnica hubiera sobrepasado abundantemente a la sustancia de las cosas. Es como si las herramientas digitales hubieran acabado poniendo motores potentísimos dentro de carrocerías no lo bastante sólidas como para tolerarlos, probarlos, utilizarlos de verdad. No es un escenario completamente inédito, porque a menudo ha ocurrido que hemos generado sistemas mentales sin tener la capacidad inmediata de sostenerlos: la Ilustración, pongamos por caso, generó una reivindicación de libertad que en ese momento no era plenamente capaz de gestionar, y el Romanticismo puso al alcance de la mano a un módico precio una sensibilidad que gran parte de los seres humanos no podían soportar *físicamente*. Por tanto se trata de algo que conocemos: pero esto no resuelve el problema de vivir en un Game en el que la mitad de los jugadores se exhibe sobre el escenario cuando debería estar en silencio en la platea, mirando. Entre bambalinas, el alboroto es bastante notable.

No quisiera extenderme demasiado, de manera que anoto una última paradoja y lo hago en tres líneas. Es que me parece importante. El individualismo es siempre, por definición, una posición *en contra:* es sedimento de una rebelión, tiene la pretensión de crear una anomalía, rechaza caminar con el rebaño y camina en soledad en dirección contraria. Pero cuando millones de personas se ponen a caminar en dirección contraria, ¿cuál es la dirección correcta del camino?

¿Se imaginaban los padres de la insurrección digital paradojas de este tipo? No lo creo. ¿Eran imaginables? Quizá sí, con un poquito de lucidez habrían podido preverse. ¿Es posible convivir con paradojas semejantes? Hay que admitir que sí, dado que actualmente convivimos con ellas. Pero, por supuesto, representan grietas, como estratos que se han separado de una forma imprevista del cuerpo del Game, arrebatándole fuerza, coherencia, incluso belleza. Generan desorientación y desconcierto. Desaconsejaría, de todos modos, olvidar que proceden de un movimiento de liberación, de arrebato, de esperanza. Lo mínimo que podía pasar, al redistribuir el poder, era que el paisaje general perdiera en nitidez, en armonía y tal vez incluso en sustancia. Así, si me comporto de nuevo como un arqueólogo y vuelvo a estudiar las ruinas de aquella civilización, en la época del aparente triunfo del Game, lo que me paree reconocer son las huellas de una temporada imperfecta en la que, después haber restituido la dignidad a mucha gente y conciencia a la mayoría, esos hombres pasaron los primeros años del Game obligados a echar cuentas con situaciones paradójicas, a la espera de recomponer equilibrios, alcanzar la madurez y generar una cierta elegancia nueva. Aún les faltaba, se diría, la capacidad de ser ellos mismos. Ninguna herramienta, de hecho, podía dársela.

Nuevas élites

A propósito de paradojas y de fenómenos curiosos. Estudiando los hallazgos arqueológicos, otro acontecimiento se nos hace evidente: después de años desactivando las élites y fundando un sistema capaz de sostenerse sobre el individualismo de masas, lo que ha sucedido, obviamente, es que el Game ha acabado produciendo su propia élite, nueva, diferente por completo, pero sin embargo élite al fin y al cabo. Hay un fósil, recientemente descubierto, que nos explica de un modo maravilloso el fenómeno. La comparecencia ante el Senado de Estados Unidos de Mark Zuckerberg celebrada en abril de 2018.

Como se recordará, hacía poco tiempo que se había descubierto que una compañía inglesa, Cambridge Analytica, se había llevado millones de datos personales de usuarios de Facebook, utilizándolos luego para influir en las elecciones americanas del 2016. Al darles donde más les dolía, los viejos políticos de Washington, que hasta entonces habían dejado a Zuckerberg corretear a sus anchas, se despertaron de la somnolencia de sobremesa y convocaron al chiquillo al despacho del director. El marco escénico, si vais a comprobarlo en el vídeo, es sublime: los poderoso sentados un poco en alto, casi en semicírculo, solemnemente hundidos en sus butacas de piel, respaldados por un par de no sé qué, quizá lacayos. Se asoman un poco hacia abajo, donde, en el centro del cuadrilátero, está el chiquillo, un poco rígido, muy solo, relegado a una especie de banquillo de los acusados, con el alivio de un vaso de agua de reo. Lleva chaqueta y corbata, y esto tiene su importancia: no ha venido con su indumentaria habitual, sino con la de los batracios de ahí arriba: ha aceptado jugar con sus reglas. En cada una de sus palabras se reverbera el esfuerzo de traducir para esos niños viejísimos algo cuyos orígenes, mecanismos y, en el fondo, significados, ignoran. A veces le hacen preguntas surrealistas y él se esfuerza visiblemente para permanecer serio. Si invirtiéramos los papeles es como si él le hubiera preguntado a un senador cosas del tipo: ¿es usted senador para ganar dinero o para ayudar a Estados Unidos? O bien: ¿sus electores, desde que le eligieron, viven mejor? Preguntas de esta clase. Todo es absurdo. Pero consigue no reírse, al contrario, parece bastante tenso en ese extraño papel del estudiante enviado al despacho del director. Está en la absurda situación de verse en la esquina de un cuadrilátero que nunca le ha importado lo más mínimo; está perdiendo en un juego al que nunca ha jugado, está con las manos en alto bajo los tiros de una docena de rifles a los cuales, años atrás, él y los que son como él les han sacado los cartuchos. Es una fantástica situación narrativa: en comparación, Shakespeare era un diletante.

La vieja élite y la nueva, la una frente a la otra.

Bonachona, un tanto rellena, *âgée*, irremediablemente pagada de sí misma y todavía poderosa, la primera. Vagamente artificial, fría, casi impersonal, segura de sí misma, pero pillada de improviso, la segunda.

Ni siquiera se puede decir quién ha ganado: es como preguntarse si es más fuerte el águila o el guepardo [es una pregunta que a veces hacen los niños, de pequeños; también preguntan si es más fuerte Spiderman o Jesús]. Son exactamente dos mundos que no tienen nada que ver. Pero no tienen nada que ver a niveles estratosféricos. Fijaos en una cosa, solo una, pero central: el uso que hacen, o no hacen, de la ideología. Los senadores se presentan con cierto bagaje ideológico, Zuckerberg no. Los senadores tienen el problema de hacer funcionar la realidad a la luz de algunos principios ideales, Zuckerberg tiene el problema de hacer funcionar la realidad, y punto. Los senadores se embrollan en el típico dilema americano: cómo poner reglas sin mermar el tótem ideológico del libre comercio más desenfrenado; Zuckerberg quiere unir a la gente, y punto. Cuando le preguntan, horrorizados, si a fin de cuentas no podría ser útil introducir límites como han hecho los cagones esos de los europeos, él dice que probablemente sí, sería útil: el liberalismo americano no le importa un pimiento. Quiere conectar a la gente, y de hecho lamenta que el asunto comporte problemas más tarde. Ya se encargarán sus técnicos. No espera que los Gobiernos puedan hacer algo, pero si, por casualidad, tienen alguna sugerencia útil, por qué no. Fin. Es el laicismo –total, irremediable, a veces terrible– de los padres del Game.

La comparecencia de Zuckerberg ante el Senado de Estados Unidos resume bastante bien la situación: hace física la distancia abismal entre los dos tipos de poder que en este momento se encuentran el uno delante del otro: el del siglo XX y el del Game. Nos ayuda a enmarcar el cambio del paradigma, y la irrupción de una nueva élite. Pero sería reductivo creer que por «élite del Game» debamos entender solo a gente como Zuckerberg, es decir, ese puñado de multimillonarios que ha inventado las herramientas de éxito con que le hemos dado la vuelta al mundo. En última instancia, ellos son, por el contrario, irrelevantes: la fuerza de los sistemas nunca está en las oligarquías del vértice, está en la capacidad de engendrar una amplia élite que teje cotidianamente, en todas las latitudes, el dictado de cierta forma de estar en el mundo. En este sentido, si queréis entender de verdad quiénes son las nuevas élites, mirad un poco más abajo y allí los encontraréis. Son gente a la que no es difícil reconocer: SON LOS CAPACES DE POSEXPERIENCIA.

¿Os acordáis de la posexperiencia? La versión inteligente de la multitasking. Ese modo de utilizar la superficialidad como terreno del sentido. Esa técnica de bailar sobre las puntas de los icebergs. ¿Estamos?

Bien. A las nuevas élites se las reconoce fácilmente por esto: son las capaces de la posexperiencia. Se mueven bien en el Game, usan la superficialidad como fuerza propulsora, encuentran fuerza en las estructuras no permanentes generadas por su movimiento. Es gente capaz de hacer reaccionar químicamente materiales que están dispersos en el Game por todas partes: de ahí derivan materiales desconocidos con los que construyen las nuevas residencias del sentido. Utilizan los dispositivos de manera orgánica, digamos que biológica: a estas alturas, son casi una prótesis. En ellos cualquier línea de demarcación entre mundo y ultramundo se ha disuelto, y su andadura es la de un animal anfibio perfectamente adaptado a un sistema de realidad con doble fuerza motriz. Son rapidísimos en el movimiento intelectual y raras veces son capaces de comprender cosas que están quietas: no las ven. No sufren los rasgos desestabilizadores de la posexperiencia porque a menudo no han conocido nunca la estabilidad, y reconocen en el Game un hábitat que transforma en técnica de conocimiento su andar desorientados. Encarnan una forma de inteligencia que en el siglo XX habría resultado vanguardista y que ahora está destinada a convertirse en la inteligencia de masas: la más extendida, incluso banal. Como todas las élites, pueden ser sublimes o grotescos: a menudo son las dos cosas de forma simultánea. Pero me gustaría ser claro: son ellos los que acabarán decidiendo las leyes del Game, las invisibles, por tanto las decisivas: qué es lo bello, qué es lo justo, qué está vivo, qué está muerto. Si alguien tenía la esperanza de que la insurrección digital restituiría un mundo de iguales, en el que todos y cada uno llegarían a ser directamente creadores de su propio sistema de valores, que se haga a la idea: todas las revoluciones dan a luz sus élites y de ellas esperan saber qué demonios han montado.

A día de hoy, los de la posexperiencia se han salido del grupo y están allí delante, bien visibles a una luz completamente especial. Desde hace poco tiempo, pero en un camino sin retorno, se han convertido en modelos, puntos hacia los que tender, de algún modo, héroes ya. No han llegado a serlo para unos pocos ensayistas particularmente agudos: han llegado a serlo para el gran pueblo del Game. Mientras estoy escribiendo estas líneas, en Roma, en la estación de Termini, por donde pasa de todo, desde los habitantes más brillantes del Game hasta los que se aferran al mismo con uñas y dientes, o incluso los que nunca se han subido de verdad; pues bien, allí, en la estación de Termini, una totémica secuencia de enormes fotos publicitarias –todas ellas retratos de jóvenes modelos–corona actualmente el acceso a los andenes, con una solemnidad que me ha recordado la procesión de metopas en el friso del Partenón. Esta secuencia de retratos –técnicamente impecables, diligentemente hermosos– es uno de los mejores ensayos sobre la posexperiencia que he leído en mi vida. De hecho, es la publicidad de un famoso estilista, y lo que vende es la ropa que llevan puesta los modelos. Pero casi no logro ver la ropa, porque lo que veo y lo que, en el fondo, me están vendiendo genialmente, es la definición precisa de cierto modo de estar en el mundo, el de la élite del Game. Para cada fotografía, para cada personaje, hay un breve pie de foto. Tomo nota de todos ellos.

✓ Tiene el pasaporte de dos países diferentes. No vive en ninguno de los dos.

✓ Ha actuado en su primer cortometraje, pero no se jacta de ello.

✓ Le gusta hacer yoga al amanecer, prefiere dormir hasta tarde.

✓ Sabe mucho sobre títulos y acciones, le gustaría entender más de arte.

✓ Vegetariana convencida, casi siempre.

✓ Le gusta Nueva York. Siente nostalgia por su casa.

✓ Ha fundado una agencia publicitaria de éxito, siempre tiene tiempo para un amigo.

✓ No le gusta que la definan como influencer. Le gusta influir en la gente.

✓ Pinta desnudos que parecen paisajes, no tiene smartphone.

✓ Diseñador de interiores en San Paolo, escala montañas al norte de Río.

✓ Tiene coche y cepillos eléctricos, lava los platos a mano.

✓ Da indicaciones incorrectas a los turistas. Luego lo siente.

✓ Salía todos los fines de semana, ahora los pasa en su casa de campo.

✓ Se propone acostarse pronto. A partir del año próximo.

✓ Ha heredado los negocios de su padre. No el armario ropero.

✓ Dejó su trabajo en el banco para hacer de panadero. Nunca se ha arrepentido.

✓ No cree en los horóscopos, es el típico Sagitario.

✓ Experto en derecho mercantil de día, bailarín de tango de noche.

✓ A veces lo confunden con un actor, prefiere estar entre bambalinas.

✓ Trabaja en edición digital. Todavía lee libros.

Es inútil decir que todos son jóvenes y guapísimos. Es inútil decir que son de todas las etnias. Es inútil decir que se visten divinamente. Es inútil decir que son la encarnación del individualismo. Es inútil decir que no parecen tener jefes. Es inútil decir que uno los enviaría a todos a la mierda, y que el hecho de que estén allí, expuestos de esa manera en una estación en la que los usuarios habituales del tren de alta velocidad y los abonados a los trenes de cercanías intentan de una manera u otra juntar las piezas de una existencia a duras penas decente, clama venganza y empuja a preguntarse dónde demonios se ha metido la vergüenza. Pero también –os ruego que lo entendáis– es inútil señalar cómo toda esa galería de retratos da en la diana, y con una precisión que solo quien se dedica a la moda puede tener: descifra y atrapa lo que todos sentimos surgir como una élite: los que han aprendido del hábitat digital una serie de movimientos y capacidades que luego han sido capaces de verter sobre sus conductas que tienen poco que ver con el mundo digital: en su vida analógica. Son caricaturas, porque se trata de publicidad, pero caricaturas de las personas justas: gente inexpugnable que va disparada por el Game, reinventa figuras coherentes que hasta ayer eran oxímoros, se ha construido su propia constelación de sentido juntando piezas y mundos distanciadísimos, utiliza las tecnologías sin ser esclavo de las mismas, pasa por el mundo pacífica y ligera, y lo hace todo llevando el pasado tras de sí [¡las panaderías!], domando el presente [¡todos tienen un trabajo, coño!] e inaugurando el futuro [¿el coche? Eléctrico]. No son nerds, fijaos bien, no son ingenieros, no son programadores, no son multimillonarios de la Web: son una élite intelectual de nueva especie, vagamente humanista, donde la disciplina del estudio ha sido sustituida por la capacidad de unir puntos, el privilegio del saber se ha disuelto en el de hacer y el esfuerzo de pensar en profundidad se ha invertido en el placer de pensar rápido.

Tomad esta especie de catálogo de héroes, quitadle el aspecto comercial, quitad el polvo del glamur inútil, añadid una parte de respeto hacia los seres vivos, aplicad este tipo de síntesis a la gente que se ocupa del sentido verdadero de las cosas y no de los cárdigan, y os encontraréis la nueva élite que controla la posexperiencia: los que han liquidado el siglo XX después de haber, no obstante, desvalijado sus almacenes, los mejores nativos del Game, los que están traduciendo todo nuestro saber en un saber diferente, basado en la superficie, en la individualidad de masas, en el movimiento y en la ligereza. Okey, no se trata ahora de mostrar demasiado entusiasmo: lo sé, mucho de ellos claramente dan vueltas en vano. Surcan a velocidades admirables la superficie del Game sin lograr arañar lo más mínimo la superficie. En su andar tristemente narcisista, la posexperiencia se convierte en una buena tapadera para gente incapaz de producir ideas o inadecuada para llevar el peso de la honestidad intelectual. A mí me recuerdan a ciertos eruditos que tuvieron mucha fortuna en los tiempos de la élite del siglo XX: allí era el saber el que sustituía a las ideas, y el que encubría la penuria de pensamiento; aquí es más bien la velocidad, una cierta brillantez aparente, una forma hermosa de intensidad. Y sin embargo me queda la convicción de que, igual que las élites del siglo XX produjeron inteligencias extraordinarias, espectaculares y redentoras, así también la élite del Game se está formando alrededor de casos particulares, cada vez más frecuentes, de inteligencia profética, sólida y utilísima. Gente que no ha diseñado el Game, pero que en compensación sabe jugar, y que por tanto le da un sentido. Son para la insurrección digital lo que Federer es para el tenis. No solo mantienen la pelota en el campo, sino que dan golpes que no existen: esos golpes son escritura, en el sentido más elevado del término. Son las pinturas rúnicas en las que dentro de diez mil años reconocerán nuestra civilización.

Episódicas incursiones políticas
La interesante anomalía de los 5 Stelle

Luego encontramos este fósil especial, inesperado: huellas de un asalto de los insurrectos al palacio del poder político. Pequeñas huellas, todo hay que decirlo: por ahora podemos constatar un único caso limitado, en Italia, y por tanto en el fondo en un país pequeño y bastante periférico. Si se prefiere, también un país no muy apropiado para un experimento semejante: como mucho eran cosas que cabía esperar de los pueblos del norte de Europa, donde una cierta tradición de democracia directa y de vocación para los negocios relacionados con la innovación digital habrían hecho que la cosa fuera más natural. Y, en cambio, no es así. Los 5 Stelle nacen y ganan en Italia, país no muy digital, con una idea del poder más bien barroca, y una vocación mucho más humanística que científico-técnica. A ver quién lo entiende.

Pero, en cualquier caso, ha pasado, y ahora hay algo que podemos aprender en el éxito de 5 Stelle desde ya mismo: el partido del siglo XX, sólido, perfilado, cerrado, estable, paquidérmico, permanente, no es adecuado para las reglas del Game. Es *obviamente* un residuo de una civilización distinta. Puede seguir teniendo su sentido mientras la política siga siendo una de esas fortalezas en las que el Game no mete la nariz: pero basta con que la política se convierta en un juego abierto también a otros jugadores (no necesariamente a los nativos digitales, también pueden ser los populismos xenófobos, o los movimientos que suman ciudadanos a causas singulares) para que el partido del siglo XX aparezca como una especie de línea Maginot destinada a la derrota. Si se quiere es algo que también nos enseñan fenómenos como Podemos o neopartidos a medida como el de Macron. El carácter visionario de los 5 Stelle fue el de entender esta inercia, creer en ella y cabalgarla con indudable obstinación y eficaz audacia. Con toda sinceridad, no me veo capaz de dar una opinión útil sobre la democracia digital y las votaciones a base de clic, ni siquiera es un tema que me apasione demasiado: pero allí detrás, en cualquier caso, crepita la intuición de que si hoy no tienes una alternativa al partido del siglo XX, si no tienes la capacidad de maniobrar con masas móviles, cambiantes, nunca quietas, o de catalizar corrientes fluidas que no puedes ni en sueños detener en un reparto de carnets —si no sabes hacer todo esto—, nunca más vas a poder ganar.

En cierto sentido, este precepto debería ensancharse también hacia las otras instituciones que la insurrección digital ha dejado tranquilas hasta ahora y que permanecen por tanto apacibles en su letargo: la primera de todas, la escuela. Podemos pensar que también allí el problema es la inmovilidad, las estructuras permanentes, la escansión de los tiempos, de los espacios y de las personas propia del siglo XX. A lo mejor seguirá así durante décadas todavía: pero, por supuesto, el día en el que a alguien se le ocurra renovar un poco los locales, lo primero que irá, directamente, a la basura serán la clase, la asignatura, el profesor de la asignatura, el curso escolar, el examen. Estructuras monolíticas que van en contra de todas las inclinaciones del Game. Confiad en mí: todo irá a la basura.

Otra cosa que podemos entender gracias a la experiencia italiana y del fenómeno de los 5 Stelle no resulta particularmente agradable y viene del tipo de programa que el Movimiento ha propuesto a los electores. Contra cada previsión lógica, es un programa del siglo XX en muchos puntos, donde resulta difícil reconocer los caballos de batalla de la insurrección digital. Por ejemplo, son antieuropeístas, y no descartan una salida del euro. Han simpatizado con el Brexit y están a favor del trabajo fijo. ¿Qué tiene esto que ver con la idea de un campo de juego abierto, con el culto al movimiento, con la idea vagamente hippie de un mundo compartido? Quién sabe. Como tampoco tiene mucho que ver su postura ante el problema de la inmigración: es gente que presta atención a mantener cerrada la verja del jardín y, cuando se requiere, con mucha dureza. También cierta llamada rápida al decrecimiento feliz suena vagamente desentonada, procediendo de gente que debería tener en su ADN la feroz ambición de los pioneros de lo digital. Es todo muy raro. Es como si fueran digitales sin serlo. Si os parece, el síntoma más evidente de esta anomalía lo ofrece lo que está pasando en estos días, mientras escribo estas líneas: increíblemente, los 5 Stelle se han aliado con la Liga, un partido populista, xenófobo, que antaño se habría llamado de derechas, unido a la pequeña clase empresarial del norte, gente que trabaja con firmeza, a la que no le gusta la poesía, es bastante pragmática y elemental en sus argumentos, cree en la tradición, tiene confianza en el pasado, no se deja encandilar por el futuro: una solidez de tipo antiguo, se me ocurriría decir. ¿Qué comparte una fuerza que nace de la insurrección digital con una Italia como esa? Sobre el papel, un carajo. Deberían ser irreconciliables ya a nivel antropológico, cultural, mucho antes de serlo a nivel político. Y, en cambio, ahí los tenemos, juntos en el Gobierno. Se entienden, comparten objetivos. Increíble. ¿Qué es lo que yo no entiendo ahí?

Bueno, obviamente se trata de política, por tanto las razones deben de ser muchas, y a menudo incluso a nivel ínfimo. De acuerdo. Pero la anomalía sigue estando ahí, y en un libro como este algo debe enseñarnos, descontada la tara de las peleas de patio, de las lógicas de la pequeña política y de las batallas de poder. Por tanto, intento ver el asunto desde mucho más arriba, olvidándome incluso de que se trata de mi país, y al final consigo ver alguna cosa.

Veo al menos dos puntos en los que realmente la insurrección digital y el populismo de derechas pueden encontrarse, reconocerse, convivir. Uno es el odio visceral hacia las élites. Otro es la instintiva inclinación hacia un egoísmo de masas.

No quiero ocuparme aquí de los movimientos populistas. Sigamos concentrados en el Game y en lo que un fenómeno como los 5 Stelle puede enseñarnos. Lo que enseña es que el Game despliega con cierta solidez arquitecturas sociales, mentales, técnicas que de una manera u otra despiertan pulsiones bastante básicas y nocivas. Por ejemplo, existía esa idea de difuminar el papel de las élites, de liberarse del poder injustificado de quien tenía el privilegio del saber, y de restituir a todo el mundo el derecho a tener un contacto directo con la realidad y el deber de elegir y de tomar decisiones. Se venía de los desastres que las élites habían creado en el siglo XX. Como idea no estaba nada mal, me gustaría decir. Pero, como es natural, también puede pasar esto: que en una sucesiva simplificación todo se reduzca a un rencoroso ajuste de cuentas, a una especie de cacería de individuos, no particularmente violenta, pero fastidiosamente ciega, cuyo único objetivo en apariencia es castigar a las élites que han fracasado y que todavía ocupan de forma injusta puestos de responsabilidad. Por regla general, los habitantes del Game no parecen fanáticamente atraídos por una simplificación de ese calibre: los mismos 5

Stelle, pongamos, tienen entre sus filas a muchos ciudadanos para los cuales intentar ponerse en el juego del Gobierno del país es una atracción mucho mayor que la de patearle el culo a los políticos y a todos los que mandan. Y, de todas formas, la misma experiencia de los 5 Stelle nos recuerda que existen situaciones en las que brota esa simplificación, irresistible, y con fuerza, y la política es una de ellas: donde reina la emotividad, ciertas arquitecturas mentales son barridas por la corriente pura de una pulsión colectiva. Así, puede pasar que un enfoque digital del mundo se vaya descarnando, en determinados aspectos, hasta quedar reducido a poco más que un instinto, un gesto de intolerancia, un «a tomar por culo». Es en ese instante donde se encuentra al lado del populismo de derechas, y surge el abrazo. En sí mismo no significa nada, ni siquiera es tan importante: pero a nosotros, que estudiamos el Game, nos dice algo: dice que el Game también tiene un estómago, y de vez en cuando es el que manda, y en ese momento cualquier bandazo es posible, incluido el que te lleva a retroceder muchos años, o hacia una zona de iras obsoletas. O a bailar con los populismos de derechas.

De manera análoga, si durante años cultivas el individualismo de masas, durante años estás a un paso de generar un efecto no deseado: el egoísmo de masas. Esto es, la incapacidad, repetida por millones de individuos, de prever los próximos veinte movimientos del juego, en vez de dedicarte a ciegas solo al próximo: que siempre es el que te defiende a ti, precisamente a ti, solo a ti. No creo que hubiera ni sombra de este egoísmo en los padres de la insurrección digital: había mucho individualismo, quizá demasiado, pero egoísmo, eso no, no podría decirse. Había una visión amplia, una mirada que oteaba a lo lejos; había una forma de pensar, en cualquier caso, en términos de comunidad; existía el instinto de no dejar abandonado a nadie en el camino. Y, de todos modos, si desarrollas humanidad aumentada, fertilizas el ego de los individuos y llegas a generar una especie de individualismo de masas, corres el riesgo de deslizarte hacia una forma de egoísmo de masas, a cada instante: basta una situación de dificultad, basta una ráfaga de miedo, basta una ráfaga de emotividad, bastan masas de emigrantes que llaman a la puerta, y ya estás jodido. Es en ese instante cuando te encuentras al lado del populismo de derechas y lo abrazas. En sí mismo no significa nada, ni siquiera es tan importante: pero a nosotros, que estudiamos el Game, nos dice algo: dice que el Game también tiene un estómago, y de vez en cuando es el que manda, y en ese momento cualquier bandazo es posible, incluido el que te lleva a retroceder muchos años, o hacia una zona de iras obsoletas. O a bailar con los populismos de derechas. [Sí, lo sé, ya lo he escrito, era para subrayar la simetría...]

En resumen: el Game se ha asomado a la vida política, aunque haya sido en un rinconcito ni siquiera muy importante. Pero lo ha hecho. Enseñándonos dos cosas. Que los partidos del siglo XX están destinados a ser derrotados por cualquier sujeto político más fluido. Que el Game también tiene un estómago, una sección gástrica, un charco irracional: no solo es técnica, racionalidad, eficacia.

Cojamos los dos fósiles [con cuidado, son valiosos], y pongámoslos aparte.

El redescubrimiento del todo

Como ya se sabe, cuando Brin y Page fueron a ver a su profesor, en Stanford, para proponerle el proyecto de investigación que más tarde se convertiría en Google, la primera objeción que el amable académico les hizo fue: ya, muy bien, pero tendríais que descargaros todas las páginas de la Web. Le debía de parecer una objeción definitiva: entonces las páginas web eran aproximadamente dos millones y medio. Lo que pasa es que esos dos ni se inmutaron. ¿Dónde está el problema?, contestaron: y en ese momento inauguraron una forma de pensar que a partir de entonces será común a todos los organismos nacidos de la insurrección digital: considerar EL TODO una medida razonable, un campo de juego sensato, mejor dicho, el único campo de juego en el que valía la pena jugar. Amazon se propuso ya de entrada como la librería más grande del mundo porque era capaz, en efecto, de obtener *todos* los libros del mundo (o al menos, los de lengua inglesa: a los americanos les supone un gran esfuerzo recordar que no solo existen ellos). eBay potencialmente ponía en contacto a *todos* los seres humanos del mundo: lo mismo que, potencialmente, hacían los mails. El aspecto que debió de parecer claro de manera inmediata es que tan pronto como los datos del mundo se diluyeron en un formato agilísimo e inmaterial, las fronteras extremas de cualquier territorio podían verse de nuevo a simple vista, y la idea de alcanzarlas había dejado de ser una visión épica de pioneros para convertirse en un gesto normal de paciencia y dedicación: si querías descargar todas las páginas de la Web alquilabas un garaje, lo llenabas de ordenadores y lo hacías. Fin de la cuestión. De forma análoga, si podías transferir la música a formato digital, logrando así escucharla en tu ordenador en pocos segundos, mientras permanecías echado en la cama, limitarse a hacerlo solo con música clásica, u occitana, o de los años sesenta, tenían todo el aspecto de ser un error: vamos a digitalizar *toda* la música del mundo y luego, cuando tenga ganas, elijo, venga. Así me gusta más.

Resumo: antaño EL TODO era el nombre que le dábamos a una grandeza hipotética; desde el principio de la insurrección digital no solo se ha convertido en el nombre de una cantidad mensurable y que puede poseerse, sino con el tiempo en el nombre de la única cantidad presente en el mercado: la única unidad de medida significativa. Si algo no mide UN

TODO tiene proporciones tan mínimas que sustancialmente no existe. Ejemplo: Spotify, es decir, toda la música del mundo. Lo revelador, en esa vértebra, no es tanto que contenga de hecho (casi) toda la música del mundo: es LA FORMA CON QUE SE PAGA. No se paga una pieza de música, se paga el acceso a toda la música del mundo. Allí, de la manera más clara, hay una única cosa que tiene un precio: EL TODO. El todo se convierte en una mercancía. La única. No quisiera que subestimarais un paso semejante. Es revolución pura, con enormes consecuencias.

La primera es de carácter cultural, tal vez mental: si elevas EL TODO a unidad de medida, a épico objetivo de cualquier empresa y a mercancía perfecta, haces una víctima ilustre: EL INFINITO. Si puedes llegar al fondo del TODO, el infinito no existe. Ahora bien, debemos recordar que, no por casualidad, el infinito era uno de los pilares en los que se sustentaba la sensibilidad romántica, que es el humus cultural que dio vida al siglo XX: y volvemos así a la contienda donde todo empezó. De vez en cuando la insurrección digital hace gala de una puntería que fascina. Querían derribar ese pilar y lo hicieron. No era una idea errónea, porque precisamente en cierto culto poético al infinito el siglo XX había dejado madurar una forma de irracionalismo, por no decir de misticismo, que no iba a ser ajena más tarde a su locura. En cierto sentido, había que entrar en esos territorios, abonarlos y dedicarlos a cultivos menos peligrosos. Miles de Apps están haciendo justamente esto: aniquilar el infinito, reducir al mínimo los límites incontrolados del mundo. Es un minúsculo ejemplo, pero cuando tienes una App que te dice las letras de todas las canciones que existen, lo que deja de existir es la frontera entre las letras que sabes cantar y el infinito de las que no sabes: desaparece una indecisión, una latencia, un vacío, una sombra –la percepción de un infinito que no eres capaz de habitar–. Considerando que haciendo clic en el icono de al lado entras en una App que suspende las barreras lingüísticas traduciendo lo que quieres, de cualquier lengua, únicamente fotografiando el texto, la percepción física de un mundo cuyas fronteras más extremas puedo alcanzar de manera constante empieza a hacerse insistente. Si te gusta, solo tienes que seguir haciendo clic: de Google a Wikipedia, pasando por YouPorn, encontrarás solo mundos concluidos, en los que lo inmenso es la regla, y EL TODO es una medida razonable a la que empiezas a acostumbrarte. Multiplicad esa sensación decenas de veces al día, durante días, durante años, y empezad a entender que en el Game el infinito es una especie de categoría en desuso: sobrevive como un artículo vagamente *kitsch,* que sirve como mucho para entretener a un público casi de saldo. En todas partes, por otro lado, domina una racionalidad técnica que tiene inmensas capacidades de cálculo y que por tanto se inclina a imaginar que no existen verdaderos límites inalcanzables del mundo. También aquí el modelo parece ser el del videojuego: pocos lo terminan, pero se sabe que en el fondo existen límites accesibles, y no un infinito incontrolable. De forma análoga, las series de televisión podrían parecer infinitas, pero no lo son, simplemente no tienen un final: si al principio los autores te dijeran sin ambages que ni tienen la más mínima idea de cómo van a cuadrar las cosas, no te lo tomarías nada bien. A lo mejor luego te cansas por el camino, pero cuando partes necesitas saber que hay una meta, que alguien la conoce. Se afirma así, poco a poco, de herramienta en herramienta, esta estrategia singular de carácter formal, que es quizá uno de los pilares fundamentales del Game, una de las fuerzas que lo mantiene unido: almacenar todo el mundo en locales inmensos que eliminan la incógnita del infinito; luego ir a vivir allí, protegidos por paredes que nunca se alcanzarán, pero que se sabe que son verdaderas.

Obviamente el asunto le quita un poco de fascinación a lo creado, y de hecho es probable que también nazca allí ese efecto de fijeza, de falta de resonancia, de ausencia de vibración que hemos constatado hace unas páginas en los productos de la cultura digital. Sin la reverberación de cierto infinito, cualquier realidad suena un tanto sorda. También en esas páginas, de todas formas, hemos constatado el hecho de que gracias a la técnica de la posexperiencia el Game es capaz de introducir en el sistema la vibración deseada, una cierta dosis de misterio e incluso una significativa extensión de infinito. Lo que parece blindado en esos TODO autosuficientes se pone en movimiento si tú pones en comunicación esos diversos almacenes y los utilizas como trasbordos de un viaje que en ese momento puede ser infinito de verdad: la posexperiencia. En ese viaje, por tanto, algo pasa efectivamente: el mundo se vuelve a abrir, deja de estar cerrado.

Así, lo que tenemos delante de los ojos ahora es un modelo estratégico auténtico y articulado, y es importante que lo observemos con claridad porque, como ya he dicho, es uno de los pilares sobre los que se funda el Game. Es un modelo en cinco pasos:

1. Archivar todo el mundo en inmensos almacenes que eliminan la incógnita del infinito.
2. Irse a vivir allí, protegidos por paredes que nunca se alcanzarán, pero que se saben reales.
3. Recuperar el infinito uniendo todos esos almacenes.
4. Dar las llaves a todo el mundo.
5. Vivir en cualquier parte.

Ponga estos cinco movimientos en práctica: son la apertura clásica del juego.

Entender esta estrategia de juego ayuda a comprender la segunda consecuencia que el redescubrimiento del TODO ha grabado en nuestro modo de estar en el mundo: es importante porque concierne al mundo de los negocios y, sobre todo, a una cierta idea de competencia y de pluralismo. Veamos.

Como puede documentarse ya mediante ese valiosísimo yacimiento arqueológico que es Google, cierto instinto a trabajar con el TODO como única cantidad verdadera inclina a los protagonistas de la insurrección digital hacia un instinto singular: el de SER, a su vez, EL TODO. Lo que quiero decir es que Google no es un motor de búsqueda, es EL MOTOR de la búsqueda; no tiene competidores significativos (al menos en Occidente) y en el fondo nadie espera que vaya a tenerlo. En esta instintiva e inexorable ocupación del espacio –de *todo* el espacio– se vislumbra un modelo de negocio que resulta fácil reconocer en muchas de las vértebras de la insurrección digital: UN NEGOCIO BUENO ES UN NEGOCIO EN EL QUE HAY UN ÚNICO JUGADOR: TÚ. No creo que Henry Ford pensara en nada semejante alguna vez [y se trataba de un mitómano nada despreciable], pero tampoco la Disney [para seguir con los paranoicos del control del mercado]. En la época digital, en cambio, ese modelo parece bastante razonable, hasta el punto de que nadie se pregunta *de verdad* cómo es posible que Amazon o Facebook o Twitter no tengan un gran número de competidores directos mientras que, en cambio, Volkswagen y Nestlé sí los tienen. Algo ha cambiado, y si intento explicar qué es, debo recurrir a una metáfora, la de los naipes: en el pasado hacer negocios consistía en inventar juegos factibles con una determinada baraja de cartas preexistente: ganaba el que inventaba el mejor juego. Ahora hacer negocios coincide con inventar un mazo de naipes que antes no existía y con el que es posible jugar solo a una cosa: la que tú has inventado. Fin.

No siempre se logra, de lo contrario no tendríamos Apple y Samsung matándose para vendernos teléfonos móviles, ni Safari y Google Chrome disputándose el dominio de la Web. Tabletas existen bastantes y el desafío entre Microsoft y Apple nunca se termina. Pero WhatsApp no tiene aspecto de ser una App que debe vérselas con muchas otras: a estas alturas ya es el nombre de un determinado gesto, y es posible decir lo mismo de Twitter, Google, Spotify, Facebook. Todo esto nos revela algo muy importante con respecto a la civilización que ha generado un mundo como este: no le gustaba el pluralismo en el sentido que tenía el término en el siglo XX (la convivencia de sujetos diferentes en el seno del mismo campo de juego); al contrario, lo encontraba un principio destinado a complicar las cosas inútilmente, a generar el caos y a desperdiciar energías. Más que desgastarse gestionando la coexistencia de muchos sujetos en un único campo de juego, prefería utilizar sus energías en multiplicar el número de campos de juego. Su idea de eficacia era un único jugador para cada juego y un número enorme de juegos. En este esquema encontraba su sistema de defensa ante los monopolios, las concentraciones de poder, el horror de un pensamiento único, cualquier forma de peligro orwelliano. Lo sé, impresiona decirlo ahora, pensando en gigantes como Google o Facebook, pero, al menos en sus albores, la insurrección digital creyó que para obtener un ciudadano libre de verdad tenían que dársele muchas mesas de juego, y no solo una mesa llena de jugadores. No era gente que fuera a perder el tiempo asegurándose de que en el telediario se escuchara la opinión de todos los partidos: acababan antes creando las condiciones con las que cada partido tuviera su telediario. La televisión digital, con sus innumerables canales, es, al menos sobre el papel, eso: y es necesario admitir que, al menos sobre el papel, funciona.

Si puedo remontarme a una experiencia personal, yo crecí en los años sesenta con un único telediario: lo escuchábamos durante la cena, no en silencio religioso, aunque de todas maneras con cierto respeto. No había otros canales. En casa solo entraba un periódico, siempre el mismo, propiedad del hombre más rico de mi ciudad (y de Italia, creo). Tenía yo esa edad en la que uno no cuenta con que los adultos puedan mentir, y en la mesa, entre una sopita de verduras y una chuleta, escuchaba a un locutor, que para mí podía ser Dios, mientras daba noticias de una guerra de la que no entendía un carajo y que quedaba lejísimos: se llamaba guerra de Vietnam. Veamos: ¿realmente tenía yo la más mínima posibilidad de saber la verdad, o incluso solo una semiverdad, acerca de esa guerra? Ninguna. Para mí los americanos eran buenos, altos y con los dientes sanos. Los vietcong eran malos, bajitos y con dientes podridos. Fin. ¿Había algo, en ese sistema de información en el que crecí, que pudiera liberarme de semejante ceguera medieval? Nada. Se pensó entonces en ofrecer una corrección al sistema: en mi país abrieron dos canales más que eran emanación de dos bloques políticos diferentes al que gobernaba. Así, los locutores se multiplicaron por tres –tres divinidades– y el mundo empezó a aparecer en tres formatos: la guerra en Vietnam prácticamente había acabado, pero en caso de que hubiera seguido, en el primero habrían ganado los americanos; en el segundo había un verdadero follón y en el tercero los vietcong habían ganado ya hacía años. Bastante grotesco, como podréis imaginaros. Solo había una solución a ese gran zafarrancho: crear un sistema en el que las noticias te llegaran de todos lados, mediante muchos mecanismos distintos, dentro de hábitats divergentes, sin sacralizar ninguna, cogiéndolas todas con las pinzas, a ser posible producidas por autoridades diferentes por completo, no necesariamente por las élites encargadas de dar noticias y pagadas por los poderosos del planeta.

Bien. Es exactamente lo que hicimos.

Mi hijo tiene ahora los años que tenía yo cuando Ho Chi Minh zurraba de lo lindo a los americanos sin que yo pudiera enterarme: puedo darle vueltas y más vueltas de todos los modos posibles, pero no encuentro ninguna razón en el mundo para pensar que devolver a ese chico a un sistema con tres telediarios y un periódico (del hombre más rico de la ciudad) podría ser más educativo para él que lo que le espera cada día en el Game. Entiendo los riesgos, comparto las dudas, respeto todas las vigilancias críticas, pero me quedo con la idea de que a él el sistema le concede muchas más posibilidades de llegar a ser un ciudadano perspicaz, consciente y maduro que las que me concedió a mí hace cincuenta años. Es a la luz de convicciones como esta que me veo capaz de sugerir una cierta prudencia a la hora de acercarse, hoy, a la pregunta sobre los grandes monopolios. Tengo la tendencia a pensar que existe el riesgo de sobreestimar el problema debido a un reflejo que sigue siendo del siglo XX, y que no tiene en cuenta el campo de juego actual: es como salir de casa con pánico a ser atropellado por un carro a caballos. Tengo la sospecha de que se trata de un miedo un poquitín obsoleto. Es en lo que se convierte desde el momento en que el monopolio al que temes se encuentra en todo caso ocurriendo en un mundo en el que el movimiento es idolatrado, la multiplicación de los hábitats es elevada a religión, los movimientos transversales son el paso oficial de los seres vivos y cualquier edificio no es habitado salvo como lugar de trasbordo. Intento decirlo de la manera más esencial y molesta posible: en un mundo en el que existe Google, el monopolio de Google no es tan peligroso. En un mundo en el que existe Facebook, que Facebook esté en todas partes no parece pues tan preocupante. En un mundo en que se descargan cada minuto cuatrocientas horas de vídeo en YouTube, el hecho de que exista YouTube y sea esencialmente un monopolio es un hecho singular, no trágico.

Google. Facebook. YouTube. Intentad imaginarlo en los años del siglo XX, en tiempos del nazismo, o en la Unión Soviética: tragedias.

Pero tengo una noticia: el siglo XX ha terminado.

La pregunta que hay que plantearse es la siguiente: el ecosistema del Game, que tiene cierta tolerancia con respecto a los monopolios, mejor dicho, que de alguna manera los necesita, ¿ha desarrollado mientras tanto anticuerpos que le eviten degenerar en un campo de juego bloqueado, controlado por cuatro o cinco jugadores?

Bonita pregunta.

Todo lo que sé sobre la respuesta lo escribiré en el último capítulo de este libro, que voy a titular, con una expresión que me fue regalada por dos alumnos míos, *Contemporary Humanities*.

La segunda guerra de resistencia

Luego existe esa pista ineludible, clarísima: es justo en la época del triunfo del Game cuando se desencadena una *Segunda guerra de resistencia*. La primera, como recordaréis, se había desencadenado en los años noventa, y no había tenido mucho éxito, acabando en una retirada hacia una especie de clandestinidad. Pero a partir de 2015, diría yo, algo se pone en movimiento, encontrando probablemente un impulso favorable en las victorias del Brexit, en Inglaterra, y de Trump, en América: extrañas señales que abren los ojos acerca de imprevisibles desviaciones del Game. Algo interesante, en esta segunda resistencia, consiste en que quienes luchan en ella no son solo los veteranos de la primera, aún obstinadamente anclados en el siglo XX, sino que a menudo son también gente hija del Game, a veces hasta forajidos de las nuevas élites, individuos que habían participado en la insurrección digital, que no la habían odiado. Lo que los lleva a la rebelión es el hecho de constatar una especie de degeneración del sistema: luchan no tanto *contra* el Game, sino *en nombre* del Game, de los valores con que se había fundado.

Es un contramovimiento fascinante, de manera que he dedicado grandes esfuerzos para entenderlo bien, y este es el resultado: sé más o menos lo que esa gente no traga. Lo que hace que salten por los aires. Voy a intentar sintetizarlo en unos pocos puntos bien claritos.

1. Nacido como un campo abierto capaz de redistribuir el poder, el Game se ha convertido en presa de unos poquísimos jugadores que prácticamente se lo comen todo, a menudo incluso aliándose. Estamos hablando de Google, Facebook, Amazon, Microsoft, Apple. Esa gente.

2. Cuanto más ricos se hacen, más jugadores de estos son capaces de comprarse todo, en un círculo vicioso destinado a crear poderes inconmensurables. Más arriesgado es el hecho de que se estén comprando toda la innovación, es decir, el futuro: acaparan patentes y son los únicos que tienen los enormes recursos financieros que sirven para invertir en inteligencia artificial.

3. Parte de estos beneficios tiene su origen en un uso resuelto y quizá astutamente consciente de los datos que dejamos en la Red: la violación de la intimidad parece ser sistemática y parece ser el precio que hemos de pagar por los servicios que esos jugadores ponen a nuestra disposición de manera gratuita. Parece que la regla es esta: cuando es gratis, lo que realmente se está vendiendo eres tú.

4. Otra parte de estos beneficios es generada por un mecanismo simplicísimo: esa gente no paga impuestos. O, por lo menos, no todos los que deberían.

5. Existe un tráfico de ideas, de noticias y de verdad que se ha convertido en un auténtico mercado, y en el que el Game tolera monopolios de unos pocos jugadores particulares: la sospecha es que si quieren orien-

tar nuestras convicciones no van a encontrar entonces demasiados problemas. Probablemente ya lo hacen.

6. Fuera cual fuera la intención original, lo que el Game ha producido más tarde es una inmensa fractura entre aptos y menos aptos, ricos y pobres, fuertes y débiles. Quizá ni siquiera el capitalismo clásico, en su época de oro, había distribuido la riqueza de un modo tan asimétrico, injusto e insostenible.

7. A base de distribuir contenidos a precio irrisorio, cuando no gratuitamente, el Game acaba haciendo realidad un genocidio de los autores, de los talentos, hasta de las profesiones: el trabajo de un periodista, de un músico, de un escritor, se convierte en mercancía que vaga dentro del Game produciendo beneficios que, sin embargo, no tienen un retorno hacia el autor, sino que desaparecen por el camino. Quien gana no es quien crea, sino quien distribuye. Hazlo durante un buen número de años y para encontrar a un creador vas a tener que ir a buscarlo al fin del mundo.

8. Por medio de perfeccionarse en la fabricación de juegos que resuelven problemas, habría que preguntarse si esto no ha generado un vago efecto narcótico, con el que el Game mantiene domesticados sobre todo a los más débiles, atontándolos lo justo para impedirles que constaten su condición esencialmente servil.

Como veis, no es para tomárselo a broma. Son objeciones durísimas. Y son muchas.

A mí me parece importante conservar la lucidez, volver a trabajar como arqueólogos, y anotar tres cosas.

La primera es que ninguna de esas objeciones habría podido con sensatez abrirse camino en los años noventa: son realmente consecuencias de la época del Game, síntomas de un malestar generado con los últimos desarrollos de la insurrección digital: no son una regurgitación de la cultura del siglo XX, son un resultado de la cultura del Game. La segunda en que debemos fijarnos es que esas objeciones no ponen en discusión el Game, sino que formulan una hipótesis sobre su deformación, un desarrollo perverso suyo que no estaba previsto: como a menudo sucede en la fase avanzada de las revoluciones, la acusación que acecha es la de haber traicionado los ideales de la revolución. Lo tercero que cabe señalar es fundamental y desagradable: el componente irracional, en casi todas las objeciones, es bastante alto: se trabaja a base de *se dice*, de *probablemente*, de *quizá*. Creedme, todas estas objeciones son muy creíbles, pero si os metéis allí con diligencia, sin prejuicios y con una auténtica vocación de mirar lúcidamente los hechos, os daréis cuenta de que las cosas no son tan simples o claras. Vuestro deseo de cabrearos es mucho mayor que los argumentos que tenéis para hacerlo. El hecho es que a partir de determinado momento ha nacido con respecto al Game un deseo de desmarcarse o de plantarse que ni siquiera depende mucho de los hechos: parece ser el irrefrenable movimiento con el que una civilización está intentando recuperar una forma de equilibrio tras haber sido sorprendida demasiado asomada hacia el futuro. Es como si esos humanos sintieran la necesidad de encontrar el fallo del sistema para poder imponerle un paso más lento, para poder pararlo, para que los espere. Diré más: parece que tienen una necesidad espasmódica de encontrar un malo en esta historia, quizá sacarse de encima la duda latente de que lo son todos. El hastío que sienten ante los grandes jugadores parece que ha reducido a cero la posibilidad de recordar que viven tan ricamente en un mundo que han contribuido a organizar: gente que con regularidad utiliza Google odia Google, gente que no puede pasar sin WhatsApp ve en Zuckerberg al diablo, gente que tiene un iPhone piensa que el iPhone atonta a la gente. El periódico online que suelo leer azota a los grandes jugadores casi con regularidad y luego me suelta, mira tú por dónde, y después de la tercera noticia, el anuncio de una rarísima aspiradora sobre la que me informé hace quince días en un motor de búsqueda. Gente prudente considera una desgracia el hecho de que, si tienes simpatías neonazis, YouTube te coloque en la columnita de la derecha materiales capaces de multiplicar esta singular actitud tuya: ¿y qué debería hacer, colocar discursos de Martin Luther King? Si nos pusiera delirantes monólogos sobre la supremacía de la raza blanca, ¿lo encontraríamos una señal de civilización y de meritoria objetividad de YouTube? El hecho de que la Web bien o mal te haga llegar solo las noticias que quieres leer, y que te refuerzan en tus convicciones, ¿es algo de lo que pueda tener miedo de verdad gente que ha conocido las parroquias, las agrupaciones del partido, el Rotary, los telediarios cuando no existía la Web y los periódicos de los años sesenta? Digo todo esto —os ruego que me entendáis— no para negar que esas ocho objeciones sean legítimas e incluso fundadas, sino para explicaros que la adhesión a esas objeciones a menudo es ciega, desproporcionada, instintiva, irracional y horriblemente real, física, animal. Es un síntoma importante: revela que en la época avanzada del Game se han ido formando, de forma simultánea, una dependencia casi patológica con respecto a las herramientas del Game y un rechazo urgente, casi físico, de la filosofía del Game. Una especie de esquizofrenia controlada. El Game existe, funciona, pero ya hay gente que lo juega y que empieza a odiarlo. Técnicamente alineada y mentalmente disidente.

Mientras todo esto sucede —he de añadir, para complicar las cosas— otra fuerza sacude el tejido del Game: no es un movimiento de resistencia, es otro fenómeno: más bien parece un motín. Es la contundente organización de quienes han sido marginados, o derrotados, o no reconocidos, o engañados, o explotados por el Game. Nada que ver con las élites del Game que se rebelan para la traición a los ideales de los orígenes. Aquí se trata de las retaguardias del Game: la novedad es que se han detenido, se han plantado. Lo han hecho de un modo singular, y si ahora trato de describirlo no se me viene a la cabeza nada más adecuado que Trump, y lo que representa. Hacedme caso: hay en su forma de moverse, de nuevo, una especie de esquizofrenia: por una parte tuitea con los líderes del mundo en vez de regirse por el manual de conducta política del siglo XX; existe incluso la posibilidad de que haya disfrutado de la ayuda, quizá no pedida, de los hackers, es decir, de los guerrilleros del Game. Pero simultáneamente impone aranceles comerciales y sueña con construir muros en la frontera con México. ¿Cómo demonios se mueve ese tipo? Resulta difícil entenderlo, pero es muy fácil entender que es un movimiento que en estos años realizan muchas personas. Han elegido presidente de Estados Unidos a ese sujeto. Su modo de estar en el Game encarna el de un montón de gente. Amotinados, se me ocurre decir. Utilizan el barco, pero cambian el rumbo y se vuelven hacia atrás. Utilizan el Game, pero lo convierten a ideales para los que no había nacido. Despegan la revolución mental de la tecnológica. Entran en la sala de juegos, cogen lo que les interesa y luego prenden fuego a todo.

Bastante inquietante.

Así, el escenario que podemos deducir del estudio de esas ruinas arqueológicas —las del Game en la época de su triunfo— es el escenario de un conflicto durísimo, en el que el Game, sorprendido por la pinza hecha entre resistentes y amotinados, tiene el aspecto de ser un régimen a un paso del colapso.

Pero ¿realmente lo está?

Esto es algo que me fascina mucho: porque la respuesta es no, no lo está. El Game tiembla, se ve atravesado por sacudidas de todos los tipos, alumbra paradojas que no sabemos cómo gestionar, pero ahora preguntaos si de verdad hay en el mundo una sensata, consciente e inteligente voluntad de hacer que todo vuele por los aires y de salir del Game.

Ninguna.

Crece el acervo de herramientas, se multiplica la capacidad de utilizarlas, aumenta la vigilancia contra sus peligros, se refinan las técnicas para amortizar determinados efectos secundarios que tienen: no se movería de este modo una civilización que quisiera darle la vuelta al tablero. Se mueve así una civilización que ha decidido seguir recto y no rendirse.

Pues entonces, ¿qué es todo ese embarazo, qué incuba la barriga del Game, por qué se retuerce dolorosamente, a qué viene partir por la mitad la conciencia de la gente?

¿Qué nombre darle a todo esto, en nuestros mapas?

De manera que prosiguieron por su camino y, acabado el éxodo del siglo XX, se pararon en una especie de Tierra Prometida, donde el Game se convirtió en algo más que una técnica, una hipótesis, un truco para gente smart: se convirtió en una civilización, una patria para todos.

Pasaron algunos años con ajustes aparentemente menores, pero no carentes de consecuencias significativas. La postura hombre-teclado-pantalla se redondeó posteriormente, transformándose en una especie de POSTURA CERO en la que los dispositivos acababan convirtiéndose casi en prótesis orgánicas del cuerpo humano. Cuando empezaron a multiplicarse de manera vertiginosa las Apps y se consolidó la ingeniosa idea de trasladar datos a nubes casi de cuentos de hadas, acabó por difuminarse definitivamente cualquier frontera pesada entre mundo y ultramundo. A esas alturas la tecnología permitía ir y volver de uno a otro a tal ritmo que la realidad verdaderamente se convirtió en un sistema con dos fuerzas motrices, como la insurrección había imaginado en sus albores. La idea de una vida *verdadera,* distinta de la artificial contenida en los dispositivos, se diluyó en la percepción común de un único gran tablero de juego, abierto y accesible a todo el mundo.

El mejor modo de sacarle rendimiento a este escenario se reveló que consistía en una capacidad particular de surcarlo con rapidez, recogiendo el sentido de las cosas que tendían a salir a la superficie y generando trayectorias que sabían convertirse en figuras: conceptos, ideas, obras, productos. Era un gesto inédito, se llamaba posexperiencia y era, según se descubrió, un ejercicio difícil. Por esto, de forma callada pero inexorable, se formó una especie de élite nueva por completo, que tenía poco que ver con la del siglo XX, no reproducía, en modo alguno, sus habilidades, pero se imponía gracias a un talento suyo por completo: era gente que realizaba ese ejercicio de maravilla, gente que se movía divinamente en el reino de la posexperiencia. Quizá el Game había sido imaginado como un mundo carente de élites, pero no fue así: con gran rapidez se formó un grupo de gente especialmente apta que empezó a fijar modelos, a amontonar riquezas, a imponer gustos y establecer reglas. En los yacimientos arqueológicos que hemos podido estudiar es difícil llegar a ver a qué nivel de dominio puede llegar una casta semejante. Pero está allí, se está solidificando y resulta fácil reconocerla en las nervaduras de la tierra del Game. Refrenda un efecto imprevisto, quizá no deseado, por supuesto, no perseguido.

No es el único, por otra parte. Las ruinas que hemos estudiado están llenas de fósiles en los que puede leerse una serie de incómodos efectos colaterales que el Game no había imaginado. El más evidente es que el piadoso deseo de poner un ordenador sobre el escritorio de todos los seres humanos, empujando a bloques enteros de la periferia social a fluir hacia el centro del Game y arrollando antiguas barreras de clase y de cultura, ha obtenido el electrizante resultado de devolver derechos y dignidad a un montón de gente, pero también el dudoso privilegio de descubrir que no siempre el esqueleto del Game era capaz de soportar esa especie de sobrecarga muscular. Así, por ejemplo, la difusión de una especie de humanidad aumentada, disponible gracias a la difusión de dispositivos a precios razonables, ha llevado de hecho a sembrar en la superficie del tejido social un renovada conciencia de sí, con el particular resultado, sin embargo, de producir un auténtico y real individualismo de masas: un fenómeno cuyo nombre ya revela el acontecimiento de una paradoja que resulta difícil gobernar. En cualquier caso, encarna una onda expansiva que el Game no se esperaba, o no se imaginaba así, o aún no tenía las herramientas para afrontar.

De manera análoga, una descomunal potencia de cálculo, generada para alimentar dispositivos cada vez más exigentes, ha llevado a difundir la vaga impresión de que el Todo es una cantidad habitual, y en cierto sentido la única mercancía que vale la pena comprar y que es conveniente vender. De ello se ha derivado, como hemos visto, el crecimiento de gigantescos monopolios, o de juegos con un solo jugador (solitarios), o de negocios monoplaza, vagamente inquietantes. El hecho de que no crezcan en un planeta plomizo como el del siglo XX hace que resulte precipitado interpretarlo como un peligro mortal: pero que su convivencia en las resbaladizas pistas de baile del Game represente un escenario sin riesgos es una hipótesis que todavía hay que demostrar.

Al final, si nos atenemos a lo que revela la observación de las ruinas arqueológicas, hay que rendirse a una prueba bastante sorprendente: justo en la edad de su triunfo, el Game empieza a mostrar grietas, desequilibrios, derrumbes subterráneos. Con cierta claridad lo vemos incluso, a partir de un determinado momento, sufriendo el asedio por el ataque simultáneo de tres fuerzas que en teoría poco tendrían que ver unas con otras. Los veteranos del siglo XX, aún no resignados; los puristas del Game, que reivindican la vocación libertaria de los orígenes; y los excluidos del Game, los belicosos, los descartados, los que nunca han ganado. Lo más curioso, que no nos olvidaremos de señalar en el mapa, es que tres de estas fuerzas, incluidos los del siglo XX, atacan al Game desde el interior, armados con herramientas digitales, e incluso dependientes de ellas. Ni siquiera parece rozarles la idea de regresar a una civilización predigital. En dos de los casos por lo menos (los del siglo XX y los jugadores no ganadores) lo que quieren, se diría, es incluso llevarse las herramientas consigo y abandonar el Game. Aprovecharse de la revolución tecnológica, pero desactivar las consecuencias mentales y sociales. Una cuadratura del círculo, probablemente.

Artero, el Game deja hacer, quizá consciente de sus propias grietas, pero seguro de que se trata de detalles destinados a ser superados por la inexorable progresión de su modelo. A duras penas se acuerda ya de haber nacido para destruir un pasado que había sido ruinoso. Ya hace mucho tiempo que se propone como una civilización que tiene en sí sus propias razones y, dentro de sí, sus propios objetivos. Para muchos de los humanos no es el enemigo, es ese mundo que están orgullosos de haber construido. Por más que los opositores sean ruidosos, más decisiva parece ser la sorda determinación con que millones de personas salen cada día de casa para construir su pequeña parte del Game, con la convicción de que es su patria. Ya piensan en el próximo paso, sin esconderlo: la inteligencia artificial en pocos años convertirá la segunda guerra de la resistencia en una rebelión obsoleta: bien distintos serán los temas de los que se hable, y mucho más radicales los escenarios sobre los que se peleará. Hemos aprendido, por otro lado, que nada de lo que suceda sucederá por casualidad, sino porque todo se había sembrado ya, años antes, en los campos del Game. Sea lo que sea que nazca de la inteligencia artificial, los humanos empezaron a construirlo hace años, cuando aceptaron el pacto con las máquinas, aceptaron la postura cero, digitalizaron el mundo para que pudiera ser elaborado por inmensas potencias de cálculo, prefirieron las herramientas a las teorías, dejaron a los ingenieros el timón de su liberación, surcaron los mares del ultramundo, acogieron la promesa de una humanidad aumentada, repudiaron las élites que les habían enseñado a morir, aceptaron el peligro del campo abierto, eligieron la paz, y olvidaron el infinito. Sembraron, están cosechando, seguirán cosechando. En la recompensa de frutos que a menudo nunca antes han visto, mitigan la insidia de la nostalgia y el eterno retorno del miedo.

Eso es. Hace muchas páginas empecé a coleccionar las huellas de esos humanos, con la idea de que me sería posible reconstruir su camino, y medir su distancia de la felicidad y del miedo. Pensaba en mapas, y aquí me encuentro, ahora, hojeándolos, mirándolos, tocándolos. Releo los nombres, recorro con la mirada determinados límites, la hermosa línea de ciertas fronteras. Cuento los espacios en blanco de los que no nos ha llegado noticia alguna. Retoco algunas cotas, añado detalles. Como todos los cartógrafos, sé que he realizado con toda la exactitud posible un trabajo necesariamente inexacto. Porque es obvio que el mundo no está todo allí: si dibujas continentes no puedes dar cuenta de los colores de una flor o de lo que la gente tiene en el corazón delante de una puesta de sol. Cada mapa es una lectura posible de la realidad, una de las muchas posibles. Esta en la que he trabajado yo da cuenta prácticamente de una única cosa en el reciente devenir de las personas: su evolución digital. Pero si quisiera entender realmente a esa gente, podría ser tan útil hacer la historia de las medicinas, o de los deportes, o del modo de comer. Incluso yo, que he dedicado un número sorprendente de horas a intentar entender la importancia de la Web en nuestras vidas, sé que no menos importante habría sido estudiar el Prozac, o la Slow Food, o la teología del papa Wojtyła, los Simpson, *Pulp Fiction,* el Erasmus, la pujanza de las zapatillas deportivas, la desaparición del salón comedor, la llegada del sushi, Amnistía Internacional, MTV, Dubái, el Bitcoin, el calentamiento del planeta y la carrera de Madonna. Incluso la eliminación del pase hacia atrás al portero en el fútbol (1992) dice algo de nosotros. Evidentemente, sería necesario ser capaces de estudiarlo todo, de trazar todos los mapas, y luego superponerlos, y al final disfrutar de los resultados. Diría que es una acrobacia típica de las posexperiencia, de la élite del Game. Serán capaces de llevarlo a cabo, tal vez, personas que hoy van a enseñanza media y se pasan las tardes jugando a *Far Cry.* Tengo grandes esperanzas puestas en ellos.

En cualquier caso, ya hemos hecho cierto trabajo. Si volvéis a los dos primeros capítulos y los leéis de nuevo os parecerán casi prehistóricos [bueno, no hace falta que lo hagáis de verdad, qué coñazo, confiad en mí]. Porque hemos hecho mucho camino desde ahí, y, por muchos errores que podamos haber acumulado, un sendero se ha hecho visible, una coherencia se ha recompuesto delante de nuestros ojos, una genealogía ha subido a la superficie y el perfil de una civilización ha aparecido saliendo de la penumbra. Eso ya es mucho, creo. Quizá me sobreestimo, pero si mi hijo me preguntara hoy adónde vamos, lo sé. De dónde venimos, lo sé. Por qué hacemos todo esto, lo sé. Si os acordáis, hace doscientas páginas tenía que preguntárselo yo a él.

Bien. Hecho está.

Podría pararme aquí, podéis pararos aquí. De todas formas, es cierto, como podéis verificar con facilidad, todavía queda un trozo de libro para terminar. No es que tengáis que leerlo realmente. Pero yo tenía que escribirlo: es un asunto personal, una forma de desafío conmigo mismo. El hecho es que si has dibujado mapas luego tienes el deseo de utilizarlos, te apetece salir a navegar un rato. Yo, en particular, guardaba el deseo de utilizarlos para navegar en dos regiones que me fascinan mucho: la de la verdad, y la de las obras de arte. En la actualidad, se dicen un montón de tonterías a propósito de esas regiones y este asunto me provoca un terrible fastidio. En resumen, me apetecía intentar poner un pòco de orden, aprovechando los mapas que había dibujado entretanto. Como proyecto podrá pareceros vagamente presuntuoso, cuando no arrogante. Sí, de hecho lo es.

Y luego hay un último capítulo, que se llama *Contemporary Humanities*. Ya debo de haber dicho que se trata de una expresión que no es mía, surgió durante las horas utilizadas con la gente de la Scuola Holden para entender bien lo que enseñamos, lo que queremos enseñar, lo que logramos enseñar *de verdad*. No lográbamos avanzar hasta que un par de nosotros, obviamente más jóvenes que yo, salieron con eso de las

Contemporary Humanities. Al oírlo, me di cuenta de que no hablaba simplemente de lo que enseñamos en la Holden, sino que era una expresión que tenía que ver con el Game y, es más, designaba con insólita precisión una zona del Game, estratégicamente central y semidesierta en la actualidad. Descubrí, solo en ese momento, cómo se llama el barrio en el que vivo yo.

Por ello, esa expresión la vais a encontrar como título del último capítulo. Es el capítulo en el que digo lo que pienso de todo esto, del Game, de la insurrección digital, de Steve Jobs, de Zuckerberg, y hasta sobre los colores de fondo elegidos por WhatsApp. Como habréis notado, es algo que durante todo el libro he intentado no hacer. Emitir un juicio. No es que sea tímido, o cobarde, no se trata de eso. Es que cuando estudio algo me confunde perder demasiado tiempo pensando si me gusta o no, emitir un juicio de valor. Si quiero estudiar las armonías de Debussy no me ayuda gran cosa preguntarme si me gusta su música. Y si intento entender a mis hijos, estoy seguro de meter menos la pata si consigo olvidar cuán tontamente los adoro. Es una metodología. Me ayuda. Me fío de ella. Así pues, por el camino, mientras hablaba de la Web o de Facebook, intenté limitar al mínimo los espasmos de entusiasmo o las cuchilladas de desprecio. En resumen, me importaba entender, no juzgar. No era ese el momento de hacerlo.

Pero al final, por qué no. Me gustará escribir lo que pienso al respecto. Tomadlo como si fueran unos títulos de crédito, si llegáis hasta ahí. Lo son, de una manera u otra.

Ah, me olvidaba. Los 5 Stelle han terminado formando gobierno aliándose con la Liga, el partido populista y xenófobo del que os hablaba. No, lo digo porque lo había prometido. Amén.

Username
Password

Play

▶ Maps

1. The Game
2. Individualismo de masas
3. Postura cero
4. Ocaso de las élites
5. Desmaterialización
6. Posexperiencia
7. Redescubrimiento del todo

Level Up

The Game

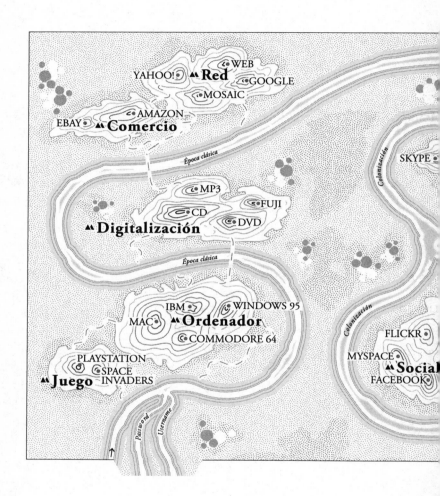

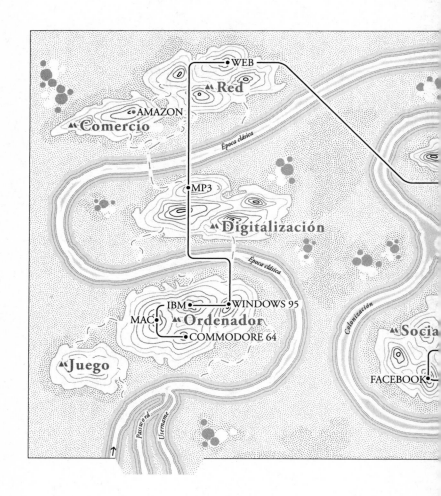

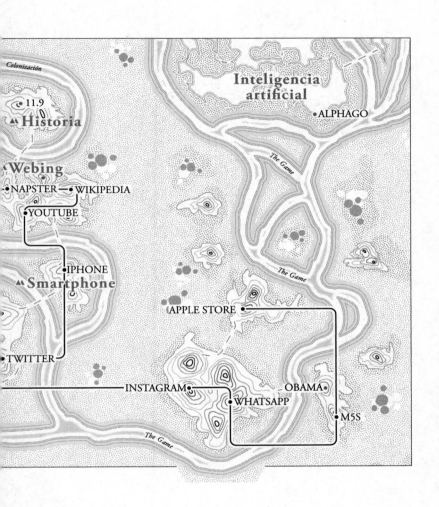

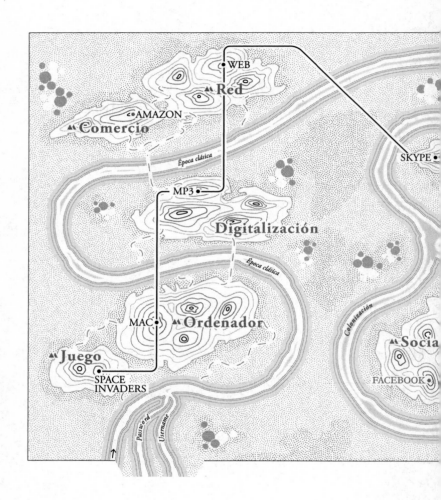

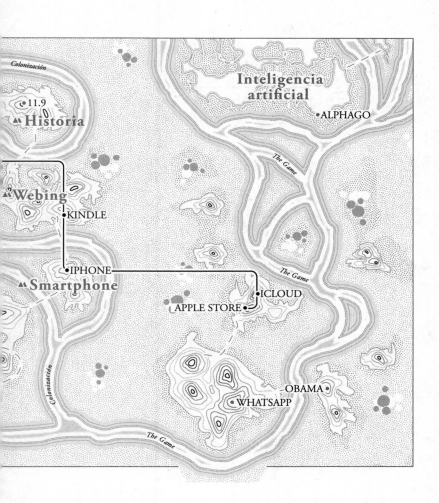

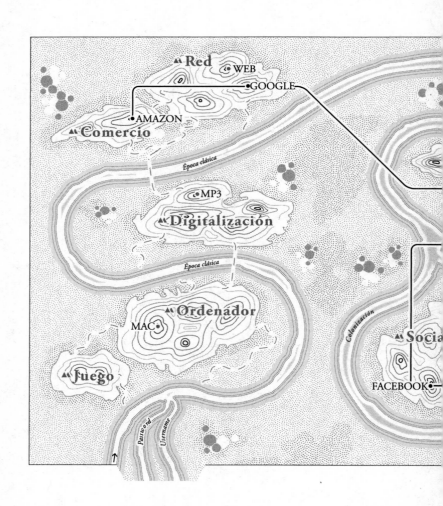

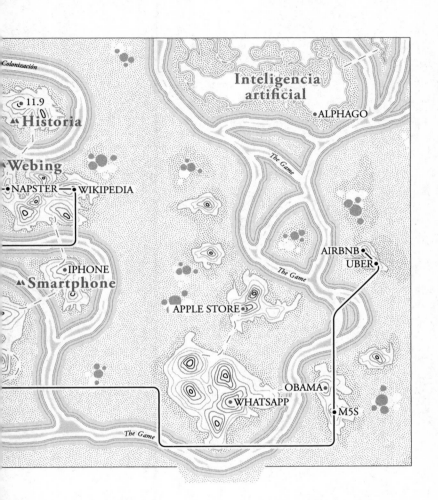

Desmaterialización

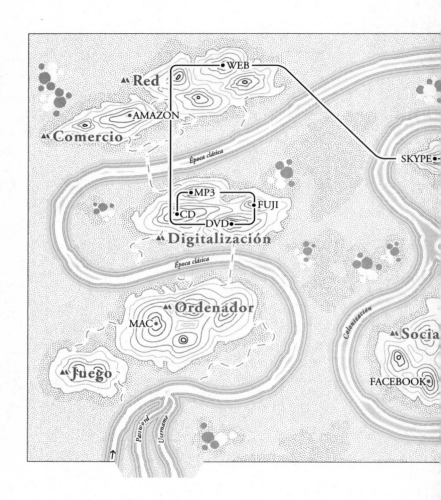

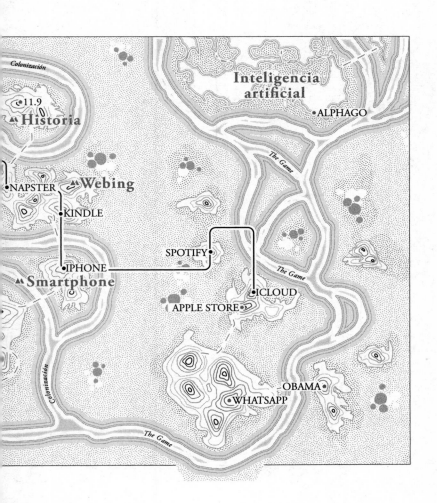

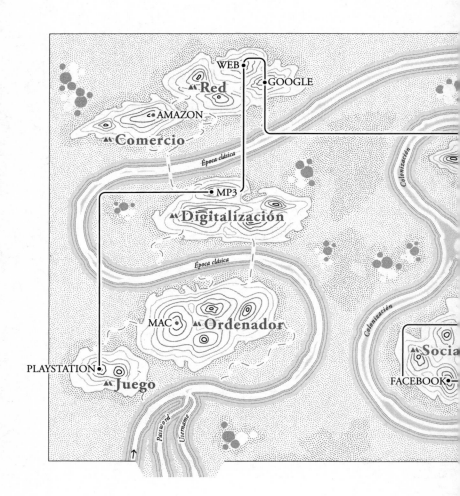

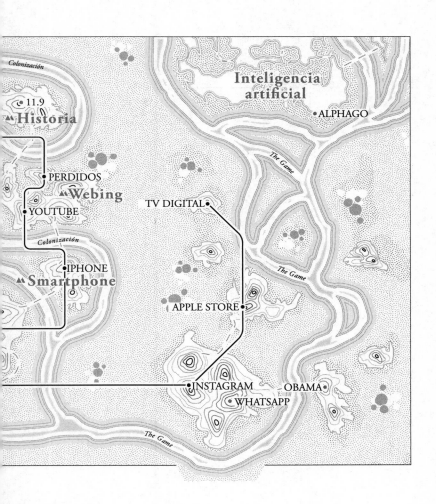

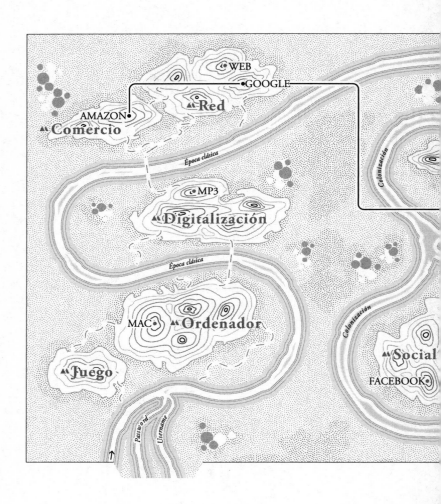

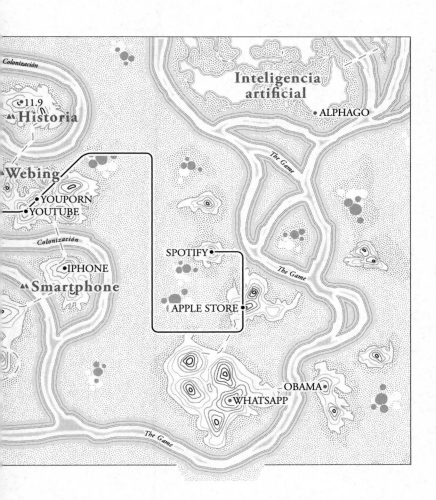

Username
Password

Play

Maps

▶ Level Up   1. Cometas
Lo que queda de la verdad

2. Otros ultramundos
Lo que queda del arte

3. Contemporary Humanities
Lo que queda por hacer

COMETAS
Lo que queda de la verdad

En el campo abierto del Game, hay muchas cosas que parecen haberse vuelto impenetrables, y una de ellas es la verdad.

Dios mío, *la verdad:* hablamos de un perfil cierto de las cosas, una versión verificable de los hechos, un definición fidedigna de lo que pasa. Ya nos parecería bastante poder contar con esta forma, menor, de la verdad.

Pero no es así. En el Game parece que hay algo que vuelve la verdad de los hechos aún más huidiza de cuanto fue en el pasado. Además, si eliges un tablero de juego en el que la primera regla es el movimiento, luego no resultará nada fácil ser capaz de disponer de los hechos en ese estado de firmeza que parece necesario para fijarlos con una definición cierta. Si aceptas abrir el juego a un gran número de jugadores, el retrato cotidiano del mundo será la composición de tantos ángulos de visión que la nitidez de la imagen, al final, se resentirá notablemente. Si vas por el mundo al paso relámpago de la posexperiencia, tardarás poco en entender que, para ti, la verdad es una secuencia de fotogramas en la que cualquier fotograma, en sí mismo, no es ni verdadero ni falso.

Intentaré decirlo de la forma más simple posible: el Game es demasiado inestable, dinámico y abierto para ser un hábitat atractivo para un animal sedentario, lento y solemne como la verdad.

Tal vez un ejemplo pueda ayudar. Elijo uno que me hace reír bastante y que no incomoda cosas demasiado importantes. Una pequeña historieta ocurrida hace algunos años, en plena época del Game.

Era a principios de 2014 y una revista francesa reveló, con gran despliegue fotográfico, que el presidente François Hollande tenía una amante, joven y guapa. En esa época, la compañera oficial de Hollande era Valérie Trierweiler, una periodista: no se lo tomó nada bien. Cortó bruscamente la relación con el presidente y luego se puso a escribir. Un libro. Un libro para vengarse, quiero decir. Una despiadada, feroz y detallada relación de lo que podía ser la vida cotidiana con François Hollande. La publicación del libro se anunció para el 4 de septiembre del mismo año. Tratándose de una historia que había entretenido durante meses la curiosidad de todos los ciudadanos franceses, la expectación era elevadísima. Algunos avances habían permitido ver que Trierweiler cargaba duro. El título era sarcástico, y decía: *Merci pour ce moment,* «Gracias por este momento». Todo el mundo sabía que iba a ser un libro-basura.

Al final, llegó el famoso 4 de septiembre, y justo ese día el responsable de una hermosa librería independiente de Lorient (Bretaña) colgó en el escaparate un cartel donde se leía: «No tenemos el libro de Trierweiler...» Añadió una especie de emoticono, una carita sonriente. A través de las corrientes kársticas de las redes sociales, el cartel se hizo viral, y en poquísimo tiempo en los escaparates de otras librerías independientes francesas aparecieron carteles de este tipo: «No tenemos el libro de Trierweiler. Para compensar, tenemos a Balzac, Maupassant, Proust...» O bien esto: «Somos libreros, tenemos once mil libros, y no nos gusta ser el cubo de basura de Trierweiler y Hollande.» Lo creáis o no, en poquísimas horas un consistente movimiento de opinión se condensó alrededor de ese rechazo a vender ese libro. La única contraseña irónica que lo unía era: *No gracias por este momento*. Al cabo de unas horas llegaron las primeras declaraciones de solidaridad del extranjero. Para esta clase de cosas, el Game es rapidísimo.

Si queremos entender bien el asunto es necesario recordar que las librerías independientes llevaban ya varios años librando una durísima batalla contra Amazon, la gran distribución y las cadenas de megastore: tras meses en la esquina del cuadrilátero, iban cerrando una tras otra, víctimas de una manera u otra del Game. Con ellas parecía morir una determinada idea de librería, una determinada cultura del libro, una determinada civilización. Esto explica cómo una batalla en el fondo tan periférica como la librada contra un libro de chismorreo tan poco elegante podía asumir al mismo tiempo esa increíble relevancia simbólica. En resumen, tenían un cabreo de la hostia, y como a menudo sucede bastó un pequeño incidente para que estallara la revolución.

Mientras pasaba todo esto, el diario local de la Bretaña *(Ouest-France)* hizo lo que un diario local de la Bretaña tenía que hacer: envió a un periodista a entrevistar al librero de Lorient. El hombre que había desencadenado la rebelión. Imagino que tenían en la cabeza hacer de él un personaje, incluso un héroe, tal vez. Se llamaba Damjan Petrovic. El enviado le preguntó cómo se le había ocurrido la idea de colgar ese cartel. Y esto es lo que respondió:

«El hecho es que el libro de Trierweiler aún no me había llegado. Durante toda la mañana fue entrando gente para pedirlo, y en un momento dado me cansé de contestar y puse ese cartel en el escaparate.»

Puedo imaginarme la cara del periodista. En un último y conmovedor intento de recuperar la historia que lo había llevado hasta allí, le preguntó a Petrovic si él habría vendido el libro de Trierweiler, el día en que le hubiera llegado.

«Por supuesto, ¿por qué no?», contestó Petrovic angelical.

Mientras esto pasaba, y hasta en los días siguientes tras la publicación de esa entrevista, el movimiento *No gracias por este momento* siguió creciendo de forma exuberante, restituyendo a muchos libreros el orgullo de una identidad y, probablemente, la fuerza de resistir. Durante un largo momento, todos ellos se sintieron los héroes que, de hecho y en muchos sentidos, eran. El hecho de que todo hubiera nacido a partir de un malentendido a la mayoría le pareció un detalle divertido.

Ya que el Game guarda memoria de todo, ahora somos capaces de saber en qué instante preciso se puso en movimiento ese detalle divertido. Es una foto colgada en Twitter el 4 de septiembre. Se ve en ella el famoso cartel. Y luego hay un comentario de cinco palabras. *Un vrai libraire à Lorient.* «Un librero de verdad en Lorient.» El tuit pertenece a una persona cualquiera, alguien que pasaba por allí.

Lo que esta graciosa anécdota nos enseña es que el Game es, en sí mismo, un terreno resbaladizo en el que los hechos se deslizan a lo grande, no siempre tomando direcciones previsibles. Ni siquiera es necesario que intervenga la mano de algún jugador poderoso para desviar la verdad, o incluso para inventársela: los hechos pueden ponerse en marcha por sí solos, empujados por corrientes subterráneas o minúsculos impulsos anónimos, y a partir de allí luego es difícil prever sus trayectorias y casi imposible modificarlas. Al final, la idea que uno se hace es que el Game está construido por un extraño material *de baja densidad,* que hace que resulte fácil y rápida la formación de verdad y su movimiento. En el pasado, para constituir una verdad o incluso solo para mover alguna parte de la misma, era necesario por así decirlo una fuerza muscular o una pericia ancestral: era de hecho un deporte reservado por lo general a un club de jugadores especiales. En el Game, en cambio, justamente a causa de esa baja densidad, desplazar la verdad parece estar al alcance de cualquiera; y producirla, un jueguecito de críos.

La cosa nos está poniendo –como es sabido– en dificultades.

Desde hace algo de tiempo, aunque solo sea para tener la ilusión de que gestionamos el asunto, utilizamos una categoría que nos aporta una gran satisfacción: la posverdad. La frase que hay que decir es: *a estas alturas vivimos en la época de la posverdad*. Traduzco. Nos hemos convencido de que el Game ha originado un mundo en el que la verdad de los hechos ya no es tan decisiva para formarse opiniones o tomar decisiones: por lo visto, hemos ido más allá, hemos sobrepasado los hechos, nos movemos a base de improvisadas convicciones fundadas en la nada, si no en noticias palmariamente falsas. La fuerza de penetración de semejantes convicciones la proporciona el hecho de que se presentan muy simples y elementales, compactas, como las que Descartes llamaba «ideas claras y diferenciadas». Muchas veces su fuerza también procede de una elaboración impecable y astutísima. En particular –se dice– florecen allí donde ha enraizado el resentimiento hacia las élites, hacia los expertos, hacia los clubes en los que antaño se construía la verdad. No dar peso a la verdad de los hechos acaba siendo un modo de ponerlos fuera de juego: probablemente es la coda de una rebelión iniciada mucho tiempo atrás.

Ahora la pregunta que debemos hacernos sería la siguiente: ¿es una teoría válida? ¿Es esta de la posverdad, como digo, una teoría útil para entender las cosas?

Después de haber estudiado durante páginas y más páginas el Game, hay algo que podemos afirmar con tranquilidad: es una teoría demasiado elemental para explicar lo que está sucediendo. El Game no es tan simple ni infantil. En el Game no encontramos a los inteligentes que respetan los hechos y los malos que solo son capaces de razonamientos gastrointestinales. La idea de que una parte de la humanidad haya despegado gracias a la revolución digital hacia un irracionalismo ignorante y oscurantista, fácilmente manipulable, no resulta apta para explicar qué le ha pasado a la verdad, a los hechos, y a nuestra elaboración de los mismos: intentad hacer sushi con un hacha y obtendréis un éxito superior. Para explicarme bien, debo dar un paso atrás y empezar de nuevo con dos historias que sin duda alguna conocéis.

Como es sabido, el 5 de febrero de 2003 (en plena época de la colonización del Game) Colin Powell, en aquel entonces secretario de Estado americano, expuso ante las Naciones Unidas las pruebas de que en Irak el régimen de Saddam poseía y estaba desarrollando armas de destrucción masiva. Hizo un bonito número teatral, con un frasquito de ántrax: fue muy convincente. Un mes y medio después, Estados Unidos, con la fuerza proporcionada por las pruebas que crucificaban a Saddam, invadía Irak: empezaba una guerra que tendría incalculables consecuencias en el paisaje geopolítico del Oriente Medio: para ser más claros, tendría terribles consecuencias en la vida y la muerte de mucha gente. Por desgracia, hoy sabemos con certeza que las pruebas mostradas ese día por Colin Powell eran falsas, y lo eran de un modo más bien ridículo. Solo dos años después de esa hermosa representación en la ONU, el mismo Colin Powell admitió que ese discurso iba a ser una mancha en su carrera política. Afirmó que fue de buena fe y acusó a la CIA de haber construido deliberadamente esa patraña. Los de la CIA se lo tomaron como una felicitación.

Si queremos pasar a argumentos más frívolos, un ciclista llamado Lance Armstrong ganó, entre 1999 y 2005, siete ediciones del Tour de Francia, empresa que nunca antes había logrado nadie en la historia del ciclismo. Con anterioridad, Armstrong había sufrido un cáncer y el hecho de que después de haberlo derrotado hubiera vuelto a las carreras, convirtiéndose en el ciclista más grande de todos los tiempos, representó durante muchos años una fábula irresistible: enseñaba una fuerza y una fe en la vida que sin duda alguna ayudó a innumerables personas a despertarse por la mañana, fuera cual fuera la generosidad de su destino. Hay que añadir que el propio Armstrong se dedicó a fondo a convertirse en testimonio vivo de la lucha contra el cáncer, y en cierto sentido, en términos más generales, en un héroe que había aplastado, en nombre de todos, el mal y el miedo al mal. Por desgracia, hoy sabemos con certeza que Armstrong ganó sus siete Tour porque se dopaba, se dopaba como un loco, y lo hacía con determinada y habilísima obstinación. Naturalmente en aquellos años tuvo ocasión de negar innumerables veces, a pesar de saber la verdad, cualquier acusación. Con una desfachatez que incluso despierta admiración, no paró ni un momento de seguir con su carrera de héroe. Más tarde lo confesó todo, cuando las pruebas se hicieron aplastantes, en el plató televisivo de Oprah Winfrey.

Lo más interesante es que delante de dos desatinos como los que acabamos de recordar NO SE NOS PASÓ POR LA CABEZA HABLAR DE POSVERDAD. La expresión existía ya, alguien la había acuñado ya, pero evidentemente a la mayoría no les pareció útil para entender las cosas. Estaba ahí, al alcance de la mano, pero no sabíamos qué hacer con ella. A las de Bush y de Armstrong las llamábamos mentiras, y no nos habían parecido entonces tan diferentes de lo que pasaba desde hacía siglos. De momento la expresión posverdad se quedó en algún pliegue escondido del lenguaje colectivo. Allí se quedó dormitando hasta que, años más tarde, explotó literalmente, empujada a la superficie por dos curiosos acontecimientos: el Brexit y la elección de Trump. En ambos casos, la opinión pública más alineada con el relato dominante y la élite que había forjado ese relato y que gracias al mismo gobernaba, se hicieron repentinamente sensibles a la cantidad de trolas que flotaban en el ambiente alrededor de esas dos consultas políticas y a la enorme dificultad que habían encontrado para llamar de nuevo la atención de la gente acerca de los hechos, o al menos ACERCA DE LOS QUE ELLOS CONSIDERABAN QUE ERAN LOS HECHOS: no lograban creer que la gente hubiera votado de esa manera y estaban tan convencidos de que tenían razón que con gran rapidez anunciaron el advenimiento de un mundo en el que los hechos importaban más bien poco y las leyendas iban tomando la delantera. Extrañamente, ni se les pasó por la cabeza la idea de que el asunto también podía verse a la inversa: para un partidario del Brexit, por ejemplo, LOS HECHOS probablemente eran la vida de mierda que llevaba; y confiar en una entidad lejana e indescifrable como Europa, una irracional opción de las tripas. Pero no, la mayoría no tenía forma de verlo de esta manera: resultó ser más eficaz predicar el advenimiento de un cambio de época, el final de cierta civilización. «Ahora que vivimos en el época de la posverdad...»

Resumo: cuando creíamos en las mentiras de Bush y Armstrong era todo más o menos regular; cuando alguien empezó a decir que Obama había nacido en Kenia y no en Estados Unidos, nos deslizamos hacia la era del desprecio a los hechos y de las elecciones hechas con las tripas.

Siendo brutales, podríamos decirlo del siguiente modo: POSVERDAD es el nombre que nosotros, la élite, damos a las mentiras cuando quienes las dicen no somos nosotros, sino otros. En otros tiempos las llamábamos HEREJÍAS.

Pero no es necesario ser tan brutales, y por tanto me ciño a una enunciación más serena: está claro que la teoría de la posverdad es producto de una élite intelectual asustada, consciente de no controlar ya la producción cotidiana de verdad. Revela una lúcida inteligencia allí donde se registra cierta desafección entre deseo de verdad y conocimiento de los

284

hechos: pero luego lo atribuye a la deriva irracionalista generada por el Game y en ese momento renuncia a entender. En cierto modo aún persigue una idea del siglo XX, estática, de VERDAD DE LOS HECHOS, sin entender que EL JUEGO ES DEMASIADO FLUIDO PARA PODER PERMITÍRSELA Y ESTÁ DEMASIADO AVANZADO PARA PODER CONTENTARSE CON ELLA. Tanto es así que en tiempos tan rápidos SE HA PROCURADO SU PROPIO MODELO DE VERDAD. Uno adecuado a sus propias reglas. Lo ha hecho interviniendo en un punto exacto, que ahora no se me ocurre otra forma de definir que no sea esta: ha intervenido en el diseño. Casi diría que el Game HA MODIFICADO EL DISEÑO DE LA VERDAD. No la ha extraviado, no ha cambiado su función, no la ha movido del lugar en el que estaba, es decir, en el centro del mundo: lo que ha hecho ha sido darle un nuevo diseño. No tenéis que pensar en un detalle estético, tomad el término diseño en su acepción más elevada. El Game ha actuado sobre el diseño interno, lógico, funcional de la verdad. Le ha hecho a la verdad lo que Jobs le hizo al teléfono, por decirlo de algún modo.

Y para intentar convenceros, debo remontarme a un objeto que pensaba que había desaparecido para siempre. Y por lo visto no es así.

El extraño e instructivo caso de las ventas del vinilo

El vinilo es un disco de PVC que durante años (desde la posguerra a los años setenta) representó la forma más difundida de escuchar música en casa. Existían dos formatos: 33 y 45 revoluciones. En los años setenta empezó a retroceder ante la llegada de un pequeño objeto que en esa época pareció revolucionario: el casete. No solo resultaba penoso ese nombre: el objeto tampoco era ninguna broma. De todas maneras, era más barato, podía llevarse en el bolsillo y era posible grabar en él las canciones que a uno le gustaban, algo parecido a hacerse una playlist en Spotify o iTunes en la actualidad. [Abro paréntesis: sería necesario que en las escuelas se organizara esta prueba: por un lado los que se graban casetes con sus canciones favoritas y por el otro los que se hacen playlists en Spotify. Al final de la comparación, el primero que todavía se permita poner en duda la revolución digital será castigado de modo muy severo.] Como iba diciendo, a finales de los años ochenta llegó el CD y puso de acuerdo a todo el mundo: digital, preciso, rápido, bendito. Tenía un defecto: costaba demasiado. De hecho, se soportó el tiempo justo hasta la invención de algo mejor. Para esa ocasión hicimos las cosas a lo grande, inventando el formato MP3: la música venía almacenada en formato digital en contenedores que podríamos llamar *archivos comprimidos:* todavía más inmateriales, volátiles, invisibles que los utilizados por el CD. Peso mínimo, velocidad máxima. Desde los cuentos de hadas no se veía algo semejante. Sin ocupar ningún espacio y pudiendo recuperarlo en un tiempo mínimo en cualquiera de nuestros dispositivos, se han convertido en nuestro modo de escuchar música. Tienen un defecto: la calidad del sonido es menor que la ofrecida por la música almacenada analógicamente, pero eso no le importa lo más mínimo a nadie. Estamos, además, en un mundo que si debe renunciar a un poco de calidad o de poesía para ganar cierta velocidad, lo hace de buena gana. Todos nosotros somos hijos de la olla a presión.

¿Dónde me había quedado? Ah, sí. El vinilo. Obviamente, con la llegada del MP3, el vinilo estaba condenado. Hasta el punto de que dejaron de fabricarlo. Quedó algún pequeño artesano, resistiendo en su tienda: como los que hacen zapatos a mano. Que los hay, por Dios. Pero la verdad es que el vinilo estaba muerto. Amén.

Más tarde, en un momento dado, aparece esta noticia: EL

VOLUMEN DE VENTAS DEL VINILO, EN 2016, HA SUPERADO AL DE LA MÚSICA DIGITAL.

Boom.

La noticia apareció de verdad, ¿vale?, había titulares en los periódicos. Probablemente también vosotros os acordáis, se hablaba de ello hasta en los bares, cada tanto, o en las cenas...

Como comprenderéis, ante una noticia semejante alguien como yo coge el teléfono, deja a los niños con los vecinos, saca las cervezas de la nevera y se pone a estudiar. A mí me produce el mismo efecto que a vosotros os produce la nueva temporada de vuestra serie favorita de televisión. [No sé qué es peor, sinceramente.]

Así que me puse a estudiar, desempaqueté la noticia y he aquí algunas cositas con las que me topé dentro de la misma.

Que se sepa, solo durante una semana (en Navidades), y solo en el Reino Unido, y solo en 2016, el volumen de ventas del vinilo superó de verdad al de las descargas digitales. En Estados Unidos, el año anterior, había pasado algo vagamente similar, pero no comparable: el volumen de ventas de vinilo había superado al de los servicios gratuitos de descarga que solo ganan en publicidad (es decir: YouTube o Spotify Free). Pero si calculamos también las descargas de pago (poco, pero se pagan), cambia la historia: el dinero que mueve el vinilo es una décima parte. Puede resultar útil una visión de conjunto: ateniéndose a los hechos, y permaneciendo en el mercado de Estados Unidos en 2016, si se contabiliza todo el dinero gastado para escuchar música reproducida, la parte del vinilo representa el 6%, mientras que la de las descargas digitales está por encima del 60%. Estamos lejísimos de un posible adelantamiento.

Y hasta aquí solo estamos hablando de dinero. Dado que los clics para escuchar un álbum entero en Spotify suponen un coste ridículo y un LP en vinilo está sobre los quince euros, está claro que, si contáramos las horas de audición, es decir, la verdadera presencia del vinilo en la vida de la gente, el fenómeno se evaporaría posteriormente. Añádase esta fantástica estadística, amablemente ofrecida por la BBC (gente que se levanta por la mañana para estudiar cómo se mueve el dinero, que Dios los bendiga): la mitad de los que compran un vinilo luego se va para casa y no lo escucha. Vuelves un mes más tarde y aún no lo han escuchado. Hermosas criaturas (un 7% de ellos ni siquiera tiene tocadiscos).

Dicho esto, en cualquier caso hay que constatar que el fenómeno sigue ahí, real y sorprendente. Hace diez años que el número de vinilos que se venden en el mundo aumenta año tras año: este año se prevé que se venderán, en el planeta Tierra, unos cuarenta millones. Es un número que causa impresión, considerando que un vinilo es caro, pesado, cuesta mucho tiempo elaborarlo, se ensucia, se estropea, ocupa espacio y cada treinta minutos hay que darle la vuelta. Pero naturalmente también se trata de un número que hay que desempaquetar y leer de forma correcta: cuarenta millones era el número de vinilos que se vendieron en 1991, más o menos el año en el que se tomó la decisión de que aquello había terminado y que para seguir haciendo vinilos había que estar locos. Cuando el vinilo se vendía *realmente* (tomemos 1981, un año antes de Pablito Rossi y del Mundial de España) se vendían MIL MILLONES de discos en PVC.

Cuarenta millones. Mil millones.

Voilà.

Y ahora volvamos a la noticia de la que partíamos. EL VOLUMEN DE VENTAS DEL VINILO, EN 2016, HA SUPERADO AL DE LA MÚSICA DIGITAL. Y ahora no cometáis el error de sonreír desdeñosamente, con aire de superioridad, liquidándola como la típica trola *(fake news)* mientras invocáis la era de la posverdad. No es tan sencillo, por suerte. Se trata, en realidad, de la que vamos a llamar una VERDAD-RÁPIDA: una pequeña máquina comunicativa muy sofisticada y muy extendida, de

una eficacia incomparable. Una brillante creación del Game.
¿Puedo explicar cómo está hecha?

La ingeniosa máquina de la verdad-rápida

La verdad-rápida es una verdad que para subir a la superficie del mundo –es decir, para hacerse inteligible a la mayoría y para ser captada por la atención de la gente– se rediseña de forma aerodinámica, perdiendo por el camino exactitud y precisión, pero ganando sin embargo en síntesis y velocidad. Digamos que sigue perdiendo en exactitud y precisión hasta que juzga que ha obtenido la síntesis y la velocidad suficientes para alcanzar la superficie del mundo: cuando las ha obtenido, se detiene: nunca derrocharía ni un solo gramo de exactitud más de lo necesario. En cierto sentido, cabe imaginarla como un animal que compite con muchos otros por la supervivencia: cada mañana se despiertan muchas verdades y todas ellas tienen el único objetivo de sobrevivir, es decir, de ser conocidas, de alcanzar la superficie del mundo: la que sobreviva no será la verdad más exacta y precisa, sino la que viaja más rápido, la que alcanza antes la superficie del mundo.

Tomemos el ejemplo del vinilo. EL VOLUMEN DE VENTAS DEL VINILO, EN 2016, HA SUPERADO AL DE LA MÚSICA DIGITAL. Asumid esta frase como el producto final de un viaje muy largo e intentad remontar hasta el punto donde este viaje se ha puesto en movimiento. Si lo hacéis, encontraréis algo verdadero: contra toda lógica, en los años pasados se han vendido, en el planeta Tierra, decenas de millones de discos en vinilo. Es una verdad curiosa y tiene el aspecto de enseñarnos algo útil. Se despierta una mañana y se echa a correr. Durante cierto tiempo no encuentra el atajo para subir a la superficie, y por tanto nadie la percibe (hace diez años que el vinilo aumenta con regularidad sus ventas, pero nunca se había ha-

289

blado del tema). Entonces, de repente, encuentra un paso: una pequeña semana en la que en Inglaterra se dio la circunstancia de que el vinilo aumentó el volumen de sus ventas por encima de las descargas. El animalito se lanza de cabeza. La aceleración es fruto del hecho de que la verdad de la que hemos partido encuentra una estructura aerodinámica fantástica, se pone, por así decirlo, en posición oval: asume la forma de un duelo, vinilo contra descarga, analógico contra digital, Viejo Mundo contra Nuevo Mundo. Los duelos siempre atraen la atención, simplifican las cosas y resultan rápidos de entender. Lo que puede resumirse en un duelo tendrá una vida fácil en la lucha cotidiana por la vida. «Aquiles contra Héctor» no pierde desde hace milenios. Perfecto.

Pero no basta. ¿Cuántas probabilidades de sobrevivir tiene la noticia de que durante una semana, en el Reino Unido, el vinilo se ha cepillado en un duelo a las descargas gratuitas en las plataformas de música digital? Escasas. Para ser memorable, un duelo no solo debe tener los protagonistas apropiados (dos héroes), sino también desarrollarse en el lugar adecuado *(main street)* y celebrarse a la hora en la que todo el mundo pueda verlos. Por tanto, desgraciadamente sigue siendo necesario un poco de trabajo de *restyling,* hay que resignarse a abandonar algo en el mar, a perder una pequeña parte de exactitud: resulta ineludible dejar caer ese «durante una semana», y, si todavía no resulta suficiente, ese «en el Reino Unido». Hacedlo, no discutáis. Temo que aún tengamos que sobrevolar un poco sobre la indeterminación del concepto «música digital». Sobrevolad. Vale. Buen trabajo.

EL VOLUMEN DE VENTAS DEL VINILO, EN 2016, HA SUPERADO AL DE LA MÚSICA DIGITAL.

Voilà. Noticia a toda página, misión cumplida.

Preguntarse a estas alturas si la noticia es verdadera o falsa no es, quizá, ninguna tontería, pero seguro que no corre prisa, ni es tan decisivo. Porque esa noticia, en cualquier caso, lleva en sus tripas una verdad, y precisamente gracias a su inexactitud ha llevado hasta la superficie del mundo algo muy importante: la constatación de un extraño contramovimiento que encauza nuestro rectilíneo camino hacia el futuro. Como una aparente e imprevisible regurgitación de pasado. No es exactamente un fenómeno estéril, y haber sido capaces de constatarlo enriquece sin duda nuestra lectura del mundo. ¿Que lo ha generado una noticia imprecisa y, en el fondo, tan poco importante? No tengo una respuesta segura, pero, mientras la busco, empiezo a darme cuenta de que esa noticia (inexacta) no solo ha desenterrado una verdad digna de ser señalada, sino que ha liberado otras, más pequeñas, que nunca habrían merecido mi atención y que solo ahora, a la luz de esa verdad-rápida, asumen su visibilidad y significado: descubro que no solo las ventas del vinilo aumentan con regularidad desde hace años, sino también las de las plumas estilográficas, las máquinas de escribir y, mucho más importante, el libro de papel [dentro de poco, me temo, volverán a estar de moda el papel carbón y las pantuflas]: en sus tripas, esa noticia lleva esas verdades, y las hace visibles de una vez por todas, se las lleva tras de sí hasta la superficie del mundo poniéndolas bajo la luz de los reflectores de nuestra atención. Me doy cuenta entonces de que se está formando una especie de amasijo de hechos, una constelación, que reconduce todos esos fenómenos hacia una figura más general, que ahora resulta reconocible con facilidad, a la que llamaría «Venta de tecnologías obsoletas pero vagamente poéticas»: su aparición todavía empuja a más gente a entrar en una órbita de curiosidad hacia ese particular segmento del mercado (que con toda probabilidad había olvidado anteriormente) y a acercarse al pensamiento de una compra, lo que de manera inevitable generará un renovado interés de los fabricantes, que aumentarán su producción, multiplicando la oferta y estimulando la demanda. Dinero, trabajo, hechos. Lo que no era *verdaderamente* verdad, tiene algunas posibilidades de llegar a serlo en el futuro.

Es impresionante cómo una inexactitud puede generar tanto sentido y tanta realidad: pero lo hace.

Si os sentís tentados de negar con la cabeza y pensar dónde hemos acabado, o peor aún, de atribuir a nuestra nueva civilización esta perversión de generar realidad a partir de verdades inexactas, debo remitirme a los hechos y recordaros que la verdad-rápida no es una invención de la era digital, y ni siquiera de la modernidad. Es un artefacto muy antiguo, que desde hace mucho tiempo se construía y se manipulaba con gran habilidad. Pongo un ejemplo: Aquiles. El de la *Ilíada*. Se transmitió como un semidiós: su padre era un hombre y su madre una diosa.

Verdad-rápida.

Es difícil decir ahora si los griegos del siglo VIII a. C. creían *de verdad* que Aquiles había nacido de la cópula entre un hombre y una diosa, pero es razonable aventurar que no se planteaban demasiado el problema porque en la expresión, imprecisa, *semidiós,* transmitían algo que para ellos era absolutamente verdadero, y era que en Aquiles podía constatarse una fuerza, una violencia, una locura y una invulnerabilidad que no sabían explicar, que no volvían a encontrar en el destino de los seres humanos, y en las que vislumbraban el inquietante misterio de una inhumanidad posible e invencible.

Se dirá que aquello eran leyendas, mitos, poesía. Pero no es tan correcto: en esa época, esa era la forma de información, los medios de comunicación eran los poemas homéricos, la *Ilíada* era una enciclopedia que sintetizaba todo el conocimiento de los griegos. Era su modo de transmitir la verdad. En cualquier caso, la fórmula del semidiós volvéis a encontrarla sin esfuerzo cuando los mitos y las leyendas fueron sustituidos definitivamente por la Historia: de Alejandro Magno en adelante, cualquier aspirante a dueño del mundo ha debido presentarse como descendiente, si no hijo, de un dios. Julio César no era ni el protagonista de ninguna ficción, ni la visión de un poeta: a pesar de ello, descendía de Venus, y no perdía ocasión de recordarlo. Nadie se lo habría discutido. ¿Eran todos ellos idiotas? No, se servían de la verdad-rápida para leer el mundo.

Así, controlamos la técnica de la verdad-rápida desde hace milenios y si me preguntáis entonces por qué aparece en cambio como reflejo de nuestra época, pareciendo casi una criatura suya, hacéis una pregunta fascinante cuya respuesta, si habéis leído este libro, ya conoceréis: porque el Game es de hecho el hábitat ideal para una idea semejante de la verdad y, por tanto, esa idea ha despegado en su seno después de milenios de somnolencia. Existía desde siempre, pero se veía obligada a maniobrar en sistemas de alta densidad, donde las noticias circulaban con lentitud, manejadas por unos pocos encargados de los trabajos. Corría, pero al ralentí. En el Game ha encontrado de repente su propio campo de competición perfecto. Baja densidad, infinitos jugadores, fricción reducida al mínimo, tiempos de reacción rapidísimos, innumerable número de recorridos. Una fiesta. Y, de hecho, la verdad-rápida se ha apoderado del centro del campo y ella misma ha fermentado, con su fuerza, sus potencialidades, su estatura. Si durante todo el siglo XX había parecido por regla general una peligrosa caricatura de la verdad verdadera –la basada en la permanencia, en la inmovilidad, en la definición– en el Game se ha tomado la revancha demostrando que en su andadura un tanto demencial, que viene de la nada y que nunca termina, acababa pescando al arrastre una buena porción del mundo. TENÍA UN DISEÑO ADECUADO PARA CAPTURAR Y PRODUCIR AMPLIAS SECCIONES DE MUNDO. Este es un aspecto que hay que entender bien, el de la fuerza de la verdad-rápida: concededme unos minutos de concentración y volved conmigo a la historia esa del vinilo.

Habíamos llegado al punto en que una especie de verdad inexacta (el vinilo vende más que la música digital) expresaba otra exacta (hay un curioso, masivo y creciente retorno a tecnologías obsoletas, pero portadoras de alguna poesía). Bien: no os lo toméis como un punto de llegada, porque no lo es. Esa verdad-rápida ha recorrido ya una buena parte del camino, pero la cosa no ha terminado ahí. Lo mejor aún está por llegar y llega cuando esa verdad-rápida enfila el descenso de las interpretaciones. Es un momento bellísimo, es pura ebriedad de la velocidad. Lo que pasa es que, dada esa verdad-rápida, existen al menos dos maneras de leerla:

1. la gente se están rebelando contra la tecnología y están retrocediendo hacia el pasado;
2. la gente ya es tan feliz ante su avance tecnológico que puede permitirse el lujo de recuperar enseres del pasado y juguetear con ellos, porque ya no son el enemigo: es como tener una pitón domesticada en casa, que es ya un animal inofensivo.

Lo que ocurre entonces es que nuestra pequeña verdad-rápida —que tanto camino había recorrido ya— se divide en dos y enfila dos descensos opuestos que la llevarán, el primero, a las revistas en las que se habla de cerámica, o de excursiones por la montaña, o de yoga; y el segundo a *Wired*. En ambos ecosistemas seguirá rodando, gracias al magma de baja densidad del Game, entrando en resonancia con otras verdades-rápidas llegadas hasta allí y formando con ellas una especie de inercia pesada que a largo plazo producirá una red de hechos verificables: mientras, por un lado, hará que sea sensato abrir una lechería que solo hace quesos como antaño, por otro generará el tipo de emprendedor capaz de abrir tiendas que son una referencia a las viejas lecherías y en las que solo puede pagarse con tarjetas prepago.

Así, si ahora volvéis la vista atrás, hacia esa inocente semana navideña londinense en la que empezó todo, y remontáis el viaje de nuestra verdad-rápida hasta la lechería de alta tecnología (o al queso de fundir), os podéis hacer una idea de hasta qué punto el mundo es capaz de crear/habitar/definir semejante modelo de verdad. Y empezáis a respetarlo, y estudiarlo. Inmediatamente reconoceréis en él unos caracteres, un diseño característico: es un viaje y no una meta, una figura que se despliega en el tiempo y no un jeroglífico estable, una secuencia en la que cada paso es frágil, pero el diseño de conjunto, fuerte. En este tipo de diseño encontraréis de nuevo los perfiles de otras mil cosas que os rodean, y quizá también de vuestro andar cotidiano. La misma posexperiencia tiene ese diseño. Nuestro andar por la Web tiene ese diseño. Se ve la marca del Game en ese diseño.

Os inclinaréis, entonces, con renovada curiosidad y creciente respeto, sobre esa maquinita sofisticada: y seguro que no dejaréis de notar hasta qué punto os fascina, en un modelo semejante de verdad, el hecho de que empiece con una inexactitud, con una media verdad. Os sorprende su habilidad a la hora de convertir esa pérdida inicial en una ventaja estratégica: el sacrificio de la precisión genera ligereza, velocidad, agilidad, eficacia, si os parece, hasta belleza. Movimiento, difusión, existencia. Arriesgado, pensaréis, asustándoos. Por supuesto. Pero lo pensaréis mientras de manera simultánea os estaréis dando cuenta de que conocéis ese esquema: es el que gobierna todas las herramientas digitales, es la historia del MP3, menos sonidos pero más transportables, es la historia del paso a lo digital, un ápice de imprecisión a cambio de una inmensa agilidad. Es la historia de la superficialidad en lugar de la profundidad. Es la forma del Game.

Así, paso a paso, llegaréis a admitir que delante de los ojos tenéis una pequeña máquina muy sofisticada, extremamente coherente con vuestro modo de estar en el mundo, y fantásticamente adecuada para el ecosistema del Game. Peligrosa, por supuesto. En gran parte aún por entender. Pero digna de ser tomada en serio. En ese momento, os lo juro, la idea de que todo se ha ido al garete, de que los hechos ya no importan nada y de que actualmente vivimos en la época de la posverdad os parecerá un poquito tosca. Desde mi perspectiva, se trata de una típica verdad-rápida: parte de una imprecisión, de una simplificación brutal, y luego se mueve de forma magnífica en el Game, dragando inercias y corrientes subterráneas, dando un nombre articulado a una convicción gastrointestinal y traduciéndola en pensamiento correcto. Un trabajo bien hecho. Chapó. Si aún no te convence solo tienes que intentar construir verdades-rápidas aún más rápidas.

Es exactamente lo que estoy haciendo yo, ahora que lo pienso.

Final dedicado al storytelling

Una verdad-rápida triunfa si consigue subir a la superficie antes y mejor que las demás. Como hemos visto, ni siquiera importa mucho la consistencia de su punto de apoyo en los hechos: es su condición aerodinámica la que decide su destino. Entonces, si de verdad quisiéramos saber en qué mundo vivimos, se trataría de empezar a estudiarla a fondo. ¿QUÉ ES LO QUE HACE AERODINÁMICA A UNA VERDAD, ADECUADA PARA GANAR VELOCIDAD EN EL GAME? Un tema muy fascinante.

No creo haber entendido de ello lo bastante como para poder dar lecciones, pero sobre un aspecto de este asunto sí tengo las ideas claras, he pasado mucho tiempo estudiándolo, sé de lo que hablo. De manera que lo digo: sean los que sean los rasgos que hacen aerodinámica una verdad, y por tanto ganadora, hay uno que prevalece sobre los otros y tiene un nombre exacto: STORYTELLING.

Mira quién aparece por aquí otra vez. El storytelling, otro fenómeno resucitado por el Game. Hace milenios que existe, pero desde hace poco lo encontramos por todas partes de nuevo. ¿Por qué? Porque el Game, por su propia conformación, le ha proporcionado un campo de juego perfecto.

Para entenderlo, es necesario de entrada ponerse de acuerdo sobre el término. *Storytelling*. En general la gente tiene un prejuicio sobre el storytelling, que solo hace que perdamos el tiempo: cree que existe la realidad y luego, al lado, la técnica con que se relata, que a menudo puede resumirse como la capacidad de organizar unas trolas colosales, y de hacerlo muy bien.

Error.

El storytelling no es algo que confecciona, o traviste, o maquilla la realidad: es algo que FORMA PARTE de la realidad, es una parte de todas las cosas que son reales. ¿Queréis una formulita que os ayude a metabolizar este concepto? Aquí la tenéis: sacad de la realidad los hechos y lo que queda es storytelling.

A veces tiene un aspecto puramente narrativo, pero muchísimas otras no es así. Mirad cómo vais vestidos ahora mismo: pues bien, eso es storytelling. Pese a todo, no tiene la forma de una historia. Tiene la forma de una ropa: es storytelling porque confiere a lo que soy una configuración aerodinámica que permite entrar en movimiento: de conectaros con otros puntos del planeta, de ser un poco más legibles, de aparecer en el índice de la realidad. ¿Vosotros SOIS esa ropa? No. Pero ¿sois algo completamente ajeno a esa ropa? Tampoco. Forma parte de vosotros, de la realidad que sois, es una pieza de vuestro ser reales.

¿Se entiende más o menos?

El storytelling es una parte de la realidad y no siempre es el relato de una historia.

Bien. Volvamos a la verdad-rápida. ¿Os acordáis de lo que puso en movimiento, con una aceleración demencial, el hecho en sí mismo insignificante de que un librero bretón colgara un cartel en su escaparate? El storytelling. Hay una foto y una frase. «Un librero de verdad en Lorient». Hay un hecho, y hasta que no encuentra un storytelling se queda en un hecho mudo, inmóvil. Se pone en movimiento solo en el momento en que algo le da un storytelling y hace que se convierta en realidad. En ese caso concreto, la parte de storytelling es particularmente aerodinámica, eso se ve bien claro, es tan eficaz que arranca el hecho de sus orígenes y hace que se convierta en realidad mucho más allá de sus intenciones. A veces, el propelente del storytelling puede ser explosivo. El tejido de baja densidad del Game hace el resto (en el siglo XX, ni siquiera se habrían fijado en la existencia del librero de Lorient).

¿Y el caso del vinilo? ¿Recordáis en qué momento ese hecho que no lograba subir a la superficie se vio bajo los focos de la atención colectiva? Cuando por una vez se encontró con un diseño capaz del storytelling apropiado: el duelo analógico contra lo digital, pasado contra futuro. Como tirar una cerilla encendida en un charco de gasolina.

¿Qué aprendemos? Aprendemos que la andadura de una verdad-rápida sin duda alguna se ve condicionada por mil factores, como el comportamiento de otros competidores o las asperezas cada día cambiantes del terreno: pero su aerodinámica, esa podemos remitirla de manera casi integral al rasgo de storytelling que conforma su realidad. Me atrevería a decir algo más: STORYTELLING ES EL NOMBRE QUE LE DAMOS A CUALQUIER DISEÑO CAPAZ DE DARLE A UN HECHO EL PERFIL AERODINÁMICO NECESARIO PARA PONERSE EN MOVIMIENTO.

Ahora entenderéis por qué allí encontramos por todas partes este storytelling. Si hay algo que se mueve, ahí lo tenemos. Ocurre desde siempre: pero, por supuesto, en un ecosistema como el del Game, en el que la inmovilidad es la muerte, comprenderéis que también valga más. En el Game, allí donde desaparece el storytelling, no sobrevive nada.

Es una noticia que parece un desastre solo si os quedáis aferrados a esa inútil idea de que el storytelling es esa colección de trolas que elaboramos para adornar la realidad. Pero, en cambio (por favor, salid de ahí y tomad el storytelling como lo que es: una parte de la realidad), la noticia tiene su encanto. Nos dice que en el mundo hay una capacidad y es la de ver y dibujar la parte de la realidad menos evidente, más escondida, a menudo inmaterial, casi siempre inasible: su factor aerodinámico, su modo de surcar el aire, de oponerse a la corriente, de resistir a los impactos, de mantenerse a velocidades fulminantes. Esa capacidad, en la época del Game, salva la vida.

Se la salva, todo hay que decirlo, a ideas y hechos que nos gustan, pero también a ideas y hechos que detestamos. El diseño, en sí mismo, no es ni bueno ni malo: es eficaz, y a veces bello, delicado. Lo que podemos notar es que, en efecto, en el Game prevalecen los que saben utilizarlo: pero se pueden llamar tanto Obama como Trump. Los hábiles saben usarlo a tales niveles que a veces, desde fuera, se acaba viendo solo esa habilidad, en una ausencia aparente y absoluta de hechos verosímiles o de ideas con cierto nivel. Pero siempre es una ilusión óptica. Un hecho sin storytelling no existe, pero también es verdad lo contrario: un storytelling sin hechos no es nada. Si os gusta columpiaros en la idea de que en el Game hay gente que gana gracias al storytelling y en el vacío absoluto de hechos o ideas, podéis seguir sentados, yo no os sigo. También aquí, creedme, el asunto es más sutil.

Lo que seguramente ha pasado en el Game, debido a su baja densidad, es que el dinamismo de las verdades se ha hecho más importante que su exactitud. En términos elementales: vale más una verdad inexacta, pero con un diseño adecuado para cruzar el Game, que una verdad exacta pero lenta en su movimiento e incapaz de desasirse del punto en el que ha nacido. Este veredicto puede asustar, pero si es recibido en cambio con cierta lucidez, dibuja un terreno de juego fascinante y me gustaría decir que bastante genial. Dice que si yo creo en mis ideas, y en mis hechos, debo ser capaz de darles un perfil aerodinámico, debo trabajar duro hasta que tengan un perfil que penetre en el aire de la sensibilidad colectiva, debo seguir entendiéndolos mejor hasta que logre llevarlos a una figura capaz de rodar en el Game. Por otra parte, si alguien ha logrado llevar quintales de complejidad a la simplicidad aerodinámica de la primera pantalla del iPhone, del algoritmo de Google, de la estructura de la Web, ¿quiénes somos nosotros para ser eximidos de una proeza semejante? ¿Es posible que las verdades sean tan agudas, complejas, geniales, sofisticadas como para no permitir ese carácter aerodinámico? Incluso Descartes, en su tiempo, cuando había que soltar un libro que iba a cambiar el camino del pensamiento humano *(El discurso del método),* lo escribió breve, en francés (la lengua de los eruditos era el latín) y lo empezó explicando sus vicisitudes de joven: intentaba ser aerodinámico, nada más. Y ni siquiera existía el Game. ¡Era el siglo XVII, coño! ¿Es posible que nosotros seamos más refinados como para evitar una regla que hasta él había aceptado?

Una vez, en una incursión mía rápida e inútil en la vida política, tuve la oportunidad de asistir a esta escena. Había un problema que resolver, y sobre la mesa había diferentes soluciones. Era necesario elegir una. El político de turno [no, no era Renzi, relajaos] las mira y pregunta: ¿Cuál es la que seremos capaces de explicar mejor? Fijaos bien: no pregunta cuál podría FUNCIONAR mejor. Pregunta: ¿cuál es la que tiene un diseño aerodinámico mejor, que lleva en el estómago un storytelling eficaz, que es capaz de rodar en el Game? Si queréis, en una frase como esta podéis reconocer una forma odiosa de cinismo: qué carajo me importa a mí el bien del país, lo que importa es hacer lo que me dé más votos. Pero también, si tenéis un momento de paciencia, podéis ver, quizá mezclada con el cinismo, una intuición que a menudo nosotros no tenemos, extremadamente aguda, profética a su manera: en cuanto he individuado soluciones que más o menos me gustan y se corresponden con mi sistema de valores, debo tener la frialdad de elegir no la que sobre el papel da mejores resultados, sino la que la gente pueda entender, hacer suya, metabolizar, encarnar y hacer realidad cada mañana que sale de casa. Renuncio a la solución más justa si no soy capaz de echarla a rodar en el Game. Elijo la inexactitud si me asegura el movimiento. Sacrifico el caballo, si esto me lleva a alcanzar el centro del tablero de ajedrez. Porque una solución perfecta que no consigo explicar a la gente está destinada al fracaso. Peor aún: está destinada a perder contra soluciones mucho más pobres, pero dotadas de un fuerte carácter aerodinámico: a menudo son las elegidas por tus adversarios.

Un inciso: hoy en día existe, en el mundo, el problema de la izquierda. Admitiendo que tiene soluciones a los problemas de la gente, no sabe formularlas, en cualquier caso, de un modo aerodinámico: todas son estáticas, y por tanto están muertas. No hay ni una sola convicción de la izquierda en temas como Europa, la inmigración, la seguridad o la justicia social que tenga un mínimo de diseño aerodinámico. Qué demencial presunción. Los otros, los populistas a la cabeza, son en cambio los mejores en el diseño. No estoy aquí para juzgar si sus soluciones son más eficaces o desastrosas: pero está claro que las diseñan de un modo que surcan el Game a gran velocidad, de maravilla. Y no es solo cuestión de tuits o de eslóganes fáciles: esa condición aerodinámica nace en otra parte, muchísimo antes. Por ejemplo, al abandonar el caparazón del partido del siglo XX y elegir una forma más

301

ligera de estructura, más adecuada al Game. O bien al entender que en el Game no se hace política sin un líder que resuma en sí mismo, también de un modo muy fuerte, hasta dramático, toda la complejidad de una posición política, que debe desaparecer. A un diseño así solemos llamarlo populismo: pero creamos algo de confusión. En realidad nace de la pantalla inicial del iPhone, de la primera página de Google, etcétera, etcétera: la complejidad escondida por debajo, y arriba un icono simple para hacer clic. Un líder. No se trata de que con Obama fuera diferente: en él la intuición de este esquema mental era fulgurante. Todos los demás, incluido Trump, solo aprendieron. Pero a la izquierda, generalmente, no le gusta ese diseño: no tiene líderes de talento, y cuando los tiene los devora. Si empiezas a construir de una manera tan poco adecuada, luego cuesta un gran trabajo encontrar una forma aerodinámica que sea decente. Correr a los refugios más tarde, buscando un buen storytelling o contratando a hábiles asesores, es bastante penoso. Las ideas deben NACER aerodinámicas, o nunca lo serán.

¿Dónde me había quedado? [Esto es algo que odio de la política: siempre te distrae de las cosas que son realmente importantes.] Ah, sí. ¿Lo había entendido Descartes, que una verdad sin movimiento es inútil, y no somos capaces de entenderlo nosotros, entrenados como estamos con los dispositivos digitales? Improbable. Y de hecho, luego, en la vida, trabajamos de forma constante con verdades-rápidas, hemos llegado a ser maestros del storytelling, utilizamos la baja densidad del Game en vez de rechazarla. Prácticamente todos sabemos que se trata de un sistema peligroso, que lleva en sí la posibilidad real de construir eficaces Verdades-rápidas fundadas en casi nada, o en hechos inventados. Pero estamos aprendiendo a controlar el fenómeno, estamos trabajando duramente para inventar vacunas y antídotos. Prácticamente todos nos damos cuenta de que hemos elegido un sistema muy inestable, y que nos hemos obligado a vivir con verdades quebradizas, siempre en movimiento, condenadas a un territorio tortuoso. Sufrimos el asunto, a menudo, pero también, de una manera u otra, y en alguna parte instintiva de nuestra mente, nos acordamos de que demasiada firmeza de las verdades y la solidez de los hechos han generado un desastre del que hemos escapado: por lo tanto, no cedemos. Ceden de vez en cuando los menos equipados, o los demasiado refinados. Pero el cuerpo central del Game no se detiene y va moliendo los días a la luz de cometas que llama verdad. Sabe hacerlo, logra hacerlo. Seguirá haciéndolo, con la obstinación obtusa y genial que algunas aves nos enseñan, en su migración hacia una buena tierra.

OTROS ULTRAMUNDOS
Lo que queda del arte

Como ya he dicho hace unas cuantas páginas, en un determinado momento me puse a estudiar las redes sociales, y para hacerlo pasé un tiempo con dos personas mucho más jóvenes que yo, dos que trabajan en ese mundo. Como he recordado, fue hablando con ellos como comprendí que ese gran ajetreo de las redes sociales no siempre era un penoso reflejo nervioso de dependencia digital: me explicaron de forma convincente que a menudo era un modo de elaborar la realidad, de arrancarle lo que proporcionaba avaramente, de compartirla con otros y por tanto, en cierto sentido, de hacer de ella un acontecimiento teatral. De manera que era necesario tener cuidado con liquidar esa imponente avalancha hacia Facebook o Twitter como un fenómeno de embobamiento colectivo porque las posibilidades de que, por el contrario, escondiera un instinto como mínimo interesante eran elevadas: prolongar la creación, gracias a las tecnologías digitales, de manera que la vida no se detuviera donde se detenía, sino que se prolongara hasta donde nuestras ambiciones la esperaban.

Quizá nunca había pensado en eso con anterioridad, o al menos nadie me lo había dicho con la convicción que esos dos tenían. No sé, era como si hubiera abierto delante de mí una puertecita y por eso, mientras intentaban hacerme entender la genialidad de los GIF, me quedé allí fingiendo que los escuchaba cuando, en realidad, estaba cruzando esa pequeña puerta y viendo adónde demonios me llevaba.

Me llevó a un lugar en el que había una pregunta, más bien pérfida: pero si es así, entonces *¿por qué odio yo estar en las redes sociales?* Quiero decir, si es un modo de elaborar la realidad, de buscar la posexperiencia y, en definitiva, de estar vivos, ¿por qué no las utilizo yo? Peor todavía: *yo le pido a otras personas que me lleven las redes sociales,* os lo juro. No engaño a nadie, no finjo ser yo, es algo transparente, pero lo cierto es que he llegado al absurdo (como otras personas, por otra parte) de pagar a gente que lleva mi personalidad en el ultramundo. Pero ¿por qué? Yo estaba allí, mientras los dos hablaban, y seguía preguntándome: pero ¿por qué?

Porque soy malditamente esnob. Okey.

Porque nací en 1958. Okey.

Porque siento un gran respeto por la vida privada. Okey.

Pero con esto llegamos a un escaso veinte por ciento de la explicación, creedme. La verdadera razón, descubrí en ese momento, mientras los dos me explicaban el éxito de los memes, es otra, y cuando me vino a la cabeza la encontré tan instructiva que me habría levantado inmediatamente de allí para irme a escribir cuanto antes lo que estaba entendiendo.

Vale, está bien, estaban esos dos ahí, así que no me levanté dejándolos plantados. Me gustaría ser de los que hacen esa clase de cosas, pero de hecho no, no lo soy. Por lo tanto esa tarde no empecé a escribir lo que había entendido. Lo amontoné todo en una alacena de la mente a la espera de un momento mejor.

Y aquí está: este es el momento mejor.

Yo no estoy en las redes sociales porque mi trabajo es el de escribir libros, realizar espectáculos, dar clases, hablar; una vez incluso dirigí una película, varias veces he escrito guiones: una enorme parte de mi vida está ocupada por el gesto de elaborar la realidad y enviarla a refinados ultramundos donde lo que soy se deshace y se recompone en objetos que se marchan a flotar en las corrientes del diálogo colectivo. Vivo desde siempre en un sistema de realidad con dos fuerzas motrices, lo único es que yo utilizo un modelo más viejo, lento y complicado que el digital. Por tanto no cuelgo fotos en Facebook, me cuesta un gran esfuerzo contar historias en Instagram, no siento la urgencia de expresar una opinión con un tuit por el simple motivo de que no hago otra cosa que colgarme, contarme y expresarme a mí mismo desde hace años, prácticamente cada día, delante de todo el mundo, sin vergüenza, utilizando aplicaciones antiguas y ultramundos que ya existían antes de la insurrección digital: novelas, ensayos, textos teatrales, guiones, clases, artículos. Supongo que es un privilegio, una especie de suerte, pero en cualquier caso ahora la cuestión no es entender cuánta potra tengo, la cuestión es entender que ENTONCES EL ULTRAMUNDO DIGITAL ES SOLO EL ÚLTIMO DE UNA LARGA SERIE DE ULTRAMUNDOS, MUCHOS DE LOS CUALES AÚN SIGUEN MASIVAMENTE POBLADOS. Yo ya lo sabía perfectamente, incluso antes, pero lo supe DE VERDAD solo cuando me metí en esa pregunta sobre las redes sociales: cualquier ultramundo digital, desde el entorno de Facebook a *Call of Duty,* de algún modo guarda relación con el gesto del que durante siglos nos hemos servido para escribir libros, fabricar historias, pintar cuadros, esculpir bloques de piedra y componer música. ¿Qué buscábamos, al hacerlo? Intentábamos completar la creación duplicando el mundo y traduciéndolo a un lenguaje acuñado por nosotros. Buscábamos un modo de poner en red lo que habíamos entendido sobre la vida, en una especie de webing *ante litteram.* Lo que obteníamos así era abrir el tablero de juego empujando a la realidad a circular por un sistema sanguíneo con dos corazones: mundo y ultramundo. Varias veces, y tampoco era tan incorrecto, acabamos pensando incluso que la verdad más secreta del mundo habitaba en los ultramundos que nosotros generábamos. «La verdadera vida, la vida al fin descubierta y dilucidada, la única vida, por lo tanto, realmente vivida, es la literatura»: Proust. Pero no es más que un ejemplo entre muchos. Hace milenios que creemos en la misteriosa proximidad de belleza y verdad, de arte y sentido de la vida. Es una de nuestras ilusiones más valiosas.

Resumo: como sugiere de un modo microscópico pero significativo mi alergia hacia las redes sociales, debido a una sobredosis de presencia en los viejos ultramundos en los que trabajo, debe de existir una cierta continuidad lógica entre los ultramundos a los que durante mucho tiempo hemos llamado ARTE y lo que podemos llamar ultramundo digital. Decimos que probablemente son el fruto del mismo movimiento mental, de la misma jugada estratégica: hacer copias del mundo escritas en lenguajes acuñados por nosotros. Ahora se trataría de entender qué ha ocurrido en el paso de los ultramundos tradicionales al digital, y aquí el asunto se hace decididamente interesante porque en ese paso están escritos de un modo muy legible algunos de los rasgos más discutibles del Game. En síntesis, que vale la pena mirar un poco a nuestro alrededor.

Vamos a intentarlo.

Como ya hicimos con *Space Invaders,* se trata de volver a estudiar bien los juegos que había antes. Volvamos entonces a tres ultramundos que tuvieron en el pasado un gran éxito: el teatro, los cuadros, las novelas. Eran copias del mundo escritas en lenguajes generados por el hombre: en ese formato, el mundo se mostraba más asequible, más comprensible, más comunicable, más utilizable, quizá incluso más verdadero. No se llamaba formato digital, y tampoco analógico. Se llamaba ARTE.

El teatro, los cuadros, las novelas. Intentemos mirarlos como si entretanto se hubieran extinguido, hubieran desaparecido junto con la civilización que los utilizaba, desaparecido de los bares igual que el millón. Intentemos mirarlos como desde la lejanía, desde las alturas del Game.

Técnicamente tenían, por así decirlo, un diseño común que un millennial podría plantearse de la siguiente manera:

- La pantalla era el escenario, o el marco, o la página del libro *(¿cada vez distinto? Pero ¿eso resulta práctico?).*

- El teclado no existía *(increíble: es decir, ¿debería yo quedarme quieto mirando sin hacer nada hasta que esos hubieran terminado???).*

- Los contenidos eran producidos por personas que hacían eso en la vida y tenían una habilidad particular: unos sacerdotes. Por otra parte, la adhesión a esos ultramundos a menudo asumía rasgos que procedían de la praxis religiosa: templos, ritos, liturgias, textos sagrados, mártires, santos, exégetas. (OHDIOSMÍO...)

- Se abrían raras veces y uno a uno: ibas al teatro y veías un espectáculo; abrías un libro y leías una novela. Eran por tanto ultramundos que se desplegaban con lentitud, por la superposición de experiencias vividas una a una y, a menudo, con gran distancia temporal entre una y otra. Se daban, por otra parte, físicamente en sitios distintos. El teatro en la ciudad, el cuadro en casa (en una época posterior, en los museos), el libro en la mano. *(Pero ¿cuánto tiempo tenía esa gente? Vamos a ver, ¿es que no tenían nada que hacer?)*

- Eran ultramundos reservados a unos pocos, mejor dicho, a poquísimos. Incluso a finales del siglo XX, suponían, en cualquier caso, una cierta disponibilidad de dinero, de tiempo y de educación: hasta el punto de que, a menudo, se utilizaban precisamente como un ejercicio de identidad de determinadas élites: un gesto para confirmar la pertenencia a un club particular. (*¡Ah, felicidades!*)

o Eran ultramundos en los que se entraba no sin cierto esfuerzo, o aplicación, o incluso en algún caso con estudios de verdad. No siempre habían nacido así, pero la última civilización que los adoptó, la romántica y luego la del siglo XX, tenía esa pirámide invertida que debía ser respetada y por tanto tenía la tendencia a traducir todo lo que valía la pena en una laboriosa profundización bajo la piel del mundo. Los ultramundos a los que llamaban ARTE no eran una excepción. (*Pero, vamos a ver, ¿yo debería estudiar? Pero ¿estamos locos o qué?*)

o Fin.

Resumo: eran ultramundos caros, reservados a unos pocos privilegiados, lentos en su despliegue, complicados en su apertura, difíciles de alcanzar, unidos de manera inexorable al talento de algunos sacerdotes, casi nunca interactivos, escasas veces comunicantes unos con otros. Un auténtico millennial probablemente los sintetizaría del siguiente modo: estaba claro que no funcionaban. O que tenían problemas de batería.

De hecho, él hace un amplio uso de otros ultramundos, mejor construidos: entra cuando quiere y con facilidad, le cuestan poco o nada, son modificables o incluso generables por él gracias a un teclado o una consola, llega a todos ellos mediante un único instrumento que es posible llevar por ahí, casi todos ellos se comunican entre sí, puedes compartirlos con personas que pueden estar hasta a miles de kilómetros de distancia, y allí no exigen sacerdotes que puedan hacer lo que él no puede hacer (si se excluyen los programadores, claro, que sin embargo permanecen en la sombra y no molestan). Comprenderéis que, si el hábitat lógico-mental y filosófico en el que vivimos es el del Game, son estas las características de un ultramundo que funciona. Se le ocurre a uno preguntarse cómo los viejos ultramundos han podido sobrevivir.

De hecho, vamos a intentar preguntárnoslo. Se trataría de entender qué les pasó a los viejos ultramundos cuando el Game se desbordó por sus territorios, tragándose su barrio como hizo con otros muchos: ¿acabaron bajo el agua, resistieron, resistieron tan solo los más fuertes, se adaptaron a su nuevo hábitat, los salvó la intervención de los bomberos?

No resulta fácil contestar, aunque es posible aislar, en ese tremendo impacto, fenómenos singulares que somos capaces de circunscribir y de entender.

1. Algo que ha ocurrido es que se han formado zonas fronterizas, por decirlo de algún modo, bilingües, en las que los viejos ultramundos y los nuevos conviven juntos: los e-books, Netflix y sus películas para verse en casa, los conciertos de Benedetti Michelangeli en Spotify, el streaming de espectáculos teatrales, las visitas virtuales a los museos: zonas fronterizas. A menudo en la confluencia se pierde calidad, obviamente, pero se ganan un montón de otras cosas. Asistir a un concierto de los Wiener en el Musikverein no es lo mismo que verlo online, pero para la mayor parte de la gente se trata de elegir entre nada y algo que no está mal: no es una elección difícil.

Zonas fronterizas, pues. Desde un punto de vista estratégico podían parecer un peligro para los viejos ultramundos: el peligro era precisamente que, desmilitarizando esas zonas del frente y bajando las defensas ante el Game, nos expusiéramos a una invasión catastrófica. Pongamos por caso, los libros electrónicos podían liquidar a los libros de papel. Pero en realidad, como a estas alturas ya hemos visto, la invención de esas regiones acolchadas ha resultado ser perfecta para calmar los ánimos. En el Musikverein de Viena los conciertos siguen haciéndolos, cuesta bastante encontrar entradas y no han perdido realmente nada de la calidad de antaño: al contrario, es probable que hayan encontrado en el Game estímulos, instrumentos y empuje para hacerlo mejor. De manera análoga, seguimos escribiendo buenas novelas, en la Scala siguen cantando divinamente, se hacen colas para ver Vírgenes del siglo XV y los cines aún no han desaparecido.

2. Gracias también a esas zonas fronterizas bilingües, un buen número de habitantes del Game ha terminado accediendo a ultramundos que nunca antes había pisado. En teoría, hacía años que la política estatal perseguía un resultado así, en un piadoso intento de romper las barreras que reservaban esos refinados ultramundos a personas que podían permitírselos, cultural y económicamente. Pero los resultados habían sido más bien modestos. A su manera, el Game ha demostrado ser mucho más efectivo: ampliando todas las puertas, ha ampliado también las de los teatros, los museos, las librerías. Una cantidad significativa de nuevas caras han empezado a pasearse por lugares donde nunca habían sido vistas. Hay que decir que a menudo no entraban pidiendo permiso ni de manera sumisa: entraban y punto, haciendo valer sus números y extendiendo sus gustos. Dado que por lo general venían de otras culturas, o incluso de ninguna cultura, los refinadísimos organismos que eran los viejos ultramundos empezaron a experimentar un proceso de contaminación química, a veces de envenenamiento: algunos entraron en crisis (los conciertos de música de cámara, pongamos), otros desarrollaron rápidamente formidables anticuerpos, alcanzando una mejora genética ca-

paz de hacerlos compatibles con el Game (las películas de dibujos animados, pongamos). Resulta difícil, al final, hacer balance: pero sin duda los que eran parques naturales donde todo se transmitía con medida y era obsesivamente protegido, se vieron acogiendo a multitudes de visitantes venidos a admirar el paisaje. Por fin toda esa belleza se convertía en un patrimonio difundido: aunque seguro que el aumento de los papelotes que han quedado tirados por ahí resulta molesto.

3. Mientras tanto, algún viejo ultramundo ha empezado a procrear organismos más adecuados para sobrevivir en el Game: el paso del cine a la serie de televisión es el ejemplo más claro. Es un paso generacional: las series de televisión son una especie de cine nativo digital: un animal nuevo, genéticamente compatible con el Game. De entrada no es necesario salir para verlas. Luego uno puede verlas cuando quiere y como quiere, por lo general utilizando un dispositivo que puede hacer mil cosas más (una sala de cine solo hace una). A nivel mental, la serie es un movimiento (típico del Game), una película es un gesto (típico del siglo XX). La serie no se cierra, no tiene fin, tiene su centro de gravedad al principio y no al final, exactamente como la posexperiencia. Además, tiene claramente la estructura de un videojuego, de la que tomamos nota en el momento en que estudiábamos el iPhone. En definitiva, todo es perfecto. Tan perfecto que hace que no sea ilógico temer por el destino del cine: no sería la primera vez que un hijo, para crecer, mata al padre.

4. Otra característica que sobre el papel hace que los viejos ultramundos sean inapropiados para el Game es el hecho de que suelen ir unidos a la figura casi sacer-

313

dotal del artista. El creador, el autor, el genio, eso. El Game, como ya sabemos, apenas tolera a los sacerdotes, pulveriza el poder redistribuyéndolo en forma de lluvia, y cría a millones de individualistas que prácticamente son invitados a convertirse en autores. ¿Veis el problema? Tomemos la escritura, que es un campo que conozco mejor que otros. Hubo un momento que recuerdo muy bien: se multiplicaban los blogs, nacía la autoedición, el e-book parecía un producto al alcance de todo el mundo, las redes sociales y la Red producían escribidores que estaban a un pelo de considerarse escritores, y la crisis de autoridad de las élites estaba arrastrando tras de sí el carisma de librerías, críticos y editoriales. Al final, mirabas a tu alrededor y podía darse el caso de que pensaras: aquí todo se derrumba. Pues bien, tengo una curiosa noticia: aún estamos aquí. El campo de juego se ha hecho más difícil, es cierto, pero el de los libros sigue siendo un mundo en el que el carácter excepcional de algunos individuos se reconoce, se cultiva, se apoya y se desea. Es un mundo en que hay mucho más tráfico que antes, mucha más vitalidad, hay un montón de papelotes, la mediocridad circula por carriles que nunca antes habían estado ahí, a menudo es un auténtico barullo, pero los escritores de verdad siguen ahí, viven en determinados barrios (y no son los peores), son libres de escribir buenos y malos libros, solo depende de ellos. ¿Podríamos decir lo mismo de la música, o del cine, o del teatro? Tal vez deberían responder otras personas, pero tengo la sospecha de que en definitiva también allí la situación no es tan distinta. La resumiría así: por razones que por ahora me resultan inaccesibles, los artistas no han sido descartados, y a pesar de ser una élite todavía más exclusiva y arrogante que otras, son considerados un bien común. Cualquier idiota puede insultarlos con comodidad mediante un post en las redes sociales o en la Red. Pero en su conjunto al Game le gusta tener que necesitarlos.

5. Los ultramundos se han multiplicado y ahora toca abrirse paso a codazos para ser elegidos. Me permito volver una vez más a mi trabajo: hace mucho tiempo podías pensar que tu competidor era otro escritor; luego tu competidor pasó a ser el cine; más adelante, la televisión. Ahora ni siquiera prestas atención a cuántos competidores tienes, tú con tu ultramundo del viejo estilo: están en todas partes. Incluso Zuckerberg es un competidor mío, aunque él probablemente no lo admitiría. [Y aún tengo suerte: abrir un libro es incluso más rápido que encender los dispositivos en los que Zuckerberg vende sus mercancías. Pero, por ejemplo, ¿y los que se dedican al teatro? Para ir al teatro, ¡tienes que salir de casa! ¡Tienes que aparcar!] El asunto obviamente conduce a ofrecer prestaciones de manera extrema. Si tienes mucha competencia te sorprendes gritando, o exagerando, o malvendiendo. El efecto es el de una civilización en la que el volumen está dos rayitas demasiado alto. Es uno de los rasgos molestos del Game. Parece una civilización de sordos. O de tontainas. O de dopados. A pesar de que no lo es, creo.

Eso es. Habrá otras cosas más, pero estas son las que hemos visto ocurrir con el impacto entre los viejos ultramundos y el Game. De estas estoy seguro, han ocurrido de verdad. ¿Dibujan un escenario claro, coherente, legible? No mucho. Se pueden ver algunas dinámicas, pero deberíamos estudiarlo detenidamente para prever los desarrollos y entender su naturaleza. Por lo que a mí respecta, solo me siento autorizado para poder decir dos cosas que leo con claridad en ese escenario. No albergo ninguna duda al respecto.

1. Los viejos ultramundos han demostrado una resistencia coriácea, más allá de cualquier expectativa. Aunque en teoría son completamente inadecuados para el Game, sin embargo lo habitan de forma estable, y no lo hacen en zonas periféricas. Algo que podríamos decir es que se ha luchado duramente por ellos: se han canalizado muchos recursos colectivos para fortalecer sus líneas de defensa. Pero la sensación es que de todos modos no habría sido suficiente para salvarlos si el Game no hubiera tenido buenas razones para adoptarlos, en vez de destruirlos. La principal buena razón, creo, es que los viejos ultramundos aseguran a los habitantes del Game la transmisión de la memoria, del mismo modo que los ritos religiosos conservan, en los pueblos perseguidos y exiliados, la memoria viva de la patria perdida. A pesar de que el Game es ahora una ciudad estable y triunfal, sigue siendo de todos modos una ciudad fundada por gente que venía de una huida y de un exilio. Los viejos ultramundos aseguran la continuidad entre la realidad de hoy y los sueños de ayer, entre el bienestar de hoy y la audacia de ayer, entre la inteligencia de hoy y el saber de ayer, entre la patria de hoy y la de ayer. En cierto modo le dan un pasado a una civilización que no lo tiene. El asunto es mucho más valioso si recordamos que el triunfo del Game descansa sobre lo que muchos siguen percibiendo como un pecado original: la decisión de poner la vida de las personas en manos de las máquinas. Para una civilización como esta, poder demostrar que descienden de forma directa de los humanos que eran

íntegramente humanos es un aspecto irrenunciable. Varios árboles genealógicos han sido mantenidos con vida precisamente porque son capaces de demostrar esa descendencia, y uno de los principales es el representado por los viejos ultramundos. Nunca nos perderemos de verdad mientras tengamos libros en la mano. No tanto por lo que cuentan. No. *Sino por cómo están hechos.* No tienen links. Son lentos. Son silenciosos. Son lineales, avanzan de izquierda a derecha, de arriba a abajo. No dan una puntuación. Comienzan y terminan. Mientras sepamos cómo usarlos, seguiremos siendo humanos. Por eso el Game los pone en manos de los niños. Es decir: espera a que dejen la PlayStation y luego se los pone en la mano, eso es.

2. Los viejos ultramundos han sobrevivido bastante bien, pero no puede decirse lo mismo de las élites que mantenían el control sobre los mismos. Se han salvado los autores –que siguen siendo animales salvajes, listos para adaptarse a cualquier ecosistema– pero todo el sector de inteligencias y habilidades que los rodeaba se ha demostrado tan inadecuado para el Game que se ha deslizado de manera inexorable hacia zonas vagamente crepusculares. Sería fácil mencionar la crítica (literaria, musical, teatral, cinematográfica, cualquiera vale), pero en realidad es un fenómeno que concierne, en la misma medida, a la clase dirigente de la industria cultural o las autoridades académicas que custodian el saber y la memoria. Durante el siglo XX tenían una centralidad, pero en el Game ya no la tienen. Acerca de esta cuestión podría invocarse la batalla más general del Game contra las élites y explicarlo todo con esa metódica agresión. Pero no creo, con

sinceridad, que eso sea todo. Creo que mientras que los viejos ultramundos entraron en el Game, su gente se negó a hacerlo. Así que, hoy, la mayor parte de las cosas valiosas a las que llamamos ARTE vive en el Game sin protección real. El patrimonio de saber e inteligencia que durante siglos lo había escoltado yace muy a menudo inmóvil en los márgenes del sistema, sin ser traducido al lenguaje del presente, incompatible con los hábitos más elementales de la gente, demasiado lento para moverse en el Game y, por lo tanto, demasiado estático para ser observado por los radares del mundo. Una especie de orgulloso fatalismo parece impedirle ponerse en marcha, y una inercia desoladora lo está succionando hacia el olvido. Dentro de poco, ya no recordaremos que existe. Así, las obras están vivas, pero muchas veces el relato que hacemos de ellas es mudo. La belleza que nos legaron los padres es bastante deseada, pero resulta casi ilocalizable debido a mapas que se han vuelto ilegibles. Una idea singular de protección mantiene la maravillosa cosecha del pasado bajo llave, para evitar que algo la agoste. Arbitrarios reglamentos prohíben a los sacerdotes realizar milagros, y reductos de fieles obtusos mantienen como rehenes liturgias que ya no producen misterio. A su alrededor, el Game está a la espera, con sus ultramundos recién nacidos, brillantísimos, pero infantiles. La antigua sabiduría de los viejos ultramundos les iría muy bien: por desgracia, el procedimiento para obtenerla no está escrito en su lengua.

¿Cuánto va a costarnos esta refinada forma de estulticia?

CONTEMPORARY HUMANITIES
Lo que queda por hacer

0. Anoto aquí veinticinco tesis sobre el Game.

1. La insurrección digital ha sido un movimiento casi instintivo, casi una brusca torsión mental. Reaccionaba ante un shock, el del siglo XX. La intuición fue la de evadirse de esa civilización ruinosa enfilando un camino de huida que algunos habían descubierto en los primeros laboratorios de informática. Existía esa tecnología, la digital, y generalmente era utilizada para consolidar el Sistema. Sin embargo, se intuyó que desviando la línea de su desarrollo podía, en sentido contrario, convertirse en un instrumento de liberación. La que tuvo una idea semejante fue una comunidad en términos generales limitada, que vivía en la California de los años setenta: era una humanidad extraña, en la que ingenieros informáticos, hippies, militantes políticos y geniales nerds se encontraban bajo el paraguas de un preciso sentimiento común: su rechazo hacia cómo era el mundo. Estaban hambrientos, estaban locos. Fueron ellos los que desarrollaron las potencialidades de lo digital dándole un vuelco sistemáticamente, y de modo burlón, en una direc-

ción de lucha libertaria. Sus primeros movimientos articularon una partida que más tarde, en plazos brevísimos, se pusieron a jugar todas las inteligencias que revoloteaban en el mundo alrededor de las ciencias informáticas. Cuando llegaron los primeros capitales —y llegaron con rapidez— la auténtica insurrección se puso en marcha. Sin saberlo siquiera, el siglo XX empezaba a morir.

2. La insurrección digital no tenía ideología, ni sistema teórico, ni tampoco estética. Porque era generada en su mayor parte por inteligencias técnico-científicas, era una suma de soluciones prácticas. Instrumentos. Herramientas. No tenía un supuesto ideológico explícito, pero tenía algo mejor, un método. Stewart Brand lo resumió de la mejor manera: «Puedes intentar cambiar la cabeza de la gente, pero eso solo es una pérdida de tiempo. Cambia los instrumentos que utilizan, y cambiarás el mundo.» Aplicado con un férreo rigor y un éxito formidable, este método se ha convertido, en cincuenta años, en el único principio ideológico verdadero del Game. Su única creencia casi religiosa.

3. Uno puede entender el Game solo si se tiene en cuenta el objetivo principal para el que nació: hacer que sea imposible la repetición de una tragedia como la del siglo XX.

4. Con ciega lucidez, la insurrección digital intuyó los puntos de apoyo de la cultura del siglo XX y se puso a minarlos, uno a uno. Nosotros ahora podemos reconstruir con una cierta aproximación cada uno de los pasos de ese trabajo, y admirar su precisión quirúrgica. Castigaron desde el principio dos objetivos: la

inmovilidad y el predominio de las élites. Fieles a su precepto metodológico, no lo hicieron con batallas teóricas o luchas de poder. Lo hicieron construyendo herramientas. Cuando disponían de un cierto número de soluciones a un problema determinado, elegían sistemáticamente no la más justa, o la más bella, o la más sencilla: elegían la que garantizaba los mejores márgenes de movimiento y excluía a las élites. Si lo haces decenas, cientos, miles de veces, verás que obtienes algún resultado.

5. El segundo movimiento que hicieron fue muy ambicioso: descomponer el poder y distribuirlo entre la gente. Un ordenador en cada escritorio. Un ultramundo formado por páginas web por el que cualquiera podía, gratis, circular, crear, compartir, ganar dinero, expresarse. Llegaron a imaginar que todo el saber del mundo podía ser recopilado en una enciclopedia escrita colectivamente por todos los seres humanos.

6. No asaltaron los palacios del poder, no les importaba nada la escuela, eran indiferentes a cualquier Iglesia. Excavaron túneles alrededor de las grandes fortalezas del siglo XX, sabiendo que tarde o temprano colapsarían.

7. Ya están colapsando.

8. Todo esto lo llevaron a cabo utilizando una postura que luego se difundiría como el logo de esa batalla de liberación: hombre-teclado-pantalla. Era una postura física, pero también una postura mental. Implicaba un pacto con las máquinas, la confianza en ellas, la

disponibilidad a pasar por ellas para acercarse al mundo. Llegaron a vislumbrar un futuro en el que esas máquinas llegarían a convertirse en prótesis mediante las que el humano se prolongaría a sí mismo: unos productos orgánicos, casi «bio». Solo una inteligencia técnico-científica con vetas hippies podía enfilar un camino semejante sin miedos, o vacilaciones, o nostalgia. Solo hacía falta que hubiera un poeta entre ellos y todo quedaría empaquetado.

9. A finales de los años noventa, todas las piezas estaban en el tablero. Alguien pulsó la tecla de *Play.*

10. En la década que siguió, nació el Game. Su momento de fundación, si queremos elegir uno, es la presentación que Steve Jobs hizo del iPhone el 9 de enero de 2007, en San Francisco. No expuso teorías: mostró una herramienta. Pero en esa herramienta salían a la luz y encontraban su forma rasgos genéticos que la insurrección digital siempre había tenido y de los que ahora llegaba a ser plenamente consciente. En ese teléfono –que ya no era un teléfono– se leía la estructura lógica de los videojuegos (caldo primordial de la insurrección), se perfeccionaba la postura hombre-teclado-pantalla, moría el concepto del siglo XX de profundidad, se ratificaba la superficialidad˙ como hogar del ser, y se intuía el advenimiento de la posexperiencia. Cuando Steve Jobs bajó del escenario, algo había llegado a buen término: las posibilidades de que el siglo XX se repitiera se habían reducido temporalmente a cero.

11. No quisiera que algunos nostálgicos tuvieran la oportunidad de entenderme mal. El siglo XX fue muchas cosas, pero sobre todo una: uno de los siglos más atro-

ces en la historia de la humanidad, tal vez el más atroz. Lo que lo hace terrible más allá de cualquier expresión es que no fue el fruto de un paso en falso de la civilización, ni tampoco la expresión de alguna forma de barbarie: era el resultado algebraico de una civilización refinada, madura y rica. Naciones e imperios que tenían todo tipo de recursos materiales y culturales optaron por desencadenar, por motivos evanescentes, dos guerras mundiales que no estaban capacitados para gestionar o detener. El exterminio de los judíos fue una política seguida con una diligencia desconcertante y una alucinante invisibilidad en un continente que había tejido durante siglos una cultura sublime. Un país que había sido cuna de nuestra idea de libertad y democracia logró construir un arma tan mortal como para llevar a la humanidad, por primera vez en su historia, a poseer algo con lo que puede autodestruirse por completo. Al encontrarse en la situación de poder usarla, no dudó en hacerlo. Mientras tanto, al otro lado del telón de acero, el fruto enfermo de revoluciones con las que el siglo XX se había aventurado, soñando con mundos mejores, comenzó a provocar inmensos sufrimientos, crímenes inauditos y despotismos terroríficos.

¿Queda lo suficientemente claro por qué el siglo XX no es solo el siglo de Proust, sino que es nuestra pesadilla?

12. Cualquier cosa que se piense sobre el Game es un pensamiento inútil si no se parte de la premisa de que el Game es nuestro seguro contra la pesadilla del siglo XX. Su estrategia ha funcionado, hoy las condiciones para que todo aquello se repita han sido desmanteladas. A estas alturas ya estamos acostumbrados, pero

nunca hay que olvidar que hubo un tiempo en que, por un resultado como ese, habríamos dado cualquier cosa. Hoy, si nos piden a cambio que dejemos nuestro mail nos ponemos nerviosos.

13. En su destrucción del siglo XX, el Game obviamente ha despejado el camino de todo lo que estaba por en medio, sin poder andarse con demasiadas sutilezas. Repito: ha dejado en pie las fortalezas tradicionales del Poder con una estrategia casi de guerrilla. Pero cuando muchas cosas empezaron a colapsar, mucho se perdió: incluso cosas valiosas, irrepetibles, bellas. Muchas de ellas incluso eran *justas*. Estamos reconstruyéndolas en parte, como después de un bombardeo. A veces igual a como eran antes. A veces no. Obtenemos los mejores resultados cuando aceptamos el reto de utilizar los materiales de construcción propios del Game y su idea de diseño.

14. En todo caso, esas destrucciones han dejado su huella, y en muchos una forma de rencor. La primera guerra real de resistencia al Game se libró, de manera pacífica, durante los años noventa. Los resistentes eran en su mayoría habitantes del siglo XX firmemente decididos a no abandonar sus casas. Su oposición fue atropellada por la imparable difusión del Game.

15. El Game no tiene una Constitución escrita. No hay textos que lo legitimen, lo regulen, lo funden. Sin embargo, existen «textos» en los que se conserva su patrimonio genético. Menciono al menos cinco, que deberían ser transmitidos y estudiados en la escuela: *Spacewar,* uno de los primeros videojuegos de la historia (1972); la página web en la que, en 1991, Tim

Berners-Lee explicaba lo que era un sitio web; el algoritmo original de Google (1998); la presentación del iPhone hecha por Steve Jobs en 2007; la audiencia de Mark Zuckerberg ante las comisiones de Justicia y Comercio del Senado americano, en abril de 2018.

16. Al encontrarse ante la incómoda situación de tener que salvar del diluvio universal solo uno de estos textos, el que habría que salvar es el primero. Por muy curioso que pueda parecer, en *Spacewar* se encontraba ya todo el código genético de nuestra civilización, que, de hecho, ha adoptado el nombre de videojuegos como el mencionado. En ellos resultaban legibles el significado de los ordenadores, la potencialidad de lo digital, las ventajas de la postura hombre-teclado-pantalla, una cierta idea de arquitectura mental, una colección de sensaciones físicas, una idea precisa de la velocidad, la beatificación del movimiento y la importancia de una puntuación. En cierto sentido, los videojuegos fueron el breviario en el que los padres de la revolución digital leyeron lo que estaban haciendo, y lo que podrían llegar a hacer.

17. *Spacewar* significa «guerra espacial». En cierta ocasión Stewart Brand escribió: *«Guerra espacial* ha hecho mucho por la paz en la Tierra.» Su intención era recordarnos que el Game es una civilización de paz. No hace tantos años, habríamos dado cualquier cosa por vivir en una civilización semejante. Hoy, si nos piden a cambio que dejemos nuestro mail nos ponemos nerviosos.

18. Hubo un día, ahora resulta difícil decir cuál, en que el Game comenzó a crujir bajo el peso de sus herramien-

tas. Si tuviera que identificar uno, yo elegiría el 9 de enero de 2007. En el preciso momento en que Steve Jobs bajó de ese escenario.

19. El principal defecto del Game es trivial, y puede encontrarse en todos los sistemas que son extensiones de movimientos insurreccionales. Jugadas que son ideales para romper un frente y revertir una tendencia generan, a la larga, efectos lejanos que no acaban de funcionar muy bien. A menudo, muy simplemente, lo que funciona en una comunidad limitada no resulta manejable del mismo modo cuando los números empiezan a aumentar. Así, por poner un ejemplo, la idea de la humanidad aumentada tiene su propia belleza, pero lo que luego resulta problemático es gestionar su casi inevitable deriva: humanidad aumentada, renovada percepción del yo, individualismo de masas, egoísmo de masas. Te despistas un momento, enfilas esa bajada y ya tienes un problema. Volver hacia atrás e intentar interrumpir el flujo no es mucho más fácil que construir presas para domeñar un aluvión. *Mientras dura el aluvión,* quiero decir. Sin embargo, eso es lo que debemos hacer. La otra posibilidad sería abandonar el Game. Pero no vamos a encontrar a toda esa multitud a la salida.

20. En la actualidad, las principales disfunciones del Game, las que de verdad están llevando a muchos de sus habitantes a considerarlo un enemigo, son tres.

La primera es que el Game es difícil. Tal vez sea divertido, pero es demasiado difícil. Es abierto, inestable, multiforme. Nunca se apaga. Para sobrevivir debemos tener habilidades no indiferentes que, por otra parte, no se enseñan: se aprende jugando, como en los videojuegos. El hecho es que aquí no tenemos muchas vidas, y cuando uno cae, se cae. No hay redes de protección, ni para recuperar a los que han caído. Quien se desconecta, poco a poco se va alejando. *«No vamos a dejar a nadie atrás»* no es una frase propia del Game.

La segunda disfunción es que un sistema nacido para redistribuir el poder ha acabado distribuyendo más que nada posibilidades, obteniendo a cambio el inesperado resultado de crear inmensas concentraciones de poder: se ubican en puntos diferentes a los del siglo XX, pero no parecen ser menos impenetrables. Su lógica es tan ilegible al menos como la de las cancillerías europeas de principios del siglo XX. Sus recursos financieros aumentan a ritmos que el siglo XX no conocía.

La tercera disfunción radica en esa decisión de dejar intactas las grandes fortalezas del siglo XX: el Estado, la Escuela, las Iglesias. Un gesto brillante, pero que a la larga ha tenido desagradables consecuencias. De alguna manera es como si el Game hubiera dejado intacto el esqueleto del mundo, para irse luego a desarrollar masas musculares letales y articulaciones de contorsionista. Es obvio que tarde o temprano algo se rompe, en diferentes puntos, en diferentes tiempos. Una colección de micro y macrofracturas. Para ser prácticos: si el esqueleto de la educación se le deja a una escuela que permanece todavía enquistada en entrenar a buenos ciudadanos de una democracia media de los años ochenta, entonces no podemos hacernos ilusiones de que estamos poniendo en el Game a jugadores idóneos: van a romperse con facilidad. Así, puedes imaginar toda la movilidad posible, y seguir desarrollando herramientas que produzcan velocidad, pero si el sistema sanguíneo de los Estados continúa construyendo cuellos de botella, obstrucciones, aduanas, peajes, bloques y muros, luego resultará difícil descargar todo ese dinamismo, esa presión, esa velocidad. Nos encontraremos haciendo frente a hemorragias internas en modo alguno desdeñables.

Me gustaría añadir que encontrar soluciones a estos tres problemas no es algo que actualmente esté a nuestro alcance. Podemos hacer rectificaciones, y lo hacemos todos los días. Pero las soluciones a problemas como esos puede encontrarlas únicamente una inteligencia que tenga su edad. Voy a ser claro: nadie que haya nacido antes que Google va a resolver estos problemas.

21. El Game es un sistema jovencísimo, tan joven que aún es generado, en la mayoría de los casos, por personas que no han nacido en él. Brin y Page no tenían ningún smartphone en el bolsillo cuando inventaron Google, y Berners-Lee no podía relajarse jugando a la PlayStation mientras inventaba la Web. A niveles mucho más elementales, la capilar y cotidiana edificación del Game está hoy en gran parte en manos de personas que llamaban a su novia desde una cabina telefónica y utilizaban una agencia de viajes para viajar. Lo que sabemos con certeza es que el Game desencadenará todos sus potenciales solo cuando sea enteramente diseñado por inteligencias diseñadas por él. Entonces será él mismo.

22. Pongo un único ejemplo, quizá el más delicado. Mentes del siglo XX, por muy proféticas e iluminadas que fuesen, no se han acercado siquiera, en los últimos cuarenta años, a crear para el Game su propio modelo de

desarrollo económico, de justicia social, de distribución de la riqueza. Los ricos del Game lo son de una forma muy tradicional. Los pobres, también. Probablemente solo una generación de nativos digitales, capaces de entrecruzar las lecciones del pasado con los instrumentos del presente, podrá diseñar soluciones que hoy no existen. Inventar modelos, articular prácticas, generar una cultura generalizada. Es una de las tareas que tienen por delante. Si fracasan, el Game seguirá siendo imperfecto y, en el fondo, frágil. Tarde o temprano, la cólera social lo derrocará.

23. Actualmente, lo mejor que puede hacerse para corregir el Game es enderezarlo. Si fuera un avión en pleno vuelo, lo veríamos inclinarse hacia un costado, una de las alas apuntando hacia el suelo, la otra señalando el cielo. Esta disposición inclinada le viene de su origen y está bien resumida en estos datos estadísticos: en una abrumadora mayoría, los padres del juego eran varones, blancos, americanos e ingenieros/científicos. Pero la inteligencia de nuestro tiempo es más variada, y está claro que el tipo de vuelo que permitió el advenimiento del Game no es el más apropiado para ayudarlo en la época de su madurez. Probablemente se necesitaron ingenieros para entrar en el siglo XX y hacerlo estallar, pero si *la otra inteligencia* no entra cuanto antes en los procesos de producción del Game, es difícil que el futuro nos conceda un hábitat sostenible. Necesitamos una cultura femenina, de saber humanista, de memoria no americana, de talentos formados en la derrota y de inteligencias que provengan de los márgenes. Si los nativos digitales que se ocupan y cuidan del Game, llevándolo a su madurez, siguen siendo varones, blancos, americanos e ingenieros, el

mundo en el que viviremos acabará en un bucle sin perspectivas.

24. Más que cualquier otra cosa, el Game necesita humanismo. Lo necesita su gente, y por una razón elemental: necesitan seguir sintiéndose humanos. El Game los ha empujado a una cuota de vida artificial que puede ser compatible con un científico o un ingeniero, pero a menudo es antinatural para todos los demás. En los próximos cien años, mientras que la inteligencia artificial nos llevará aún más lejos de nosotros, no habrá bien más valioso que todo lo que haga sentirse seres humanos a las personas. Por muy absurdo que pueda parecernos ahora, la necesidad más extendida será la de salvar una identidad de la especie. En ese momento recogeremos lo que hayamos sembrado en estos años.

25. No es el Game el que tiene que volver al humanismo. Es el humanismo el que debe compensar un retraso y alcanzar al Game. Una restauración refractaria de los ritos, del saber y de las élites que relacionamos de forma instintiva con la idea del humanismo, sería una pérdida de tiempo imperdonable. En cambio, tenemos prisa por cristalizar un humanismo contemporáneo, donde las huellas dejadas por los humanos tras de sí sean traducidas a la gramática del presente y situadas en los procesos que generan, cada día, el Game. Es un trabajo que estamos haciendo. Hay toda un área de memoria, imaginación, sensibilidad y representaciones mentales en la que los habitantes del Game se han puesto a recopilar las huellas dactilares de su condición humana. Tampoco hacen demasiadas distinciones entre un tratado filosófico del siglo XV y un sendero

en las montañas. Buscan al hombre, y donde lo encuentran, toman nota. Descartan algunas cosas, muchas otras las conservan. Lo traducen todo. Y esto lo hacen con una intención muy lúcida: terminar de construir el Game de una manera que sea adecuada para los seres humanos. No solo *producido* por los humanos: *adecuado* para ellos.

Están corrigiendo el vuelo del Game.

La Gran Biblioteca en la que lo están haciendo no existe, y existe en todas partes. Su catálogo es inmenso: podríamos pasarnos toda una vida simplemente recorriendo los títulos entre los *Simpsons* y *Spinoza*. Quienes lo hicieran tendrían la oportunidad de toparse con magníficos hallazgos: una cierta capacidad para combinar gustos o colores, la posibilidad de hilvanar largos pensamientos o frases de muchas líneas, una determinada capacidad misteriosa de lentitud e inmovilidad. Existe el riesgo de que se conviertan en fósiles para ser admirados los domingos en los museos. Pero si se convierten en *contemporary humanities,* es decir, en escenarios del Game, nos encontraremos jugando a ellos, y entonces será una historia completamente distinta. Una historia de humanos, una vez más.

AGRADECIMIENTOS

Les debo un especial agradecimiento a Annalisa Ambrosio y Elisa Botticella, que me han ayudado en las investigaciones necesarias para la elaboración de este libro. No es tanto el hecho de que sean tan cultas, atentas y brillantes. Lo que me encanta es que siempre hacen reír.

De maneras diferentes, y a lo mejor tal vez sin saberlo, me han ayudado a escribir *The Game* Sebastiano Iannizzotto, Valentina Rivetti, Martino Gozzi, Arianna Montorsi, Riccardo Zecchina, Marta Trucco, Riccardo Luna, Federico Rampini, Gregorio Botta, Valentina De Salvo, Marco Ponti, Dario Voltolini, Tito Faraci y Sebastiano Baricco. A todos ellos, mi gratitud.

Luigi Farrauto y Andrea Novali han sido dos compañeros fantásticos del camino.

ÍNDICE

Fodor's 07

CANCÚN, COZUMEL, YUCATÁN PENINSULA

Where to Stay and Eat
for All Budgets

Must-See Sights
and Local Secrets

Ratings You Can Trust

Fodor's Travel Publications   New York, Toronto, London, Sydney, Auckland
www.fodors.com

FODOR'S CANCÚN, COZUMEL, YUCATÁN PENINSULA 2007

Editor: Nuha Ansari

Editorial Production: Bethany Cassin Beckerlegge
Editorial Contributors: Michele Joyce, Sean Mattson, Maribeth Mellin, Marilyn Tauserd
Maps: David Lindroth *cartographer;* Bob Blake and Rebecca Baer, *map editors.* Additional cartography provided by Henry Colomb, Mark Stroud, and Ali Baird, Moon Street Cartography.
Design: Fabrizio La Rocca, *creative director;* Guido Caroti, Chie Ushio, Tina Malaney, Brian Ponto
Photography: Melanie Marin, *senior picture editor*
Cover Photo (Coastline at Tulum, Yucatán Peninsula): Robin Hill, Index Stock Imagery
Cover Design: Moon Sun Kim
Production/Manufacturing: Robert B. Shields

ISBN-10: 1–4000–1685–1

ISBN-13: 978–1–4000–1685–3

ISSN: 1051–6336

SPECIAL SALES

This book is available for special discounts for bulk purchases for sales promotions or premiums. Special editions, including personalized covers, excerpts of existing books, and corporate imprints, can be created in large quantities for special needs. For more information, write to Special Markets/Premium Sales, 1745 Broadway, MD 6-2, New York, New York 10019, or e-mail specialmarkets@randomhouse.com.

AN IMPORTANT TIP & AN INVITATION

Although all prices, opening times, and other details in this book are based on information supplied to us at press time, changes occur all the time in the travel world, and Fodor's cannot accept responsibility for facts that become outdated or for inadvertent errors or omissions. So **always confirm information when it matters,** especially if you're making a detour to visit a specific place. Your experiences—positive and negative—matter to us. If we have missed or misstated something, **please write to us.** We follow up on all suggestions. Contact the Cancún editor at editors@fodors.com or c/o Fodor's at 1745 Broadway, New York, New York 10019.

PRINTED IN THE UNITED STATES OF AMERICA

10 9 8 7 6 5 4 3 2 1

Your opinion matters. It matters to us. It matters to your fellow Fodor's travelers, too. And we'd like to hear it. In fact, we *need* to hear it.

When you share your experiences and opinions, you become an active member of the Fodor's community. That means we'll not only use your feedback to make our books better, but we'll publish your names and comments whenever possible. Throughout this guide, look for "Word of Mouth" excerpts of unvarnished feedback.

Here's how you can help improve Fodor's for all of us.

Tell us when we're right. We rely on local writers to give you an insider's perspective. But our writers and staff editors—who are the best in the business—depend on you. Your positive feedback is a vote to renew our recommendations for the next edition.

Tell us when we're wrong. We're proud that we update our Italy guide every year. But we're not perfect. Things change. Hotels cut services. Museums change hours. Charming cafés lose their charm. If our writer didn't quite capture the essence of a place, tell us how you'd do it differently. If any of our descriptions are inaccurate or inadequate, we'll incorporate your changes in the next edition and will correct factual errors at fodors.com *immediately.*

Tell us what to include. You're bound to have some fantastic experiences not mentioned in this guide—Italy's that kind of place. Why not share them with a community of like-minded travelers? Maybe you chanced upon a palazzo or a trattoria that you don't want to keep to yourself. Tell us why we should include it. And share your discoveries and experiences with everyone directly at fodors.com. Your input may lead us to add a new listing or highlight a place we cover with a "Highly Recommended" star or with our highest rating, "Fodor's Choice."

Give us your opinion instantly at our feedback center at www.fodors.com/feedback. You may also e-mail editors@fodors.com with the subject line "Cancún Editor." Or send your nominations, comments, and complaints by mail to Cancún Editor, Fodor's, 1745 Broadway, New York, NY 10019.

You and travelers like you are the heart of the Fodor's community. Make our community richer by sharing your experiences. Be a Fodor's correspondent.

¡Buen Viaje!

Tim Jarrell, Publisher

CONTENTS

WHAT'S WHERE

CANCÚN

Although not exactly a jewel, Cancún is certainly the rhinestone of the Caribbean coast. This 30-years-young city is Mexico's most popular destination. And why not? The 7-shaped barrier island is blessed on both sides by soft white sands. Cancún's beachfront highrises offer loads of creature comforts and nonstop water sports; hotels inland are more reasonably priced and let you enjoy a more authentic Mexican experience. Overall, though, Cancún is more the domain of sun worshippers and party animals—old and young, straight and gay—than culture hounds. Those who want to learn about history can visit nearby Maya ruins and centuries-old cities that are everything that Cancún is not.

ISLA MUJERES

A 30-minute jaunt across the water from Cancún, five-mile-long Isla Mujeres is light-years away in temperament. Day trippers come for lunch and wind up falling in love with the place: it's more laid-back, less crowded, and cheaper than almost anywhere on the mainland. Hotels and restaurants have popped up along the best beaches, but staff members are native Isleños, the seafood is fresh-caught, and the water is shallow and turquoise blue. A steady increase in visitors has raised the tourist-kitsch factor—but natural, easy pleasures still reign.

COZUMEL

Mellower than Cancún and hipper than Isla Mujeres, Cozumel lies 12 mi (19 km) east of Playa del Carmen. The island is hugely popular with two separate groups of visitors, the first being scuba divers. Ever since Jacques Cousteau first made Cozumel's interconnected series of coral reefs (known collectively as the Maya Reef) famous in the 1970s, divers and snorkelers have flocked here. Aboveground, however, the island plays host to a much different crowd: cruise-ship passengers. Six giant ships per day currently ferry day trippers to Cozumel, and during prime visiting hours the downtown area is choked. To avoid the crowds, you can horseback ride along the island's windward side in search of crumbled monuments to the goddess Ixchel, fish at Isla de la Pasión, or wander off the town's main drag to hobnob with residents. Or, you can always slip underwater.

THE CARIBBEAN COAST	The dazzling white sands and glittering blue-green waters of the Riviera Maya beckon to sun worshippers and spa goers as well as snorkelers, divers, and bird-watchers. Although sugary beaches are the principal draw here, the seaside ruins of Tulum, jungle-clad pyramids at Cobá, and several other Maya sites are all nearby. This swatch of coast between Cancún and Tulum is popular with developers; jungle lodges and campgrounds now coexist with extravagant spa resorts. The town of Playa del Carmen is almost as big as Cancún, although it has a more authentic Mexican feel. Nature lovers can head farther south, to the pristine beaches of the Costa Maya or to the Reserva de la Biosfera Sian Ka'an, with more than a million acres of wild coastline and jungle.
MÉRIDA, CHICHÉN ITZÁ & YUCATÁN STATE	The capital city of Yucatán State is the cultural hub of the entire peninsula. Bustling with traffic and swelteringly hot for much of the year, Mérida's restaurants, hotels, shops, and museums still bring visitors back year after year. Weekends, when downtown streets are closed to cars and free shows are held on the main square, are especially magical. Outside of Mérida, villages offer charming shops and restaurants, shell-strewn beaches along the remote north coast, and a chance to see the clouds of pink flamingos that converge on protected wetlands. The state's major claim to fame, however, is its spectacular Maya sites, including Chichén Itzá and Uxmal.

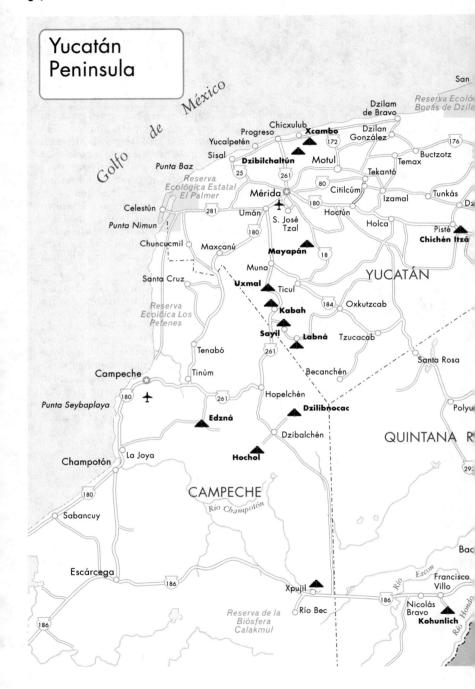

Yucatán Peninsula

San

Golfo de México

Dzilam de Bravo

Reserva Ecoló Bocás de Dzila

Chicxulub

Progreso **Xcambo**

172

Dzilan González

176

Yucalpetén

Sisal

Dzibilchaltún Motul

Buctzotz

Temax

Tekantó

Punta Baz

25

Reserva Ecológica Estatal El Palmer

261

Mérida

80

Citilcúm

Izamal

Tunkás

D

Celestún

281

Umán

S. José Tzal

180

Hoctún

Holca

Pisté

Chichén Itzá

Punta Nimun

180

Chuncucmil

Maxcanú

Mayapán

18

YUCATÁN

Santa Cruz

Muna

Reserva Ecológica Los Petenes

Uxmal

Ticul

184

Oxkutzcab

Kabah

Sayil

Labná

Tzucacab

Santa Rosa

Tenabó

Tinúm

261

Becanchén

Campeche

180

Punta Seybaplaya

261

Hopelchén

Dzilibnocac

Polyu

Edzná

Dzibalchén

QUINTANA R

La Joya

Hochol

29

Champotón

CAMPECHE

Río Champotón

180

Sabancuy

Bac

Escárcega

186

Xpujil

Río Esco

Francisco Villo

186

Reserva de la Biósfera Calakmul

Río Bec

186

Nicolás Bravo

Kohunlich

Río Hondo

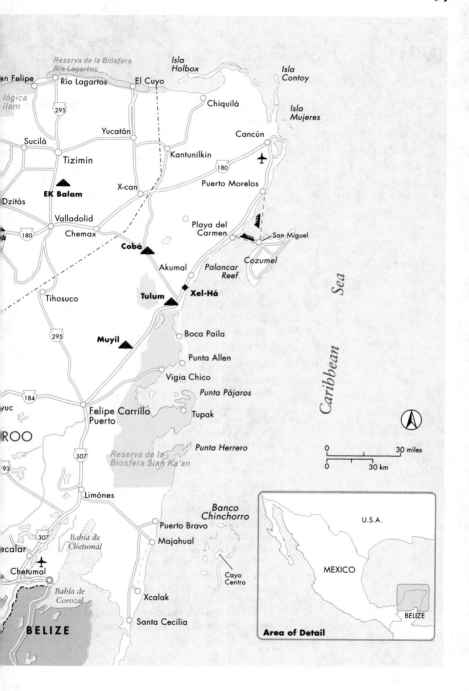

WHEN TO GO

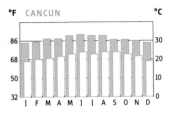

High season along the Mexican Caribbean runs from mid-December through Easter (or the week after). The most popular vacation times are *Semana Santa* (Holy Week, the week leading up to Easter) and the weeks around Christmas and New Year's. Most hotels are booked well in advance for these holidays, when prices are at their highest and armies of travelers swarm popular attractions. Resorts popular with college students (i.e., any place with a beach) tend to fill up in the summer months and during spring-break season (generally March through April).

Off-season price changes are considerable at the beach resorts but are less pronounced in Mérida, Campeche, and other inland regions. To avoid crowds and high prices, the best times to go are September through early December, May, and June, although May and June can be terribly hot and humid.

Climate

From November through March, winter temperatures hover around 27°C (80°F). Occasional winter storms called *nortes* can bring blustery skies and sharp winds that make air temperatures drop and swimming unappealing. A light- to medium-weight jacket or heavy sweater or shawl is recommended for travel in December or January, just in case. During the spring (especially April and May), there's a period of intense heat that tapers off in June. The hottest months, with temperatures reaching up to 43°C (110°F), are May, June, and July. The primary rainy season, July through the end of September, also is hot and humid. The rains that farmers welcome in summer threaten occasional hurricanes later in the season, primarily mid-September through mid-November. (Officially, the Caribbean tropical storm and hurricane season starts in June, but bad weather rarely arrives before September.) Inland regions tend to be 10°–15° warmer than the coast.

🔛 Forecasts **Weather Channel Connection** (☎ 900/932-8437), 95¢ per minute from a Touch-Tone phone.

ABOUT THIS BOOK

Our Ratings

Sometimes you find terrific travel experiences and sometimes they just find you. But usually the burden is on you to select the right combination of experiences. That's where our ratings come in.

As travelers we've all discovered a place so wonderful that its worthiness is obvious. And sometimes that place is so experiential that superlatives don't do it justice: you just have to be there to know. These sights, properties, and experiences get our highest rating, **Fodor's Choice**, indicated by orange stars throughout this book.

Black stars highlight sights and properties we deem **Highly Recommended**, places that our writers, editors, and readers praise again and again for consistency and excellence.

By default, there's another category: any place we include in this book is by definition worth your time, unless we say otherwise. And we will.

Disagree with any of our choices? Care to nominate a place or suggest that we rate one more highly? Visit our feedback center at www.fodors.com/feedback.

Budget Well

Hotel and restaurant price categories from ¢ to $$$$ are defined in the opening pages of each chapter. For attractions, we always give standard adult admission fees; reductions are usually available for children, students, and senior citizens. Want to pay with plastic? **AE, D, DC, MC, V** following restaurant and hotel listings indicate if American Express, Discover, Diner's Club, MasterCard, and Visa are accepted.

Restaurants

Unless we state otherwise, restaurants are open for lunch and dinner daily. We mention dress only when there's a specific requirement and reservations only when they're essential or not accepted—it's always best to book ahead.

Hotels

Hotels have private bath, phone, TV, and air-conditioning and operate on the European Plan (a.k.a. EP, meaning without meals), unless we specify that they use the Continental Plan (CP, with a Continental breakfast), Breakfast Plan (BP, with a full breakfast), or Modified American Plan (MAP, with breakfast and dinner) or are all-inclusive (including all meals and most activities). We always

list facilities but not whether you'll be charged an extra fee to use them, so when pricing accommodations, find out what's included.

Many Listings

★	Fodor's Choice
★	Highly recommended
⊠	Physical address
⊹	Directions
⌂	Mailing address
☎	Telephone
🖷	Fax
⊕	On the Web
✆	E-mail
⊴	Admission fee
☉	Open/closed times
▶	Start of walk/itinerary
Ⓜ	Metro stations
▭	Credit cards

Hotels & Restaurants

⊞	Hotel
🛏	Number of rooms
⌂	Facilities
¶◯¶	Meal plans
✕	Restaurant
⌂	Reservations
⌂	Dress code
⌇	Smoking
⊖	BYOB
✕⊞	Hotel with restaurant that warrants a visit

Outdoors

⚐	Golf
⚠	Camping

Other

☺	Family-friendly
✦	Contact information
⇨	See also
⊠	Branch address
☞	Take note

IF YOU LIKE

Spas

There are more than 20 spa resorts scattered throughout the Yucatán peninsula; most of them are along the coast. Here, decadent body treatments are offered in luxurious seaside settings. Some incorporate indigenous healing techniques into their services, using *temazcal* (an ancient sweatlodge ritual), and plant extracts in aromatherapy facials. Others feature seawater and marine algae in mineral-rich thalassotherapy treatments; still others go the high-tech route with cutting-edge flotarium tanks and guided Pilates sessions. You won't have any trouble getting your pampering fix here—especially in the areas around Playa del Carmen and the rest of the Riviera Maya—but you'll likely pay top dollar for it.

Spas here that get the most consistent raves include Punta Tanchacté's **Paraiso de la Bonita Resort and Thalasso**, where you can soak away stress in specially built saltwater pools; **Maroma** in Punta Maroma, with its relaxing, womblike flotation tanks; and **Ikal del Mar**, in Punta Bete, where you can follow up your Maya massage with a sumptuous Yucatecan meal. **Spa del Mar**, at Cancún's Le Meridien hotel, is justifiably famous for its seaweed hydrotherapy; and at the **Hotel El Rey del Caribe Spa**, also in Cancún, it's hard to imagine a sweeter way to end the day than a honey massage.

Diving & Snorkeling

The turquoise waters of the Mexican Caribbean coast are strewn with stunning coral reefs, underwater canyons, and sunken shipwrecks—all teeming with marine life. The visibility can reach 100 feet, so even on the surface, you'll be amazed by what you can see.

Made famous decades ago by Jacques Cousteau, Cozumel is still considered one of the world's premier diving destinations. The **Maya Reef**, just off the western coast, stretches some 32 km (20 mi)—and more than 100 dive operators on the island offer deep dives, drift dives, wall dives, night dives, wreck dives, and dives focusing on ecology and underwater photography.

Farther south, the town of Tankah is known for its **Gorgonian Gardens**, a profusion of soft corals and sponges that's created an underwater Eden. Near the border of Belize, Mexico's largest coral atoll, **Banco Chinchorro**, is a graveyard of vessels that have foundered on the corals over the centuries. Experienced divers won't want to miss Isla Contoy's **Cave of the Sleeping Sharks**. Here, at 150 feet, you can see the otherwise dangerous creatures "dozing" in a state of relaxed nonaggression.

The freshwater *cenotes* (sinkholes) that punctuate Quintana Roo, Yucatán, and Campeche states are also favorites with divers and snorkelers. Many of these are private and secluded even though they lie right off the highways; others are so popular that they've become tourist destinations. At **Hidden Worlds Cenote Park** (on the highway between Xel-ha and Tankah), for example, you can float through cavernous sinkholes filled with otherworldly stalactites, stalagmites, and rock formations.

Maya Ruins

The ruins of ancient Maya cities are magical; and they're scattered all across the Yucatán. Although **Chichén Itzá**, featuring the enormous and oft-photographed El Castillo pyramid, is the most famous of the region's sites, **Uxmal** is the most graceful. Here, the perfectly proportioned buildings of the Cuadrángulo de las Monjas (Nun's Quadrangle) make a beautiful "canvas" for facades carved with snakes and the fierce visages of Maya gods. At the more easterly **Ek Balam**, workers on makeshift scaffolding brush away centuries of accumulated grime from huge monster masks that protect the mausoleum of a Maya king. On the amazing friezes, winged figures dressed in full royal regalia gaze down.

At **Cobá**, the impressive temples and palaces—including a 79-foot-high pyramid—are surrounded by thick jungle, and only sparsely visited by tourists. In contrast, nearby **Tulum** is the peninsula's most-visited archaeological site. Although the ruins here aren't as architecturally arresting, their location—on a cliff top overlooking the blue-green Caribbean—makes it unique among major Maya sites.

Farther afield, in Campeche state, the elaborate stone mural of **Balamkú** is hidden deep within another temple, sheltered from the elements for more than a millennium. Thousands of structures lie buried under the profuse greenery of Mexico's largest ecocorridor at the **Reserva de la Biosfera Calakmul**, where songbirds trill and curious monkeys hang from the trees. These and other intriguing cities have been extensively excavated for your viewing pleasure, and throughout the peninsula, too-symmetrical "hills" hide mysterious mounds that only future generations will be privileged to explore.

Exotic Cuisine

Pickled onions tinged a luminous pink, blackened habañero chiles floating seductively in vinaigrette, lemonade spiked with the fresh green plant called *chaya*. Yucatecan cuisine is different from that of any other region in Mexico. In recent years, traditional dishes made here with local fruits, chilis, and spices have also embraced the influence of immigrants from such places as Lebanon, France, Cuba, and New Orleans. The results are deliciously sublime.

Among the best-known regional specialties are *cochinito pibíl* and *pollo pibíl* (pork or chicken pit-baked in banana leaves). Both are done beautifully at **Hacienda Teya**, an elegant restaurant outside Mérida that was once a henequen hacienda. The *poc chuc* (marinated pork served with pickled onions and a plateful of other condiments) is delicious at **El Príncipe Tutul-Xiu**, an off-the-beaten-path and very authentic restaurant in the ancient Yucatán town of Maní. *Papadzules*—hard-boiled eggs rolled inside tortillas and drenched in a sauce of pumpkin seed and fried tomatoes—are a specialty at **Labná**, in Cancún's El Centro district.

In Campeche, a signature dish is *pan de cazón*, a casserole of shredded shark meat layered with tortillas, black beans, and tomato sauce; the best place to order it is **La Pigua**, in Campeche City. The dish known as *tixin-xic* (fish marinated in sour orange juice and chiles and cooked over an open flame) is the dish of choice at Isla Mujeres' **Playa Lancheros Restaurant**.

Some of the Yucatán's tastiest treats come in liquid form. *Xtabentún*, a thick liqueur of fermented honey and anise, can be sipped at room temperature, poured over ice, or mixed with a splash of sparkling water.

GREAT ITINERARIES

CANCÚN & DAY-TRIPS

Cancún is the place where you'll likely start your visit, and if sunbathing, water sports, and partying are what you're after, you won't need to set foot outside the Zona Hotelera (or even your resort). If you're staying for a week or so, though, you should definitely check out some of the attractions that are easy day-tripping distance from Cancún: nature parks, Maya ruins, and some of the world's best snorkeling and diving are all just a short drive or boat trip away.

Days 1 & 2: Arrival/Cancún

After arriving at your hotel, spend your first day or two doing what comes naturally: lounging at the hotel pool, playing in the waves, parasailing, and going out for dinner and drinks. If you start to feel restless your second day, you can head to the Museo de Arte Popular, catch an evening performance at El Embarcadero, or take a ride into El Centro (Cancún city) and browse the shops and open-air markets along Avenida Tulum.

Day 3: Cozumel or Isla Mujeres

Spend the day visiting one of the islands off Mexico's Caribbean coast. If beachcombing and a laid-back meal of fresh seafood under a palapa sounds like your bag, take a ferry from Puerto Juárez and head for Isla Mujeres; once you're there, chill on Playa Norte, or rent a moped and hit one of the beach clubs on the southeastern coast (stopping at the Tortugranja turtle farm along the way). If you like underwater sealife, drive or take a bus south from Cancún to Puerto Morelos, where you can catch a boat over to Cozumel. There are over a hundred

scuba and snorkeling outfits on the island, all of which run trips out to the spectacular Maya Reef.

Day 4: Playa del Carmen/Xcaret

In the morning, grab your bathing suit and a towel, take a taxi to the Xcaret bus station near Playa Caracol, and grab a 9:45 AM bus to this magical nature park. You can easily spend an entire day here snorkeling through underwater caves; visiting the butterfly pavilion, sea turtle nursery, and reef aquarium; and (if you reserve a spot early) bonding with dolphins. Alternatively, get up early and take a rental car south along Carretera 307 toward Playa del Carmen, about an hour and a half away. Once you arrive, head to Avenida 5 along the waterfront, where you can choose from dozens of places to lunch (if you want to splurge, try the ceviche or the namesake specialty at Blue Lobster). Then spend the afternoon either wandering among the shops and cafés and watching the street performers, or else jump in the car and head 10 minutes south of town to Xcaret.

Days 5 & 6: Tulum/Cobá

If you have the time, it's worth spending a day at each of these beautiful Maya ruin sites near Playa del Carmen; each is entirely different from the other. Cobá, which is about a half-hour's drive west from Playa, is a little-visited but spectacular ancient city that's completely surrounded by jungle; you can climb atop a 79-foot-high temple, explore pyramids and ball courts, all while listening to the calls of exotic birds and howler monkeys in the trees. Tulum, the only major Maya site built right on the water,

has less stunning architecture, but a dazzling location overlooking the Caribbean. After picking through the ruins, you can take a path down from the cliffs and laze for a while on the fabulous beach below. Be warned, though: since Tulum is just a 45-minute drive south from Playa, it's the Yucatán's most popular Maya site. You won't have much privacy here.

YUCATÁN & THE MAYA INTERIOR

If you have more than a week to spend on the peninsula, you're in luck. You'll have time to visit some of the most beautiful—and famous—ruin sites in the country, and to explore some authentically Mexican inland communities that feel worlds away from the touristy coast.

For days 1–6, follow the itinerary outlined above in **Cancún & Day-Trips.**

Day 7: Valladolid & Chichén Itzá

Get up early, check out of your hotel, and make the drive inland along Carretera 180 toward the world-renowned Chichén Itzá ruins. Stop en route for a late breakfast or early lunch in Valladolid, about 2½ hours hours from Cancún; one of the best places to go is the casual eatery at Cenote Zaci, where you can also swim in the lovely jade-green sinkhole. Continue another half hour to Chichén Itzá and check into one of the area hotels (the Hacienda Chichén is a terrific choice). Then spend the afternoon exploring the site before it closes at 5 PM. Climb El Castillo; check out the former marketplace, steam bath, observatory, and temples honoring formidable Maya

gods. Chill for an hour or two before the light-and-sound show, then turn in after dinner at your hotel.

Days 8 & 9: West to Mérida

Have a substantial breakfast at your hotel before checking out. Then either take an easterly detour for an on-the-hour tour at the limestone caverns of Grutas de Balancanchén, or head immediately west on Carretera 180 for the hour-long drive to Mérida. After checking into a hotel in the city (Villa Mercedes is an especially delightful choice), wander the zócalo and surrounding streets, take a horse-drawn carriage to Parque Centenario or to see the mansions along Paseo de Montejo, and then have a drink and a meal before returning to your hotel for the evening. Spend the next day shopping, visiting museums, and enjoying Mérida's vibrant city scene.

Day 10: Uxmal & the Ruta Puuc

Wake up early and drive south to the gorgeous ruins at Uxmal. You'll want to spend two to three hours exploring the site, which includes the mysterious, 125-foot-high Pyramid of the Magician. Afterward, you can return to Mérida, stopping first for lunch at Cana Nah near the ruins. Or, if you're spending the night in Uxmal, you'll have time after lunch to either to lounge by your hotel's pool or to tour some or all of the Ruta Puuc sites—Kabah, Labná, Sayil, and the Grutas de Loltún. The first three are Maya ruins, the latter, a fascinating underground system of caves that once hid Mayas from invading Spaniards.

GREAT ITINERARIES

Days 11 & 12: East to Cancún/ Departure

The drive from Mérida or Uxmal back to Cancún will take you some five or six hours on Carretera 180, so if you're flying out of Cancún airport the same day, get an early start. Otherwise, if you can afford to take your time, stop at the lovely town of Izamal on the way back; you can take a horse-drawn carriage tour of artisans' shops, visit the stately cathedral, or climb to the top of crumbling Kinich Kakmó pyramid. Arrive in Cancún in the afternoon, take a last swim on the sugar-sand beach before dinner, and get a good night's sleep at your hotel before your departure the next day.

TIPS

① Since both the hotel/spa and restaurant at the JW Marriott have received a Fodor's Choice designation, you might splurge for this fabulous accommodation in the center of Cancún's Hotel Zone. You can also choose to stay in more rustic, reasonably priced lodgings in the downtown area—such as the charming El Rey del Caribe.

② If possible, try to arrange Days 8 and 9, in Mérida, during a weekend. Saturday evening and all day Sunday the city offers free concerts and folk-dancing; in squares near the main plaza vendors sell crafts and homemade snacks, and the streets are closed to cars.

③ Despite this full itinerary, take every opportunity to rest—or at least get out of the sun—during the heat of the day between noon and 3 pm.

④ Driving is the best way to see the peninsula, especially if your time is limited. However, there's nothing on this itinerary that can't be accessed by either bus or taxi.

ON THE CALENDAR

WINTER Dec.	**Fiesta de la Concepción Inmaculada** (Feast of the Immaculate Conception) is observed for six days in the villages across the Yucatán, with processions, dances, fireworks, and bullfights culminating on the feast day itself, December 8. **Fiesta de la Virgen de Guadalupe** (Festival of the Virgin of Guadalupe) is celebrated throughout Mexico on December 12. The **Procesión Acuática** highlights festivities at the fishing village of Celestún, west of Mérida. **Navidad** (Christmas) is celebrated throughout the Yucatán. Among the many events are *posadas,* during which families gather to eat and sing, and lively parades with colorful floats and brass bands, culminating December 24, on **Nochebuena** (Holy Night).
Jan.	**El Día de los Reyes** (Three Kings' Day/Feast of the Epiphany), January 6, is the day children receive gifts brought by the three kings (instead of Santa Claus). El Día de los Reyes coincides with Mérida's **Founding Day.** Traditional gift-giving is combined with parades and fireworks. On **El Día de San Antonio Abad** (St. Anthony the Abbot Day), January 17, animals are taken to churches to be blessed.
Feb.– Mar.	**Carnival** festivities take place the week before Lent, with parades, floats, outdoor dancing, music, and fireworks; they're especially spirited in Mérida, Cozumel, Isla Mujeres, Campeche, and Chetumal.
SPRING Mar.–Apr.	Parades are held on Benito Juárez's Birthday, **Aniversario de Benito Juárez,** March 21, to honor the national hero. On the **equinoxes** (March 20 or 21 and September 22 or 23), shadows on the steps of the temple at Chichén Itzá create the image of a snake. **Semana Santa** is the most important holiday in Mexico. Reenactments of the Passion, family parties and meals, and religious services are held during this week leading up to Easter Sunday.
Apr.	The **Sol a Sol International Regatta,** launched from St. Petersburg, Florida, in late April, brings a party atmosphere to its destination, Isla Mujeres, along with music and regional dance exhibitions. The **International Billfish Tournament** takes place in Cozumel in late April.
May	Many businesses are closed on Labor Day, **Día del Trabajo** (May 1), as nearly everyone gets the day off. Celebrated throughout Mexico by masons and construction workers, the **Fiesta de la Santa Cruz,** or Holy Cross Day (May 3), is feted by the population at large in Celestún, Yucatán and Hopelchén, Campeche, with cockfights, dances, and fireworks. **Cinco de Mayo,** May 5, is the Mexican national holiday commemorating Mexico's defeat of the French army at Puebla in 1862. **El Día de la Madre** (Mother's Day), May 10, honors mothers with the usual flowers, kisses, and visits. Since 1991, the **Can-**

		cún Jazz Festival, held the last weekend in May, has featured such top musicians as Wynton Marsalis and Gato Barbieri.
SUMMER	Aug.	Founder's Day, August 17, celebrates the founding of Isla Mujeres with six days of races, folk dances, music, and regional cuisine.
FALL	Sept.	Fiesta de San Román attracts thousands of devout Catholics to Campeche to view the procession carrying the Black Christ of San Román—the city's best-loved saint—through the streets. The two-week celebration culminates on September 28. Vaquerías (traditional cattle-branding parties) attract cowboy (and cowgirl) types to rural towns for bullfights, fireworks, and music throughout September. Día de Independencia (Independence Day) is celebrated throughout Mexico with fireworks and parties beginning 11 PM September 15, and continuing on the 16th. Fiesta de Cristo de las Ampollas (Feast of the Christ of the Blisters) is an important religious event that takes September 17–27, with daily mass and processions during which people dress in typical clothing; dances, bullfights, and fireworks take place in Ticul and other small villages.
	Oct.	Ten days of festivities and a solemn parade marks the Fiesta del Cristo de Sitilpech, during which the Christ image of Sitilpech village is carried to Izamal. The biggest dances (with fireworks) are toward the culmination of the festivities on October 28.
	Oct. & Nov.	Día del Muertos (Day of the Dead), called Hanal Pixan in Mayan, is a joyful holiday during which graves are refurbished and symbolic meals are prepared to lure the spirits of family members back to earth for the day. Deceased children are associated with All Saints Day, November 1, while adults are feted on All Souls Day, November 2. Traditional tamales are pit roasted—the earth and corn symbolizing the marriage of life and death. In Mérida, altars erected in the main square show the traditional offerings of bread, tamales, sweets, and other food and drink.
	Nov.– Dec.	Eight days of festivities mark the Fiesta de la Inmaculada Concepción, honoring Isla Mujeres' patron saint, the Virgin of the Immaculate Conception. After a solemn procession, a series of festivities culminates in a big party and dance on December 8. This festival is also celebrated in Champotón, Campeche.

Cancún

WORD OF MOUTH

"One of the highlights of our last stay in Cancún was after hearing some live music during lunch in [El Centro], we wandered in the direction of the music and came upon a children's festival with thousands of attendees. There was music and dancing and art and food, and we were the only non-locals there. It was an experience neither we, nor my husband's 72-year-old mother, will ever forget."

–Diana

AROUND CANCÚN

Sunbathing in the Zona Hotelera

Getting Oriented

Cancún is a great place to experience 21st-century Mexico. The main attractions for most travelers to Cancún lie along the Zona Hotelera—a 22½-km (14-mi) barrier island shaped roughly like the numeral 7. Off the eastern side is the Caribbean; to the west is a system of lagoons, the largest being Laguna Nichupté. Downtown Cancún—El Centro—is 4 km (2½ mi) west of the Zona Hotelera on the mainland.

TOP 5
Reasons to Go

Nightlife in the Zona Hotelera

1. Dancing the night away to salsa, mariachi, reggae, jazz, or hip-hop at one of the Zona Hotelera's many nightclubs.

2. Watching the parade of gorgeous suntans on the white sands of Playa Langosta.

3. Getting wild on the water: renting a Jet-ski, windsurfer, or kayak and skimming across Laguna Nichupté.

4. Browsing for Mexican crafts at the colorful stalls of Mercado Veintiocho.

5. Indulging in local flavor with dishes like *poc chuc* and drinks like tamarind margaritas.

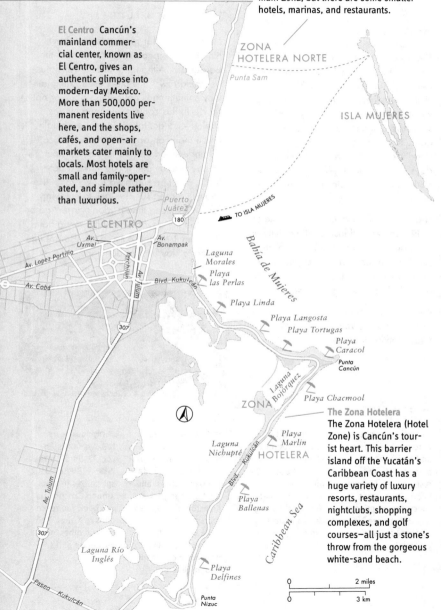

The Zona Hotelera Norte A separate northern strip called Punta Sam, north of Puerto Juárez, is sometimes referred to as the Zona Hotelera Norte (Northern Hotel Zone). This area is quieter than the main Zona, but there are some smaller hotels, marinas, and restaurants.

El Centro Cancún's mainland commercial center, known as El Centro, gives an authentic glimpse into modern-day Mexico. More than 500,000 permanent residents live here, and the shops, cafés, and open-air markets cater mainly to locals. Most hotels are small and family-operated, and simple rather than luxurious.

ZONA HOTELERA NORTE

Punta Sam

ISLA MUJERES

Puerto Juárez
(180)

TO ISLA MUJERES

EL CENTRO

Av. Uxmal

Av. Bonampak

Av. Lopez Portillo

Yaxchilán

Av. Tulum

Av. Cobá

Blvd. Kukulcán

Laguna Morales

Playa las Perlas

Bahía de Mujeres

(307)

Playa Linda

Playa Langosta

Playa Tortugas

Playa Caracol

Punta Cancún

Laguna Bojórquez

Playa Chacmool

ZONA

Av. Tulum

(307)

Laguna Nichupté

Blvd. Kukulcán

Playa Marlin

HOTELERA

Blvd. Kukulcán

Playa Ballenas

Caribbean Sea

Laguna Río Inglés

Playa Delfines

Paseo Kukulcán

Punta Nizuc

The Zona Hotelera The Zona Hotelera (Hotel Zone) is Cancún's tourist heart. This barrier island off the Yucatán's Caribbean Coast has a huge variety of luxury resorts, restaurants, nightclubs, shopping complexes, and golf courses—all just a stone's throw from the gorgeous white-sand beach.

0   2 miles

0   3 km

CANCÚN PLANNER

When to Go, How Long to Stay

There's a lot to see and do in Cancún—if you can force yourself away from the beach, that is. Understandably, many visitors stay here a week, or even longer, without ever leaving the silky sands and seductive comforts of their resorts. If you're game to do some exploring, though, it's a good idea to allow an extra two or three days, so you can day-trip to nearby eco-parks, and Maya ruins like Tulum, Cobá, or even Chichén Itzá.

High season for Cancún starts at the end of November and lasts until the first week in April. Between December 15th and January 5th, however, hotel prices are at their highest—and may rise as much as 30%–50% above regular rates.

If you plan to visit during Christmas, spring break or Easter, you should book at least three months in advance.

On Mexico Time

Mexicans are far more relaxed about time than their counterparts north of the border are. Although *mañana* translates as "tomorrow," it is often used to explain why something is not getting done or not ready. In this context, mañana means, "Relax—it'll get taken care of eventually." If you make an appointment in Mexico, it's understood that it's for half an hour later. For example, if you make a date for 9, don't be surprised if everyone else shows up at 9:30. The trick to enjoying life on Mexican time is: don't rush. And be sure to take advantage of the siesta hour between 1 PM and 4 PM. How else are you going to stay up late dancing?

Boulevard Kukulcán

Tour Options

The companies listed here can book tours and also arrange for plane tickets and hotel reservations. For more information about specific tour options and details, *see* "Tour Options" *in* Cancún Essentials.

■ **Intermar Caribe**
(✉ Av. Tulum 225, at Calle Jabali, Sm 20 ☎ 998/881-0000) offers tours such as snorkeling at Xel-ha, shopping on Isla Mujeres or exploring the ruins at Chichén Itzá.

■ **Mayaland Tours**
(✉ Av. Robalo 30, Sm 3 ☎ 998/987-2450) runs tours to Mérida, the Uxmal ruins, and the flamingo park at Celestún. Self-guided tours to Tulum and Cobá can also be arranged; the agency provides a car, maps, and an itinerary.

■ **Olympus Tours**
(✉ Av. Yaxchilán, Lote 13, Sm 17, Mza 2 ☎ 998/881-9030) specializes in tours around Cancún and can book you reservations to Xcaret, Xel-ha, and other local adventure parks.

Booking Your Hotel Online

A growing number of Cancún hotels are now encouraging people to make their reservations online. Some allow you to book rooms right on their own Web sites, but even hotels without their own sites usually offer reservations via online booking agencies, such as www.docancun.com, www.cancuntoday.net, and www. travel-center.com. Since hotels customarily work with several different agencies, it's a good idea to shop around online for the best rates before booking with one of them.

Besides being convenient, booking online can often get you a 10%–20% discount on room rates. The down side, though, is that there are occasional breakdowns in communication between booking agencies and hotels. You may arrive at your hotel to discover that your Spanish-speaking front desk clerk has no record of your Internet reservation or has reserved a room that's different from the one you specified. To prevent such mishaps from ruining your vacation, be sure to print out copies of all your Internet transactions, including receipts and confirmations, and bring them with you.

Need More Information?

The **Cancún Visitors and Convention Bureau Visitor** (CVB, ✉ Blvd. Kukulcán, Km 9, Zona Hotelera ☎ 998/884-6531 ⊕ www. cancun.info) has lots of information about area accommodations, restaurants, and attractions.

The **Cancún Travel Agency Assocation** (AMAV, ✉ Blvd. Kukulcán, Km. 9, Cancún Convention Center, Zona Hotelera ☎ 998/ 887-1670) can refer you to local travel agents who'll help plan your visit to Cancún.

How's the Weather?

The sun shines an average of 253 days a year in Cancún. The months between December and April have nearly perfect weather; temperatures hover at around 84°F during the day and 64°F at night. May through September are much hotter and more humid; the temperatures can reach upwards of 97°F.

The rainy season starts mid-September and lasts until mid-November—which means afternoon downpours that can last anywhere from 30 minutes to two hours. The streets of El Centro often get flooded during these storms, and traffic can grind to a halt. During these months there are also occasional tropical storms, with high winds and rain that may last for days.

Dining & Lodging Prices

WHAT IT COSTS in Dollars

	$$$$	$$$	$$	$	¢
Restaurants	over $25	$15–$25	$10–$15	$5–$10	under $5
Hotels	over $250	$150–$250	$75–$150	$50–$75	under $50

Restaurant prices are per person, for a main course at dinner, excluding tax and tip. Hotel prices are for a standard double room in high season, based on the European Plan (EP) and excluding service and 12% tax (which includes 10% Value Added Tax plus 2% hospitality tax).

EXPLORING CANCÚN

Updated by
Sean Mattson

Cancún is a great place to experience 21st-century Mexico. There isn't much that's "quaint" or "historical" in this distinctively modern city; the people living here have eagerly embraced all the accoutrements of urban middle-class life—cell phones, cable TV—that are found all over the world. Most locals live on the mainland, in the part of the city known an El Centro—but many of them work in the posh Zona Hotelera, the barrier island where Cancún's most popular resorts are located.

Boulevard Kukulcán is the main drag in the Zona Hotelera, and because the island is so narrow—less than 1 km (½ mi) wide—you would be able to see both the Caribbean and the lagoons on either side if it weren't for the hotels. Regularly placed kilometer markers alongside Boulevard Kukulcán indicate where you are. The first marker (Km 1) is near downtown on the mainland; Km 20 lies at the south end of the Zone at Punta Nizuc. The area in between consists entirely of hotels, restaurants, shopping complexes, marinas, and time-share condominiums. It's not the sort of place you can get to know by walking, although there's a bicycle-walking path that starts downtown at the beginning of the Zona Hotelera and continues through to Punta Nizuc. The beginning of the path parallels a grassy strip of Boulevard Kukulcán decorated with reproductions of ancient Mexican art, including the Aztec calendar stone, a giant Olmec head, the Atlantids of Tula, and a Maya Chacmool (reclining rain god).

South of Punta Cancún, Boulevard Kukulcán becomes a busy road, difficult to cross on foot. It's also punctuated by steeply inclined driveways that turn into the hotels, most of which are set at least 100 yards from the road. The lagoon side of the boulevard consists of scrubby stretches of land alternating with marinas, shopping centers, and restaurants. ■ TIP➔ **Because there are so few sights, there are no orientation tours of Cancún: just do the local bus circuit to get a feel for the island's layout.**

When you first visit El Centro, the downtown layout might not be self-evident. It's not based on a grid but rather on a circular pattern. The whole city is divided into districts called Super Manzanas (abbreviated Sm in this book), each with its own central square or park. The main streets curve around the manzanas, and the smaller neighborhood streets curl around the parks in horseshoe shapes. Avenida Tulum is the main street—actually a four-lane road with two northbound and two southbound lanes. The inner north and south lanes, separated by a meridian of grass, are the express lanes. Along the express lanes, smaller roads lead to the outer lanes, where local shops and services are. ⚠ **This setup makes for some amazing traffic snarls, and it can be quite dangerous crossing at the side roads. Instead, cross at the speed bumps placed along the express lanes that act as pedestrian walkways.**

Avenidas Bonampak and Yaxchilán are the other two major north–south streets that parallel Tulum. The three major east–west streets are Avenidas Cobá, Uxmal, and Chichén. They are marked along Tulum by huge traffic circles, each set with a piece of sculpture.

Numbers in the text correspond to numbers in the margin and on the Cancún map.

A Good Tour

Cancún's scenery consists mostly of beautiful beaches and crystal-clear waters, but there are also a few intriguing historical sites tucked away among the modern hotels. In addition to the attractions listed below, two modest vestiges of the ancient Maya civilization are worth a visit, but only for dedicated archaeology buffs. Neither is identified by name. On the 12th hole of Pok-Ta-Pok golf course (Boulevard Kukulcán, Km 6.5)—the name means "ball game" in Maya—stands a ruin consisting of two platforms and the remains of other ancient buildings. And the ruin of a tiny Maya shrine is cleverly incorporated into the architecture of the Hotel Camino Real, on the beach at Punta Cancún.

You don't need a car in Cancún, but if you've rented one to make extended trips, start in the Zona Hotelera at **Ruinas del Rey ❶ ⌐**. Drive north to **Yamil Lu'um ❷**, and then stop in at the **Cancún Convention Center ❸**, with its anthropology and history museum, before heading farther north to the **Museo de Arte Popular ❹**, in El Embarcadero marina, and finally turning west to reach **El Centro ❺**.

What to See

❸ Cancún Convention Center. This strikingly modern venue for cultural events is the jumping-off point for a 1-km (½-mi) string of shopping malls that extends west to the Presidente InterContinental Cancún. The **Instituto Nacional de Antropología e Historia** (National Institute of Anthropology and History; ☎ 998/883–0305), a small, ground-floor museum, traces Maya culture with a fascinating collection of 1,000- to 1,500-year-old artifacts from throughout Quintana Roo. Admission to the museum is about $3; it's open Tuesday–Sunday 9–7. Guided tours are available in English, French, German, and Spanish. ⊠ *Blvd. Kukulcán, Km 9, Zona Hotelera.*

❺ El Centro. The downtown area is a combination of markets and malls that offer a glimpse of Mexico's urban lifestyle. Avenida Tulum, the main street, is marked by a huge sculpture of shells and starfish in the middle of a traffic circle. The sculpture, one of Cancún's icons, is particularly dramatic at night when the lights are turned on. It's also home to many restaurants and shops as well as Mercado Veintiocho (Market 28)—an enormous crafts market just off Avenidas Yaxchilán and Sunyaxchén. Bargains can also be found along Avenida Yaxchilán as well as in the smaller shopping centers.

★ ❹ Museo de Arte Popular. The enormous, entrancing Folk Art Museum is on the second floor of El Embarcadero marina. Original works by the country's finest artisans are arranged in fascinating tableaux here; plan to spend a couple of hours if you can, and be sure to visit the museum's shop. Other marina complex attractions include two restaurants, a rotating scenic tower, the Teatro Cancún, and ticket booths for the Xcaret nature park south of Playa del Carmen and the El Garrafón snorkeling park on Isla Mujeres. ⊠ *Blvd. Kukulcán, Km 4, Zona Hotelera* ☎ 998/ 849–4848 ⌐ $5 ⊙ Daily 9 AM–9 PM.

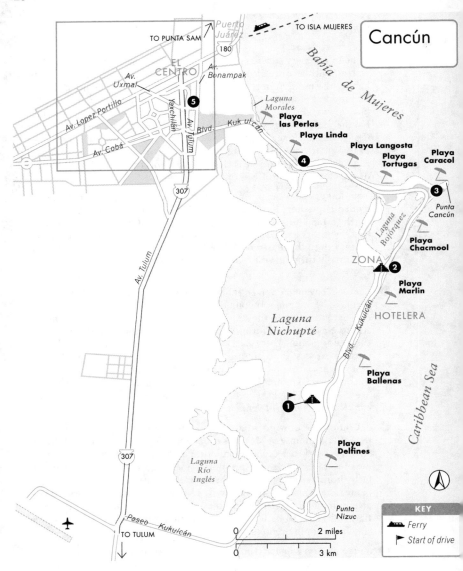

Cancún

Ruinas del Rey. Large signs on the Zona Hotelera's lagoon side, roughly opposite Playa Delfines, point out the small Ruins of the King. First entered into Western chronicles in a 16th-century travelogue, then sighted in 1842 by American explorer John Lloyd Stephens and his draftsman, Frederick Catherwood, the ruins were finally explored by archaeologists in 1910, though excavations didn't begin until 1954. In 1975 archaeologists, along with the Mexican government, began restoration work.

Dating from the 3rd to 2nd century BC, del Rey is notable for having two main plazas bounded by two streets—most other Maya cities contain only one plaza. The pyramid here is topped by a platform, and inside its vault are paintings on stucco. Skeletons interred both at the apex and at the base indicate that the site may have been a royal burial ground. Originally named Kin Ich Ahau Bonil, Maya for "king of the solar countenance," the site was linked to astronomical practices in the ancient Maya culture. If you don't have time to visit the major sites, this one will give you an idea of what the ancient cities were like. ✉ *Blvd. Kukulcán, Km 17, Zona Hotelera* ☎ *998/849–2885* ✉ *$3* ☉ *Daily 9–5.*

Yamil Lu'um. A small sign at Sheraton Cancún Resort directs you to a dirt path leading to this site, which is on Cancún's highest point (the name Yamil Lu'um means "hilly land"). Although it comprises two structures—one probably a temple, the other probably a lighthouse—this is the smallest of Cancún's ruins. Discovered in 1842 by John Lloyd Stephens, the ruins date from the late 13th or early 14th century. ✉ *Blvd. Kukulcán, Km 12, Zona Hotelera* ☎ *No phone* ✉ *Free.*

BEACHES

Cancún Island is one long continuous beach. By law the entire coast of Mexico is federal property and open to the public. In reality, security guards discourage locals from using the beaches outside hotels. Some all-inclusives distribute neon wristbands to guests; those without a wristband aren't actually prohibited from being on the beach—just from entering or exiting via the hotel. Everyone is welcome to walk along the beach, as long as you get on or off from one of the public points. Although these points are often miles apart, one way around the situation is to find a hotel open to the public, go into the lobby bar for a drink or snack, and afterward go for a swim along the beach. All of the beaches can also be reached by public transportation; just let the driver know where you are headed.

Most hotel beaches have lifeguards, but, as with all ocean swimming, use common sense—even the calmest-looking waters can have currents and riptides. Overall, the beaches on the windward stretch of the island—those facing the Bahía de Mujeres—are best for swimming; farther out, the undertow can be tricky. ⚠ **Don't swim when the red or black danger flags fly; yellow flags indicate that you should proceed with caution, and green or blue flags mean the waters are calm.**

Playa las Perlas is the first beach on the drive heading east from El Centro along Boulevard Kukulcán. It's a relatively small beach on the protected waters of the Bahía de Mujeres, and is popular with locals. There aren't many public facilities here, and most of the water-sports activities are available only to those staying at the nearby resorts such as Club las Perlas or the Blue Bay Getaway. At Km 4 on Boulevard Kukulcán, **Playa Linda** is where the ocean meets the fresh water of Laguna Nichupté to create the Nichupté Channel. There's lots of boat activity along the channel, and the ferry to Isla Mujeres leaves from the adjoining Embarcadero marina, so the area isn't safe for swimming—although it's a great place to people-watch. Small, placid **Playa Langosta**, which starts at Boulevard Kukulcán's Km 4, has calm waters that make it an excellent place for a swim, although it has no public facilities. It's usually filled with tourists and vacationing spring-breakers since it's close to many of the large all-inclusive hotels. Its safe waters and gentle waves make it a popular beach with families as well. **Playa Tortugas,** the last "real" beach along the east–west stretch of the Zona Hotelera, has lots of hotels with lots of sand in between. There are restaurants, changing areas, and restrooms at either end of the beach (it stretches between about Km 6 and Km 8 on Boulevard Kukulcán). The swimming is excellent, and many people come here to sail, snorkel, kayak, paraglide, and use Wave Runners.

Playa Caracol, the outermost beach in the Zona Hotelera, is a beach only in name. The whole area has been eaten up by development—in particular the monstrous Xcaret bus station and office complex. This beach is also hindered by the rocks that jut out from the water marking the beginning of Punta Cancún, where Boulevard Kukulcán turns south. There are several hotels along this beach and a few sports rental outfits, but almost no one uses this beach for swimming. Heading down from Punta Cancún onto the long, southerly stretch of the island, **Playa Chacmool** is the first beach on the Caribbean's open waters. It's close to several shopping centers and the party zone, so there are plenty of restaurants nearby. The shallow clear water makes it tempting to walk far out into the ocean, but be careful—there's a strong current and undertow. **Playa Marlin,** at Km 13 along Boulevard Kukulcán, is in the heart of the Zona Hotelera and accessible via area resorts (access is easiest at Occidental Caribbean Village). It's a seductive beach with turquoise waters and silky sands, but like most beaches facing the Caribbean, the waves are strong and the currents are dangerous. There are no public facilities.

Playa Ballenas starts off with some rather large rocks at about Km 14 on Boulevard Kukulcán, but it widens shortly afterward and extends down for another breathtaking—and sandy—3 km (5 mi). The wind here is strong, making the surf rough, and several hotels have put up ropes and buoys to help swimmers make their way safely in and out of the water. Access is via one of the hotels, such as Le Meridien or JW Marriott. **Playa Delfines** is the final beach, at Km 20 where Boulevard Kukulcán curves into a hill. There's an incredible lookout over the ocean; on a clear day you can see at least four shades of blue in the water, though swimming is treacherous unless one of the green flags is posted. Although this beach is starting to become popular with the gay and surfing crowds, there are

CLOSE UP

Cancún's History

1

THE FIRST KNOWN SETTLERS of the area, the Maya arrived in what is now Cancún centuries ago, and their ancestors remain in the area to this day. During the golden age of the Maya civilization (also referred to as the Classic Period), when other areas on the peninsula were developing trade routes and building enormous temples and pyramids, this part of the coast remained sparsely populated. Consequently Cancún never developed into a major Maya center; excavations have been done at the El Rey ruins (in what is now the Zona Hotelera), showing that the Maya communities that lived here around AD 1200 simply used this area for burial sites. Even the name given to the area was not inspiring: In Maya, Cancún means *nest of snakes.*

When Spanish conquistadores began to arrive in the early 1500s, much of the Maya culture was already in decline. Over the next three centuries, the Spanish largely ignored coastal areas like Cancún—which consisted mainly of low-lying scrub, mangroves, and swarms of mosquitoes—and focused on settling inland where there was more economic promise.

Although it received a few refugees from the War of the Castes, which

engulfed the entire region in the mid-1800s, Cancún remained more or less undeveloped until the middle of the 20th century. By the 1950s, Acapulco had become the number-one tourist attraction in the country—and given the Mexican government its first taste of tourism dollars. When Acapulco's star began to fade in the late '60s, the government hired a market research company to determine the perfect location for developing Mexico's next big tourist destination—and the company picked Cancún.

In April 1971, Mexico's President, Luis Echeverria Alvarez, authorized the Ministry of Foreign Relations to buy the island and surrounding region. With a $22 million development loan from the World Bank and the Inter-American Development Bank, the transformation of Cancún began. At the time there were just 120 residents in the area, most of whom worked at a coconut plantation; by 1979, Cancún had become a resort of 40,000, attracting more than 2 million tourists a year. And that was only the beginning: today, more than 500,000 people live in Cancún, and the city has become the most lucrative source of tourist income in Mexico.

usually few people here—so if you like solitary sunbathing, this is the place for you. South of the El Rey ruins (which are across the street from the water) the beach becomes very narrow and rocky, disappearing altogether by the time you reach the Westin Regina.

WHERE TO EAT

Cancún attracts chefs—as well as visitors—from around the globe, so the area has choices to suit just about every palate (from Provençal cuisine to traditional Mexican and American diner fare). Both the Zona

Hotelera and El Centro have plenty of great places to eat. Menus at the more upscale spots change on a regular basis, usually every three to six months, so expect to be pleasantly surprised.

Although there are some pitfalls—restaurants that line Avenida Tulum are often noisy and crowded; gas fumes make it hard to enjoy alfresco meals; and Zona Hotelera chefs often cater to what they assume is a visitor preference for bland food—one key to eating well is to find the local haunts, most of which are in El Centro. The restaurants in the Parque de las Palapas, just off Avenida Tulum, serve expertly prepared Mexican food. Farther into the city center, you can find fresh seafood and traditional fare at dozens of small, reasonably priced restaurants in the Mercado Veintiocho (Market 28).

Dress is casual in Cancún, but many restaurants do not allow bare feet, short shorts, bathing suits, or no shirt. At upscale restaurants, pants, skirts, or dresses are favored over shorts at dinnertime. Unless otherwise stated, restaurants serve lunch and dinner daily. Large breakfast and brunch buffets are among the most popular meals in the Zona Hotelera. With prices ranging from $3 to $15 per person, they are a good value—if you eat on the late side, you won't need to eat again until dinner. They are especially pleasant at palapa restaurants on the beach.

The success or failure of many restaurants is dependent on how Cancún is doing as a whole. The city is currently undergoing a great deal of development, with properties being sold and major renovations being planned. Some of the restaurants listed here may have changed names, or menus, by the time you visit.

Prices

	WHAT IT COSTS In Dollars				
	$$$$	$$$	$$	$	¢
AT DINNER	over $25	$15–$25	$10–$15	$5–$10	under $5

Per person for a main course at dinner, excluding tax and tip.

Zona Hotelera

Contemporary

$$$$ ✕ **Le Basilic.** The dishes here—created by French chef Henri Charvet—are as sophisticated as the oak-and-marble dining room where they are served. The squid with sweet garlic or the terrine of lobster makes the perfect opener to your meal; the oven-roasted robalo fish stuffed with lime and perfumed with fresh thyme is also supremely satisfying. Reservations are recommended. ⊠ *Fiesta Americana Grand Coral Beach, Blvd. Kukulcán, Km 9.5, Lote 6, Zona Hotelera* ☎ *998/881–3200 Ext. 3380* ⊟ *AE, MC, V.*

$$$$ ✕ **Club Grill.** The dining room here is romantic and quietly elegant—with rich wood, fresh flowers, crisp linens, and courtyard views—and the classic dishes have a distinctly Mexican flavor. The contemporary menu changes every six months, but might include starters like coconut-infused scallops and lobster cream soup, or main courses like chipotle-roasted

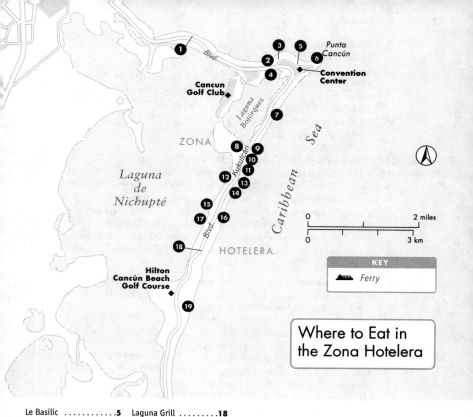

Where to Eat in the Zona Hotelera

duck or seared sea bass with artichoke ravioli. The tasting menu offers a small selection of all the courses paired with wines and is followed by wickedly delicious desserts. ⊠ *Ritz-Carlton Cancún, Blvd. Kukulcán, Km 14, Retorno del Rey 36, Zona Hotelera* ☎998/881–0808 ⊟ *AE, MC, V* ⊘ *No lunch.*

$$$–$$$$ ✕ **Laguna Grill.** Intricate tile work adorns this restaurant's floors and walls,
Fodor'sChoice and a natural stream divides the open-air dining room, which overlooks
★ the lagoon. Chef Alex Rudin's contemporary menu changes often, but is consistently imaginative: choices might include Thai duck satay or panko-crusted softshell crabs as starters, or entrées like lobster-and-truffle lasagna or sesame-blackened ahi tuna. On Friday and Saturday, the prime rib special is a showstopper. The wine list is excellent, too. ⊠ *Blvd. Kukulcán, Km 15.6, Zona Hotelera* ☎ *998/885–0267* ⊟ *AE, MC, V.*

Italian

$$$–$$$$ ✕ **La Madonna.** This dramatic-looking restaurant is a great place to enjoy a selection of 165 martinis and cigars, as well as Italian food "with a creative Swiss twist." You can enjoy classics like lasagna, fettuccine with shrimp and sun-dried tomatoes, glazed beef fillet au gratin, and three-cheese ravioli alongside large Greek caryatid-style statues, and a massive reproduction of the Mona Lisa. The Panama Jack martini (a classic martini with a splash of rum) is a tad expensive but worth it. ⊠ *La Isla Shopping Village, Blvd. Kukulcán, Km 12.5, Zona Hotelera* ☎ *998/883–2222* ⌕ *Reservations essential* ⊟ *AE, D, MC, V.*

$$–$$$$ ✕ **Gustino Italian Beachside Grill.** From the moment you walk down the
Fodor'sChoice dramatic staircase to enter this restaurant, you know you're in for a
★ memorable dining experience. The dining room has sleek leather furniture, artistic lighting, and views of the wine cellar and open-air kitchen, where chef Richard Sylvester works his magic. The *ostriche alla provenzale* (black-shelled mussels in a spicy tomato sauce) appetizer is a standout, as are the salmon-stuffed ravioli and seafood risotto entrées. The service here is impeccable; the violin music adds a dash of romance. ⊠ *JW Marriott Resort, Blvd. Kukulcán, Km 14.5, Zona Hotelera* ☎ *998/848–9600 Ext. 6649* ⌕ *Reservations essential* ⊟ *AE, MC, V* ⊘ *No lunch.*

$$$ ✕ **Cenacolo.** Reliably good pizza and pasta, hand-made in full view of patrons, have made this fine Italian restaurant a favorite. Though it's located inside a mall, the dining room is elegant, and has a great view of the lagoon. Italian owned and operated, the restaurant has a selection of 90 different wines from the Old Country. The ravioli and lasagna are rich and flavorful. ⊠ *Kukulcán Plaza, Blvd. Kukulcán, Km 13, Zona Hotelera* ☎ *998/885–3603* ▭ *AE, MC, V.*

$$–$$$ ✕ **Casa Rolandi.** The secret to this restaurant's success is its creative handling of Swiss and northern Italian cuisine. Be sure to try the *carpaccio di pesce* (thin slices of fresh raw fish), the homemade lasagna, or the *saltimbocca alla romana* (veal scaloppine sautéed with Parma ham). Appetizers are also tempting: there's puff bread from a wood-burning oven, and a huge salad and antipasto bar. The beautiful dining room and attentive service might make you want to stay for hours. ⊠ *Plaza Caracol, Blvd. Kukulcán, Km 8.5, Zona Hotelera* ☎ *998/883–2557* ▭ *AE, MC, V.*

$–$$$ ✕ **La Dolce Vita.** This grand dame of Cancún restaurants delivers on the promise of its name (which means "the sweet life" in Italian). Whether you dine indoors or on the terrace overlooking the lagoon, the candlelighted tables adorned with fine linen and china, soft music, and discreet waiters will make you feel as if you've arrived. The Italian fare includes Bolognese-style lasagna, green taglierini with lobster medallions, and veal ravioli in wild mushroom sauce; the wine list is also excellent. Be patient when waiting for your order, though—good food takes time to prepare. ⊠ *Blvd. Kukulcán, Km 14.5, Zona Hotelera* ☎ *998/ 885–0161* ▭ *AE, D, MC, V.*

> **WORD OF MOUTH**
>
> "We loved this romantic Italian restaurant [La Dolce Vita]. Our table overlooked the lagoon . . . beautiful! The waiter was knowledgeable and the food was *delicioso*!   –Leah

Japanese

$$$–$$$$ ✕ **Mikado.** Sit around the *teppanyaki* tables and watch the utensils fly as the showmen chefs here prepare steaks, seafood, and vegetables. The menu includes Thai as well as Japanese specialties. The sushi, tempura, grilled salmon, and beef teriyaki are feasts fit for a shogun. ⊠ *Marriott Casa Magna, Blvd. Kukulcán, Km 14.5, Zona Hotelera* ☎ *998/881– 2036* ▭ *AE, DC, MC, V* ⊘ *No lunch.*

$$$–$$$$ ✕ **Mitachi.** The moonlight on the water, the sounds of the surf, the superbly attentive staff, and the artwork by Japanese ceramist Mineo Mizumo all help to make this restaurant feel like a sanctuary. The setting is the star attraction here but there are also some good menu choices, like the crisp yellowtail snapper and the Caribbean seafood hot pot. ⊠ *Hilton Cancún, Blvd. Kukulcán, Km 17, Retorno Lacandones, Zona Hotelera* ☎ *998/881–8000* ▭ *AE, D, MC, V.*

Mexican

$$$–$$$$ ✕ **La Joya.** The dramatic interior of this restaurant has three levels of stained-glass windows, a fountain, artwork, and beautiful furniture from central Mexico. The food is traditional but creative: the beef medallions marinated in red wine are especially popular, as is the lobster quesadilla and the salmon fillet with vegetable tamales. The Mexican ambience is at its best in the evening with serenades by mariachis from Jalisco or trios from Veracruz. ⊠ *Fiesta Americana Grand Coral Beach, Blvd. Kukulcán, Km 9.5 Zona Hotelera* ☎ *998/881–3200 Ext. 3380* ▭ *DC, MC, V.*

$$–$$$$ ╳ **Isabella's.** Popular with an older crowd, this restaurant is part of the Hacienda Sisal entertainment center at the Royal Sands Resort. Beveled glass doors, fresh flowers, polished wood, comfortable high-back chairs, and European oil paintings create a warm and intimate setting. Menu highlights include the goat cheese and mango salad, Tampico chicken breast, rack of lamb and pork tenderloin. After dinner you can hit the club next door for live music and dancing. ⊠ *Royal Sands Resort, Blvd. Kukulcán, Km 13.5, Zona Hotelera* ☎ *998/881–2220* ⊟ *AE, MC, V* ☺ *No lunch.*

$$–$$$ ╳ **La Destileria.** Be prepared to have your perceptions of tequila changed forever. In what looks like an old-time Mexican hacienda, you can sample from a list of 150 varieties—in shots or superb margaritas—and also visit the on-site tequila museum and store. The traditional Mexican menu focuses on fresh fish and seafood; other highlights include the *molcajete de arrachera,* a thick beef stew served piping hot in a mortar, and the *chiquigüite maximiliano,* chicken breast with cheese and corn truffle in a puff pastry. Be sure to leave room for the caramel crepes—a traditional Mexican dessert. ⊠ *Blvd. Kukulcán, Km 12.65, across from Plaza Kukulcán, Zona Hotelera* ☎ *998/885–1086 or 998/885–1087* ⊟ *AE, MC, V.*

$$–$$$ ╳ **Paloma Bonita.** This is one of the best places in the Hotel Zone to get authentic Mexican cuisine—so be adventurous! Traditional fare like chicken almond mole (with chocolate, almonds, and chilies) is fabulous here—and if you're unsure about what to order, the menu explains the different chilies used in many of the dishes. The glass-enclosed patio with its water view is a great place to linger over tequila—or to try the tamarind margaritas.

> **WORD OF MOUTH**
>
> "Make sure you're in a party mood before you come [to Paloma Bonita]." –Frank

⊠ *Dreams Cancún Resort & Spa, Punta Cancún, Blvd. Kukulcán, Km 9, Zona Hotelera* ☎ *998/848–7000 Ext. 7695* ⊟ *AE, D, MC, V* ☺ *No lunch.*

$–$$$ ╳ **La Casa de las Margaritas.** With folk art and traditional textiles adorning every inch of space, this restaurant is a festive (though not exactly tranquil) place to enjoy a Mexican meal. Appetizers include yummy pork tamales and a poblano-pepper cream soup; for a main course, you can try tequila chicken, beef fajitas, or mango shrimp. The rich *tres leche* (three milk) cake makes a fine finish. ⊠ *La Isla Shopping Village, Blvd. Kukulcán, Km 12.5, Zona Hotelera* ☎ *998/883–3222* ⊟ *AE, MC, V.*

$–$$$ ╳ **Hacienda el Mortero.** The main draw at this restaurant is the setting: a replica of a 17th-century traditional hacienda, complete with courtyard fountain, flowering garden, and even a strolling mariachi band. Although there's nothing outstanding on the traditional Mexican menu, the tortilla soup is very good and the chicken fajitas and rib-eye steaks are tasty. Fish lovers may also like the *pescado Veracruzana,* fresh grouper prepared Veracruz-style with olives, garlic, and fresh tomatoes. This is a popular restaurant for large groups, so be warned: it can get boisterous. ⊠ *NH Krystal Cancún, Blvd. Kukulcán, Km 9, Zona Hotelera* ☎ *998/848–9800* ⊟ *AE, MC, V.*

Seafood

$–$$$$ ✕ **Lorito Joe's.** This restaurant has a lovely terrace overlooking the Laguna Nichupté and surrounding mangroves. The crab-and-lobster all-you-can-eat buffet (displayed on two giant oyster shells) is a great deal, especially for families; other menu items here, however, tend to be overpriced. ⊠ *Blvd. Kukulcán, Km 14.5, Zona Hotelera* ☎ *998/885–1547* 🖃 *AE, MC, V.*

Steak

$$–$$$$ ✕ **Porterhouse Grill.** The wooden floors and elegantly set tables at this eatery evoke a New York–style steak house. After choosing your steak from a display case, you can watch as it's prepared in the open-grill kitchen. If you're not tempted by the pan-seared filet mignon or the cowboy rib eye, try the sautéed fish in a Creole pecan sauce. The wine list is superb, as are the martinis; you can also top off your dinner with a cigar from the excellent collection. ⊠ *Blvd. Kukulcán, Km 12, Zona Hotelera* ☎ *998/848–8380 Ext. 122* 🖃 *MC, V.*

$$–$$$$ ✕ **Ruth Chris's Steak House.** If a good old-fashion steak is what you're after, you'll get your fix at this popular chain eatery. You can choose your cut of meat from a long list, including rib eye, New York strip, Porterhouse, T-bone, and sirloin. Add a baked potato, veggies, and a big slice of sinful chocolate cake, and you might need a while to recover—but the glass-enclosed patio filled with plants is a great place to linger. ⊠ *Kukulcán Plaza, Blvd. Kukulcán, Km 13, Zona Hotelera* ☎ *998/885–3301* 🖃 *AE, MC, V.*

$–$$$ ✕ **Rio Churrascaria Steak House.** It's easy to overlook this Brazilian restaurant because of its generic, unimpressive exterior—but make no mistake, it's the best steak restaurant in the Zona Hotelera. The waiters here walk among the tables carrying different mouthwatering meats that have been slow-cooked over charcoal on skewers (beside Angus beef, there are also cuts of pork, chicken, and sausages). Simply point out what you'd like; the waiters slice it directly onto your plate. There are some good seafood starters, including the oyster cocktail and king crab salad—but if you're not a true carnivore, you probably won't be happy here. ⊠ *Blvd. Kukulcán, Km 3.5, Zona Hotelera* ☎ *998/849–9040* 🖃 *AE, MC, V.*

Vegetarian

¢–$ ✕ **100% Natural.** If you're looking for something light, healthy, and inexpensive in the Hotel Zone, head to this chain restaurant for a great selections of soup, salads, fresh fruit drinks, and other nonmeat items. They also serve egg dishes, sandwiches, grilled chicken and fish, and Mexican and Italian specialties. ⊠ *Kukulcán Shopping Plaza, Blvd. Kukulcán, Km 13.5, Zona Hotelera* ☎ *998/883–1580* 🖃 *D, MC, V.*

El Centro

Cafés

$–$$ ✕ **Roots.** Locals and tourists mingle here to enjoy fusion jazz and flamenco music (piped in during the day, but live at night). The performances are the main attraction, but there's also an eclectic, international menu of salads, soups, sandwiches, and pastas offered. The tables nearest the window, along the quaint pedestrian street Tulipanes, are the best place to tuck into your chicken chíchí (chicken breast stuffed with ham and veggies) or German sausage, since the air tends to get smoky closer to the stage. ⊠ *Av. Tulipanes 26, Sm 22* ☎ *998/884–2437* ▤ *No credit cards* ⊘ *Closed Sun. No lunch.*

¢–$ ✕ **La Pasteletería-Crepería.** This small café and bakery has cheerful green-and-white booths, where you can sample terrific soups and crepes (the turkey-breast crepe makes a perfect lunch), as well as a variety of sumptuous pastries baked on-site. ⊠ *Av. Cobá 7, Sm 25* ☎ *998/884–3420* ▤ *AE, MC, V.*

¢–$ ✕ **Ty-Coz.** Tucked behind the Comercial Mexicana grocery store and across from the bus station on Avenida Tulum, this restaurant serves excellent continental breakfasts with croissants and freshly brewed coffee. Lunches are a combination of sandwiches and salads served on freshly baked baguettes. Pictures of Brittany in France adorn the walls of the bright dining room. ⊠ *Av. Tulum, Sm 2* ☎ *No phone* ▤ *No credit cards.*

Caribbean

$$–$$$ ✕ **La Habichuela.** Elegant yet cozy, the much-loved Green Bean has a dining area full of Maya sculptures and local trees and flowers. Don't miss the famous *crema de habichuela* (a rich, cream-based seafood soup) or the *cocobichuela* (lobster and shrimp in a light curry

> **WORD OF MOUTH**
>
> "You cannot say you have visited Cancún unless you eat at La Habichuela."   –Jim

sauce served inside a coconut). Finish off your meal with Xtabentun, a Maya liqueur made with honey and anise. ⊠ *Av. Margaritas 25, Sm 22* ☎ *998/884–3158* ▤ *AE, MC, V.*

Eclectic

$–$$ ✕ **Mesón del Vecindario.** This sweet little restaurant, tucked away from the street, resembles a Swiss A-frame house. The menu has all kinds of cheese and beef fondues along with terrific salads, fresh pastas, and baked goods. Breakfasts are hearty and economical, and very popular with locals. It also has a great bakery. ⊠ *Av. Uxmal 23, Sm 3* ☎ *998/884–8900* ▤ *AE, MC, V* ⊘ *Closed Sun.*

Italian

$$–$$$$ ✕ **Locanda Paolo.** Flowers and artwork lend warmth to this sophisticated restaurant, and the staff is attentive without being fussy. The southern Italian cuisine—which includes black pasta with calamari, steamed lobster in garlic sauce, and grilled dorado (mahimahi)—is inventive and delicious. ⊠ *Av. Bonampak 145, between Avs. Uxmal and Cobá, Sm 3* ☎ *998/887–2627* ▤ *AE, D, DC, MC, V.*

Japanese

$–$$$ ✕ **Yamamoto.** The sushi here is some of the best in the area, although there's also a menu of traditional Japanese dishes (like beef teriyaki and tempura) for those who prefer their food cooked. The dining room is tranquil, with Japanese art and bamboo accents—but you can also call for delivery to your hotel room. ⊠ *Av. Uxmal 31, Sm 3* ☎ *998/887–3366, 998/860–0269 for delivery service* ▤ *AE, D, DC, MC, V.*

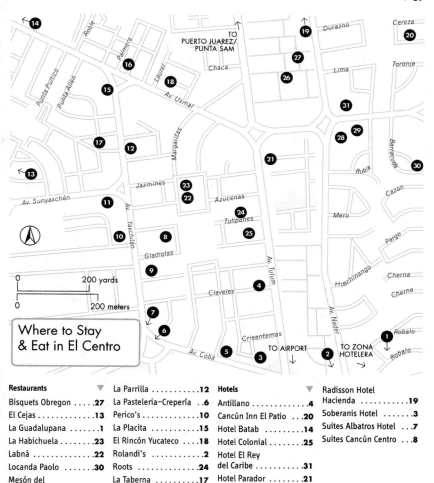

Where to Stay & Eat in El Centro

Restaurants ▼

Bisquets Obregon **27**
El Cejas **13**
La Guadalupana **1**
La Habichuela **23**
Labná **22**
Locanda Paolo **30**
Mesón del
Vecindario **28**
100% Natural **11**

La Parrilla **12**
La Pasteleria–Crepería . .**6**
Perico's **10**
La Placita **15**
El Rincón Yucateco **18**
Rolandi's **2**
Roots **24**
La Taberna **17**
El Tacolote **5**
Ty-Coz **26**
Yamamoto **29**

Hotels ▼

Antillano **4**
Cancún Inn El Patio . . .**20**
Hotel Batab **14**
Hotel Colonial **25**
Hotel El Rey
del Caribe **31**
Hotel Parador **21**
Maria de Lourdes **9**
Mexico Hostels **16**

Radisson Hotel
Hacienda **19**
Soberanis Hotel **3**
Suites Albatros Hotel . . .**7**
Suites Cancún Centro . . .**8**

Mexican

$$–$$$$ ✕ **La Parrilla.** With its palapa-style roof, flamboyant live mariachi music, and energetic waiters, this place is a Cancún classic. The menu isn't fancy, but it offers good, basic Mexican food. Two reliably tasty choices are the mixed grill (chicken, steak, shrimp) and the grilled Tampiqueña-style steak; for accompaniment, you can choose from a wide selection of tequilas. ✉ *Av. Yaxchilán 51, Sm 22* ☎ *998/887–6141* ▤ *AE, MC, V.*

$$–$$$$ ✕ **Perico's.** Okay—it's a tourist trap. But it's really fun. Bar stools here are topped with saddles, and waiters dressed as *zapatas* (revolutionaries) serve flaming drinks and desserts while mariachi and marimba bands play (loudly). Every so often everyone jumps up to join the conga line; your reward for galloping through the restaurant and nearby streets is a free shot of tequila. The Mexican menu is passable but the real reason to come is the nonstop party. ✉ *Av. Yaxchilán 61, Sm 25* ☎ *998/884–3152* ▤ *AE, MC, V.*

★ **$–$$$** ✕ **Labná.** Yucatecan cuisine reaches new and exotic heights at this Maya-theme restaurant, with fabulous dishes prepared by chef Carlos Hannon. The *papadzules*—tortillas stuffed with eggs and covered with pumpkin sauce—are a delicious starter; for an entrée, try the *poc chuc,* tender pork loin in a sour orange sauce or *Longaniza de Valladolid,* traditional sausage from the village of Valladolid. Finish off your meal with some *guayaba* (guava) mousse, and Xtabentun-infused Maya coffee makes for a happy ending. ✉ *Av. Margaritas 29, Sm 22* ☎ *998/885–3158* ▤ *AE, D, MC, V.*

$–$$ ✕ **La Guadalupana.** This lively cantina serves up steak, fajitas, tacos, and other traditional Mexican dishes to an appreciative, if sometimes noisy, crowd. It's decorated with art, mostly cartoons of political figures and famous bullfighters—very appropriate since it's on the bottom floor of Cancún's bullring. ✉ *Av. Bonampak, Plaza de Toros, Sm 4* ☎ *998/887–0660* ▤ *MC, V.*

¢–$$ ✕ **El Tacolote.** A great place to stop for lunch, this popular *taquería* (taco stand) sells delicious fajitas, grilled kebabs, and all kinds of tacos. The salsa, which comes free with every meal, is fresh and *muy picante* (very hot). Ask for the two-person *parrillada,* a hearty sampler of barbecued meat, which comes with all the beer you can guzzle in one hour. ✉ *Av. Cobá 19, Sm 22* ☎ *998/887–3045* ▤ *MC, V.*

¢–$$ ✕ **La Placita.** The menu is simple but tasty at this colorfully decorated, casual downtown Cancun fixture. The mixed grill of chicken breast, steak, and pork chops is a standout, as are the glorious barbequed ribs and the tequila shrimp. A cold beer makes a perfect accompaniment. ✉ *Av. Yaxchilán 12, Sm 22* ☎ *998/884–0407* ▤ *No credit cards.*

¢–$ ✕ **Bisquets Obregon.** With its cheery lunch counter and two levels of tables, this cafeteria-style spot is *the* place to have breakfast downtown. Begin your day early (food is served starting at 7 AM) with hearty Mexican classics like huevos rancheros (eggs sunny-side up on tortillas, covered with tomato salsa). The *cafe con leche* (coffee with hot milk) is also delicious—and just watching the waiters pour it is impressive. ✉ *Av. Náder 9, Sm 2* ☎ *998/887–6876* ▤ *AE, MC, V.*

¢–$ ✕ **El Rincón Yucateco.** It's so small here that the tables spill out onto the street—but that makes it a great place to people-watch. The traditional Yucatecan dishes here are outstanding; the *panuchos* (puffed corn tortillas stuffed with black beans and topped with barbecued pork) and the *sopa de lima* (shredded chicken in a tangy broth of chicken stock and lime juice) should not be missed. ⊠ *Av. Uxmal 35, Sm 22* ☏ *No phone* ⊟ *No credit cards.*

¢–$ ✕ **La Taberna.** This is a local cyber-bar where you can surf the Web, check your e-mail and enjoy great bar food like hamburgers, sandwiches, and nachos. The full screen TV shows a variety of sports, and pool tables and card games are big draws with locals. Lunch specials off the menu are good bargains and there is an extensive beer and cocktail menu for you to enjoy during the afternoon and evening happy hour. ⊠ *Av. Yaxchilán 23-A, Sm 22* ☏ *998/887–5423* ⊟ *No credit cards.*

Pizza

¢–$$ ✕ **Rolandi's.** A Cancún landmark for more than 15 years, Rolandi's continues to draw crowds with its scrumptious wood-fired pizzas. There are 15 varieties to choose from—if you can't make up your mind, try the one made with Roquefort cheese. Homemade pasta dishes are also very good. Anything on the menu can be delivered to your hotel (a nice option if the hotel staff is having a cranky night). ⊠ *Av. Cobá 12, Sm 3* ☏ *998/884–4047* ⊕ *www.rolandi.com* ⊟ *MC, V.*

Seafood

¢–$$$ ✕ **El Cejas.** The seafood is fresh at this open-air eatery, and the clientele is lively—often joining in song with the musicians who stroll among the tables. If you've had a wild night, try the *vuelva a la vida*, or "return to life" (conch, oysters, shrimp, octopus, calamari, and fish with a hot tomato sauce). The ceviche and the spicy shrimp soup are both good as well, though the quality can be inconsistent. ⊠ *Mercado Veintiocho, Av. Sunyaxchén, Sm 26* ☏ *998/ 887–1080* ⊟ *MC, V.*

> ### WORD OF MOUTH
>
> "[El Cejas is] tricky to find but do yourself a favor and find it. The packed house of locals will clue you in on the quality and value. Start off with a cold bottle of Sol cerveza. Follow up with an appetizer of ceviche to experience manna. Finish with an entrée of whole-grilled snapper to complete your dining experience. You'll be back."   –Vince

Vegetarian

¢–$ ✕ **100% Natural.** You'll be surrounded by plants and modern Maya sculptures when you eat at this open-air restaurant. The menus has soups, salads, fresh fruit drinks, and other vegetarian items, though egg dishes, sandwiches, grilled chicken and fish, and Mexican and Italian specialties are also available. The neighboring 100% Integral sells whole wheat bread and goodies. ⊠ *El Centro: Av. Sunyaxchén 62, Sm 25* ☏ *998/884–0724* ⊟ *D, MC, V.*

WHERE TO STAY

You might find it bewildering to choose among Cancún's many hotels, not least because brochures and Web sites make them sound—and look—almost exactly alike. For luxury and amenities, the Zona Hotelera is the place to stay. Boulevard Kukulcán, the district's main thoroughfare, is artfully landscaped with palm trees, sculpted bushes, waterfalls, and tiered pools. The hotels pride themselves on delivering endless opportunities for fun; most have water sports, golf, tennis, kids' clubs, fitness centers, spas, shopping, entertainment, dining, and tours and excursions (along with warm attentive Mexican service). None of this comes cheaply, however; hotels here are expensive. In the modest Centro, local color outweighs facilities. The hotels there are more basic and much less expensive than those in the Zona.

Cancún has been experiencing a wave of new development in recent years, and as a result many of the hotels have been renovated, or are going up for sale and changing hands. Hurricane Wilma, which battered Cancún in late 2005, accelerated this process. Surprisingly, many hotels in the Zona Hotelera that were built to withstand sustained hurricane-force winds were damaged by Wilma. It might be wise to check before you book a room, to make sure that your hotel is up-and-running again. Since not all properties had reopened by publication date, you may find that some properties listed in this guide are slightly different when you visit than they were when the original reviews were written. Some may even have different names.

Prices

Many hotels have all-inclusive packages, as well as theme-night parties complete with food, beverages, activities, and games. Mexican, Italian, and Caribbean themes seem to be the most popular. Take note, however, that the larger the all-inclusive resort, the blander the food. (It's difficult to provide inventive fare when serving hundreds of people.) For more memorable dining, you may need to leave the grounds. Expect high prices for food and drink in most hotels. Many of the more exclusive hotels are starting to enforce a "no outside food or drink" policy—so be discreet when bringing outside food or drinks into your room, or they may be confiscated.

Many of the larger and more popular all-inclusives will no longer guarantee an ocean-view room when you book your reservation. If this is important to you, then check that all rooms have ocean views at your chosen hotel, or book only at places that will guarantee a view. Be sure to bring your confirmation information with you to prove you paid for an ocean-view room. Also be careful with towel charges since many of the resorts have started charging up to $25 for towels not returned. Be sure your returns are duly noted by the pool staff.

WHAT IT COSTS In Dollars				
$$$$	**$$$**	**$$**	**$**	**¢**
FOR 2 PEOPLE over $250	$150–$250	$75–$150	$50–$75	under $50

All prices are for a standard double room in high season, based on the European Plan (EP), excluding service and 12% tax (10% Value Added Tax plus 2% hospitality tax).

Isla Blanca/Punta Sam

The area north of Cancún is slowly being developed into an alternative hotel zone, known informally as Zona Hotelera Norte. This is an ideal area for a tranquil beach vacation, since the shops, restaurants, and nightlife of Cancún are about 45 minutes away by cab.

$–$$ ☒ **Hacienda Punta Sam.** Surrounded by trees, and set on a private beach minutes away from the Puerto Juárez docks, this hotel feels far away from the bustle of the Zona Hotelera. The rooms are spacious, with palapa-roof decks or terraces, large windows, and king-size or double beds. There's a freshwater swimming pool and a game room, and the garden and beach are both gorgeous. Since this place is popular with Europeans, topless sunbathing is permitted. Children are also welcome. An all-inclusive rate (including three meals per day with two dining rooms to choose from) is available. You must book online. ☒ *Carr. Puerto Juárez–Punta Sam, Km 3.5, Punta Sam, 77500* ☎ *998/887–9330* 🖷 *998/884–0520* ⊕ *www.travel-center.com/hoteles/hoteles.asp?Hotel=0074* ⤶ *35 rooms* ♿ *2 restaurants, 2 pools, beach, dock, game room, laundry service, car rental; no room TVs, no room phones* ▤ *AE, MC, V* ⍟*AI, EP.*

Zona Hotelera

★ $$$$ ▦ **Fiesta Americana Grand Aqua.** This hotel with its sleek, modern architecture epitomizes understated elegance. The chic rooms are equipped with every imaginable amenity, including flat-screen TVs, Molton Brown toiletries, and a pillow menu. Although all rooms have balconies and most are spacious, not all have ocean views—the less expensive rooms overlook the garden. Yoga and Pilates classes, as well as *temezcal* (Maya-style sweat lodge) and beauty treatments, are offered at the spa. The hotel's restaurants serve a large variety of food, from Mediterranean to deli sandwiches. ☒ *Blvd. Kukulcán, Km 12.5, Zona Hotelera* ☎ *998/881–7633* 🖷 *998/881–7635* ⊕ *www.fiestaamericana.com* ⤶ *335 rooms, 36 suites* ♿ *4 restaurants, cable TV with DVDs, in-room data ports, 2 bars, 8 pools, hot tubs, business center, meeting rooms, beauty salon, spa, fitness center, shops, 2 tennis courts, children's programs (ages 4–12)* ▤ *AE, D, DC, MC, V.*

★ $$$$ ▦ **Fiesta Americana Grand Coral Beach.** If luxury's your bag, you'll feel right at home at this distinctive, salmon-color hotel. The vast lobby has stained-glass skylights, sculptures, plants, and mahogany furniture; guest rooms have marble floors, small sitting rooms, and balconies overlooking the Bahía de Mujeres. The beach here is small, but there's a 660-foot pool surrounded by a lush exotic flower garden. Exceptional dining is only steps away at the hotel's restaurant, Le Basilic. ☒ *Blvd. Kukulcán, Km 9.5, Zona Hotelera* ☎ *998/881–3200 or 800/343–7821* 🖷 *998/881–3273* ⊕ *www.fiestamericana.com* ⤶ *530 rooms, 70 suites, 2 presidential suites* ♿ *5 restaurants, cable TV with video games, pool, health*

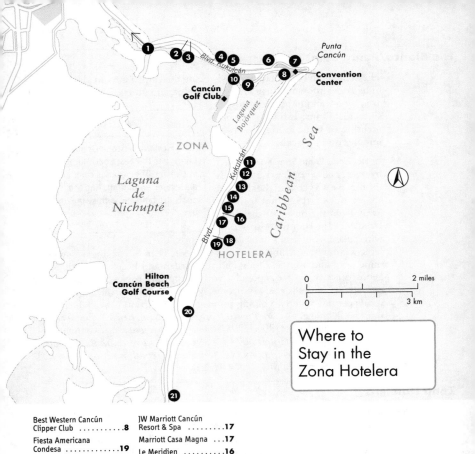

Where to
Stay in the
Zona Hotelera

club, hair salon, spa, beach, 5 bars, babysitting, children's programs (ages 4–12), business services, car rental, free parking ⊟ *AE, DC, MC, V.*

$$$$ 🖭 **Golden Crown Paradise Spa.** The romantic rooms at this all-inclusive, adults-only resort are warmly decorated with sunset colors, flower arrangements, and rich wood furnishings; each room even has its own private Jacuzzi. Small sitting areas open up onto balconies with ocean or lagoon views. The beach here is small, but there's a comfortable pool area with two tiers of deck chairs and palapas. The spa offers massages and facials and the restaurants are bright and airy. ⊠ *Blvd. Kukulcán, Km 14.5, Retorno Sn. Miguelito Lote 37, Zona Hotelera* ☎ *998/885–0909* 🖷 *998/885–1919* ⊕ *www.crownparadise.com* 🖙 *214 rooms* ♨ *4 restaurants, cable TV, miniature golf, tennis courts, pools, spa, beach, billiards, 4 bars, car rental, travel services, free parking; no kids* ⊟ *AE, D, DC, MC, V* ⸙ *AI.*

$$$$
Fodor'sChoice
★
🖭 **JW Marriott Cancún Resort & Spa.** This is the best hotel to experience luxury Cancún style and service. Plush is the name of the game at the towering beach resort, where manicured lawns are dotted with fountains and pools, and large vaulted windows let sunlight stream into a lobby decorated with marble, rich carpets and beautiful flower arrangements. All rooms have ocean views and are elegantly decorated with blond wood and cream-color leather. The palatial marble bathrooms have spa-like, spray-jet showers. For more pampering, you can visit the spa for massages and facials. Afterward you can also relax by the 20-foot dive pool with its artificial reef. In the evening you can dine at the delicious Gustino Italian Beachside Grill. ⊠ *Blvd. Kukulcán, Km 14.5, Zona Hotelera* ☎ *998/848–9600 or 800/228–9290* 🖷 *998/848–9601* ⊕ *www. marriott.com* 🖙 *448 rooms, 36 suites* ♨ *3 restaurants, cable TV with video games, 2 tennis courts, 2 pools, hot tub, gym, hair salon, spa, beach, dock, 3 bars, shops, children's programs (ages 4–12), meeting rooms, travel services* ⊟ *AE, DC, MC, V.*

> **WORD OF MOUTH**
>
> "What sets [the]W Marriott] apart is the incredible service and attitude of the staff. You are literally treated like royalty."   –Mariah

★ **$$$$** 🖭 **Le Meridien.** High on a hill, this refined yet relaxed hotel is an artful blend of art deco and Maya styles; there's lots of wood, glass, and mirrors. Rooms have spectacular ocean views. The many thoughtful details—such as different temperatures in each of the swimming pools—make a stay here truly special. The Spa del Mar is the best in the Zona Hotelera, with the latest European treatments (including seaweed hydrotherapy) and an outdoor hot tub and waterfall. The Aioli restaurant serves fabulous French food. ⊠ *Blvd. Kukulcán, Km 14, Retorno del Rey, Lote 37, Zona Hotelera* ☎ *998/881–2200 or 800/543–4300* 🖷 *998/881–2201* ⊕ *www.meridiencancun.com.mx/ main.html* 🖙 *187 rooms, 26 suites* ♨ *2 restaurants, cable TV with video games, 2 tennis courts, 3 pools, gym, health club, hot tub, spa, beach, 2 bars, shops, children's programs (ages 4–12)* ⊟ *AE, MC, DC, V.*

> **WORD OF MOUTH**
>
> "The pool is reason enough for staying at [Le Meridien]–it is beautiful."   –Sheree McClure

$$$$ ⬚ **Ritz-Carlton Cancún.** Outfitted with sumptuous carpets, beautiful antiques, and elegant oil paintings, this hotel's style is so European that you may well forget you're in Mexico. Rooms are done in understated shades of teal, beige, and rose, with wall-to-wall carpeting, large balconies overlooking the Caribbean,

and marble bathrooms with separate tubs and showers. For families with small children, special rooms with cribs and changing tables are available. The service can be chilly. ⊠ *Blvd. Kukulcán, Km 14, Retorno del Rey 36, Zona Hotelera* ☎ *998/881–0808 or 800/241–3333* 🖷 *998/881–0815* ⊕ *www.ritzcarlton.com* ⬩ *365 rooms, 40 suites* ♻ *3 restaurants, 3 tennis courts, pro shop, 2 pools, health club, hot tub, spa, beach, 2 bars, shops* ⊟ *AE, D, DC, MC, V.*

$$$$ ⬚ **Riu Palace Las Americas.** A colossal nine-story property at the north end of the Zona, the Palace is visually stunning. The lobby has a dramatic stained-glass ceiling, and the rooms—which are all junior suites—have mahogany furniture and spacious sitting areas that lead to ocean-view balconies. There are two major drawbacks: the beach is almost nonexistent, and you must make restaurant reservations by 7 AM for food that's mediocre at best. Fortunately there's an exchange program, which allows you access the hotel's sister properties, the Riu Cancún (next door) and Riu Caribe (five minutes away), where the beaches and food are much better. ⊠ *Blvd. Kukulcán, Km 8.5, Zona Hotelera* ☎🖷 *998/891–4300 or 888/666–8816* ⊕ *www.riu.com* ⬩ *381 junior suites* ♻ *6 restaurants, cable TV, 2 pools, gym, hot tub, sauna, spa, 5 bars, dance club, theater, playground, 2 meeting rooms* ⊟ *AE, MC, V* ⦿ *AI.*

$$$–$$$$ ⬚ **Gran Costa Real.** The rooms at this hotel that resembles an oversize Mediterranean villa are not very large, but are elegantly decorated, and most have ocean-view balconies. The larger junior suites have small kitchenettes. The pool has shallow-water shelves to put lounge chairs on, so you can sunbathe while dangling your toes in the water. The beach is tiny, but though it can get crowded, it's spotless, and has small huts for shade. Four rooms are specially equipped for wheelchairs. The all-inclusive plan is the only option but the food is decent. ⊠ *Blvd. Kukulcán, Km 4, Zona Hotelera* ☎ *998/881–1300* 🖷 *998/881–1399* ⊕ *www. realresorts.com.mx* ⬩ *218 rooms, 108 junior suites* ♻ *3 restaurants, cable TV, in-room DVDs, pool, gym, spa, 2 bars, shop, children's programs (ages 4–12), car rental* ⊟ *AE, MC, V* ⦿ *AI.*

$$$ ⬚ **Fiesta Americana Condesa.** This hotel is easily recognized by the 118-foot-tall palapa that covers its lobby. Despite the rustic roof, the rest of the architecture here is extravagant, with marble pillars, stained-glass awnings, and swimming pools joined by arched bridges. The three seven-story towers overlook an inner courtyard with hanging vines and fountains. Standard rooms share balconies with ocean views; suites have hot tubs on their terraces. You may want to avoid the time-share salespeople who now haunt the property—and you may also want to pass on the all-inclusive option, which doesn't include (among other things) morning coffee. ⊠ *Blvd. Kukulcán, Km 16.5, Zona Hotelera* ☎ *998/*

881–4200 ☐ 998/885–4262 ⊕ www.fiestaamericana.com ⇆ 476 rooms, 25 suites ⟡ 3 restaurants, some kitchenettes, cable TV with video games, 3 tennis courts, 3 pools, gym, spa, beach, 3 bars, children's programs (ages 3–12), travel services ⊟ AE, MC, V ⦿ AI, EP.

$$$ 🏨 **Flamingo Cancún Resort & Plaza.** Just across the street from the Flamingo Plaza, this modest hotel is a great bargain by Zona Hotelera standards. The brightly decorated rooms all have king-size beds; half have ocean views. Above the rather tiny beach is a wonderfully expansive (45-foot-long) courtyard pool with a swim-up bar (especially popular during spring break season). Though the food here is good, you may wish to forgo the all-inclusive plan since it's within walking distance of many restaurants. Several handicapped-accessible rooms are available upon request. *⊠ Boulevard Kukulcán, Km 11, Zona Hotelera ☎ 998/848–8870 ☐ 998/883–1029 ⊕ www.flamingocancun.com ⇆ 208 rooms, 13 junior suites ⟡ 2 restaurants, cable TV, 2 pools, gym, billiards, 3 bars, free parking ⊟ AE, MC, V ⦿ AI, EP.*

$$$ 🏨 **Gran Meliá Cancún.** This enormous beachfront hotel has been built to resemble a modernist Maya temple; the lobby's atrium, which is filled with plants, even has a pyramid-shape roof skylight. The rooms, however, aren't as impressive as the architecture or the magnificent pool. Many of the room balconies and terraces have ocean views, and are quite private. This is a good thing, given that the rest of the property—with its convention center and six meeting halls—isn't exactly intimate. Golfers will enjoy the 9-hole course. *⊠ Blvd. Kukulcán, Km 16, Zona Hotelera ☎ 998/881–1100 ☐ 998/881–1740 ⊕ www.solmelia.com ⇆ 636 rooms, 64 suites ⟡ 5 restaurants, cable TV with video games, 9-hole golf course, tennis court, 2 pools, health club, spa, beach, paddle tennis, volleyball, 3 bars, shops, babysitting, convention center, car rental, travel services ⊟ AE, DC, MC, V.*

$$$ 🏨 **Hilton Cancún Golf and Spa Resort.** This older hotel's magnificent
Fodor'sChoice championship 18-hole, par-72 course makes it popular with the golf-
★ ing crowd. Some guest rooms are rather small, but all have private views of either the ocean or the lagoon. The best ones are the oceanfront villas of the Beach Club, which are a bit more expensive than regular rooms but have more privacy. The landscaping incorporates a series of lavish, interconnected swimming pools that wind through palm-dotted lawns, ending at the beach. Amazing Japanese fare is available on-site at the romantic seaside restaurant, Mitachi. *⊠ Blvd. Kukulcán, Km 17, Retorno Lacandones, Zona Hotelera ☎ 998/881–8000 or 800/445–8667 ☐ 998/881–8080 ⊕ www.hilton.com ⇆ 426 rooms, 4 suites ⟡ 2 restaurants, cable TV with video games, 18-hole golf course, 2 tennis courts, 7 pools, fitness classes, gym, hair salon, hot tubs, sauna, beach, 3 bars, lobby lounge, shops, children's programs (ages 4–12), car rental ⊟ AE, DC, MC, V ⦿ CP.*

$$$ 🏨 **Marriott Casa Magna.** The sister property to the JW Marriott, this hotel has sweeping grounds that lead up to the six-story hotel building. The lobby has large windows and crystal chandeliers; rooms have tile floors, soft rugs, and ocean views, and most have balconies. Three restaurants overlook the pool area and the ocean; check out Mikado, the Japanese steak house, where the chefs perform dazzling table-side displays. Sports

fans can visit the Champion Sports Bar next door. ⊠ *Blvd. Kukulcán, Km 14.5, Zona Hotelera* ☎ *998/881–2000 or 888/236–2427* 🖷 *998/ 881–2085* ⊕ *www.marriott.com* ↯ *414 rooms, 36 suites* ⚒ *3 restaurants, cable TV with video games, 2 tennis courts, health club, hair salon, hot tubs, sauna, beach, dock, bar, shops* ⊟ *AE, DC, MC, V.*

\$\$\$ 🏨 **Occidental Caribbean Village.** Popular with both spring-breakers and families, this all-inclusive beachfront resort has terrific amenities. All rooms in the three-tower compound have ocean views, double beds, and small sitting areas done up in sunset colors. You can go snorkeling and deep-sea fishing off the superb beach, and there are two large pools. If you stay here you also get to go to the other Allegro resorts in Cancún, Playa del Carmen, and Cozumel, as part of a "Stay at One, Play at Four" promotion. The hotel has three rooms specially equipped for people with disabilities. ⊠ *Blvd. Kukulcán, Km 13.5, Zona Hotelera* ☎ *998/848–8000, 01800/ 645–1179 toll-free in Mexico* 🖷 *998/885–8002* ⊕ *www.occidentalhotels. com* ↯ *300 rooms* ⚒ *4 restaurants, snack bars, cable TV, 2 tennis courts, pool, gym, beach, dive shop, snorkeling, windsurfing, 3 bars, shops, children's programs (ages 4–12)* ⊟ *AE, DC, MC, V* ⦿ *AI.*

\$\$\$ 🏨 **Villas Tacul.** These villas—originally built for visiting dignitaries—are surrounded by well-trimmed lawns and landscaped gardens that lead to the beach. Each has a kitchen, between two and five bedrooms, tile floors, colonial-style furniture, wagon-wheel chandeliers, and tinwork mirrors. Less expensive rooms without kitchens are also available, although they're set far from the beach and close to noisy Boulevard Kukulcán. ⊠ *Blvd. Kukulcán, Km 5.5, Zona Hotelera* ☎ *998/883–0000* 🖷 *998/849–7070* ⊕ *www.villastacul.com.mx* ↯ *23 villas, 79 rooms* ⚒ *Restaurant, kitchens, cable TV, 2 tennis courts, pool, beach, basketball, bar* ⊟ *AE, D, MC, V.*

\$\$\$ 🏨 **Westin Regina Resort Cancún.** On the southern end of the Zona Hotelera, this hotel is quite secluded—which means you'll get privacy, but you'll also have to drive to get to shops and restaurants. Rooms have cozy beds dressed in soft white linens, oak tables and chairs, and pale walls offsetting brightly tiled floors. The ocean beach has been eroded away by years of tropical storms, but the one on the Laguna Nichupté side is very pleasant. Although advertised as a family hotel, the kids can get bored very quickly here. ⊠ *Blvd. Kukulcán, Km 20, Zona Hotelera* ☎ *998/848–7400 or 888/625–5144* 🖷 *998/891–4462* ⊕ *www. starwood.com/westin* ↯ *278 rooms, 15 suites* ⚒ *4 restaurants, cable TV with video games, 2 tennis courts, 5 pools, gym, health club, hot tubs, beach, 3 bars, children's programs (ages 4–12)* ⊟ *AE, MC, V.*

> **WORD OF MOUTH**
>
> "[The Westin] is great if you want to avoid the sometimes crazy party-around-the-clock atmosphere of Cancún." —Calvin

\$\$–\$\$\$ 🏨 **Presidente InterContinental Cancún.** This landmark hotel stands next to the silky sands of Playa Tortugas, one of the best and safest beaches in Cancún. The rest of the property is pretty impressive, too. The interiors are filled with local touches like Talavera pottery, and the larger-than-average guest rooms have wicker furniture and area rugs on stone floors. Most don't have balconies, but those on the first floor have patios and outdoor hot tubs. Suites have contemporary furnishings, in-room VCRs and DVD players, and spacious verandas. The pool has a water-fall in the shape of a Maya pyramid, and of course, the beach is divinely peaceful despite the annoying new "beach club" fees. ☒ *Blvd. Kukul-cán, Km 7.5, Zona Hotelera* ☎ *998/848–8700 or 888/567–8725* 🖷 *998/883–2602* ⊕ *www.ichotelsgroup.com* 🖙 *299 rooms, 6 suites* ♧ *2 restaurants, cable TV with video games, some in-room VCRs, tennis court, 2 pools, gym, hair salon, hot tubs, beach, bar, shops* ═ *AE, MC, V.*

$$ 🖼 **Best Western Cancún Clipper Club.** A good choice for families, this econ-omy hotel has plenty of space and is next to the lagoon. Rooms are done up in bright tropical colors with rattan furniture and views of the water. Suites have fully equipped kitchens, living rooms, and pull-out couches. Although there's no beach, there's a pretty pool with a large deck, which is set amid lush gardens; there's also a playground for children. Beaches, shops, and restaurants are within walking distance. ☒ *Blvd. Kukulcán, Km 8.5, Zona Hotelera* ☎*998/891–5999* 🖷*998/891–5989* ⊕*www.clipper.com.mx* 🖙 *72 rooms* ♧ *Restaurant, cable TV, tennis court, pool, hair salon, playground, laundry facilities, gym* ═ *AE, MC, V.*

$$ 🖼 **Holiday Inn Express.** Within walking distance of the Cancún Golf Club, this hotel was built to resemble a Mexican hacienda—but with a pool instead of a courtyard at its center. Rooms have either patios or small balconies that overlook the pool and deck. All rooms are bright in blues and reds; furnishings are modern. Although not luxurious, it's perfect for families in which Dad wants to golf, Mom wants to shop, and the kids want to hit the beach. There's wireless Internet service, too. A free shuttle runs to the shops and beaches, which are five minutes away; taxis are inexpensive alternatives. ☒ *Paseo Pok-Ta-Pok, Zona Hotelera* ☎ *998/883–2200* 🖷 *998/883–2532* ⊕ *www.ichotelsgroup.com* 🖙 *119 rooms* ♧ *Restaurant, cable TV, pool* ═ *AE, MC, V* ⦿ *BP.*

$$ 🖼 **Tucan Cun Beach Resort Villas.** The architecture at this all-inclusive re-sort isn't exactly inspiring (more squat and bulky); nor is the color scheme particularly restful. But it does offer reasonably priced rooms with large balconies overlooking the ocean or lagoon. The main pool is almost as large as the hotel and the beach is superb. Food and drink are mediocre. It's close to all the shops, so this is a good resort for families with older children. The "villas" are a bit of a misnomer, since all the rooms here are identical, but ocean-view rooms are more expensive than the cor-ner rooms. ☒ *Blvd. Kukulcán, Km 13.5, Lote 24, Zona Hotelera* ☎*998/885–0814* 🖷*998/885–0615* 🖙 *265 rooms, 55 villas* ♧ *4 restau-rants, cable TV, tennis court, 3 pools, 4 bars, recreation room, travel services, gym* ═ *AE, MC, V* ⦿ *AI.*

¢–$$ 🖼 **Suites Sina.** These economical suites are in front of Laguna Nichupté and close to the Pok-Ta-Pok golf course. Each unit has comfortable fur-niture, a kitchenette, a dining-living room with a sofa bed, a balcony or a terrace, and double beds. Outside is a central pool and garden. The cleaning staff can drag their feet here—although they'll get to your room eventually. ☒ *Club de Golf, Calle Quetzal 33, turn right at Km 7.5 after golf course, Zona Hotelera* ☎ *998/883–1017 or 877/666–9837* 🖷 *998/883–2459* ⊕ *www.cancunsinasuites.com.mx* 🖙 *33 suites, 4 basic rooms* ♧ *Kitchenettes, cable TV, pool* ═ *AE, MC, V.*

El Centro

$$ **Radisson Hotel Hacienda.** Rooms in this pink hacienda-style building are on the generic side, but they do have pleasant Mexican accents like wall prints and bright flower arrangements. The rooms overlook a large pool surrounded by tropical plants. The gym has state-of-the-art equipment and the business center has Internet access. The daily breakfast buffet is popular with locals, and there's a shuttle to the beach. ⊠ *Av. Náder 1, Sm 2* ☎ *998/881–6500 or 888/201–1718* 🖷 *998/884–7954* ⊕ *www.radisson.com* 📠 *248 rooms* ⚴ *2 restaurants, cable TV, tennis court, pool, gym, hair salon, 2 bars, laundry facilities, business services, car rental, travel services* ▭ *AE, MC, V.*

$ **Antillano.** This small, well-kept hotel has a cozy lobby bar and a decent-size pool. Each room has wood furniture, one or two double beds, a sink area separate from the bath, and tile floors. The quietest rooms face the pool—avoid the noisier ones overlooking Avenida Tulum. ⊠ *Av. Tulum and Calle Claveles, Sm 22* ☎ *998/884–1532* 🖷 *998/884–1878* ⊕ *www.hotelantillano.com* 📠 *48 rooms* ⚴ *Cable TV, pool, bar, free parking* ▭ *AE, D, MC, V.*

$ **Hotel El Rey del Caribe.** Thanks to the use of solar energy, a water-recycling system, and composting toilets, this unique hotel has very little impact on the environment—and its luxuriant garden blocks the heat and noise of downtown. Hammocks hang poolside, and wrought-iron tables and chairs dot the grounds. Rooms are small but pleasant, and there's even a spa where you can book honey massages or Reiki treatments. El Centro's shops and restaurants are within walking distance. ⊠ *Av. Uxmal 24 at Náder, Sm 2* ☎ *998/884–2028* 🖷 *998/884–9857* ⊕ *www.reycaribe.com* 📠 *25 rooms* ⚴ *Kitchenettes, cable TV, pool, hot tub* ▭ *MC, V.*

FodorśChoice ★

¢–$ **Cancún Inn El Patio.** This charming, traditional-looking residence has been converted into a European-style guesthouse. The entrance leads off a busy street into a central patio, landscaped with trees, flowers, and a lovely tile fountain; inside, there's a comfy sitting area with a game room and library. Upstairs, large, airy rooms have Spanish-style furniture and Mexican photos and ceramics. Downtown attractions are a short cab or bus ride away. ⊠ *Av. Bonampak 51, Sm 2* ☎ *998/884–3500* 🖷 *998/884–3540* ⊕ *www.cancun-suites.com* 📠 *18 rooms* ⚴ *Cable TV, recreation room; no smoking* ▭ *MC, V.*

¢–$ **Hotel Batab.** In the heart of downtown where all the locals live and shop, this budget hotel offers clean and comfortable rooms. The decor is minimal: two double beds, one table, two chairs, and the TV. The bathrooms are a decent size and there's plenty of hot water. The white lobby has plants scattered around and is bright and cheerful, just like the staff. Buses to the Zona Hotelera are just outside the door. This is a chance to see the real Cancún, practice your Spanish, and meet the locals. ⊠ *Av. Chichen Itza No. 52, Sm 23* ☎ *998/884–3822* 🖷 *998/884–3821* ⊕ *www.hotelbatab.com* 📠 *68 rooms* ⚴ *Restaurant, laundry facilities, travel services* ▭ *MC, V.*

¢–$ **Hotel Parador.** Rooms at this centrally located hotel line two narrow hallways, which lead to a pool, garden, and palapa bar. Rooms are spare but functional; the bathrooms are large and the showers hot. You can walk to nightlife hot spots in minutes, and the bus to the Zona Hotelera stops right outside. ⊠ *Av. Tulum 26, Sm 5* ☎ *998/884–1310* 🖷 *998/ 884–9712* 📠 *66 rooms* ⌂ *Restaurant, cable TV, pool, bar* ▭ *MC, V.*

¢–$ 🏨 **Maria de Lourdes.** A great pool, clean and basic rooms, and bargain prices are the draw at this downtown hotel. Rooms overlooking the street are noisy, but they're brighter and airier than those facing the hallways. This hotel gets many repeat customers who tend to hang out by the pool playing cards. Downtown shops and restaurants are minutes away. ⊠ *Av. Yaxchilán 80, Sm 22* ☎ *998/884–4744* 🖷 *998/884–1242* ⊕ *www. hotelmariadelourdes.com* 📠 *57 rooms* ⌂ *Restaurant, cable TV, pool, bar, parking (fee)* ▭ *AE, MC, V.*

¢–$ 🏨 **Suites Cancún Centro.** You can rent suites or rooms by the day, week, or month at this quiet hotel. Though it abuts the lively Parque de las Palapas, the property manages to maintain a tranquil atmosphere, with lovely and private rooms that open onto a courtyard and a mid-size pool. Tile bathrooms are small but pleasant, and there are king-size as well as single beds. Suites have fully equipped kitchenettes along with sitting and dining areas. Some rooms only have fans, so be sure to ask when you make reservations. ⊠ *Calle Alcatraces 32, Sm 22* ☎ *998/884– 2301* 🖷 *998/884–7270* ⊕ *www.suitescancun.com.mx* 📠 *30 suites* ⌂ *Kitchenettes, cable TV* ▭ *MC, V.*

¢ 🏨 **Hotel Colonial.** A charming fountain and garden are at the center of this hotel's colonial-style buildings. Rooms are simple but comfortable, each with a double bed, dresser, and bathroom. What it lacks in luxury it makes up for in value and location; you are five minutes away from all the downtown concerts, clubs, restaurants, shops, and attractions. Sheltered from the bustle of downtown Cancun, the hotel is on a pleasant pedestrian-only street that's lined with great places to eat. ⊠ *Av. Tulipanes 22, Sm 22* ☎ *998/884–1535* ⊕ *www.hotelcolonial.com* 📠 *46 rooms* ⌂ *Laundry room* ▭ *MC, V.*

¢ 🏨 **Mexico Hostels.** The cheapest place to stay in Cancún, this compact hostel is four blocks from the main bus terminal. Some rooms are lined with bunk beds and share baths; others are more private. There are lockers to secure your belongings, and access to a full kitchen, a lounge area, laundry facilities, and computers with Internet access on-site. Those who want to sleep outdoors can share a space with 20 others under a palapa roof. The hostel is open 24 hours. ⊠ *Calle Palmera 30, off Av. Uxmal, Sm 23* ☎ *998/887–0191, 212/699–3825 Ext. 7860* 🖷 *425/962–8028* ⊕ *www.mexicohostels.com* 📠 *64 beds* ⌂ *Café, lounge, laundry facilities; no a/c* ▭ *No credit cards* ⦿ *CP.*

¢ 🏨 **Soberanis Hotel.** The rooms here are an excellent bargain: they're uncluttered, with modern furniture and white-tile floors. There's also a hostel section, with four bunks to a room and lockers. The neighboring cybercafé has great breakfasts, along with a travel agency and bulletin board where other travelers have posted information. Downtown banks, shops, and restaurants are within walking distance. ⊠ *Av. Cobá, Sm 22* ☎ *998/884–4564* ⊕ *www.soberanis.com.mx* 📠 *78 rooms* ⌂ *Restaurant, room service, some cable TV, meeting room, free parking* ▭ *MC, V* ⦿ *CP.*

¢ 🏨 **Suites Albatros Hotel.** This charming budget hotel offers pleasant but spartan rooms, with double beds, private baths, and small kitchenettes

Wet, Wild Water Sports

CANCÚN IS ONE OF the water-sports capitals of the world, and, with the Caribbean on one side of the island and the still waters of Laguna Nichupté on the other, it's no wonder. The most popular activities are snorkeling and diving along the coral reef just off the coast, where schools of colorful tropical fish and other marine creatures live. If you want to view the mysterious underwater world but don't want to get your feet wet, a glass-bottom boat or "submarine" is the ticket. You can also fish, sail, Jet ski, parasail, or windsurf. If you prefer your water chlorinated, lots of hotels also have gorgeous pools—many featuring waterfalls, Jacuzzis, and swim-up bars serving drinks with umbrellas. Several hotels offer organized games of water polo and volleyball as well as introductory scuba courses in their pools.

Since the beaches along the Zona Hotelera can have a strong undertow, you should always respect the flags posted in the area. A black flag means you simply can't swim at all. A red flag means you can swim but only with extreme caution. Yellow means approach with caution, while green means water conditions are safe. You are almost never going to see the green flag—even when the water is calm—so swim cautiously, and don't assume you're immune to riptides because you're on vacation. At least one tourist drowns per season after ignoring the flags.

Unfortunately Laguna Nichupté has become polluted from illegal dumping of sewage and at times can have a strong smell. In 1993 the city began conducting a clean-up campaign that included handing out fines to offenders, so the quality of the water is slowly improving. There is very little wildlife to see in the lagoon so most advertised jungle tours are glorified jet-ski romps where you get to drive around fast and make a lot of noise but not see many animals.

Although the coral reef in this area is not as spectacular as farther south, there is still plenty to see with more than 500 species of sea life in the waters. If you're lucky you may see angelfish, parrot fish, blue tang, and the occasional moray eel. But the coral in this area are extremely fragile and currently endangered. To be a good world citizen follow the six golden rules for snorkeling or scuba diving:

1. Don't throw any garbage into the sea as the marine life will assume it's food, an often lethal mistake.

2. Never stand on the coral.

3. Secure all cameras and gear onto your body so you don't drop anything onto the fragile reef.

4. Never take anything from the sea.

5. Don't feed any of the marine animals.

6. Avoid sunblock or tanning lotion just before you visit the reef.

that look out onto a pretty tropical garden. The bus to the beach stops just outside the door, and downtown shops and restaurants are a 10-minute walk away. ⊠ *Av. Yaxchilán 154, Sm 20* ☎ *998/884–2242* ⊕ *www.albatroscancun.com/* ⮌ *15 rooms* ⚒ *BBQs, kitchenettes; no room phones* ▭ *No credit cards.*

SPORTS & THE OUTDOORS

Boating & Sailing

There are lots of ways to get your adrenaline going on the waters of Cancún. You can arrange to go parasailing (about $35 for eight minutes), waterskiing ($70 per hour), or jet skiing ($70 per hour, or $60 for Wave Runners). Paddleboats, kayaks, catamarans, and banana boats are readily available, too.

Aqua Fun (✉ Blvd. Kukulcán, Km 16.5, Zona Hotelera ☎ 998/885–2930) maintains a large fleet of water toys such as Wave Runners, Jet Skis, speedboats, kayaks, and Windsurfers. **AquaWorld** (✉ Blvd. Kukulcán, Km 15.2, Zona Hotelera ☎ 998/848–8300 ⊕ www.aquaworld.com.mx) rents boats and water toys and offers parasailing and tours aboard a submarine. **El Embarcadero** (✉ Blvd. Kukulcán, Km 4, Zona Hotelera ☎ 998/849–7343), the marina complex at Playa Linda, is the departure point for ferries to Isla Mujeres and several tour boats.

Marina Asterix (✉ Blvd. Kukulcán, Km 4.5, Zona Hotelera ☎ 998/883–4847) gives tours to Isla Contoy and Isla Mujeres, and snorkeling trips.

Marina Manglar (✉ Blvd. Kukulcán, Km 20, Zona Hotelera ☎ 998/885–0707 or 998/885–4030) offers a speedboat jungle tour.

Bullfighting

The Cancún **bullring** (✉ Blvd. Kukulcán and Av. Bonampak, Sm 4 ☎ 998/884–8372 or 998/884–8248), a block south of the Pemex gas station, hosts year-round bullfights. A matador, *charros* (Mexican cowboys), a mariachi band, and flamenco dancers entertain during the hour preceding the bullfight (from 2:30 PM). Tickets cost about $40. Fights are held Wednesday at 3:30.

Fishing

Some 500 species—including sailfish, wahoo, bluefin, marlin, barracuda, and red snapper—live in the waters off Cancún. You can charter deep-sea fishing boats starting at about $350 for four hours, $450 for six hours, and $550 for eight hours. Rates generally include a captain and first mate, gear, bait, and beverages.

Marina Barracuda (✉ Blvd. Kukulcán, Km 14.1, Zona Hotelera ☎ 998/885–3444) offers deep-sea fishing. **Marina Punta del Este** (✉ Blvd. Kukulcán, Km 10.3, Zona Hotelera ☎ 998/883–1210) is right in front of the Hyatt Cancun Caribe. **Marina del Rey** (✉ Blvd. Kukulcán, Km 15.5, Zona Hotelera ☎ 998/885–0363) offers boat tours and has a small market and a souvenir shop. **Mundo Marino** (✉ Blvd. Kukulcán, Km 5.5, Zona Hotelera ☎ 998/849–7257) is the marina closest to downtown and specializes in deep-sea fishing and diving.

Golf

Many hotels offer golf packages that can considerably reduce your greens fees at Cancun golf courses. Cancún's main golf course is at **Club de Golf Cancún** (✉ Blvd. Kukulcán, Km 7.5, Zona Hotelera ☎ 998/883–1230 ⊕ www.cancungolfclub.com). The club has fine views of both sea and lagoon; its 18 holes were designed by Robert Trent Jones Sr. It also has a practice green, a swimming pool, tennis courts, and a restaurant. The greens fees go from $105 to $140 and include your cart; club rentals are $40, shoes $18. The 9-hole executive course at the **Gran Meliá Cancún** (⊠ Blvd. Kukulcán, Km 12, Zona Hotelera ☎ 998/885–1160) forms a semicircle around the property and shares its beautiful ocean views. The greens fee is about $40. There's an 18-hole championship golf course at the **Hilton Cancún Beach & Golf Resort** (⊠ Blvd. Kukulcán, Km 17, Zona Hotelera ☎ 998/881–8016); greens fees are $175 ($125 for hotel guests), carts are included, and club rentals run from $25 to $50.

☼ If you're looking for a less strenuous golf game, **Mini Golf Palace** (⊠ Cancún Palace, Blvd. Kukulcán, Km 14.5, Zona Hotelera ☎ 998/881–3600 Ext. 6655) has a complete 36-hole minigolf course around pyramids, waterfalls, and a river on the grounds of the Cancún Palace.

Snorkeling & Scuba Diving

The snorkeling is best at Punta Nizuc, Punta Cancún, and Playa Tortugas, although you should be careful of the strong currents at Tortugas. You can rent gear for about $10 per day from many of the scuba-diving places as well as at many hotels.

Scuba diving is popular in Cancún, though it's not as spectacular as in Cozumel. Look for a scuba company that will give you lots of personal attention: smaller companies are often better at this than larger ones. Regardless, ask to meet the dive master, and check the equipment and certifications thoroughly. ⚠ **A few words of caution about one-hour courses that many resorts offer for free: such courses** *do not* **prepare you to dive in the open ocean—only in shallow water where you can easily surface without danger. If you've caught the scuba bug and want to take deep or boat dives, prepare yourself properly by investing in a full certification course.**

☼ **Barracuda Marina** (⊠ Blvd. Kukulcán, Km 14, Zona Hotelera ☎ 998/885–3444) has a two-hour Wave Runner jungle tour through the mangroves, which ends with snorkeling at the Punta Nizuc coral reef. The fee (which starts at $35) includes snorkeling equipment, life jackets, and refreshments. **Scuba Cancún** (⊠ Blvd. Kukulcán, Km 5, Zona Hotelera ☎ 998/849–7508) specializes in diving trips and offers NAUI, CMAS, and PADI instruction. It's operated by Tomás Hurtado, who has more than 35 years of experience. A two-tank dive starts at $64. **Solo Buceo** (⊠ Blvd. Kukulcán, Km 9.5, Zona Hotelera ☎ 998/883–3979) charges $70 for two-tank dives and has NAUI, SSI, and PADI instruction. The outfit goes to Cozumel, Akumal, and Isla Mujeres. Extended trips are available from $145.

SHOPPING

The *centros comerciales* (malls) in Cancún are fully air-conditioned and as well kept as similar establishments in the United States or Canada. Like their northerly counterparts, they also sell just about everything: designer clothing, beachwear (including tons of raunchy T-shirts aimed at the spring-breaker crowd), sportswear, jewelry, music, video games, household items, shoes, and books. Some even have the same terrible mall food that is standard north of the border. Prices are fixed in shops.

Continued on page 60

NIGHTLIFE

Señor Frogs

We're not here to judge: we know that when you come to Cancún, you come to party. Sure, if you want fine dining and dancing under the stars, you'll find it here. But if your tastes run more toward bikini contests, all-night chug-a-thons or cross-dressing Cher impersonators, rest assured: Cancún delivers.

DINNER CRUISES

ZONA HOTELERA

Sunset boat cruises that include dinner, drinks, music, and sometimes dancing, are very popular in Cancún—especially for couples looking for a romantic evening, and visitors who'd rather avoid the carnival atmosphere of Cancún's clubs and discos.

On the **Capitán Hook** (⊠ El Embarcadero, Blvd. Kukulcán, Km 4.5 ☎ 998/884–3760), you can watch a pirate show aboard a replica of an 18th-century Spanish galleon, then enjoy a lobster dinner as the ship cruises around at sunset. When it's dark the boat lights up, the bar opens, and the music gets turned on for dancing under the stars.

Caribbean Carnival Tours (⊠ Playa Tortugas/Fat Tuesday Marina, Blvd. Kukulcán Km 6.5 ☎ 998/884–3760) start off on a large two-level catamaran at sunset. There's an open bar for the sail across to Isla Mujeres; once you reach shore you'll join in a moonlight calypso cookout and a full dinner buffet followed by a Caribbean carnival show.

Columbus Lobster Dinner Cruises (⊠ Aqua Tours Marina, Km 6.5 at Playa Tortuga ☎ 998/849–4748) offers tranquil, couples-only cruises on a 62-foot galleon. A fresh lobster dinner is served while the sun sets over Laguna Nichupté; afterward, the boat continues to cruise so you can stargaze.

Spinning at *La Boom*

DISCOS

Cancún wouldn't be Cancún without its glittering discos, which generally start jumping around 10:30 PM. A few places open earlier, around 9, but make no mistake—the later it gets, the crazier it gets.

ZONA HOTELERA

La Boom (⊠ Blvd. Kukulcán, Km 3.5 ☎ 998/849–7588) is always the last place to close; it has a video bar with a light show and weekly events such as dance contests. If you're a good-looking gal you might want to enter the Bikini Contest—the winner gets a $1,500 prize. There are Hot Male Body contests, too, but if you're a guy you won't make any money (although you will get your ego stroked).

The **Bull Dog Night Club** (⊠ Krystal Cancún hotel, Blvd. Kukulcán, Km 9, Lote 9 ☎ 998/848–9800) has an all-you-can-drink bar, the latest dance music, and an impressive laser-light show. The stage here is large, and some very well-known rock bands, including Guns n' Roses and Radiohead, have played on it. Another, somewhat bawdier draw here is the pri-

vate hot tub, where you can have "the Jacuzzi bikini girls" scrub your back. Naturally, this place is popular with spring-breakers.

The wild, wild **Coco Bongo** (⊠ Blvd. Kukulcán, Km 9.5, across the street from Dady'O ☎ 998/883–5061) has no chairs, but there are plenty of tables that everyone dances on. There's also a popular floor show billed as "Las Vegas meets Hollywood," featuring celebrity impersonators; and an amazing gravity-defying aerial acrobatic show with an accompanying 12-piece orchestra. After the shows the techno gets turned up to full volume and everyone gets up to get down.

Dady'O (⊠ Blvd. Kukulcán, Km 9.5 ☎ 998/883–3333) has been around for a while but is still very "in" with the younger set. A giant screen projects music videos above the always-packed dance floor, while laser lights whirl across the crowd. During spring break, the place gets even livelier during the Hawaiian Bikini contests. Next door to Dady'O,

Dady Rock (✉ Blvd. Kukulcán, Km 9.5 ☎ 998/883–3333) draws a high-energy crowd that likes entertainment along with their dinner. Live bands usually start off the action—but when the karaoke singers take over, the real fun begins. Wet Body contests are on Thursdays and the Hot Male contests on Sunday. Winners take home $1,000 worth of prizes, including some cash. It's open Thursday to Sunday.

Bikini Contest at *La Boom*

Fat Tuesday (✉ Blvd. Kukulcán, Km 6.5 ☎ 998/849–7199), with its large daiquiri bar and live and piped-in disco music, is another place to dance the night away.

Tragar Bar (✉ Laguna Grill, Blvd. Kukulcán, Km 15.6 ☎ 998/885–0267) in the Laguna Grill has a DJ after 10 PM on weekends; if you show up early, you can sample some terrific cocktails at the plush aquarium bar.

LIVE MUSIC

ZONA HOTELERA

Azucar (✉ Dreams Cancun Resort & Spa ☎ 998/848–7000) showcases the very best Latin American bands. Go just to watch the locals dance (the beautiful people tend to turn up here really late). Proper dress is required—no jeans or sneakers.

The **Blue Bayou Jazz Club** (✉ Blvd. Kukulcán, Km 10.5 ☎ 998/848–0044), the lobby bar in the Hyatt Cancún Caribe, has nightly jazz.

The **Hacienda Sisal** (✉ Blvd. Kukulcán, Km 13.5, Royal Sands Hotel ☎ 998/848–8220) is the place for ballroom dancing. Its terrific live band plays golden oldies, romantic favorites, and latest hits. There's a dinner menu, too, if you get hungry.

EL CENTRO

Mambo Café (✉ Av. Tulum, Plaza las Americas, 2nd fl., Sm 4 ☎ 998/887–7894), which opens its doors after 10 PM, plays hot salsa music so you can practice your moves with the locals.

Sabor Latino (✉ Plaza Hong Kong, Loc 31, Sm 20 ☎ 998/884–5329) has a live salsa band and lots of locals to show you new dance moves. Wednesday is Ladies Night, when Chippendales dancers perform in bow ties and not much else.

To mingle with locals and hear great music for free, head to the **Parque de las Palapas** (✉ Bordered by Avs. Tulum, Yaxchilán, Uxmal, and Cobá, Sm 22) in El Centro. Every Friday night at 7:30 there's live music that ranges from jazz to salsa to Caribbean; lots of locals show up to dance. On Sunday afternoons, the Cancún Municipal Orchestra plays.

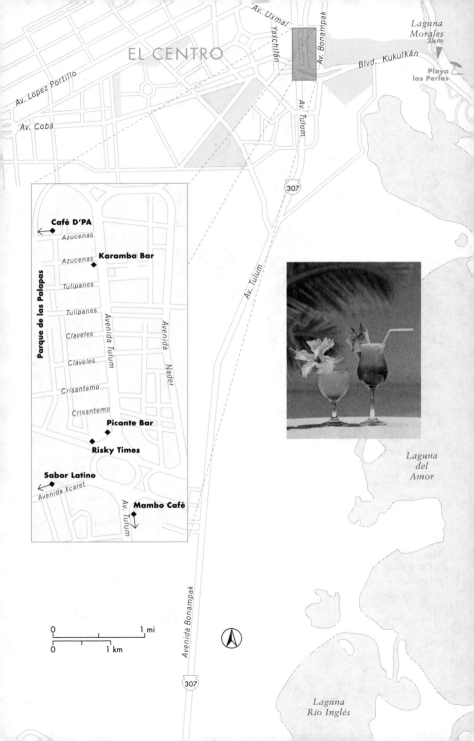

EL CENTRO

Av. Lopez Portillo

Av. Cobá

Av. Uxmal
Yaxchilán

Av. Bonampak

Laguna
Morales
2km

Blvd. Kukulkán

Playa
las Perlas

Av. Tulum

307

Café D'PA

Azucenas

Azucenas   Karamba Bar

Tulipanes

Tulipanes

Claveles

Claveles

Crisantemo

Crisantemo

Picante Bar

Risky Times

Sabor Latino

Avenida Xcaret

Mambo Café

Av. Tulum

Parque de las Palapas

Avenida Tulum

Avenida Nader

Av. Tulum

Laguna
del
Amor

0   1 mi
0   1 km

Avenida Bonampak

307

Laguna
Río Inglés

Cancún Nightspots

Playa Linda

Bahía de Mujeres

5 km

La Boom

Playa Langosta

Playa Tortugas

8 km

Playa Caracol

Fat Tuesday

Dady'O

Azucar

Punta Cancún

Carlos 'n' Charlie's

Dady Rock

The City

Bull Dog Night Club

10 km

Coco Bongo

Playa Chac-Mool

Laguna Bojórquez

Señor Frog's

Planet Hollywood

Blue Bayou Jazz Club

Pat O'Brien's

Jimmy Buffet's Margaritaville

ZONA HOTELERA

13 km

Playa Marlin

Laguna de Nichupté

Royal Bandstand

Blvd. Kukulkán

Champions

15 km

Caribbean Sea

Tragar Bar ◆

Playa Ballenas

Dady Rock

17 km

Playa Delfines

20 km

GAY AND LESBIAN NIGHTSPOTS

Drag performers at *Karamba Bar*

Cancún has become a popular destination for gay and lesbian travelers, and lots of gay-friendly clubs have sprung up in the area as a result. These nightspots get especially busy in mid-May, when the International Gay Festival takes place. This celebration includes a welcome party, Caribbean cruise, beach- and bar-hopping, and sightseeing tours to area attractions.

While most Mexicans will treat gay visitors with respect, many are still uncomfortable with open public displays of affection. Discretion is advised. You won't see any open advertisements for the clubs listed below and all of them have fairly discreet entrances. Very few women attend the gay clubs with strip shows.

EL CENTRO

Cafe D' PA (✉ Parque de Palapas, Mza. 16, Sm 22 ☎ 998/884–7615) is a cheerful bar and restaurant offering a menu of specialty crepes; since it opens at lunchtime, it's a popular place to gather before the city's other gay bars and nightclubs open their doors. If dancing till the wee hours is your bag, **Glow Dance Club** (✉ Av. Tulipanes 33, Sm 22 ☎ 998/

898–4552) is the place for you. The DJs here play a range of up-tempo disco and techno, which keeps the terrace dance floor packed. The doors don't close until 5 AM.

Karamba Bar (✉ Av. Tulum 11 at Calle Azucenas, Sm 5 ☎ No phone ⊕ www. karambabar.com) is a large open-air disco and club that's known for its stage performers. A variety of drag shows with the usual lip-synching and dancing celebrity impersonators are put on every Wednesday and Thursday. On Friday night the Go-Go Boys of Cancún entertain, and strip shows are on Saturday and Sunday. The bar opens at 10:30 PM and the party goes on until dawn. There's no cover charge.

Picante Bar (✉ Plaza Gallerias, Av. Tulum 20, Sm 5 ☎ No phone ⊕ www. picantebar.com), the oldest gay bar in Cancún, has been operating for 14 years. (It survived several raids and closures during less lenient times in the '90s.) The drag shows here tend to reflect local culture; for instance, during Carnival there is a special holiday beauty pageant followed by the crowning of "the Queen." The owner, "Mother Picante," emcees the floor show that includes Las Vegas-type dance revues, singers, and strippers. Doors open at 9 PM and close at 5 AM, and there's no cover.

Risky Times (✉ Avs. Tulum and Cobá, Sm 4 ☎ 998/884–7503) has a famously rowdy after-hours scene that doesn't get started until 12 AM but usually lasts until dawn. Be careful here; the crowd can be a bit rough.

RESTAURANT PARTY CENTERS

The following restaurants all serve decent food—but the real attractions are the nightly parties they host, often with live music, and often lasting till dawn.

ZONA HOTELERA

At **Carlos n' Charlie's** (✉ Blvd. Kukulcán, Km 5.5 ☎ 998/849–4053), the waiters will occasionally abandon their posts to rush up on stage and start singing or dancing along with live bands. It's not unusual for them to roust everyone from their seats to join in a conga line before going back to serving food.

Champions (✉ Marriott Casa Magna hotel, Blvd. Kukulcán, Km 14.5 ☎ 998/881–2000 Ext. 6341) has a giant sports screen with 40 monitors, a live DJ, pool tables, cold beer, and dancing until the wee hours.

The City (✉ Blvd. Kukulcán, Km 9.5 ☎ 998/ 848–8380) is a giant party complex with a daytime water park; at night, there's a cavernous dance floor with stadium seating and several large bars selling overpriced drinks. Dancing and live shows are the main draw. This is by far the loudest club in the Zona Hotelera, so don't be surprised if you go home with a ringing in your ears.

You can enjoy a cheeseburger in paradise, along with music and drinks, at **Jimmy Buffett's Margaritaville** (✉ Plaza Flamingo, Blvd. Kukulcán, Km 11.5 ☎ 998/885–2375). Of course, you'll especially like this place if you're a "parrothead" (a Jimmy Buffett fan).

Pat O'Brien's (✉ Blvd. Kukulcán, Km 11.5 ☎ 998/883–0832) brings the New Orleans party scene to the Zona with live rock bands and its famous cocktails balanced on the heads of waiters as they dance through the crowd. The really experienced waiters can balance up to four margaritas or strawberry daiquiris at once! It's always Mardi Gras here, so the place is decorated with lots of balloons, banners, and those infamous beads given out to brave patrons.

Planet Hollywood (✉ Plaza Flamingo, Blvd. Kukulcán, Km 11.5 ☎ 998/883–0921) has a very loud but popular disco with live music until 2 AM. The dance floor is warmed up nightly by a laser light show; then the bands start up and the dancing begins. This place is popular with the young crowd—both college students and vacationing professionals.

Señor Frog's (✉ Blvd. Kukulcán, Km 12.5 ☎ 998/883–1092) is known for its over-the-top drinks; foot-long funnel glasses are filled with margaritas, daiquiris, or beer, and you can take them home as souvenirs once you've chugged them dry. Needless to say, spring-breakers adore this place and often stagger back night after night.

Cancún's Zona Hotelera at dawn

They're also generally—but not always—higher than in the markets, where bargaining for better prices is a possibility.

There are many duty-free stores that sell designer goods at reduced prices—sometimes as much as 30% or 40% below retail. Although prices for handicrafts are higher here than in other cities and the selection is limited, you can find handwoven textiles, leather goods, and handcrafted silver jewelry.

> ### AVOID TORTOISESHELL
>
> Refrain from buying anything made from tortoiseshell. The *carey*, or hawksbill turtles from which most of it comes are an endangered species, and it's illegal to bring tortoiseshell products into the United States and several other countries. Also be aware that there are some restrictions regarding black coral. You must purchase it from a recognized dealer.

Shopping hours are generally weekdays 10–1 and 4–7, although more stores are staying open throughout the day rather than closing for siesta. Many shops keep Saturday-morning hours, and some are now open on Sunday until 1. Centros comerciales tend to be open weekdays 9 AM or 10 AM to 8 PM or 9 PM.

Districts, Markets & Malls

Zona Hotelera

There's only one open-air market in the Zona Hotelera. **Coral Negro** (⊠ Blvd. Kukulcán, Km 9, Zona Hotelera), next to the convention center, is a collection of about 50 stalls selling crafts. It's open daily until late evening. Everything here is overpriced, but bargaining does work.

Forum-by-the-Sea (⊠ Blvd. Kukulcán, Km 9.5, Zona Hotelera ☎ 998/883–4428) is a three-level entertainment and shopping plaza in the Zona. There's a large selection of brand-name restaurants here, and chain shops like Paloma, Wayan, and Sunglass Island, all in a circuslike atmosphere.

The glittering, ultratrendy, and ultraexpensive **La Isla Shopping Village** (⊠ Blvd. Kukulcán, Km 12.5, Zona Hotelera ☎ 998/883–5025) is on the Laguna Nichupté under a giant canopy. A series of canals and small bridges is designed to give the place a Venetian look. In addition to shops, the mall has a marina, an aquarium, a disco, restaurants, and movie theaters. You won't find any bargains here, but it's a fun place to window-shop.

The largest and most contemporary of the malls, **Plaza Caracol** (⊠ Blvd. Kukulcán, Km 8.5, Zona Hotelera ☎ 998/883–4760) is north of the convention center. It houses about 200 shops and boutiques, including two pharmacies, art galleries, a currency exchange, and folk art and jewelry shops, as well as a café and restaurants. Boutiques include Benetton, Bally, Gucci, and Ralph Lauren, with prices lower than those of their U.S. counterparts. You can rest your feet upstairs at the café, where there are often afternoon concerts, or have a meal at one of the fine restaurants.

Plaza la Fiesta (⊠ Blvd. Kukulcán, Km 9, Zona Hotelera ☎ 998/883–2116) has 20,000 square feet of showroom space, and more than 100,000 different products for sale. This is probably the widest selection of Mexican goods in the hotel zone, and includes leather goods, silver and gold jewelry, handicrafts, souvenirs, and swimwear. There are some good bargains here.

Plaza Flamingo (⊠ Blvd. Kukulcán, Km 11.5, across from Hotel Flamingo Resort & Plaza, Zona Hotelera ☎ 998/883–2945) is a small plaza beautifully decorated with marble. Inside are a few designer emporiums, duty-free shops, an exchange booth, sportswear shops, restaurants, and boutiques selling Mexican handicrafts.

Plaza Kukulcán (⊠ Blvd. Kukulcán, Km 13, Zona Hotelera ☎ 998/885–2304) is a seemingly endless mall, with around 80 shops, six restaurants, a liquor store, and a video arcade. The plaza is also notable for the many cultural events and shows that take place in the main public area. For two years the plaza has been undergoing massive renovations that should be complete in early 2006.

Leading off Plaza Caracol is the oldest and most varied commercial center in the Zona, **Plaza Mayafair** (⊠ Blvd. Kukulcán, Km 8.5, Zona Hotelera ☎ 998/883–2801). Mayafair has a large open-air center filled with shops, bars, and restaurants. An adjacent indoor shopping mall is decorated to resemble a rainforest, complete with replicas of Maya stelae.

El Centro

There are lots of interesting shops downtown along Avenida Tulum (between Avenidas Cobá and Uxmal). **Fama** (⊠ Av. Tulum 105, Sm 21 ☎ 998/884–6586) is a department store that sells clothing, English-language books and magazines, sports gear, toiletries, liquor, and *latería* (crafts made of tin). The oldest and largest of Cancún's crafts markets is **Ki Huic** (⊠ Av. Tulum 17, between Bancomer and Bital banks, Sm 3 ☎ 998/884–3347). It's open daily 9 AM–10 PM and houses about 100 vendors. **Mercado Veintiocho** (Market 28), just off Avenidas Yaxchilán and Sunyaxchén, is a popular souvenir market filled with shops selling many of the same items found in the Zona Hotelera but at half the price. **Ultrafemme** (⊠ Av. Tulum 111, at Calle Claveles, Sm 21 ☎ 998/884–1402) is a popular downtown store that carries duty-free perfume, cosmetics, and jewelry. It also has branches in the Zona Hotelera at Plaza Caracol, Plaza Flamingo, Plaza Kukulcán, and La Isla Shopping Village.

Plaza las Americas (⊠ Av. Tulum, Sm 4 and Sm 9 ☎ 998/887–3863) is the largest shopping center in downtown Cancún. Its 50-plus stores, three restaurants, eight movie theaters, video arcade, fast-food outlets, and five large department stores will—for better, for worse—make you feel right at home.

Plaza Bonita (⊠ Av. Xel Ha 1 and 2, Sm 28 ☎ 998/884–6812) is a small outdoor plaza next door to Mercado Veintiocho (Market 28). It has many wonderful specialty shops carrying Mexican goods and crafts.

Plaza Cancún 2000 (✉ Av. Tulum and Av. López Portillo, Sm 7 ☎ 998/884–9988) is a shopping mall popular with locals. There are some great bargains to be found here on shoes, clothes, and cosmetics.

Plaza Hong Kong (✉ Avs. Xcaret and Labná, Lote 6, Sm 35 ☎ 998/887–6315) has an eclectic assortment of shops and boutiques. A few sell Chinese goods like chopsticks, rice, noodles, and soy sauce.

Specialty Shops

Galleries

The Attic (✉La Isla Shopping Village, Blvd. Kukulcán, Km 12.5, Zona Hotelera ☎ 998/883–5466), found in Las Margaritas restaurant, specializes in gold and silver jewelry from Taxco, as well as traditional Mexican art. Serious collectors visit **Casa de Cultura** (✉ Prolongación Av. Yaxchilán, Sm 25 ☎ 998/884–8364) for regular art shows featuring Mexican artists. The **Iguana Wana** restaurant (✉ Plaza Caracol, Blvd. Kukulcán, Km 8.5, Zona Hotelera ☎ 998/883–0829) displays a small collection of art for sale. **Sergio Bustamante** (✉ Plaza Kukulcán, Blvd. Kukulcán, Km 13, Zona Hotelera ☎ 998/885–2206 or 01800/300–8030) is a Mexican artist who's well-known for his whimsical ceramic, papier-mâché, and gold sculptures.

Grocery Stores

The few grocery stores in the Zona Hotelera tend to be expensive. It's better to shop for groceries downtown. **Chedraui** (✉ Av. Tulum, Sm 21 ✉ Plaza las Americas, Av. Tulum, Sm 4 and Sm 9 ☎ 998/887–2111 for both locations) is a popular department store with two central locations. **Mega Comercial Mexicana** (✉ Avs. Tulum and Uxmal, Sm 2 ☎ 998/884–3330 ✉ Avs. Kabah and Mayapan, Sm 21 ☎ 998/880–9164) is one of the major Mexican grocery store chains, with three locations. The most convenient is at Avenidas Tulum and Uxmal, across from the bus station; its largest store is farther north on Avenida Kabah, which is open 24 hours.

If you're a member in the States, you can visit **Costco** (✉ Avs. Kabah and Yaxchilán, Sm 21 ☎ 998/881–0250). **Sam's Club** (✉ Av. Cobá, Lote 2, Sm 21 ☎ 998/881–0200) has plenty of bargains on groceries and souvenirs. Most locals shop at **San Francisco de Asís** (✉ Av. Tulum 18, Sm 3 ✉ Mercado Veintiocho, Avs. Yaxchilán and Sunyaxchén, Sm 26 ☎ 998/884–1155 for both locations) for its many bargains on food and other items. **Wal-Mart** (✉ Av. Cobá, Lote 2, Sm 21 ☎ 998/884–1383) is a popular shopping spot.

CANCÚN ESSENTIALS

Transportation

BY AIR

AIRPORT The Aeropuerto Internacional Cancún is 16 km (9 mi) southwest of the heart of Cancún and 10 km (6 mi) from the Zona Hotelera's southernmost point.

🚹 **Aeropuerto Internacional Cancún** ✉ Carretera Cancún–Puerto Morelos/Carretera 307, Km 9.5 ☎ 998/848-7200

CARRIERS Aeroméxico flies nonstop to Cancún from New York, Atlanta, and Miami, with limited service from Los Angeles. Most flights from Los Angeles transfer in Mexico City. American Airlines has limited nonstop service from Chicago, New York, Dallas, and Miami to Cancún; most flights, however, stop over in Dallas or Miami. Continental only has daily direct service from Houston. Mexicana has nonstop flights from Los Angeles and Miami. United Airways has direct flights from Miami, Denver, and Washington.

From Cancún, Mexicana subsidiaries Aerocaribe and Aerocozumel fly to Cozumel, the ruins at Chichén Itzá, Mérida, and other Mexican cities. **Aeroméxico** ☎ 998/287-1860 or 998/886-0003. **American** ☎ 800/433-7300 or 998/883-4461. **Continental** ☎ 800/523-3273 or 998/886-0169. **Mexicana** ☎ 998/881-9090 or 998/881-9094. **United Airways** ☎ 800/538-2929.

AIRPORT TRANSFERS To get to or from the airport, you can take taxis or *colectivos* (vans); although buses are allowed into the airport, they will only take you as far as the bus station downtown (where you will have to transfer to a public bus to get to the Zona Hotelera). There's a well-marked counter just outside of the main international arrival terminal where you can buy bus tickets. There's also a second counter at the airport exit selling colectivo and taxi tickets; prices range from $15 to $75, depending on the destination and driver. Don't hesitate to barter with the cab drivers. The colectivos have fixed prices and usually wait until they are full before leaving the airport. Tickets start at $9. They drive to the far end of the Zona Hotelera and drop off passengers along the way back to the mainland; it's slow but cheaper than a cab, which can charge anywhere from $32 up to $75. Getting back to the airport for your departure is less expensive; taxi fares range from about $15 to $22. Hotels post current rates. Be sure to agree on a price before getting into a cab.

BY BOAT & FERRY

There are several places to catch ferries from Cancún to Isla Mujeres. Some ferries carry vehicles and passengers between Cancún's Punta Sam and Isla's dock; others carry passengers from Puerto Juárez. Transportes Maritimos Magaña runs its boats *Miss Valentina* and *Caribbean Lady* every half hour with the final ferry at 10:30 PM. Ferry departures from Puerto Juarez and Isla Mujeres can vary due to season or current demand—sometimes the last one leaves as late as midnight or as early as 9 PM. Be sure to ask for the current schedule. A one-way ticket costs $3.50.

Ferries traveling directly from the Zona Hotelera run on more limited schedules. Ferries leave the Embarcadero dock for Isla Mujeres at 9:15, 10:30, 11:30, 1:30, and 4:15 daily. At Playa Tortugas, ferries leave for Isla at 9:15, 11:30, 1:45, and 3:45 daily. Ferries from Playa Caracol leave Cancún for Isla at 9, 11, 1, and 3 daily. Round-trip fares at all three departure points start at $16 per person.
Embarcadero dock ferries ⊠ Blvd. Kukulcán, Km 4. **Playa Caracol ferries** ⊠ Blvd. Kukulcán, Km 9. **Playa Tortugas ferries** ⊠ Blvd. Kukulcán, Km 7.5. **Transportes Maritimos Magaña** ☎ 998/877-0065.

BY BUS

The City of Cancún contracts bus services out to two competing companies. The result is frequent, reliable public buses running between the Zona Hotelera and El Centro from 6 AM to midnight; the cost is 75¢. There are designated stops—look for blue signs with white buses in the middle along Boulevard Kukulcán in the Hotel Zone and along Tulum Avenue downtown. Take Ruta 8 (Route 8) to reach Puerto Juárez and Punta Sam for the ferries to Isla Mujeres. Take Ruta 1 (Route 1) to and from the Zona Hotelera. Ruta 1 buses will drop you off anywhere along Avenida Tulum, and you can catch a connecting bus into El Centro. Try to have the correct change and be careful of drivers trying to shortchange you. Also, hold on to the tiny piece of paper the driver gives you. It's your receipt, and bus company officers sometimes board buses and ask for all receipts. To get off the bus, walk to the rear and press the red button on the pole by the back door. If the bus is crowded and you can't make it to the back door, call out to the driver, *La proxima parada, por favor*—The next stop, please.

Autocar and Publicar, in conjunction with the Cancún tourist board, has published an excellent pocket guide called "TheMAP" that shows all the bus routes to points of interest in Cancún and the surrounding area. The map is free and is easiest to find at the airport. Some of the mid-range hotels carry copies and if you're lucky you may find one on a bus.

First- and second-class buses arrive at the downtown bus terminal (terminal de autobuses) from all over Mexico. Check the schedule, either at the terminal or online, for departure times for Tulum, Chetumal, Cobá, Valladolid, Chichén Itzá, and Mérida. Schedules may change at the last minute but the prices will stay the same.

Autobuses del Oriente, or ADO, is one of the oldest buslines in Mexico and offers regular bus service to Puerto Morelos and Playa del Carmen every hour from 5 AM until noon, and every 20 minutes from noon until midnight. Playa Express/Mayab Bus Lines have express buses that leave every 20 minutes for Puerto Morelos and Playa del Carmen. To go farther south you must transfer at Playa del Carmen. Riviera Autobuses have first- and second-class buses leaving for destinations along the Riviera Maya every hour.

🚍 **Autobuses del Oriente (ADO)** ☎ 998/884-5542. **Playa Express/Mayab Bus Lines** ☎ 998/887-1149. **Riviera Autobuses** ☎ 998/884-1149. **Terminal de Autobuses** ✉ Avs. Tulum and Uxmal, Sm 23 ☎ 998/887-1149 ⊕ www.ticketbus.com.mx.

BY CAR

⚠ **Driving in Cancún isn't for the faint of heart, but if you're used to driving in other Mexican cities, you'll find the traffic tame in comparison. Vehicles move at breakneck speed; adding to the danger are the many one-way streets, *glorietas* (traffic circles), sporadically working traffic lights, ill-placed *topes* (speed bumps), numerous pedestrians, and large potholes.** Be sure to observe speed limits as traffic police are vigilant and eager to give out tickets. As well as being risky, car travel is expensive, since it often necessitates tips for valet parking, gasoline, and costly rental rates.

Although driving in Cancún isn't recommended, exploring the surrounding areas on the peninsula by car is. The roads are excellent within a 100-km (62-mi) radius. Carretera 180 runs from Matamoros at the Texas border through Campeche, Mérida, Valladolid, and into Cancún. The trip from Texas can take up to three days. Carretera 307 runs south from Cancún through Puerto Morelos, Tulum, and Chetumal, then into Belize. Carretera 307 has several Pemex gas stations between Cancún and Playa del Carmen. For the most part, though, the only gas stations are near major cities and towns, so keep your tank full. When approaching any community, watch out for the speed bumps—hitting them at top speed can ruin your transmission and tires.

CAR RENTAL Most rental cars in Cancún are standard-shift subcompacts and jeeps; air-conditioned cars with automatic transmissions should be reserved in advance (though bear in mind that some smaller car-rental places have only standards). The larger chain agencies (see Car Rental *in* Smart Travel Tips A to Z for contact information) tend to have the newer and more expensive cars; local companies can have much lower prices. Rates start at $45 per day for manuals and between $55 to $75 for automatics. Better prices can sometime be found on the Internet—but if you book online, be sure to bring a copy of your rental agreement with you to Cancún. If you'd rather not book a rental yourself, the Car Rental Association can help you arrange one.

🗐 **Local Agencies & Contacts Buster Renta Car** ⊠ Plaza Nautilus Kukulcán, Km 3.5, Zona Hotelera ☎ 998/883-0511. **Caribetur Rent a Car** ⊠ Plaza Terramar, Blvd. Kukulcán, Km 8.5 ☎ 998/883-9167 ⊕ www.caribetur.com. **Econorent** ⊠ Avs. Bonampak and Cobá, Sm 4 ☎ 998/887-6487 ⊕ www.econorent.com.mx. **Mónaco Rent a Car** ⊠ Av. Yaxchilán 65, Lote 5, Sm 25 ☎ 998/884-7843 ⊕ www.monacorentacar.com. **Vip Rent a Car** ⊠ Av. Luis Donaldo Colosio, Km 344, Col. Alfredo V. Bonfil, Fracc. Bonfil 2000 ☎ 998/886-2391 ⊕ www.cancunrentacar.com.

BY SCOOTER

⚠ **Riding a scooter in Cancún can be extremely dangerous, and you may risk serious injury by using one in either the Zona or El Centro. If you have never ridden a moped or a motorcycle before, *this is not the place to learn*.** Scooters rent for about $25 a day; you are required to leave a credit-card voucher for security. You should receive a crash helmet, which by law you must wear. Read the fine print on your contract; companies will hold you liable for all repairs or replacement in case of an accident and will not offer any insurance to protect you.

BY TAXI

Taxi rides within the Zona Hotelera cost $6–$10; between the Zona Hotelera and El Centro, they run $8 and up; and to the ferries at Punta Sam or Puerto Juárez, fares are $15–$20 or more. Prices depend on distance, your negotiating skills, and whether you pick up the taxi in front of a hotel or save a few dollars by going onto the avenue to hail one yourself (look for green city cabs). Most hotels list rates at the door; confirm the price with your driver *before* you set out. Some drivers ask for such outrageously high fares it's not worth trying to bargain with them. Just let them go and flag down another cab. If you lose something in a taxi or have questions or a complaint, call the Sindicato de Taxistas. But don't be surprised if your lost item isn't found.

🔲 **Sindicato de Taxistas** ☎ 998/871-0298.

Contacts & Resources

BANKS & EXCHANGE SERVICES

Banks are generally open weekdays 9 to 5; money-exchange desks have hours from 9 to 1:30. Automatic teller machines (ATMs) usually dispense Mexican money; some newer ones also dispense dollars. ATMs at the smaller banks are often out of order, and if your personal identification number has more than four digits, your card may not work. Also, don't delay in taking your card out of the machine. ATMs are quick to eat them up, and it takes a visit to the bank and a number of forms to get them back. If your transactions require a teller, arrive at the bank early to avoid long lines. Banamex and Bital both have El Centro and Zona Hotelera offices and can exchange or wire money.

🔲 **Banamex** Downtown ⊠ Av. Tulum 19, next to City Hall, Sm 1 ⊠ Plaza Terramar, Blvd. Kukulcán, Km 37, Zona Hotelera ☎ 998/883-3100. **HSBC** ⊠ Av. Tulum 15, Sm 4 ☎ 998/884-1433 ⊠ Plaza Caracol, Blvd. Kukulcán, Km 8.5, Zona Hotelera ☎ 998/883-4652.

EMERGENCIES

For general emergencies throughout the Cáncun area, dial **060.**

🔲 Emergency Services **Fire Department** ☎ 998/884-1202. **Municipal Police** ☎ 998/884-1913. **State Police** ☎ 998/884-1171. **Red Cross** ⊠ Avs. Xcaret and Labná, Sm 21 ☎ 998/884-1616. **Green Angels (for highway breakdowns)** ☎ 078.

🔲 Hospitals **Hospital Amat (emergency hospital)** ⊠ Av. Náder 13, Sm 3 ☎ 998/887-4422. **Hospital Americano** ⊠ Retorno Viento 15, Sm 4 ☎ 998/884-6133. **Hospital Amerimed Cancún** ⊠ Ave. Tulum Sur 260, Sm 7 ☎ 998/881-3400, 998/881-3434 for emergencies. **Hospiten** ⊠ Avda. Bonampak, Lote 7, Sm 10 ☎ 998/881-3700. **Total Assist** ⊠ Claveles 5, Sm 22 ☎ 998/884-1058 or 998/884-8082.

🔲 Pharmacies **Farmacia Cancún** ⊠ Av. Tulum 17, Sm 22 ☎ 998/884-1283. **Farmacia Extra** ⊠ Plaza Caracol, Blvd. Kukulcán, Km 8.5, Zona Hotelera ☎ 998/883-2827. **Farmacia Walmart (24 hrs)** ⊠ Av. Cobá, Lote 2, Sm 21 ☎ 998/884-1383 Ext. 123. **Paris** ⊠ Av. Yaxchilán 32, Sm 3 ☎ 998/884-3005. **Roxanna's** ⊠ Plaza Flamingo, Blvd. Kukulcán, Km 11.5, Zona Hotelera ☎ 998/885-1351.

INTERNET, MAIL & SHIPPING

The *correos* (post office) is open weekdays 8–5 and Saturday 9–1; there's also a Western Union office in the building and a courier service. Postal service to and from Mexico is extremely slow. Avoid sending or receiving parcels—and never send checks or money through the mail. Invariably they are stolen. Your best bet for packages, money, and important letters is to use a courier service such as DHL or Federal Express.

You can receive mail at the post office if it's marked "Lista de Correos, Cancún, 77500, Quintana Roo, Mexico." If you have an American Express card, you can have mail sent to you at the American Express Cancún office for a small fee. The office is open weekdays 9–6 and Saturday 9–1. To send an e-mail or hop online, try Web@Internet, which is downtown.

Most hotels offer Internet service but at exorbitant rates. Some go as high as $25 per hour. Most of the Internet cafés in the Zona Hotelera charge by the minute and have computers that take at least 10 minutes to boot up. Compu Copy, in the Zona Hotelera, is open daily 9–9. Downtown, the Internet Café is open Monday–Saturday 11–10, and Infonet is open daily 10 AM–11 PM. Rates at all three start at $2 per hour. Head to El Centro if you need to send more than one e-mail.

🖪 CyberCafés **Compu Copy** ⊠ Plaza Kukulcán, Blvd. Kukulcán, Km 13, Zona Hotelera. **Infonet** ⊠ Plaza las Americas, Av. Tulum, Sm 4 and Sm 9 ☎ 998/887–9130. **Internet Café** ⊠ Av. Tulum 10 behind Comercial Mexicana, across from bus station, Sm 2 ☎ 998/887–3168. **Sycom Internet** ⊠ Av. Náder 45, Sm 2 ☎ 998/887–5675.

🖪 Mail & Shipping **Pegaso Express** ⊠ Av. Uxmal 29, Sm 20 ☎ 998/887–4221. **Correos (Post Office)** ⊠ Avs. Sunyaxchén and Xel-Há, Sm 26 ☎ 998/884–1418. **DHL** ⊠ Av. Tulum 200, Sm 26 ☎ 998/843–5957. **Federal Express** ⊠ Av. Tulum 9, Sm 22 ☎ 998/887–4003. **Mail Boxes Etc.** ⊠ Av. Xpuhil 3, behind Mercado 28, Sm 27 ☎ 998/887–4918.

MEDIA

You can pick up many helpful publications at the airport, malls, tourist kiosks, and many hotels. Indeed, you can't avoid having them shoved into your hands. Most are stuffed with discount coupons offering some savings. The best of the bunch is *Cancún Tips,* a free pocket-size guide to hotels, restaurants, shopping, and recreation. Although it's mainly loaded with advertising and coupons, the booklet, published twice a year in English and Spanish, also has some useful information. The accompanying *Cancún Tips Magazine* has informative articles about local attractions. The *Mapa Pocket Guide* is handy for its Zona Hotelera map and some local contact information. Since the folks who own the parks of Xcaret, Xel-Há, El Embarcadero, and Garrafón publish this guide, they often leave out information on any competitors while heavily promoting their own interests. *Map@migo* has an excellent map of the Zona Hotelera as well as El Centro. It's a handy brochure filled with numbers and coupons to restaurants. Along the same lines in a smaller, booklet format, *Passport Cancún* also has helpful numbers and information along with more coupons.

TOUR OPTIONS

BOAT TOURS Day cruises to Isla Mujeres generally include snorkeling, a trip to the center of town, and lunch. Blue Waters Adventures runs daily cruises through Laguna Nichupté and to Isla in a glass-bottom boat. Kolumbus Tours offers tours to Isla Mujers and Isla Contoy on replica boats of the *Pinta,* the *Niña,* and the Spanish galleon *Cosario.* Two Much Fun-N-A Boat runs sailing and snorkeling trips to Isla in the mornings and evenings.

🖪 **Blue Waters Adventures** ⊠ Playa Tortuga/Fat Tuesday Marina, Blvd. Kukulcán, Km 6.5, Zona Hotelera ☎ 998/849–4444 ⊕ www.bluewateradventures.com.mx. **Kolumbus Tours** ⊠ Punta Conoco 36, Punta Sam ☎ 998/884–1598 ⊕ www.kolumbustours.com. **Two Much Fun-N-A Boat** ⊠ Las Jaibas Marina, Punta Sam ☎ 998/882–2157 ⊕ www.twomuchfun-n-aboat.com.

ECOTOURS The 500,000-acre Reserva Ecológica El Edén, 48 km (30 mi) northwest of Cancún, is in the area known as Yalahau. The reserve was established by one of Mexico's leading naturalists, Arturo Gómez-Pompa, and his nephew, Marco Lazcano-Barrero, and is dedicated to research and conservation. It offers excursions for people interested in exploring wetlands, mangrove swamps, sand dunes, savannas, and tropical forests. Activities include bird-watching, animal-tracking, stargazing, and archaeology. Rates start at $75 per person for a full-day visit. If you're not into roughing it, these trips aren't for you.

Eco Colors runs adventure tours to the wildlife reserves at Isla Holbox and Sian Ka'an, El Edén, and to remote Maya ruin sites. The company also offers bird-watching, kayaking, camping, and biking excursions around the peninsula. Prices start at $48 for day trips, $336 for three-day trips, and $885 for seven-day trips. MayaSites Travel Services offers educational ecotours for families to a variety of Maya ruins—including trips to Chichén Itzá during the spring equinox.

🚩 **Eco Colors** ✉ Calle Camarón 32, Sm 27 🖨 998/884–9580 ⊕ www.ecotravelmexico. com. **MayaSites Travel Services** ✉ 1217 Truman Avenue SE, Albuquerque, NM 87108 ☎ 877/620–8715 ⊕ www.mayasites.com. **Reserva Ecológica El Edén** 🖨 998/880–5032 ⊕ http://maya.ucr.edu/pril/el_eden/Home.html.

SUBMARINE TOURS Aquaworld's Sub See Explorer is a "floating submarine"—a glass-bottom boat that submerges halfway into the water. On a two-hour cruise ($40) you can experience the beauty of Cancún's reef and watch the exotic fish while staying dry. Tours leave on the hour daily 9–3 PM, and include refreshments.

If you like the idea of scuba diving but don't have time to get certified, check out B.O.B. (Breathing Observation Bubble) Cancún. Instead of using scuba gear, you can sit on a machine resembling an underwater motor scooter, and steer your way through the reef while wearing a pressurized helmet that lets you breathe normally. It's safe and requires minimal exertion. The 2½-hour tour through the Bahía de Mujeres costs $75 per person and includes a video of your adventure. Tours leave at 9, 11:30, 2, and 4.

🚩 **AquaWorld's Sub See Explorer** ✉ Blvd. Kukulcán, Km 15.1, Zona Hotelera ☎ 998/848-8327 ⊕ www.aquaworld.com.mx. **B.O.B. (Breathing Observation Bubble) Cancún** ✉ Playa Langosta, Blvd. Kukulcán, Km 4, Zona Hotelera ☎ 998/892–4102 ⊕ www.cancunbob.com.

Isla Mujeres

Playa Norte, Isla Mujeres

WORD OF MOUTH

"We have stayed at Isla Mujeres and loved it. It's very laid-back yet only a 20-minute ferry ride from the hustle and bustle of Cancún. The beach and the restaurants are really outstanding. Also, you're close enough to the mainland to do some of the excursions to the Maya ruins."

–Lisa

AROUND ISLA MUJERES

Getting Oriented

Sleepy, unassuming, and magical, Isla Mujeres has resisted change in an otherwise quickly developing region. Just 8 km (5 mi) long and 1 km (½ mi) wide, its landscapes include flat sandy beaches in the north and steep rocky bluffs to the south. Swimming or snorkeling, exploring the remnants of the island's past, drinking cold beer and eating fresh seafood, and lazing under thatched *palapas* are the liveliest activities here.

TOP 5
Reasons to Go

1. **Getting away from the crowd.** Although Isla is just 5 mi across the bay from Cancun, the peace and quiet make it seem like another universe.

2. **Exploring the southeastern coast,** where craggy cliffs meet the blue Caribbean, by bumping along in a golf cart.

3. **Eating fresh grilled seafood** under a beach-front palapa at Playa Norte.

4. **Scuba diving** the underwater caverns off Isla to see "sleeping" sharks.

5. **Taking a boat trip to Isla Contoy,** where more than 70 species of birds make their home.

Snorkeling at Isla Mujeres

Playa Norte

Playa Norte

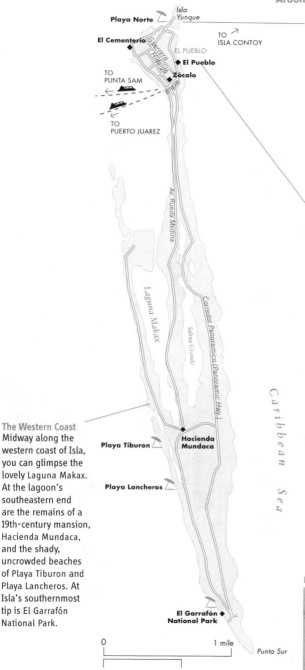

Isla Yunque

Playa Norte

El Cementerio

TO
ISLA CONTOY

EL PUEBLO

El Pueblo

Zócalo

TO
PUNTA SAM

TO
PUERTO JUAREZ

Guerrero (Hidalgo) Juárez

Av. Rueda Medina

Laguna Makax

Salina Grande

Corredor Panoramico (Panoramic Hwy.)

Caribbean Sea

Hacienda Mundaca

Playa Tiburon

Playa Lancheros

El Garrafón
National Park

Punta Sur

0   1 mile

0   1 km

Playa Norte With its waist-deep turquoise waters and wide soft sands, Playa Norte is the most northerly and most beautiful beach on Isla. Most of the island's resorts and hotels are located here; El Pueblo and the historic El Cementerio are just a short walk away.

El Pueblo Directly in front of the ferry piers, El Pueblo is Isla's only town. It extends the full width of the northern end and is sandwiched between sand and sea to the south, west, and northeast. The *zócalo* (main square) here is the hub of Isleño life.

The Western Coast Midway along the western coast of Isla, you can glimpse the lovely Laguna Makax. At the lagoon's southeastern end are the remains of a 19th-century mansion, Hacienda Mundaca, and the shady, uncrowded beaches of Playa Tiburon and Playa Lancheros. At Isla's southernmost tip is El Garrafón National Park.

El Garrafón National Park

ISLA MUJERES PLANNER

Getting There & Getting Around

The only way to get to Isla is by ferry from Puerto Juárez on the mainland, just north of Cancún. The boat rides are quick—usually making the journey to Isla in 30 minutes or less. Be sure to buy your ferry ticket on board the boat; the people you see selling them on the docks aren't official ticket sellers and will charge you more.

There's no reason to bring a car to Isla, and there aren't any car-rental agencies on the island. If you want to drive once you're there, grab a taxi—they're cheap, and they line up near the ferry port around the clock. Since the island's so small, though, bikes, mopeds, and golf carts are the most popular ways to get around. Just be sure to watch out for the ubiquitous speed bumps (or *topes*), and the occasionally reckless local drivers.

Mopeds are extremely popular, and the daily or hourly rates vary depending on the moped's make and age. Many moped places also rent bikes. Just remember that it's hot, so keep hydrated and limit your mileage. And don't even think about night rides: few roads have streetlights. Golf carts (which rent for as little as $40 a day) are a lot of fun, especially if you have kids. In fact, carts have become so popular that taxis have started to feel pinched—all the more reason to establish cab fares before setting off.

Behaving Yourself

Since Isla is still primarily a sleepy fishing community, life here moves slowly. You'll find most *isleños* are laid-back and friendly, especially if you make the effort to speak a few words of Spanish. Still, Isla residents are protective of their peaceful island sanctuary, and so their attitudes about risqué behavior (like public drunkenness and topless sunbathing) are conservative. The Virgin Mary is an important icon on the island, so it's considered respectful to cover yourself up before visiting any of the churches. Spring-breakers are not welcome here, so if you want to want to party and drink into the wee hours of the morning, Cancún is the better choice for you.

Need More Information?

The **Isla Mujeres tourist office** (✉ Av. Rueda Medina 130 ☎ 998/877–0307 ⊕ www.isla-mujeres.com.mx) is open weekdays 8–8 and weekends 8–noon, and has lots of general information about the island.

Staying Awhile

If you want to rent a home or apartment on the island, there are several Internet-based rental agencies that can help you. www. islabeckons.com, for example, lists fully equipped apartments and houses for rent (and also handles reservations for hotel rooms). www.morningsinmexico.com offers smaller and less expensive properties. Most rental homes have fully equipped kitchens, bathrooms, and bedrooms. You can opt for a house downtown or a more secluded one on the eastern coast.

How's the Weather?

Isla enjoys its best weather between November and May, when temperatures usually hover around 80°F.

June, July, and August are the hottest and most humid months, when temperatures routinely top 95°F.

The rainy hurricane season lasts from late September until mid-November, bringing frequent downpours in the afternoons, as well as the occasional hairy tropical storm.

Island Dining

Perhaps it's the fresh air and sunlight that whet the appetite, making Isla's simple meals so delicious. There's plenty of fish and shellfish, including grilled lobster. There are also pleasant variations on pasta, pizza, steak, and sandwiches. Sweet fruits, fresh coffee, and baked goods make breakfast a treat. Like island life, meals don't need to be complicated.

Dining & Lodging Prices

WHAT IT COSTS in Dollars

	$$$$	$$$	$$	$	¢
Restaurants	over $25	$15–$25	$10–$15	$5–$10	under $5
Hotels	over $250	$150–$250	$75–$150	$50–$75	under $50

Restaurant prices are per person, for a main course at dinner, excluding tax and tip. Hotel prices are for a standard double room in high season, based on the European Plan (EP) and excluding service and 12% tax (which includes 10% Value Added Tax plus 2% hospitality tax).

Save the Dates

Sol a Sol Regatta: late April. Founder's Day: Aug. 17. Day of the Dead celebrations: Oct. 31–Nov. 2. Immaculate Conception Feast: Dec. 1–8. Book well in advance, and come if you can.

EXPLORING ISLA MUJERES

Updated by
Sean Mattson

The minute you step off the boat, you'll get a sense of how small Isla is. The sights and properties on the island are strung along the coasts; there's not much to the interior except the two saltwater marshes, Salina Chica and Salina Grande, where Maya inhabitants harvested salt centuries ago. The main road is Avenida Rueda Medina, which runs the length of the island; southeast of a village known as El Colonia, it turns into Carretera El Garrafón. Smaller street names and other address details don't really matter much here.

Numbers in the text correspond to numbers in the margin and on the Isla Mujeres map.

A Good Tour

You can walk to Isla's historic **Cementerio ❶** ► by going northwest from the ferry piers on Avenida López Mateos. Then head southeast (by car or other vehicle) along Avenida Rueda Medina past the piers to reach the Mexican naval base, where you can see flag ceremonies at sunrise and sunset. Just don't take any pictures—it's illegal to photograph military sites in Mexico. Continue southeast; 2½ km (1½ mi) out of town is **Laguna Makax ❷**, on the right. Two smaller salt water marshes, Salina Chica and Salina Grande, run parallel to the lagoon.

At the lagoon's southeast end, a dirt road on the left leads to the remains of the **Hacienda Mundaca ❸**. About a block west, where Avenida Rueda Medina splits, is a statue of Ramon Bravo, Isla's first environmentalist, who passed away in 1998 but who remains a hero to many islanders. If you turn right (northwest) and follow the road for about ½ km (¼ mi), you'll reach Playa Tiburon, and the Tortugranja (turtle farm). If you turn left (southwest), you'll see Playa Lancheros almost immediately. Both are good swimming beaches.

Continue southeast past Playa Lancheros to **El Garrafón National Park ❹**. Slightly more than ½ km (¼ mi) farther along the same road, on the windward side of the tip of Isla Mujeres, is the site of a small Maya ruin, once a temple dedicated to Ixchel, the Santuario Maya a la Diosa Ixchel. Although little remains here, the ocean and bay views are still worth the stop—but you must pay to see them and get past the kitschy Caribbean village and bizarre sculpture park first. Follow the paved eastern perimeter road northwest back into town. Known as either the Corredor Panorámico (Panoramic Highway) or Carretera Perimetral al Garrafón (Garrafón Perimeter Highway), this is a scenic drive with a few pull-off areas along the way. ⚠ This side of the island is quite windy, with strong currents and a rocky shore, so swimming is not recommended. The road curves back into Avenida Rueda Medina near the naval base.

> **HEAD TO TAIL**
>
> To get your bearings, try thinking of Isla Mujeres as a long, narrow fish, the head being the southeastern tip, the northwest prong the tail.

What to See

▶ **①** **El Cementerio.** Isla's unnamed cemetery, with its century-old gravestones, is on Avenida López Mateos, the road that runs parallel to Playa Norte. Many of the tombstones are covered with carved angels and flowers; the most elaborate and beautiful mark the graves of children. Hidden among them is the tomb of the notorious Fermín Mundaca. This 19th-century slave trader—who's often billed more glamorously as a pirate—carved his own skull-and-crossbones gravestone with the ominous epitaph: AS YOU ARE, I ONCE WAS; AS I AM, SO SHALL YOU BE. Mundaca's grave is empty, however; his remains lie in Mérida, where he died. The monument is tough to find—ask a local to point out the unidentified marker.

④ **El Garrafón National Park.** Despite participation in the much publicized "Garrafón Reef Restoration Program," much of the coral reef at this national marine park remains dead (the result of hurricane damage, as well as damage from boats and too many careless tourists). There are still some colorful fish to be seen here, but many of them will only come near if bribed with food. Although there's no longer much for snorkelers here, the park does have kayaks and ocean playground equipment (such as platforms to dive from), as well as a three-floor facility with restaurants, bathrooms, and gift shops. Be prepared to spend big money here; the basic entry fee doesn't include snorkel gear, lockers, or food, all of which are pricey. (The Beach Club Garrafón de Castilla next door is a much cheaper alternative; the snorkeling is at least equal to that available in the park. The club is open to everyone and the entrance fee is $3. You can take a taxi from town.)

The park also has the **Santuario Maya a la Diosa Ixchel,** the sad vestiges of a Maya temple once dedicated to the goddess Ixchel. Unsuccessful attempts to restore it were made after Hurricane Gilbert greatly damaged the site in 1988.

> **TIMING**
>
> Although it's possible to explore Isla in one day, if you take your time, rent a golf cart, and spend a couple of days, you'll be able to soak up more of the nuances of island life.

A lovely walkway around the area remains, but the natural arch beneath the ruin has been blasted open and "repaired" with concrete badly disguised as rocks. The views here are spectacular, though: you can look to the open ocean on one side and the Bahía de Mujeres (Bay of Women) on the other. On the way to the temple there's a cutesy re-creation of a Caribbean village selling overprice jewelry and souvenirs. Just before you reach the ruins you'll pass the sculpture park with its abstract blobs of iron painted in garish colors. Inside the village is an old lighthouse, which you can enter for free. Climb to the top for an incredible view to the south; the vista in the other direction is marred by a tower from a defunct amusement ride (Ixchel would not be pleased). The ruin, which is open daily 9 to 5:30, is at the point where the road turns northeast into the Corredor Panorámico. To visit just the ruins and sculpture park the admission is $3. Admission to the village is free. ☒ *Carretera El Garrafón, 2½ km (1½ mi) southeast of Playa Lancheros* ☎ *998/884–9420 in Cancún, 998/877–1100 to park* ⊕ *www.garrafon.com* ✉ *Basic en-*

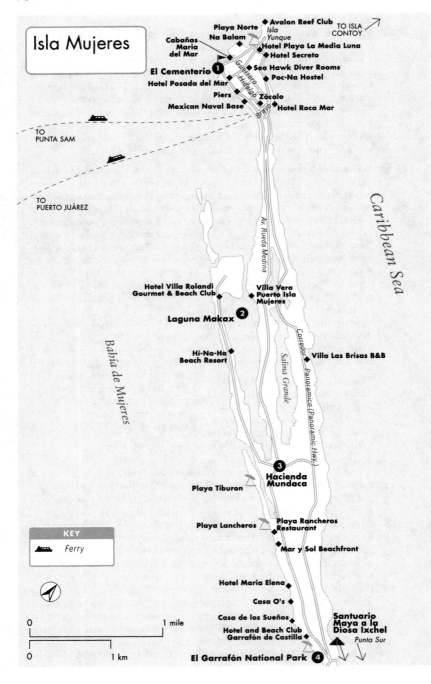

Isla Mujeres

Avalon Reef Club
Isla Yunque
TO ISLA CONTOY

Playa Norte
Na Balam
Cabañas Maria del Mar
Hotel Playa La Media Luna
Hotel Secreto

El Cementerio ❶
Sea Hawk Diver Rooms
Poc-Na Hostel

Hotel Posada del Mar
Piers
Mexican Naval Base
Zócalo
Hotel Roca Mar

Guerrero
Hidalgo
Bravo

TO PUNTA SAM

TO PUERTO JUÁREZ

Caribbean Sea

Av. Rueda Medina

Hotel Villa Rolandi
Gourmet & Beach Club
Villa Vera
Puerto Isla Mujeres

Laguna Makax ❷

Corredor Panoramico (Panoramic Hwy.)

Salina Grande

Hi-Na-Ha
Beach Resort
Villa Las Brisas B&B

Bahía de Mujeres

❸
Hacienda Mundaca

Playa Tiburon

Playa Lancheros
Playa Rancheros Restaurant

Mar y Sol Beachfront

Hotel Maria Elena

Casa O's

Casa de los Sueños
Santuario Maya a la Diosa Ixchel
Punta Sur

Hotel and Beach Club
Garrafón de Castilla

El Garrafón National Park ❹

KEY
Ferry

0 — 1 mile

0 — 1 km

Who Was Ixchel?

IXCHEL (EE-*SHELL*) IS A principal figure in the pantheon of maya gods. Originally married to the earth god Voltan, Ixchel fell in love with the moon good Itzamna, considered the founder of the Maya because he taught them how to read, write, and grow corn. When Ixchel became his consort, she gave birth to four powerful sons known as the Bacabs, who continue to hold up the sky in each of the four directions. Sometimes called Lady Rainbow, Ixchel is the goddess of childbirth, fertility, and healing. She controls the tides and all water on earth.

Often portrayed as a wise crone, she is seen wearing a skirt decorated with crossbones and a crown of serpents while carrying a jug of water. The crossbones are a symbol of her role as the giver of new life and keeper of dead souls. The serpents represent her wisdom and power to rejuvenate. The water jug alludes to her dual role as both a benign and destructive deity. Although she gives mankind the continual gift of water—the most essential element of life—according to Maya myth, Ixchel also sent floods to cleanse the earth of wicked men who had stopped thanking the gods. She is said to give special protection to those making the sacred pilgrimage to her sites on Cozumel and Isla Mujeres.

---

trance fee: $16. *Tours from Cancun: $29–$59. Tours from Isla: $44* ⊙ Daily 8:30 AM–6:30 PM.

3 Hacienda Mundaca. A dirt drive and stone archway mark the entrance to what's left of a mansion constructed by 19th-century slave trader–turned–pirate Fermín Mundaca de Marechaja. When the British navy began cracking down on slavers, Mundaca settled on the island. He fell in love with a local beauty nicknamed La Trigueña (The Brunette). To woo her, Mundaca built a sprawling estate with verdant gardens. Apparently unimpressed, La Trigueña instead married a young islander— and legend has it that Mundaca went slowly mad waiting for her to change her mind. He ended up dying in a brothel in Mérida.

The actual hacienda has vanished. All that remain are a rusted cannon and a ruined stone archway with a triangular pediment carved with the following inscription: HUERTA DE LA HACIENDA DE VISTA ALEGRE MDCC-CLXXVI (Orchard of the Happy View Hacienda 1876). The gardens are also suffering from neglect, and the animals in a small on-site zoo seem as tired as the rest of the property. Mundaca would, however, approve of the cover charge; it's piracy. ⊠ *East of Av. Rueda Medina; take main road southeast from town to S-curve at end of Laguna Makax, turn left onto dirt Rd.* ☎ *No phone* ⊠ *$2.50* ⊙ *Daily 9 AM–dusk.*

Iglesia de Concepion Inmaculada (Church of the Immaculate Conception). In 1890 local fishermen landed at a deserted colonial settlement known as Ecab, where they found three identical statues of the Virgin Mary, each carved from wood with porcelain face and hands. No one knows

Isla's History

THE NAME ISLA MUJERES means "Island of Women," although no one knows who dubbed it that. Many believe it was the ancient Maya, who were said to use the island as a religious center for worshipping Ixchel, the Maya goddess of rainbows, the moon, and the sea, and the guardian of fertility and childbirth. Another popular legend has it that the Spanish conquistador Hernández de Córdoba named the island when he landed here in 1517 and found hundreds of female-shape clay idols dedicated to Ixchel and her daughters. Others say the name dates later, from the 17th century, when visiting pirates stashed their women on Isla before heading out to rob the high seas. (Legend has it that both Henry Morgan and Jean Lafitte buried treasure on Isla, although no one has ever found any pirate's gold.)

It wasn't until after 1821, when Mexico became independent, that people really began to settle on Isla. In 1847 refugees from the War of the Castes fled to the island and built its first official village of Dolores—which was welcomed into the newly created territory of Quintana Roo in 1850. By 1858 a slave trader–turned-pirate named Fermín Mundaca de Marechaja began building an estate on Isla, which took up 40% of the island. By the end of the century the population had risen to 651, and residents had begun to establish trade—mostly by supplying fish to the owners of chicle and coconut plantations on the mainland coast. In 1949 the Mexican Navy built a base on Isla's northwestern coast; around this time, the island also caught the eye of some wealthy Mexican sportsmen, who began using it as a vacation spot.

Tourism flourished on Isla during the later half of the 20th century, partly due to the island's most famous resident, Ramón Bravo (1927–98). A diver, cinematographer, ecologist, and colleague of Jacques Cousteau, Bravo was the first underwater photographer to explore the area. He discovered the now-famous Cave of the Sleeping Sharks, and produced dozens of underwater documentaries for American, European, and Mexican television. Bravo's efforts to maintain the ecology on Isla has helped keep development here to a minimum. Even today, Bravo remains a hero to many *isleños* (ees-*lay*-nyos); his statue can be found beside Hacienda Mundaca where Avenida Rueda changes into the Carretera El Garrafón, and there's a museum named after him on nearby Isla Contoy.

for certain where the statues originated, but it's widely believed that they're gifts from the conquistadores during a visit in 1770. One statue went to the city of Izamal, Yucatán, and another was sent to Kantunikin, Quintana Roo. The third remained on the island. It was housed in a small wooden chapel while this church was being built; legend has it that the chapel burst into flames when the statue was removed. Some islanders still believe the statue walks on the water around the island from dusk until dawn, looking for her sisters. You can pay your respects daily from

10 AM until 11:30 AM and then from 7 PM until 9 PM. ⊠ *Avs. Morelos and Bravo, south side of zócalo.*

❷ Laguna Makax. Pirates are said to have anchored their ships in this lagoon while waiting to ambush hapless vessels crossing the Spanish Main (the geographical area in which Spanish treasure ships trafficked). These days the lagoon houses a local shipyard and provides a safe harbor for boats during hurricane season. It's off Avenida Rueda Medina about 2½ km (1½ mi) south of town, about two blocks south of the naval base and some *salinas* (salt marshes).

El Malecón. To enjoy the drama of Isla's eastern shore while soaking up some rays, stroll along this mile-long boardwalk. It's the beginning of a long-term improvement project and will eventually encircle the island. Currently, it runs from Half Moon Bay to El Colonia, with several benches and look-out points. You can visit El Monumento de Tortugas (Turtle Monument) along the way.

☺ Tortugranja (Turtle Farm). This scientific station is run by the Mexican government in partnership with private funders. Its mission is to continue conservation efforts on behalf of the endangered sea turtle. You can see rescued turtle hatchlings in three large pools or watch the larger turtles in the sea pens. There is also a small museum with an excellent display about turtles and the ecosystem. ⊠ *Take Av. Rueda Medina south of town; about a block southeast of Hacienda Mundaca, take right fork (smaller road that loops back north called Sac Bajo); entrance is about ½ km (¼ mi) farther, on left* ☎ *998/877–0595* 🎟 *$3* ☉ *Daily 9–5.*

BEACHES

Playa Norte is easy to find: simply head north on any of the north–south streets in town until you hit this superb beach. The turquoise sea is as calm as a lake here, and you can wade out for 40 yards in waist-deep water. According to isleños, Hurricane Gilbert's only good deed in 1988 was to widen this and other leeward-side beaches by blowing sand over from Cancún. Enjoy a drink and a snack at one of the area's palapa bars; Buho's is especially popular with locals and tourists who gather to chat, eat fresh seafood, drink cold beer, and watch the sunset. Lounge chairs and hammocks at Sergios are free for customers but to relax in

NOT ALL BEACHES ARE FOR SWIMMING!

Although the beaches on the eastern side of the island (often referred to as the Caribeside) are quite beautiful, they're not safe for swimming because of the dangerous undertows; several drownings have occurred at these beaches. Another gorgeous but dangerous beach is found northeast, just kitty-corner to Playa Norte. **Playa Media Luna** (Half Moon beach) is very tempting, but the strong currents make it treacherous for swimmers.

front of Maria del Maria in a lounge chair will cost you $3. Na Balam charges a whopping $10 for one chair and umbrella. Tarzan Water

Isla's Salt Mines

THE ANCIENT SALT MINES whose remains still exist in Isla's interior were created during the Postclassic period of Maya history, which lasted roughly between the years 1000 and 1500 AD. Salt was an important commodity for the Maya; they used it not only for preserving and flavoring food, but for creating battle armor. Since the Maya had no metal, they soaked cotton cloth in salt until it formed a hard coating.

Today, the shallow marshes where salt was long ago harvested bear modern names: Salina Chica (small salt mine) and Salina Grande (large salt mine). Unfortunately there is little to see at the salt mines today. They are simply shallow marshes with murky water and quite a few mosquitoes at dusk. Since both the island's main roads (Avenida Rueda Medina and the Corredor Panorámico) pass by them, however, you can have a look at them on your way to visiting other parts of Isla.

Sports rents out snorkeling gear, Jet Skis, floats, and sailboards. Seafriends offers snorkeling classes and kayaks.

There are two beaches between Laguna Makax and El Garrafón National Park. **Playa Lancheros** is a popular spot with an open-air restaurant where locals gather to eat freshly grilled fish. The beach has grittier sand than Playa Norte, but more palm trees. The calm water makes it the perfect spot for children to swim—although it's best if they stay close to shore, since the ocean floor drops off steeply. The souvenir stands here are fairly low-key and run by local families. There is a small pen with domesticated and quite harmless *tiburones gatos*—nurse sharks. (These sharks are much friendlier than the *tintoreras,* or blue sharks, which live in the open seas, have seven rows of teeth, and weigh up to 1,100 lbs.) You can swim with them or get your picture taken for $1.

Playa Tiburon, like Playa Lancheros, is on the west coast facing Bahía de Mujeres, and so its waters are also exceptionally calm. It's a more developed beach with a large, popular seafood restaurant (through which you actually enter the beach). There are several souvenir stands selling the usual T-shirts as well as handmade seashell jewelry. On certain days there are women who will braid your hair or give you a temporary henna tattoo. This beach also has two sea pens with the sleepy and relatively tame nurse sharks. You can have a low-key and very safe swim with these sharks—and get your picture taken doing so—for $2.

WHERE TO EAT

Dining on Isla is a casual affair. Restaurants tend to serve simple meals: seafood, pizza, salads, and Mexican dishes, mostly prepared by local cooks. Fresh ingredients and hospitable waiters make up for the island's lack of elaborate menus and master chefs. It's cash only in most of the restaurants.

2

Locals often eat their main meal during siesta hours, between 1 and 4, and then have a light dinner in the evening. Unless otherwise stated, restaurants are open daily for lunch and dinner. Some restaurants open late and close early Sunday; others are closed Monday. Most restaurants welcome children and will cater to their tastes.

Though informal, most indoor restaurants do require that you wear a shirt and shoes when dining. Some outdoor terrace and palapa restaurants also request that you wear shoes and some sort of cover-up over your bathing suit.

It's customary in Mexico for the waiter to not bring you the bill until you ask for it (*"la cuenta, por favor"*). Always check your bill to make sure you didn't get charged for something you didn't order, and to make sure the addition is correct. The "tax" on the bill is often a service charge—kind of a guaranteed tip.

Prices

	WHAT IT COSTS In Dollars				
	$$$$	**$$$**	**$$**	**$**	**¢**
AT DINNER	over $25	$15–$25	$10–$15	$5–$10	under $5

Per person, for a main course at dinner, excluding tax and tip.

El Pueblo

$–$$$$ ✕ **Los Amigos.** This authentic isleño eatery really lives up to its name; once you've settled at one of the street-side tables, the staff treats you like an old friend. Though it used to be known mainly for its superb pizza, the menu has grown to include excellent fish, meat, pasta, and vegetarian dishes as well. The Steak Roquefort and garlic shrimp are sure bets—and be sure to try the rich chocolate cake or flambéed crepes. ⊠ *Av. Hidalgo between Avs. Matamoros and Abasolo* ☎ 998/877–0624 ⊟ *No credit cards.*

$–$$$$ ✕ **Fayne's.** The vibe at this brightly painted spot is hip and energetic. Best known for its terrific cocktails (don't miss the mango margaritas), this funky restaurant serves good island fare such as Tex-Mex sandwiches, garlic shrimp, calamari stuffed with spinach, and grilled snapper. The well-stocked bar has a colorful tile "aquarium" underneath. ⊠ *Av. Hidalgo 12A, between Avs. Mateos and Guerrero* ☎ 998/877–0528 ⊟ *No credit cards.*

$$–$$$ ✕ **Bamboo.** This casual restaurant, with its bright tablecloths and bamboo-covered walls, has two different chefs. In the morning the first cooks up hearty breakfasts of omelets and hash browns with freshly brewed coffee. Later in the day, however, the second chef switches to Asian-fusion-style lunches and dinners, including a knockout shrimp tempura, vegetable stir-fry, and chicken satay in a spicy peanut sauce. Some evenings, there's live salsa or Caribbean music, and the place fills with locals. ⊠ *Plaza Los Almendros No. 4* ☎ 998/877–1355 ⊟ *AE, MC, V.*

$–$$$ ✕ **Sunset Grill.** The perfect place for a sunset dinner, this spot has beachside tables where you can sip cocktails, and a covered dining terrace with large picture windows that overlook the sea. The dinner menu has a wide range of Mexican and seafood dishes, including coconut shrimp and fried snapper; soft music and candlelight add to the romantic ambience. They also serve a lunch of Mexican favorites like tacos and quesadillas, and an excellent breakfast. ✉ *Av. Rueda Medina, North End, Condominios Nautibeach, Playa Norte* ☎ *998/877–0785* ▭ *MC, V.*

$–$$$ ✕ **Zazil Ha.** At this beachside restaurant, you can dine downstairs under big, shady palms or upstairs under a palapa roof. The menu offers innovative vegetarian fare—like salads with avocado and grapefruit, or coconut, mango, and mint vinaigrette—as well as traditional Mexican dishes. The chicken with cilantro sauce is especially good. ✉ *Na Balam Hotel, Calle Zazil-Ha 118* ☎ *998/877–0279* ▭ *AE, MC, V.*

¢–$$$ ✕ **Don Chepo.** Mexican grill (tacos, fajitas, and steak) is the draw at this lively restaurant that resembles a small hacienda. Inside, the focal point is the large and well-stocked bar where you can chat with other visitors or enjoy the (sometimes live) mariachi music. Tables outside are perfect for watching all the downtown action on Hidalgo Street. The *arrachera,* a fine cut of beef steak grilled to perfection and served with rice, salad, baked potato, warm tortillas, and beans, is a reliably excellent choice. ✉ *Avs. Hidalgo and Francisco Madero* ☎ *No phone* ▭ *MC, V.*

¢–$$$ ✕ **Picus Cocktelería.** Kick off your shoes and settle back with a cold beer **Fodor's**Choice at this charming beachside restaurant right near the ferry docks. You ★ can watch the fishing boats come and go while you wait for some of the freshest seafood on the island. The grilled fish and grilled lobster with garlic butter are both magnificent here, as are the shrimp fajitas—but the real showstopper is the mixed seafood ceviche, which might include conch, shrimp, abalone, fish, or octopus. ✉ *Av. Rueda Medina, 1 block northwest of ferry docks* ☎ *998/129–6011* ▭ *No credit cards.*

☺ $–$$ ✕ **Jax Bar & Grill/Jax Upstairs Lounge.** The downstairs of this palapa-roof hot spot is a lively sports bar, which serves up huge, thick, perfectly grilled burgers along with cold beer. The satellite TV is always turned to ESPN, and there's usually a game of pool or darts in progress. Upstairs is more elegant; you can enjoy the softly lighted bar and piped-in smooth jazz over fresh grilled seafood while watching the sunset. The friendly staff will cater to the kids with their typical North American diner favorites. ✉ *Av. Adolfo Mateos 42* ☎ *998/887–1218* ▭ *MC, V.*

¢–$ ✕ **Angelo.** Named for its Italian expat chef, this small, charming bistro is done up with crisp linens, soft lighting, and a wood-fired oven. You may have trouble choosing just which pizza or pasta from the delicious-sounding menu, but you can't go wrong with the classic tomato and basil pizza, the pasta Gorgonzola, or the seafood-stuffed ravioli. ✉ *Plaza Los Almendros, No. 6* ☎ *998/877–1273* ▭ *No credit cards.*

¢–$ ✕ **Café Cito.** This cheery, seashell-decorated café was one of Isla's first cafés—and it's still one of the best places to breakfast on the island. The menu includes fresh waffles, fruit-filled crepes, and egg dishes, as well as great cappuccino and espresso; lunch specials are also available daily. After your meal, be sure to head to the Soñadores del Sol shop next door; the proprietor gives great tarot readings. ✉ *Avs. Juárez and Matamoros* ☎ *998/877–1470* ▭ *No credit cards.*

★ ¢–$ ✕ **La Cazuela M & J.** Next door to the Hotel Roca Mar, this restaurant is perched right at the ocean's edge (if it gets too breezy for you outside, you can seek refuge in the sunny dining room). The breakfast menu, considered by many locals to be the best on the island, includes fresh-squeezed juices, fruit, crepes, and egg dishes—including the heavenly La Cazuela, somewhere between an omelet and a soufflé. Yummy sandwiches and thick juicy hamburgers are on the lunch menu. ⊠ *Calle Nicolas Bravo, Zona Maritima* 🕾🕾 *998/877–0101* ▤ *No credit cards* ⊙ *Closed Mon. No dinner.*

¢–$ ✗ **Fredy's Restaurant & Bar.** This friendly, family-run restaurant specializes in simple fish, seafood, and traditional Mexican dishes like fajitas and tacos. There isn't much by way of decor here—they use plastic chairs and tables—but the staff is wonderfully friendly, the food is fresh, and the beer is cold. The tasty daily specials are a bargain and attract both locals and visitors. Be sure to check out the two-for-one drink specials offered in the evenings. ⊠ *Av. Hidalgo just below Av. Mateos* 🕾 *998/ 877–1339* ▤ *No credit cards.*

¢–$ ✗ **Mañana Restaurant & Bookstore.** It's hard to miss this bright fuchsia restaurant with a yellow sun stretching its rays over the front door. But you won't want to miss the great breakfasts here, with yummy egg dishes, fresh baguettes, and Italian coffee. Salads, homemade burgers (meat or vegetarian), and fresh fruit shakes are served at lunch. If you're in a hurry, you can grab a quick snack at the outdoor counter with its palapa roof—but since Cosmic Cosas bookstore is also here you may want to lounge on the couch and read after your meal. ⊠ *Av. Guerrero 17* 🕾 *998/877–0555* ▤ *No credit cards* ⊙ *No dinner.*

¢–$ ✗ **Sergio's Playa Sol.** Delicious chicken nachos, guacamole, and fish kebabs are on the menu at this great Playa Norte beach bar. You can easily spend the whole day here and stay for the sunset; there are free hammocks, beach chairs, and umbrellas for customers. ⊠ *North end of Rueda Medina on Playa Norte* 🕾 *998/130–1924* ▤ *No credit cards.*

¢ ✗ **Los Aluxes Cafe.** The perfect spot for an early-morning or late-night cappuccino (it opens at 6:30 AM and closes at 10 PM), this place also has terrific desserts and baked goods. The New York Cheesecake and Triple Fudge Turtle Brownies are especially decadent. There's also a great selection of exotic teas, and there's locally made jewelry for sale. If you want the café's famous banana bread, get there early—it usually sells out by 10 AM. ⊠ *Av. Matamoros 87* 🕾 *998/877–1317* ▤ *No credit cards.*

¢ ✗ **Aquí Estoy.** It may be small, with only a few stools to sit on—but what pizza! The thick-crusted pies here are smothered with cheese and spicy tomato sauce, along with toppings like grilled vegetables, pepperoni, and mushrooms. There's a choice of 15 varieties, and everything is fresh and prepared on the spot. For dessert, try a slice of apple pie. This is a great place for a quick snack on your way to the beach! ⊠ *Av. Matamoros 85* 🕾 *No phone* ▤ *No credit cards.*

Elsewhere on the Island

$$–$$$$ ✗ **Casa O's.** This restaurant is more expensive than others downtown—
FodorśChoice and worth every penny. The magic starts at the footpath, which leads
★ over a small stream before entering the three-tier circular dining room overlooking the bay. As you watch the sunset, you can choose your fish—salmon, Chilean bass, tuna, snapper, or grouper—and have the chef pre-

pare it to your individual taste; or you can pick out a lobster from the on-site pond. Be sure to save room for the key lime pie—it's the house specialty. The restaurant is named for its waiters—all of whose names end in the letter "o." ⊠ *Carretera El Garrafón s/n* ☎ *998/888–0170* ⊟ *MC, V.*

★ **$$–$$$$** ✕ **Casa Rolandi.** This hotel restaurant is casually sophisticated, with an open-air dining room leading out to a deck that overlooks the water. Tables are done up with beautiful linens, china, and cutlery. The northern Italian menu here includes the wonderful carpaccio *di tonno alla Giorgio* (thin slices of tuna with extra-virgin olive oil and lime juice), along with excellent pastas—even the simplest dishes such as angel hair pasta in tomato sauce are delicious. For something different, try the saffron risotto or the *costoletto d'agnello al forno* (lamb chops with a thyme infusion). The sunset views are spectacular. ⊠ *Hotel Villa Rolandi Gourmet & Beach Club, Fracc. Laguna Mar Makax, Sm 7* ☎ *998/877–0500* ⊟ *AE, MC, V.*

> ## WORD OF MOUTH
>
> "Roaming around the markets and malls, getting hungrier and hungrier, we came upon Rolandi's. The menu looked acceptable and the dinner turned out to be a delightful experience. Superb and friendly service. The fresh pasta made the lasagna and ravioli better than average. The puff bread was fantastic."   –Paul

¢–$$ ✕ **Playa Lancheros Restaurant.** One of Isla's best and most authentic **Fodor's Choice** restaurants, this eatery is worth taking a short taxi ride for. It's right on ★ the beach (the fish doesn't come any fresher than this), and its menu fuses traditional Mexican and regional cuisine. The house specialty is the Yucatecan *tikinchic* (fish marinated in a sour-orange sauce and chili paste then cooked in a banana leaf over an open flame)—and there are also delicious tacos and grilled fish, fresh guacamole, and salsa. The food may take a while to arrive, so bring your swimsuit, order a beer, and take a dip while you wait. On Sunday there's music, dancing, and the occasional shark wrestler. ⊠ *Playa Lancheros where Avenida Rueda Medina splits into Sac Bajo and Carretera El Garrafón* ☎ *998/877–0340* ⊟ *MC, V.*

WHERE TO STAY

Isla hotels focus on providing a relaxed, tranquil beach vacation. Many have simple rooms, usually with ceiling fans, and some have air-conditioning, but few have TVs or phones. Generally, modest budget hotels can be found in town, while the more expensive resorts are around Punta Norte or the peninsula near the lagoon. Local travel agents can provide information about luxury condos and residential homes for rent—an excellent option if you're planning a long stay.

Many of the smaller hotels on the island don't accept credit cards, and some add a 10% surcharge to use one. Isla has also been tightening up its cancellation policy, so check with your hotel about surcharges for changing reservations. Before paying, always ask to see your room to

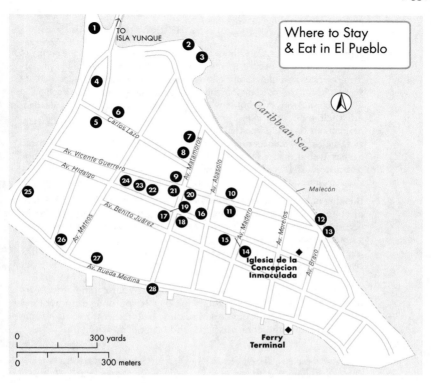

Where to Stay & Eat in El Pueblo

Caribbean Sea

TO ISLA YUNQUE

Carlos Lazo

Av. Vicente Guerrero

Av. Hidalgo

Av. Benito Juárez

Av. Mateos

Av. Rueda Medina

Av. Matamoros

Av. Abasolo

Av. Matero

Av. Morelos

Av. Bravo

Malecón

Iglesia de la Concepción Inmaculada

Ferry Terminal

| 0 | | 300 yards |
| 0 | | 300 meters |

make sure everything is working—especially at the smaller hotels.

A growing number of Isla hotels are now encouraging people to make their reservations online. Some allow you to book rooms right on their own Web sites, but even hotels without their own sites usually offer reservations via online booking agencies, such as **www.docancun.com** and **www.lostoasis.net.** You may see these agency Web sites listed in some of the hotel reviews below—but since hotels customarily work with several different agencies, it's a good idea to shop around online for the best rates before booking with one of them.

Booking online is certainly convenient, and can often get you a 10%–20% discount on room rates. The bad news, though, is that there may be an occasional breakdown in communication between a booking agency and a hotel. You may arrive at the hotel to discover that your Spanish-speaking front desk clerk has no record of your Internet reservation, or has reserved a room that's different from the one you specified. If you arrive during the day there should be time to sort out the problem. But late at night, the hotel may ask you to pay for your room before sorting out your reservation the following day. If you do end up booking online, be sure to print out copies of all your Internet transactions, including receipts and confirmations, and bring them with you.

Prices

WHAT IT COSTS In Dollars				
$$$$	**$$$**	**$$**	**$**	**¢**
FOR 2 PEOPLE over $250	$150–$250	$75–$150	$50–$75	under $50

All prices are for a standard double room in high season, based on the European Plan (EP) and excluding service and 12% tax (10% Value Added Tax plus 2% hospitality tax).

El Pueblo

$$$ ☐ **Hotel Secreto.** It's beautiful. It's famous. It's très, très chic. But if you're looking for a warm, inviting atmosphere, this may not be the place for you. Although the sense of reserve makes it perfect for honeymoon couples who want to be alone, singles may find it too quiet, and children are not appreciated here. Rooms have floor-to-ceiling windows, veiled king-size four-poster beds, and balconies overlooking Half Moon Bay. Mexican artwork looks bold against the predominantly white color scheme, and a small, intimate dining room sits alongside a small ocean-side pool. This place isn't much of a secret anymore, so you'll need to make reservations far in advance. ⊠ *Sección Rocas, Lote 11, Half Moon Beach* ☎ *998/877–1039* 🖷 *998/877–1048* ⊕ *www. hotelsecreto.com* ⌂ *9 rooms* ⚲ *Cable TV, pool, bar* ▤ *AE, MC, V* ⊠ *CP.*

$$$
Fodor's Choice
★

🖾 **Na Balam.** Tranquil, and quietly elegant without being pretentious, this hotel is a true sanctuary. Each guest room in the main building has a thatched palapa roof, Mexican folk art, a large bathroom, an eating area, and a spacious balcony or patio facing the ocean. The beach here is private, with its own bar serving snacks and drinks. Across the street are eight more spacious

rooms surrounding a pool, a garden, and a meditation room where yoga classes are held. ⊠ *Calle Zazil-Ha 118* ☎ *998/877–0279* 🖷 *998/877–0446* ⊕ *www.nabalam.com* ⌂ *31 rooms* ⚲ *Restaurant, pool, massage, beach, bar; no room phones, no room TVs* ▤ *AE, MC, V.*

$$–$$$
🖾 **Hotel Playa la Media Luna.** This breezy palapa-roofed bed-and-breakfast lies along Half Moon Beach, just south of Playa Norte. Guest rooms here are done in bright Mexican colors, with king-size beds and balconies or terraces that look out over pool and the ocean beyond. A continental breakfast is served in a sunny dining room. The hotel also has small, spartan "Roca" rooms, with no view, for $50 per night. ⊠ *Sección Rocas, Punta Norte, Lote 9/10* ☎ *998/877–0759* 🖷 *998/877–1124* ⊕ *www. playamedialuna.com* ⌂ *18 rooms* ⚲ *Dining room, cable TV, pool, massage, beach* ▤ *MC, V* ⊠ *CP.*

$$
🖾 **Cabañas María del Mar.** One of Playa Norte's first hotels, this property is made up of a hodgepodge of buildings that reflects the way it's expanded over the years. Rooms in the "Castle section" have white, minimalist decor and are the brightest but face the street. Thatch-roofed cabanas by the pool are private but dark, while the beachfront rooms in the three-story "Tower section" have little privacy due to poor soundproofing and lots of guest traffic. Locals flock to the restaurant-bar, Buho's, for drinks and moderately priced meals. The hotel also has mopeds and golf carts for rent. The staff here is a funny mix of friendly alongside hostile. ⊠ *Av. Arq. Carlos Lazo 1* ☎ *998/877–0179* 🖷 *998/877–0213* ⊕ *www.cabanasdelmar. com* ⌂ *24 tower rooms, 31 cabana rooms, 18 castle rooms* ⚲ *Restaurant, some refrigerators, pool, beach* ▤ *MC, V* ⊠ *CP.*

$$
🖾 **Sea Hawk Divers Rooms.** Catering largely to divers, this hotel is half a block from Playa Norte. Lovely rooms, above the first-floor dive shop, have queen-size beds, hammocks, brightly tiled bathrooms, wooden furnishings, and huge private balconies that face either the ocean or the garden patio. There are also two studio suites, which have full kitchenettes and large outdoor decks perfect for breakfasts. The third floor terrace, open to all, is a great place to watch the sunset. Diving and deep-sea fishing trips are offered at the shop. This hotel encourages online booking. ⊠ *Calle Carlos Lazo, just before Buho's restaurant* ☎ *998/*

877–0296 ⊕ *www.mjmnet.net/seahawkdivers/rooms.htm* ☞ *4 rooms, 2 studio suites* ☖ *Fans, some kitchenettes, dive shop, fishing; no room phones, no room TVs* ☰ *MC, V.*

$–$$ ▦ **Hotel Posada del Mar.** There are two types of accommodation here: bungalow rooms, which face the pool, and the stone archways and gardens that surround it; and remodeled rooms in the main buildings, which have patios or balconies and face the beach. The hotel is within walking distance of downtown restaurants and shops. The hot water supply can be erratic. ⊠ *Av. Rueda Medina 15A* ☎ *998/877–0044* ☒ *998/877–0266* ⊕ *www.posadadelmar.com* ☞ *42 rooms* ☖ *Restaurant, fans, cable TV, pool, bar* ☰ *AE, MC, V.*

¢–$$ ▦ **Hotel Roca Mar.** You can smell, hear, and see the ocean from the simply furnished, blue-and-white guest rooms at this hotel; it's right on the eastern malecón (boardwalk). Since it's tucked away at the southern end of the town square, there isn't much to distract you from the ocean—except at Carnival, when the music can get loud. The freshwater pool and courtyard—filled with plants, birds, and benches—overlook the ocean, too. ⊠ *Calle Nicolas Bravo and Zona Maritima* ☎☎ *998/877–0101* ⊕ *www.mjmnet.net/HotelRocaMar/home.htm* ☞ *31 rooms* ☖ *Restaurant, fans, pool, beach, snorkeling; no a/c in some rooms, no room phones, no room TVs* ☰ *No credit cards.*

★ $ ▦ **Los Arcos.** In the heart of the downtown area, this hotel is a terrific value. The comfortable suites are all cheerfully (if sparsely) decorated with Mexican-style furnishings; each has a small kitchenette with a microwave and fridge, a fully tiled bathroom with great water pressure, a small sitting area, and a king-size bed. The balconies are large and sunny with lounge chairs; some have a view of the street, while those at the back of the building are more private. The pleasant and helpful staff is an added bonus. The hotel management encourages online booking. ⊠ *Av. Hidalgo 58, between Abasolo and Matamoros* ☎☎ *998/877–1343* ⊕ *www.suiteslosarcos.com* ☞ *12 rooms* ☖ *Fans, in-room safes, kitchenettes, cable TV* ☰ *MC, V.*

$ ▦ **Hotel Frances Arlene.** This small hotel is a perennial favorite with visitors. The Magaña family takes great care to maintain the property—signs everywhere remind you to save electricity and keep noise to a minimum. Rooms surround a pleasant courtyard and are outfitted with double beds, bamboo furniture, and refrigerators. Some have kitchenettes. Playa Norte is a few blocks north and downtown is a block away. This is one of the few Isla hotels that accommodates wheelchairs. ⊠ *Av. Guerrero 7* ☎☎ *998/877–0310* ⊕ *www.francisarlene.com* ☞ *22 rooms* ☖ *Fans, some kitchenettes, refrigerators; no a/c in some rooms* ☰ *MC, V.*

> ## WORD OF MOUTH
>
> "The Francis Arlene is a great deal with spacious rooms, A/C, refrigerators, etc. A full-service hotel. I plan to go back." –Janet

¢–$ ▦ **Hotel Belmar.** Rooms at this small, hacienda-style hotel are cozy and cheerfully decorated with flowers, plants, and Mexican artwork. The beds are large and the showers have good water pressure. Front rooms have terraces that open up onto the main street where you can watch all the downtown action; back rooms are quieter. You can get pizza delivered to your room from Rolandi's restaurant, which is just downstairs. ⊠ *Av. Hidalgo Norte 110, between Avs. Madero and Abasolo* ☎ *998/877–0430* 🖶 *998/877–0429* ⊕ *www.rolandi.com* 🛏 *12 rooms* ⚭ *Room service, fans, cable TV, laundry service* ⊟ *AE, MC, V.*

¢ 🏨 **Hotel Carmelina.** This family hotel's comfortable lodgings have a simple charm. Bright blue-and-purple doors lead to a cheerful courtyard; inside, the rooms are minimally furnished, but have comfortable beds; the bathrooms have plenty of hot water; and everything is spotless. Balconies face out onto the downtown streets—the third-floor rooms have excellent views of both Playa Norte and downtown. This is a child-friendly hotel. ⊠ *Avs. Guerrero and Francisco Madero* ☎ *998/877–0006* 🛏 *25 rooms* ⚭ *Fans, some refrigerators; no a/c in some rooms, no room phones, no room TVs* ⊟ *No credit cards.*

¢ 🏨 **Poc-Ná.** This coed youth hostel is one of El Pueblo's best deals. There are dormitories with fans and private rooms with air-conditioning; there are also a camping area and an outdoor sand garden with hammocks that's great for socializing. To promote the community spirit, the hostel hosts movie nights, board and card games, and regular parties. There are some computers with Internet service available for use. It's within walking distance of Playa Norte and all the downtown shops, restaurants, and bars. ⊠ *Av. Matamoros 15* ☎🖶 *998/877–0090* ⊕ *www.hostels. com/en/availability.php/HostelNumber.2230l* 🛏 *13 private dormitories, 13 shared, 155 beds total* ⚭ *Restaurant, some room TVs, bar; no a/c in some rooms, no room phones* ⊟ *MC, V.*

¢ 🏨 **Urban Hostel.** You'll find six private rooms here and two, eight-bed no-smoking dormitories, with large, shared bathrooms. The beds are comfortable, and there's a living room, fully equipped kitchen, and laundry facilities for all to use. There are also a bar and a natural juice bar on the balcony. Coffee and water are free all day. Book online to get a bed since it fills up quickly. ⊠ *Av. Matamoros 9* ☎🖶 *998/877–1560* ⊕ *www.hostels.com/en/availability.php/HostelNumber.7116* 🛏 *3 private rooms, 7 dorms* ⚭ *Dining room, bar, laundry facilities; no room phones, no room TVs* ⊟ *No credit cards.*

Elsewhere on the Island

$$$$ 🏨 **La Casa de los Sueños.** What started out as a B&B is now a high-end spa with New-Age aspirations. Rooms are named after celestial elements like Sun, Moon, Harmony, Peace, and Love and are decorated with unique crafts and artwork from all over Mexico. A large interior courtyard leads to a sunken, open-air lounge area done in sunset colors; this, in turn, extends to a terrace with a cliff-side swimming pool overlooking the ocean. Spa treatments include massages, body wraps, and facials using herbs and essential oils. ⊠ *Carretera El Garrafón, Fracc. Turqueza, Lotes 9A and 9B* ☎ *998/877–0651 or 800/505–0252* 🖶 *998/877–0708* ⊕ *www. casadelossuenosresort.com* 🛏 *9 rooms* ⚭ *Dining room, fans, pool, exercise equipment, spa, dock, snorkeling, boating, bicycles; no room phones, no room TVs, no kids, no smoking* ⊟ *AE, MC, V* 🍽 *CP.*

$$$$ 🏨 **Hotel Villa Rolandi Gourmet & Beach Club.** A private yacht delivers you from Cancún's Embarcadero Marina to this property. Each of its elegant, brightly colored suites has an ocean view, a king-size bed, and a

sitting area that leads to a balcony with a heated whirlpool bath. Showers have *six* adjustable heads and can be converted into saunas. Both the Casa Rolandi restaurant and the garden pool overlook the Bahía de Mujeres; a path leads down to an intimate beach. The pool and beach can get crowded at times. For the best view ask for a second- or third-floor room. ⊠ *Fracc. Laguna Mar Sm 7 Mza. 75, Lotes 15 and 16, Carretera Sac-Bajo* ☎ *998/877–0700 or 998/877–0500* 📠 *998/877–0100* ⊕ *www.villarolandi.com* ⤴ *20 suites* ᕣ *Restaurant, in-room hot tubs, satellite TV, pool, spa, beach, dock, boating, no-smoking rooms; no kids under 13* ⊟ *AE, MC, V* ⦿ *MAP.*

$$$–$$$$ ⌸ **Villa Vera Puerto Isla Mujeres.** Yachties love this hideaway at Isla's main yacht club. Rooms are awash in rose and blue, and have cozy seating areas. The large pool, which has a fountain and swim-up bar, is surrounded by a garden and lawn. Paths lead to the dock and the lagoon, where a shuttle boat ferries you to a beach club that faces Cancún. Families are warmly welcomed. There is a discount when you book online. ⊠ *Puerto de Abrigo, Laguna Makax* ☎ *998/287–3340 or 800/508–7923* 📠 *998/287–3346* ⊕ *www.docancun.com/Hotels-Isla-Mujeres/villa-vera-puerto-isla-mujeres.htm* ⤴ *17 suites, 4 villas* ᕣ *Restaurant, in-room hot tubs, some kitchenettes, cable TV, in-room VCRs, 3 pools, beach, marina* ⊟ *AE, MC, V* ⦿ *CP.*

$$–$$$ ⌸ **Villa Las Brisas B&B.** It can be difficult to get reservations at this romantic hideaway tucked away on the eastern coast—you must book online, and it's often booked up months in advance—but most agree it's worth the wait. All rooms here have funky, unique designs, fantastic sea views, and are equipped with king-size beds, hammocks, conch-head showers, ceiling fans, and refrigerators. A restaurant and a small pool are onsite. It's a bit of a hike to downtown but the hotel can arrange for a taxi or a golf-cart rental for you. This hotel gets lots of wind! ⊠ *Carretera Perimetral al Garrafón* ☎ *998/888–0342* ⊕ *www.villalasbrisas.com* ⤴ *6 rooms* ᕣ *Restaurant, fans, refrigerators, pool, laundry service; no a/c in some rooms, no room phones, no room TVs, no kids under 16* ⊟ *MC, V* ⦿ *BP.*

$ ⌸ **Hotel & Beach Club Garrafón de Castilla.** The snorkeling at this small family-owned hotel is better than what you're likely to experience at El Garrafón National Park next door. (The reef is less crowded, and so it's healthier, with more fish.) Rooms have double beds and balconies overlooking the water; some have refrigerators. Decorations are minimal, but the overall effect is bright, cheery, and comfortable. ⊠ *Carretera Punta Sur, Km 6* ☎ *998/877–0107* 📠 *998/877–0508* ⊕ *www.isla-mujeres.net/castilla/home.htm* ⤴ *12 rooms* ᕣ *Snack bar, minibars, some refrigerators, beach, dive shop, snorkeling; no room phones, no room TVs* ⊟ *MC, V CP.*

¢ ⌸ **Hotel Maria Elena.** The bright, cheery pink rooms have single or double beds at this budget hotel near El Garrafón National Park. They're small, but all of them have balconies with ocean views over the Bahía de Mujeres. Back stairs lead down to a small snack bar selling cold beer, and a large heated pool. The prices drop the longer you stay. ⊠ *Carretera El Garrafón, Km 5.5* 📠 *998/888–0471* ⊕ *www.mexcon.net/hmariaelena.htm* ⤴ *28 rooms* ᕣ *Snack bar, fans, pool, beach; no room phones* ⊟ *No credit cards.*

In Search of the Dead

EL DÍA DE LOS MUERTOS (the Day of the Dead) is often billed as "Mexican Halloween," but it's much more than that. The festival, which takes place October 31 through November 2, is a hybrid of pre-Hispanic and Christian beliefs that honors the cyclical nature of life and death. Local celebrations are as varied as they are dynamic, often laced with warm tributes and dark humor.

To honor departed loved ones at this time of year, families and friends create *ofrendas*, altars adorned with photos, flowers, candles, liquor, and other items whose colors, smells, and potent nostalgia are meant to lure spirits back for a family reunion. The favorite foods of the deceased are also included, prepared extra spicy so that the souls can absorb the essence of these offerings. Although the ofrendas and the colorful *calaveritas* (skeletons made from sugar that are a treat for Mexican children) are common everywhere, the holiday is observed in

so many ways that a definition of it depends entirely on what part of Mexico you visit.

In a sandy Isla Mujeres cemetery, Marta, a middle-age woman wearing a tidy pantsuit and stylish sunglasses, rests on a fanciful tomb in the late-afternoon sun. "She is my sister," Marta says, motioning toward the teal-and-blue tomb. "I painted this today." She exudes no melancholy; rather she's smiling, happy to be spending the day with her sibling.

Nearby, Juan puts the final touches—vases made from shells he's collected—on his father's colorful tomb. A glass box holds a red candle and a statue of the Virgin Mary, her outstretched arms pressing against the glass as if trying to escape the flame. "This is all for him," Juan says, motioning to his masterpiece, "because he is a good man."

–David Downing

NIGHTLIFE & THE ARTS

Nightlife

Isla has developed a healthy nightlife with a variety of clubs from which to choose. **La Adelita** (⊠ Av. Hidalgo Norte 12A ☎ No phone) is a popular spot for enjoying reggae, salsa, and Caribbean music while trying out a variety of tequila and cigars. **Buho's** (⊠ Cabañas María del Mar, Av. Arq. Carlos Lazo 1 ☎ No phone) remains the favorite restaurant on Playa Norte for a relaxing sunset drink—although the drinks have started to become overpriced. **Jax Bar & Grill** (⊠ Av. Adolfo Mateos 42, near lighthouse ☎ 998/887–1218) has live music, cold beer, good bar food, and satellite TV that's always turned to ESPN.

You can dance the night away with the locals at **Nitrox** (⊠ Av. Matamoros 87 ☎ 998/887–0568). Wednesday night is salsa night and the weekend is a blend of disco, techno, and house. It's open from 9 PM until 3 AM. **Bar OM** (⊠ Lote 19, Mza. 15 Calle Matamoros ☎ 998/820–4876) is an eclectic lounge bar offering wine, organic teas, and self-serve draft-beer taps at each table. **La Peña** (⊠ Calle Nicolas Bravo, Zona Maritima ☎ 998/845–7384), just across from the downtown main square, has a lovely terrace bar that serves a variety of sinful cocktails, and a DJ who sets the mood with techno, salsa, reggae, and dance music. The bar at **El Sombrero de Gomar** (✉ Av. Hidalgo 5 ☎ 998/877–0627) is well-stocked with beer and tequila, and its central location makes it a perfect spot for people-watching. The service, though, tends to be hit-or-miss and the food should be avoided.

The Arts

Isleños celebrate many religious holidays and festivals in El Pueblo's zócalo, usually with live entertainment. Carnival, held annually in February, is spectacular fun. Other popular events include the springtime regattas and fishing tournaments. Founder's Day, August 17, marks the island's official founding by the Mexican government. Isla's cemetery is among the best places to mark the Día de los Muertos (Day of the Dead) on November 1. Families decorate the graves of loved ones with marigolds and their favorite objects from life, then hold all-night vigils to commemorate their lost loved ones.

Casa de la Cultura (✉ Av. Guerrero ☎ 998/877–0639) has art, drama, yoga, and folkloric-dance classes year-round. It's open weekdays 9–9.

SPORTS & THE OUTDOORS

Boating

Puerto Isla Mujeres (✉ Puerto de Abrigo, Laguna Makax ☎ 998/287–3340 ⊕ www.puertoislamujeres.com) is a full-service marina for vessels up to 175 feet. Services include mooring, a fuel station, a 150-ton lift, customs assistance, hookups, 24-hour security, laundry and cleaning services, and boatyard services. If you prefer to sleep on land, the Villa Vera Puerto Isla Mujeres resort is steps away from the docks. The shallow waters of Playa Norte make it a pleasant place to kayak. You can rent kayaks—as well as sailboats and paddleboats starting at $20 for the day—from **Tarzan Water Sports** located in the middle of Playa Norte.

Fishing

Captain Anthony Mendillo Jr. (✉ Av. Arq. Carlos Lazo 1 ☎ 998/877–0759) provides specialized fishing trips aboard his 41-foot vessel, the *Keen M*. He charges $1,000 for a day-long trip for four people. **Sea Hawk Divers** (✉ Av. Arq. Carlos Lazo ☎ 998/877–0296) runs fishing trips—for barracuda, snapper, and smaller fish—that start at $200 for a half day. **Sociedad Cooperativa Turística** (the fishermen's cooperative; ✉ Av. Rueda Medina at Contoy Pier ☎ No phone) rents boats for a maximum of four hours and six people ($120). An island tour with lunch (minimum six people) costs $20 per person. Native resident **Captain Tony Garcia** (✉ Calle Matamoros 7A ☎ 998/877–0229) offers tours on his boat the *Guadalupana*. He charges $50 per person for trips to Isla Contoy; his rates for snorkeling depend on the number of people and length of time.

Snorkeling & Scuba Diving

DIVING SAFETY Although diving is extremely safe on Isla, accidents can still happen. You may want to consider buying dive-accident insurance from the **Divers Alert Network (DAN)** (✉ The Peter B. Bennett Center, 6 West Colony Pl.,

CLOSE UP

Shhh . . . Don't Wake the Sharks

THE UNDERWATER CAVERNS off Isla Mujeres attract a dangerous species of shark—though nobody knows exactly why. Stranger still, once the sharks swim into the caves they enter a state of relaxed nonaggression seen nowhere else. Naturalists have two explanations, both involving the composition of the water inside the caves—it contains more oxygen, more carbon dioxide, and less salt. According to the first theory, the decreased salinity causes the parasites that plague sharks to loosen their grip, allowing the remora fish (the sharks' personal vacuum cleaner) to eat the parasites more easily. Perhaps the sharks relax in order to facilitate the cleaning, or maybe their deep state of relaxation is a side effect of having been scrubbed clean.

Another theory is that the caves' combination of fresh- and saltwater may produce euphoria, similar to the effect scuba divers experience on extremely deep dives. Whatever the sharks experience while "sleeping" in the caves, they pay a heavy price for it: a swimming shark breathes automatically and without effort (water is forced through the gills as the shark swims), but a stationary shark must laboriously pump water to continue breathing. If you dive in the Cave of the Sleeping Sharks, be cautious: many are reef sharks, the species responsible for the largest number of attacks on humans. Dive with a reliable guide and be on your best diving behavior.

2

Durham, NC 27705-5588 ☎ 800/446–2671 ⊕ www.diversalertnetwork. org/insurance/). DAN insurance covers dive accidents and injuries. Their emergency hotline can help you find the best local doctors, hyperbaric chambers, and medical services to assist you. They can also arrange for airlifts.

DIVE SITES Most area dive spots are also described in detail in *Dive Mexico* magazine, which is available in many local shops. The coral reefs at El Garrafón National Park have suffered tremendously because of human negligence, boats dropping their anchors (now an outlawed practice), and the effects of Hurricane Gilbert in 1988. Some good snorkeling can be had near Playa Norte on the north end.

Isla is a good place for learning to dive, since the snorkeling is close to shore. Offshore, there are excellent diving and snorkeling at Xlaches (pronounced *ees*-lah-chayss) reef, due north on the way to Isla Contoy. One of Contoy's most alluring dives is the **Cave of the Sleeping Sharks,** east of the northern tip. The cave was discovered by an island fisherman, Carlos Gracía Castilla, and extensively explored by Ramón Bravo, a local diver, cinematographer, and Mexico's foremost expert on sharks. The cave is a fascinating 150-foot dive for experienced divers only.

At 30 feet to 40 feet deep and 3,300 feet off the southwestern coast, the coral reef known as **Los Manchones** is a good dive site. During the summer of 1994 an ecology group hoping to divert divers and snorkelers from El Garrafón commissioned the creation of a 1-ton, 9¾-foot bronze cross, which was sunk here. Named the Cruz de la Bahía (Cross of the Bay), it's a tribute to everyone who has died at sea. Another option is the Barco L-55 and C-58 dive, which takes in sunken World War II boats just 20 minutes off the coast of Isla.

DIVE SHOPS You can find out more about the various dive shops on Isla by visiting the island's new dive Web site: **www.isladiveguide.com.** Most of the shops offer a variety of dive packages with rates depending on the time of day, the reef visited, and the number of tanks. The PADI-affiliated **Coral Scuba Dive Center** (✉ Av. Matamoros 13A ☎ 998/877–0763 ⊕ www.coralscubadivecenter.com) has a variety of dive packages. Fees start at $29 for 1-tank dives and go up to $59 for 2-tank adventure and shipwreck dives. Snorkeling trips tare also available.

Mundaca Divers (✉ Av. Francisco Madero 10 ☎ 998/877–0607 ⊕ www. mundacadivers.com) has a good reputation with professional divers and employs a PADI instructor. Beginner two-tank reef dives cost $40, while dives to the Cave of Sleeping Sharks or various shipwrecks are $60–$80. Special four-reef dive packages start at $75.

Sea Hawk Divers (✉ Av. Arq. Carlos Lazo ☎ 998/877–0296 ⊕ www. mjmnet.net/seahawkdivers/home.htm) runs reef dives from $45 (for one tank) to $60 (for two tanks). Special excursions to the more exotic shipwrecks cost between $75–$95. The PADI courses taught here are highly regarded. For nondivers there are snorkel trips.

Cruise Divers (✉ Avs. Rueda Medina and Matamoros ☎ 998/877–1190) offers two-tank dives starting at $49 and a dive resort course (a quickie learn-to-scuba course that doesn't allow you to dive in the open sea) for $69. The dive resort course is a good introduction course for beginners and offers courses for advanced divers; they also organize nighttime dives.

SHOPPING

Aside from seashell art and jewelry, Isla produces few local crafts. The streets are filled with souvenir shops selling T-shirts, garish ceramics, and seashells glued onto a variety of objects. But amid all the junk, you may find good Mexican folk art, hammocks, textiles, and silver jewelry. Most stores are small family operations that don't take credit cards, but everyone gladly accepts American dollars. Stores that do take credit cards sometimes tack on a fee to offset the commission they must pay. Hours are generally Monday–Saturday 10–1 and 4–7, although many stores stay open during siesta hours (1–4).

Books
Cosmic Cosas (✉ Av. Guerrero 17 ☎ 998/877–0555) is the island's only English-language bookstore and is found in **Mañana Restaurant & Bookstore.** This friendly shop offers two-for-one-trades (no Harlequin romances) and rents out board games. You can have something to eat and then settle in on the couch for some reading.

Crafts
Artesanías Arcoiris (✉ Avs. Hidalgo and Juárez ☎ No phone) has Mexican blankets and other handicrafts. Staffers here also braid hair. Many

local artists display their works at the **Artesanías Market** (⊠ Avs. Matamoros and Arq. Carlos Lazo ☎ No phone), where you can find plenty of bargains. For custom-made clothing, visit **Hortensia**: hers is the last stall on the left after you come through the market entrance. You can choose from bright Mexican fabrics and then pick a pattern for a skirt, shirt, shorts, or a dress; Hortensia will sew it up for you within a day or two. You can also buy off-the-rack designs.

Look for Mexican ceramics and onyx jewelry at **Artesanías Lupita** (⊠ Av. Hidalgo 13 ☎No phone). **Casa del Arte Mexicano** (⊠Av. Hidalgo 16 ☎No phone) has a large selection of Mexican handicrafts, including ceramics and silver jewelry. **De Corazón** boutique (⊠ Av. Abasolo between Avs. Hidalgo and Guerrero ☎ 998/877–1211) has a wide variety of jewelry, T-shirts, and personal care products. **Gladys Galdamez** (⊠ Av. Hidalgo 14 ☎ 998/877–0320) carries Isla-designed and -manufactured clothing and accessories for both men and women, as well as bags and jewelry.

Grocery Stores

For fresh produce, the **Mercado Municipal** (Municipal market; ⊠Av. Guerrero Norte near post office ☎ No phone) is your best bet. It's open daily until noon. **Mirtita Grocery** (⊠ Av. Juárez 6 at Av. Bravo ☎ No phone) is a good place to find American products like Kraft Dinners, Cheerios, and Ritz Crackers. **Super Express** (⊠Av. Morelos 3, in plaza ☎No phone), Isla's main grocery store, is well-stocked with all the basics.

Jewelry

Jewelry on Isla ranges from tasteful creations to junk. Bargains are available, but beware of street vendors—most of their wares, especially the amber, are fake. **Gold and Silver Jewelry** (⊠ Av. Hidalgo 58 ☎ No phone) specializes in precious stones such as sapphires, tanzanite, and amber in a variety of settings. **Joyeria Maritz** (⊠ Av. Hidalgo between Avs. Morelos and Francisco Madero ☎☎ 998/877–0526) sells jewelry from Taxco (Mexico's silver capital) and crafts from Oaxaca at reasonable prices. **Van Cleef & Arpels** (⊠ Avs. Juárez and Morelos ☎ 998/877–0331) stocks rings, bracelets, necklaces, and earrings with precious stones set in 18K gold. Many of the designs are innovative; prices are often lower than in the United States. You can also check out the Van Cleef sister store, **The Silver Factory** (⊠ Avs. Juárez and Morelos ☎ 998/877–0331), which has a variety of designer pieces at reduced prices.

SIDE TRIP TO ISLA CONTOY

Some 30 km (19 mi) north of Isla Mujeres, Isla Contoy (Isle of Birds) is a national wildlife park and bird sanctuary. Just 6 km (4 mi) long and less than 1 km (about ½ mi) wide, the island is a protected area—the number of visitors is carefully regulated in order to safeguard the flora and fauna. Isla Contoy has become a favorite among bird-watchers, snorkelers, and nature lovers who come to enjoy its unspoiled beauty.

More than 70 bird species—including gulls, pelicans, petrels, cormorants, cranes, ducks, flamingos, herons, doves, quail, spoonbills, and hawks—fly this way in late fall, some to nest and breed. Although the number of species is diminishing—partly as a result of human traffic—

Isla Contoy remains a treat for bird-watchers.

The island is rich in sea life as well. Snorkelers will see brilliant coral and fish. Manta rays, which average about 5 feet across, are visible in the shallow waters. Surrounding the island are large numbers of shrimp, mackerel, barracuda, flying fish, and trumpet fish. In December, lobsters pass through in great (though diminishing) numbers, on their southerly migration route.

Sand dunes inland from the east coast rise as high as 70 feet above sea level. Black rocks and coral reefs fringe the island's east coast, which drops off abruptly 15 feet into the sea. The west coast is fringed with sand, shrubs, and coconut palms. At the north and the south ends, you find nothing but trees and small pools of water.

> ### WHAT TO SEE ON ISLA CONTOY
>
> Once on shore, visit the outdoor museum, which has a small display of animals along with photographs of the island. Climb the nearby tower for a bird's-eye view. Remember to obey all rules in order to protect the island: it's a privilege to be allowed here. Government officials may someday stop all landings on Isla Contoy in order to protect its fragile environment.

The island is officially open to visitors daily from 9 to 5:30; overnight stays aren't allowed. Other than the birds and the dozen or so park rangers who live here, the island's only residents are iguanas, lizards, turtles, hermit crabs, and boa constrictors. You can read more about the Isla Contoy by visiting a Web site devoted to the island: www.islacontoy.org.

Two different tour operators, **Sociedad Cooperativa Isla Mujeres** (⊠ Contoy Pier, Av. Rueda Medina ☎ 998/877–1363) and **La Isleña** (⊠ Avs. Morelos and Juárez, ½ block from pier ☎ 998/877–0578), offer daily boat trips from Isla to Isla Contoy, leaving from Contoy Pier at Rueda Medina (located right by the ferries) at 8:30 AM and returning at 5:30 PM. Groups are a minimum of 6 and a maximum of 12 people.

Captain Ricardo Gaitan (⊠ Contoy Pier, Av. Rueda Medina ☎ 998/877–0798), a local Isla Contoy expert, also provides an excellent tour for large groups (6 to 12 people) aboard his 36-foot boat *Estrella del Norte*.

Contoy Express Tours (⊠ Av. Rueda Medina between Avs. Matamoros and Abasolo ☎ 998/877–1367) offers daily tours aboard the 40-foot *Caribbean Express* sailboat. Groups are from 6 to 15 people.

The trip to Isla Contoy takes about 45 minutes to 1½ hours, depending on the weather and the boat; the cost is between $38 and $50. The standard tour begins with a fruit breakfast on the boat and a stopover at Xlaches reef on the way to Isla Contoy for snorkeling (gear is included in the price). As you sail, your crew trolls for the lunch it will cook on the beach—you may be in for anything from barracuda to snapper (beer and soda are also included). While the catch is being barbecued, you have time to explore the island, snorkel, check out the small museum and biological station, or just laze under a palapa.

Everyone landing on Isla Contoy must purchase a $5 authorization ticket; the price is usually included in the cost of a guided tour. Check with your tour operator to make sure that you'll actually land on the island; many larger companies simply cruise past. The best tours leave directly from Isla Mujeres; these operators know the area and therefore are more committed to protecting Isla Contoy. Tours that leave from Cancún can charge up to three times as much for the same service.

ISLA MUJERES ESSENTIALS

Transportation

BY AIR

Isla's only airport is for private planes and military aircraft, so the closest you'll get to the island by plane is the Aeropuerto Internacional Cancún. Three companies can pick you up at the Cancún airport in an air-conditioned van and deliver you to the ferry docks at Puerto Juárez: AGI Tours, Best Day, and Cancún Valet. Prices for round-trip service range from $35 to $75 for up to four people.

If you aren't in a rush, you may also consider booking a *colectivo* at the airport. These 12-passenger white vans are the cheapest transportation option. You won't leave until the van is full, but that usually doesn't take long. The downside is that vans drop off passengers in Cancún's Zona Hotelera before heading over to Puerto Juárez. The entire trip takes about 45 minutes. You can also opt to get off in the Zona Hotelera and take the fast Isla ferry that leaves from the docks at Playa Caracol. Look for the sign for the Xcaret nature park just across from the Plaza Caracol Shopping Mall—the ferry to Isla is right beside the Xcaret store. Colectivos usually congregate just outside the international terminal at the airport. The cost of the trip is $9 per person, one-way.

🖼 **Aeropuerto Internacional Cancún** ✉ Carretera Cancún–Puerto Morelos/Carretera Hwy. 307, Km 9.5 ☎ 998/848-7200. **AGI Tours** ☎ 998/887-6967 ⊕ www.agitours.com. **Best Day** ☎ 998/881-7206 or 998/881-7202 ⊕ www.bestday.com/Transfers/. **Cancun Valet** ☎ 998/848-3634 or 888/479-9095 ⊕ www.cancunvalet.com.

BY BOAT & FERRY

Isla ferries are actually speedboats that run between the main dock on the island and Puerto Juárez on the mainland. The *Miss Valentina* and the *Caribbean Lady* are small air-conditioned cruisers able to make the crossing in just under 20 minutes, depending on weather. A one-way ticket costs $3.50 and the boats leave daily, every 30 minutes from 6:30 AM to 8:30 PM, with a late ferry at 11:30 PM for those returning from partying in Cancún. You can also choose to take a slower, open-air ferry; its trips take about 45 minutes, but the fare is cheap: tickets are $1.60 per person. Slow ferries run from 5 AM until 6 PM.

Since all official tickets are sold on the ferries by young girls easily identified by their uniforms and money belts, you shouldn't buy your ticket from anyone on the dock. Ticket sellers will accept American dollars, but your change will be given in Mexican pesos.

Always check the times posted at the dock. Schedules are subject to change, depending on the season and weather. Boats will wait until there are enough passengers to make the crossing worthwhile, but this delay never lasts long. Both docks have porters who will carry your luggage and load it on the boat for a tip. (They're easy to spot; they're the ones wearing T-shirts with the English slogan "Will carry bags for tips.") One dollar per person for 1–3 bags is the usual gratuity. To avoid long lines with Cancún day-trippers, catch the early-morning ferry or the ferry after 5 PM. The docks get busy from 11 AM until 3 PM.

More expensive fast ferries to Isla's main dock also leave from El Embarcadero marina complex, and from the Xcaret office complex at Playa Caracol just across from Plaza Caracol Shopping Mall. Both are in the Cancún's Zona Hotelera. The cost is between $10 and $15 round-trip, and the voyage takes about 30 minutes.

Although it's not necessary to have a car on Isla, there is a car ferry that travels between the island and Punta Sam, a dock north of Puerto Juárez. The ride takes about 45 minutes, and the fare is $1.50 per person and about $18–$26 per vehicle, depending on the size of your car. The ferry runs five times a day and docks just a few steps from the main dock on Isla. The first ferry leaves at 8 AM and the last one at 8 PM.

El Embarcadero fast ferries ☎998/883-3448. **Isla ferries from Puerto Juárez** ☎998/877-0065.

BY CAR

There aren't any car-rental agencies on Isla, and there's little reason to bring a car here. Taxis are inexpensive, and bikes, mopeds, and golf carts are much better ways to get around.

BY SCOOTER, BIKE & GOLF CART

Scooters are the most popular mode of transportation on Isla. Since local drivers aren't always considerate of tourists, though, it's best to rent one only if you're experienced at piloting it. Keep in mind that most rental outfits don't include insurance for scooters! Most rental places charge $25–$35 a day, or $5.50–$11 per hour, depending on the scooter's make and age. One of the most reliable rental outfits is Rentadora Ma José; rentals start at $10 per hour or $25 per day (9 AM to 5 PM) or $35 for 24 hours.

You can also rent bicycles on Isla, but keep in mind that it's hot here and the roads have plenty of speed bumps. Don't ride at night; many roads don't have streetlights, so drivers have a hard time seeing you. David's Bike Rental rents bikes starting at $6 per day for beaters and $12 per day for fancy three-speeds. You can negotiate for a better deal if you want a weekly rental.

Golf carts are another fun way to get around the island, especially with kids, and these normally carry insurance. Ciro's Motorent has an excellent choice of new flatbed golf carts. They rent from $35 to $50 for 24 hours, depending on the season. P'pe's Rentadora also has a large fleet of carts (rental prices start at $40 for 24 hours) and of mopeds (rental prices start at $25 per day).

Regardless of what you're riding in or on, watch out for the *topes* (speed bumps) that are everywhere—often unmarked and unpainted—on Isla; El Pueblo also has lots of one-way streets, so pay attention to the signs. Avenida Benito Juárez runs south to north; Avenida Madero and Avenida Matamoros run east to west, and Avenida Abasolo runs west to east.

Although motorists are generally accommodating, be prepared to move to the side of the road to let vehicles pass. Whether walking or driving, exercise caution when traveling through the streets—Isleños like to drive their scooters at breakneck speeds, and sometimes even ignore the one-way signs!

Ciro's Motorent ⊠ Av. Guerrero Norte 1 and Av. Matamoros ☎ 998/877-0578. **David's Bike Rental** ⊠ Across from Pemex station, Rueda Medina ☎ No phone. **P'pe's Rentadora** ⊠ Av. Hidalgo 19 ☎ 998/877-0019. **Rentadora Ma José** ⊠ Francisco y Madero No. 25 ☎ 998/877-0130.

BY TAXI

Taxis line up by the ferry dock around the clock. Fares run $2 to $3 from the ferry to hotels along Playa Norte. A taxi to the south end of the island should be about $5. You can also hire a taxi for an island tour for about $15 an hour. Always establish the price before getting into the cab. If it seems too high, decline the ride; you'll always be able to find another. If you think you've been overcharged or mistreated, contact the taxi office.

Taxi office ☎ 998/877-0066.

Contacts & Resources

BANKS & EXCHANGE SERVICES

HSBC, the island's only bank, is open weekdays 8:30–6 and Saturday 9–2. Its ATM often runs out of cash or has a long line, especially on Sunday, so plan accordingly. HSBC exchanges currency Monday–Saturday 10–noon. You can also exchange money at several currency exchanges; all are open weekdays 8:30–7 and Saturday 9–2 and most are located within two blocks of the bank.

Cunex Money Exchange ⊠ Av. Francisco Madero 12A and Av. Hidalgo ☎ 998/877-0474. **Dollar Bill** ⊠ Av. Hidalgo No.14 ☎ No phone. **HSBC** ⊠ Av. Rueda Medina 3 ☎ 998/877-0005. **Monex Exchange** ⊠ Av. Morelos 9, Lote 4 ☎ No phone.

EMERGENCIES

For general emergencies thoughout Isla, dial **060**.

Centro de Salud (Health Center) ⊠ Avenida Guerrero de Salud, on plaza ☎ 998/877-0017. **Diver's Alert Network (DAN)** ☎ 919/684-4326 Emergency Dive Accident Hotline accepts collect calls. **Farmacia Isla Mujeres** ⊠ Av. Juárez 8 ☎ 998/877-0178. **Hyperbaric Chamber/Naval Hospital of Isla** ⊠ Carretera El Garrafón, Km 1 ☎ 998/872-0001. **Police** ☎ 998/877-0458. **Port Captain** ☎ 998/877-0095. **Red Cross Clinic** ⊠ Colonia La Gloria, south side of island ☎ 998/877-0280. **Tourist/Immigration Department** ⊠ Av. Rueda Medina ☎ 998/877-0307.

INTERNET, MAIL & SHIPPING

The *correos* (post office) is open weekdays 8–7 and Saturday 9–1. You can have mail sent to "Lista de Correos, Isla Mujeres, Quintana Roo,

Mexico"; the post office will hold it for 10 days, but note that it can take up to 12 weeks to arrive. There aren't any courier services on the island; for Federal Express or DHL, you have to go to Cancún.

Internet service is available in downtown stores, hotels, and offices. The average price is 15 pesos per hour. Cafe Internet and DigaMe have the fastest computers.

🔲 Cybercafés **Cafe Internet Isla Mujeres.com** ✉ Av. Francisco Madero 17 ☎ 998/877-0461. **DigaMe** ✉ Av. Guerrero 6, between Avs. Matamoros and Abasolo ☎ 1/608/467-4202; this cybercafé also rents out mobile phones for $3 per day and voice mail services for $2 per day.

Digit Centre ✉ Av. Juárez between Avs. Mateos and Matamoros ☎ 998/877-2025.🔲 Mail Services **Correos** ✉ Avs. Guerrero and Lopez Mateos, ½ block from market ☎ 998/877-0085.

MEDIA
Islander is a small monthly publication (free) with maps, phone numbers, a history of the island, and other useful information. It's published sporadically, but you should be able to pick up a copy at the tourist office.

TOUR OPTIONS
Caribbean Realty & Travel Enterprises offers several different tours of Isla and the surrounding region. The agents there can also help you with long-term rentals and real estate. La Isleña Tours offers several tours to Isla Contoy at $42 per person, including snorkeling trips. Fishing excursions are also offered for a maximum of four hours and four people ($120) or for a maximum of eight hours and four people. Viajes Prisma is a small agency with good rates for a variety of local day trips, including visits to Maya sites along the Riviera Maya.

🔲 **Caribbean Realty & Travel Enterprises** ✉ Calle Abasolo 6 ☎ 998/877-1371 or 998/877-1372 ⊕ www.caribbeanrealtytravel.com. **La Isleña Tours** ✉ Av. Morelos, 1 block up from ferry docks ☎ 998/877-0578 ⊕ www.isla-mujeres.net/islenatours/index.htm. **Viajes Prisma** ✉ Av. Rueda Medina 9C ☎ 998/877-0938.

Cozumel

Reef near San Miguel de Cozumel

WORD OF MOUTH

"On Cozumel, at San Gervasio, a relatively small site compared to others, [ancient] people had an underground cave system where they went to get out of the sun and heat. You can actually go into it and imagine them sitting in the cool passageways."

–Diana

AROUND COZUMEL

Sealife on the Maya Reef

Getting Oriented

A 490-square-km (189-square-mi) island 19 km (12 mi) east of the Yucatán peninsula, Cozumel is mostly flat, with an interior covered by parched scrub, low jungle, and marshy lagoons. White beaches with calm waters line the island's leeward (western) side, which is fringed by a spectacular reef system; the windward (eastern) side, facing the Caribbean Sea, has rocky strands and powerful surf.

TOP 5
Reasons to Go

1. Scuba diving the world-famous 20-mi Maya Reef, where a technicolor profusion of fish coral, and other underwater creatures reside.

2. Swinging lazily in a *hamaca* at Mr. Sancho's, Nachi Cocom, or any of the other western beach clubs.

3. Watching beribboned traditional dancers at the annual Feria del Cedral festival.

4. Joining the locals at the Plaza Central in San Miguel on Sunday nights for music and dancing.

5. Riding a jeep along the wild, undeveloped eastern coast, and picnicking at secluded beaches.

Snorkeling off Cozumel

The Northwest Coast Broad beaches, and the island's first golf course, lie at the northwest tip of Cozumel. Close to town, the sand gives way to limestone shelves jutting over the water; hotels that don't have big beaches provide ladders down to excellent snorkeling spots, where parrot fish crunch on coral.

THE NORTHWEST COAST

3

Punta Molas

Isla de Pasión

Punta Norte

San Miguel Cozumel's only town, where cruise ships loom from the piers and endless souvenir shops line the streets, still retains some of the flavor of a Mexican village. On weekend nights, musical groups and food vendors gather in the main square, attracting a lively crowd.

Playa Santa Pilar

♦ **Cozumel Country Club**

Airport

Playa San Juan

Plaza Central

Playa Los Cocos

Av. Benito Juárez

Av. Rafael Melgar

SAN MIGUEL

The Windward Coast The rough surf of the Caribbean pounds against the limestone shore here, creating pocket-size beaches perfect for solitary sunbathing. The water can be rough, though, so pay attention to the tides, currents, and sudden dropoffs in the ocean floor.

THE WINDWARD COAST

The Southwestern Beaches Proximity to Cozumel's best reefs makes the beaches south of San Miguel a home base for divers. Accordingly, a parade of hotels, beach clubs, commercial piers, and dive shops lines the shore here.

♦ **La Ceiba**

Parque Chankanaab

Playa de San Martín

Playa Corona

Playa San Clemente

Playa San Francisco

Playa Sol

⚏ **El Cedral**

Punta Francesca ♦

Parque Punta Sur ♦

Playa Paradíso

The Southern Nature Parks Cozumel's natural treasures are protected both above and below the sea. At Parque Punta Sur, mangrove lagoons and beaches shelter nesting sea turtles. Parque Chankanaab, one of Mexico's first marine parks, is superb for snorkeling. Parque Marino Nacional Arrecifes de Cozumel encompasses the coral reefs along the southwest edge of the island.

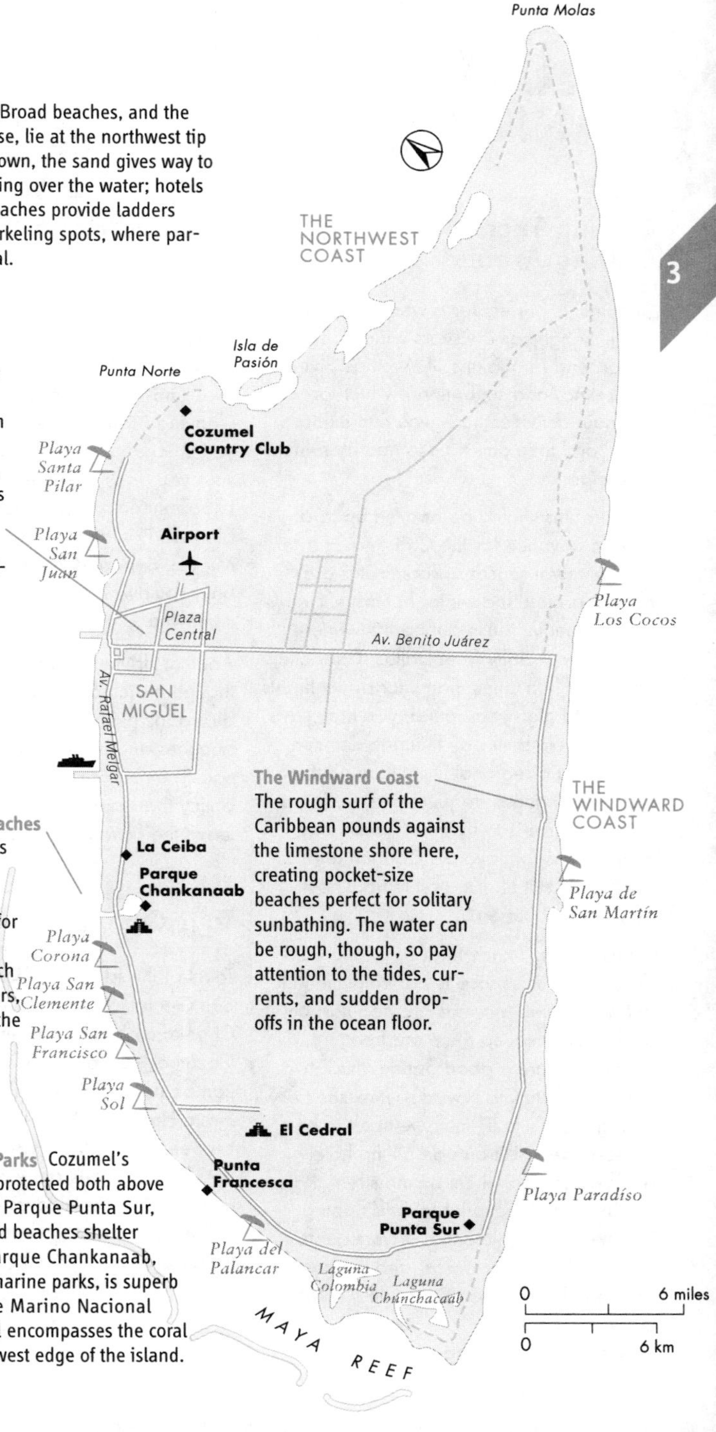

Playa del Palancar

Laguna Colombia

Laguna Chunchacaab

MAYA REEF

0   6 miles

0   6 km

COZUMEL PLANNER

Getting There & Getting Around

Cozumel is perfect for a week-long vacation—though some visitors wind up hanging around for months. As well as diving, snorkeling, and sunbathing, which are the main activities here, you can explore town, and take day trips to nearby ruins or eco-parks.

Hotel rooms should be booked up to a year in advance for the Christmas, Easter, and Carnival seasons. Room rates are highest around the winter holidays. Flights to Cozumel increase during the winter months, especially from Dallas, Charlotte, and other hub cities. Fares for direct flights tend to be high year-round; you may save considerable bucks by flying to Cancún and taking a regional flight (though the schedule changes frequently). The cheapest alternative is to fly into Cancún and take the bus to Playa del Carmen and ferry to Cozumel. It's a bit tedious, but only costs about $16.

The island isn't known for its public transportation. Bus service is basically limited to San Miguel. Mopeds are popular, but accidents involving them are frequent. Rental cars are a good option, though you should stick to paved routes (see Easy Riding, right). Taxis may well be the best choice. They wait outside all the hotels, and you can hail them on the street. Rates are fixed and reasonable, and tipping isn't necessary. Note that drivers quote prices in dollars or pesos, and the peso rate may be cheaper. Regardless of which currency is used, be sure you're clear about the fare from the get-go.

Easy Riding

A vehicle comes in handy on Cozumel, but driving can be deceptively tricky. Locals rely on rickety bicycles and mopeds to get around, often piled high with relatives and friends. Though they're adept at weaving around faster, bigger vehicles, you'll need to keep careful watch to make sure you don't hit them. This is especially important on roads around the cruise ship piers and on major cross streets in San Miguel. Separate lanes for scooters on the busy southwest coast reduce the hazards somewhat.

Another driving tip to keep in mind: though it's tempting to drive on Cozumel's dirt roads (which lead to uncrowded beaches and the wild northeastearn coast), most car-rental companies have a policy that voids your insurance once you leave the paved roadway.

Tour Options

Tours of the island's sights, including the San Gervasio ruins, El Cedral, Parque Chankanaab, and the Museo de la Isla de Cozumel, cost about $50 a person and can be arranged through travel agencies. **Fiesta Holidays** (✉ Calle 11 Sur 598, between Avs. 25 and 30 ☎ 987/872–0923), which has representatives in many hotels, sells several tours. Another option is to take a private tour of the island via taxi, which costs about $70 for the day.

Booking Your Hotel Online

A growing number of Cozumel hotels are now encouraging people to make their reservations online. Some allow you to book rooms right on their own Web sites, but even hotels without their own sites usually offer reservations via online booking agencies, such as www.cozumel-hotels.net, www.comeetocozumel.com, or cozumel-mx.com. Since hotels customarily work with several different agencies, it's a good idea to shop around online for the best rates before booking with one of them.

Besides being convenient, booking online can often get you a 10%–20% discount on room rates. The downside, though, is that there are occasional breakdowns in communication between booking agencies and hotels. You may arrive at your hotel to discover that your Spanish-speaking front desk clerk has no record of your Internet reservation or has reserved a room that's different from the one you specified. To prevent such mishaps from ruining your vacation, be sure to print out copies of all your Internet transactions, including receipts and confirmations, and bring them with you.

How's the Weather?

Weather conditions are more extreme here than you might expect on a tropical island. *Nortes*–winds from the north–blow through in December, churning the sea and making air and water temperatures drop. If you visit during this time, bring a shawl or jacket for the chilly 65˚ evenings. Summers, on the other hand, can be beastly hot and humid. The windward side is calmer in winter than the leeward side, and the interior is warmer than the coast.

Need More Information?

The Web site www.cozumelmycozumel.com, edited by full-time residents of the island, has insider tips on activities, sights, and places to stay and eat. There's a bulletin board, too, where you can post questions.

Olmec head,
Chankanaab Natural Park

Dining & Lodging Prices

WHAT IT COSTS in Dollars					
	$$$$	**$$$**	**$$**	**$**	**¢**
Restaurants	over $25	$15–$25	$10–$15	$5–$10	under $5
Hotels	over $250	$150–$250	$75–$150	$50–$75	under $50

Restaurant prices are per person, for a main course at dinner, excluding tax and tip. Hotel prices are for a standard double room in high season, based on the European Plan (EP) and excluding service and 12% tax (which includes 10% Value Added Tax plus 2% hospitality tax).

EXPLORING COZUMEL

Updated by
Maribeth
Mellin

It's all about the water here—the shimmering, clear-as-glass aquamarine sea that makes you want to kick off your shoes, slip on your fins, and dive right in. Once you come up for air, though, you'll find that Mexico's largest Caribbean island is pretty fun to explore on land, too. Despite a severe lashing by Hurricane Wilma in October 2005, the island remains a fascinating place to visit. Cozumel is 53 km (33 mi) long and 15 km (9 mi) wide, and its paved roads (with the exception of the one to Punta Molas) are excellent. The dirt roads, however, are another story; they're too deeply rutted for most rental cars, and in the rainy season flash flooding makes them even tougher to navigate. Many roads underwent significant rebuilding after Wilma and are better than ever. But the island's windward side and rapidly developing interior lack the infrastructure to handle severe storms.

Cozumel's main road is Avenida Rafael E. Melgar, which runs along the island's western shore. South of San Miguel, the road is known as Carretera Chankanaab or Carretera Sur; it runs past hotels, shops, and the international cruise-ship terminals. South of town, the road splits into two parallel lanes, with the right lane reserved for slower motor-scooter and bicycle traffic. After Parque Chankanaab, the road passes several excellent beaches and a cluster of resorts. At Cozumel's southernmost point, the road turns northeast; beyond that point, it's known simply as "the coastal road." North of San Miguel, Avenida Rafael E. Melgar becomes Carretera Norte along the North Hotel Zone and ends near the Cozumel Country Club.

Alongside Avenida Rafael E. Melgar in San Miguel is the 14-km (9-mi) walkway called the *malecón*. The sidewalk by the water is relatively uncrowded; the other side, packed with shops and restaurants, gets clogged with crowds when cruise ships are in port. Avenida Juárez, Cozumel's other major road, stretches east from the pier for 16 km (10 mi), dividing town and island into north and south.

COZUMEL'S LANDSCAPES

Outside its developed areas, Cozumel consists of sandy or rocky beaches, quiet coves, palm groves, lagoons, swamps, scrubby jungle, and a few low hills (the highest elevation is 45 feet). Brilliantly feathered tropical birds, lizards, armadillos, coatimundi (raccoon-like mammals), deer, and small foxes populate the undergrowth and mangroves. Several minor Maya ruins dot the island's eastern coast, including El Caracol, an ancient lighthouse.

San Miguel is laid out in a grid. *Avenidas* are roads that run north or south; they're numbered in increments of five. A road that starts out as an "avenida norte" turns into an "avenida sur" when it crosses Avenida Juárez. *Calles* are streets that run east–west; those north of Avenida Juárez have even numbers (Calle 2 Norte, Calle 4 Norte) while those south have odd numbers (Calle 1 Sur, Calle 3 Sur).

Plaza Central, or *la plaza,* the heart of San Miguel, is directly across from the docks. Residents congregate here in the evenings, especially on weekends, when free concerts begin at 8. Shops and restaurants abound in the square. Heading inland (east) takes you away from the tourist zone and toward the residential sections. The heaviest commercial district is concentrated between Calle 10 Norte and Calle 11 Sur to beyond Avenida Pedro Joaquin Coldwell.

Numbers in the text correspond to numbers in the margin and on the Cozumel map.

3

A GOOD TOUR

Head south from **San Miguel ❶ ▶** to **Parque Chankanaab ❷**. Continue past the park to reach the beach clubs. A red arch on the left marks the turnoff to reach the village of **El Cedral ❸**.

Back on the coast road, continue south until you reach the turnoff for Playa del Palancar, where the famous reef lies offshore. Continue to the island's southernmost tip to reach **Parque Punta Sur ❹**. The park encompasses Laguna Colombia and Laguna Chunchacaab as well as an ancient Maya lighthouse, El Caracol, and the modern lighthouse, Faro de Celarain. Leave your car at the gate and use the public buses or bicycles to enter the park.

At Punta Sur the road swings north, passing several beaches and small restaurants. At Punta Este, the coast road intersects with Avenida Juárez, which crosses the island to the opposite coast. Follow this road back to San Miguel.

North of Punta Morena, an inaccessible dirt road runs along the rest of the windward coast to **Punta Molas.** The area includes several marvelously deserted beaches, including Ixpal Barco, Los Cocos, Hanan Reef, and Ixlapak. Beyond them is **Castillo Real ❺**, a small Maya site. Farther north are a few other minor ruins, including a lighthouse, **Punta Molas Faro ❻**, at the island's northern tip. Don't attempt this part of the tour without a four-wheel-drive vehicle.

Take Avenida Juárez from Punta Este to the well-marked turnoff for the ruins of **San Gervasio ❼**. Turn right and follow this well-maintained road for 7 km (4½ mi) to reach the ruins. To return to San Miguel, go back to Avenida Juárez and keep driving west.

What to See

❺ 🏛 **Castillo Real.** A Maya site on the coast near the island's northern end, the "royal castle" includes a lookout tower, the base of a pyramid, and a temple with two chambers capped by a false arch. The waters here harbor several shipwrecks, and it's a fine spot for snorkeling because there are few visitors to disturb the fish. Plan to explore the area on a guided tour.

❸ 🏛 **El Cedral.** Spanish explorers discovered this site, once the hub of Maya life on Cozumel, in 1518. Later it became the island's first official city, founded in 1847. Today it's a farming community with small well-tended houses and gardens. Conquistadores tore down much of the Maya temple and, during World War II, the U.S. Army Corps of Engineers destroyed the rest to make way for the island's first airport. All that re-

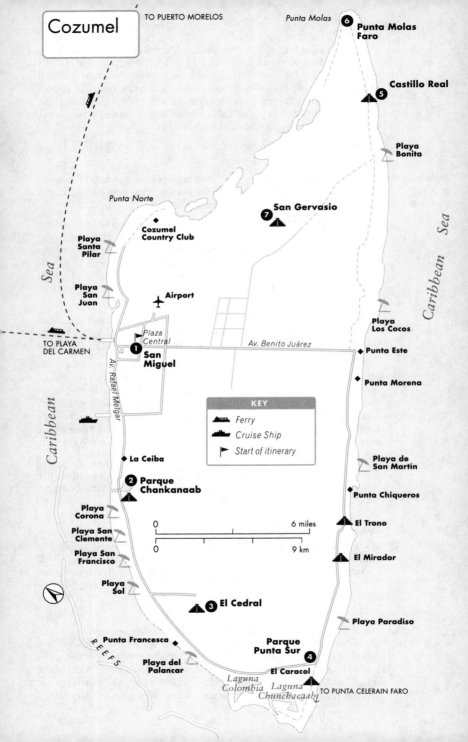

mains of the Maya ruins is one small structure with an arch. Nearby is a green-and-white cinder-block church, decorated inside with crosses shrouded in embroidered lace; legend has it that Mexico's first Mass was held here. ⊠ *Turn at Km 17.5 off Carretera Sur or Av. Rafael E. Melgar, then drive 3 km (2 mi) inland to site* ☎ *No phone* 💲*Free* ☉ *Daily dawn–dusk.*

★ ☾ **Museo de la Isla de Cozumel.** Cozumel's island museum is housed on two floors of a former hotel. Displays include those on natural history—with exhibits on the island's origins, endangered species, topography, and coral reef ecology—as well as those on the pre-Columbian and colonial periods. The photos of the island's transformation over the 20th and 21st centuries are especially fascinating, as is the exhibit of a typical Maya home. Guided tours are available. ⊠ *Av. Rafael E. Melgar, between Calles 4 and 6 Norte* ☎ *987/872–1434* 💲*$3* ☉ *Daily 8–5.*

NEED A BREAK? On the terrace off the second floor of the Museo de la Isla de Cozumel, the **Restaurante del Museo** (☎ 987/872–0838) serves breakfast and lunch from 7 to 2. The Mexican fare is enhanced by a great waterfront view, and the café is as popular with locals as tourists.

★ ☾ ❷ 🔺 **Parque Chankanaab.** Chankanaab (which means "small sea") is a national park with a saltwater lagoon, an archaeological park, and a botanical garden. Scattered throughout are reproductions of a Maya village, and of Olmec, Toltec, Aztec, and Maya stone carvings. The garden has more than 30 plant species. You can enjoy a cool walk through pathways leading to the sea, where parrotfish and sergeant majors swarm around snorkelers.

You can swim, scuba dive, or snorkel at the beach. Sea Trek and Snuba programs allow nondivers to spend time underwater while linked up to an above-water oxygen system (there's an extra charge for this activity). There's plenty to see: underwater caverns, a sunken ship, crusty old cannons and anchors, and a sculpture of la Virgen del Mar (Virgin of the Sea). To preserve the ecosystem, park rules forbid touching the reef or feeding the fish.

> **WORD OF MOUTH**
>
> "Parque Chankanaab has great family snorkeling! We loved the fact that our 9 year old son could snorkel safely and enjoy fabulous underwater scenery. We also appreciated that all prices charged in the park were extremely reasonable." —darcy

Dive shops, restaurants, gift shops, a snack stand, and dressing rooms with lockers and showers are right on the sand. A small museum has exhibits on coral, shells, and the park's history, as well as some sculptures. ⊠ *Carretera Sur, Km 9* ☎ *987/872–2940* 💲*$10* ☉ *Daily 7–5.*

☾ ❹ **Parque Punta Sur.** This 247-acre national preserve at Cozumel's southernmost tip is a protected habitat for numerous birds and animals, including crocodiles, flamingos, egrets, and herons. Cars aren't allowed, so you'll need to use park transportation (rented bicycles or public

COZUMEL'S HISTORY

COZUMEL'S NAME is believed to have come from the Maya "Ah-Cuzamil-Peten" ("land of the swallows"). For the Maya, who lived here intermittently between about AD 600 and 1200, the island was not only a center for trade and navigation, but also a sacred place. Pilgrims from all over Mesoamerica came to honor Ixchel, the goddess of fertility, childbirth, the moon, and rainbows. Viewed as the mother of all other gods, Ixchel was often depicted with swallows at her feet. Maya women, who were expected to visit Ixchel's site at least once during their lives, made the dangerous journey from the mainland by canoe. Cozumel's main exports were salt and honey; at the time, both were considered more valuable than gold.

In 1518 Spanish explorer Juan de Grijalva arrived on Cozumel, looking for slaves. His tales of treasure inspired Hernán Cortés, Mexico's most famous Spanish explorer, to visit the island the following year. There he met Geronimo de Aguilar and Gonzales Guerrero, Spanish men who had been shipwrecked on Cozumel years earlier. Initially enslaved by the Maya, the two were later accepted into their community. Aguilar joined forces with Cortés, helping set up a military base on the island and using his knowledge of the Maya to defeat them. Guerrero died defending his adopted people; the Maya still consider him a hero. By 1570 most Maya islanders had been massacred by Spaniards or killed by disease. By 1600 the island was abandoned.

In the 17th and 18th centuries, pirates found Cozumel to be the perfect hideout. Two notorious buccaneers,

Jean Laffite and Henry Morgan, favored the island's safe harbors and hid their treasures in the Maya's catacombs and tunnels. By 1843 Cozumel had again been abandoned. Five years later, 20 families fleeing Mexico's brutal War of the Castes resettled the island; their descendants still live on Cozumel.

By the early 20th century the island began capitalizing on its abundant supply of *zapote* (sapodilla) trees, which produce chicle, prized by the chewing-gum industry (think Chiclets). Shipping routes began to include Cozumel, whose deep harbors made it a perfect stop for large vessels. Jungle forays in search of chicle led to the discovery of ruins; soon archaeologists began visiting the island as well. Meanwhile, Cozumel's importance as a seaport diminished as air travel grew, and demand for chicle dropped off with the invention of synthetic chewing gum.

For decades Cozumel was another backwater where locals fished, hunted alligators and iguanas, and worked on coconut plantations to produce *copra*, the dried kernels from which coconut oil is extracted. Cozumeleños subsisted largely on seafood, still a staple of local economy. During World War II the U.S. Army built an airstrip and maintained a submarine base here, accidentally destroying some Maya ruins. Then, in the 1960s, the underwater explorer Jacques Cousteau helped make Cozumel a vacation spot by featuring its incredible reefs on his television show. Today Cozumel is among the world's most popular diving locations.

buses) to get around here. From observation towers you can spot crocodiles and birds in **Laguna Colombia** or **Laguna Chunchacaab.** Or visit
the ancient Maya lighthouse, **El Caracol,** constructed to whistle when
the wind blows in a certain direction. At the park's (and the island's)
southernmost point is the **Faro de Celarain,** a lighthouse that is now a
museum of navigation. Climb the 134 steps to the top; it's a steamy effort, but the views are incredible. Beaches here are wide and deserted,
and there's great snorkeling offshore. Snorkeling equipment is available
for rent, as are kayaks. The park also has an excellent restaurant (it's
prohibited to bring food and drinks to the park), an information center, a small souvenir shop, and restrooms. Without a rental car, expect
to pay about $40 for a round-trip taxi ride from San Miguel. ⊠ *South-
ernmost point in Punta Sur Park and coastal rd.* ☎ *987/872–2940 or
987/872–8462* 🎟 *$10* ⊘ *Daily 9–5.*

★ ❻ **Punta Molas Faro** (Molas Point Lighthouse). The lighthouse, at Cozumel's
northernmost point, is an excellent destination for exploring the island's
wild side. The jagged shoreline and open sea offer magnificent views,
making it well worth the cost of a guided tour. The road was closed after
Hurricane Wilma struck in 2005, and even now vehicles and dune bug-
gies may not be able to make it all the way to the lighthouse. The
scenery is awe-inspiring no matter how far you're able to go. Most tours
include stops at Maya sites and plenty of time for snorkeling at Hanan
Reef, about a 10-minute swim off the coast.

When booking a tour, ask about the size of the group. Some companies
work with the cruise ships and lead large groups on limited schedules.
If you're taking young children along you may want to think twice about
booking an open Jeep tour, as the bumps along the road could bounce
the kids right out of the vehicle.

For $89 **Dune Buggy Tours** (☎ 987/872–0788) will take you on a wild
buggy ride (you can drive yourself if you like), with stops at some ancient sites and reefs and a lunch on the beach. **Wild Tours** (☎ 987/872–
56747 or 800/202–4990 ⊕ www.wild-tours.com) offers all-terrain-ve-
hicle excursions for $89 per person. The company picks you up at the
cruise-ship piers or your hotel; the tour includes a stop at a restaurant
on the windward side.

🔺 **San Gervasio.** Surrounded by a forest, these temples comprise
Cozumel's largest remaining Maya and Toltec site. San Gervasio was
once the island's capital and ceremonial center, dedicated to the fertility goddess Ixchel. The Classic- and Postclassic-style buildings were
continuously occupied from AD 300 to 1500. Typical architectural features include limestone plazas and arches atop stepped platforms, as well
as stelae and bas-reliefs. Be sure to see the "Las Manitas" temple with
red handprints all over its altar. Plaques clearly describe each structure
in Maya, Spanish, and English. ⊠ *From San Miguel take cross-island
road (follow signs to airport) east to San Gervasio access road; turn left
and follow road 7 km (4½ mi)* 🎟 *$5.50* ⊘ *Daily 7–4.*

★ ❶ **San Miguel.** Wait until the cruise ships sail toward the horizon before visiting San Miguel, then stroll along the malecón and take in the ocean breeze.

The Quieter Cozumel

BLAZING-WHITE CRUISE SHIPS parade in and out of Cozumel as if competing in a big-time regatta. Rare is the day there isn't a white behemoth looming on the horizon. Typically, hundreds of day-trippers wander along the waterfront, packing franchise jewelry and souvenir shops and drinking in tourist-trap bars. Precious few explore the beaches and streets favored by locals.

Travelers staying in Cozumel's one-of-kind hotels experience a totally different island. They quickly learn to stick close to the beach and pool when more than two ships are in port (some days the island gets six). If you're lucky enough to stay overnight, consider these strategies for avoiding the crowds.

1. Time your excursions. Go into San Miguel for early breakfast and errands, then stay out of town for the rest of the day. Wander back after you hear the ships blast their departure warnings (around 5 PM or 6 PM).

2. Dive in. Hide from the hordes by slipping underwater. But be sure to choose a small dive operation that travels to less popular reefs.

3. Drive on the wild side. Rent a car and cruise the windward coast, still free of rampant construction. You can picnic and sunbathe on private beaches hidden by limestone outcroppings. Use caution when swimming; the surf can be rough.

4. Frequent the "other" downtown. The majority of Cozumel's residents live and shop far from San Miguel's waterfront. Avenidas 15, 20, and 25 are packed with taco stands, stationery stores (or *papelerías*), farmacias, and neighborhood markets. Driving here is a nightmare. Park on a quieter side street and explore the shops and neighborhoods to glimpse a whole different side of Cozumel.

Cozumel's only town feels more traditional the farther you walk away from the water; the waterfront has been taken over by large shops selling jewelry, imported rugs, leather boots, and souvenirs to cruise-ship passengers. Head inland to the pedestrian streets around the plaza, where family-owned restaurants and shops cater to locals and savvy travelers.

BEACHES

Cozumel's beaches vary from sandy treeless stretches to isolated coves to rocky shores. Most of the development on the island is on the leeward (western) side, where the coast is relatively sheltered by the mainland. Beach clubs have sprung up on the southwest coast; a few charge admission despite the fact that Mexican beaches are public property. However, admission is usually free, as long as you buy food and drinks. Beware of tour buses in club parking lots—they indicate that hordes of cruise-ship passengers have taken over the facilities. Clubs offer typical tourist fare: souvenir shops, *palapa* (thatch-roof) restaurants, kayaks, and cold beer. A cab ride from San Miguel to most of the beach clubs costs about $15 each way. Reaching beaches on the windward (eastern) side is more difficult, but the solitude is worth the effort.

Leeward Beaches

Wide sandy beaches washed with shallow waters are typical at the far north and south ends of Cozumel's west coast. The topography changes between the two, with small sandy coves interspersed with limestone outcroppings. ■ TIP→ Generally, the best snorkeling is wherever piers or rocky shorelines provide a haven for sergeant majors and angelfish. The southwest beaches have the best access to shore diving.

Playa Santa Pilar runs along the northern hotel strip and ends at Punta Norte. Long stretches of pure white sand and shallow water encourage long leisurely swims. The privacy diminishes as you swim south past hotels and condos. **Playa San Juan,** south of Playa Santa Pilar, has a rocky shore with no easy ocean access. It's usually crowded with guests from nearby hotels. The wind can be strong here, which makes it popular with windsurfers.

A small parking lot on the side of Carretera Sur just south of town marks the entrance to **Playa Caletita.** A few palapas are up for grabs, and the small restaurant has restrooms and beach chairs. There's nothing fancy about **Dzul Ha;** though it has a small pool, and a bar where you can get guacamole, chips, and beer; you can also rent snorkeling gear, and there's no cover charge. Climbing in and out of the water on ladders and slippery steps is a small price to pay for the relative solitude.

★ **Uvas** (✉ Carretera Sur, Km 8.5 ☎ 987/872–3539) is the one beach club and restaurant on Cozumel with a sexy, South-Beach-style attitude. White couches and day beds around the pool and by the beach allow you lounge like a pasha, and all the amenities you could wish for are here: lockers, restrooms with showers, a dive shop, and a shop that rents see-through kayaks for paddling. At night, candles illuminate the pool and beach and Uvas turns into a nightclub, with people feasting on steaks and seafood. Dinner and tapas are served until midnight.

A decade ago **Playa San Francisco** was one of the few beach clubs on the coast. The inviting 5-km (3-mi) stretch of sandy beach, which extends along Carretera Sur, south of Parque Chankanaab at about Km 10, is among the longest and finest on Cozumel. Encompassing beaches known as Playa Maya and Santa Rosa, it's typically packed with cruise-ship passengers in high season. On Sunday, locals flock here to eat fresh fish and hear live music. Amenities include two outdoor restaurants, a bar, dressing rooms, gift shops, volleyball nets, beach chairs, and water-sports equipment rentals. Divers use this beach as a jumping-off point for the San Francisco reef and Santa Rosa wall. The abundance of turtle grass in the water, however, makes this a less-than-ideal spot for swimming.

☺ The club at **Paradise Beach** (✉ Carretera Sur, Km 14.5 ☎ 987/871–9010 ⊕ www.paradise-beach-cozumel.net) has cushy lounge chairs and charges a flat $5 fee for full-day use of kayaks, snorkel gear, a trampoline, and a climbing wall that looks like an iceberg in the water. Food prices are high (few beach burgers are worth $9.50). The beach club is open until

11 PM for those who can't bear to stay out of the water until bedtime. ★ ☾ There's no charge to enter **Mr. Sancho's Beach Club** (✉ Carretera Sur, Km 15 ☎ 987/876–1629 ⊕ www.mrsanchos.com), but there's always a party going on: scores of holidaymakers come here to swim, snorkel, and drink buzz-inducing concoctions out of pineapples. Seemingly every water toy known to man is here; kids shriek happily as they hang onto banana boats dragged behind speedboats. Guides lead horseback and ATV rides into the jungle and along the beach, and the restaurant holds a lively, informative tequila seminar at lunchtime. Grab a swing seat at the beach bar and sip a mango margarita, or settle into the 30-person hot tub. Showers and lockers are available, and there are souvenirs aplenty for sale.

★ South of the resorts lies the mostly ignored (and therefore serene) **Playa Palancar** (✉ Carretera Sur ☎ 987/878–5238). The deeply rutted and potholed road to the beach is a sure sign you've left tourist hell. Offshore is the famous Palancar Reef, easily accessed by the on-site dive shop. There's also a water-sports center, a bar-café, and a long beach with hammocks hanging under coconut palms. The aroma of grilled fish with garlic butter is tantalizing. Playa del Palancar keeps prices low and rarely feels crowded.

Windward Beaches

The east coast of Cozumel presents a splendid succession of mostly deserted rocky coves and narrow powdery beaches poised dramatically against the turquoise Caribbean. ⚠ **Swimming can be treacherous here if you go out too far—in some parts, a deadly undertow can sweep you out to sea in minutes.** But the beaches are perfect for solitary sunbathing. Several casual restaurants dot the coastline; they all close after sunset.

Punta Chiqueros, a half-moon-shape cove sheltered by an offshore reef, is the first popular swimming area as you drive north on the coastal road (it's about 12 km [8 mi] north of Parque Punta Sur). Part of a longer beach that some locals call Playa Bonita, it has fine sand, clear water, and moderate waves. This is a great place to swim, watch the sunset, and eat fresh fish at the restaurant, also called Playa Bonita. Not quite 5 km (3 mi) north of Punta Chiqueros, a long stretch of beach begins along the Chen Río Reef. Turtles come to lay their eggs on the section known as **Playa de San Martín** (although some locals call it Chen Río, after the reef). During full moons in May and June, the beach is sometimes blocked by soldiers or ecologists to prevent the poaching of the turtle eggs. Directly in front of the reef is a small bay with clear waters and surf that's relatively mild, thanks to a protective rock formation. This is a particularly good spot for swimming when the water is calm. A restaurant, also called Chen Río, serves cold drinks and decent seafood.

About 1 km (½ mi) to the north of Playa San Martín, the island road turns hilly, providing panoramic ocean views. Coconuts, a hilltop restaurant, is an additional lookout spot, and serves good food. The adjacent Ventanas al Mar hotel is the only hotel on the windward coast and attracts locals and travelers who value solitude. Locals picnic on the long beach directly north of the hotel. When the water's calm, there's good snorkeling around the rocks beneath the hotel. Surfers and boogie-boarders have adopted **Punta Morena,** a short drive north of Ventanas al Mar, as their official hangout. The pounding surf creates great waves, and the local restaurant serves typical surfer food (hamburgers, hot dogs, and french fries). Vendors sell hammocks by the side of the road. The owners allow camping here. The beach at **Punta Este** has been nicknamed Mezcalitos, after the much-loved restaurant here. The Mezcalito Café serves seafood and beer and can get pretty rowdy. Punta Este is a typical windward beach—great for beachcombing but unsuitable for swimming.

A sandy road beside Mezcalitos leads to Punta Molas and a scattering of Maya ruins on private property. When the cruise piers are busy, tour groups on ATVs parade down the road, interspersed with other groups in four-wheel-drive vehicles. Don't even think about taking a moped or standard rental vehicle down this road. Your chances of getting stuck in a sand drift or plowing into a rock are excellent, and rescues are unpredictable. A small Navy base is the only permanent settlement on the road for now, though some of the scrub jungle is divided into housing lots. Beachcombers find sea glass, bottles, seedpods and other treasures on the wild windswept beaches, which are sometimes badly littered with trash from the open sea.

WHERE TO EAT

Dining options on Cozumel reflect the island's nature: breezy and relaxed with few pretensions (casual dress and no reservations are the rule here). Most restaurants emphasize fresh ingredients, simple presentation, and amiable service. Nearly every menu includes seafood; for a regional touch, go for *pescado tixin-xic* (fish spiced with achiote and baked in banana leaves). Only a few tourist-area restaurants serve regional Yucatecan cuisine, though nearly all carry standard Mexican fare like tacos, enchiladas, and huevos rancheros. Budget meals are harder and harder to find, especially near the waterfront. The best dining experiences are usually in small, family-owned restaurants that seem to have been here forever.

Many restaurants accept credit cards; café-type places generally don't. ■ TIP→ **Don't follow cab drivers' dining suggestions; they're often paid to recommend restaurants.**

Prices

WHAT IT COSTS In Dollars				
$$$$	**$$$**	**$$**	**$**	**¢**
AT DINNER over $25	$15–$25	$10–$15	$5–$10	under $5

Per person, for a main course at dinner, excluding tax and tip.

Zona Hotelera Norte

$$–$$$$ ✕ **La Cabaña del Pescador Lobster House.** You'll walk a gangplank to enter this palapa restaurant. Yes, it's kitschy, but worth it if you're craving lobster, even though it may be frozen. There's really no menu here—just crustaceans sold by weight (at market prices). Veggies and rice are

Island Dining

THE AROMAS OF SIZZLING shrimp, grilled chicken and steak, spicy sauces, and crisp pizza fill the air of San Miguel in the evening. Waiters deliver platters of enchiladas, tacos, and fajitas to sidewalk tables along pedestrian walkways, while people stroll along eyeing others' dinners before deciding where to stop for a meal. At rooftop restaurants, groups gather over Italian feasts; along the shoreline, lobster and the catch of the day are the delicacies of choice.

There's no shortage of dining choices on Cozumel, where entrepreneurs from Texas, Switzerland, and Italy have decided to make a go of their dreams. Foods familiar to American taste buds abound. In fact, it can be hard to find authentic regional cuisine. Yucatecan dishes such as *cochinita pibíl* (pork with achiote spice), *queso relleno* (Gouda cheese stuffed with ground meat), and *sopa de lima* (lime soup) rarely appear on tourist-oriented menus, but are

served at small family-owned eateries in San Miguel. Look for groups of local families gathered at wobbly tables in tiny cafés to find authentic Mexican cooking. Even the finest chefs tend to emphasize natural flavors and simple preparations rather than fancy sauces and experimental cuisine. Trends aren't important here. There are places where you can wear your finest sundress or silky Hawaiian shirt and dine by candlelight, for sure. But clean shorts and shirts with buttons are considered dress-up clothing suitable for most establishments. At the finer restaurants, guitarists or trios play soft ballads while customers savor lobster salad, filet mignon, and chocolate mousse. But the most popular dining spots are combination restaurant-bars in the Carlos 'n Charlie's style, where diners fuel up on barbecued ribs and burgers before burning those calories away on the dance floor.

included in the price of the seafood. Another local favorite is La Cabaña's sister establishment, the less expensive Guacamayo King Crab House next door. ⊠ *Carretera Costera Norte, Km 4, across from Playa Azul Golf and Beach Resort* ☎ *987/872–0795* ☲ *AE, MC, V* ☉ *No lunch.*

Zona Hotelera Sur

★ **$–$$** ✕ **Coconuts.** The T-shirts and bikinis hanging from the palapa roof at this windward-side hangout are a good indication of its party-time atmosphere. Jimmy Buffett tunes play in the background here, while lively crowds down *cervezas* (beers). The scene is more peaceful if you choose a palapa-shaded table on the rocks overlooking the water. The calamari and garlic shrimp are good enough to write home about. Assign a designated driver and hit the road home before dark (remember, there are no streetlights). ⊠ *East-coast road near junction with Av. Benito Juárez* ☎ *No phone* ☲ *No credit cards* ☉ *No dinner.*

¢–$ ✕ **Playa Bonita.** Locals gather on Sunday afternoons at this casual beach café. The water here is usually calm, and families alternate between swimming and lingering over long lunches of fried fish. Weekdays are quieter; this is a good place to spend the day if you want access to food, drinks, and showers, but aren't into the rowdy beach-club scene. ⊠ *East-coast Rd.* ☎ *987/872–4868* ⊟ *No credit cards* ⊗ *No dinner.*

San Miguel

$$–$$$$ ✕ **Pepe's Grill.** This nautical-theme eatery has model boats, ships' wheels, and weathervanes covering the walls—appropriate because it's popular with the cruise-ship crowds. The upstairs dining room's tall windows allow for fantastic sunset views; the chateaubriand, T-bone steaks, and prime rib are all done to perfection. Long waits for a table aren't uncommon here. ⊠ *Av. Rafael E. Melgar and Calle Adolfo Rosado Salas* ☎ *987/ 872–0213* ⚠ *Reservations not accepted* ⊟ *AE, MC, V* ⊗ *No lunch.*

$$–$$$ ✕ **La Veranda.** Romantic and intimate, this wooden Caribbean house has comfortable rattan furniture, soft lighting, and a terrace that's perfect for evening cocktails (it's also a popular wedding venue). You can start with goat-cheese-stuffed poblano chilies or Roquefort quesadillas, then move on to shrimp curry or jerk chicken. The chef often experiments with new dishes, which can sometimes be overambitious. ⊠ *Calle 4 Norte 140, between Avs. 5 and 10 Norte* ☎ *987/872–4132* ⊟ *MC, V.*

$–$$$ ✕ **Casa Mission.** Part private home and part restaurant, this estate evokes a country hacienda in mainland Mexico. The on-site botanical garden has mango and papaya trees, and a small zoo with caged birds and a pet lion (kept out of view). The setting, with tables lining the veranda, outshines the food. Stalwart fans rave about huge platters of fajitas and grilled fish. It's out of the way, so you'll need to take a cab. ⊠ *Av. Juárez and Calle 55A* ☎ *987/872–3248* ⊟ *AE, MC, V* ⊗ *No lunch.*

$–$$$ ✕ **La Choza.** Purely Mexican in design and cuisine, this family-owned restaurant is a favorite for mole *rojo* (with cinnamon and chilies) and *cochinita pibíl* (marinated pork baked in banana leaves). Leave room for the chilled chocolate pie or the equally intriguing avocado pie. ⊠ *Calle Adolfo Rosado Salas 198, at Av. 10* ☎ *987/872–0958* ⊟ *AE, MC, V.*

★ **$–$$$** ✕ **Guido's.** Chef Ivonne Villiger works wonders with fresh fish—if the wahoo with spinach is on the menu, don't miss it. But Guido's is best known for its pizzas baked in a wood-burning oven, which makes sections of the indoor dining room

WORD OF MOUTH

"Definitely find a seat in Guido's courtyard, where fans and shade from the beautiful flowering vines will help keep you cool. Don't miss the garlic bread!!"   –Lisa

rather warm. Sit in the pleasantly overgrown courtyard instead, and order a pitcher of sangria to go with the puffy garlic bread. ⊠ *Av. Rafael E. Melgar 23, between Calles 6 and 8 Norte* ☎ *987/872–0946* ⊟ *AE, D, MC, V* ⊗ *Closed Sun.*

$–$$$ ✕ **Las Tortugas.** "Delicious seafood at accessible prices" is the motto and the reality at this simple eatery. The menu consists primarily of fish, lobster, and conch caught by local fishermen, and changes according to what's available. Fajitas and other traditional Mexican dishes are also options. Don't look for Las Tortugas on Avenida 10—that location closed several years ago. ⊠ *Av. Pedro Joaquin Coldwell (also called Av. 30) and Calle 19 Sur* ☎ *987/872–1242* ⊟ *MC, V* ⊗ *Closed Mon.*

$–$$ ✕ **Plaza Leza.** The outdoor tables here are a wonderful place to linger; you can watch the crowds in the square while savoring Mexican dishes like *poc chuc* (tender pork loin in a sour-orange sauce), enchiladas, and lime soup. Breakfast is available here as well. For more privacy, there's also a somewhat secluded, cozy inner patio. ⊠ *Calle 1 Sur, south side of Plaza Central* ☎ *987/872–1041* ▭ *MC, V.*

$–$$ ✕ **San Miguel Cafe.** Cozumeleños far outnumber visitors at this sunny coffee shop, where baskets of fresh *pan dulce*—Mexican pastries—are placed on every table at breakfast (you'll be charged for what you eat). Sunday mornings are particularly pleasant, with grown-ups enjoying platters of savory huevos rancheros and kids devouring pancakes. An inexpensive, multicourse *comida corrida* (meal of the day) is served from 1–5 every day; the kitchen is open until 11 every night except Sunday. ⊠ *Ave 15 No. 301, between Calles 2 and 4* ☎ *987/872–3467* ▭ *MC, V* ⊗ *No dinner Sun.*

$ ✕ **La Perlita.** The ceviche and whole fried fish are as fresh as can be at this neighborhood seafood market and restaurant. Lunch is the main meal and the crowd is largely made up of families and local workers on break. Take a taxi—it's quite a distance from downtown and hard to find. ⊠ *Av. 65 Norte 49, between Calles 8 and 10* ☎ *987/872–3452* ▭ *MC, V* ⊗ *No dinner.*

★ **¢–$** ✕ **Casa Denis.** This little yellow house near the plaza has been satisfying cravings for Yucatecan *pollo pibíl* (spiced chicken baked in banana leaves) and other local favorites since 1945. *Tortas* (sandwiches) and tacos are a real bargain, and you'll start to feel like a local if you spend an hour at one of the outdoor tables, watching shoppers dash about. ⊠ *Calle 1 Sur 132, between Avs. 5 and 10* ☎ *987/872–0067* ▭ *No credit cards.*

> **WORD OF MOUTH**
>
> "Casa Denis is a GREAT little local restaurant—the first on the island. The Mayan food is excellent, the margaritas generous, and the waiters . . . are humorous and efficient." —Todd

¢–$ ✕ **Cocos Cozumel.** Start the day with a bountiful breakfast at this cheery café, where the coffee is strong, the muffins enormous, and the egg dishes perfectly prepared. If you've come early enough to beat the heat, sit at a table under the front awning and watch the town come to life. The restaurant is open 6 AM–noon. ⊠ *Av. 5 Sur 180* ☎ *987/872–0241* ⟁ *Reservations not accepted* ▭ *No credit cards* ⊗ *Closed Mon., Sept., and Oct. No dinner.*

¢–$ ✕ **El Foco.** Locals fuel up before and after partying at this traditional *taquería* (it's open until midnight, or until the last customer leaves). The soft tacos stuffed with pork, chorizo, cheese, or beef are cheap and filling; the graffiti on the walls and the late-night revelers provide the entertainment. ⊠ *Av. 5 Sur 13B, between Calles Adolfo Rosado Salas and 3 Sur* ☎ *987/872–5980* ▭ *No credit cards.*

¢–$ ✕ **Garden of Eatin'.** If you think you can't bear another taco, the healthy sandwiches and salads at this cheery, green-and-yellow café make a nice change. All ingredients are washed in purified water; you can "build" your own salad or sandwich from a long list of veggies, meats, and cheeses. The eggplant, goat cheese, and pine nut sandwich is especially yummy,

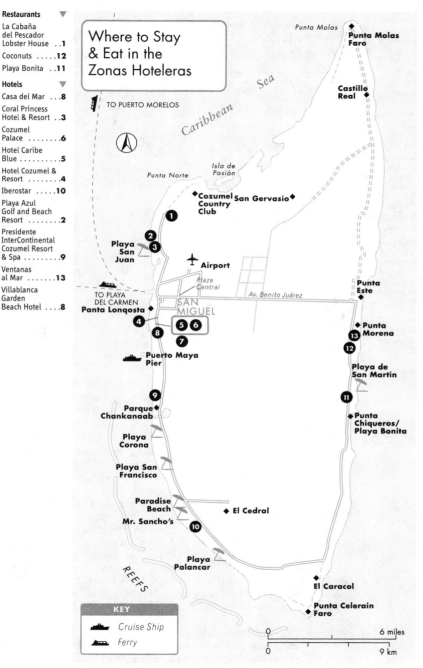

Where to Stay & Eat in the Zonas Hoteleras

Restaurants ▼

La Cabaña
del Pescador
Lobster House ..**1**

Coconuts **12**

Playa Bonita ..**11**

Hotels ▼

Casa del Mar ...**8**

Coral Princess
Hotel & Resort ..**3**

Cozumel
Palace **6**

Hotel Caribe
Blue **5**

Hotel Cozumel &
Resort **4**

Iberostar **10**

Playa Azul
Golf and Beach
Resort **2**

Presidente
InterContinental
Cozumel Resort
& Spa **9**

Ventanas
al Mar **13**

Villablanca
Garden
Beach Hotel **8**

Caribbean Sea

Punta Molas

♦ **Punta Molas Faro**

Castillo Real ♦

TO PUERTO MORELOS

Caribbean

Isla de Pasión

Punta Norte

♦ **Cozumel Country Club**   **San Gervasio** ♦

①

②
③

Playa San Juan

✈ **Airport**

Plaza Central

Punta Este ♦

Av. Benito Juárez

TO PLAYA DEL CARMEN

Panta Lonqosta

SAN MIGUEL

④
⑧   **⑤ ⑥**
⑦

♦ **Punta Morena**
⑬
⑫

Puerto Maya Pier

Playa de San Martín

⑨

⑪

Parque Chankanaab ♦

Punta Chiqueros/ Playa Bonita ♦

Playa Corona

Playa San Francisco

Paradise Beach

♦ **El Cedral**

Mr. Sancho's

⑩

Playa Palancar

REEFS

♦ **El Caracol**

♦ **Punta Celerain Faro**

KEY	
⚓	*Cruise Ship*
⛴	*Ferry*

0 ———— 6 miles

0 ———— 9 km

Where to Stay & Eat in San Miguel

as is the smoked salmon with avocado. ⊠ *Calle Adolfo Rosado Sala, between Avs. Rafael E. Melgar and 5 Sur* ☎ *987/878–4020* ▭ *No credit cards* ⊘ *Closed Sun.*

¢–$ ✕ **Jeanie's.** Craving familiar flavors? If you're from the United States you'll be thrilled with Jeanie's fluffy waffles, perfect grilled cheese sandwiches, and frothy root beer floats. Tables in the dining room look out to the sea; sidewalk tables have a view of traffic and travelers walking to and from town. The waffles are fresh, light, and available in more variations than you can imagine. ⊠ *Av. Rafael E. Melgar and Calle 11* ☎ *987/878–4647* ▭ *No credit cards.*

¢–$ ✕ **Rock 'n Java Caribbean Café.** The extensive breakfast menu here includes whole-wheat French toast and cheese crepes. For lunch or dinner you should consider the vegetarian tacos or linguine with clams, or choose from more than a dozen salads. There are also scrumptious pies, cakes, and pastries baked here daily. You can enjoy your healthy meal or sinful snack while sitting on the wrought-iron studio chairs or in a comfy booth. ⊠ *Av. Rafael E. Melgar 602-6* ☎ *987/872–4405* ▭ *No credit cards.*

¢–$ ✕ **El Turix.** Off the tourist track near Corpus Christi church and park, this simple place is worth the five-minute cab ride from downtown San Miguel. Here you'll get the chance to experience true Yucatecan cuisine, like pollo pibíl or the poc chuc, served up by Rafael and Maruca Ponce, the amiable owners. There are also daily specials, and paella is available on request (call 24 hours ahead). ✉ *Calle 17 between Avs. 20 and 25* ☎ *987/872–5234* 💳 *No credit cards* ⊗ *Closed Oct. No lunch.*

WHERE TO STAY

Small, one-of-a-kind hotels have long been the norm in Cozumel. Glamour and glitz are nonexistent—you won't find lavish resorts with designer toiletries and fine Italian linens here. Instead, the emphasis is on relaxed comfort and reasonable rates (though prices are rising). Most of Cozumel's hotels are on the leeward (west) and south sides of the island, though there is one peaceful hideaway on the windward (east) side. The larger resorts are north and south of San Miguel; the less expensive places are in town. Divers and snorkelers tend to congregate at the southern properties, while swimmers and families prefer the hotels to the north, where smooth white-sand beaches face calm, shallow water.

Prices

WHAT IT COSTS In Dollars					
	$$$$	$$$	$$	$	¢
FOR 2 PEOPLE	over $250	$150–$250	$75–$150	$50–$75	under $50

All prices are for a standard double room in high season, based on the European Plan (EP) and excluding service and 12% tax (10% Value Added Tax plus 2% hospitality tax).

Zona Hotelera Norte

★ $$$ 📷 **Playa Azul Golf and Beach Resort.** This romantic boutique hotel has bright and airy rooms facing the ocean or the gardens. Inside the rooms are mirrored niches, wicker furnishings, and sun-filled terraces. Small palapas shade lounge chairs on the beach, and you can arrange snorkeling and diving trips at the hotel's own dock. Golf fees are included in the room rates; some guests hit the course daily. ✉ *Carretera Costera Norte, Km 4* ☎ *987/872–0043* 🖨 *987/872–0110* ⊕ *www.playa-azul.com* ⇆ *34 rooms, 16 suites* ⚒ *Restaurant, room service, in-room safes, some in-room hot tubs, minibars, pool, beach, dive shop, dock, snorkeling, billiards, 2 bars, laundry service, car rental, free parking* 💳 *AE, MC, V.*

$$–$$$ 📷 **Coral Princess Hotel & Resort.** Great snorkeling off the rocky shoreline makes this a north coast standout. Princess Villas each have two bedrooms, two bathrooms, a kitchen, and a terrace; Coral Villas have one bedroom, a kitchen-dining area, and a terrace. These large rooms are often taken by time-share owners, though there's no pressure to attend a sales demo. Except for

> **WORD OF MOUTH**
>
> "The Coral Princess is a beautiful hotel for moderate budget couples. This hotel has a great oceanside view. The knowledge of the staff, especially at the bar and the front desk, made our vacation!"
>
> –Eugene Tate

61 studios, all rooms overlook the ocean. ⊠ *Carretera Costera Norte, Km 2.5* ☎ *987/872–3200 or 800/253–2702* 📠 *987/872–2800* ⊕ *www. coralprincess.com* ⇨ *100 rooms, 37 villas, 2 penthouses* ⚇ *Restaurant, snack bar, room service, in-room safes, some kitchens, refrigerators, cable TV, 2 pools, gym, dive shop, dock, snorkeling, volleyball, bar, laundry service, car rental, free parking* ▤ *AE, DC, MC, V.*

Zona Hotelera Sur

$$$$ 🏨 **Cozumel Palace.** The former Plaza las Glorias has been transformed into this gorgeous all-inclusive hotel, part of the popular Palace Resorts chain. Within walking distance of San Miguel, the hotel faces the water but lacks a beach. Instead, an infinity pool seems to flow into the sea, and stairs lead from the property into a fairly good snorkeling area. Rooms are airy, white enclaves with double whirlpool tubs and hammocks on the balconies. ⊠ *Av. Melgar, Km 1.5* ☎ *987/872–9430 or 800/635–1836* 📠 *987/872–9431* ⊕ *www.palaceresorts.com* ⇨ *176 rooms* ⚇ *3 restaurants, snack bar, room service, in-room safes, minibars, 2 pools, gym, spa, dive shop, dock, snorkeling, 2 bars, shops, children's programs (ages 4–12), laundry service, concierge, business services, car rental, free parking, no-smoking rooms* ▤ *AE, DC, MC, V* ⍟ *AI.*

$$$$ 🏨 **Iberostar.** Jungle greenery surrounds this all-inclusive resort at Cozumel's southernmost point. Rooms are small but pleasant; each has wrought-iron details, one king-size or two queen-size beds, and a terrace or patio with hammocks. There isn't much privacy—pathways through the resort wind around the rooms—but this is the most enjoyable all-inclusive on the south coast. ⊠ *Carretera Chankanaab, Km 17, past El Cedral turnoff* ☎ *987/872–9900 or 888/923–2722* 📠 *987/ 872–9909* ⊕ *www.iberostar.com* ⇨ *306 rooms* ⚇ *3 restaurants, in-room safes, 2 tennis courts, 2 pools, health club, hot tub, spa, beach, dive shop, dock, windsurfing, boating, bicycles, 3 bars, theater, children's programs (ages 4–12), car rental, free parking* ▤ *AE, MC* ⍟ *AI.*

⚘ **$$$$** 🏨 **Presidente InterContinental Cozumel Resort & Spa.** Bellmen greet you

Fodor$Choice like an old friend, waiters quickly learn your preferences, and house-

★ keepers leave towels rolled into animal shapes. Rooms are stylish and contemporary. ⊠ *Carretera Chankanaab, Km 6.5* ☎ *987/872– 9500 or 800/327–0200* 📠 *987/ 872–2928* ⊕ *www.interconti.com* ⇨ *253 rooms, 7 suites* ⚇ *2 restaurants, snack bar, room service, in-room safes, minibars, 2 tennis courts, pool, gym, spa, hot tub, beach, dive shop, dock, snorkeling, 3 bars, shops, children's programs (ages 4–12), laundry service, concierge, business services, meeting rooms, car rental, free parking, no-smoking rooms* ▤ *AE, DC, MC, V.*

> **WORD OF MOUTH**
>
> "Just got back from 4 nights at the Presidente . . . and have no plans to EVER stay anywhere else on the island!"   –Stacy

★ **$$$** 🏨 **Hotel Cozumel & Resort.** Dolphins from Chankanaab take refuge during storms in the enormous pool at this all-inclusive hotel located close to town. On sunny days in high season families and revelers surround the pool; activity directors enliven the crowd with games and loud music. The scene is quieter at the beach club, accessed via a tunnel that looks like an underground aquarium. The large rooms are reminiscent of a moderate chain hotel, with cool tile floors, comfy beds, and bathtub-shower combos. ✉ *Carretera Sur, Km 1.7* ☎ *987/872–2900 or 877/454-4355* 🖷*987/872–2154* ⊕*www.hotelcozumel.us* ⟿*178 rooms* ♨ *2 restaurants, snack bar, room service, in-room safes, cable TV, 3 pools, wading pool, gym, beach, dive shop, snorkeling, billiards, bar, shop, laundry service, car rental, free parking* ▭ *MC, V* ⊙❘ *AI.*

$$ 🏨**Casa del Mar.** Rooms vary considerably at this three-story hotel that caters mostly to divers. Some are decorated with Mexican artwork and have large TVs and coffeemakers; balconies facing the sun are best as rooms tend to be dark. Only a few have bathtubs. The bi-level cabanas, which sleep three or four, are a good deal. In addition to an in-house dive shop, the property has dive gear-storage areas. The beach is across the street, but it was almost entirely swept away by Hurricane Wilma in 2005 and isn't the best spot for sunbathing. Food at the restaurant is adequate at best. ✉ *Carretera Sur, Km 4* ☎*987/872–1900 or 888/577–2758* 🖷*987/872–1855* ⊕*www.casadelmarcozumel.com* ⟿*98 rooms, 8 cabanas* ♨ *Restaurant, some fans, pool, hot tub, dive shop, 2 bars, laundry service, meeting room, car rental, some free parking* ▭*AE, D, MC, V.*

> ## WORD OF MOUTH
>
> "Casa del Mar is a little gem of a resort. One of the best 'Happy Hour' spots on the island, with live music and domestic drinks—not just beer. By the end of our stay, we knew all of the staff and they knew us. A home away from home . . ." —Crissy

$$ 🏨**Hotel Caribe Blue.** These inexpensive rooms are just right for wet, sandy divers who need to stash a lot of damp gear, take a powerful hot shower, and rush back to the beach. The aptly named hotel sits beside the sea on a limestone shelf, just a short walk from town. The owners also run the adjacent Blue Angel dive shop. Lazing here in a beachside hammock after a perfect morning dive is the quintessential Cozumel experience. ✉ *Carretera Sur, Km 2.2* ☎ *987/872–0188* 🖷 *987/872–1631* ⊕ *www.caribeblu.net* ⟿ *20 rooms* ♨ *Restaurant, in-room safes, some refrigerators, pool, beach, dive shop, snorkeling, laundry service* ▭ *MC, V.*

$$ 🏨**Villablanca Garden Beach Hotel.** The architecture is striking—from the white Moorish facade to the archways separating the living and sleeping areas of some guest rooms. All rooms have sunken bathtubs; some have terraces. The hotel's beach club has a dive shop. Guests tend to return annually, often with dive groups. ✉ *Carretera Chankanaab, Km 3* ☎ *987/872–0730 or 888/790–5264* 🖷 *987/872–0865* ⊕ *www.villablanca.net* ⟿ *2 rooms, 25 suites, 1 penthouse, 3 villas* ♨ *Restaurant, fans, some kitchens, some refrigerators, tennis court, pool, beach, dock, bicycles, laundry service, some free parking* ▭ *AE, D, MC, V.*

San Miguel

$$ 🏨**Casa Mexicana.** A dramatic staircase leads up to the windswept lobby, and distinctive rooms are decorated in subtle blues and yellows. Some face the ocean and the traffic noise on Avenida Rafael E. Melgar; others overlook the pool and terrace. Two sister properties, Hotel Bahía and Suites Colonial, offer equally comfortable but less expensive suites with kitchenettes (the Bahía has some ocean views; the Colonial is near the square). ⊠ *Av. Rafael E. Melgar Sur 457, between Calles 5 and 7* ☎ *987/872–0209 or 877/228–6747* 🖷 *987/872–1387* ⊕ *www. casamexicanacozumel.com* 🖙 *90 rooms* ⚐ *In-room safes, minibars, in-room data ports, pool, gym, laundry service, concierge, business services, car rental* ⊟ *AE, D, MC, V* ⊺⊙⊺ *BP.*

$$ 🖾 **Hacienda San Miguel.** At this small gem, with its two-story buildings set around a lush courtyard, you can have continental breakfast delivered to your room. The second floor rooms get far more air and light than those at ground level, but all have coffeemakers, purified water, and bathrobes. The plaza is five blocks south and the closest beach is a 10-minute walk north. Guests get discounts at the affiliated Mr. Sancho's Beach Club. You can use the office phone, but won't be able to hook up your laptop. ⊠ *Calle 10 Norte 500, at Av. 5* ☎ *987/872–1986 or 866/712–6387* 🖷*987/872–7043* ⊕*www.haciendasanmiguel.com* 🖙*7 studios, 3 junior suites, 1 master suite* ⚐ *In-room safes, kitchenettes, car rental; no room phones* ⊟ *MC, V* ⊺⊙⊺ *CP.*

$$ 🖾 **Vista del Mar.** This cozy inn is reasonably priced compared to those right on the beach. The soft beige, brown, and white walls are decorated with shells and beach stones; mosquito nets drape over the beds at night. Room 405 has a spot-on view of the sea. Making your way through the crowds in front of the hotel can be a hassle. On the other hand, it's amusing to watch the sweating shoppers from a deck chair beside the hot tub overlooking a shopping arcade. Metal hurricane shutters on street-facing windows help cut the noise but make rooms dark as night. ⊠ *Av. Rafael E. Melgar 45, between Calles 5 and 7* ☎ *987/872–0545 or 888/309–9988* 🖷 *987/872–7036* ⊕ *www. hotelvistadelmar.com* 🖙 *20 rooms* ⚐ *In-room safes, refrigerators, cable TV, pool, outdoor hot tub, shops, laundry service* ⊟ *MC, V* ⊺⊙⊺ *CP.*

$–$$ 🖾 **Hotel Flamingo.** You get a lot for your pesos at this stellar, almost-budget hotel, which includes a rooftop sundeck with a view of the water, and a courtyard with barbecue and group dining facilities (bring your own catch of the day). Three blocks from the ferry in the heart of downtown, it isn't close to the good beaches; but guests tend to share rental car costs and offer each other rides around town. The hotel is affiliated with the nearby Aquaspa day spa and hosts live music on weekend nights. The large rooms are brightly painted and have wrought-iron furnishings. Those in front have balconies but can be noisy. Dive packages are available. ⊠ *Calle 6 Norte 81, near Cozumel Museum* ☎ *987/ 872–1264 or 800/806–1601* ⊕ *www.hotelflamingo.com* 🖙 *16 rooms, 1 penthouse* ⚐ *Fans* ⊟ *AE, D, MC, V.*

¢ 🖾 **Hostelito Cozumel.** This small hostel is the first of its kind on the island. The main dorm has 16 bunk beds, lots of fans to cool the air, and separate shared baths for men and women. A group room has six regular beds and a private shower, air-conditioning, and a small fridge. It's just one block from the plaza and two from the main pier, convenient for those lugging around heavy backpacks. ⊠ *Av. 10 Norte, between Calle 2 Norte and Av. Juárez* ☎🖷 *987/869–8157* 🖙 *38 beds* ⚐ *Fans, some a/c* ⊟ *No credit cards.*

¢ 🖾 **Hotel Pepita.** Despite being more than 50 years old, the Pepita is one of the best budget hotels on the island. The blue-and-white facade is painted frequently, as are the rooms. Wooden shutters cover screened windows that keep out the bugs (who thrive happily among the courtyard's many plants and shrubs). Cable TV, refrigerators, and air-conditioning are surprising pluses for such low rates. Shelves in the lobby are stacked high with novels in several languages, and German and Dutch are as common as Spanish and English during con-

versations over free coffee around the long wooden table in the courtyard. There's no pool or kitchen facilities, but plenty of small markets and cafés are in the neighborhood. ⊠ *Av. 15 Sur 120* ▦▦ *987/872–0098* ✆ *20 rooms* ⌂ *Fans, refrigerators, cable TV* ⊟ *No credit cards.*

¢ ▦ **Palma Dorada Inn.** This family-owned budget inn gives guests as many amenities as they care to purchase. The best rooms come with air-conditioners and fully equipped kitchenettes. The least expensive have fans and three single beds. Jugs of purified water sit in the hallways, and you can use the communal microwave and request an iron or hair dryer. Restaurants and bars abound in the neighborhood and the waterfront is a half-block away, but the nearest swimming beach is a 15-minute walk south. ⊠ *Calle Adolfo Rosado Salas 44* ☎ *987/872–0330* 🖷 *987/872–0248* ✆ *14 rooms, 3 suites* ⌂ *Some fans; no a/c in some rooms, no TV in some rooms* ⊟ *MC, V.*

¢ ▦ **Safari Inn.** Above the Aqua Safari dive shop on the waterfront, this small hotel has comfy beds, powerful hot-water showers, air-conditioning, and the camaraderie of fellow scuba fanatics. The owner also operates Condumel, a small, comfortable condo complex that's perfect for setting up house for one night, a week, or longer. Rates are reasonable and the setting is peaceful, with excellent snorkeling. ⊠ *Av. Rafael E. Melgar and Calle 5* ☎ *987/872–0101* 🖷 *987/872–0661* ⊕ *www.aquasafari.com* ✆ *12 rooms* ⌂ *Dive shop, snorkeling* ⊟ *MC, V.*

Windward Side

★ $$ ▦ **Ventanas al Mar.** The lights of San Miguel are but a distant glow on the horizon when you look west from the only hotel on the windward coast. Turn east, though, and you can watch shooting stars flash through the nighttime sky over the foaming sea. Escape is complete at this small, ecofriendly inn that runs on solar power; there are no phones, no computer hookups. The rooms are commodious and comfortable, and have microwaves, refrigerators, and coffeemakers. Full breakfast is served in the open-air lobby, and meals are available at Coconuts, next door, until dusk. Sea turtles nest on the long beach beside the hotel in summer, and tropical fish and anemones gather by the rocky point in front of the rooms. A two-night minimum stay is required. ⊠ *East-coast road north of Coconuts* ▦ *No phone* 🖷 *No fax* ⊕ *www.cozumel-hotels.net/ventanas-al-mar/* ✆ *16 rooms* ⌂ *Fans, kitchenettes, microwaves, refrigerators, beach, snorkeling, free parking; no room TVs* ⊟ *No credit cards* ❙❂❙ *BP.*

A Ceremonial Dance

WOMEN REGALLY DRESSED in embroidered, lace-trim dresses and men in their best guayabera shirts carry festooned trays on their heads during the Baile de las Cabezas de Cochino (dance of the pig's head) at the Fería del Cedral. The trays are festooned with trailing ribbons, *papeles picados* (paper cutouts), piles of bread, and, in some cases, the head of a barbecued pig.

The pig is a sacrificial offering to God, who supposedly saved the founders of this tiny Cozumel settlement. According to legend, the tradition began during the 19th-century War of the Castes, when Yucatán's Maya rose up against their oppressors. The enslaved Maya killed most of the mestizos in the mainland village of Sabán. Casimiro Cardenas, a wealthy young man, survived while clutching a small wooden cross. He promised he would establish an annual religious festival once he found a new home.

Today the original religious vigils and novenas blend into the more secular fair, which runs from April 27 to May 3. Festivities include horse races, bullfights, and amusement park rides, and stands selling hot dogs, corn on the cob, and cold beer. Celebrations peak during the ritualistic dance, which is usually held on the final day.

The music begins with a solemn cadence as families enter the stage, surrounding one member bearing a multitiered tray. The procession proceeds in a solemn circle as the participants proudly display their costumes and offerings. Gradually, the beat quickens and the dancing begins. Grabbing the ends of ribbons trailing from the trays, children, parents, and grandparents twirl in ever-faster circles until the scene becomes a whirling blend of grinning, sweaty faces and bright colors.

NIGHTLIFE & THE ARTS

Discos and trendy clubs are not Cozumel's scene. In fact, some visitors complain that the town seems to shut down completely by midnight. Perhaps it's the emphasis on sun and scuba diving that sends everyone to bed early. (It's hard to be a night owl when your dive boat leaves first thing in the morning.) In fact, the cruise ship passengers mobbing the bars seem to party more than those staying on the island. Sometimes, the rowdiest action takes place in the afternoon, when revelers pull out the stops before reboarding their ships back to the mainland.

Bars

Sports fans come to bet on their favorite teams, watch the games, and catch the ESPN news at **All Sports** (⌧ Av. 5 Norte and Calle 2 ☎ 987/869–2246). **Carlos 'n Charlie's, El Shrimp Bucket, and Señor Frog's** (⌧ Av. Rafael E. Melgar at Punta Langosta ☎ 987/872–0191) are all members of the Carlos Anderson chain of rowdy restaurant-bars that attract lively crowds. The *Animal House* ambience includes loud rock music and a liberated, anything-goes dancing scene that's especially attractive to the cruising set.

If you drink too many martinis at **Cielo Lounge Bar** (✉ Av. 15, between Calles 2 and 4 ☎ 987/872–3467) you might feel like you're floating in an aquarium, what with the narrow room's blue lighting and tinted glass bar. The lounge is behind San Miguel Cafe and serves as a late-night hangout for locals watching music videos on a big screen (Luis Miguel is a hit) or belting out boleros during impromptu karaoke sessions. The restaurant is open until 11:30 every night but Sunday, and the lounge is open until 2 AM on Friday and Saturday. Lively, rowdy **Fat Tuesdays** (✉ Av. Juárez between Av. Rafael E. Melgar and Calle 3 Sur ☎ 987/872–5130) draws crowds day and night for frozen daiquiris, ice-cold beers, and blaring rock.

Stylish and blissfully free of pounding bass, **Uvas** (✉ Carretera Sur, Km 8.5 ☎ 987/872–3539) is geared to well (if skimpily) dressed grown-ups ordering crab quesadillas and fried calamari with curry as they listen to lounge tunes. Dinner and tapas are served until midnight. Live music and local celebrations are common. Most events are open to the public.

Discos

Cozumel's oldest disco, **Neptune Dance Club** (✉ Av. Rafael E. Melgar and Av. 11 ☎ 987/872–1537), is the island's classiest night spot, with a dazzling light-and-laser show. **Viva Mexico** (✉ Av. Rafael E. Melgar ☎ 987/872–0799) has a DJ who spins Latin and American dance music until the wee hours. There's also an extensive snack menu.

Live Music

Sunday evenings 8–10, locals head for the zócalo to hear mariachis and island musicians playing tropical tunes. The band at the **Hard Rock Cafe** (✉ Av. Rafael E. Melgar between Av. Juárez and Calle 2, 2nd fl. ☎ 987/872–5273) often rocks until near dawn. Air-conditioning is a major plus.

★ For sophisticated jazz, smart cocktails, and great cigars, check out the **Havana Club** (✉ Av. Rafael E. Melgar between Calles 6 and 8, 2nd fl. ☎ 987/872–2098). Beware of ordering imported liquors such as vodka and scotch; drink prices are very high. The food isn't the draw at **Joe's Lobster House** (✉ Av. Rafael E. Melgar, across from ferry pier ☎ 987/872–3275), but the reggae and salsa bring in the crowds nightly, from 10:30 until dawn.

Movies

Locals say the best place on sweltering afternoons is **Cineopolis** (✉ Av. Rafael E. Melgar ☎ 987/869–0799). The modern, multiscreen theater shows current hit films in Spanish and English and has afternoon matinees and nightly shows.

SPORTS & THE OUTDOORS

Most people come to Cozumel for the water sports—especially scuba diving, snorkeling, and fishing. Services and equipment rentals are available throughout the island, especially through major hotels and water-sports centers at the beach clubs. If you're curious about what's underneath Cozumel's waters, but don't like getting wet, **Atlantis Submarine** (✉ Carretera Sur, Km 4, across from Hotel Casa del Mar ☎ 987/872–5671 ⊕ www.goatlantis.com) runs 1½-hour submarine rides that

Continued on page 134

COZUMEL DIVING & SNORKELING

First comes the giant step, a leap from a dry boat into the warm Caribbean Sea. Then the slow descent to white sand framed by rippling brain coral and waving purple sea fans. If you lean back, you can look up toward the sea's surface. The water off Cozumel is so clear you can see puffy white clouds in the sky even when you're submerged at 20 feet.

With more than 30 charted reefs whose depths average 50–80 feet and water temperatures around 24°C–27°C (75°F–80°F) during peak diving season (June–August, when hotel rates are coincidentally at their lowest), Cozumel is far and away *the* place to dive in Mexico. More than 60,000 divers come here each year.

Because of the diversity of coral formations and the dramatic underwater peaks and valleys, divers consider Cozumel's Palancar Reef (promoters now call it the Maya Reef) to be one of the top five in the world. Sea turtles headed to the beach to lay their eggs swim beside divers in May and June. Fifteen-pound lobsters wave their antennae from beneath coral ledges; they've been protected in Cozumel's National Marine Park for so long they've lost all fear of humans. Long green moray eels still appear rather menacing as they bare their fangs at curious onlookers, and snaggle-toothed barracuda look ominous as they swim by. But all in all, diving off Cozumel is relaxing, rewarding, and so addictive you simply can't do it just once.

Hurricane Wilma damaged the reefs somewhat during her 2005 attack and rearranged the underwater landscape. Favorite snorkeling and diving spots close to shore were affected, and fish may not be as abundant as in the past.

SCUBA DIVING

The water is so warm and clear—around 80 degrees with near-100-foot visibility most of the year—that diving feels nearly effortless. There's no way anyone can do all the deep dives, drift dives, shore dives, wall dives, and night dives in one trip, never mind the theme dives focusing on ecology, archaeology, sunken ships, and photography.

Many hotels and dive shops offer introductory classes in a swimming pool. Most include a beach or boat dive. Resort courses cost about $50–$60. Many dive shops also offer full open-water certification classes, which take at least four days of intensive classroom study and pool practice. Basic certification courses cost about $350, while advanced certification courses cost as much as $700. You can also do your classroom study at home, then make your training and test dives on Cozumel.

DIVING SAFELY There are more than 100 dive shops in Cozumel, so look for high safety standards and documented credentials. The best places offer small groups and individual attention. Next to your equipment, your dive master is the most important consideration for your adventure. Make sure he or she has PADI or NAUI certification (or FMAS, the Mexican equivalent). Be sure to bring your own certification card; all reputable shops require customers to show them before diving. If you forget, you may be able to call the agency that certified you and have the card number faxed to the shop.

Keep in mind that much of the reef off Cozumel is a protected National Marine Park. Boats aren't allowed to anchor in certain areas, and you shouldn't touch the coral or take any "souvenirs" from the reefs when you dive there. It's best to swim at least 3 feet above the reef—not just because coral can sting or cut

you, but also because it's easily damaged and grows very slowly; it has taken 2,000 years to reach its present size.

There's a reputable recompression chamber at the **Buceo Médico Mexicano** (✉ Calle 5 Sur 21B ☏ 987/872–1430 24-hr hotline). The **Cozumel Recompression Chamber** (✉ San Miguel Clinic, Calle 6 between Avs. 5 and 10 ☏ 987/872–3070) is also a fully equipped recompression center. These chambers, which aim for a 35-minute response time from reef to chamber, treat decompression sickness, commonly known as "the bends," which occurs when you surface too quickly and nitrogen bubbles form in the bloodstream. Recompression chambers are also used to treat nitrogen narcosis, collapsed lungs, and overexposure to the cold.

You may also want to consider buying dive-accident insurance from the U.S.-based **Divers Alert Network (DAN)** (☏ 800/446–2671 ⊕ www.diversalertnetwork.org) before embarking on your dive vacation. DAN insurance covers dive accidents and injuries, and their emergency hotline can help you find the best local doctors, hyperbaric chambers and medical services to assist you. They can also arrange for airlifts.

DIVE SITES

Cozumel's reefs stretch for 32 km (20 mi), beginning at the international pier and continuing to Punta Celarain at the island's southernmost tip. Following is a rundown of Cozumel's main dive destinations.

Chankanaab Reef. This inviting reef lies south of Parque Chankanaab, about 350 yards offshore. Large underground caves are filled with striped grunt, snapper, sergeant majors, and butterfly fish. At 55 feet, there's another large coral formation that's often filled with crabs, lobster, barrel sponges, and angelfish. If you drift a bit farther south, you can see the Balones de Chankanaab, balloon-shaped coral heads at 70 feet. This is an excellent dive site for beginners.

Colombia Reef. Several miles off Palancar, the reef reaches 82–98 feet and is best suited for experienced divers. Its underwater structures are as varied as those of Palancar Reef, with large canyons and ravines to explore. Clustered near the overhangs are large groupers, jacks, rays, and an occasional sea turtle.

Felipe Xicotencatl (C-53 Wreck). Sunk in 2000 specifically for scuba divers, this 154-foot-long minesweeper is located on a sandy bottom about 80 feet deep near Tormentos and Chankanaab. Created as an artificial reef to decrease some of the traffic on the natural reefs, the ship is open so divers can explore the interior and is gradually attracting schools of fish.

Maracaibo Reef. Considered one of the most difficult reefs, Maracaibo is a thrilling dive with strong currents and intriguing old coral formations. Although there are shallow areas, only advanced divers who can cope with the current should attempt Maracaibo.

Palancar Reef. About 2 km (1 mi) offshore, Palancar (sometimes called the Maya Reef) is actually a series of varying coral formations with about 40 dive locations. It's filled with winding canyons, deep ravines, narrow crevices and archways, tunnels, and caves. Black and red coral and huge elephant-ear and barrel sponges are among the attractions. At the section called Horseshoe, a series of coral heads form a natural horseshoe shape. This is one of the most popular sites for dive boats and can become crowded.

Paraíso Reef. About 330 feet offshore, running parallel to the international cruise-ship pier, this reef averages 30–50 feet. It's a perfect spot to dive before you head for deeper drop-offs such as La Ceiba and Villa Blanca. There are impressive formations of star and brain coral as well as sea fans, sponges, sea eels, and yellow rays. It's wonderful for night diving.

Paseo El Cedral. Running parallel to Santa Rosa reef, this flat reef has gardenlike valleys full of fish, including angelfish, grunt, and snapper. At depths of 35–55 feet, you can also spot rays.

San Francisco Reef. Considered Cozumel's shallowest wall dive (35–50 feet), this 1-km (½-mi) reef runs parallel to Playa San Francisco and has many varieties of reef fish. You'll need to take a dive boat to get here.

Santa Rosa Wall. North of Palancar, Santa Rosa is renowned among experienced divers for deep dives and drift dives; at 50 feet there's an abrupt yet sensational drop-off to enormous coral overhangs. The strong current drags you along the tunnels and caves, where there are huge sponges, angelfish, groupers, and rays— and sometime even a shark or two.

Tormentos Reef. The abundance of sea fans, sponges, sea cucumbers, arrow crabs, green eels, groupers, and other marine life—against a terrifically colorful backdrop—makes this a perfect spot for underwater photography. This variegated reef has a maximum depth of around 70 feet.

Yucab Reef. South of Tormentos Reef, this relatively shallow reef is close to shore, making it an ideal spot for beginners. About 400 feet long and 55 feet deep, it's teeming with queen angelfish and sea whip swimming around the large coral heads. The one drawback is the strong current, which can reach 2 or 3 knots.

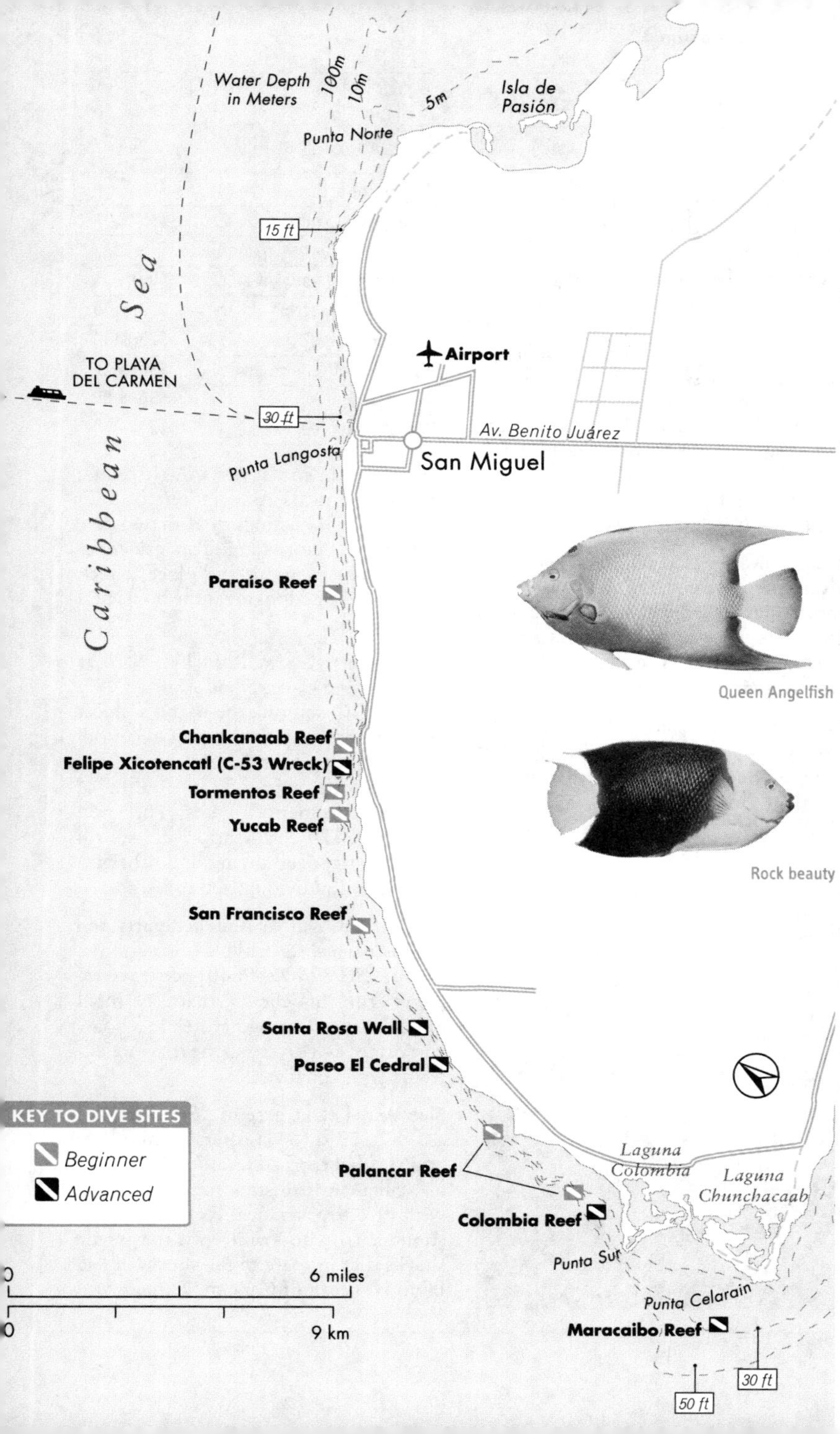

Water Depth in Meters

100m 10m 5m

Isla de Pasión

Punta Norte

C a r i b b e a n   S e a

TO PLAYA DEL CARMEN

15 ft

30 ft

Punta Langosta

✈ **Airport**

Av. Benito Juárez

San Miguel

Queen Angelfish

Rock beauty

Paraíso Reef

Chankanaab Reef
Felipe Xicotencatl (C-53 Wreck)
Tormentos Reef
Yucab Reef

San Francisco Reef

Santa Rosa Wall
Paseo El Cedral

Laguna Colombia

Laguna Chunchacaab

Palancar Reef

Colombia Reef

Punta Sur

Punta Celarain

Maracaibo Reef

30 ft

50 ft

KEY TO DIVE SITES

◣ *Beginner*

◥ *Advanced*

0

0

6 miles

9 km

DIVE SHOPS & OPERATORS

It's important to choose a dive shop that suits your expectations. Beginners are best off with the more established, conservative shops that limit the depth and time you spend underwater. Experienced divers may be impatient with this approach, and are better suited to shops that offer smaller group dives and more challenging dive sites. More and more shops are merging these days, so don't be surprised if the outfit you dive with one year has been absorbed by another the following year. Recommending a shop is dicey. The ones listed below are well-established and are recommended by experienced Cozumel divers.

■ TIP → Dive shops handle more than 1,000 divers per day; many run "cattle boats" packed with lots of divers and gear. It's worth the extra money to go out with a smaller group on a fast boat, especially if you're experienced.

Because dive shops tend to be competitive, it's well worth your while to shop around. Many hotels have their own on-

WHAT IT COSTS	
Regulator & BC	$15
Underwater camera	$35
Video camera	$75
Pro videos of your dive	$160
Two-tank boat trips	$70-$100
Specialty dives	$70-$100
One-tank afternoon dives	$30-$35
Night dives	$30-$35
Marine park fee	$2

dive shops in town. **ANOAAT** (Aquatic Sports Operators Association; ☎ 987/872–5955) has listings of affiliated dive operations. Before signing on, ask experienced divers about the place, check credentials, and look over the boats and equipment.

Aqua Safari (✉ Av. Rafael E. Melgar 429, between Calles 5 and 7 Sur ☎ 987/872–0101) is among the island's oldest and most professional shops. Owner Bill Horn has long been involved in efforts to protect the reefs and stays on top of local environmental issues. The shop provides PADI certification, classes on night diving, deep diving and other interests, and individualized dives.

Sergio Sandoval of **Aquatic Sports and Scuba Cozumel** (✉ Calle 21 Sur and Av. 20 Sur ☎ 987/872–0640) gets rave reviews from his clients, many of them guests at the Flamingo Hotel. His boats carry only 6–8 divers so the trips are extremely personalized.

Blue Angel (✉ Carretera Sur Km. 2.3 ☎ 987/872–11631) offers combo dive and snorkel trips so families who don't all scuba can still stick together. Along with dive trips to local reefs, they have summer trips to swim with the whale sharks that migrate to the shores of Isla Holbox, north of Cancún. Though you

can do the trip in a very long day, it's best to chose the overnight option.

Long located at the La Ceiba hotel, **Del Mar Aquatics** (✉ Casa Del Mar Hotel Carretera Sur, Km 4 ☎ 987/872–5949) has merged with Dive Palancar (another established dive shop) and moved to the Casa Del Mar Hotel. The location is ideal for shore and night dives.

Dive Cozumel-Yellow Rose (✉ Calle Adolfo Rosado Salas 85, between Avs. Rafael E. Melgar and 5 Sur ☎ 987/872–4567) specializes in cave diving for highly experienced divers, along with regular open-water dives. Classes in cavern and other technical diving specialties are also available. Tours are made on a customized 48-foot boat, for a maximum of 12 people.

Eagle Ray Divers (✉ La Caleta Marina, near the Presidente InterContinental hotel ☎ 987/872–5735) offers snorkeling trips (the three-reef snorkeling trip gives non-divers a chance to explore beyond the shore) and dive instruction. As befits their name, the company keeps track of the eagle rays that appear off Cozumel from December to February and runs trips for advanced divers to walls where the rays congregate. Beginners can also see rays around some of the reefs.

Grouper

Pepe Scuba (✉ Carretera Costera Norte, Km 2.5 ☎ 987/872–6740) operates out of the Coral Princess Hotel and offers boat dives and several options for resort divers. They also have dive packages available for people staying at the hotel. **Proscuba** (✉ Calle 3 Norte 299, between Avs. 15 and 20 ☎ 987/872–5994) is a small family-run operation offering personalized service.

Dive magazines regularly rate **Scuba Du** (✉ at the Presidente InterContinental hotel ☎ 987/872–9505) among the best dive shops in the Caribbean. Along with the requisite Cozumel dives, the company offers an advanced divers' trip searching for eagle rays and a wreck dive to a minesweeper sunk in 2000.

SNORKELING

Snorkeling equipment is available at nearly all hotels and beach clubs as well as at Parque Chankanaab, Playa San Francisco, and Parque Punta Sur. Gear rents for less than $10 a day. Snorkeling tours run about $60 and take in the shallow reefs off Palancar, Chankanaab, Colombia, and Yucab.

☾ **Cozumel Sailing** (✉ Carretera Norte at the marina ☎ 987/869–2312) offers sailing tours with open bar, lunch, snorkeling, and beach time for $65. Sunset cruises aboard the trimaran *El Tucan* are also available; they include unlimited drinks and live entertainment and cost about $25. They also offer boat rentals.

Fury Catamarans (✉ Carretera Sur beside Casa del Mar hotel ☎ 987/872–5145) runs snorkeling tours from its 45-foot catamarans. Rates begin at about $58 per day and include equipment, a guide, soft drinks, beer, and margaritas and a beach party with lunch.

explore the Chankanaab Reef and surrounding area; tickets for the tours are $79 for adults and $45 for children. Claustrophobes may not be able to handle the sardine-can conditions.

Bicycling

Biking is great on Cozumel when winds are calm and humidity low—although these conditions are the exception rather than the norm (except during the colder winter months). Traffic is another concern, and it takes the skill of a Manhattan bike messenger to negotiate busy streets. But for serious cyclists nothing beats pedaling the island's circumference. **Isla Bicicleta** (⊠ Ave. 10 Sur at Calle 1 ☎ 987/869–0691 ⊕ www.cozumelbikes.com) rents mountain and road bikes for $16 a day, along with helmets and ever-essential locks. Half-day bike tours start at $65 per person.

Fishing

The waters off Cozumel swarm with more than 230 species of fish, making this one of the world's best deep-sea fishing destinations. During billfish migration season, from late April through June, blue marlin, white marlin, and sailfish are plentiful, and world-record catches aren't uncommon.

Deep-sea fishing for tuna, barracuda, wahoo, and dorado is good year-round. You can go bottom-fishing for grouper, yellowtail, and snapper on the shallow sand flats at the island's north end and fly-fish for bonefish, tarpon, snook, grouper, and small sharks in the same area. Regulations forbid commercial fishing, sportfishing, spear fishing, and collecting marine life in certain areas around Cozumel. It's illegal to kill certain species within marine reserves, including billfish, so be prepared to return some prize catches to the sea.

Charters

You can charter high-speed fishing boats for about $420 per half-day or $600 per day (with a maximum of six people). Your hotel can help arrange daily charters—some offer special deals, with boats leaving from their own docks. **Albatros Deep Sea Fishing** (☎ 987/872–7904 or 888/333–4643) offers full-day rates that include boat and crew, tackle and bait, and lunch with beer and soda. All equipment and tackle, lunch with beer, and the boat and crew are also included in **Marathon Fishing & Leisure Charters'** (☎ 987/872–1986) full-day rates. **3 Hermanos** (☎ 987/872–6417 or 987/876–8931) specializes in deep-sea and fly-fishing trips. Their rates for a half-day deep-sea fishing trip start at $350. They also offer scuba diving trips.

Golf

The **Cozumel Country Club** (⊠ Carretera Costera Norte, Km 5.8 ☎ 987/872–9570 ⊕ www.cozumelcountryclub.com.mx) has an 18-hole championship golf course. The gorgeous fairways amid mangroves and a lagoon are the work of the Nicklaus Design Group. The greens fee is $165, which includes a golf cart. Many hotels offer golf packages here.

3

○ If you're not a fan of miniature golf, the challenging **Cozumel Mini-Golf** (✉ Calle 1, Sur 20 ☎ 987/872–6570) might turn you into one. The jungle-theme course has banana trees, birds, two fountains, and a waterfall. You can choose your music from a selection of more than 800 CDs and order your drinks via walkie-talkie; they'll be delivered as you try for that hole in one. Admission is $7 for adults, $5 for kids; it's open Monday–Saturday 10 AM–11 PM and Sunday 5 PM–11 PM.

Horseback Riding

Aventuras Naturales (✉ Av. 35, No. 1081 ☎ 987/872–1628 or 858/366–4632 ⊕ www.aventurasnaturalascozumel.com) runs a two-hour guided horseback tour through the jungle to El Cedral. Prices start at $30. Groups are small and the guides fun and informative. The company also has hiking tours. **Rancho Buenavista** (✉ Av. Rafael E. Melgar and Calle 11 Sur ☎ 987/872–1537) provides four-hour rides through the jungle starting at $65 per person.

Kayaking

Located at Uvas beach club, **Clear Kayak** (✉ Carretera Sur, Km 8.5 ☎ 987/872–3539) runs what's called "dry snorkeling" tours in see-through kayaks (imagine what the fish must be thinking). Paddling around with water seeming to flow past your toes is great fun, and there's time for real snorkeling as well. Tours, which cost $49 for adults and $32 for children, include snorkel gear, buffet lunch, and round-trip transportation from your hotel.

SHOPPING

Cozumel's main souvenir shopping area is downtown along Avenida Rafael E. Melgar and on some side streets around the plaza. There are also clusters of shops at Plaza del Sol (east side of the main plaza) and Vista del Mar (Av. Rafael E. Melgar 45). Malls at the cruise-ship piers aim to please passengers seeking jewelry, perfume, sportswear, and low-end souvenirs at high-end prices.

Most downtown shops accept U.S. dollars; many goods are priced in dollars. To get better prices, pay with cash or traveler's checks—some shops tack a hefty surcharge on credit-card purchases. Shops, restaurants, and streets are always crowded between 10 AM and 2 PM, but get calmer in the evening. Traditionally, stores are open from 9 to 1 (except Sunday) and 5 to 9, but those nearest the pier tend to stay open all day, particularly during high season. Most shops are closed Sunday morning.

⚠ When you shop in Cozumel, be sure you don't buy anything made with black coral. Not only is it overpriced—it's also an endangered species, and you may be barred from bringing it to the United States and other countries.

Markets

★ ○ There's a **crafts market** (✉ Calle 1 Sur, behind plaza) in town, which sells a respectable assortment of Mexican wares. It's the best place to practice your bartering skills while shopping for blankets, T-shirts, hammocks, and pottery. For fresh produce try the **Mercado Municipal** (✉ Calle Adolfo Rosadao Salas between Avs. 20 and 25 Sur ☎ No phone), open Monday–Saturday 8–5.

Shopping Malls

Forum Shops (✉ Av. Rafael E. Melgar and Calle 10 Norte ☎ 987/869–1687) is a flashy marble-and-glass mall with jewels glistening in glass cases and an overabundance of eager salesclerks. Diamonds International and Tanzanite International have shops in the Forum and all over Avenida Rafael E. Melgar, as does Roger's Boots, a leather store. There's a Havana Club restaurant and bar upstairs, where shoppers select expensive cigars. **Puerto Maya** (✉ Carretera Sur at southern cruise dock) is a mall geared to cruise-ship passengers. It's close to the ships at the end of a huge parking lot. **Punta Langosta** (✉ Av. Rafael E. Melgar 551, at Calle 7), a fancy multilevel shopping mall, is across the street from the cruise-ship dock. An enclosed pedestrian walkway leads over the street from the ships to the center, which houses several jewelry and sportswear stores. The center is designed to lure cruise-ship passengers into shopping in air-conditioned comfort and has decreased traffic for local businesses.

Specialty Stores

Clothing

Several trendy sportswear stores line Avenida Rafael E. Melgar between Calles 2 and 6. **Exotica** (✉ Av. Juárez at plaza ☎ 987/872–5880) has high-quality sportswear and shirts with nature-theme designs. **Island Outfitters** (✉ Av. Rafael E. Melgar, at plaza ☎ 987/872–0132) has high-quality sportswear, beach towels, and sarongs. If you need a dressy outfit for some unexpected reason (there's not much demand for evening gowns on Cozumel), **L'Chic** (✉ Av. 5 at Calle 3 ☎ 987/872–4898) lives up to its name with long formal dresses as well as classy sundresses. **Mr. Buho** (✉ Av. Rafael E. Melgar between Calles 6 and 8 ☎ 987/869–1601) specializes in white-and-black clothes and has well-made guayabera shirts and cotton dresses.

Crafts

The showrooms at **Anji** (✉ Av. 5 between Calles Adolfo Rosado Salas and 1 Sur ☎ 987/869–2623) are filled with imported lamps, carved animals, and clothing from Bali. At **Balam Mayan Feather** (✉ Av. 5 and Calle 2 Norte ☎ 987/869–0548) artists create intricate paintings on feathers from local birds. **Bugambilias** (✉ Av. 10 Sur between Calles Adolfo Rosado Salas and 1 Sur ☎ 987/872–6282) sells handmade Mexican linens.

★ **Los Cinco Soles** (✉ Av. Rafael E. Melgar and Calle 8 Norte ☎ 987/872–0132) is the best one-stop shop for crafts from around Mexico. Several display rooms, covering almost an entire block, are filled with clothing, furnishings, home decor items, and jewelry. Latin music CDs and English-language novels are displayed at **Fama** (✉ Av. 5 between Calle 2 and plaza ☎ 987/872–2050), which also has sandals, swimsuits, and souvenirs.

At Cozumel's best art gallery, **Galería Azul** (⌧ Calle 10 Sur, between Av. Salas and Calle 1 ☎ 987/869–0963), artist Greg Deitrich displays his engraved blown glass along with paintings, jewelry, and other works by local artists. **Indigo** (⌧ Av. Rafael E. Melgar 221 ☎ 987/872–1076) carries a large selection of purses, belts, vests, and shirts from bright blue, purple, and green Guatemalan fabrics. They also have wooden masks.

Librería del Parque (⌧ Av. 5 at plaza ☎ 987/872–0031) is Cozumel's best bookstore; it carries the *Miami Herald, USA Today,* and English- and Spanish-language magazines and books. **El Porton** (⌧ Av. 5 Sur and Calle 1 Sur ☎ 987/872–5606) has a collection of masks and unusual crafts. Antiques and high-quality silver jewelry are the draws at **Shalom** (⌧ Av. 10, No. 25 ☎ 987/872–3783).

Viva Mexico (⌧ Av. Rafael E. Melgar and Calle Adolfo Rosada Salas ☎ 987/872–0791) sells souvenirs and handicrafts from all over Mexico; it's a great place to find T-shirts, blankets, and trinkets.

Grocery Stores

The main grocery store, **Chedraui** (⌧ Carretera Chankanaab, Km 1.5 and Calle 15 Sur ☎ 987/872–3655), is open daily 8 AM–10 PM and also carries clothing, kitchenware, appliances, and furniture.

Jewelry

Diamond Creations (⌧ Av. Rafael E. Melgar Sur 131 ☎ 987/872–5330) lets you custom-design pieces of jewelry from a collection of loose diamonds, emeralds, rubies, sapphires, or tanzanite. The shop and its affiliates, Tanzanite International and Silver International, have multiple locations along the waterfront and in the shopping malls—in fact, you can't avoid them.

Look for silver, gold, and coral jewelry—especially bracelets and earrings—at **Joyería Palancar** (⌧ Av. Rafael E. Melgar Norte 15 ☎ 987/872–1468). **Luxury Avenue (Ultrafemme)** (⌧ Av. Rafael E. Melgar 341 ☎ 987/872–1217) sells high-end goods including watches and perfume. **Pama** (⌧ Av. Rafael E. Melgar Sur 9 ☎ 987/872–0090), near the pier, carries imported jewelry, perfumes, and glassware. Innovative designs and top-quality stones are available at **Van Cleef & Arpels** (⌧ Av. Rafael E. Melgar Norte across from ferry ☎ 987/872–6540).

COZUMEL ESSENTIALS

Transportation

BY AIR

The Aeropuerto Internacional de Cozumel, Cozumel's only airport, is 3 km (2 mi) north of San Miguel. Flight schedules and frequencies vary with season, with the largest selection available in winter.

At the airport, the *colectivo,* a van that seats up to eight, takes arriving passengers to their hotels; the fare is about $7–$20. If you want to avoid waiting for the van to fill or for other passengers to be dropped off, you can hire an *especial*—an individual van. A trip in one of these to hotel zones costs about $20–$25; to the city it's about $10; and to the all-inclusive hotels at the far south it's about to $30. Taxis to the airport cost between $10 and $30 from the hotel zones and approximately $5 from downtown.

🏠 **Aeropuerto Internacional de Cozumel** ☎ 987/872-1995 or 987/872-0485. **Aerocaribe** ☎ 987/872-0877.

BY BOAT & FERRY

Passenger-only ferries to Playa del Carmen leave Cozumel's main pier approximately every other hour on the hour from 5 AM to 10 PM. They also leave Playa del Carmen's dock about every other hour on the hour, from 6 AM to 11 PM. The trip takes 45 minutes. Call, or better yet, stop by the ferry pier, to verify the times. Bad weather and changing schedules sometimes prompt cancellations.

The traditional car ferry leaves from Puerto Morelos. The trip takes three to five hours. The fare starts at about $60 for small cars (more for larger vehicles) and $6 per passenger. Another car ferry travels between Calica south of Playa del Carmen and Cozumel three times daily. The fare starts at about $55 for small cars (more for larger vehicles) and $5 per passenger.

🏠 **Passenger-only ferry from Playa del Carmen** ☎ 987/872-1508 or 987/872-1588 ⊕ www.crucerosmaritimos.com.mx. **Car ferry from Puerto Morelos** ☎ 987/872-0950. **Car ferry from Calica** ☎ 987/872-7688.

BY CAR

As well as major rental agencies like Avis and Hertz, Cozumel also has several locally run agencies; among them, Aguila Rentals, Fiesta, and CP Rentals. The national and international companies have desks in the airport and San Miguel; most will deliver cars to your hotel. Rates are similar between all the companies. You can often get better deals when making advance reservations; make sure the quoted price includes all taxes and insurance. Some companies charge less if you're willing to pay cash. Cars can be in poor condition with missing window handles, ineffective windshield wipers, and other defects. Be sure to check the vehicle properly before leaving the lot.

🏠 **Aguila Rentals** ✉ Av. Rafael E. Melgar 685 ☎ 987/872-0729. **Fiesta** ✉ Calle 11, No. 598 ☎ 987/872-4311. **CP Rentals** ✉ Av. 5 Norte, between Calles 2 and 4 ☎ 987/878-4055.

BY SCOOTER

⚠ **Scooters are popular here, but also extremely dangerous because of heavy traffic, potholes, and hidden stop signs; accidents happen all too frequently.** Mexican law requires all riders to wear helmets (it's a $25 fine if you don't). If you do decide to rent one, drive slowly, check for oncoming traffic, and don't ride when it's raining or if you've had any alcoholic beverages. Scooters rent for about $25 per day; insurance is included.

🏠 **Moped Rentals Ernesto's Scooter Rental** ✉ Carretera Costera Sur, Km 4 ☎ 987/872-3152. **Rentadora Cozumel** ✉ Calle Adolfo Rosado Salas 3B ☎ 987/872-1503 ✉ Av. 10 Sur and Calle 1 ☎ 987/872-1120. **Rentadora Marlin** ✉ Av. 5 and Calle 1 Sur ☎ 987/872-5501.

BY TAXI

Cabs wait at all the major hotels, and you can hail them on the street. The fixed rates run about $2 within town; $8–$20 between town and either hotel zone; $10–$30 from most hotels to the airport; and about $20–$40 from the northern hotels or town to Parque Chankanaab or Playa San Francisco. The cost from the Puerto Maya cruise-ship terminal by La Ceiba to San Miguel is about $10.

Drivers quote prices in pesos or dollars—the peso rate may be cheaper. Tipping isn't necessary. Despite the established taxi fares, many cab drivers have begun charging double or even triple these rates. Be firm on a price before getting into the car. Drivers carry a rather complicated rate sheet with them that lists destinations by zone. Ask to see the sheet if the price seems unreasonably high.

Contacts & Resources

BANKS & EXCHANGE SERVICES

Most of Cozumel's banks are in the main square and are open weekdays between 9 and 4 or 5. Many change currency all day. Most have ATMs that dispense pesos, although dollars are available at some ATMs near the cruise ship piers. The American Express exchange office is open weekdays 9–5. After hours, you can change money at Promotora Cambiaria del Centro, which is open Monday–Saturday 8 AM–9 PM.

🔲 Banks **Bancomer** ⊠ Av. 5 Norte at plaza ☎ 987/872-0550. **Banco Serfín** ⊠ Calle 3 Sur and Av. 10 Sur ☎ 987/872-2853.

🔲 Exchange Services **American Express** ⊠ Punta Langosta, Av. Rafael E. Melgar 599 ☎ 987/869-1389. **Promotora Cambiaria del Centro** ⊠ Av. 5 Sur between Calles 1 Sur and Adolfo Rosado Salas ☎ No phone.

EMERGENCIES

For general emergencies throughout Cozumel, dial 060.

🔲 Emergency Contacts **Air Ambulance** ☎ 987/872-4070. **Police** ⊠ Anexo del Palacio Municipal ☎ 987/872-0092.

🔲 Hospitals & Clinics **Centro Médico de Cozumel** (Cozumel Medical Center) ⊠ Calle 1 Sur 101 and Av. 50 ☎ 987/872-0103 or 987/872-5370. **Médica San Miguel** ⊠ Calle 6 Norte 135, betwen Avs. 5 and 10 ☎ 987/872-0103. **Medical Specialties Center** ⊠ Av. 20 Norte 425 ☎ 987/872-1419 or 987/872-2919. **Red Cross** ⊠ Calle Adolfo Rosada Salas and Av. 20 Sur ☎ 987/872-1058, 065 for emergencies.

🔲 Late-Night Pharmacies **Farmacia Canto** ⊠Av. 20 at Calle Adolfo Rosado Salas ☎987/872-5377. **Farmacia Dori** ⊠Calle Adolfo Rosado Salas between Avs. 15 and 20 Sur ☎987/872-0559. **Farmacia Joaquin** ⊠ Av. 5 at north side of plaza ☎ 987/872-2520.

🔲 Recompression Chambers **Buceo Médico Mexicano** ⊠ Calle 5 Sur 21B ☎ 987/872-1430 24-hr hotline. **Cozumel Recompression Chamber** ⊠ San Miguel Clinic, Calle 6 between Avs. 5 and 10 ☎ 987/872-3070.

INTERNET, MAIL & SHIPPING

The local *correos* (post office), six blocks south of the plaza, is open weekdays 8–8, Saturday 9–5, and Sunday 9–1. For packages and important letters, you're better off using DHL. The Calling Station offers long-distance phone service, fax, Internet access, video and DVD rental, and shipping services. The ATM in front of the building is one of the few on the island that dispenses dollars. Laptop connections and computers for Internet access are available at CreWorld Internet. The Crew Office is air-conditioned and has a pleasant staff, and also offers international phone service, CD burning, and used books for sale.

🄵 Cybercafés **Calling Station** ⊠ Av. Rafael E. Melgar 27, at Calle 3 Sur ☎ 987/872–1417. **The Crew Office** ⊠ Av. 5, No. 201, between Calle 3 Sur and Av. Rosada Salas ☎ 987/869–1485. **CreWorld Internet** ⊠ Av. Rafael E. Melgar and Calle 11 Sur ☎ 987/872–6509. 🄵 Mail & Shipping **Correos** ⊠ Calle 7 Sur and Av. Rafael E. Melgar ☎ 987/872–0106. **DHL** ⊠ Av. Rafael E. Melgar and Av. 5 Sur ☎ 987/872–3110.

MEDIA

Most shops and hotels around town offer the *Blue Guide to Cozumel,* a free publication with good information and maps of the island and downtown.

TRAVEL AGENCIES

Fiesta Holidays works with individuals and groups and has a car rental department. Turismo Aviomar is in San Miguel and can help with airline reservations as well as tours. Fiesta Holidays with individuals and groups and has a car rental department.

🄵 **Fiesta Holidays** ⊠ Calle 11 Sur 598, between Avs. 25 and 30 ☎ 987/872–0923. **Turismo Aviomar** ⊠ Av. 5 Norte 8, between Calles 2 and 4 ☎ 987/872–0407.

VISITOR INFORMATION

The government tourism office, Fidecomiso, and the Cozumel Island Hotel Association have shared offices. The offices are open weekdays 9–2 and 5–8 and Saturday 9–1, and offer information on affiliated hotels and tour operators.

🄵 **Fidecomiso and the Cozumel Island Hotel Association** ⊠ Calle 2 Norte and Av. 15 ☎ 987/872–3132 ⊕ www.islacozumel.com.mx.

The Caribbean Coast

Xcaret

WORD OF MOUTH

"If driving in the area, stop by the ruins of Xel-Há . . . across from the Xel-Há park. It's a very small site, but the murals there are some of the most spectacularly preserved I have seen in this region. A walk down a *sacbé* to a beautiful *cenote* and small temple should not be missed."

–Belle

AROUND THE CARIBBEAN COAST

Boats in Quintana Roo

Getting Oriented

The Caribbean coast is in the state of Quintana Roo, bordered on the northwest by the state of Yucatán, on the west by Campeche, and on the south by Belize. Above all else, beaches are what define this region—powdery white sands that curve to embrace clear turquoise lagoons, and the vibrant marine life beneath. Inland landscapes, which range from scrub to jungle, are punctuated with Maya ruin sites.

TOP 5
Reasons to Go

1. Visiting the stunning ruins at Tulum—the only Maya site that overlooks the Caribbean.

2. Casting for bonefish off the Chinchorro Reef near the Reserva de la Biosfera Sian Ka'an.

3. Indulging in a decadent massage or body treatment at one of the Riviera Maya's luxurious spa resorts.

4. Diving or snorkeling at Puerto Morelos's Natural Reef Park, a preserve filled with parrot fish, spotted eagle rays, and other sealife.

5. Exploring the inland jungle south of Rio Bec, where you might glimpse howler monkeys, coatimundi, and Yucatán parrots.

The Río Bec Route In far-southern Quintana Roo, digs at Kohunlich have unearthed Río Bec–style temples, palaces, and pyramids. At the Belizean border, the seaside capital city of Chetumal is modern, but sprinkled with brightly painted wooden houses left over from an earlier era.

184
Polyuc

Caobas   18

Rio Bec

Kohunlich

CAMPECHE

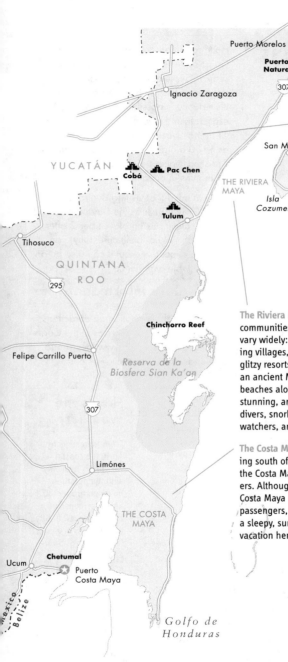

Puerto Morelos

Puerto Morelos's Natural Reef Park

307

Ignacio Zaragoza

San Miguel

YUCATÁN

Pac Chen

Cobá

THE RIVIERA MAYA

Isla Cozumel

Tulum

Tihosuco

QUINTANA ROO

295

Chinchorro Reef

Felipe Carrillo Puerto

Reserva de la Biosfera Sian Ka'an

307

Limónes

THE COSTA MAYA

Ucum

Chetumal

Puerto Costa Maya

Mexico
Belize

Golfo de Honduras

Ruins at Tulum

The Inland Jungle The pyramids at Coba are surrounded by jungle, where birds and monkeys call overhead. At the traditional Maya settlement of Pac Chen, residents live as they have for thousands of years. The 1.6 million acres of the Reserva de la Biosfera Sian Ka'an protect thousands of wildlife species.

The Riviera Maya The coastal communities along the Caribbean vary widely: some are sleepy fishing villages, others are filled with glitzy resorts, and one—Tulum—is an ancient Maya port city. The beaches along this stretch are stunning, and beloved by scuba divers, snorkelers, anglers, birdwatchers, and beachcombers.

The Costa Maya Once a no-man's-land stretching south of Felipe Carrillo Puerto to Chetumal, the Costa Maya is now being eyed by developers. Although the newly built port of Puerto Costa Maya now pulls in droves of cruise-ship passengers, however, it's still possible to find a sleepy, sun-baked, and inexpensive Mexican vacation here.

4

THE CARIBBEAN COAST PLANNER

A Sample Itinerary

Five days will give you enough time to explore many of the best parts of the Caribbean Coast. If you use Playa del Carmen as a base, you can try the following itinerary:

Start with a day-long visit to the Xcaret eco-park. Spend the morning of Day 2 at the gorgeous cliff-side ruins of Tulum; in the afternoon cool off at Xel-Há or at one of the numerous cenotes along Carretera 307. On Day 3, explore the beaches at Paamul and Xpu-há and continue on to Akumal and Yalkú. Spend Day 4 at the Maya village of Pac Chen in the morning and, after lunch, head for the ruins at Cobá. On Day 5, take a tour of the Reserva de la Biosfera Sian Ka'an.

When to Go

Hotel rates can drop on the Caribbean Coast by as much as 50% in the low season (September to approximately mid-December). In high season, however, it's virtually impossible to find low rates, especially in Playa del Carmen. During Christmas week, prices can rise as much as $100 a night—so if you're planning a Christmas vacation, you'd do well to book six months in advance.

Keep in mind that visiting during a traditional festival such as the Day of the Dead (which culminates on November 2 after three nights of candlelit ceremony) can be more expensive—but it can also be an unforgettable experience.

Need More Information?

For additional information on attractions, lodging, dining, and services in the Caribbean Coast, check out www.locogringo.com and www.playamayaews.com.

Tour Options

■ **Maya Sites Travel Services** (☎ 719/ 256-5186 or 877/ 620-8715 ⊕ www. mayasites.com) offers inexpensive personalized tours.

■ **Hilario Hiller** (⊠ La Jolla, Casa Nai Na, 3rd floor ☎ 984/ 875-9066) is known for his custom tours of Maya villages, ruins, and the jungle. Tours cost about $100 day, plus transportation.

How's the Weather?

From November to April, the coastal weather is heavenly, with temperatures hovering around 80°F and near-constant ocean breezes. In July and August, however, the breezes disappear and humidity soars, especially inland where temperatures often reach the mid-90s. September and October bring the worst weather: there are often rain, mosquitoes, and the risk of hurricanes.

Dining & Lodging Prices

	$$$$	$$$	$$	$	¢
Restaurants	over $25	$15–$25	$10–$15	$5–$10	under $5
Hotels	over $250	$150–$250	$75–$150	$50–$75	under $50

Restaurant prices are per person, for a main course at dinner, excluding tax and tip. Hotel prices are for a standard double room in high season, based on the European Plan (EP) and excluding service and 12% tax (which includes 10% Value Added Tax plus 2% hospitality tax).

Exploring the Caribbean Coast

Updated by
Michele Joyce

The coast is divided into two major areas. The stretch from Punta Tanchacté to Punta Allen is called the Riviera Maya; it has the most sites and places to lodge, and includes some of the Yucatán's most beautiful ruin sites. The more southern stretch, from Punta Allen to Chetumal, has been dubbed the Costa Maya. This is where civilization thins out and you can find the most alluring landscapes, including the pristine jungle wilderness of the Reserva de la Bisofera Sian Ka'an. The Río Bec Route starts west of Chetumal and continues into Campeche.

About the Restaurants

Restaurants here vary from quirky beachside affairs with outdoor tables and *palapas* (thatch roofs) to more elaborate and sophisticated establishments. Dress is casual at most places. Smaller cafés and fish eateries may not accept credit cards or travelers' checks, especially in remote beach villages. Bigger establishments and those in hotels normally accept plastic. In general, it's best to order fresh local fish—grouper, dorado, red snapper, and sea bass—rather than shellfish like shrimp, lobster, and oysters, since the latter are often flown in frozen from the Gulf.

About the Hotels

Many resorts are in remote areas; if you haven't rented a car and want to visit local sights or restaurants, you may find yourself at the mercy of the hotel shuttle service (if there is one) or waiting for long stretches of time for the bus or spending large sums on taxis. Smaller hotels and inns are often family-run; a stay in one of them will give you the chance to mix with the locals.

THE RIVIERA MAYA

It takes patience to discover the treasures on this part of the coast. Beaches and towns aren't easily visible from the main highway—the road from Cancún to Tulum is 1–2 km (½–1 mi) from the coast. Thus there's little to see but dense vegetation, lots of billboards, many roadside markets, and signs marking entrances to various hotels and attractions.

Still, the treasures—which include spectacular white-sand beaches and some of the peninsula's most beautiful Maya ruins—are here, and they haven't been lost on resort developers. In fact, the Riviera Maya, which stretches from Punta Tanchacté in the north down to Punta Allen in the south, currently houses about 23,512 hotel rooms. This frenzy of building has affected many beachside Maya communities, which have had to relocate to the inland jungle. The residents of these settlements, who mainly work in the hotels, have managed to keep Yucatecan traditions—including food, music, and holiday celebrations—alive in the area.

Wildlife has also been affected by the development of coastal resorts. Thanks to the federal government's foresight, however, 1.6 million acres of coastline and jungle have been set aside for protection as the Reserva de la Biosfera Sian Ka'an. Whatever may happen elsewhere along the coast, this preserve gives the wildlife, and the travelers who seek the Yucatán of old, someplace to go.

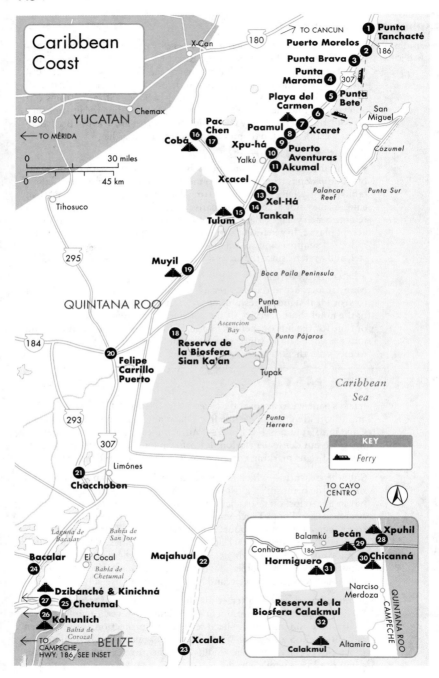

Caribbean Coast

TO CANCUN

180

X-Can

180

TO MÉRIDA

YUCATAN

Chemax

0   30 miles
0   45 km

Tihosuco

295

QUINTANA ROO

184

20

Felipe Carrillo Puerto

293

307

Limónes

21

Chacchoben

Laguna de Bacalar

Bahía de San Jose

Bacalar

24

El Cocal

Bahía de Chetumal

Majahual

22

Dzibanché & Kinichná

27   25 Chetumal

26 Kohunlich

Bahía de Corozal

TO CAMPECHE, HWY. 186, SEE INSET

BELIZE

Xcalak

23

1 Punta Tanchacté

186

Puerto Morelos

2

Punta Brava 3

Punta Maroma 4

307

5 Punta Bete

Playa del Carmen

6

San Miguel

Pac Chen

16 17

Cobá

Paamul

7

Xpu-há

9 Xcaret

10 Puerto Aventuras

Yalkú

11 Akumal

Cozumel

Xcacel

12

13 Xel-Há

15 14 Tankah

Tulum

Palancar Reef

Punta Sur

Muyil

19

Boca Paila Peninsula

Punta Allen

Ascencion Bay

18

Reserva de la Biosfera Sian Ka'an

Punta Pájaros

Tupak

Caribbean Sea

Punta Herrero

KEY

Ferry

TO CAYO CENTRO

Balamkú

Becán Xpuhil

Conhuas

186

29 28

Hormiguero

30 Chicanná

31

Narciso Merdoza

Reserva de la Biosfera Calakmul

32

Calakmul

Altamira

QUINTANA ROO

CAMPECHE

Punta Tanchacté

❶ *28 km (17 mi) south of Cancún.*

The Riviera Maya experience starts at Punta Tanchacté (pronounced tan-chak-*te*), also known as Peten Pich (pronounced like "peach"), with small hotels on long stretches of beach caressed by turquoise waters. It's quieter here than in Cancún, and you can walk for miles with only the birds for company.

Where to Stay

$$$$ 🏨 **Azul Hotel and Beach Resort.** On a secluded beach, this all-inclusive hotel has ocean views, lush grounds, and palapa-covered walkways. Rooms are filled with Maya designs and tasteful art, and have two twin beds or one double, as well as a tiny bathroom. The property also caters to families with children: there are shallow pools just for children, and cribs and strollers are on hand for guests. A shuttle transports you to nearby Puerto Morelos, Cancún, or Playa del Carmen. ✉ *Carretera 307, Km 27.5* 🖳 *998/872–8088* ⊕ *www.karismahotels.com/azul/* 🛏 *96 rooms* ♿ *Restaurant, room service, in-room safes, 3 pools, outdoor hot tub, beach, dive shop, snorkeling, windsurfing, boating, volleyball, 3 bars, dance club, theater, babysitting, children's programs (ages 4–12), laundry service, concierge* 🖃 *D, MC, V* 🍴 *AI.*

$$$$ 🏨 **Paraiso de la Bonita Resort and Thalasso.** Eclectic is the byword at this
Fodor's Choice luxury all-suites hotel. A pair of stone dragons guards the entrance, and
★ the spacious two-room suites—all with sweeping sea and jungle views—are decorated with African, Indonesian, and Caribbean furnishings. The restaurants, which are among the best in the Riviera Maya, adroitly blend Asian and Mexican flavors. The knockout spa has thalassotherapy treatments, some of which take place in specially built saltwater pools. ✉ *Carretera 307, Km 328* 🖳 *998/872–8300 or 998/872–8314* 🖳 *998/872–8301* ⊕ *www.paraisodelabonitaresort.com* 🛏 *90 suites* ♿ *2 restaurants, in-room safes, cable TV, in-room data ports, golf privileges, tennis court, pool, saltwater pool, health club, hot tub, massage, sauna, spa, steam room, beach, snorkeling, fishing, bar, laundry service, meeting room, airport shuttle, car rental, travel services, free parking; no kids under 13* 🖃 *AE, DC, MC, V.*

> **WORD OF MOUTH**
>
> "Paraiso de la Bonita is a truly magical resort. The attention to detail is beyond words. The most beautiful place we've been. A transformative place and a transformative experience."   –TA

Puerto Morelos

❷ *8 km (5 mi) south of Punta Tanchacté.*

For years, Puerto Morelos was known as the small, relaxed coastal town where the car ferry left for Cozumel. This lack of regard actually helped it avoid being overdeveloped, though the recent construction of all-inclusive resorts here has changed the fishing-village aura. More and

Continued on page 152

ANCIENT ARCHITECTS: THE MAYA

As well as developing a highly accurate calendar (based on their careful study of astronomy), hieroglyphic writing, and the mathematical concept of zero, the Maya were also superb architects. Looking at the remains of their ancient cities today, it's hard to believe that Maya builders erected their immense palaces and temples without the aid of metal tools, the wheel, or beasts of burden—and in terrible heat and difficult terrain. Centuries later, these feats of ceremonial architecture still have the power to dazzle.

Calakmul

Preclassic Period: PETEN ARCHITECTURE

Between approximately 2000 BC and AD 100, the Maya were centered around the lowlands in the south-central region of Guatemala. Their communities were family-based, and governed by hereditary chiefs; their worship of agricultural gods (such as Chaac, the rain god), who they believed controlled the seasons, led them to chart the movement of heavenly bodies. Their religious beliefs also led them to build enormous temples and pyramids—such as El Mirador, in the Guatemalan lowlands—where sacrifices were made and ceremonies performed to please the gods.

The structures at El Mirador, as well as at the neighboring ruin site of Tikal, were built in what is known today as the Peten style; pyramids were steeply pitched, built on stepped terraces, and decorated with large stucco masks and ornamental (but sometimes "false" or unclimbable) stairways. Peten-style structures were also often roofed with corbeled archways. The Maya began to move northward into the Yucatán during the late part of this period, which is why Peten-style buildings can also be found at Calakmul, just north of the Guatemalan border.

Early Classic Period: RIO USUMACINTA ARCHITECTURE

The Classic Period, often referred to as the "golden age" of the Maya, spanned the years between about AD 100 and AD 1000. During this period, Maya civilization expanded northward and became much more complex. A distinct ruling class emerged, and hereditary kings began to rule over the communities—which had grown into densely populated jungle cities, filled with towering, increasingly impressive-looking palaces and temples.

During the early part of the Classic period, Maya architecture began to take on some distinctive characteristics, representative of what is now called the Rio Usumacinta style. Builders placed their structures on hillsides or crests, and the principal buildings were covered with bas-reliefs carved in stone. The pyramid-top temples had vestibules and rooms with vaulted ceilings, and many chamber walls were carved with scenes recounting important events during the reign of the ruler who built the pyramid. Some of the most stunning examples of Rio Usumacinta architecture that can be seen today are at the ruins of Palenque, near Chiapas.

Chicanná

Mid-Classic Period: RIO BEC AND CHENES ARCHITECTURE

It was during the middle part of the Classic Period (roughly between AD 600 and AD 800) that the Maya presence exploded into the Yucatán Peninsula. Several Maya settlements were established in what is now Campeche state, including Chicanna and Xpujil, near the southwest corner of the state. The architecture at these sites was built in what is now known as the Rio Bec style. As in the earlier Peten style, Rio Bec pyramids had steeply pitched sides and ornately decorated foundations. Other Rio Bec-style buildings, however, were long, one-story affairs incorporating two or sometimes three tall towers. These towers were typically capped by large roof combs that resembled mini-temples.

During the same part of the Classic Period, a different architectural style, known as Chenes, developed in some of the more northerly Maya cities, such as Hochob. While some Chenes-style structures share the same long, single-story construction as Rio Bec buildings, others have strikingly different characteristics—like doorways carved in the shape of huge Chaac faces with gaping open mouths.

Late Classic Period: PUUC AND NORTHEAST YUCATÁN ARCHITECTURE

Chichén Itzá

Some of the Yucatán's most spectacular Maya architecture was built between about AD 800 and AD 1000. By this time, the Maya had spread into territory that is now Yucatán state, and established lavish cities at Labná, Kabah, Sayil, and Uxmal—all fine examples of the Puuc architectural style. Puuc buildings were beautifully proportioned, often designed in a low-slung quadrangle shape that allowed for many rooms inside. Exterior walls were kept plain to show off the friezes above—which were embellished with stone-mosaic gods, geometric designs, and serpentine motifs. Corners were edged with gargoyle-like, curved-nose Chaac figures.

The fusion of two distinct Maya groups—the Chichén Maya and the Itzás—produced another striking architectural style. This style, known as Northeast Yucatán, is exemplified by the ruins at Chichén Itzá. Here, columns and grand colonnades were introduced. Palaces with row upon row of columns carved in the shape of serpents looked over grand patios, platforms were dedicated to the planet Venus, and pyramids were raised to honor Kukulcán (the plumed serpent god borrowed from the Toltecs, who called him Quetzalcoátl). Northeast Yucatán structures also incorporated carved stone Chacmool figures—reclining statues with offering trays carved in their midsections for sacrificial offerings.

Uxmal

▼
Between 2000 BC and AD 100, the Maya are based in lowlands of south-central Guatemala, and governed by hereditary chiefs.

2000 BC   **1000**

PETEN

PRE CLASSIC

Postclassic Period: QUINTANA ROO COAST ARCHITECTURE

Although Maya culture continued to flourish between AD 1000 and the early 1500s, signs of decline also began to take form. Wars broke out between neighboring city-states, leaving the region vulnerable when the Spaniards began invading in 1521. By 1600, the Spanish had dominated the Maya empire.

Maya architecture enjoyed its last hurrah during this period, mostly in the region along the Yucatán's Caribbean coast. Known as Quintana Roo Coast architecture, this style can be seen today at the ruins of Tulum. Although the structures

here aren't as visually arresting as those at earlier, inland sites, Tulum's location is breathtaking: it's the only major Maya city overlooking the sea.

Tulum

KEY TO ARCHITECTURE

- Peten
- Rio Usumacinta
- Rio Bec & Chenes
- Puuc & NE Yucatán
- Quintana Roo Coast

YUCATÁN

Chichén Itzá

Uxmal
Kabah
Sayil
Labná

Cobá

Tulum

Hochob

QUINTANA ROO

CAMPECHE

Xpujil
Chicanná
Calakmul

CHIAPAS

El Mirador

Palenque

Tikal

BELIZE

GUATEMALA

Caribbean Sea

▼ Maya civilization expands northward. Distinct ruling class emerges, and hereditary kings take charge.

▼ Maya settlements established on Yucatán Peninsula, including what is now Campeche State.

▼ Conflicts between city-states leave region weak when Spaniards invade. By 1600, the Spanish dominate the Maya.

| 100 AD | 600 | 1000 | 1600 |

| RIO USUMACINTA | RIO BEC | PUUC | QUINTANA ROO COAST |

———— CLASSIC ————   POST CLASSIC

4

ANCIENT ARCHITECTS: THE MAYA

more people are discovering that Morelos, exactly halfway between Cancún and Playa del Carmen, makes a great base for exploring the region. The town itself is small but colorful, with a central plaza surrounded by shops and restaurants; its trademark is a leaning lighthouse.

■ TIP→ **Puerto Morelos's greatest appeal lies out at sea: a superb coral reef only 1,800 feet offshore is an excellent place to snorkel and scuba dive.** Its

> **A SACRED JOURNEY**
>
> In ancient times Puerto Morelos was a point of departure for pregnant Maya women making pilgrimages by canoe to Cozumel, the sacred isle of the fertility goddess, Ixchel. Remnants of Maya ruins exist along the coast here, although none of them have been restored.

proximity to shore means that the waters here are calm and safe, though the beach isn't as attractive as others because it isn't regularly cleared of seaweed and turtle grass. Still, you can walk for miles here and see only a few people. In addition, the mangroves in back of town are home to 36 species of birds, making it a great place for bird-watchers.

The biologists running the **Croco-Cun** (⊠ Carretera 307, Km 30 ☎ 998/ 850–3719 ⊕ www.crococunzoo.com) crocodile farm and zoo just north of Puerto Morelos have collected specimens of many of the reptiles and some of the mammals indigenous to the area. They offer immensely informative tours—you may even get to handle a baby crocodile or feed the deer. Be sure to wave hello to the 500-pound crocodile secure in his deep pit. The farm is open daily 8:30–5:30; admission is $17.

South of Puerto Morelos, the 150-acre **Jardin Botanico del Dr. Alfredo Barrera Marín** (Dr. Alfredo Barrera Marín Botanical Garden; ⊠ Carretera 307, Km 36 ☎ No phone), named for a local botanist, exhibits the peninsula's plants and flowers, which are labeled in English, Spanish, and Latin. There's also a tree nursery, a remarkable orchid and epiphyte garden, a reproduction of a *chiclero* (gum arabic collector), an authentic Maya house, and an archaeological site. A nature walk goes directly through the mangroves for some great bird-watching; more than 220 species have been identified here (be sure to bring the bug spray, though). Spider monkeys can usually be spotted in the afternoons, and a tree-house lookout offers a spectacular view—but the climb isn't for those afraid of heights. The garden is open daily 8–4, and admission is $7.

Where to Stay & Eat

$$–$$$$ ✕ **El Pirata.** A popular spot for breakfast, lunch, dinner, or just a drink from the bar, this open-air restaurant seats you at the center of the action on Puerto Morelos's town square. If you have a hankering for American food, you can get a good hamburger with fries here; there are also also great daily specials. If you're lucky, they might include *pozole,* a broth made from cracked corn, pork, chilies, and bay leaves and served with tostada shells. ⊠ *Av. Jose Maria Morelos, Lote 4* ☎ *998/871–0489* ▭ *No credit cards.*

★ $$–$$$$ ✕ **John Gray's Kitchen.** The new digs for this former Ritz-Carlton chef are set right against the jungle, and his cooking attracts a regular crowd of locals from Cancún and Playa del Carmen. Using only the freshest ingredients—from local herbs and vegetables to seafood right off the pier—Gray works his magic in a comfortable and contemporary setting that feels more Manhattan than Maya. Don't miss the delicious tender roasted duck breast with tequila, *chipotle,* and honey. When in season, the *boquinete,* a local white fish grilled to perfection and served with mango salsa, is another great option. ☒ *Av. Ninos Heroes, Lote 6* ☎ *998/871–0665* ▭ *No credit cards* ⊘ *Closed Sun. No lunch.*

★ **$–$$$** ✕ **Posada Amor.** This restaurant, the oldest in Puerto Morelos, has retained a loyal clientele for nearly three decades. In the palapa-covered dining room with its picnic-style wooden tables and benches, the gracious staff serves up terrific Mexican and seafood dishes, including a memorable whole fish dinner and a rich seafood bisque. Sunday brunches are also delicious. If Rogelio, the founder's congenial son, isn't calling you "friend" by the time you leave, you're probably having an off day. ☒ *Avs. Javier Rojo Gomez and Tulum* ☎☎ *998/871–0033* ▭ *No credit cards.*

¢–$$ ✕ **Hola Asia.** This small, open-air restaurant is a local favorite that serves up generous portions of tasty Chinese, Japanese, and Thai food. Be sure to sample the most popular dish in the place, General Tso's Chicken, a sweet and sour chicken with a dash of spice. ☒ *Av. Tulum 1* ☎ *998/871–0679* ⊕ *www.holaasia.com* ▭ *MC, V* ⊘ *Closed Tues. No lunch.*

¢ ✕ **Le Café D'Amancia.** This local hangout on the corner of the main plaza is the best place in town to grab a seat and a cup of coffee and a pastry to munch as you watch the world go by. The fruit smoothies are also delicious. Or take your food upstairs and use one of the café's computers for a dollar every half hour. ☒ *Av. Tulum, Lote 2* ☎ *998/206–9242* ▭ *No credit cards.*

¢ ✕ **Loncheria El Tio.** More like a hole in the wall than a restaurant, this short-order eatery is never empty and almost never closed. Yucatecan specialties such as *salbutes* (flour tortillas with shredded turkey, cabbage, tomatoes, and pickled onions) or *panuchos* (beans, chicken, avocado, and pickled onions on flour tortillas) will leave you satisfied, and you'll still have pesos left in your pocket. ☒ *Av. Rafael E. Melgar, Lote 2, across from main dock* ☎ *No phone* ▭ *No credit cards.*

$$$$ ▦ **Secrets Excellence Riviera Cancún.** A grand entrance leads to a Spanish marble lobby, where bellmen in pith helmets await. Rooms are similarly opulent: all have Jacuzzis, ornate Italianate furnishings, and balconies. The property is centered around a luxurious spa. After a treatment, sip margaritas under a beachside palapa or set sail on the hotel's yacht. ☒ *Carretera Federal 307, Manzana 7, Lote 1* ☎ *998/872–8500* 🖷 *998/872–8501* ⊕ *www.secretsresorts.com* ➴ *440 rooms* ⅋ *7 restaurants, room service, in-room hot tubs, in-room safes, cable TV with DVDs, in-room data ports, 2 tennis courts, 6 swimming pools, fitness classes, health club, spa, massage, beach, dive shop, snorkeling, windsurfing, boating, fishing, billiards, racquetball, 9 bars, conciege, meeting rooms, business center; no kids* ▭ *AE, MC, D, V* ⏀⦶ *AI.*

FodorśChoice

★

$$ ▦ **Club Marviya.** It's a few blocks from the town center and five minutes from the beach. Breezy rooms have king-size beds and large tile baths. Terraces have hammocks and views of the ocean or mangroves. You have use of a large kitchen and a lounge. The grounds include a walled courtyard and a fragrant garden. You can also reserve in advance with the

4

hotel to take Mexican cooking, Spanish-language classes, and tours. ✉ *Avs. Javier Rojo Gómez and Ejercito Mexicano, 3 blocks north of town* ☎ *998/871–0049, 450/227–5864 in Canada* ⊕ *www.marviya.com* ⇌ *6 rooms* ⚬ *Fans, kitchen, refrigerator, bar; no a/c, no room phones, no room TVs* ▭ *MC, V* ⎜⦾⎜ *CP.*

$-$$ ▥ **Hotel Ojo de Agua.** This peaceful, family-run beachfront hotel is a great bargain. Half the rooms have kitchenettes; all are painted in cheerful colors with simple furniture and ceiling fans. Third-floor units have private balconies, with views of the sea or gardens. The beach offers superb snorkeling directly out front, including the Ojo de Agua, an underwater cenote shaped like an eye. ✉ *Av. Javier Rojo Gómez, Sm 2, Lote 16* ☎ *998/871–0027* 📠 *998/871–0202* ⊕ *www.ojo-de-agua. com* ⇌ *36 rooms* ⚬ *Restaurant, cable TV, in-room safes, some kitchenettes, pool, beach, snorkeling, free parking* ▭ *AE, MC, V.*

¢   ▥ **Posada Amor.** In the early 1970s, the founder of this small, cozy downtown hotel dedicated it to the virtues of peace and love *(amor)*. Although he's since passed away, the founding philosophy has been upheld by his wife and children, who now run the property. Rooms are clean, small, and simple; all but two have private baths. The on-site restaurant serves delicious meals, the specialty being fresh fish, and on Sunday the breakfast buffet is not to be missed. The helpful staff makes you feel right at home. ✉ *Avs. Javier Rojo Gomez and Tulum* ☎ *998/871–0033* 📠 *998/871–0033* ✍ *pos_amor@hotmail.com* ⇌ *18 rooms* ⚬ *Restaurant, fans, bar; no a/c in some rooms, no room phones, no room TVs* ▭ *MC, V.*

¢-$ ⛰ **Acamaya Reef Cabanas and RV Park.** North of Puerto Morelos, this RV park and campground sits right on the beach. There are seven cabanas here, four of which have private baths, and two of which have air-conditioning. There are also 10 RV sites, plenty of tent sites, and a small restaurant. A 10-minute walk along the beach brings you into town. ✉ *Carretera 307, Km 27. Turn at Cro-Cun Crocodile Farm and drive east; turn right where road ends and Acamaya is 1 block up on beach* ☎ *998/871–0131* 📠 *998/871–0032* ⊕ *www.acamayareef. com* ⊞ *$9–$25* ⇌ *50 tent sites, $9 per day; 10 RV sites with full hookups, $25 per day; 7 cabanas, $97 per person per night* ⚬ *BBQs, flush toilets, full hookups, dump station, showers, picnic tables, food service (restaurant), electricity, public telephone, general store, play area, swimming (ocean)* ▭ *D, MC, V.*

Sports & the Outdoors

Brecko's (✉ Calle Heriberto Frias 6, Casita del Mar ☎ 998/871–0301) offers snorkeling and deep-sea fishing off a 25-foot boat. Snorkeling trips start at $22 and fishing trips at $250. **Diving Dog Tours** (☎ 998/820–1886 or 998/848–8819) runs snorkeling trips at various sites on the Great Mesoamerican Reef (which stretches some 600 km [373 mi], all the way down to Belize) for $25 per person. If you want to fish beyond the reef, a four-hour trip (for up to four people) costs $300. And yes, the company really does have a diving dog! Bertram, the French owner of **Original Snorkeling Adventure** (☎ 998/887–2792 or 800/717–1322) has run snorkeling excursions in the area for 17 years. For $49, he'll pick you up, take you for a two-hour snorkel trip on the reef, and provide a box lunch; $75 gets you a buffet lunch with shrimp, fresh fish, and *pollo pibíl* (chicken baked Yucatecan-style, in banana leaves), and then a trip back to Bertram's beach for lounging in a hammock under a palapa. **Selvática** (✉ Carretera 307, Km 321, 19 km from turnoff ☎ 998/849–5510 ⊕ www.selvatura.com.mx) just outside the center of Puerto Morelos offers tours over the jungle, on more than 3 km (2 mi) of zip line. The entire tour will take you a little over two hours and you can have a snack afterward in the Selvática cafeteria. Mountain biking tours are also available. Advance reservations are required.

Shopping

Alma Libre Bookstore (✉ Av. Tulum on main plaza ☎ 998/871–0713 ⊕ www.almalibrebooks.com) has more than 20,000 titles in stock. You can trade in your own books for 25% of their cover prices here, and replenish your holiday reading list. It's open October–June, Tuesday–Saturday 10–3 and 6–9; and on Sunday 4–9. Owners Robert and Joanne Birce are also great sources of information on local happenings.

★ The **Collectivo de Artesanos de Puerto Morelos** (Puerto Morelos Artists' Cooperative; ✉ Avs. Javier Rojo Gómez and Isla Mujeres ☎ No phone) is a series of palapa-style buildings where local artisans sell their jewelry, hand-embroidered clothes, hammocks, and other items. You can sometimes find real bargains. It's open daily from 8 AM until dusk.

Rosario & Marco's Art Shoppe (✉ Av. Javier Rojo Gómez 14 ☎ No phone), close to the ferry docks, is run by the eponymous couple from their living room. They paint regional scenes such as markets, colonial homes, and flora and fauna, as well as portraits. Marco also creates replicas of Spanish galleons.

Punta Brava

❸ *7 km (4½ mi) south of Puerto Morelos on Carretera 307.*

Punta Brava is also known as South Beach in Puerto Morelos. It's a long, winding beach strewn with seashells. On windy days, its shallow waters are whipped up into waves large enough for bodysurfing.

Where to Stay

$$$$ 🏨 **El Dorado Royale.** This resort has been eclipsed lately by newer, more luxurious ones, but the staff is friendly and the location—amid 500 acres of jungle and on a long, unspoiled beach—is great. Junior suites have Mexican furnishings, small sitting rooms, king-size beds, hot tubs, coffeemakers, and ocean-facing terraces. Casitas have dome roofs, king-size beds, DVD players, and oceanfront palapa terraces. Five restaurants serve à la carte menus filled with exceptional dishes. There's free shuttle service to Cancún and Playa del Carmen. ✉ *Carretera 307, Km 45, Punta Brava* ☎ *998/872–8030 or 800/290–6679* 🖶 *998/872–8031* ⊕ *www.eldorado-resort.com* ⇥ *522 rooms, 103 casitas* ⚒ *8 restaurants, room service, some in-room hot tubs, 2 tennis courts, 12 pools, spa, beach, snorkeling, boating, bicycles, 6 bars, shop, laundry service, car rental, travel services; no kids* ▤ *AE, DC, MC, V* ❍⦿ *AI.*

Punta Maroma

❹ *2 km (1 mi) south of Punta Brava.*

On a bay where the winds don't reach the waters, this gorgeous beach remains calm even on blustery days. To the north you can see the land curve out to another beach, Playa del Secreto; to the south the curve that leads eventually to Punta Bete is visible.

Where to Stay & Eat

$$$$
Fodor'sChoice
★

✕🗺 **Maroma.** At this elegant hotel, peacocks wander jungle walkways and the scent of flowers fills the air. Rooms, which have small sitting areas, are filled with whimsical decorative items and original artwork. The king-size beds are draped in mosquito nets. A full breakfast is served on each room's private terrace; the restaurant excels at such dishes as lobster bisque and honeyed rack of lamb. A cutting-edge "flotarium" (a tank of water where you float deprived of light or sound) was recently added to the already luxurious spa. ⊠ *Carretera 307, Km 51* ☎ *998/872–8200 or 866/454–9351* 🖨 *998/872–8221* ⊕ *www.orientexpresshotels.com* 🛏 *52 rooms, 14 suites, 1 villa* ⚖ *2 restaurants, room service, cable TV, golf privileges, pool, gym, hot tub, spa, beach, snorkeling, windsurfing, boating, marina, fishing, horseback riding, bar, library, theater, laundry service, airport shuttle; no kids* ▤ *AE, D, MC, V* ⏺ *BP.*

> **WORD OF MOUTH**
>
> "What was really extraordinary at Maroma was the attention to detail–candlelit paths, flower-strewn ponds and aromatherapy candles lit in your room as part of the turndown service . . .Oh, and did I mention the beachside massages?"   –Shelly

Punta Bete

❺ *13 km (8 mi) south of Punta Maroma on Carretera 307, then about 2 km (1 mi) off main road.*

The one concession to progress here has been a slight improvement in the road. If you take this bumpy 2-km (1-mi) ride through the jungle, you'll arrive at a 7-km-long (4½-mi-long) isolated beach dotted with bargain bungalow-style hotels and thatch-roofed restaurants. A few more-comfortable accommodations are also available if you want to avoid getting sand in your suitcases.

Where to Stay

$$$$
Fodor'sChoice
★

🗺 **Ikal del Mar.** The name, which means "poetry of the sea," is apt: this romantic jungle lodge on Punta Bete's beach epitomizes understated luxury and sophistication. Visitors cherish the privacy and serenity of the resort. Its villas are named after poets and have thatch ceilings with intricate woodwork, sumptuous Egyptian-cotton sheets, Swiss piqué robes, and Molton Brown soaps and shampoos. Beside the sea, and near temple ruins, the spa delicately fuses Maya healing lore and ancient techniques into its treatments. The restaurant serves excellent Mediterranean–Yucatecan cuisine and has an outstanding wine cellar.

✉ *Playa Xcalacoco, 9 km (5½ mi) north of Playa del Carmen* ☎ *984/ 877–3000 or 888/230–7330* 🖷 *984/877–3009, 713/528–3697 in U.S.* ⊕ *www.ikaldelmar.com* 🛏 *29 villas, 1 suite* ♨ *Restaurant, in-room DVDs, in-room data ports, pool, fitness classes, gym, massage, spa, beach, dive shop, bar, shop, laundry service, concierge, car rental, travel services, free parking; no kids under 16* ▤ *AE, MC, V.*

$$$ 🏨 **Posada del Capitán Lafitte.** This warm, family-friendly resort is named after a pirate known to have frequented local waters; small flags with skulls and crossbones are scattered throughout the property. Guest quarters are in duplexes and three- or four-unit cabanas—if you like quiet, opt for a newer cabana on the beach's tranquil north end. All the units have balconies and hammocks, and some are practically flush with the ocean for wonderful views. One of the first resorts on the Riviera Maya, this hotel has aged gracefully; just try to disregard the tacky cement fortresslike structure that marks the highway turnoff. ✉ *Carretera 307, Km 62* 🖃 *Reservations: Turquoise Reef Group, Box 2664, Evergreen, CO 80439* ☎ *984/873–0367 or 984/873–0212, 303/674–9615 or 800/ 538–6802 in U.S.* 🖷🖷 *984/873–0212* 🖷 *303/674–8735 in U.S.* ⊕ *www. mexicoholiday.com* 🛏 *57 rooms* ♨ *Restaurant, fans, minibars, pool, beach, dive shop, snorkeling, boating, fishing, horseback riding, bar, car rental* ▤ *AE, MC, V* 🍴 *MAP.*

¢ 🏨 **Cocos Cabañas.** Tranquillity and seclusion are the name of the game in these cozy palapa bungalows, 30 yards from the beach. Although small, the bungalows are colorful and bright; each has a bath, a netting-draped queen- or king-size bed, hammocks, and a terrace that leads to a garden. Breakfast, lunch, and dinner are served at the Grill Bar, whose menu includes fresh fish dishes and Mexican and international fare. ✉ *Playa Xcalacoco, follow signs and take dirt road off Carretera 307, Km 42, for about 3 km (2 mi)* ☎ *998/874–7056* 🖷 *998/887–9964* ✉ *reservations@travel-center.com* 🛏 *5 bungalows, 1 room* ♨ *Restaurant, fans, pool, beach, snorkeling, fishing; no a/c in some rooms, no room phones, no room TVs* ▤ *No credit cards.*

Playa del Carmen

❻ *10 km (6 mi) south of Punta Bete, 68 km (42 mi) south of Cancún.*

Once upon a time, Playa del Carmen was a fishing village with a ravishing deserted beach. The villagers fished and raised coconut palms to produce copra, and the only foreigners who ventured here were beach bums.

That was a long time ago, however. These days, although the beach is still delightful—alabaster-white sand, turquoise-blue waters—it's far from deserted. In fact, Playa has become one of Latin America's fastest-growing communities, with a population of more than 135,000 and a pace almost as hectic as Cancún's. Hotels, restaurants, and shops multiply here faster than you can say "Kukulcán." Some are branches of Cancún establishments whose owners have taken up permanent residence in Playa, or commute daily between the two places; others are owned by American and European expats who came here years ago, as early adopters. It makes for a varied, international community.

Avenida 5, the first street in town parallel to the beach, is a long, colorfully tiled pedestrian walkway with shops, cafés, and street performers; small hotels and stores stretch north from this avenue. Avenida Juárez, running east–west from the highway to the beach, is the main commercial zone for the Riviera Maya corridor. Here, locals visit the food shops, pharmacies, auto-parts and hardware stores, and banks that line the curbs. People traveling the coast by car usually stop here to stock up on supplies—its banks, grocery stores, and gas stations are the last ones until Tulum.

The ferry pier, where the hourly boats arrive from and depart for Cozumel, is another busy part of town. The streets leading from the dock have shops, restaurants, cafés, a hotel, a basketball court, and food stands. If you take a stroll north from the pier along the beach, you'll find the serious sun worshippers. On the pier's south side is the edge of the sprawling Playacar complex. The development is a labyrinth of residences and all-inclusive resorts bordered by an 18-hole championship golf course. The excellent 32-acre **Xaman Ha Aviary** (⊠ Paseo Xaman-Ha, Playacar ☎ 984/873–0235), in the middle of the Playacar development, is home to more than 30 species of native birds. It's open daily 9–5, and admission is $15.

Where to Eat

$$–$$$$
Fodor'sChoice
★

✕ **Alux Restaurant and Lounge.** The locale of this restaurant—it's in an actual underground cavern—is the real showstopper here. A rock stairway lighted by candles leads you down into a setting that's part Carlsbad Caverns, part Fred Flintstone. Some of the "cavernous" rooms are for lounging, some for drinking, some for eating, some for dancing; creative lighting casts the stalactites and stalagmites in pale shades of violet, blue, and pink. Although the food is mediocre compared to the atmosphere, you shouldn't miss this place. It's truly one of a kind. ⊠ Av. Juarez, 3 blocks west of Hwy. 307, Colonia Ejidal, on south side of St. ☎ 984/803–0713 ▤ MC, V ☉ No lunch.

$$–$$$$
✕ **John Gray's Place.** After the success of his restaurant in nearby Puerto Morelos, former Ritz-Carlton chef, John Gray opened this small place in the heart of Playa del Carmen. Stop in for a drink at the well-stocked downstairs bar here or go upstairs to the enjoy some of the finest dining in the city. The pasta in rich cheese sauce with grilled shrimp and truffle oil is an excellent option. ⊠ Calle Corazón, just off Av. 5, between 12 and 14 ☎ 984/803–3689 ▤ No credit cards ☉ Closed Sun. No lunch.

$–$$$$
✕ **La Parrilla.** Reliably tasty Mexican fare is the draw at this boisterous, touristy restaurant. The smell of sizzling *parrilla mixta* (a grilled, marinated mixture of lobster, shrimp, chicken, and steak) can make it difficult to resist grabbing one of the few available tables. The margaritas here are strong, and there's often live music. ⊠ Av. 5 and Calle 8 ☎ 984/873–0687 ▤ AE, D, MC, V.

★ **$$–$$$**
✕ **Blue Lobster.** You can choose your dinner live from a tank here, and if it's grilled, you pay by the weight—a small lobster costs $15, while a monster will set you back $100. At night, the candlelighted dining room draws a good crowd. People come not only for the lobster but also for the ceviche, mussels, jumbo shrimp, or imported T-bone steak. Ask for

a table on the terrace overlooking the street. ☒ *Calle 12 and Av. 5* ☎ *984/ 873–1360* ▤ *AE, MC, V.*

$–$$$ ✕ **Media Luna.** Dine alfresco on the second-floor balcony at this stylish restaurant, or people-watch from the street-level dining room. A steady crowd flocks here for the vegetarian, fish, and chicken dishes, including curried root-vegetable puree with cilantro cream, and black pepper-crusted fish with sesame rice and mango salsa. ☒ *Av. 5 between Calles 12 and 14* ☎ *984/873–0526* ▤ *MC, V.*

$–$$$ ✕ **Palapa Hemingway.** A mural of Che Guevara sporting a knife and fork looms larger than life in this palapa seafood restaurant, which takes as its theme Cuba and its revolution. The grilled shrimp, fish, and steaks are good choices, as are the fresh salads, pastas, and chicken dishes. ☒ *Av. 5 between Calles 12 and 14* ☎ *984/803–0003 or 984/803–0004* ⊕ *www. saboresdeplaya.com.mx* ▤ *MC, V.*

$–$$$ ✕ **Sur.** This two-story enclave of food from the Pampas region of Argentina is a trendy spot. Sky-blue tablecloths and plants complement hardwood floors in the intimate upstairs dining room. Entrées come with four sauces, dominant among them *chimichurri*, made with oil, vinegar, and finely chopped herbs. You can start off with meat or spinach empanadas or Argentine sausage, followed by a sizzling half-pound *churrasco* (top sirloin steak), and finish your meal with warm caramel crepes. ☒ *Av. 5 between Calles 12 and 14* ☎ *984/803–2995* ▤ *D, MC, V.* ☉ *Closed Sun. No lunch.*

★ $–$$$ ✕ **Yaxche.** One of Playa's best restaurants has reproductions of stelae (stone slabs with carved inscriptions) from famous ruins, and murals of Maya gods and kings. Maya dishes such as *halach winic* (chicken in a spicy four-pepper sauce) are superb, and you can finish your meal with a Café Maya (made from Kahlúa, brandy, vanilla, and Xtabentun, the local liqueur flavored with anise and honey). Watching the waiter light it and pour it from its silver demitasse is almost as seductive as the drink itself. ☒ *Calle 8 and Av. 5* ☎ *984/ 873–2502* ⊕ *www.mayacuisine. com* ▤ *AE, MC, V.*

> **WORD OF MOUTH**
>
> "Yaxche is my favorite place in Playa. Be sure to sit in the courtyard where it is tranquil and magical—and order the Chaya soup!"
> —Elizabeth

$–$$ ✕ **Casa Tucan.** This sidewalk restaurant may be small—it has only 10 tables—but its refined Italian, Swiss, and Greek dishes are top-notch. Everything on the menu is fresh; even the herbs are homegrown. The spanakopita and the grilled salmon with brandy sauce are especially good. ☒ *Calle 4 between Avs. 10 and 15* ☎ *984/873–0283* ⊕ *www.casatucan. de* ▤ *MC, V.*

★ ¢–$ ✕ **Babe's Noodles & Bar.** Photos and paintings of old Hollywood pinup models decorate the walls and are even laminated onto the bar of this Swedish-owned, Asian restaurant, known for its fresh and interesting fare. Everything is cooked to order—no prefab dishes here. Try the spring rolls with peanut sauce, or the sesame noodles, made with chicken or pork, veggies, lime, green curry, and ginger. In the Buddha Garden, you

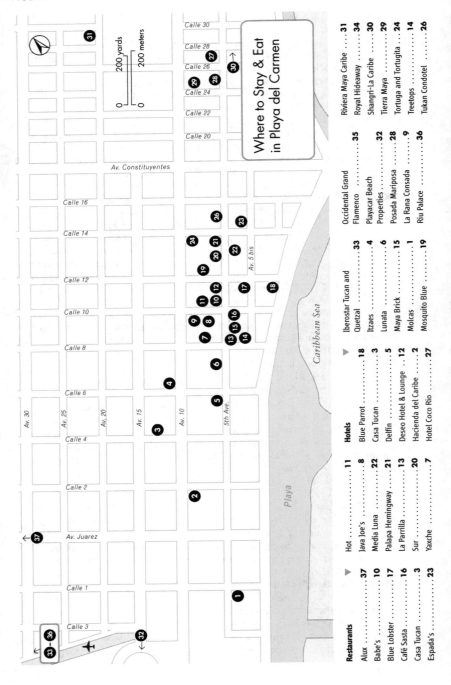

Where to Stay & Eat in Playa del Carmen

0 — 200 yards
0 — 200 meters

Calle 30
Calle 28
Calle 26
Calle 24
Calle 22
Calle 20
Av. Constituyentes
Calle 16
Calle 14
Calle 12
Calle 10
Calle 8
Calle 6
Calle 4
Calle 2
Av. Juarez
Calle 1
Calle 3

Av. 30
Av. 25
Av. 20
Av. 15
Av. 10
5th Ave.
Av. 5 bis

Caribbean Sea

Playa

Restaurants ▶

Alux	37
Babe's	10
Blue Lobster	17
Café Sasta	16
Casa Tucan	3
Espada's	23
Hot	11
Java Joe's	8
Media Luna	22
Palapa Hemingway	21
La Parrilla	13
Sur	20
Yaxche	7

Hotels ▶

Blue Parrot	18
Casa Tucan	3
Delfin	5
Deseo Hotel & Lounge	12
Hacienda del Caribe	2
Hotel Coco Rio	27
Iberostar Tucan and Quetzal	33
Itzaes	4
Lunata	6
Maya Brick	15
Molcas	1
Mosquito Blue	19
Occidental Grand Flamenco	35
Playacar Beach Properties	32
Posada Mariposa	28
La Rana Consada	9
Riu Palace	36
Riviera Maya Caribe	31
Royal Hideaway	34
Shangri-La Caribe	30
Tierra Maya	29
Tortuga and Tortugita	24
Treetops	14
Tukan Condotel	26

can sip a *mojito*, or sit at the bar and watch the crowds on nearby 5th Avenue. ⊠ *Calle 10 between Avs. 5 and 10* ☎ *984/804–1998* ⊕ *www.babesnoodlesandbar.com* ⊟ *No credit cards.*

¢–$ ✕ **Café Sasta.** This sweet little café serves fantastic coffee drinks (cappuccino, espresso, mocha blends), teas, light sandwiches, and baked goods. The staff is very pleasant—something that's becoming rare in Playa. ⊠ *Av. 5 between Calles 8 and 10* ☎ *No phone* ⊟ *No credit cards.*

¢–$ ✕ **Hot.** This is a great place to get an early start if you have a full day of shopping or sunbathing ahead. It opens at 6 AM and whips up great egg dishes (the chili-and-cheese omelet is particularly good), baked goods, and hot coffee. Everything, including delicious bagels and bread, are made on the premises. There are salads and sandwiches at lunch. ⊠ *Calle 14 Norte, between Avs. 5 and 10* ☎ *984/879–4520* ⊟ *No credit cards* ☾ *No dinner.*

¢–$ ✕ **Java Joe's.** This is one of Playa's favorite coffee spots, where you can buy your joe by the cup or by the kilo. You can also indulge in Joe's "hangover special"—an English muffin, Canadian bacon, and a fried egg—if you've had a Playa kind of night. There are also 16 types of bagels to choose from, along with other baked goodies and pastries. ⊠ *Calle 10 between Avs. 5 and 10* ☎ *984/876–2694* ⊟ *No credit cards.*

Where to Stay

IN TOWN 🏨 **Mosquito Blue Hotel and Spa.** Casual, exotic, and elegant, the interiors
$$$ at this hotel have Indonesian decor, mahogany furniture, and soft lighting. Most rooms have king-size beds and great views. The courtyard bar is a soothing spot—it's sheltered by a thatch roof and pastel walls, near one of the swimming pools. The spa offers services like Maya healing baths. ⊠ *Calle 12 between Avs. 5 and 10* ☎ *984/873–1335* ☎☎ *984/ 873–1337* ⊕ *www.mosquitoblue.com* ↰ *45 rooms, 1 suite* ↻ *Restaurant, in-room safes, cable TV, 2 pools, massage, spa, dive shop, bar, laundry service, car rental, travel services; no kids under 16* ⊟ *AE, MC, V.*

$$$ 🏨 **Shangri-La Caribe.** Although this resort's location used to be considered the outskirts of Playa, it's now simply the northern end of downtown. Still, the property is relatively tranquil, with attractive whitewashed bungalows and plenty of European guests. Rooms have comfortable beds, tile floors, baths, and balconies or patios with hammocks that look out over the sea. The restaurants serve Mexican and international fare. ⊠ *Calle 38 between Av. 5 and Zona Playa* ⊕ *Reservations: Turquoise Reef Group, Box 2664, Evergreen, CO 80439* ☎ *984/873–0611 or 800/ 538–6802* ☎ *984/873–0500* ⊕ *www.shangrilacaribe.net* ↰ *105 rooms, 5 suites, 9 cabanas* ↻ *3 restaurants, fans, cable TV, 2 pools, beach, dive shop, snorkeling, fishing, laundry service, airport shuttle, car rental; no a/c in some rooms* ⊟ *AE, MC, V* ⥮ *MAP.*

$$–$$$ 🏨 **Blue Parrot Hotel and Suites.** This was one of Playa's first hotels. The spacious rooms have luxurious details such as mahogany-and-glass sliding doors and chic Tommy Bahama accessories. The hotel complex includes a restau-

rant and a bar, adjoined by a common room beneath a towering beach-front palapa, where amber-color sconces sit atop *zapote* beams for a romantic effect. You can happily kick off your shoes here—the floor is made of sand. ⊠ *Calle 12 Norte, 10 blocks north of ferry dock* ☎ *984/873–0083, 888/854–4498 in U.S.* 🖷 *984/873–0049* ⊕ *www.blueparrot.com* ⇨ *52 rooms* ⚫ *Restaurant, in-room safes, beach, bar* ⊟ *AE, MC, V.*

$$–$$$ 🖳 **Deseo Hotel & Lounge.** The Deseo is cutting-edge and modern. A great stone stairway cuts through the stark modern main building here; the steps lead to a minimalist, white-on-white, open-air lobby, with huge blue daybeds for sunning, a trendy bar, and the pool, which is lighted with purple lights at night. Each of the austere guest rooms has a bed, a lamp, and clothesline hung with flip-flops, earplugs (the bar has its own DJ), bananas, and a beach bag. There's wireless Internet access in some rooms. ⊠ *Av. 5 and Calle 12* ☎ *984/879–3620* 🖷 *984/879–3621* ⊕ *www.hoteldeseo.com* ⇨ *12 rooms, 3 suites* ⚫ *Room service, in-room safes, minibars, pool, bar, lounge, car rental, travel services; no phones in some rooms, no TV in some rooms, no kids* ⊟ *AE, MC, V.*

★ $$–$$$ 🖳 **Lunata.** An elegant entrance, Spanish-tile floors, and hand-tooled furniture from Guadalajara greet you at this classy inn. Guest rooms have sitting areas, dark hardwood furnishings, high-quality crafts, orthopedic mattresses, and terraces—some with hammocks. Service is personal and gracious. Breakfast is laid out in the garden each day. ⊠ *Av. 5 between Calles 6 and 8* ☎ *984/873–0884* 🖷 *984/873–1240* ⊕ *www. lunata.com* ⇨ *10 rooms* ⚫ *Refrigerators, cable TV, laundry service, car rental* ⊟ *AE, MC, V* ⃝ *CP.*

$$–$$$ 🖳 **Treetops.** Although the rooms are tiny and a bit cramped, this hotel has location, location, location going for it. It's tucked into a jungle setting, complete with cenote, right in the heart of Playa's shopping and dining area; the beach is nearby, too. Rooms have double beds and spacious tubs. Small terraces have hammocks. There are also simple, less-expensive palapa rooms without air-conditioning, TV, or phones. ⊠ *Calle 8 between Av. 5 and beach* ☎ *984/873–1495* 🖷 *984/873–0351* ⊕ *www. treetopshotel.com* ⇨ *15 rooms, 2 suites, 1 bungalow* ⚫ *Some refrigerators, some cable TV, pool; no a/c in some rooms, no phones in some rooms, no TV in some rooms* ⊟ *MC, V.*

$–$$$ 🖳 **La Rana Cansada.** Close to the downtown action yet far enough away to feel peaceful, this little hotel has all the creature comforts: a full kitchen that you can share with other guests, a lending library and reading room, and a bar right on the premises. Guests gather nightly under the large palapa, where the reception desk and sitting area are. The rooms are small and simply furnished, with high ceilings. If partying isn't your thing, ask for an upstairs room or the suite, which are away from the bar. ⊠ *Calle 10 between Avs. 5 and 10* ☎ *984/873–0389* 🖷 *984/803–0586* ⊕ *www. ranacansada.com* ⇨ *14 rooms, 1 suite* ⚫ *Kitchen, bar, library; no room phones, no TV in some rooms* ⊟ *No credit cards.*

$$ 🖳 **Itzaes.** Although this modern hotel in a colonial-style building has amenities geared to business travelers, divers also like to stay here as it's two blocks from the beach. The lobby, which opens onto a marble, vine-draped atrium, is a bit hard to see from the street; as you enter, though, you'll notice several homey sitting areas and a tapas bar. Rooms have tile floors, two double beds each, desks, and hair dryers. ⊠ *Av. 10 and*

Calle 6 ☎ *984/873–2397* 📠 *984/873–2373* ⊕ *www.itzaes.com* ⤳ *16 rooms* ⚬ *Minibars, refrigerators, cable TV, in-room data ports, pool, hot tub, concierge, car rental* ⊟ *AE, MC, V* ⦙〇⦙ *CP.*

$$ 🏨 **Riviera Maya Caribe.** It may not have the bells and whistles of other Playa hotels, but this small property is very pleasant. It's in a quiet neighborhood and two blocks from the beach. Rooms have tile floors, cedar furnishings, and spacious baths; suites also have hot tubs. Amenities include a coffee shop and a beach club. There's a public computer in the lobby with Internet access. ⊠ *Av. 10 and Calle 30* ☎ *984/873–1193 or 800/822–3274* 📠 *984/873–2311* ⊕ *www.hotelrivieramaya.com* ⤳ *17 rooms, 5 suites* ⚬ *Coffee shop, room service, fans, in-room safes, minibars, cable TV, pool, hot tubs, massage, dive shop, bicycles, shop, laundry service, airport shuttle (fee), car rental* ⊟ *AE, MC, V.*

$$ 🏨 **Tierra Maya.** This small inn three blocks from the beach is a little work of art, with burnt-orange and ocher color schemes, stucco Maya masks, batik wall hangings, and rustic wood-frame beds. Rooms have balconies overlooking the garden and pool area, which also has a thatch-roof restaurant. A *temazcal* (sweat lodge) ceremony led by a shaman costs $70. ⊠ *Calle 24 between Avs. 5 and 10* 📠📠 *984/873–3958* ⊕ *www.hoteltierramaya.com* ⤳ *21 rooms, 1 suite, 1 apartment* ⚬ *Restaurant, fans, in-room safes, some kitchenettes, refrigerators, cable TV, pool, massage, bar, concierge, free parking.*

$$ 🏨 **La Tortuga and Tortugita.** European couples often choose this inn on one of Playa's quiet side streets. Mosaic stone paths wind through the gardens, and colonial-style hardwood furnishings gleam throughout. Rooms are small but have balconies and are well equipped. ⊠ *Calle 14 and Av. 10* ☎ *984/873–1484 or 800/822–3274* 📠 *984/873–0798* ⊕ *www.hotellatortuga.com* ⤳ *34 rooms, 11 junior suites* ⚬ *Restaurant, room service, fans, in-room safes, cable TV, pool, beach, hot tub, billiards, car rental, travel services; no kids under 15* ⊟ *AE, MC, V.*

> **WORD OF MOUTH**
>
> "The beautiful grounds [at La Tortuga and Tortugita] were kept meticulously clean. After a busy day we felt like we were in a quiet oasis of green blue." –barb

$$ 🏨 **Tukan Condotel Villas and Beach Club.** The immense jungle garden at the entrance to this hotel leads to a lobby and sitting area. The small, simple rooms and suites are well separated from one another and have private terraces, tiny kitchenettes, tile floors, and painted wood furniture. (Make sure you choose a newly painted room as mold settles in fast in the tropics.) The garden has a pool and a natural cenote for swimming. The included buffet breakfast is served at the Tucan Maya restaurant next door. ⊠ *Av. 5 between Calles 14 and 16* ☎ *984/873–1255* 📠 *984/873–0668* ⊕ *www.eltukancondotel.com* ⤳ *56 rooms, 39 suites* ⚬ *Kitchenettes, cable TV, pool, bar; no a/c in some rooms* ⊟ *MC, V* ⦙〇⦙ *BP.*

$–$$ 🏨 **Hacienda del Caribe.** This hotel evokes an old Yucatecan hacienda—albeit a colorful one—with wrought-iron balconies, stained-glass windows, and Talavera tile work. Rooms have such unique details as headboards with calla lily motifs and painted tile sinks. The beach is a half block away. ⊠ *Calle 2 between Avs. 5 and 10* ☎ *984/873–3130* 📠 *984/873–1149*

⊕ *www.haciendadelcaribe.com* ⟿ *29 rooms, 5 suites* ⌂ *Restaurant, fans, in-room safes, cable TV, pool, travel services* ▭ *AE, D, MC, V.*

★ **$–$$ Hotel Coco Rio.** A tropical garden beckons near the entry to this small hotel on a tree-lined street in Playa's north end. Spacious, sunny rooms with king- or queen-size beds are painted in soft pastels; the generously large bathrooms have bidets and mosaic tiles. It's the details, along with a super price, that make this hotel a real deal. If you want to splurge a bit, get a junior suite on the third floor, and look out over the Caribbean from your own private balcony. ⊠ *Calle 26 between Avs. 5 and 10* ☎ *984/879–3361* 🖷 *984/879–3362* ⊕ *www.hotelcocorio.com* ⟿ *5 rooms, 5 suites* ⌂ *In-room safes, refrigerators, cable TV* ▭ *MC, V.*

$–$$ 🖼 Posada Mariposa. Not only is this Italian-style property in the quiet north end of town impeccable and comfortable, but it's also a great value. Rooms center on a garden with a small fountain; all have ocean views, queen-size beds, wall murals, luxurious bathrooms, and shared patios. Suites have full kitchens. Sunset from the rooftop is spectacular, and the beach is five minutes away. ⊠ *Av. 5 No. 314, between Calles 24 and 26* ☎🖷 *984/873–3886* ⊕ *www.posada-mariposa.com* ⟿ *18 rooms, 4 suites* ⌂ *Cable TV, fan, in-room safe, refrigerator; no room phones, no a/c in some rooms* ▭ *MC, V.*

$ 🖼 Molcas. Steps from the ferry docks, this colonial-style hotel has been in business since the early 1980s and has aged gracefully. Rooms have dark-wood furniture and face the pool, the sea, or the street. The second-floor pool area is glamorous, with white umbrellas. Although it's in the heart of town, the hotel is well insulated from noise, and the price is reasonable. ⊠ *Av. 5 and Calle 1 Sur* ☎ *984/873–0070* 🖷 *984/873–0135* ⊕ *www.molcas.com.mx* ⟿ *25 rooms* ⌂ *Refrigerators, pool, beach, bar* ▭ *AE, MC, V.*

¢–$ 🖼 Delfín. The Delfín is covered with ivy and looks fresh and smart. Sea breezes cool the bright rooms, where mosaics lend touches of color. Some rooms also have wonderful ocean views. The management is exceptionally helpful. ⊠ *Av. 5 and Calle 6* ☎🖷 *984/873–0176* ⊕ *www.hoteldelfin.com* ⟿ *14 rooms* ⌂ *In-room safes, refrigerators, travel services; no room phones* ▭ *MC, V.*

★ **¢ 🖼 Casa Tucan.** For the price, it's hard to beat this warm, eclectic, German-managed hotel a few blocks from the beach. Mexican fabrics decorate the cheerful rooms and apartments, and the property has a yoga palapa, a TV bar, a language school, a book exchange, and a specially designed 4.8-meter-deep pool that's used for instruction at the on-site dive center. Cabanas with a shared bathroom are also available for diving students. ⊠ *Calle 4 between Avs. 10 and 15* ☎ *984/873–0283* ⊕ *www.casatucan.de* ⟿ *24 rooms, 4 apartments, 5 cabanas* ⌂ *Restaurant, pool, dive shop, bar, recreation room, shops; no a/c in some rooms, no room phones, no room TVs* ▭ *MC, V.*

¢ 🖼 Maya Brick & Tank-Ha Dive Center. Though it's in the middle of Avenida 5, this hotel is surprisingly quiet. Rooms are small, with double beds and private baths, and open onto the garden and small pool. Since it adjoins a dive school, it's a natural favorite for scuba divers. Your room rate includes a free diving lesson in the pool. ⊠ *Av. 5 between Calles 8 and 10* ☎ *984/873–0011* 🖷 *984/873–2041* ⊕ *www.mayabric.com*

✈ *29 rooms ⚴ Restaurant, fans, pool, airport shuttle; no a/c in some rooms, no room phones, no room TVs ▭ MC, V.*

PLAYACAR ▦ **Iberostar Tucan and Quetzal.** This unique all-inclusive resort has pre-
$$$$ served its natural surroundings—among the resident animals are flamin-
gos, ducks, hens, turtles, toucans, and monkeys. Landscaped pool areas surround the open-air restaurant and reception area. Spacious rooms have cheerful Caribbean color schemes and patios overlooking dense vegetation. ✉ *Fracc. Playacar, Playacar* ☎ *984/873–0200 or 888/923–2722* 🖷 *984/873–0424* ⊕ *www.iberostar.com* ✈ *700 rooms ⚴ 5 restaurants, room service, fans, in-room safes, minibars, cable TV, 2 ten-nis courts, 4 pools, health club, spa, beach, dive shop, snorkeling, wind-surfing, boating, basketball, 2 bars, lounge, library, nightclub, recreation room, shops, babysitting, children's programs (ages 4–12), laundry service, concierge, meeting rooms, free parking ▭ AE, D, MC, V ❍❘ AI.*

$$$$ ▦ **Occidental Grand Flamenco Xcaret.** In such an enormous all-inclusive hotel it's surprising to find the excellent, personal service that you have here. The staff members go out of their way to make your stay pleasing, from the champagne that's offered as you register, to the helpful concierge service. Guests staying in the 45-room Royal Club, with larger rooms at a higher price, have even more personalized service as there's a small re-ception office serving this area exclusively. There's also a small beach, walking access to Xcaret park, and free admission for one day is included in the price of the room. ✉ *Carretera Federal 307, off Puerto Juárez at Km. 282, 77710* ☎ *01800/226–2650 in Mexico, 800/255–3476* ⊕ *www. occidental-hoteles.com* ✈ *724 rooms, 45 suites ⚴ 11 restaurants, 10 bars, room service, in-room safes, minibars, cable TV, 2 tennis courts, 5 pools, health club, spa, beach, dive shop, library, theater, nightclub, recreation room, shops, children's programs (ages 4–12), laundry service, concierge, 6 meeting rooms ▭ AE, MC, V ❍❘ AI.*

$$$$ ▦ **Riu Palace Riviera Maya.** This enormous all-inclusive takes luxury se-riously: room service (included in the price) is available 24-hours a day. The size and glitz of the hotel feels somewhat excessive, however, from the oversize columns at the entrance, to the enormous crystal chande-liers, gold details, and fountains. Still, the beach is breathtaking and the service is exceptional. ✉ *Av Xaman-Ha, Lote 1 Playacar, 77710* ☎ *984/ 877–2280* ⊕ *www.riu.com* ✈ *400 rooms ⚴ 6 restaurants, 4 bars, room service, in-room safes, minibars, cable TV, 2 pools, hot tub, gym, spa, tennis court, theater, beach, shops, children's programs (ages 4–12), laundry service, free parking ▭ AE, D, MC, V ❍❘ AI.*

★ $$$$ ▦ **Royal Hideaway.** On a breathtaking stretch of beach, this 13-acre re-sort has exceptional amenities and superior service. Art and artifacts from around the world fill the lobby, and streams, waterfalls, and fountains dot the grounds. Rooms are in two- and three-story colonial-style vil-las, each with its own concierge. Gorgeous rooms have two queen-size beds, sitting areas, and ocean-view terraces. ✉ *Fracc. Playacar, Lote 6, Playacar* ☎ *984/873–4500 or 800/858–2258* 🖷 *984/873–4506* ⊕ *www. allegroresorts.com* ✈ *192 rooms, 8 suites ⚴ 5 restaurants, cable TV, in-room data ports, 2 tennis courts, 2 pools, exercise equipment, hot tub, spa, beach, snorkeling, windsurfing, bicycles, 3 bars, library, recre-*

ation room, theater, shops, laundry service, concierge, meeting rooms, travel services, free parking; no kids ▭ *AE, MC, V* ⦿ *AI.*

$$$ ▦ **Playacar Beach Properties.** You can rent a furnished condo or house on the beach at this upscale resort area. Units have from one to four bedrooms as well as air-conditioning and maid service; they start at $168 a night (for a one-bedroom). There's a five-night minimum stay during high season, and reservations must be made at least six months in advance. The rest of the year, the minimum stay is only three nights. A 50% deposit is required. ⊠ *Av. 10 Sur at entrance to Playacar, between Avs. 1 and 3* ☎*984/873–0418* ⊟*984/873–0539* ⊕*www.playacarbeachproperties. com* ⟁ *Kitchens, pools, concierge* ▭ *No credit cards.*

Nightlife

★ **Alux** (⊠ Av. Juárez, Mz. 12, Lote 13A, Colonial Eijidal ☎ 984/803–0713) has a bar, disco, and restaurant and is built into a cavern. Live DJs spin everything from smooth jazz to electronica, until 4 AM. **Apasionado** (⊠Av. 5 ☎984/803–1100) has live jazz Thursday through Saturday nights. **Bar Ranita** (⊠ Calle 10 between Avs. 5 and 10 ☎ 984/873–0389), a cozy alcove, is a favorite with local business owners; it's run by a Swedish couple that really knows how to party. At the **Blue Parrot** (⊠ Calle 12 and Av. 1 ☎ 984/873–0083) there's live music every night until midnight; the bar is on the beach and sometimes stays open until 3 AM.

Capitán Tutix (⊠ Calle 4 Norte, near Av. 5 ☎ 984/803–1595) is a beach bar designed to resemble a ship. Good drink prices and live raggae, salsa, and rock music keep things humming until dawn. **Coco Bongo** (⊠Calle 6 between Avs. 5 and 10 ☎984/973–3189) plays the latest Cuban sounds for dancing. DJs spin disco nightly at the **Deseo Lounge** (⊠ Av. 5 ★ at Calle 12 ☎984/879–3620), a rooftop bar and local hot spot. At **Mambo Cafe** (⊠ Calle 6 between Avs. 5 and 10 ☎984/879–2304), a dance review begins at 9:30 every night, and the salsa music begins an hour later. A younger crowd of locals and tourists typically fills the dance floor.

Sports & the Outdoors

GOLF Playa's golf course is an 18-hole, par-72 championship course designed by Robert Von Hagge. The greens fee is $180; there's also a special twilight fee of $120. Information is available from the **Casa Club de Golf** (☎ 984/873–0624 or 998/881–6088). The **Golf Club at Playacar** (⊠ Paseo Xaman-Ha and Mz. 26, Playacar ☎ 998/881–6088) has an 18-hole course; the greens fee is $180 and the twilight fee $120.

HORSEBACK Two-hour rides along beaches and jungle trails are run by **Rancho Loma**
RIDING **Bonita** (☎ 984/887–5465). The $54 fee includes lunch, drinks, and the
☾ use of the property's swimming pool and grounds (which has a children's playground).

SCUBA DIVING The PADI-affiliated **Abyss** (⊠ Calle 12 ☎ 984/873–2164) offers training ($80 for an introductory course) in addition to dive trips ($36 for one tank, $58 for two tanks) and packages. The oldest shop in town, **Tank-Ha Dive Shop** (⊠Av. 5 between Calles 8 and 10 ☎☎984/873–5037 ⊕www.tankha. com), has PADI-certified teachers and runs diving and snorkeling trips to the reefs and caverns. A one-tank dive costs $35; for a two-tank trip it's $55; and for a cenote two-tank trip it's $90. Dive packages are also avail-
★ able. **Yucatek Divers** (⊠ Av. 15 Norte between Calles 2 and 4 ☎ 984/873–

1363 or 984/877–6026 ⊕ www.yucatek-divers.com), which is .
with PADI, specializes in cenote dives, dive packages, and dives for
with disabilities. Introductory courses start at $80 for a one-tank dive a
go as high as $350 for a four-day beginner course in open water.

SKYDIVING Thrill seekers can take the plunge high above Playa in a tandem sky dive
(where you're hooked up to the instructor the whole time). **SkyDive**
(⊠ Plaza Marina 32 ☎ 984/873–0192 ⊕ www.skydive.com) even
videotapes your trip so you have proof that you did it. Jumps take place
every hour, and cost $230.

Shopping

Avenida 5 between Calles 4 and 10 is the best place to shop along the
coast. Boutiques sell folk art and textiles from around Mexico, and clothing stores carry lots of sarongs and beachwear made from Indonesian
batiks. A shopping area called Calle Corazon, between Calles 12 and
14, has a pedestrian street, art galleries, restaurants, and boutiques.

Ambar Mexicano (⊠ Av. 5 between Calles 4 and 6, Av. 5 between Calles
10 and 12 ☎☎ 984/873–2357) has amber jewelry crafted by a local designer who imports the amber from Chiapas. The retro '70s-style fash-
★ ions at **Blue Planet** (⊠ Av. 5 between Calles 10 and 12 ☎ 984/803–1504)
★ are great for a day at the beach. **La Calaca** (⊠ Av. 5 between Calles 12
and 14 ☎ 984/873–0174) has an eclectic collection of wooden masks,
whimsically carved angels and devils, and other crafts. **Caracol** (⊠ Av.
5 between Calles 6 and 8 ☎ 984/803–1504) carries a nice assortment
of clothes from every state in Mexico. **Crunch** (⊠ Av. 5 between Calles
6 and 8 ☎ 984/873–1240) sells high-style evening wear, swimsuits,
and sportswear for women. **Etenoha Amber Gallery** (⊠ Av. 5 between Calles
8 and 10 ☎☎ 984/879–3716), run by a Swiss-Italian couple, has rus-
tic-looking amber jewelry from Chiapas. Some of the stones have insects inside them, a characteristic that's highly prized by collectors.

At **La Hierbabuena Artesania** (☎ 984/873–1741) owner and former Cal-
ifornian Melinda Burns offers a collection of fine Mexican clothing and
crafts. **Maya Arts Gallery** (⊠ Av. 5 between Calles 6 and 8 ☎ 984/879–
3389) has an extensive collection of hand-carved Maya masks and
huipiles (the traditional, white, embroidered cotton dresses worn by Maya
women) from Mexico and Guatemala.

★ **Mundo Libreria–Bookstore** (⊠ 1 Sur No. 189 between Avs. 20 and 25
☎ 984/879–3004) has an extensive selection of books on Maya culture,
along with used English-language books. Profits from all English-language books here are donated to Mexican schools to buy textbooks. **Bon-
tan Book Store** (⊠ 1 Av. No. 245, between 14 and 16 Norte ☎ 984/803–
3733) is a small bookstore with books on Mexican culture as well as a
small selection of bestsellers in English. There's also a good selection of
magazines in both languages.

The **Opals Mine** (⊠ Av. 5 between Calles 4 and 6 ☎ 984/879–5041 ⊠ Av.
5 and Calle 12 ☎ 984/803–3658) has fire, white, pink, and orange opals
from the Jalisco State as well as turquoise. You can buy loose stones or
commission pieces of custom jewelry. **Santa Prisca** (⊠ Av. 5 between Calles
2 and 4 ☎ 984/873–0960) has silver jewelry, flatware, trays, and dec-

.tems from the town of Taxco. Some pieces are set with semi-
s stones. **Xbal** (⊠ Av. 5 and Calle 14 ☎ 984/803–3352) is filled
.ractive men's and women's cotton shirts, skirts, blouses, and shorts.

1 (6½ mi) south of Playa del Carmen.

Once a sacred Maya city and port, Xcaret (pronounced *ish*-car-et) is now
a 250-acre ecological theme park on a gorgeous stretch of coastline. It's
the coast's most heavily advertised attraction, billed as "nature's sacred
paradise," with its own network of buses, its own published magazines,
and a whole collection of stores.

A Mexican version of Epcot Center, the park has done a good job to showcase, celebrate, and help preserve the natural environment of the Caribbean
coast. ■ TIP→ **You can easily spend at least a full day here; there's tons to see
and do.** Among the most popular attractions are the Paradise River raft
tour that takes you on a winding, watery journey through the jungle; the
Butterfly Pavillion, where thousands of butterflies float dreamily through
a botanical garden while New Age music plays in the background; and
an ocean-fed aquarium where you can see local sea life drifting through
coral heads and sea fans without getting wet.

There's is a Wild Bird Breeding Aviary; nurseries for both abandoned
flamingo eggs and sea turtles; and a series of underwater caverns that
you can explore by snorkeling or "snuba" (a hybrid of snorkeling and
scuba). Riding stables, which have been built to resemble a Mexican hacienda, offer trail rides through the jungle to see Maya ruins. A replica
Maya village includes a colorful cemetery with catacomb-like caverns
underneath; traditional music and dance ceremonies (including performances by the famed *Voladores de Papantla*—the Flying Birdmen of
Papantla) are performed here at night.

The list of Xcaret's attractions goes on and on: you can visit a dolphi-
narium, a bee farm, a manatee lagoon, a bat cave, an orchid and
bromeliad greenhouse, an edible-mushroom farm, and a small zoo. You
can also visit a scenic tower that takes you 240 feet up in the air for a
spectacular view of the park.

■ TIP→ **Although Xcaret has nine restaurants, many visitors bring their own
lunches and take advantage of assorted picnic tables and palapa-shaded chairs
scattered throughout the property.** The entrance fee covers only access to
the grounds and the exhibits; all other activities and equipment—from
horseback riding to lockers to snorkel and swim gear—are extra. You
can buy tickets from any travel agency or major hotel along the coast.
☎ 998/881–2451 *in Cancún* ⊕ *www.xcaret.net* ✉ *$49, including show*
⊗ *Daily 8:30 AM–9 PM.*

Paamul

❽ *10 km (6 mi) south of Xcaret.*

Beachcombers and snorkelers are fond of Paamul (pronounced paul-*mool*),
a crescent-shape lagoon with clear, placid waters sheltered by a coral

reef. Shells, sand dollars, and even glass beads—some from the sunken, 18th-century pirate ship *Mantanceros,* which lies off nearby Akumal—wash onto the sandy parts of the beach. In June and July you can see one of Paamul's chief attractions: sea-turtle hatchlings.

Where to Stay

$$ 🏨 **Cabañas Paamul.** This rustic, secluded hostelry sits on a perfect white-sand beach. Ten bungalows have two double beds each, ceiling fans, and hammocks; farther along the beach are ten even more private cabanas. There is also a swimming pool. The property includes 220 RV sites (gas and water hookups are $25 a day), as well as tent sites ($10 a day) with hot showers. A full-service dive shop with PADI and NAUI certification courses is also on-site. ⊠ *Carretera 307, Km 85* ☎ *984/875–1051* 📠 *984/875–1053* ⊕ *www.paamulcabanas.com* ⇌ *20 cabanas, 220 RV sites, 30 campsites* ⌂ *Restaurant, fans, pool, beach, dive shop, bar, laundry service; no room phones, no room TVs* ▭ *No credit cards.*

Puerto Aventuras

❾ *5 km (3 mi) south of Paamul.*

While the rest of the coast has been caught up in development fever, Puerto Aventuras has been quietly doing its own thing. It's become a popular vacation spot, particularly for families—although it's certainly not the place to experience authentic Yucatecan culture. The 900-acre self-contained resort is built around a 95-ship marina. It has a beach club, an 18-hole golf course, restaurants, shops, a great dive center, tennis courts, doctors, and a school. The **Museo CEDAM** displays coins, sewing needles, nautical devices, clay dishes, and other artifacts from 18th-century sunken ships. All recoveries were by members of the Mexican Underwater Expeditions Club (CEDAM), founded in 1959 by Pablo Bush Romero. ⊠ *North end of marina* ☎ *984/873–5000* ⊡ *Donation* ⊙ *Daily 10–1 and 3:30–5:30.*

Where to Stay & Eat

$–$$$ ✕ **Café Olé International.** The laid-back hub of Puerto Aventuras is a terrace café with a varied menu. Chicken chimichurri and coconut shrimp are good lunch or dinner choices; steaks are also popular, and the baked goods are all freshly made. If you're lucky, the nightly specials might include locally caught fish in garlic sauce. In high season, musicians from around the world play until the wee hours on Sunday. ⊠ *Across from Omni Puerto Aventuras hotel* ☎ *984/873–5125* ▭ *MC, V.*

$$$$ 🏨 **Casa del Agua.** This small, discreet, romantic hotel, lovingly designed
Fodor's Choice by Mexican architect Manuel Oreanámos, has one of the coast's most
★   sumptuous beaches. Each of the four large suites is strikingly different from the next. The Arroyo suite has a stream of water running above a round king-size bed; the Caleta has a double shower in a secluded garden; the Cenote promotes relaxation with its meditation room and to-die-for ocean view; and the Cascada commands a stunning vista of Puerto Aventuras from its L-shape balcony. ⊠ *East of marina* ☎ *984/873–5184* ⊕ *www.casadelagua.com* ⇌ *4 suites* ⌂ *Room service, fans,*

minibars, massage, spa, beach, laundry service, airport shuttle; no room TVs, no kids ▤ *MC, V* ⍥ *BP.*

$$$$ ▦ **Omni Puerto Aventuras.** Simultaneously low-key and elegant, this resort is a great place for some serious pampering. Each room has a king-size bed, a sitting area, an ocean-view balcony or terrace, and a hot tub. The beach is steps away, and the pool seems to flow right into the sea. A golf course and the marina are within walking distance. Breakfast and a newspaper arrive at your room every morning by way of a cubbyhole to avoid disturbing your slumber. Ask about the all-inclusive plan. ⊠ *Carretera 307, Km 269.5, on beach near marina* ☎ *984/873–5101 or 800/843–6664* 🖷 *984/873–5102* ⊕ *www.omnihotels. com* ⇆ *30 rooms* ⚭ *Restaurant, room service, cable TV, pool, gym, massage, beach, dive shop, 2 bars, shop, babysitting, laundry service, meeting room, free parking* ▤ *AE, MC, V* ⍥ *AI, CP.*

Sports & the Outdoors

Aquanuts (⊠ Center Complex, by marina ☎☎ 984/873–5041) is a full-service dive shop that specializes in open-water dives, multitank dives, and certification courses. Dives start at $37 and courses at $385.

EN ROUTE The Maya-owned and -operated ecopark of **Cenotes Kantún Chi** has cenotes and underground caverns that are great for snorkeling and diving, as well as some small Maya ruins and a botanical garden. The place is pretty simple, so it's a nice break from the rather commercial feel of Puerto Aventuras. ⊠ *Carretera 307, 3 km (2 mi) south of Puerto Aventuras* ☎☎ *984/ 873–0021* 🖾 *$35; $10 for access to cenote only* ☉ *Daily 8:30–5.*

Xpu-há

⑩ *3 km (2 mi) south of Puerto Aventuras.*

Xpu-há used to be a tranquil little beach community, but in recent years two megaresorts have taken over the area. (One of these hijacked a popular cenote that happened to lie on its property, and it's no longer open to the public.) Despite the high-end developments, however, there are still a few enclaves here that offer budget accommodations.

Where to Stay

$$$ ▦ **Copacabana.** This lavish all-inclusive resort was designed around the surrounding jungle, cenotes, and beach. The lobby has bamboo furniture and a central waterfall underneath a giant palapa roof. Rooms have beautiful wood furniture, king-size beds, and private terraces with jungle views. Three large pools, separated from the outdoor hot tubs by an island of palm trees, look out onto the spectacular beach. The food is exceptional and served à la carte in two of the restaurants. ⊠ *Carretera 307, Km 264.5* ☎ *984/875–1800, 866/321–6880 toll free in U.S.* 🖷 *984/875–1818* ⊕ *www.hotelcopacabana.com* ⇆ *228 rooms* ⚭ *4 restaurants, room service, fans, in-room safes, cable TV, 3 pools, gym,* *hot tubs, massage, beach, snorkeling, windsurfing, boating, volleyball, 4 bars, dance club, shops, children's programs (ages 4–12), laundry service, meeting rooms, travel services* ☰ *AE, D, MC, V* ⊚| *AI.*

$ ▥ **Hotel Villas del Caribe.** Manager Leon Shlecter makes sure you're well looked after at this relaxed property—a throwback to simpler days. Rooms are basic, with double beds, simple furniture, and hot water. There's good, inexpensive food (especially the fish) at Café del Mar on the beach morning, noon, and night. Yoga classes are offered beneath a palapa. ⊠ *Carretera 307, Xpu-há X-4, look for sun sign* ☎ *984/876–9945 or 984/873–2194* ⊕ *www.xpuhahotel.com* ⊅ *16 rooms, 4 cabanas* ⋄ *Restaurant, massage, beach, bar; no a/c, no room phones, no room TVs* ☰ *No credit cards.*

Akumal

⓫ *37 km (23 mi) south of Playa del Carmen.*

In Maya, Akumal (pronounced ah-koo-*maal*) means "place of the turtle," and for hundreds of years this beach has been a nesting ground for turtles (the season is June–August and the best place to see them is on Half Moon Bay). The place first attracted international attention in 1926, when explorers discovered the *Mantanceros,* a Spanish galleon that sank in 1741. In 1958, Pablo Bush Romero, a wealthy businessman who loved diving these pristine waters, created the first resort, which became the headquarters for the club he formed—the Mexican Underwater Expeditions Club (CEDAM). Akumal soon attracted wealthy underwater adventurers who flew in on private planes and searched for sunken treasures.

These days Akumal is probably the most Americanized community on the coast. It consists of three areas: Half Moon Bay, with its pretty beaches, terrific snorkeling, and large number of rentals; Akumal Proper, a large resort with a market, grocery stores, laundry facilities, and a pharmacy; and Akumal Aventuras, to the south, with more condos and homes. The original Maya community has been moved to a planned town across the highway.

★ Devoted snorkelers may want to walk the unmarked dirt road to **Yalkú,** a couple of miles north of Akumal in Half Moon Bay. A series of small lagoons that gradually reach the ocean, Yalkú is an ecopark that's home to schools of parrot fish in superbly clear water with visibility to 160 feet. The entrance fee is about $8, and there are restrooms available.

Where to Stay & Eat

$–$$$ ✕ **Que Onda.** A Swiss-Italian couple created this northern Italian restaurant at the end of Half Moon Bay. Dishes are served under a palapa and include great homemade pastas, shrimp flambéed in cognac with a touch of saffron, and vegetarian lasagna. Que Onda also has a neighboring six-room hotel that's creatively furnished with Mexican and Guatemalan handicrafts. ⊠ *Caleta Yalkú, Lotes 97–99; enter through Club Akumal Caribe, turn left, and go north to end of road at Half Moon Bay* ☎ *984/875–9101* ☰ *MC, V* ⊘ *Closed Tues.*

¢–$ ✕ **Turtle Bay Café & Bakery.** This funky café has delicious (and healthful) breakfasts, lunches, and dinners; the smoothies and fresh baked goods are especially yummy. It has a garden to sit and drink coffee in, and its location by the ecological center makes it the closest thing Akumal has to a downtown. ⊠ *Plaza Ukana I, Loc. 15, beginning of Half Moon Bay Rd.* ☏ *984/875–9138* ▤ *No credit cards.*

$$$$ 🏨 **Club Oasis Akumal.** Abundant plants and flowers surround the buildings; inside the doors, furniture, and floors are made from mahogany. Rooms are spacious and have terraces, king-size beds, and sitting areas. Bathrooms have tile showers with Moorish arches and windows and beach views. The beach is a hub for water-sports activities, and there's an ocean-side massage area. ⊠ *South of Akumal, off Carretera 307 at Km 251* ☏ *984/875–7300* 🖷 *984/875–7302* ⊕ *www.oasishotels.com. mx* 🛏 *216 rooms* 🍴 *Restaurant, cable TV, tennis court, 4 pools, massage, beach, dive shop, snorkeling, bicycles, 2 bars, laundry service, car rental, travel services* ▤ *AE, MC, V* ⭐ *AI.*

$$$$ 🏨 **Villas Akumal.** These white-stucco, thatch-roof condos in a beachside residential development offer all the comforts of home and are perfect for extended stays (there are special rates if you book for a week). Units vary in size and configuration but most have cool tile floors, fabrics in tropical colors and prints, wicker furniture, and well-equipped kitchens. Many also have terraces with dynamite sea views. On summer nights you can watch nesting sea turtles. ⊠ *Carretera Cancún–Tulum, Km 104, Fracc. Akumal C, Playa Jade* ☏ *984/875–7050 Ext. 307* 🖷 *984/875–7050* ⊕ *www.lasvillasakumal.com* 🛏 *12 suites, 5 studios* 🍴 *Kitchen, cable TV, pool, beach, snorkeling, airport shuttle, free parking* ▤ *AE, MC, V.*

$$–$$$ 🏨 **Club Akumal Caribe & Villas Maya.** Pablo Bush Romero established this resort in the 1960s to house his diving buddies, and it still has pleasant accommodations and a congenial staff. Rooms have rattan furniture, large beds, tile work, and ocean views. The bungalows are surrounded by gardens and have lots of beautiful Mexican tile. The one-, two-, and three-bedroom villas are on Half Moon Bay. Note that if you want the babysitting service, you have to reserve it when you book your room. ⊠ *Carretera 307, Km 104* ☏ *984/875–9012, 800/351–1622 in U.S. and Canada, 800/343–1440 in Canada* 🖷 *915/581–6709* ⊕ *www. hotelakumalcaribe.com* 🛏 *22 rooms, 40 bungalows, 4 villas, 1 condo* 🍴 *2 restaurants, grocery, ice-cream parlor, pizzeria, snack bar, fans, some kitchenettes, refrigerators, pool, beach, dive shop, bar, babysitting; no room phones, no TV in some rooms* ▤ *AE, MC, V.*

$$ 🏨 **Vista Del Mar.** Each small room in the main building here has an ocean view, a terrace, a king-size bed, and colorful Guatemalan-Mexican accents. Next door are more expensive condos with Spanish-colonial touches. The spacious one-, two-, and three-bedroom units have full kitchens, living and dining rooms, and oceanfront balconies. ⊠ *Carretera 307, Km 104, at south end of Half Moon Bay* ☏ *984/875–9060 or 877/ 425–8625* 🖷 *984/875–9058* ⊕ *www.akumalinfo.com* 🛏 *16 rooms, 14 condos* 🍴 *Restaurant, grocery, some kitchenettes, minibars, refrigerators, cable TV with movies, pool, beach, dive shop; no room phones* ▤ *MC, V.*

Sports & the Outdoors

★ The **Akumal Dive Center** (⊠ about 10 minutes north of Club Akumal Caribe ☏ 984/875–9025 ⊕ www.akumaldivecenter.com) is the area's oldest and most experienced dive operation, offering reef or cenote diving, and snorkeling. Dives cost from $36 (one tank) to $120 tanks); a two-hour fishing trip for up to four people runs $110. Take sharp right at the Akumal arches, and you'll see the dive shop on the beach.

TSA Travel Agency and Bike Rental (✉ Carretera 307, Km 104, next to Ecology Center ☎ 984/875–9030 or 984/875–9031 ⊕ www. akumaltravel.com) rents bikes for a 3½ hour jungle biking adventure. The cost is $35 per person.

Aktun-Chen is Maya for "the cave with cenote inside." These amazing underground caves, estimated to be about 5 million years old, are the area's largest. You walk through the underground passages, past stalactites and stalagmites, until you reach the cenote with its various shades of deep green. You don't want to miss this one. ✉ *Carretera 307, Km 107* ☎ *984/884–0444* ⊕ *www.aktunchen.com* 🎫 *$18, including 1-hr tour* ☉ *Daily 8:30–4.*

EN ROUTE

Fodor'sChoice ★

Xcacel

⓬ *7 km (4½ mi) south of Akumal.*

Xcacel (pronounced *ish*-ka-shell) is one of the few remaining nesting grounds for the endangered Atlantic green and loggerhead turtles. For years it was a federally protected zone, until it was sold—illegally—in 1998 to a Spanish conglomerate. The group immediately tried to push through an elaborate development plan that would have destroyed the nesting grounds. This prompted Greenpeace, in cooperation with biologists, scientists, and other locals, to fight an international campaign, which they won, to save the turtles. You can visit the turtle center or offer to volunteer. The Friends of Xcacel Web site (www.turtles.org/xcacel. htm) has more information.

Xel-Há

⓭ *3 km (2 mi) south of Laguna de Xcacel.*

Brought to you by the people who manage Xcaret, Xel-Há (pronounced shel-*hah*) is a natural aquarium made from coves, inlets, and lagoons cut from the limestone shoreline. The name means "where the water is born," and a natural spring here flows out to meet the saltwater, creating a perfect habitat for tropical marine life. Although there seem to be fewer fish each year, and the mixture of fresh- and saltwater can cloud visibility, there's still enough here to impress novice snorkelers.

The place gets overwhelmingly crowded, so come early. The grounds are well equipped with bathrooms, restaurants, and a shop. At the entrance you will receive specially prepared sunscreen that won't kill the fish; other sunscreens are prohibited. For an extra charge, you can "interact" (not swim) with dolphins. There's also an all-inclusive package with a meal, a towel, a locker, and snorkel equipment for $65. Other activities like snuba diving, and an underwater walk, are available at an additional cost and should be reserved at least a day in advance. ☎ *984/*

875–6000 📠 *984/875–6003*
🌐 *www.xelha.com.mx* ✉ *$35 includes life vest and inner tube*
🕐 *Daily 8–6.*

The squat structures of the compact, little-visited **Xel-Há Archaeological Site** are thought to have been inhabited from about 300 BC–AD 100, until about 1200–1521. The most interesting sights are on the north end of the ruins, where remains of a Maya *sacbé* (road) and mural paintings in the **Jaguar House** sit near a tranquil, deep cenote. The site takes about 45 minutes to visit. 📞 *No phone* ✉ *$3, free Sun.* 🕐 *Daily 8–5.*

EN ROUTE

Fodor'sChoice
★

Hidden Worlds Cenotes Park was made semi-famous when it was featured in a 2002 IMAX film, "Journey into Amazing Caves," which was shown at theaters across North America. The park, which was founded by Florida native Buddy Quattlebaum in 1998, contains some of the Yucatán's most spectacular cenotes. You can explore these startlingly clear freshwater sinkholes, which are full of fantastic stalactites, stalagmites, and rock formations, on guided diving or snorkeling tours. A particularly gorgeous cenote, Dream Gate, is also on the property; its underwater topography is so dazzling it's otherworldly. To get to the cenotes, you ride in a jungle buggy through dense tropical forest from the main park entrance. Prices start at $25 for snorkeling tours ($30 for children) and go up to $100 for diving tours. Canopying on the 600 foot zip line will set you back $10. Be sure to bring your bug spray. ✉ *7 km (4½ mi) south of Xel-Há on Carretera 307* 📞 *984/877–8535* 🌐 *www.hiddenworlds. com* 🕐 *Daily 9–5; snorkeling tours at 9, 11, 1, 2, and 3, and diving tours at 9, 11, and 1.*

Tankah

⑭ *9½ km (6 mi) south of Xel-Há on dirt road off Carretera 307.*

Although in ancient times Tankah (which is between Xel-Há and Tulum) was an important Maya trading city, over the past few centuries it has lain mostly dormant. That's beginning to change, though; a number of small, reasonably priced hotels have cropped up here over the past few years, and several expats who own villas in the area rent them out year-round.

★ The **Gorgonian Gardens,** an underwater environment that lies just offshore here, have made Tankah a particular destination for divers and snorkelers. From southern Tankah to Bahía de Punta Soliman, the sand-free ocean floor has allowed for the proliferation of Gorgonians, or soft corals—sea fans, candelabras, and fingers that can reach 5 feet in height—as well as a variety of colorful sponges. Fish love to feed here, and so many of them swarm the gardens that some divers have compared the experience to being surrounded by clouds of butterflies. Although this underwater habitat goes on for miles, Tankah is the best place to view it. The **Lucky Fish Dive Center** (☎ 984/875–9367 or 984/804–5051 ⊕ www.luckyfishdiving.com), at the Tankah Inn, runs dive trips to the Gorgonian Gardens, among other sites. Costs start at $40 for a one-tank dive.

Where to Stay & Eat *good but very pricey.*

$$–$$$$ ✕ **Restaurante Oscar y Lalo.** A couple of miles outside Tulum, alone on
km242 the pristine Bahía de Punta Soliman, is this wonderful palapa restaurant with a sand floor. The seafood is excellent here, although a bit pricey; Lalo's Special, a dish made with local lobster, shrimp, conch, fish, barracuda, and chicken fajitas, prepared for 2 to 10 people, is a standout. The ceviche made of fresh fish, lobster, and caracol with citrus juice is also exceptional. The beachfront here is picture perfect. If you're inspired to sleep on the beach, there are campsites with clean showers and bathrooms. RVs are also welcome, though there aren't any hookups. ⊠ *Carretera 307, north of Tankah, look for faded white sign* ☎ 984/804–4189 ⊟ *No credit cards.*

$$$ ▦ **Maya Jardin.** The large guest rooms at this boutique hotel are decorated in subdued colors with well-planned details like an outdoor (but private) shower in one room and a door that opens on to the heated pool in another. All rooms also have blackout curtains for guests who want to stay in bed even after the beautiful sunrise over the water, just steps away from their room. Kayaks and games are on hand to use at no additional charge and a continental breakfast also comes included in the price. ⊠ *Lote 4B, Bahia de Soliman* ☎ 984/877–1974, 831/401–3296 in U.S. ⊕ *www.mayajardin.com* 📞 *4 rooms* ⚐ *Beach, fans, in-room safes, refrigerators, library, pool* ⊟ *AE, MC, V* ⦿ *CP.*

★ $$–$$$ ▦ **Blue Sky.** Guest quarters here have eclectic and one-of-a-kind touches, such as Cuban oil paintings, Guatemalan bedspreads, handblown vases, inlaid-silver mirrors, and chairs hand-tooled from native *chichén* wood. A couple of suites have sofa beds. The open-air dining room is kept clear of mosquitoes by a special carbon-dioxide machine developed by the U.S. military. A swimming pool has recently been added to the property. ⊠ *Bahía Tankah, past Casa Cenote* ☎ 984/801–4004,877/792–9237 toll-free in U.S. and Canada ⊕ *www.blueskymexico.com* 📞 *6 rooms, 2 suites* ⚐ *Restaurant, refrigerators, pool, beach, snorkeling, boating, bicycles, library, shop; no room phones, no room TVs* ⊟ *MC, V* ⦿ *AI, CP.*

$$ ▦ **Casa Tropical.** This grand two-story villa has been divided into two units, one upstairs, one down. The cozy casita downstairs is less expensive and right on the beach; the larger upstairs unit has a rooftop patio with sweeping ocean views. Both are decorated in bright tropical prints, and have queen-size beds and twice-weekly maid service. There are beachside hammocks where you can sip a margarita and watch for exotic birds (you might see a roseate spoonbill fly past). The beach here has excellent snorkeling, with many small inlets. ⊠ *Tankah 3, Lote 3* ☎ 570/247–7065 in U.S. and Canada ☎ 570/247–7381 in U.S. and Canada ⊕ *www.casatropical.com* 📞 *2 units* ⚐ *Kitchens, beach, snorkeling; no room phones, no room TVs* ⊟ *No credit cards.*

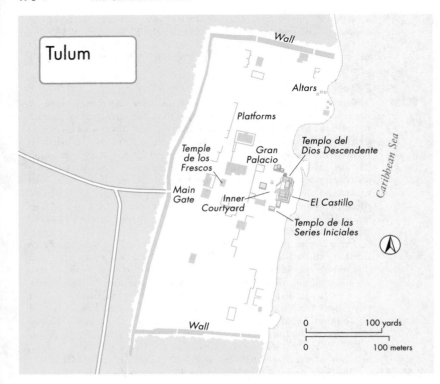

Tulum

Wall

Altars

Platforms

Temple de los Frescos

Gran Palacio

Templo del Dios Descendente

Main Gate

Inner Courtyard

El Castillo

Templo de las Series Iniciales

Caribbean Sea

Wall

| 0 | 100 yards |
| 0 | 100 meters |

$$ Tankah Inn. A friendly former Texan cowboy runs this guesthouse, which is popular with divers. Rooms are large, bright, and comfortable though not luxurious, and front a windswept beach. The Lucky Fish Dive Center is right on the first floor and offers open-water diving and resort courses. ⊠ *Bahía Tankah 16* ☏ *998/804–9006, 918/582–3743 in the U.S.* ⊕ *www.tankah.com* 🛏 *5 rooms* ⚭ *Beach, dive shop, snorkeling; no a/c, no room phones, no room TVs* ▤ *No credit cards* ⦿ *CP.*

Tulum

⛰ ⑮ *2 km (1 mi) south of Tankah, 130 km (81 mi) south of Cancún.*

Fodor'sChoice Tulum (pronounced tool-*lum*) is the Yucatán Peninsula's most-visited
★ Maya ruin, attracting more than 2 million people annually. This means you have to share the site with roughly half of the tourist population of Quintana Roo on any given day, even if you arrive early. Though most of the architecture is of unremarkable Postclassic (1000–1521) style, the amount of attention that Tulum receives is not entirely undeserved. Its location by the blue-green Caribbean is breathtaking.

▪ TIP→ At the entrance you can hire a guide, but keep in mind that some of their information is more entertaining than historically accurate. (Disregard that stuff about virgin sacrifices atop the altars.) Because you aren't allowed to climb or enter the fragile structures—only three really merit close inspection anyway—you can see the ruins in two hours. You might, however, want to allow extra time for a swim or a stroll on the beach.

Tulum is one of the few Maya cities known to have been inhabited when the conquistadores arrived in 1518. In the 16th century, it functioned as a safe harbor for trade goods from rival Maya factions; it was considered neutral territory where merchandise could be stored and traded in peace. The city reached its height when traders, made wealthy through the exchange of goods, for the first time outranked Maya priests in authority and power. When the Spaniards arrived, they forbade the Maya traders to sail the seas, and commerce among the Maya died.

Tulum has long held special significance for the Maya. A key city in the League of Mayapán (AD 987–1194), it was never conquered by the Spaniards, although it was abandoned about 75 years after the conquest. For 300 years thereafter, it symbolized the defiance of an otherwise subjugated people; it was one of the last outposts of the Maya during their insurrection against Mexican rule in the War of the Castes, which began in 1846. Uprisings continued intermittently until 1935, when the Maya ceded Tulum to the government.

The first significant structure is the two-story **Templo de los Frescos,** to the left of the entryway. The temple's vault roof and corbel arch are examples of classic Maya architecture. Faint traces of blue-green frescoes outlined in black on the inner and outer walls refer to ancient Maya beliefs (the clearest frescoes are hidden from sight now that you can't walk into the temple). Reminiscent of the Mixtec style, the frescoes depict the three worlds of the Maya and their major deities and are decorated with stellar and serpentine patterns, rosettes, and ears of maize and other offerings to the gods. One scene portrays the rain god seated on a four-legged animal—probably a reference to the Spaniards on their horses.

The largest and most famous building, the **Castillo** (Castle), looms at the edge of a 40-foot limestone cliff just past the Temple of the Frescoes. Atop it, at the end of a broad stairway, is a temple with stucco ornamentation on the outside and traces of fine frescoes inside the two chambers. (The stairway has been roped off, so the top temple is inaccessible.) The front wall of the Castillo has faint carvings of the Descending God and columns depicting the plumed serpent god, Kukulcán, who was introduced to the Maya by the Toltecs. To the left of the Castillo is the **Templo del Dios Descendente**—so called for the carving of a winged god plummeting to earth over the doorway.

■ TIP→ The tiny cove to the left of the Castillo and Temple of the Descending God is a good spot for a cooling swim, but there are no changing rooms. A

Caribbean Coastal History

THE MAYA CULTURE IS the enduring backdrop for Mexico's Caribbean coast. Archaeologists have divided this civilization, which lasted some 3,000 years, into three main periods: Preclassic and Late Preclassic (2000 BC–AD 100, together), Classic (AD 100–1000), and Postclassic (AD 1000–1521). Considered the most advanced civilization in the ancient Americas, the Maya are credited with several major breakthroughs: a highly accurate calendar based on astronomical study; the mathematical concept of zero; hieroglyphic writing; and extraordinary ceremonial architecture. Although the Maya's early days were centered around the lowlands in the south-central region of Guatemala, the Maya culture spread north to the Yucatán Peninsula sometime around AD 987. Tulum, which was built during this period, is the only ancient Maya city that was built right on the water.

Until the 1960s, Quintana Roo was considered the most savage coast in Central America, a Mexican territory, not a state. The Caste Wars of the Yucatán, which began in 1847 and ended with a half-hearted truce in 1935, herded hardy Maya to this remote region. With the exception of *chicleros*, men who tapped *zapote* or

chicle trees for the Wrigley Chewing Gum Corporation, few non-Maya roamed here. Whites and *mestizos* were not welcome; it was not safe.

By the 1950s the Mexican government began giving tracts of land to the *chicleros* in hopes of colonizing Quintana Roo. At that time, no roads existed. A few *cocals*, or coconut plantations, were scattered throughout the peninsula, headed by a handful of Maya families.

In 1967 the Mexican government sought a location for an international tourist destination with the finest beaches, the most beautiful water, and the fewest hurricanes. A stretch of unpopulated sand at the northeast tip of the Yucatán Peninsula fit the bill. Soon after identifying Cancún as the fortunate winner, that locale, Quintana Roo became Mexico's 31st state.

The 1980s saw an initial surge in tourism. And with the advent of the Riviera Maya in 2000, this 96 km (60-mi) region stretching south from Puerto Morelos to Tulum developed into one of the world's most popular beach destinations, with Playa del Carmen the fastest growing city in Latin America.

---

few small altars sit atop a hill at the north side of the cove and have a good view of the Castillo and the sea. On the highway about 4 km (2½ mi) south of the ruins is the present-day village of Tulum. As Tulum's importance as a commercial center increases, markets, restaurants, shops, services, and auto-repair shops continue to spring up along the road. Growth hasn't been kind to the pueblo, however: it's rather unsightly, with a wide four-lane highway running down the middle. Despite this blight, it has a few good restaurants. 🖼 *$9, use of video camera extra* ⊙ *Daily 8–5.*

Where to Stay & Eat

★ **$–$$$** ✕ **Il Giardino Ristorante Italiano.** This small, cozy café is like an outpost of Italy on the Caribbean Coast. A few tables are nestled under a palapa with a tile floor; there's also outdoor seating in a garden. Many of the Italian dishes contain fresh fish; the grilled calamari in a lemon-and-white wine sauce is wonderful as is the spaghetti marinara with mixed seafood. For a Maya twist, try the risotto with *chaya* (a Yucatecan type of spinach) and cheese. Be sure to leave room for dessert, too: the tiramisu is divine. ⊠ *Avs. Satelite and Sagitario, first road to west as you enter Tulum* ☎ *984/806–3601 or 984/114–2103* ⊟ *No credit cards.*

$–$$$ ✕ **El Pequeno Buenos Aires.** Owner and chef Sergio Patrone serves delicious *parrilladas* (a mixed, marinated grill made with chicken, beef, and pork) at this Argentine-inspired restaurant. There are Italian dishes, too, as well as a nice selection of wines. White tablecloths add a sophisticated touch, even though you're eating under a palapa roof. ⊠ *Av. Tulum, No. 42, at corner of Veta Sur* ☎ *984/871–2708* ⊟ *MC, V.*

$–$$$ ✕ **Vita e Bella.** Italian tourists travel miles out of their way to eat at this utterly rustic, authentically Italian place, where plastic tables and chairs are set beside the sea. The menu features 15 pasta dishes, and pizza prepared in a wood-burning oven with such toppings as squid, lobster, and Italian sausage. There are wine, beer, and margaritas to sip with your supper, too. ⊠ *Carretera Tulum Ruinas, Km 1.5* ☎ *984/877–8145* ⊟ *No credit cards.*

★ **$–$$** ✕ **Charlie's.** This eatery is a happening spot where local artists display their talents. Wall murals are made from empty wine bottles, and painted chili peppers adorn the dining tables. There's a charming garden in back with a stage for live music. The chicken tacos and black bean soup are especially good here. ⊠ *Avs. Tulum and Jupiter, across from bus station* ☎ *984/871–2573* ⊟ *MC, V* ☉ *Closed Mon.*

$ ✕ **Taqueria el Mariachi.** For traditional Mexican food, this eatery fits the bill. Try the fajitas with chicken or pork; the specialty, *arracheras* (grilled beef or pork with onions, bell peppers, and tomatoes) is also a winner. ⊠ *Avs. Tulum and Orion* ☎ *984/106–2032* ⊟ *No credit cards.*

¢ ✕ **Yum Bo'otic Cafe.** Fruit smoothies with a choice of 19 fresh fruits, great coffee, and homemade pastries (don't miss the key lime pie) are the draws at this lovely, efficiently run café. There are also sandwiches, among them the delicious Mozzarella Baguette. ⊠ *Avs. Tulum and Orion* ☎ *No phone* ⊟ *No credit cards.*

★ **$$$–$$$$** ✕⊡ **Las Ranitas.** Stylish and built for ecological sustainability, Las Ranitas (the Little Frogs) creates its own power through wind-generated electricity, solar energy, and recycled water. Each chic, and very private, room has gorgeous tile and fabric from Oaxaca. Terraces overlook gardens and ocean, and jungle walkways lead to the breathtaking beach. The pièce de résistance is the on-site restaurant's French chef, who whips up incredible French and Mexican cuisine ($$–$$$). There's wireless Internet available in the lobby. ⊠ *Carretera Tulum–Boca Paila, Km 9; last hotel before Reserva de la Biosfera Sian Ka'an* ☎☎ *984/877–8554* ⊕ *www.lasranitas.com* ⇄ *18 rooms, 5 suites* ⚭ *Restaurant, pool, beach, snorkeling, paddle tennis; no a/c, no room phones, no room TVs* ⊟ *No credit cards* ¶⚭ *CP.*

$$ ✕▣ **Zamas.** It's on the wild, isolated Punta Piedra (Rock Point), where the ocean stretches as far as the eye can see. The romantically rustic cabanas—with mosquito nets over comfortable beds, spacious, tile bathrooms, and bright Mexican colors—are nicely distanced from one another. The restaurant ($–$$$), one of the area's best, has an eclectic Italian-Mexican-Yucatecan menu. ⊠ *Carretera Tulum–Boca Paila, Km 5* ☎ *984/877–8523, 415/387–9806 in U.S.* ⊕ *www.zamas.com* ⌁ *15 cabanas* ⚏ *Restaurant, beach, snorkeling, bar, car rental; no a/c, no room phones* ⊟ No credit cards.

$$$–$$$$ ▣ **Azulik Resort.** Billed as a high-end barefoot luxury resort, Azulik will soothe your senses. The charming hardwood villas here are perched right at the ocean's edge; each has a private deck on the ocean side, and floor-to-ceiling windows on the jungle side (with bamboo curtains when privacy is needed). Hand-carved soaking tubs made from hollowed out tree trunks add a natural feeling to this tropical paradise. ⊠ *Carretera Tulum Ruinas, Km 5.5* ☎ *877/532–6737 in U.S.* ⊜ *604/608–9560* ⊕ *http://azulik.com* ⌁ *15 villas* ⚏ *Hot tub, massage, spa, beach; no a/c, no room phones, no room TVs, no kids* ⊟ AE, MC, V.

$$$–$$$$ ▣ **Mezzanine.** Music lovers will enjoy this small, new hip hotel centered around a small patio where DJs mix lounge and house music. Pull up a beanbag on the patio and enjoy the music as you work on your tan. On Friday evenings, special performance artists and guest DJs entertain guests from 9 PM until 2 AM. Each of the four minimalist suites offers an ocean view. There's wireless Internet access in the restaurant and lounge. ⊠ *Carretera Tulum a Boca Paila, Km 1.5* ☎ *984/804–1452* ⊕ *www.mezzanine.com.mx* ⌁ *4 rooms* ⚏ *Restaurant, in-room safes, pool, massage, beach, snorkeling, kayaking, bicycles, bar; no a/c, no room phones* ⊟ No credit cards.

★ $$ ▣ **La Vita e Bella Beachfront Bungalows.** Perched on sand dunes above the sea, this small Italian resort has lodgings that are rustic but also very comfortable. The 10 roomy bungalows have wooden floors, palapa roofs, balconies with hammocks, and wide ocean views; most have queen-size beds. Smaller, less expensive cement-floored cabanas are also available; they're set farther away from the beach, but are right near the on-site, sandy-floored restaurant. ⊠ *Carretera Tulum Ruinas, Km 1.5* ☎ *984/ 877–8145 or 984/871–3501* ⊕ *www.lavitaebellahotel.com* ⌁ *10 bungalows, 10 cabanas* ⚏ *Restaurant, fans, massage, snorkeling, bar; no a/c, no room phones* ⊟ No credit cards. ⦿◖ BP.

$–$$ ▣ **Cabañas Copal.** At this ecohotel you can choose to rough it or stay in relative luxury. Dirt- or cement-floor cabanas are sheltered from the elements by mosquito nets and thatch roofs; some have shared baths, and there's no electricity. The rooms are bigger and more elegant, with hardwood floors, hand-carved furniture, and a kind of primitive whirlpool bath. At night thousands of candles light the walkways. Wellness programs, exercise classes, and spa treatments include yoga, dream classes, and Maya massages. ⊠ *Carretera Tulum Ruinas, Km 5, turn right at fork in highway; hotel is less than 1 km (1½ mi) on right* ☎ *984/875– 9354 or 984/879–5054* ⊕ *http://cabanascopal.com* ⌁ *47 rooms* ⚏ *Restaurant, fitness classes, massage, beach, snorkeling, fishing, bar, no a/c, no room phones, no room TVs* ⊟ No credit cards.

¢ **Weary Traveler Hostel, Cafe and Bar.** Tulum is backpacker central, and if you're roughing it, this is one of the cheapest, most convenient area spots to hang your hat. Most rooms are shared, with either bunk or twin beds and a private bath. Furnishings are basic but neat. You have use of a communal kitchen, and there are picnic tables in a central area for eating and meeting. A simple but plentiful breakfast is included in the price of the room. There's also a cheap Internet café on-site, and the bus station is across the street. ⊠ *Av. Tulum, between Avs. Jupiter and Acuario* ☎ *984/871–2390* ⤳ *10 rooms* ₺ *Café, fans, kitchen, bar; no a/c, no room phones, no room TVs* ▭ *No credit cards* ⏅ *BP.*

Cobá

16 *49 km (30 mi) northwest of Tulum.*

Fodor'sChoice
★

Cobá (pronounced ko-*bah*), Maya for "water stirred by the wind," flourished from AD 800 to 1100, with a population of as many as 55,000. Now it stands in solitude, and the jungle has overgrown many of its buildings. ■ TIP➔ **Cobá is often overlooked by visitors who opt, instead, to visit better-known Tulum. But this site is much grander and less crowded, giving you a chance to really immerse yourself in ancient culture.** Cobá exudes stillness, the silence broken by the occasional shriek of a spider monkey or the call of a bird. Processions of huge army ants cross the footpaths as the sun slips through openings between the tall hardwood trees, ferns, and giant palms.

Near five lakes and between coastal watchtowers and inland cities, Cobá exercised economic control over the region through a network of at least 16 *sacbéob* (white stone roads), one of which measures 100 km (62 mi) and is the longest in the Maya world. The city once covered 70 square km (27 square mi), making it a noteworthy sister state to Tikal in northern Guatemala, with which it had close cultural and commercial ties. It's noted for its massive temple-pyramids, one of which is 138 feet tall, the largest and highest in northern Yucatán. The main groupings of ruins are separated by several miles of dense vegetation, so the best way to get a sense of the immensity of the city is to scale one of the pyramids. ⚠ **It's easy to get lost here, so stay on the main road; *don't* be tempted by the narrow paths that lead into the jungle unless you have a qualified guide with you.**

The first major cluster of structures, to your right as you enter the ruins, is the **Cobá Group,** whose pyramids are around a sunken patio. At the near end of the group, facing a large plaza, is the 79-foot-high temple, which was dedicated to the rain god, Chaac; some Maya people still place offerings and light candles here in hopes of improving their harvests. Around the rear to the left is a restored ball court, where a sacred game was once played to petition the gods for rain, fertility, and other boons.

Farther along the main path to your left is the **Chumuc Mul Group,** little of which has been excavated. The principal pyramid here is covered with the remains of vibrantly painted stucco motifs (*chumuc mul* means "stucco pyramid"). A kilometer (½ mi) past this site is the **Nohoch Mul**

4

Group (Large Hill Group), the highlight of which is the pyramid of the same name, the tallest at Cobá. It has 120 steps—equivalent to 12 stories—and shares a plaza with Temple 10. The Descending God (also seen at Tulum) is depicted on a facade of the temple atop Nohoch Mul, from which the view is excellent.

Beyond the Nohoch Mul Group is the **Castillo,** with nine chambers that are reached by a stairway. To the south are the remains of a ball court, including the stone ring through which the ball was hurled. From the main route follow the sign to **Las Pinturas Group,** named for the still-discernible polychrome friezes on the inner and outer walls of its large, patioed pyramid. An enormous stela here depicts a man standing with his feet on two prone captives. Take the minor path for 1 km (½ mi) to the Macanxoc Group, not far from the lake of the same name. The main pyramid at Macanxoc is accessible by a stairway.

Cobá is a 35-minute drive northwest of Tulum along a pothole-filled road that leads straight through the jungle. ▤ TIP➜ **You can comfortably make your way around Cobá in a half day, but spending the night in town is highly advised, as doing so will allow you to visit the ruins in solitude when they open at 8 AM. Even on a day trip, consider taking time out for lunch to escape the intense heat and mosquito-heavy humidity of the ruins.** Buses depart to and from Cobá for Playa del Carmen and Tulum at least twice daily. Taxis to Tulum are still reasonable (about $16). ▨ $4; use of video camera $6; $2 fee for parking ☉ Daily 8–5.

Where to Stay & Eat

¢–$ ╳ **El Bocadito.** The restaurant closest to the ruins is owned and run by a gracious Maya family, which serves simple, traditional cuisine. A three-course fixed-price lunch costs $6. Look for such classic dishes as pollo pibíl and cochinita pibíl. ⊠ On road to Cobá ruins, ½ km from ruin site entrance ☎ 987/874–2087 ▭ No credit cards ☉ No dinner.

$ ⌂ **Uolis Nah.** This small complex with a thatched roof has large, quiet rooms with high ceilings, two beds, hammocks, and tile floors. You're less than 2 km (1 mi) from the Tulum highway but away from the noise, and there's lots of privacy. An extra person in a double room costs $11 more. ⊠ On road to Cobá ruins, 28 km (18 mi) from ruin site entrance ☎ 984/879–5685 ⊕ www.uolisnah.net ➲ 7 rooms ⌂ Fans, kitchenettes, car rental; no a/c, no room phones, no room TVs ▭ No credit cards.

Pac Chen

 FodorśChoice
★

❼ 20 km (13 mi) southeast of Cobá.

▤ TIP➜ **You can only visit Pac Chen (pronounced pak chin) on trips organized by Alltournative, an ecotour company based in Playa del Carmen. The unusual, soft-adventure experience is definitely worth your while.** Pac Chen is a Maya jungle settlement of 125 people who still live in round thatch huts; there's no electricity or indoor plumbing, and the roads aren't paved. The inhabitants, who primarily make their living farming pineapple, beans, and plantains, still pray to the gods for good crops. Alltournative also pays them by the number of tourists it brings in, though no more than 80 people are allowed to visit on any given day. This money has made the village self-sustaining and has given the people an alternative to logging and hunting, which were their main means of livelihood before.

The half-day tour starts with a trek through the jungle to a cenote where you grab on to a harness and Z-line to the other side. Next is the Jaguar

cenote, set deeper into the forest, where you must rappel down the cave-like sides into a cool underground lagoon. You'll eat lunch under an open-air palapa overlooking another lagoon, where canoes await. The food includes such Maya dishes as grilled achiote (annatto seed) chicken, fresh tortillas, beans, and watermelon.

THE COSTA MAYA

The coastal area south of Punta Allen is more purely Maya than the stretch between Cancún and Punta Allen. Fishing collectives and close-knit communities carry on ancient traditions here, and the proximity to Belize lends a Caribbean flavor, particularly in Chetumal, where you'll hear both Spanish and a Caribbean patois. The Costa Maya also encompasses the extraordinary Reserva de la Biosfera Sian Ka'an. A multimillion-dollar government initiative is attempting to support ecotourism and sustainable development projects here, which will perhaps prevent resorts from taking over quite as much of the landscape.

The first of these government projects was the development of Puerto Costa Maya, a glitzy cruise-ship port at Majahual, which was completed in 2000. By building it, the government hoped to siphon off some of the tourism in the Cancún area and introduce visitors to some of the lesser-known Maya sites in the southern part of Quintana Roo. Since the port received its millionth visitor in 2005, it appears to be accomplishing this goal, but so far the development here has stayed relatively contained. The nearby fishing village of Majahual, a stone's throw from the newly constructed port, remains virtually untouched. Other ongoing projects for the region include the excavation and opening of more archaeological sites that extend from the Rio Bec region to nearby Calakmul, Xpujil, Chicána, and Becán.

Reserva de la Biosfera Sian Ka'an

★ ☾ ⑱ *15 km (9 mi) south of Tulum to Punta Allen turnoff and within Sian Ka'an.*

The Sian Ka'an ("where the sky is born," pronounced see-*an* caan) region was first settled by the Maya in the 5th century AD. In 1986 the Mexican government established the 1.3-million-acre Reserva de la Biosfera Sian Ka'an as an internationally protected area. The next year, it was named a World Heritage Site by UNESCO (United Nations Educational, Scientific, and Cultural Organization); later, it was extended by 200,000 acres. The Riviera Maya and Costa Maya split the biosphere reserve; Punta Allen and north belong to the Riviera Maya, and everything south of Punta Allen is part of the Costa Maya.

The Sian Ka'an reserve constitutes 10% of the land in Quintana Roo and covers 100 km (62 mi) of coast. Hundreds of species of local and migratory birds, fish, other animals and plants, and fewer than 1,000 residents (primarily Maya) share this area of freshwater and coastal lagoons, mangrove swamps, cays, savannas, tropical forests, and a barrier reef. There are approximately 27 ruins (none excavated) linked by a unique canal system—one of the few of its kind in the Maya world in Mexico. This is one of the last undeveloped stretches of North American coast. There's a $4 entrance charge. ■ TIP→ **To see Sian Ka'an's sites you must take a guided tour.**

Several kinds of tours, including bird-watching by boat, and night kayaking to observe crocodiles, are offered on-site through the **Sian Ka'an Visitor Center** (☎ 998/884–3667, 998/884–9580, or 998/871–0709 ⊕ www. cesiak.org), which also offers five rooms with shared bath and one private suite for overnight stays. Prices range from $65 to $85 and meals are separate. The visitor center's observation tower offers the best view of the Sian Ka'an Biosphere from high atop their deck and wood bridge.

Other, privately run tours of the reserve and surrounding area are also available. **Tres Palmas** (☎ 998/871–0709, 044–998/845–4083 cell ⊕ www.trespalmasweb.com) runs a day tour that includes a visit to a typical Maya family living in the biosphere, a tamale breakfast, a visit to the Maya ruins at Muyil, a jungle trek to a lookout point for bird-watching, a boat trip through the lagoon and mangrove-laden channels (where you can jump into one of the channels and float downstream), lunch on the beach beside the Maya ruins at Tulum, and a visit to nearby cenotes for a swim and snorkeling. The staff picks you up at your hotel; the fee of $129 per person includes a bilingual guide.

Many species of the once-flourishing wildlife have fallen into the endangered category, but the waters here still teem with rooster fish, bonefish, mojarra, snapper, shad, permit, sea bass, and crocodiles. Fishing the flats for wily bonefish is popular, and the peninsula's few lodges also run deep-sea fishing trips.

To explore on your own, follow the road past Boca Paila to the secluded 35-km (22-mi) coastal strip of land that's part of the reserve. You'll be limited to swimming, snorkeling, and camping on the beaches, as there are no trails into the surrounding jungle. The narrow, extremely rough dirt road down the peninsula is filled with monstrous potholes and after a rainfall is completely impassable. Don't attempt it unless you have four-wheel drive. Most fishing lodges along the way close for the rainy season in August and September, and accommodations are hard to come by. The road ends at Punta Allen, a fishing village whose main catch is spiny lobster, which was becoming scarce until ecologists taught the local fishing cooperative how to build and lay special traps to conserve the species. There are several small, expensive guesthouses. If you haven't booked ahead, start out early in the morning so you can get back to civilization before dark.

Where to Stay

$$$$ ⊞ **Boca Paila Fishing Lodge.** Home of the "grand slam" (fishing lingo for catching three different kinds of fish in one trip), this charming lodge has nine cottages, each with two double beds, couches, bathrooms, and screened-in sitting areas. Boats and guides for fly-fishing and bonefishing are provided; you can rent tackle at the lodge. Meals consist of fresh fish dishes and Maya specialties, among other things. From January through June and October through December a 50% deposit is required, and the minimum stay is one week (there's no required deposit and only a three-night minimum stay the rest of the year). The room price is calculated per person per week. ⊠ *Boca Paila Peninsula* ⊕ *Reservations: Frontiers, Box 959, Wexford, PA 15090* ☎ *724/935–1577, 800/ 245–1950 in U.S.* ⊕ *www.frontierstravel.com* ⇨ *9 cottages* ♻ *Restaurant, beach, snorkeling, fishing, bar, laundry service, airport shuttle; no a/c in some rooms, no room phones, no room TVs* ⊟ *No credit cards unless arranged with Frontiers* ⏐◯⏐ *AI.*

★ **$$$$** ⊞ **Casa Blanca Lodge.** This lodge is on a rocky outcrop on remote Punta Pájaros Island, which is reputed to be one of the best places in the world for light-tackle saltwater fishing. An open-air, thatch-roof bar welcomes anglers with drinks, fresh fish dishes, fruit, and vegetables at the start and end of the day. Only weeklong packages can be booked March through July. Rates include a charter flight from Cancún, all meals, a boat, and a guide; nonfishing packages are cheaper. A 50% prepayment is required, and room rates are calculated per person for a week's stay. ⊠ *Punta Pájaros* ⊕ *Reservations: Frontiers, Box 959, Wexford, PA 15090* ☎ *724/935–1577, 800/245–1950 for Frontiers* ⊕ *www. frontierstravel.com* ⇨ *9 rooms* ♻ *Restaurant, beach, snorkeling, fishing, bar, laundry service; no room phones, no room TVs* ⊟ *MC, V* ⏐◯⏐ *AI.*

Muyil

⑲ *24 km (15 mi) south of Tulum.*

This photogenic archaeological site at the northern end of the Reserva de la Biosfera Sian Ka'an is underrated. Once known as Chunyaxché, it's now called by its ancient name, Muyil (pronounced mool-*hill*). It dates from the Late Preclassic era, when it was connected by road to the sea and served as a port between Cobá and the Maya centers in Belize and Guatemala. A 15-foot-wide *sacbé*, built during the Postclassic period, extended from the city to the mangrove swamp and was still in use when the Spaniards arrived.

Structures were erected at 400-foot intervals along the white limestone road, almost all of them facing west, but there are only three still standing. At the beginning of the 20th century, the ancient stones were used to build a chicle (gum arabic) plantation, which was managed by one of the leaders of the War of the Castes. The most notable site at Muyil today is the remains of the 56-foot **Castillo**—one of the tallest on the Quintana Roo coast—at the center of a large acropolis. During excavations of the Castillo, jade figurines representing the moon and fertility goddess Ixchel were found. Recent excavations at Muyil have uncovered some smaller structures.

The ruins stand near the edge of a deep-blue lagoon and are surrounded by almost impenetrable jungle—so be sure to bring bug repellent. You can drive down a dirt road on the side of the ruins to swim or fish in the lagoon. The bird-watching is also exceptional here. ☒ $4, free Sun. ☉ Daily 8–5.

Felipe Carrillo Puerto

㉟ 60 km (37 mi) south of Muyil.

Formerly known as Chan Santa Cruz, Felipe Carrillo Puerto—the Costa Maya's first major town—is named for the man who became governor of Yucatán in 1920, and who was hailed as a hero after instituting a series of reforms to help the impoverished *campesinos* (farmers or peasants). Assassinated by the alleged henchman of the presidential candidate of an opposing party in 1923, he remained a popular figure long after his death.

The town was a political, military, and religious asylum during the 1846 War of the Castes; rebels fled here after being defeated at Mérida. It was also in this town that the famous cult of the Talking Cross took hold. The Talking Cross was a sacred symbol of the Maya; it was believed that a holy voice emanated from it, offering guidance and instruction. In this case the cross appeared emblazoned on the trunk of a cedar tree, and the voice urged the Indians to keep fighting. (The voice was actually an Indian priest and ventriloquist, Manual Nahuat, prompted by the Maya rebel José Maria Barrera.) Symbolic crosses were subsequently placed in neighboring villages, including Tulum, and they inspired the Maya to continue fighting until 1915, when the Mexican army finally gave up. The Cruzob Indians then ruled Quintana Roo as an independent state, much to the embarrassment of the Mexican government, until 1935, when the Cruzob handed Tulum over and agreed to Mexican rule.

Felipe Carrillo remains very much a Maya city, with even a few old-timers who cling to the belief that one day the Maya will once again rule the region. It exists primarily as the hub of three highways, and the only vestige of the momentous events of the 19th century is the small, uncompleted temple—on the edge of town in an inconspicuous, poorly marked park—begun by the Indians in the 1860s and now a monument to the War of the Castes. The church where the Talking Cross was originally housed also stands. Several humble hotels, some good restaurants, and a gas station may be incentives for stopping here on your southbound trek.

Where to Stay & Eat

¢ ✕▦ **El Faisán y El Venado.** The price is right at this simple, comfortable hotel. The restaurant (¢–$) does a brisk business with locals because it's very central and has good Yucatecan specialties such as *poc chuc* (pork marinated in sour-orange sauce), *bistec a la yucateca* (Yucatecan-style steak), and pollo pibíl. ☒ *Av. Benito Juárez, Lote 781* ☎ *983/834–0043* ⇱ *35 rooms* ⚿ *Restaurant, refrigerators, cable TV; no a/c in some rooms* ☷ *No credit cards.*

CLOSE UP

Caste Wars

WHEN MEXICO ACHIEVED independence from Spain in 1821, the Maya didn't celebrate. The new government didn't return their lost land, and it didn't treat them with respect. In 1847 a Maya rebellion began in Valladolid. The Indians were rising up against centuries of being relegated to the status of "lower caste" people. Hence the conflict was called the Guerra de las Castas, or War of the Castes. A year later, they had killed hundreds and the battle raged on.

Help for the embattled Mexicans arrived with a vengeance from Mexico City, Cuba, and the United States. By 1850 the Maya had been mercilessly slaughtered, their population plummeting from 500,000 to 300,000. Survivors fled to the jungles and held out against the government until its troops withdrew in 1915. The Maya controlled Quintana Roo from Tulum, their headquarters, and finally accepted Mexican rule in 1935.

4

Chacchoben

㉑ *33 km (21 mi) southwest of Felipe Carrillo Puerto.*

Chacchoben (pronounced *cha*-cho-ben) is one of the more recent archaeological sites to undergo excavation. An ancient city that was a contemporary of Kohunlich and the most important trading partner with Guatemala north of the Bacalar Lagoon area, the site contains several newly unearthed buildings that are still in good condition. The lofty **Templo Mayor,** the site's main temple, was dedicated to the Maya sun god Itzamná and once held a royal tomb. (When archaeologists found it, though, it had already been looted.) Most buildings were constructed in the early Classic period around AD 200 in the Peten style, although the city could have been inhabited as early as 200 BC. The inhabitants made a living growing cotton and extracting gum arabic and copal resin from the trees. ⊠ *Carretera 307, take Calle Lazaro Cardenas Exit south of Cafetal, turn right on Carretera 293, continue 9 km (5½ mi)* ☎ *No phone* ⊠ *$3* ☉ *Daily 8–5.*

Majahual

㉒ *71 km (44 mi) southeast of Felipe Carrillo Puerto on Carretera 307 to Majahual Exit south of Limones; turn left and continue 56 km (35 mi).*

The road to Majahual (pronounced ma-ha-*wal*) is long. But if you follow it, you'll get a chance to see one of the coast's last authentic fishing villages. Majahual is very laid-back, with inexpensive accommodations, dirt roads, backpackers, and lots of small restaurants serving fresh fish. It's what Playa del Carmen must have looked like 30 years ago. Activities include lounging, fishing, snorkeling, and diving. An airport has been built here (though it's currently lying abandoned), as well as the huge cruise-ship port and passengers-only shopping plaza of Puerto

Costa Maya—so it may not be long before this place turns into the next Cozumel. Come and enjoy it while it remains a quaint village.

If you're traveling by car, it's a good idea to fill your tank before heading to Majahual where the gas station's supply is known to sometimes run out.

Where to Stay

★ $ ▣ **Balamku.** While vacationing in the area, Canadian expats Carol Tumer and Alan Knight missed their turnoff to Punta Allen and ended up spending the night in Majahual. The next day they bought the property and built this stunning small hotel. They have exceeded all expectations in their ecologically sustainable practices. In addition to generating power with solar panels and wind generators, they use water-saving toilets and they compost all of the waste from the hotel. Since they have no septic tanks underground, they can be sure that none of their waste leaks into the sea. All of the cool and spacious rooms here face a quiet stretch of beach. They have tile floors and Mexican and Guatemalen bedding and handicrafts. Breakfast and kayak equipment are included in the cost of the room. ⊠ *Av. Mahahual, Km 5.7* ☎ *983/839–5332* ⊕ *www.balamku.com* ↘ *10 rooms* ⚒ *Fans, restaurant, fishing, shop, snorkeling; no room TVs* ▭ *No credit cards* ⧪ *BP.*

$ ▣ **La Posada de los 40 Canones.** This beachfront resort is in the middle of all of the action on the beach, especially when cruise ships arrive and this stretch of beach is buzzing with activity. The rooms are brightly colored and have handmade mahogany furniture. Bathrooms are large, with Mexican tiles surrounding the mirrors. There's a second-floor suite with a huge private terrace that's great for watching the sunrise or late night stargazing. A spiffy little restaurant adjoins the front office. ⊠ *Av. Majahual s/n* ☎ *983/834–5692* ⊕ *www.los40canones.com* ↘ *9 rooms, 3 suites* ⚒ *Restaurant, fans; no a/c in some rooms, no room phones, no room TVs* ▭ *MC, V.*

¢ ▣ **Dreamtime Dive Resort.** Solar energy and wind power drive things at this small complex, whose heart is the main building's big, inviting front porch. The rustic cabanas have thatch roofs, wooden floors, two beds each with mosquito netting, and tile bathrooms with wall murals and plenty of hot water. It would be difficult to find a friendlier and more enthusiastic staff. Their excitement about diving is contagious. They can teach you to dive (they are PADI certified) or they can show you around the nearby coral reef. The kitchen serves breakfast; its big oven is used to cook pizza in the evenings. ⊠ *Carretera Antigua a Xcalak, Km 2* ☎ *983/834–5823, 904/730–4337 in U.S.* ✉ *info@dreamtime-diving.com* ↘ *7 cabanas* ⚒ *Restaurant, snorkeling, fishing; no a/c, no room phones, no room TVs* ▭ *No credit cards.*

Xcalak

➋➌ *Carretera 307 to Majahual exit south of Limones; turn left, go 56 km (35 mi) to checkpoint, and turn south (left) onto highway for 60 km (37 mi).*

It's quite a journey to get to Xcalak (pronounced *ish*-ka-lack), but it's worth the effort. This national reserve is on the tip of a peninsula that divides Chetumal Bay from the Caribbean. Flowers, birds, and butterflies are abundant here, and the terrain is marked by savannas, marshes, streams, and lagoons dotted with islands. There are also fabulously deserted beaches. Visitor amenities are few; the hotels cater mostly to rugged types who come to bird-watch on Bird Island or to dive at Banco Chinchorro, a coral atoll and national park some two hours northeast by boat.

Where to Stay

$$ 🏠 **Costa de Cocos.** Wind generates the electricity at this small collection of cabanas, 2 km (1 mi) north of Xcalak. Each unit has a double bed and a bathroom; a family unit has two bathrooms. Owners Dave and Ilana Randall are knowledgeable about the peninsula and the offshore reef, and they can help you plan fishing trips, sea-kayak outings, bird-watching excursions, or diving courses with PADI instructors. Rates include a breakfast bar and there's an Internet café in the hotel restaurant. Reserve well in advance for stays here. ⊠ *Xcalak Peninsula, follow Carretera 307 to sign for Majahual, turn right at paved coast road to Xcalak* 🕾 *983/831–0110* ⊕ *www.costadecocos.com* 🛏 *14 cabanas* ⚴ *Restaurant, fans, beach, dive shop, dock, snorkeling, boating; no a/c, no room phones, no room TVs* 🖃 *No credit cards* 🍽 *MAP.*

$$ 🏠 **Playa Sonrisa.** This American-owned property has beachfront and garden-view cabanas, suites and rooms—all with wood furniture and blue color schemes, most also have cool tile floors. You can snorkel off the dock, and the staff can arrange fishing and scuba diving trips. Breakfast is served overlooking the beach, where clothing is optional. ⊠ *Xcalak Peninsula, 54 km (33 mi) south of Majahual, 5 km (3 mi) north of Costa de Cocos* 🕾 *983/839–4662* ⊕ *www.playasonrisa.com* 🛏 *2 rooms, 2 cabanas, 2 suites* ⚴ *Restaurant, fans, some refrigerators, beach, dock, snorkeling; no a/c in some rooms, no room phones, no room TVs* 🖃 *MC, V* 🍽 *CP.*

★ $$ 🏠 **Sin Duda.** On a lovely, wild beach, these rooms have single or double beds, trundle beds, and plenty of closet space. Guests have access to a fully equipped kitchen as well as to a dining area and a balcony. For more privacy, opt for Studio 6, which is in a separate building, or Apartment 7 or 8, which have their own kitchens and living rooms. There's also an "adult tree house"—an upper-floor studio set among trees. All guest quarters are adorned with Mexican pottery and other collectibles. ⊠ *Xcalak Peninsula, 54 km (33 mi) south of Majahual, 15 km (9 mi) north of Costa de Cocos* 🕾🕾 *983/839–4947* ⊕ *www.sindudavillas.com* 🛏 *5 rooms, 1 studio, 2 apartments* ⚴ *Some kitchens, beach, snorkeling, fishing; no a/c, no room phones, no room TVs* 🖃 *No credit cards* 🍽 *CP.*

Bacalar

24 *112 km (69 mi) south of Felipe Carrillo Puerto, 40 km (25 mi) northwest of Chetumal.*

Founded in AD 435, Bacalar (pronounced *baa*-ka-lar) is one of Quintana Roo's oldest settlements. **Fuerte de San Felipe Bacalar** (San Felipe Fort) is an 18th-century stone fort built by the Spaniards using stones from the nearby Maya pyramids. It was constructed as a haven against pirates and marauding Indians, though during the War of the Castes it was a Maya stronghold. Today the monolithic structure, which overlooks the enormous Laguna de Bacalar, houses government offices and a museum with exhibits on local history (ask for someone to bring a key if museum doors are locked). ☎ *No phone* 🌐 *www.iqc.gob.mx* *$2* ⏲ *Tues.–Sun. 10–6.*

Seawater and freshwater mix in the 56-km-long (35-mi-long) **Laguna de Bacalar,** intensifying the aquamarine hues that have earned it the nickname of Lago de los Siete Colores (Lake of the Seven Colors). Drive along the lake's southern shores to enter the affluent section of the town of Bacalar, with elegant waterfront homes. Also in the vicinity are a few hotels and campgrounds.

★ Just beyond Bacalar is Mexico's largest sinkhole, **Cenote Azul,** 607 feet in diameter, with clear blue waters that afford unusual visibility even at 200 feet below the surface. With all its underwater caves, the cenote (open daily 8–8) attracts divers who specialize in this somewhat tricky type of dive. At **Restaurant Cenote Azul** you can linger over fresh fish and a beer while gazing out over the deep blue waters or enjoy a swim off its docks. A giant all-inclusive resort keeps threatening to open here; try to visit before the tranquillity disappears.

> **WORD OF MOUTH**
>
> "If you are going to Bacalar, don't miss Cenote Azul. The drive down there is very, very difficult after a rain. Go in dry season only. WONDERFUL."
>
> -jim

Where to Stay

★ **$$$** **Rancho Encantado.** On the shores of Laguna Bacalar, 30 minutes north of Chetumal, the enchanting Rancho consists of Maya-theme *casitas* (cottages). Each one has Oaxacan furnishings, a patio, a hammock, a refrigerator, a sitting area, and a bathroom. Breakfast and dinner are included in the room rate (no red meat is served). You can swim and snorkel off the private dock leading into the lagoon or tour the ruins in southern Yucatán, Campeche, and Belize. Pick a room close to the water or your nights will be marred by the sound of trucks zooming by. Guided tours in English can also be organized to visit local ancient sites. These cost about $100 for a 10-hour day trip. ✉ *Off Carretera 307 at Km 3, look for turnoff sign* *Reservations: 470 East Riverside Dr., Truth or Consequences, NM 87901* ☎ *983/831–0037 or 800/505–6294* *505/894–7074* 🌐 *www.encantado.com* *12 casitas, 1 laguna suite* *Restaurant, fans, refrigerators, hot tub, massage, bar, travel services; no room phones, no room TVs* *MC, V* *MAP.*

¢–$$ **Hotel Laguna.** This brightly colored, eclectic hotel outside Bacalar is reminiscent of a lakeside summer camp. The main building resembles a lodge; cabins are on a hill overlooking the water. Rooms are spartan but comfortable. A garden path leads down to a dock-restaurant area where you can swim or use the canoes. The place is well manicured and maintained by a friendly, knowledgeable staff. ✉ *Carretera 307, Km 40* ☎ *983/834–2205* *3 cabins, 29 rooms* *Restaurant, fans, pool, boating; no a/c in some rooms, no room phones, no room TVs* *No credit cards.*

Chetumal

㉕ *58 km (36 mi) south of Bacalar.*

Chetumal (pronounced *chet*-too-maal) is the final-stop town on the Costa Maya. Originally called Payo Obis, it was founded by the Mexican government in 1898 in a partially successful attempt to gain control of the lucrative trade of precious hardwoods, arms, and ammunition and as a military base against rebellious Indians. The city, which overlooks the Bay of Chetumal at the mouth of the Río Hondo, was devastated by a hurricane in 1955 and rebuilt as the capital of Quintana Roo and the state's major port. Though Chetumal remains the state capital, it attracts few visitors other than those en route to Central America or those traveling to the city on government business.

At times, Chetumal feels more Caribbean than Mexican; this isn't surprising, given its proximity to Belize. Many cultural events between the two countries are staged. Further, a population that includes Afro-Caribbean and Middle Eastern immigrants has resulted in a mix of music (reggae, salsa, calypso) and cuisines (Yucatecan, Mexican, and Lebanese). Although Chetumal's provisions are modest, the town has a number of parks on a waterfront that's as pleasant as it is long: the Bay of Chetumal surrounds the city on three sides. The downtown area has been spruced up, and mid-range hotels and visitor-friendly restaurants have popped up along Boulevard Bahía and on nearby Avenida Héroes. Tours are run to the fascinating nearby ruins of Kohunlich, Dzibanché, and Kinichná, a trio dubbed the "Valley of the Masks."

Paseo Bahía, Chetumal's main thoroughfare, runs along the water for several miles. A walkway runs parallel to this road and is a popular gathering spot at night. If you follow the road it turns into the Carretera Chetumal–Calderitas and, after 16 km (11 mi), leads to the small ruins of **Oxtankah.** Archaeologists believe this city's prosperity peaked between AD 300 and 600. It's open daily 8–5; admission is $3.

★ ☾ The **Museo de la Cultura Maya,** a sophisticated, interactive museum dedicated to the complex world of the Maya, is outstanding. Displays, which have explanations in Spanish and English, trace Maya architecture, social classes, politics, and customs. The most impressive display is the three-story Sacred Ceiba Tree. The Maya use this symbol to explain the relationship between the cosmos and the earth. The first floor represents the roots of the tree and the Maya underworld, called Xibalba. The middle floor is the tree trunk, known as Middle World, home to humans and all their trappings. The top floor is the leaves and branches and the 13 heavens of the cosmic otherworld. ☒ *Av. Héroes and Calle Mahatma Gandhi* ☎ *983/832–6838* ⊕ *www.iqc.gob.mx* 🖼 *$5* ☾ *Tues.–Sun. 9–7.*

Where to Stay & Eat

★ **$–$$$** ✕ **Sergio's Restaurant & Pizzas.** Locals rave about this restaurant's grilled steaks, barbecued chicken (made with the owner's own sauce), and garlic shrimp, along with smoked-oyster and seafood pizzas. The restaurant feels fancier than most other local joints, and the staff is gracious;

when you order the delicious Caesar salad for two, a waiter prepares it at your table. ⊠ *Av. Alvaro Obregón 182, at Av. 5 de Mayo* ☎ *983/832–0882* ⊟ *D, MC, V.*

¢–$ ✕ **Expresso Cafe.** At this bright, modern café, you can look out over the placid Bay of Chetumal while you enjoy fresh salads, sandwiches, and chicken dishes, and your choice of 15 kinds of coffee. ⊠ *Blvd. Bahía 12* ☎ *983/832–2654* ⊟ *No credit cards.*

$$–$$$ ▦ **Los Cocos.** The jungle theme of this hotel's popular outdoor restaurant and lobby ends when you enter the rooms, which are modern and spacious, and painted in subdued pastels. Some have balconies or outside sitting areas. There's a pool in a large pleasant garden, the waterfront is within easy walking distance, and in 2004 a group of junior suites was added to the property. There are also villas available; they're decorated much like the junior suites, but on a larger scale. ⊠ *Av. Héroes 134, at Calle Chapultepec* ☎ *983/832–0544* ▤ *983/832–0920* ⊕ *www.hotelloscocos.com* ↩ *80 rooms, 2 junior suites, 14 villas* ♿ *Restaurant, some in-room minibars, some refrigerators, cable TV, pool, hot tub, bar, shops, 3 meeting rooms, car rental* ⊟ *AE, D, MC, V.*

$$ ▦ **Holiday Inn Puerta Maya.** Though it's small, the staff at this hotel works extra-hard to make it feel luxurious. The clublike lobby has dark-green leather furniture and lots of plants. In the light-filled guest rooms wood accents complement soft sunset colors; each room has a small terrace that overlooks the pool, which is itself surrounded by a garden with Maya sculptures. The hotel's location, directly across from the Maya museum, is another perk. ⊠ *Av. Héroes 171* ☎ *983/835–0400* ▤ *983/832–1676* ⊕ *www.holidayinn.com* ↩ *85 rooms, 9 suites* ♿ *Restaurant, in-room safes, cable TV, pool, bar, travel services, free parking, no-smoking rooms* ⊟ *MC, V.*

¢ ▦ **Hotel Marlon.** This comfortable hotel, with its pastel color scheme, is one of the best deals in town. There's plenty of cool air and lots of hot water. The pool is good, the restaurant is great, and the bar is small but sweet. The staff demonstrates what traditional Mexican hospitality is all about. ⊠ *Av. Juárez 87* ☎ *983/832–9411 or 983/832–9522* ▤▤ *983/832–6555* ↩ *50 rooms* ♿ *Restaurant, cable TV, pool, bar, car rental* ⊟ *AE, MC, V.*

THE RÍO BEC ROUTE

The area known as the Río Bec Route enjoyed little attention for years until the last decade, when the Mexican government opened it up by building a highway, preserving previously excavated sites, and uncovering more ruins. Visiting this region might still make you feel like something of a pioneer, though; historical discoveries are still being made here, and conditions are decidedly rustic.

The Río Bec Route continues beyond Quintana Roo's Valley of the Masks into Campeche. Xpujil, the first major site in Campeche, is 115 km (71 mi) west of Chetumal. Hotels and restaurants in the area are scarce, so it's a good idea to make Chetumal your base for exploring.

Kohunlich

★ **26** *42 km (26 mi) west of Chetumal on Carretera 186, 75 km (47 mi) east of Xpujil.*

Kohunlich (pronounced *ko*-hoon-lich) is renowned for the giant stucco masks on its principal pyramid, the **Edificio de los Mascarones** (Mask Building). It also has one of Quintana Roo's oldest ball courts and the remains of a great drainage system at the **Plaza de las Estelas** (Plaza of the Stelae). Masks that are about 6 feet tall are set vertically into the wide staircases at the main pyramid, called **Edificio de las Estelas** (Building of the Stelae). First thought to represent the Maya sun god, they are now considered to be composites of the rulers and important warriors of Kohunlich. Another giant mask was discovered in 2001 in the building's upper staircase.

> ### RIÓ BEC PYRAMIDS
>
> Río Bec refers to a particular architectural style that is predominant among Maya sites along this route. Although most pyramids in Quintana Roo are built in the Peten style—an import from Guatemala whose chief characteristics are sloped sides and twin upper chambers—Río Bec pyramids are steep and have narrow staircases that lead up to cone-shape tops. Temples built in this style often have doorways carved like open mouths and stone roof combs reminiscent of latticework.

In 1902 loggers came upon Kohunlich, which was built and occupied during the Classic period by various Maya groups. This explains the eclectic architecture, which includes the Peten and Río Bec styles. Although there are 14 buildings to visit, it's thought that there are at least 500 mounds on the site waiting to be excavated. Digs have turned up 29 individual and multiple burial sites inside a residence building called **Temple de Los Viente-Siete Escalones** (Temple of the Twenty-Seven Steps). This site doesn't have a great deal of tourist traffic, so it's surrounded by thriving flora and fauna. ☎ *No phone* ☞ *$4* ⊙ *Daily 8–5.*

Where to Stay

$$$$
FodorsChoice
★

🏨 **Explorean Kohunlich.** At the edge of the Kohunlich ceremonial grounds, this ecological resort gives you the chance to have an adventure without giving up life's comforts. Daily excursions include trips to nearby ruins, lagoons, and forests for bird-watching, mountain biking, kayaking, rock climbing, and hiking. You return in the evening to luxurious, Mexican-style suites filled with natural textiles and woods. All guest quarters are strung along a serpentine jungle path; they're very private and have showers that open onto small back gardens. The pool and outdoor hot tub have views of the distant ruins. ⊠ *Carretera Chetumal–Escarega, Km 5.65, same road as ruins* ☎ *55/5201–8350 in Mexico City, 877/ 397–5672 in U.S.* ⊕ *www.theexplorean.com* ⇆ *40 suites* ⌂ *Restaurant, fans, pool, outdoor hot tub, massage, sauna, boating, bicycles, hiking, bar, meeting room; no room TVs, no kids* ⊟ *AE, MC, V* ⍟⎮ *AI.*

Dzibanché & Kinichná

 1 km (½ mi) east of turnoff for Kohunlich on Carretera 186; follow signs for 24 km (15 mi) north to fork for Dzibanché (1½ km [1 mi] from fork) and Kinichná (3 km [2 mi] from fork).

The alliance between the sister cities Dzibanché ("place where they write on wood," pronounced zee-ban-*che*) and Kinichná (House of the Sun, pronounced kin-itch-*na*) was thought to have made them the most powerful cities in southern Quintana Roo during the Maya Classic period (AD 100–1000). The fertile farmlands surrounding the ruins are still used today as they were hundreds of years ago, and the winding drive deep into the fields makes you feel as if you're coming upon something undiscovered.

Archaeologists have been making progress in excavating more and more ruins, albeit slowly. At **Dzibanché,** several carved wooden lintels have been discovered; the most perfectly preserved sample is in a supporting arch at the **Plaza de Xibalba** (Plaza of Xibalba). Also at the plaza is the **Templo del Búho** (Temple of the Owl), atop which a recessed tomb was found, the second discovery of its kind in Mexico (the first was at Palenque in Chiapas). In the tomb were magnificent clay vessels painted with white owls—messengers of the underworld gods. More buildings and three plazas have been restored as excavation continues. Several other plazas are surrounded by temples, palaces, and pyramids, all in the Peten style. The carved stone steps at **Edificio 13** and **Edificio 2** (Buildings 13 and 2) still bear traces of stone masks. A copy of the famed lintel of **Templo IV** (Temple IV), with eight glyphs dating from AD 618, is housed in the Museo de la Cultura Maya in Chetumal. (The original was replaced in 2003 because of deterioration.) Four more tombs were discovered at **Templo I** (Temple I). ☎ *No phone* 🖂 *$4* ⊘ *Daily 8–5.*

After you see Dzibanché, make your way back to the fork in the road and head to **Kinichná.** At the fork, you'll see the restored **Complejo Lamai** (Lamai Complex), administrative buildings of Dzibanché. Kinichná consists of a two-level pyramidal mound split into Acropolis B and Acropolis C, apparently dedicated to the sun god. Two mounds at the foot of the pyramid suggest that the temple was a ceremonial site. Here a giant Olmec-style jade figure was found. At its summit, Kinichná affords one of the finest views of any archaeological site in the area. ☎ *No phone* 🖂 *$4* ⊘ *Daily 8–5.*

CARRETERA 186 INTO CAMPECHE

Xpujil, Chicanná, Calakmul . . . exotic, far-flung-sounding names dot the map along this stretch of jungly territory. These are places where the creatures of the forest outnumber the tourists: in Calakmul, four- and five-story ceiba trees sway as families of spider monkeys swing through the canopy; in Xpujil, brilliant blue motmots fly from tree to tree in long, swoopy arcs.

The vestiges of at least 10 little-known Maya cities lie hidden off Carretera 186 between Escárcega and Chetumal. You can see Xpujil, Becán,

Hormiguero, and Chicanná in one rather rushed day by starting out early from from Chetumal, Quintana Roo, and spending the night in Xpujil. If you plan to see Calakmul, spend the first night at Xpujil, arriving at Calakmul as soon as the site opens the next day. That provides the best chance to see armadillo, wild turkey, families of howler and spider monkeys, and other wildlife.

There are not many good tour guides in the region. Some of the most experienced and enthusiastic tour guides are part of an community organization called **Servidores Turisticos Calakmul.** There are bicycle tours, horseback tours, and tours to observe plants and animals; all tours can be customized to meet your interests, including trips over several days, with overnight stays in the jungle. If your Spanish is shaky, ask for Leticia who speaks basic English and has years of experience as a guide. ✉ *Av. Calakmul between Okolwitz and Payan* ☎ *983/871–6064.*

Hotel owners Rick Bertram and Diane Lalonde offer tours through their hotel **Rio Bec Dreams.** They are native English speakers and enthusiastic guides, and will give you a comprehensive trip around the local archaeological sites. If you spend an afternoon at their hotel bar, they will also let you flip through their large collection of books and magazines about the region. They charge $100 for an 8- to 10-hour day. ✉ *Carretera 186, Escarcega-Chetumal, Km. 142* ☎ *983/124–0501* ⊕ *www.riobecdreams.com.*

Xpujil

 ㉘ *Carretera 186, Km 150; 300 km (186 mi) southeast of Campeche, 130 km (81 mi) south of Dzibilnocac, 125 km (78 mi) west of Chetumal.*

Xpujil (meaning "cat's tail," and pronounced ish-*poo*-hil) gets its same from the reedy plant that grows in the area. Elaborately carved facades and doorways in the shape of monsters' mouths reflect the Chenes style, while adjacent pyramid towers connected by a long platform show the influence of Río Bec architects. Some of the buildings have lost a lot of their stones, making them resemble "day after" sand castles. In **Edificio I,** all three towers were once crowned by false temples, and at the front of each are the remains of four vaulted rooms, each oriented toward one of the compass points and thought to have been used by priests and royalty. On the back side of the central tower is a huge mask of the rain god Chaac. Quite a few other building groups amid the forests of gum trees and *palo mulato* (so called for its bark with both dark and light patches) have yet to be excavated. 🎟 *$2.20* ☉ *Daily 8–5.*

Where to Stay

★ **$$** ⬚ **Chicanná Ecovillage Resort.** Rooms in this comfortable jungle lodge are in two-story stucco duplexes with thatch roofs. Each ample unit has a tile floor, an overhead fan, screened windows, a wide porch or balcony with a table and chairs, and one king or two double beds with bright cotton bedspreads. There's a library with a television and VCR, and a small pool filled with rainwater and surrounded by flowering plants. There's no phone or fax at the hotel; both are available in nearby Xpujil. For reservations, contact the Del Mar Hotel in Campeche City. ✉ *Carretera 186, Km 144, 9 km (5½ mi) north of village of Xpujil* ☎ *01800/560–8612, 981/811–9191 for reservations* 🖷 *981/811–9192* ⊕ *www.mayanroutes.com/hotels/calakmul/* �� *38 rooms* ⌂ *Restaurant, fans, pool, hot tub, bar, library, laundry service, meeting room, free parking; no a/c, no room phones, no room TVs* ▭ *AE, MC, V.*

★ **$$** 🖾 **Rio Bec Dreams.** From the moment you arrive at this hotel in the middle of the jungle, owners Rick Bertram and Diane Lalonde will make you feel at home. They may invite you to pull up a chair at their bar, flip through books and magazines about the area, and swap stories with them and other guests about your day and your interest in local ruins. Since archaeologists often stay at the hotel, they are up on the latest gossip about new ideas and discoveries. You can order a meal at the bar, and, when it's ready, you'll be led to a private table with candles and a bouquet of flowers to enjoy the delicious food. The small freestanding "jungalows," separated by winding paths, have cozy beds with curtains around them so that you don't have to worry about bugs at night. Bathrooms are shared between units. The private cabana is roomier and has a private bathroom, but there's presently only one (though plans are in the works to build more) so reserve in advance if you prefer more privacy. ✉ *Carretera 186, Escarcega-Chetumal, Km 142* ☎ *983/124–0501* ⊕ *www.riobecdreams.com* 📑 *4 shared cabanas, 1 private cabana* ⌂ *Restaurant, bar; no a/c, no room phones, no room TVs.*

Becán

★ **29** *7 km (4½ mi) west of Xpujil, Carretera 186, Km 145.*

An interesting feature of this once important city is its defensive moat—an unusual feature among ancient Maya cities but barely evident today. The seven ruined gateways—which once permitted the only entrance to the guarded city—may have clued archaeologists to its presence. Becán (usually translated as "canyon of water," referring to the moat) is thought to have been an important city within the Río Bec group, which once encompassed Xpujil, Chicanná, and Río Bec. Most of the site's many buildings date from between about AD 600 and 1000, but since there are no traditionally inscribed stelae listing details of royal births, deaths, battles, and ascendencies to the throne, archaeologists have had to do a lot of guessing about what transpired here.

You can climb several of the structures to get a view of the area, and even spot some of Xpuhil's towers above the treetops. Duck into **Estructura VIII,** where underground passages lead to small subterranean rooms and to a concealed staircase that reaches the top of the temple. One of several buildings surrounding a central plaza, Estructura VIII has lateral towers and a giant zoomorphic mask on its central facade. The building was used for religious rituals, including blood-letting rites during which the elite pierced earlobes and genitals, among other sensitive body parts, in order to present their blood to the gods. ⊙ *Daily 8–5.*

Chicanná

 ㉚ *Carretera 186, Km 141; 3 km (2 mi) east of Becán.*

Thought to have been a satellite community of the larger, more commercial city of Becán, Chicanná ("house of the serpent's mouth") was also in its prime during the Late Classic period. Of the four buildings surrounding the main plaza, **Estructura II,** on the east side, is the most impressive. On its intricate facade are well-preserved sculpted reliefs and faces with long twisted noses, symbols of Chaac. In typical Chenes style, the doorway represents the mouth of the creator-god Itzamná; surrounding the opening are large crossed eyes, fierce fangs, and earrings to complete the stone mask, which still bears traces of blue and red pigments. 🖾 *$3* ⊘ *Daily 8–5.*

Hormiguero

 ㉛ *14 km (9 mi) southeast of Xpujil.*

Bumping down the badly potholed, 8-km (5-mi) road leading to this site may give you an appreciation for the explorers who first found and excavated it in 1933. Hidden throughout the forest are at least five magnificent temples, two of which have been excavated to reveal ornate facades covered with zoomorphic figures whose mouths are the doorways. The buildings here were constructed roughly between 400 BC and AD 1100 in the Río Bec style, with rounded lateral towers and ornamental stairways, the latter built to give an illusion of height, which they do wonderfully. The facade of **Estructura II,** the largest structure on the site, is beautiful: intricately carved and well preserved. **Estructura V** has some admirable Chaac masks arranged in a cascade atop a pyramid. Nearby is a perfectly round chultun (water storage tank), and, seemingly emerging from the earth, the eerily-etched designs of a still-unexcavated structure.

Hormiguero is Spanish for "anthill," referring both to the looters' tunnels that honeycombed the ruins when archaeologists discovered them and to the number of large anthills in the area. Among the other fauna sharing the jungle here are several species of poisonous snakes. Although these mainly come out at night, you should always be careful of where you walk and, when climbing, where you put your hands. 🖾 *$2.50* ⊘ *Daily 8–5.*

Reserva de la Biosfera Calakmul

 ㉜ *Entrance at Carretera 186, Km 65; 107 km (66 mi) southwest of Xpujil.*

Fodor'sChoice ★   Vast, lovely, green, and mysterious Calakmul may not stay a secret for much longer. You won't see any tour buses in the parking lot, and on an average day, site employees and laborers still outnumber the visitors traipsing along the moss-tinged dirt paths that snake through the jungle. But things are changing. The nearest town, Xpujil, already has Internet service. And the proposed building of a water-retention aqueduct in the same area will, if it becomes a reality, almost surely bring increased tourism—maybe even chain hotels—to the area. So if you're looking for untrammeled Mexican wilderness, don't put it off any longer: the time to visit Calakmul is now.

Calakmul encompasses some 1.8 million acres of land along the Guatemalan border. It was declared a protected biosphere reserve in 1989, and is the second-largest reserve of its kind in Mexico after Sian Ka'an in Quintana Roo. All kinds of flora and fauna thrive here, including wildcats, spider and howler monkeys, and hundreds of exotic birds, orchid varieties, butterflies, and reptiles. (There's no shortage of insects, either, so don't forget the bug repellent.)

The centerpiece of the reserve, however, is the ruined Maya city that shares the name Calakmul (which translates as "two adjacent towers"). Although Carretera 186 runs right through the reserve, you'll need to drive about 1½ hours from the highway along a 50-km (31-mi) authorized entry road to get to the site. Although structures here are still being excavated, the dense surrounding jungle is being left in its natural state: as you walk among the ruined palaces and tumbled stelae, you'll hear the screams of howler monkeys, and see massive strangler figs enveloping equally massive trees.

This magnificent city, now in ruins, wasn't always so lonely. Anthropologists estimate that in its heyday (between AD 542 and 695), the region was inhabited by more than 50,000 Maya; archaeologists have mapped more than 6,250 structures, and found 180 stelae. Perhaps the most monumental discovery so far is the remains of royal ruler Garra del Jaguar (Jaguar Claw); his body was wrapped (but not embalmed) in a shroud of palm leaf, lime, and fine cloth, and locked away in a royal tomb in about AD 700. In an adjacent crypt, a young woman wearing fine jewelry and an elaborately painted wood-and-stucco headdress was entombed together with a child. Their identity is still a mystery. The artifacts and skeletal remains have been moved to the Maya Museum in Campeche City.

Unlike those at Chichén Itzá (which also peaked in importance during the Classic era) the pyramids and palaces throughout Calakmul can be climbed for soaring vistas. You can choose to explore the site along a short, medium, or long path, but all three eventually lead to magnificent **Templo II** and **Templo VII**—twin pyramids separated by an immense plaza. Templo II, at 175 feet, is the peninsula's tallest Maya building. Scientists are studying a huge, intact stucco frieze deep within this structure, but it's not currently open to visitors.

Arrangements for an English-speaking Calakmul tour guide should be made beforehand with Servidores Turisticos Calakmul, Rio Bec Dreams, or through Chicanná Ecovillage near Xpujil. Camping is permitted with the Servidores Turisticos Calakmul; be sure to tip the caretakers at the entrance gate. You can set up camp near the second checkpoint. Even if day tripping, though, you'll need bring your own food and water; the only place to buy a meal is near the entrance, and you may want to carry a bottle of water and a snack as the walk to the ruins is long. ⊠ *97 km (60 mi) east of Escárcega to turnoff at Cohuás, then 50 km (31 mi) south to Calakmul* ☎ *No phone* ☜ *$4 per car, more for larger vehicles, plus $4 per person* ☉ *Daily 8–5.*

Carretera 186 Essentials

Transportation

BY CAR

From Chetumal on the coast of Quintana Roo, it's about 140 km (87 mi) to Xpujil. Carretera 186, is a two-lane highway in reasonably good condition. ⚠ **Drive with extreme caution on Highway 186 between Escárcega and the Quintana Roo state border; the road is curvy and narrow in many spots, and it's often under repair. It's best to avoid driving at night, especially on this highway. Military checkpoints pop up here and there, but the machine gun-wielding soldiers are nothing to fear; they'll usually just wave you right on.**

Contacts & Resources

EMERGENCIES

For general emergencies throughout Campeche, dial **060**.

TOUR OPTIONS

Servidores Turisticos Calakmul. (✉ Av. Calakmul between Okolwitz and Payan ☎ 983/871–6064)

Rio Bec Dreams. (✉ Carretera 186, Escarcega-Chetumal, Km 142 ☎ 983/124–0501 ⊕ www.riobecdreams.com)

VISITOR INFORMATION

Campeche's State Tourism Office is open daily 8 AM–9 PM. The Municipal Tourist Office is open 9–9 every day.
🛈 **Municipal Tourist Office** ✉ Calle 55 between Calles 8 and 10, Campeche City ☎ 981/811-3989 or 981/811-3990. **State Tourism Office** ✉ Av. Ruíz Cortínez s/n, Plaza Moch Couoh, across from Gobierno, Campeche City Centro ☎ 981/811-9229 🖷 981/816-6767.

CARIBBEAN COAST ESSENTIALS

Transportation

BY AIR

Almost everyone who arrives by air into this region flies into Cancún, at the Aeropuerto Internacional Cancún. Chetumal, however, has an airport, Aeropuerto de Chetumal, on its southwestern edge, along Avenida Alvaro Obregón where it turns into Carretera 186.

Mexicana Airlines flies from Mexico City to Chetumal five times a week. Aerosaab, a charter company with four- and five-seat Cessnas, flies from a small airstrip in Playa del Carmen to Chichén Itzá and Isla Holbox. The five-hour Chichén Itzá tours costs $260. The three- to four-hour Isla Holbox tours cost $285. Aerosaab can be chartered for flights throughout the Riviera Maya and Costa Maya.
🛈 **Aeropuerto de Chetumal** ☎ 983/832-3525. **Aeropuerto Internacional Cancún** ✉ Carretera Cancún–Puerto Morelos/Carretera 307, Km 9.5 ☎ 998/848-7241 ⊕ www.asur.com.mx. **Aerosaab** ☎ 984/873-0804 🖷 984/873-0501 ⊕ www.aerosaab.com. **Mexicana Airlines** ☎ 800/531-7921 in U.S., 01800/502-2000 in Mexico ⊕ www.mexicana.com.mx.

BY BOAT & FERRY

Passenger-only ferries and speedboats depart from the dock at Playa del Carmen for the 45-minute trip to the main pier in Cozumel. They leave daily, approximately every hour on the hour between 6 AM and 11 PM, with no ferries at 7 AM or 2 PM. Return service to Playa runs every hour on the hour between 5 AM and 10 PM, with no ferries at 6 or 11 AM and 2 PM. Call ahead, as the schedule changes often.

⚓ Passenger-only ferries ☎ 984/879-3112 in Playa, 984/872-1588 in Cozumel.

BY BUS

The bus station in Chetumal (Avenida Salvador Novo 179) is served mainly by ADO—Autobuses del Oriente. Caribe Express also runs buses regularly from Chetumal to Villahermosa, Mexico City, Mérida, Campeche City, and Veracruz, as well as Guatemala and Belize.

Buses traveling to all points except Cancún stop at the terminal Avenida 20 and Calle 12. Buses headed to and from Cancún use the main bus terminal downtown (Avenida Juárez and Avenida 5). ADO runs express, first-class, and second-class buses to major destinations.

⚓ ADO—Autobuses del Oriente ☎ 983/832-5110 ⊕ www.ado.com.mx. **Caribe Express** ☎ 983/832-7889.

BY CAR

The entire 382-km (237-mi) coast from Punta Sam near Cancún to the main border crossing to Belize at Chetumal is traversable on Carretera 307—a straight, paved highway. A few years ago, only a handful of gas stations serviced the entire state of Quintana Roo, but now—with the exception of the lonely stretch from Felipe Carrillo Puerto south to Chetumal—they are plentiful.

Good roads that run into Carretera 307 from the west are Carretera 180 (from Mérida and Valladolid), Carretera 295 (from Valladolid), Carretera 184 (from central Yucatán), and Carretera 186 (from Villahermosa and, via Carretera 261, from Mérida and Campeche). There's an entrance to the *autopista* toll highway between Cancún and Mérida off Carretera 307 just south of Cancún. Approximate driving times are as follows: Cancún to Felipe Carrillo Puerto, 4 hours; Cancún to Mérida, 4½ hours (3½ hours on the autopista toll road, $27); Puerto Felipe Carrillo to Chetumal, 2 hours; Puerto Felipe Carrillo to Mérida, about 4½ hours; Chetumal to Campeche, 6½ hours.

⚠ **Defensive driving is a must. Follow proper road etiquette—vehicles in front of you that have their left turn signal on are saying "pass me," not "I'm going to turn." Also, south of Tulum, keep an eye out for military and immigration checkpoints. Have your passport handy, be friendly and cooperative, and don't carry any items, such as firearms or drugs, which might land you in jail.**

CAR RENTAL Several major car rental companies service Cancún and have branch offices at the Cancún airport (*see the* Smart Travel Tips *section at the back of this book for details*). Renting a car from one of these airport branches will get you the cheapest rates. Most first-class hotels in Puerto Aventuras, Akumal, and Chetumal also rent cars. If you're planning to stay in Puerto Morelos, though, it's better to rent a car in Cancún, as there aren't many bargains in town. In Playa del Carmen, stick with the bigger rental agencies: Hertz, Budget, and Thrifty. If you want air-conditioning or an automatic transmission, reserve your car at least one day in advance. Always include a full insurance package with your rental.

BY TAXI

You can hire taxis in Cancún to go as far as Playa del Carmen, Tulum, or Akumal, but the price is steep unless you have many passengers. Fares run about $65 or more to Playa alone; between Playa and Tulum or Akumal, expect to pay at least another $25–$35. It's much cheaper from Playa to Cancún, with taxi fare running about $40; negotiate before you hop into the cab. From Puerto Morelos to Cancún, expect to pay from $21 to $25, depending on exactly where you want to get off. Getting a taxi along Carretera 307 can take a while. Ask your hotel to call one for you. You can walk to just about everything in Playa. If you need to travel along the highway or farther north than Calle 20, a reliable taxi service is Sitios Taxis.

Sitios Taxis ✉ Playa del Carmen ☎ 984/873-0032. **Sitios Uno de Puerto Morelos** ✉ Main Plaza, Puerto Morelos ☎ 998/871-0090.

Contacts & Resources

BANKS & EXCHANGE SERVICES

Banamex ✉ Av. Juárez between Avs. 20 and 25, Playa del Carmen ☎ 984/873-0825 ✉ Av. 10 at 12, Playa del Carmen ☎ 984/873-2947. **Bancomer** ✉ Av. Juárez between Calles 25 and 30, Playa del Carmen ☎ 984/873-0356 ✉ Av. Alvaro Obregón 222, at Av. Juárez, Chetumal ☎ 984/832-5300. **HSBC** ✉ Av. Juárez between Avs. 10 and 15, Playa del Carmen ☎ 01800/712-4825 ✉ Av. 30 between Avs. 4 and 6, Playa del Carmen ☎ 01800/712-4825 ✉ Avs. Tulum and Alfa, Tulum ☎ 01800/712-4825. **Scotiabank Inverlat** ✉ Av. 5 between Avs. Juárez and 2, Playa del Carmen ☎ 984/873-1488.

EMERGENCIES

For general emergencies throughout the Carribbean Coast dial **060**.

In Puerto Morelos, there are two drugstores in town on either side of the gas station on Carretera 307. In Playa del Carmen, the Health Center (Centro de Salud) is right near two pharmacies—both of them are on Avenida Juárez between Avenidas 20 and 25.

Ambulance ✉ Playa del Carmen ☎ 984/873-0493. **Centro de Salud** ✉ Av. Juárez and Av. 15, Playa del Carmen ☎ 984/873-1230 Ext. 147. **Police** ✉ Av. Juárez between Avs. 15 and 20, Playa del Carmen ☎ 984/873-0291. **Red Cross** ✉ Av. Juárez and Av. 25, Playa del Carmen ☎ 984/873-1233.

INTERNET, MAIL & SHIPPING

Many of the more remote places on the Caribbean coast rely on e-mail and the Internet as their major forms of communication. In Playa del Carmen, Internet service is cheap and readily available. The best places, which include Cyberia Internet Café and Atomic Internet Café, charge $3 per half hour. In Puerto Morelos, Computer Tips is open 9 to 9 daily. In Tulum, the Weary Traveler, across from the bus station, and Savanas, next to the Chilam Balam Hotel, have complete business services, including Internet and fax.

The Playa del Carmen *correos* (post office) is open weekdays 8–7. If you need to ship packages or important letters, go through the shipping company Estafeta.

▉ Cybercafés **Atomic Internet Café** ✉ Av. 5 and Calle 8, Playa del Carmen. **Computer Tips** ✉ Av. Javier Rojo Gomez, on main square, Puerto Morelos ☎ 998/871-0155. **Cyberia Internet Café** ✉ Calle 4 and Av. 15, Playa del Carmen. **Internet Club** ✉ Av. Oriente 89, Tulum. **El Point.** ✉ Av. 5 between 24 and 26 Norte, Playa del Carmen ☎ 984/803-3412 ⊕ www.elpointnet.com ✉ Av. 10 between 12 and 15, Playa del Carmen ☎ 984/803-0897 ✉ Av 10 between 2 and 4 Norte Playa del Carmen ☎ 984/803-1268 ✉ Avs. Tulum and Alfa, Tulum ☎ 984/877-3044 ✉ Carrertera Federal Cancún, Super San Francis de Asís Shopping Center, Tulum ☎ 984/871-2715.

▉ Mail & Shipping **Correos** ✉ Av. Juárez, next to police station, Playa del Carmen ☎ 983/873-0300. **Estafeta** ✉ Calle 20, Playa del Carmen ☎ 984/873-1008. **Savanas** ✉ Av. Tulum between Avs. Orion and Beta Sur, Tulum ☎ 984/871-2091. **Weary Traveler** ✉ Av. Tulum, across from bus station Tulum ☎ 984/871-2390.

MEDIA

Morgan's Tobacco Shop and Tequila Collection, both in Playa del Carmen, sell English-language magazines and newspapers, and Mundo Libreria-Bookstore has a good collection of English-language books. Look for **Sac-Be**, an English- and Spanish-language newspaper published every other month and available all up and down the coast in stores, restaurants and hotels. This 40-page freebie is full of facts, up-to-date maps, fun things to do, and best of all, there's a special feature titled Beach of the Month, which tells where the locals go for fun in the sun.

▉ **Morgan's Tobacco Shop** ✉ Av. 5 and Calle 6, Playa del Carmen ☎ 984/873-2166. **Tequila Collection** ✉ Av. 5 between Calles 4 and 6, Playa del Carmen ☎ 984/873-0876. **Mundo Libreria-Bookstore** ✉ Calle 1 Sur No. 189, between Avs. 20 and 25 Playa del Carmen ☎ 984/879-3004

TOUR OPTIONS

You can visit the ruins of Cobá and the Maya villages of Pac Chen and Chi Much—deep in the jungle—with Alltournative Expeditions. The group offers other ecotours as well. ATV Explorer offers two-hour rides through the jungle in all-terrain vehicles; you can explore caves, see ruins, and snorkel in a cenote. Tours start at $38.50. Based in Playa del Carmen, Tierra Maya Tours runs trips to the ruins of Chichén Itzá, Uxmal, and Palenque (between Chiapas and Tabasco). The company can also help you with transfers, tickets, and hotel reservations.

Puerto Costa Maya offers a wide variety of tours exclusively for their cruise clients, including catamaran sailing tours, Chinchorro Reef excursions, Maya ruin tours at Kohunlich and Chacchoben, and tropical safari jeep tours.

▉ **Alltournative Expeditions** ✉ Av. 38 Norte, Lote 3 between Av. 1 and 5 Playa del Carmen ☎ 984/873-2036 ⊕ www.alltournative.com. **ATV Explorer** ✉ Carretera 307, 1 km (½ mi) north of Xcaret ☎ 984/873-1626. **Maya Sites Travel Services** ☎ 719/256-

5186 or 877/620-8715 ⊕ www.mayasites.com. **Tierra Maya Tours** ⊠ Av. 5 and Calle 6 ☎ 984/873-1385. **El Tucán de Costa Maya** ⊠ Av. Mahahual, at Artesan Market ☎ 983/ 834-5911 ⊕ www.tucancostamaya.com.

VISITOR INFORMATION

The tourist information booths in Chetumal are open weekdays 9–4. In Playa del Carmen the booth is open Monday–Saturday 8 AM–9 PM.

🛈 **Chetumal tourist information booths** ⊠ Calles Cinco de Mayo and Carmen Ochoa ☎ No phone ⊠ Calle 22 de Enero and Av. Reforma ☎ 983/832-6647. **Playa del Carmen tourist information booth** ⊠ Av. Juárez by police station, between Calles 15 and 20 ☎ 984/873-2804 in Playa del Carmen, 888/955-7155 in U.S., 604/990-6506 in Canada.

4

Mérida, Chichén Itzá & Yucatán State

WITH SIDE TRIPS TO CAMPECHE

Chac-Mool, Temple of the Warriors, Chichén Itzá

WORD OF MOUTH

"Chichén Itzá is amazing. My fiancé proposed at the top of a pyramid there, so I'm a little biased, but it truly is a great place to get a feel for the ancient cities. One note: hire an English-speaking guide. We had one, but I saw people just walking around, and there's no way they could have learned all the little things that make the place so interesting. It was a great experience!"

—nhawkservices

AROUND MÉRIDA, CHICHÉN ITZÁ & YUCATÁN STATE

TOP 5
Reasons to Go

1. Visiting the spectacular Maya ruins at Chichén Itzá, and climbing the literally breathtaking El Castillo pyramid.

2. Living like a wealthy *hacendado* at a restored *henequen* (sisal) plantation-turned-hotel.

3. Browsing at markets throughout the region for handmade *hamacas* (hammocks), piñatas, and other locally made crafts.

4. Swimming in the secluded, pristine freshwater cenotes (sinkholes) scattered throughout the inland landscape.

5. Dining out in one of Mérida's 50-odd restaurants, and tasting the diverse flavors of Yucatecan food.

Progreso & the Northern Coast Outside the unpretentious town of Progreso, empty beaches stretch for miles in either direction—punctuated only by fishing villages, estuaries, and salt flats. Bird-watchers and nature lovers gravitate to rustic Celestún and Río Lagartos, home to one of the hemisphere's largest colonies of pink flamingos.

Mérida Fully urban, and bustling with foot and car traffic, Mérida was once the main stronghold of Spanish colonialism in the peninsula. Tucked among the restaurants, museums and markets are grand, old, beautifully ornamented mansions and buildings that recall the city's heyday as the wealthiest capital in Mexico.

A *calesa* in Mérida

Getting Oriented

Yucatán State's topography has more in common with Florida and Cuba—with which it was probably once connected—than with central Mexico. Exotic plants like wild ginger and spider lilies grow in the jungles; vast flamingo colonies nest at coastal estuaries. Human history is evident everywhere here—in looming Franciscan missions, thatch-roofed adobe huts, and majestic ruins of ancient Maya cities.

Uxmal

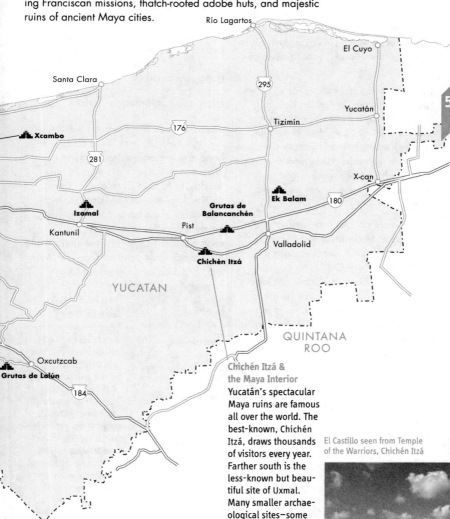

Chichén Itzá & the Maya Interior

Yucatán's spectacular Maya ruins are famous all over the world. The best-known, Chichén Itzá, draws thousands of visitors every year. Farther south is the less-known but beautiful site of Uxmal. Many smaller archaeological sites—some hardly visited—lie along the Ruta Puuc south of Mérida.

El Castillo seen from Temple of the Warriors, Chichén Itzá

MÉRIDA, CHICHÉN ITZÁ & YUCATÁN

When to Go

As with many other places in Mexico, the weeks around Christmas and Easter are peak times for visiting Yucatán state. Making reservations up to a year in advance is common.

If you like music and dance, Mérida hosts its *Otoño Cultural,* or Autumn Cultural Festival, during the last week of October and first week of November. During this two-week event, free and inexpensive classical-music concerts, dance performances, and art exhibits take place almost nightly at theaters and open-air venues around the city.

Thousands of people, from international sightseers to Maya shamans, swarm Chichén Itzá on the vernal equinox (the first day of spring). On this particular day, the sun creates a shadow that looks like a snake—meant to evoke the ancient Maya serpent god, Kukulcán—that moves slowly down the side of the main pyramid. If you're planning to witness it, make your travel arrangements many months in advance.

How Long to Stay

You should plan to spend at least five days in Yucatán. It's best to start your trip with a few days in Mérida; the weekends, when streets are closed to traffic and there are lots of free outdoor performances, are great times to visit. You should also budget enough time to day-trip to the sites of Chichén Itzá and Uxmal; visiting Mérida without traveling to at least one of these sites is like going to the beach and not getting out of the car.

Mérida Carriage Tours

One of the best ways to get a feel for the city of Mérida is to hire a *calesa*—a horse-drawn carriage. You can hail one of these at the main square or, during the day, at Palacio Cantón, site of the archaeology museum on Paseo de Montejo. Some of the horses look dispirited, but others are fairly well cared for. Drivers charge about $13 for an hour-long circuit around downtown and up Paseo de Montejo, and $22 for an extended tour.

How's the Weather?

Rainfall is heaviest in Yucatán between June and October, bringing with it an uncomfortable humidity. The coolest months are December–February, when it can get chilly in the evenings; April and May are usually the hottest. Afternoon showers are the norm June through September; hurricane season is late September through early November.

Dining & Lodging Prices

WHAT IT COSTS in Dollars					
	$$$$	**$$$**	**$$**	**$**	**¢**
Restaurants	over $25	$15–$25	$10–$15	$5–$10	under $5
Hotels	over $250	$150–$250	$75–$150	$50–$75	under $50

Restaurant prices are per person, for a main course at dinner, excluding tax and tip. Hotel prices are for a standard double room in high season, based on the European Plan (EP) and excluding service and 17% tax (15% Value Added Tax plus 2% hospitality tax).

Exploring Yucatán State

Updated by
Michele Joyce

Mérida is the hub of Yucatán and a good base for exploring the rest of the state. From there, highways radiate in every direction. To the east, Carreteras 180 *cuota* and 180 *libre* are, respectively, the toll and free roads to Cancún. The toll road (which costs about $25) has exits for the famous Chichén Itzá ruins and the low-key colonial city of Valladolid; the free road passes these and many smaller towns. Heading south from Mérida on Carretera 261 (Carretera 180 until the town of Umán), you come to Uxmal and the Ruta Puuc, a series of small ruins (most have at least one outstanding building) of relatively uniform style. Carretera 261 north from Mérida takes you to the port and beach resort of Progreso. To the west, the laid-back fishing village of Celestún—which borders on protected wetland—can be accessed by a separate highway from Mérida.

With the exception of the Mérida–Cancún toll highway, most roads in the state are narrow, paved, two-lane affairs that pass through small towns and villages. Rarely is traffic heavy on them, and they are in reasonably good shape, although potholes get worse as the rainy season progresses. The coastal highway between Progreso and Dzilám de Bravo was severely damaged by Hurricane Isidore in September 2002. The road itself has been repaired, although many of the small tourist-related ventures have yet to reinvent themselves.

Getting around the state is fairly easy, either by public bus or car. There are many bus lines, and most have several round-trip runs daily to the main archaeological sites and colonial cities. If you're visiting for the first time, a guided tour booked through one of the many Mérida tour operators provides a good introduction to the state. ■ TIP→ **If you're independent and adventurous, hiring a rental car is a great way to explore Yucatán on your own. But be sure to check the lights and spare tire before taking off, carry plenty of bottled water, and fill up the gas tank whenever you see a station. It's also best not to drive at night.**

About the Restaurants

Dining out is a pleasure in Mérida. The city's 50-odd restaurants dish out a superb variety of cuisines—primarily Yucatecan, of course, but also Lebanese, Italian, French, Chinese, vegetarian, and Mexican—at very reasonable prices. Reservations are advised for $$$ restaurants, but only on weekends and in the high season. Beach towns north of Mérida, such as Progreso, Río Lagartos, and Celestún, tend to serve fresh-caught and simply prepared seafood.

Mexicans generally eat lunch at around 3, 4, or even 5 PM—and certainly not before 2. If you want to eat out at noon, call ahead to make sure the restaurant will be open. Casual but neat dress is acceptable at all Mérida restaurants. Avoid wearing shorts in the more expensive places, and anywhere at all—especially in the evening—if you don't want to look like a tourist. Local men and women don't wear shorts, period.

About the Hotels

Yucatán State has 7,000 hotel rooms—about a third of what Cancún has. Since in many cases, a hotel's facade won't reveal its true charac-

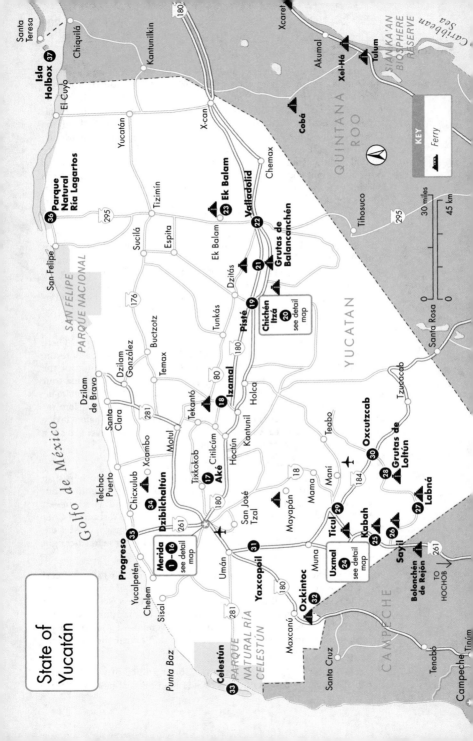

ter, try to check out the interior before booking a room. In general the public spaces in Mérida's hotels are prettier than the sleeping rooms. Most hotels have air-conditioning, and even many budget hotels have installed it in at least some rooms—but it's best to ask.

■ TIP→ **Location is very important: if you plan to spend most of your time enjoying downtown Mérida, stay near the main square or along Calle 60. If you're a light sleeper, however, you may be better off staying in one of the high-rises along or near Paseo Montejo, about a 20-minute stroll (but an easy cab ride) from the main square.** Pretty much all of the budget and inexpensive hotels are downtown. Inland towns such as Valladolid and Ticul are a good option if you're more interested in getting a slow-paced taste of the countryside.

There are several charming and comfortable hotels near the major archaeological sites Chichén Itzá and Uxmal, and a couple of foreign-run bed-and-breakfasts in Progreso, which previously had only desultory digs. Elsewhere, expect modest to basic accommodation.

5

MÉRIDA

Travelers to Mérida are a loyal bunch, who return again and again to their favorite restaurants, neighborhoods, and museums. The hubbub of the city can seem frustrating—especially if you've just spent a peaceful few days on the coast or visiting Maya sites—but as the cultural and intellectual hub of the peninsula, Mérida is rich in art, history, and tradition.

Most streets in Mérida are numbered, not named, and most run one-way. North–south streets have even numbers, which descend from west to east; east–west streets have odd numbers, which ascend from north to south. Street addresses are confusing because they don't progress in even increments by blocks; for example, the 600s may occupy two or more blocks. A particular location is therefore usually identified by indicating the street number and the nearest cross street, as in "Calle 64 and Calle 61," or "Calle 64 between Calles 61 and 63," which is written "Calle 64 x 61 y 63." Although it looks confusing at first glance, this system is actually extremely helpful.

Zócalo & Surroundings

The *zócalo*, or main square, is in the oldest part of town—the Centro Histórico. Saturday night and Sunday is special in downtown Mérida; this is when practically the entire population of the city gathers in the parks and plazas surrounding the zócalo to socialize and watch live entertainment. Cafés along this route are perfect places from which to watch the parade of people as well as folk dancers and singers. Calle 60 between Parque Santa Lucía and the main square gets especially lively; restaurants here set out tables in the streets, which quickly fill with patrons enjoying the free hip-hop, tango, salsa, or jazz performances.

A Good Walk

Start at the **zócalo** ❶ ▶ : see the **Casa de Montejo** ❷ (now a Banamex bank), on the south side; the **Centro Cultural de Mérida Olimpo** ❸ and the **Palacio Municipal** ❹, on the west side; the **Palacio del Gobierno** ❺, on the northeast corner, and, catercorner, the **Catedral de San Ildefonso** ❻; and the **Museo de Arte Contemporáneo** ❼ on the east side. Step out on Calle 60 from the cathedral and walk north to **Parque Hidalgo** ❽ and the **Iglesia de la Tercera Orden de Jesús** ❾, which is across Calle 59. Continue north along Calle 60 for a short block to the **Teatro Peón Contreras** ❿, which lies on the east side of the street; the entrance to the **Universidad Autónoma de Yucatán** ⓫ is on

the west side of Calle 60 at Calle 57. A block farther north on the west side of Calle 60 is the **Parque Santa Lucía** ⓬. From the park, walk north four blocks and turn right on Calle 47 for two blocks to **Paseo Montejo** ⓭. Once on this street, continue north for two long blocks to the **Palacio Cantón** ⓮. From here look either for a *calesa* (horse-drawn carriage) or cabs parked outside the museum to take you back past the zócalo to the **Mercado de Artesanías García Rejón** ⓯ and the **Mercado Municipal** ⓰— or walk if you're up to it.

What to See

❷ **Casa de Montejo.** This stately palace sits on the south side of the plaza, on Calle 63. Francisco de Montejo—father and son—conquered the peninsula and founded Mérida in 1542; they built their "casa" 10 years later. In the late 1970s, it was restored by banker Agustín Legorreta and converted to a bank. Built in the French style, it represents the city's finest— and oldest—example of colonial plateresque architecture, which typically has elaborate ornamentation. A bas-relief on the doorway—the facade is all that remains of the original house—depicts Francisco de Montejo the younger, his wife, and daughter as well as Spanish soldiers standing on the heads of the vanquished Maya. Even if you have no banking to do, step into the building weekdays between 9 and 5, Saturday 9 to 1, to glimpse the leafy inner patio.

❻ **Catedral de San Ildefonso.** Begun in 1561, St. Ildefonso is the oldest cathedral on the continent. It took several hundred Maya laborers, working with stones from the pyramids of the ravaged Maya city, 36 years to complete it. Designed in the somber Renaissance style by an architect who had worked on the Escorial in Madrid, its facade is stark and unadorned, with gunnery slits instead of windows, and faintly Moorish spires. Inside, the black Cristo de las Ampollas (Christ of the Blisters)—at 7 meters tall, perhaps the tallest Christ in Mexico—occupies a side chapel to the left of the main altar. The statue is a replica of the original, which was destroyed during the Revolution; this is also when the gold that typically decorated Mexican cathedrals was carried off. According to one of many legends, the Christ figure burned all night yet appeared the next morning unscathed—except that it was covered with the blisters for which it is named. You can hear the pipe organ play at 11 AM Sunday mass. ⊠ *Calles 60 and 61, Centro* ☏ *No phone* ⊙ *Daily 7–11:30 and 4:30–8.*

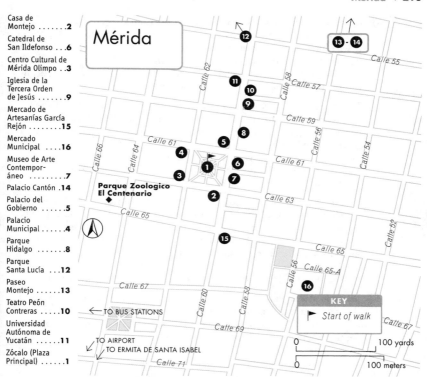

3 **Centro Cultural de Mérida Olimpo.** Referred to as simply Olimpo, this is the best venue in town for free cultural events. The beautiful porticoed cultural center was built adjacent to City Hall in late 1999, occupying what used to be a parking lot. The marble interior is a showcase for top international art exhibits, classical-music concerts, conferences, and theater and dance performances. The adjoining 1950s-style movie house shows classic art films by directors like Buñuel, Fellini, and Kazan. There's also a planetarium with 90-minute shows explaining the solar system ($3; Tuesday–Saturday 10, noon, 5, and 7; Sunday 11 and noon), a bookstore, and a wonderful cybercafé-restaurant. ⊠ *Calle 62 between Calles 61 and 63, Centro* ☎ *999/942–0000* ☛ *Free* ☉ *Tues.–Sun. 10–10.*

Ermita de Santa Isabel. At the southern end of the city stands the restored and beautiful Hermitage of St. Isabel. Built circa-1748 as part of a Jesuit monastery also known as the Hermitage of the Good Trip, it served as a resting place for colonial-era travelers heading to Campeche. It is one of the most peaceful places in the city, with wonderful gardens and has an interesting, inlaid-stone facade (although the church itself is almost always closed); it is a good destination for a ride in a calesa. Behind it, the huge and lush tropical garden, with its waterfall and footpaths, is usually unlocked during daylight hours. ⊠ *Calles 66 and 77, La Ermita* ☎ *No phone* ☛ *Free* ☉ *Church open only during Mass.*

⑨ Iglesia de la Tercera Orden de Jesús. Just north of Parque Hidalgo is one of Mérida's oldest buildings and the first Jesuit church in the Yucatán. It was built in 1618 from the limestone blocks of a dismantled Maya temple, and faint outlines of ancient carvings are still visible on the west wall. Although a favorite place for society weddings because of its antiquity, the church interior is not very ornate.

The former convent rooms in the rear of the building now host the **Pinoteca Juan Gamboa Guzmán,** a small but interesting art collection. The most engaging pieces here are the striking bronze sculptures of indigenous Maya by celebrated 20th-century sculptor Enrique Gottdiener. On the second floor are about 20 forgettable oil paintings—mostly of past civic officials of the area. ⊠ *Calle 59 between Calles 58 and 60, Centro* ☎ *No phone* 🖃 *$3* ☉ *Tues.–Sat. 8–8, Sun. 8–2.*

⑮ Mercado de Artesanías García Rejón. Although many deal in the same wares, the shops or stalls of the García Rejón Crafts Market sell some quality items, and the shopping experience here can be less of a hassle than at the municipal market. You'll find reasonable prices on palm-fiber hats, hammocks, leather sandals, jewelry, and locally made liqueurs; persistent but polite bargaining may get you even better deals. ⊠ *Calles 60 and 65, Centro* ☎ *No phone* ☉ *Weekdays 9–6, Sat. 9–4, Sun. 9–1.*

⑯ Mercado Municipal. Sellers of chilies, herbs, crafts, trinkets, and fruit fill this pungent and labyrinthine municipal market. In the early morning the first floor is jammed with housewives and restaurateurs shopping for the freshest seafood and produce. The stairs at Calles 56 and 57 lead to the second-floor Bazar de Artesanías Municipales, on either side, where you'll find local pottery, embroidered clothes, men's guayabera dress shirts, hammocks, and straw bags. ⊠ *Calles 56 and 67, Centro* ☎ *No phone* ☉ *Mon.–Sat. dawn–dusk, Sun. 8–3.*

⑦ Museo de Arte Contemporáneo. Originally designed as an art school and used until 1915 as a seminary, this enormous, light-filled building now showcases the works of contemporary Yucatecan artists such as Gabriel Ramírez Aznar and Fernando García Ponce. ⊠ *Pasaje de la Revolución 1907, between Calles 58 and 60 on main square, Centro* ☎ *999/928-3236 or 999/928-3258* ⊕ *www.macay.org* 🖃 *$2* ☉ *Wed.–Mon. 10–5:30.*

⑭ Palacio Cantón. The most compelling of the mansions on **Paseo Montejo,** the stately palacio was built as the residence for a general between 1909 and 1911. Designed by Enrique Deserti, who also did the blueprints for the Teatro Peón Contreras, the building has a grandiose air that seems more characteristic of a mausoleum than a home: there's marble everywhere, as well as Doric and Ionic columns and other Italianate Beaux Arts flourishes. The building also houses the air-conditioned **Museo de Antropología e Historia,** which gives a good introduction to ancient Maya culture. Temporary exhibits sometimes brighten the standard collection. ⊠ *Paseo Montejo 485, at Calle 43, Paseo Montejo* ☎ *999/923–0469* 🖃 *$3* ☉ *Tues.–Sat. 8–8, Sun. 8–2.*

⑤ Palacio del Gobierno. Visit the seat of state government to see Fernando Castro Pacheco's murals of the bloody history of the conquest of the

Yucatán, painted in bold colors in the 1970s and influenced by the Mexican mural painters José Clemente Orozco and David Alfaro Siquieros. On the main balcony (visible from outside on the plaza) stands a reproduction of the Bell of Dolores Hidalgo, on which Mexican independence rang out on the night of September 15, 1810, in the town of Dolores Hidalgo in Guanajuato. On the anniversary of the event, the governor rings the bell to commemorate the occasion. ⊠ *Calle 61 between Calles 60 and 62, Centro* ☏ *999/930–3101* ☎ *Free* ⊘ *Daily 9–9.*

❹ Palacio Municipal. The west side of the main square is occupied by City Hall, a 17th-century building trimmed with white arcades, balustrades, and the national coat of arms. Originally erected on the ruins of the last surviving Maya structure, it was rebuilt in 1735 and then completely reconstructed along colonial lines in 1928. It remains the headquarters of the local government, and houses the municipal tourist office. ⊠ *Calle 62 between Calles 61 and 63, Centro* ☏ *999/928–2020* ⊘ *Daily 9–8.*

❽ Parque Hidalgo. A half block north of the main plaza is this small cozy park, officially known as Plaza Cepeda Peraza. Historic mansions, now reincarnated as hotels and sidewalk cafés, line the south side of the park; at night, the area comes alive with marimba bands and street vendors. On Sundays the streets are closed to vehicular traffic, and there's free live music performed throughout the day. ⊠ *Calle 60 between Calles 59 and 61, Centro.*

⓬ Parque Santa Lucía. The rather plain park at Calles 60 and 55 draws crowds with its Thursday-night music and dance performances (shows start at 9); on Sunday, couples also come to dance to a live band, and enjoy food from carts set up in the plaza. The small church opposite the park dates from 1575 and was built as a place of worship for the Maya, who weren't allowed to worship at just any Mérida temple.

☖ Parque Zoológico El Centenario. Mérida's greatest children's attraction, this large amusement complex features playgrounds, rides (including ponies and a small train), a roller-blading rink, snack bars, and cages with more than 300 native animals as well as exotics such as lions, tigers, and bears. It also has picnic areas, pleasant wooded paths, and a small lake where you can rent rowboats. The French Renaissance–style arch (1921) commemorates the 100th anniversary of Mexican independence. ⊠ *Av. Itzaes between Calles 59 and 65, entrances on Calles 59 and 65, Centro* ☏ *No phone* ☎ *Free* ⊘ *Zoo, daily 8–6.*

⓭ Paseo Montejo. North of downtown, this 10-block-long street was *the* place to reside in the late 19th century, when wealthy plantation owners sought to outdo each other with the opulence of their elegant mansions. Inside, the owners typically displayed imported Carrara marble and antiques, opting for the decorative styles popular in New Orleans, Cuba, and Paris rather than the style in Mexico City. (At the time there was more traffic by sea via the Gulf of Mexico and the Caribbean than there was overland across the lawless interior.) The broad boulevard, lined with tamarind and laurel trees, has lost much of its former panache; some of the once-stunning mansions have fallen into disrepair. Others, however, are being restored as part of a citywide, privately funded beautification program, and it's still a great place to wander, or to see by horse-drawn carriage.

❿ Teatro Peón Contreras. This 1908 Italianate theater was built along the same lines as grand turn-of-the-20th-century European theaters and opera houses. In the early 1980s the marble staircase, dome, and frescoes were restored. Today, in addition to performing arts, the theater also houses the **Centro de Información Turística** (Tourist Information Center), which provides maps, brochures, and details about attractions in the city and state. The theater's most popular attraction, however, is the café/bar spilling out into the street facing Parque de la Madre. It's crowded every night with people enjoying the balladeers singing romantic and politically inspired songs. ⊠ *Calle 60 between Calles 57 and 59, Centro* ☎ *999/924–9290 Tourist Information Center, 999/923–7344 theater* ☉ *Theater daily 7 AM–1 AM; Tourist Information Center daily 8 AM–8 PM.*

⓫ Universidad Autónoma de Yucatán. Pop in to the university's main building—which plays a major role in the city's cultural and intellectual life—to check the bulletin boards just inside the entrance for upcoming cultural events. The folkloric ballet performs on the patio of the main building most Fridays between 9 and 10 PM ($3). The Moorish-inspired building, which dates from 1711, has crenellated ramparts and arabesque archways. ⊠ *Calle 60 between Calles 57 and 59, Centro* ☎ *999/924–8000* ⊕ *www.uady.mx.*

▶ ➊ Zócalo. Meridians traditionally refer to this main square as the Plaza de la Independencia, or the Plaza Principal. Whichever name you prefer, it's a good spot from which to begin a tour of the city, to watch music or dance performances, or to chill in the shade of a laurel tree when the day gets too hot. The plaza was laid out in 1542 on the ruins of T'hó, the Maya city demolished to make way for Mérida, and is still the focal point around which the most important public buildings cluster. *Confidenciales* (S-shape benches) invite intimate tête-à-têtes; lampposts keep the park beautifully illuminated at night. ⊠ *Bordered by Calles 60, 62, 61, and 63, Centro.*

Where to Eat

$$–$$$ ✕ **Alberto's Continental Patio.** Though locals say this eatery has lost some of its star power, it's still a dependable place for good shish kebab, fried *kibbe* (meatballs of ground beef, wheat germ, and spices), hummus, tabbouleh, and other Lebanese dishes. The strikingly handsome dining spot dates from 1727 and is adorned with some of the original stones from the Maya temple it replaced, as well as mosaic floors from Cuba. Even if you choose to have lunch or dinner elsewhere, stop in for almond pie and Turkish coffee on the romantic, candle-lighted courtyard. ⊠ *Calle 64 No. 482, at Calle 57, Centro* ☎ *999/928–5367* ⊟ *AE, MC, V.*

★ $–$$$ ✕ **Hacienda Teya.** This beautiful hacienda just outside the city serves some of the best regional food in the area. Most patrons are well-to-do Meridians enjoying a leisurely lunch, so you'll want to dress up a bit. Hours are noon–6 daily (though most Mexicans don't show up after 3), and a guitarist serenades the tables between 2 and 5 on weekends. After a

Yucatecan Cuisine

YUCATECAN FOOD IS surprisingly diverse, and milder than you might expect. Anything that's too mild, however, can be spiced up in a jiffy with one of many varieties of chili sauce. The sour orange—large, green, and only slightly sour—is native to the region, and is also used to give many soups and sauces a unique flavor.

Typical snacks like *panuchos* (small, thick, fried rounds of cornmeal stuffed or topped with beans and sprinkled with shredded meat and cabbage), empanadas (turnovers of meat, fish, potatoes, or, occasionally, cheese or beans), and *salbutes* (fried tortillas smothered with diced turkey, pickled onion, and sliced avocado) are ubiquitous. You'll find them at lunch counters (*loncherías*), in the market, and on the menu of restaurants specializing in local food.

Some recipes made famous in certain Yucatecan towns have made their way to mainstream menus. *Huevos motuleños*, presumably a recipe from the town of Motul, are so yummy they're found on breakfast menus throughout the region, and even

elsewhere in Mexico. The recipe is similar to huevos rancheros (fried eggs on soft corn tortillas smothered in a mild red sauce) with the addition of sliced ham, melted cheese, and peas. Likewise, *pollo ticuleño*, which originated in Ticul, is served throughout the Yucatán. It's a tasty casserole of layered tomato sauce, mashed potatoes or cornmeal, crispy tortillas, chicken, cheese, and peas.

Tixin-Xic (pronounced teak-en-*sheek*) is fun to say and even better to eat. This coastal delicacy consists of butterflied snapper rubbed with salt and achiote (an aromatic paste made from the ground seeds of the annatto plant, and used to color food red as well as to subtly season it), grilled over a wood fire, and garnished with tomatoes and onions. As throughout Mexico, *aguas frescas*—fruit-flavored waters—are refreshing on a typically hot day, as are the dark beers Montejo and Leon Negro. Xtabentún is a sweet, thick, locally made liqueur made of anise and honey.

---

fabulous lunch of *cochinita pibíl* (pork baked in banana leaves), you can stroll through the surrounding orchards and botanical gardens. If you find yourself wanting to stay longer, the hacienda also has six handsome suites for overnighters. ⊠ *13 km (8 mi) east of Mérida on Carretera 180, Kanasín* ☎ *999/988–0800 in Mérida* ⌂ *Reservations essential* ▤ *AE, MC, V* ⊘ *No dinner.*

★ **$–$$$** ✕ **Pancho's.** In the evenings, this patio restaurant (which frames a small, popular bar) is bathed in candlelight and the glow from tiny white lights decorating the tropical shrubs. Tasty tacos, fajitas, and other dishes will be pleasantly recognizable to those familiar with Mexican food served north of the border. Waiters—dressed in white muslin shirts and pants of the Revolution era—recommend the shrimp flambéed in tequila, and the tequila in general. Happy hour is 6 PM to 8 PM; afterward there's live music on the tiny dance floor Wednesday through Saturday. ⊠ *Calle 59 No. 509, between Calles 60 and 62, Centro* ☎ *999/923–0942* 🖃 *AE, DC, MC, V* 🕙 *No lunch.*

$$ ✕ **Café Lucía.** Opera music floats above black-and-white tile floors in the dining room of this century-old restaurant in the Hotel Casa Lucía near the main plaza. Pizzas and calzones are the linchpins of the Italian menu; luscious pecan pies, cakes, and cookies beckon from behind the glass dessert case. The original art on the walls, much of which was done by the late Rudolfo Morales of Oaxaca, is for sale. ⊠ *Calle 60 No. 474A, Centro* ☎ *999/928–0704* 🖃 *AE, MC, V.*

$–$$ ✕ **La Bella Epoca.** The coveted, tiny private balconies at this elegantly restored mansion overlook Parque Hidalgo. (You'll need to call in advance to reserve one for a 7 PM or 10 PM seating.) On weekends, when the street below is closed to traffic, it's especially pleasant to survey the park while feasting on Maya dishes like *sikil-pak* (a dip with ground pumpkin seeds, charbroiled tomatoes, and onions), or succulent *pollo pibíl* (chicken baked in banana leaves). ⊠ *Calle 60 No. 497, between Calles 57 and 59, Centro* ☎ *999/928–1928* 🖃 *AE* 🕙 *No lunch.*

$–$$ ✕ **Café La Habana.** A gleaming wood bar, white-jacketed waiters, and the scent of cigarettes contribute to the European feel at this overwhelmingly popular café. Overhead, brass-studded ceiling fans swirl the air-conditioned air. Sixteen specialty coffees are offered (some spiked with spirits like Kahlúa or cognac), and the menu has light snacks as well as some entrées, including tamales, fajitas, and enchiladas. The waiters are friendly, and there are plenty of them, although service is not always brisk. Both the café and upstairs Internet joint are open 24 hours a day. ⊠ *Calle 59 No. 511A, at Calle 62, Centro* ☎ *999/928–6502* 🖃 *MC, V.*

$–$$ **Fodor's**Choice ✕ **La Casa de Frida.** Chef-owner Gabriela Praget puts a healthful, cosmopolitan spin on Mexican and Yucatecan fare at her restaurant. Traditional dishes like duck in a dark, rich mole sauce (made with chocolate and chilies) share the menu with gourmet vegetarian cuisine: potato and cheese tacos, ratatouille in puff pastry, and crepes made with *cuitlachoche* (a delicious truffle-like corn fungus). The flavors here are so divine that diners have been known to hug Praget after a meal. The dining room, which is open to the stars, is decorated with plants and self-portraits by Frida Kahlo. ⊠ *Calle 61 No. 526, at Calle 66, Centro* ☎ *999/928–2311* 🖃 *No credit cards* 🕙 *Closed Sun. No lunch.*

$–$$ ✕ **Nao de China.** If you're tired of tortillas, try this bustling eatery for some authentic Chinese food. There are only a few vegetarian choices on the à la carte menu, but lots of chicken and shrimp dishes; the wontons and egg rolls are served hot and crispy. On weekends the place is jammed, as it is Monday through Thursday during the 1–6 PM "executive special buffet," when a choice of three main dishes is offered along with unlimited egg rolls, rice, and other goodies, for less than $7. There's also an inexpensive, all-you-can-eat daily breakfast buffet between 7:30–11 AM. ⊠ *Calle 31 Circuito Colonias No. 113, between Calles 22 and 24, Col. México* ☎ *999/926–1441* 🖃 *AE, D, MC, V.*

$–$$ ✕ **El Pórtico del Peregrino.** Although still popular with travelers, the "Pilgrim's Porch," a Mérida institution for 30 years, has begun to rest heavily on its laurels. The setting is excellent, the location central, and the food good, if a little on the mild side, but the service has started to go downhill: waiters seem bored and sometimes downright unfriendly.

In the antique-stuffed dining room and fern-draped interior patio, you can dine on traditional lime soup, *zarzuela de mariscos*—a casserole of squid, octopus, fish, and shrimp baked with white wine and garlic—or eggplant layered with marinara sauce, chicken, and grated cheese. ☒ *Calle 57 No. 501, between Calles 60 and 62, Centro* ☎ *999/928–6163* ☰ *AE, MC, V.*

$ ✕ **Los Almendros.** This large, two-salon Mérida institution, divided by a covered parking lot, provides a great introduction to Yucatecan cuisine. The English-language menu has pictures and descriptions of each dish. Especially good choices include the pork sausage; the cochinita pibíl and the *papadzules*, a concoction of tortillas, green sauce, ground pumpkin seeds, and hard-cooked eggs. The house sangria is tasty with or without alcohol. A musical trio plays romantic traditional ballads daily between 2 and 5. ☒ *Hotel Fiesta Americana, Av. Colón 451, at Prol. Montejo, Paseo Montejo* ☎ *999/942–1111* ☰ *AE, MC, V.*

$ ✕ **Ristorante & Pizzería Bologna.** You can dine alfresco or inside at this beautifully restored old mansion, a few blocks off Paseo Montejo. Tables have fresh flowers and cloth napkins; walls are adorned with pictures of Italy, and there are plants everywhere. Most menu items are ordered à la carte; among the favorites are the shrimp pizza and pizza *diabola,* topped with salami, tomato, and chilies. The beef fillet—served solo or covered in cheese or mushrooms—is served with baked potato and a medley of mixed sautéed vegetables. ☒ *Calle 21 No. 117A, near Calle 24, Col. Izimná* ☎ *999/926–2505* ☰ *AE, MC, V.*

$ ✕ **La Vía Olimpo.** Lingering over coffee and a book is a pleasure at this smart Internet café; the outdoor tables are a great place to watch the nonstop parade—or the free Sunday performances—on the main square. In the air-conditioned dining room, you can feast on *poc chuc* (slices of pork marinated in sour-orange juice and spices), turkey sandwiches, or burgers and fries. Crepes are also popular, and there are lots of salads and juices if you're in the mood for something lighter. Crowds keep this place hopping from 7 AM to 2 AM daily. Spirits are served, and you'll get an appetizer, like a basket of chips with freshly made guacamole, with most drink orders. ☒ *Calle 62 No. 502, between Calles 63 and 61, Centro* ☎ *999/923–5843* ☰ *MC, V.*

¢–$ ✕ **Alameda.** The waiters are brusque, the building is old, and the decor couldn't be plainer. But you'll find good, hearty, and cheap fare at this always-popular spot. The most expensive main dish here costs about $4—but side dishes are extra. Middle Eastern and standard Yucatecan fare share the menu with vegetarian specialties: meat-free dishes include tabbouleh and spongy, lemon-flavor spinach turnovers. Shopkeepers linger over grilled beef shish kebab, pita bread, and coffee; some old couples have been coming in once a week for decades. An English-language menu, which has explanations as well as translations, is essential even for Spanish speakers. Alameda closes at 5 PM. ☒ *Calle 58 No. 474, near Calle 57, Centro* ☎ *999/928–3635* ☰ *No credit cards* ☉ *No dinner.*

¢–$ ✕ **Amaro.** The open patio of this historic home glows with candlelight in the evenings; during the day things look a lot more casual. Meat, fish, and shellfish are served here in moderation, but the emphasis is on vegetarian dishes like eggplant curry and chaya soup (made from a green plant similar to spinach), and healthful juices. If you're missing your favorite comfort foods, you can get your fix with a side order of mashed potatoes or french fries. Amaro stays open until 2 AM from Monday to Saturday. There's live music Wednesday–Saturday evenings between 9 PM and midnight ✉ *Calle 59 No. 507, between Calles 60 and 62, Centro* ☎ 999/928–2451 ▭ MC, V.

¢–$ ✕ **Dante's.** Couples, groups of students, and lots of families crowd this bustling coffeehouse on the second floor of one of Mérida's largest bookshops. The house specialty is crepes: there are 18 varieties with either sweet or savory fillings. Light entrées such as sandwiches, burgers, pizzas, and *molletes*—large open-face rolls smeared with beans and cheese and then broiled—are also served, along with cappuccino, specialty coffees, beer, and wine. A small theater puts on evening comic sketches and live music from time to time, and free children's programs on Sunday mornings. ✉ *Prolongación Paseo Montejo 138B, Paseo Montejo* ☎ 999/927–7441 ▭ MC.

¢–$ ✕ **Wayan'e.** Friendly owner Mauricio Loría presides over this oasis of carnivorous delights (mostly sandwiches) at the crossroads of several busy streets. In addition to ham and cheese and pork loin in smoky chipotle chili sauce, there are chorizo sausage, turkey strips sautéed with onions and peppers, and several delicious combos guaranteed to go straight to your arteries. Non-meat-eaters can try some unusual combos, like chopped cactus pads sautéed with mushrooms, or scrambled eggs with chaya or string beans. The storefront, which is almost always busy but still quick and efficient, closes at 3 PM on weekdays and 2 PM on Saturday. ✉ *Felipe Carrillo Puerto 11A No. 57C, at Calle 4, Col. Itzimná* ☎ 999/938–0676 ⌲ *Reservations not accepted* ▭ *No credit cards* ☉ *Closed Sun. No dinner.*

Where to Stay

$$ ✕▦ **Villa María.** This spacious colonial home was converted to a hotel in 2004. Most rooms are airy and spacious, with second-loft bedrooms hovering near the 20-foot ceilings. But it's the large patio restaurant ($–$$) that really shines. Stone columns and lacy-looking Moorish arches frame the tables here, along with a lightly spraying central fountain; it's a lovely place to enjoy such European/Mediterranean fare as squash-blossom ravioli garnished with crispy spring potatoes, roast pork loin, or savory French onion soup. For dessert there's crème brûlée, ice cream, or warm apple–almond tart. Breakfast is fine, but less impressive than lunch or dinner. ✉ *Calle 59 No. 553, at Calle 68, Centro* ☎ 999/923–3357 ☎ 999/928–4098 ⊕ *www.villamariamerida.com* ⇩ *10 rooms, 2 suites* ⌂ *Restaurant, room service, fans, Wi-Fi, bar, meeting room, free parking* ▭ *AE, MC, V.*

★ $$$–$$$$ ▦ **Hacienda Xcanatun.** The furnishings at this beautifully restored henequen hacienda include African and Indonesian antiques, locally made lamps, and oversize comfortable couches and chairs from Puebla.

> **WORD OF MOUTH**
>
> "The Hacienda Xcanatun is a wonderful place with a great restaurant and I cannot recommend it too highly! It's about 25 minutes by taxi from downtown and the fare is 100 pesos."–laverendrye

The rooms come with cozy sleigh beds, fine sheets, and fluffy comforters, and are impeccably decorated with art from Mexico, Cuzco, Peru, and other places the owners have traveled. Bathrooms are luxuriously large. Chef Alex Alcantara, trained in Lyon, France, and New York, produces "Yucatán fusion" dishes in the restaurant; the hacienda's spa cooks up innovative treatments such as cacao-and-honey massages. ⊠ *Carretera 261, Km 12, 8 mi north of Mérida* ☎ *999/941–0213 or 888/ 883–3633* 🖷 *999/941–0319* ⊕ *www.xcanatun.com* ⚲ *18 suites* ⚫ *Restaurant, room service, fans, some in-room hot tubs, some in-room data ports, minibars, 2 pools, spa, steam room, 2 bars, laundry service, meeting room, airport shuttle, free parking; no room TVs* 🚬 *AE, MC, V.*

★ **$$** ▣ **Casa del Balam.** This pleasant hotel has an excellent location two blocks from the zócalo in downtown's best shopping area. The rooms here include colonial touches, like carved cedar doors and rocking chairs on the wide verandas; but they also have such modern-day conveniences as double-pane windows to keep out the noise. The rich decor and thoughtful details, like the hand-painted plates, make this place seem more like a home than a hotel; the open central patio is a lovely spot for a meal or a drink. Guests have access to a golf and tennis club about 15 minutes away by car. ⊠ *Calle 60 No. 488, Centro* ☎ *999/924–8844 or 800/624–8451* 🖷 *999/924–5011* ⊕ *www.yucatanadventure.com.mx* ⚲ *44 rooms, 7 suites* ⚫ *Restaurant, room service, minibars, cable TV, golf privileges, pool, bar, free parking, no-smoking rooms* 🚬 *AE, D, DC, MC, V.*

> **WORD OF MOUTH**
>
> "The lobby of Casa del Balam is very atmospheric . . . in fact, the whole older part of the hotel is great, especially the balconies. Our room had plenty of nice touches, pretty tiles, handwoven bedspreads and drapes. All were a little worn, but still pleasant."
>
> –Michele

$$ ▣ **Fiesta Americana Mérida.** The facade of this posh hotel echoes the grandeur of the mansions on Paseo Montejo. The spacious lobby—with groupings of plush armchairs that guests actually use—is filled with colonial accents and gleaming marble; above is a 300-foot-high stained-glass roof. The tasteful and subdued guest rooms, which are inspired by late-19th-century design, have such extras as balconies, bathtubs, hair dryers, and coffeemakers. Downstairs are a department store, a Yucatecan restaurant, and myriad other shops and services. ⊠ *Av. Colón 451, Paseo Montejo* ☎ *999/942–1111 or 800/343–7821* 🖷 *999/942–1122* ⊕ *www. fiestaamericana.com* ⚲ *323 rooms, 27 suites* ⚫ *Restaurant, coffee shop, room service, in-room safes, minibars, cable TV with movies, in-room data ports, golf privileges, tennis court, pool, gym, massage, spa, steam room, bar, lounge, shops, babysitting, dry cleaning, laundry service, concierge, concierge floor, business services, car rental, travel services, free parking, no-smoking rooms* 🚬 *AE, DC, MC, V.*

$$ ▣ **Holiday Inn.** The most light-filled hotel in Mérida, the Holiday Inn has floor-to-ceiling windows throughout the colorful lobby and tiled dining room. Rooms and suites face an open courtyard and have comfy furnishings and marble bathrooms. Amenities include ironing boards, hair dryers, coffeemakers, alarm clocks, and more; be sure to ask about special rates, which can save you quite a bit. ⊠ *Av. Colón 468, at Calle 60, Paseo Montejo, 97000* ☎ *999/942–8800 or 800/465–4329* 🖷 *999/ 942–8811* ⊕ *www.basshotels.com* ⤳ *197 rooms, 15 suites* ♺ *Restaurant, café, room service, minibars, cable TV, Wi-Fi, tennis court, pool, bar, shop, babysitting, laundry service, concierge floor, business services, meeting rooms, airport shuttle, car rental, travel services, free parking, no-smoking rooms* ▭ *AE, DC, MC, V.*

★ **$$** 🏨 **Hyatt Regency Mérida.** The city's first deluxe hotel is still among its most elegant. Rooms are regally decorated, with russet-hue quilts and rugs set off by blond-wood furniture and cream-color walls. There's a top-notch business center, and a beautiful marble lobby. Upper-crust Meridians recommend Spasso Italian restaurant as a fine place to have a drink in the evening; for an amazing seafood extravaganza, don't miss the $20 seafood buffet at Peregrina bistro. ⊠ *Calle 60 No. 344, at Av. Colón, Paseo Montejo* ☎ *999/942–0202, 999/942–1234, or 800/233–1234* 🖷 *999/925– 7002* ⊕ *www.hyatt.com* ⤳ *296 rooms, 4 suites* ♺ *2 restaurants, patisserie, room service, minibars, cable TV with movies, in-room data ports, Wi-Fi, 2 tennis courts, pool, gym, hot tub, massage, steam room, 2 bars, shops, babysitting, laundry service, concierge, concierge floor, business services, convention center, car rental, travel services, free parking, no-smoking rooms* ▭ *AE, DC, MC, V* ⑩ *BP, EP.*

★ **$$** 🏨 **Marionetas.** Proprietors Daniel and Sofija Bosco, who are originally from Argentina and Macedonia, have created this lovely B&B on a quiet street seven blocks from the main plaza. From the Macedonian lace dust ruffles and fine cotton sheets and bedspreads to the quiet, remote-controlled air-conditioning and pressurized showerheads (there are no tubs), every detail and fixture here is of the highest quality. You'll need to book your reservation well in advance. ⊠ *Calle 49 No. 516, between Calles 62 and 64, Centro* ☎🖷 *999/928–3377 or 999/ 923–2790* ⊕ *www.hotelmarionetas.com* ⤳ *8 rooms* ♺ *Café, fans; no room TVs* ▭ *MC, V* ⑩ *BP.*

> **WORD OF MOUTH**
>
> "Hotel Marionetas is wonderful! Daniel and Sofi are friendly, knowledgeable hosts who personally provide you with breakfast under an outdoor canopy every morning!"   –SerenaG

★ **$$** 🏨 **Villa Mercedes.** More intimate than most of the hotels on Paseo Montejo, this converted art nouveau home is elegant yet welcoming. Common areas have gleaming marble floors, period furnishings, and sepia photos of old Mérida; guest rooms have wrought-iron beds, and each has a bidet and a tiny balcony. Buffet dinner is served on weekend nights out by the garden surrounding the swimming pool; the restaurant, dominated by Italian dishes, is formidably formal looking. Extensive renovations in 2005 added 46 rooms on two executive floors, a ballroom, larger gym, and a state-of-the-art business center. ⊠ *Av. Colón 500, between Calles 60 and 62, Paseo Montejo* ☎ *999/942–9000* 🖷 *999/942–9001* ⊕ *www.hotelvillamercedes.com.mx* ⤳ *127 rooms, 3 suites* ♺ *Restaurant, room service, fans, in-room safes, some in-room hot tubs, minibars, cable TV, some in-room data ports, Wi-Fi, pool, ex-*

ercise equipment, bar, laundry service, concierge, business services, meeting rooms, free parking, no-smoking floor ▭ *AE, MC, V.*

¢–$$ **Casa Mexilio.** Four blocks from the main square is this eclectic B&B. Middle Eastern wall hangings, French tapestries, and colorful tile floors crowd the public spaces; individually decorated rooms have tile sinks and folk-art furniture. Some find this inn private and romantic, although others may find it a bit too intimate for their liking. The grotto-like pool is surrounded by ferns, and the light-filled penthouse, up four dozen steps, has an excellent city view from its oversize balcony. A two-night minimum stay is required. ✉ *Calle 68 No. 495, between Calles 57 and 59, Centro* ☎ *800/538–6802 in U.S. and Canada* ☎📠 *999/928–2505* 🌐 *www.mexicoholiday.com* *8 rooms, 1 penthouse* *Dining room, pool; no a/c in some rooms, no room phones, no room TVs* ▭ *MC, V* 🍽 *CP.*

$ **Gran Hotel.** Cozily situated on Parque Hidalgo, this legendary 1901 hotel does look its age, with extremely high ceilings, wrought-iron balcony and stair rails, and ornately patterned tile floors. The period decor is so classic that you expect a mantilla-wearing Spanish señorita to appear, fluttering her fan, at any moment. The old-fashion sitting room has formal seating areas and lots of antiques and plants. A renovation in 2004 enlarged some guest rooms and replaced tiny twin beds with doubles. Wide interior verandas on the second and third floors provide pretty outside seating. Porfirio Díaz stayed in one of the corner suites, which have small living and dining areas. ✉ *Calle 60 No. 496, Centro* ☎ *999/923–6963* 📠 *999/924–7622* *25 rooms, 7 suites* *Pizzeria, room service, fans, some in-room hot tubs, laundry service, free parking, some pets allowed* ▭ *MC, V.*

$ **Maison LaFitte.** Jazz and tropical music float quietly above this hotel's two charming patios, where you can sip a drink near the fountain or swim in the small swimming pool. Rooms are simple here and the bathrooms a bit cramped, but the staff is friendly and the location, a few blocks from the central plaza and surrounded by shops and restaurants, is ideal. Thursday through Saturday evenings a trio entertains on the pretty outdoor patio. ✉ *Calle 60 No. 472, between Calles 53 and 55, Centro, 97000* ☎ *999/923–9159* ☎📠 *800/538–6802 in U.S. and Canada* 🌐 *www.maisonlafitte.com.mx* *30 rooms* *Restaurant, café, room service, some fans, in-room safes, minibars, cable TV, in-room data ports, pool, laundry service, travel services, free parking* ▭ *AE, MC, V* 🍽 *BP.*

$ **Medio Mundo.** A Lebanese-Uruguayan couple runs this hotel in a residential area downtown. The house has Mediterranean accents and spacious rooms off a long passageway. The original thick walls and tile floors are well preserved; rooms have custom-made hardwood furniture. A large patio in the back holds the breakfast nook, a small kidney-shape swimming pool, and an old mango tree. There's also a pond with a delightful waterfall and fountain surrounded by fruit and flowering trees. ✉ *Calle 55 No. 533, between Calles 64 and 66, Centro* ☎📠 *999/924–5472* 🌐 *www.hotelmediomundo.com* *12 rooms* *Dining room, fans, pool, laundry service, parking (fee); no a/c in some rooms, no room phones, no room TVs* ▭ *MC, V.*

5

$ ⊞ **Residencial.** A butter-yellow replica of a 19th-century French colonial mansion, the Residencial is a bit of a hike from the main plaza but right next to the Santiago church and public square, where a live big band attracts whirling couples on Tuesday at 9 PM. Rooms have powerful showers, comfortable beds, remote-control cable TV, blow dryers, and spacious closets. The small swimming pool in the central courtyard is pleasant for reconnoitering, but far from private. ⊠ *Calle 59 No. 589, at Calle 76, Barrio Santiago* ☎ *999/924–3899 or 999/924–3099* 🖷 *999/924–0266* ⊕ *www.hotelresidencial.com.mx* ⇆ *64 rooms, 2 suites* ⚒ *Restaurant, room service, cable TV, pool, bar, laundry service, meeting rooms, free parking* ⊟ *MC, V.*

★ ¢ ⊞ **Dolores Alba.** The newer wing of this comfortable, cheerful hotel has spiffy rooms with quiet yet strong air-conditioning, comfortable beds, and many amenities; rooms in this section have large TVs, balconies, and telephones. Although even the older and cheaper rooms have air-conditioning, they also have fans, which newer rooms do not. The pool is surrounded by lounge chairs and shaded by giant trees, and there's a comfortable restaurant and bar at the front of the property. ⊠ *Calle 63 No. 464, between Calles 52 and 54, Centro, 97000* ☎🖷 *999/928–5650* ⊕ *www.doloresalba.com* ⇆ *100 rooms* ⚒ *Restaurant, some fans, in-room safes, pool, bar, meeting room, travel services, free parking* ⊟ *MC, V.*

¢ ⊞ **Hostal del Peregrino.** This recently restored old home is now part upscale hostel, part inexpensive hotel. Private rooms downstairs have few amenities but wonderfully restored *piso de pasta*—tile floors with intricate designs. Upstairs are shared coed dorm rooms with separate showers and toilets, and an open-air bar and TV lounge for hanging out in the evening with fellow guests. ⊠ *Calle 51 No. 488, between Calles 54 and 56, Centro* ☎ *999/924–5491* ⊕ *www.hostaldelperegrino.com* ⇆ *7 private rooms, 3 dorm rooms* ⚒ *Dining room, bicycles, bar* ⊟ *No credit cards* ⏲❶ CP.

Nightlife & the Arts

Mérida has an active and diverse cultural life, which features free government-sponsored music and dance performances many evenings, as well as sidewalk art shows in local parks. Thursday at 9 PM Meridians enjoy an evening of outdoor entertainment at the **Serenata Yucateca.** At Parque Santa Lucía (Calles 60 and 55), you'll see trios, the local orchestra, and soloists performing compositions by Yucatecan composers. On Saturday evenings after 7 PM, the **Noche Mexicana** (corner of Paseo Montejo and Calle 47) hosts different musical and cultural events; more free music, dance, comedy, and regional handicrafts can be found at the **Corazón de Mérida,** on Calle 60 between the main plaza and Calle 55. Between 8 PM and 1 AM, multiple bandstands throughout this area, which is closed to traffic, entertain locals and visitors with an ever-changing playbill, from grunge to classical.

On Sunday, six blocks around the zócalo are closed off to traffic, and you can see performances—often mariachi and marimba bands or folkloric dancers—at Plaza Santa Lucía, Parque Hidalgo, and the main plaza. For a schedule of current performances, consult the tourist offices, the local newspapers, or the billboards and posters at the Teatro Peón Contreras or the Centro Cultural Olimpo.

Nightlife

BARS & AND
DANCE CLUBS

Meridians love to dance, but since they also have to work, many discos are open only on weekend nights, or Thursday through Sunday. ⚠ Be aware that it's becoming more and more common for discos geared to young people to invite female customers onstage for some rather shocking "audience participation" acts. Since these are otherwise fine establishments, we can only suggest that you let your sense of outrage be your guide. Locals don't seem to mind.

If dancing to the likes of Los Panchos and other romantic trios of the 1940s is more your style, don't miss this Tuesday night ritual at **Parque de Santiago** (⊠ Calles 59 and 72, Centro ☎ No phone), where old folks and the occasional young lovers gather for dancing under the stars at 8:30 PM.

Popular with the local *niños fresa* (which translates as "strawberry children," meaning upper-class youth) as well as some middle-age professionals, the indoor-outdoor lounge **El Cielo** (⊠ Prol. Montejo between Calles 15 and 17 Col. México ☎ 999/944–5127) is one of the latest minimalist hot spots where you can drink and dance to party or lounge music videos. It's open Wednesday–Saturday nights after 9:30 PM. Their first-floor restaurant, Sky, opens at 1 (closed Monday) for sushi. Part bar, restaurant, and stage show, **Eladios** (⊠ Calle 24 No. 101C, at Calle 59, Col. Itzimná ☎ 999/927–2126), with its peaked palm-thatch room and ample dance floor, is a lively place often crammed with local families and couples. You get free appetizers with your suds (there's a full menu of Yucatecan food), which makes it a good afternoon pit stop, and there's live salsa, cumbia, and other Latino tunes between 2 and 6:30 PM. In the evening you can enjoy stage shows, or dance. **El Nuevo Tucho** (⊠ Calle 60 No. 482, between Calles 55 and 57, Centro ☎ 999/924–2323) has cheesy cabaret-style entertainment beginning at 4 PM, with no drink minimum and no cover. There's music for dancing in this cavernous—sometimes full, sometimes empty—venue. Drink orders come with free appetizers.

Mambo Café (⊠ Calle 21 No. 327, between Calles 50 and 52, Plaza las Américas, Fracc. Miguel Hidalgo ☎ 999/987–7533) is the best place in town for dancing to DJ-spun salsa, merengue, cumbia, and disco tunes. You might want to hit the john during their raunchy audience-participation acts between sets. It's open from 9 PM until 3 AM Wednesday, Friday, and Saturday. **Pancho's** (⊠ Calle 59 No. 509, between Calles 60 and 62, Centro ☎ 999/923–0942), open daily 6 PM–2:30 AM, has a lively bar and a restaurant. It also has a small dance floor that attracts locals and visitors for a mix of live salsa and English-language pop music. Enormously popular and rightly so, the red-walled **Slavia** (⊠ Calle 29 No. 490, at Calle 58 ☎ 999/926–6587) is an exotic Middle Eastern beauty. There are all sorts of nooks where you can be alone yet together with upscale Meridians, most of whom simply call this "the Buddha Bar." Arabian music in the background, low lighting, beaded curtains, embroidered tablecloths, and sumptuous pillows and settees surrounding low tables produce a fabulous Arabian-nights vibe. It's open daily 7 PM–2 AM.

Tequila Rock (✉ Prolongación Montejo at Av. Campestre ☎ 999/883–3147) is a disco where salsa and Mexican and American pop are played Wednesday through Saturday. It's popular mainly with those between 18 and 25. At dark, smoky, and intimate **La Trova** (✉ Calles 60 and 57, at Hotel Misión Mérida, Centro ☎ 999/923–9500 Ext. 406 or 421), you can listen to sexy and romantic traditional ballads performed by live trios between 11 PM and 2 AM. It's closed Sunday.

The Arts

FILM **Cine Colón** (✉ Av. Reforma 363A, Colón ☎ 999/925–4500) shows English action films with Spanish subtitles. Box-office hits are shown at **Cine Fantasio** (✉ Calle 59 No. 492, at Calle 60, Centro ☎ 999/923–5431 or 999/925–4500), which has just one screen, but is the city's nicest theater. **Cine Hollywood** (✉ Calle 50 Diagonal 460, Fracc. Gonzalo Guerrero ☎ 999/920–1411) is within the popular Gran Plaza mall. International art films are shown most days at noon, 5, and 8 PM at **Teatro Mérida** (✉ Calle 60 between Calles 59 and 61, Centro ☎ 999/924–7687 or 999/924–9990).

FOLKLORIC SHOWS ★ Paseo Montejo hotels such as the Fiesta Americana, Hyatt Regency, and Holiday Inn stage dinner shows with folkloric dances; check with concierges for schedules. The **Ballet Folklórico de Yucatán** (✉ Calles 57 and 60, Centro ☎ 999/923–1198) presents a combination of music, dance, and theater every Friday at 9 PM at the university; tickets are $3. (Performances are every other Friday in the off-season, and there are no shows from August 1 to September 22 and the last two weeks of December.)

Sports & the Outdoors

Baseball

Baseball is played with enthusiasm between February and July at the **Centro Deportivo Kukulcán** (✉ Calle 6 No. 315, Circuito Colonias, Col. Granjas, Across street from Pemex gas station and next to Santa Clara brewery ☎ 999/940–0676 or 999/940–4261). It's most common to buy your ticket at the on-site ticket booth the day of the game. A-league volleyball and basketball games and tennis tournaments are also held here.

Bullfights

Bullfights are held sporadically late from September–February, though the most famed *matadors* begin their fighting season in November at **Plaza de Toros** (✉ Av. Reforma near Calle 25, Col. García Ginerés ☎ 999/925–7996). Seats in the shade generally go for between $25 and $40, but can cost as much as $80, depending on the fame of the bullfighter. You can buy tickets at the bullring or in advance at OXXO convenience stores. Check with the tourism office for the current schedule, or look for posters around town.

Golf

The 18-hole championship golf course at **Club de Golf de Yucatán** (✉ Carretera Mérida–Progreso, Km 14.5 ☎ 999/922–0053) is open to the public. It is about 16 km (10 mi) north of Mérida on the road to Progreso; greens fees are about $71, carts are an additional $32, and clubs can be rented. The pro shop is closed Monday.

Tennis

There are two cement public courts at **Estadio Salvador Alvarado** (⊠ Calle 11 between Calles 62 and 60, Paseo Montejo ☏ 999/925–4856). Cost is $2 per hour during the day and $2.50 at night, when the courts are lighted. At the **Fiesta Americana Mérida** (⊠ Av. Colón 451, Paseo Montejo ☏ 999/ 920–2194), guests have access to one unlit cement court. The one cement tennis court at **Holiday Inn** (⊠ Av. Colón 498, at Calle 60, Colón ☏ 999/ 942–8800) is lighted at night. The **Hyatt Regency Mérida** (⊠ Calle 60 No. 344, Colón ☏ 999/942–0202) has two lighted cement outdoor courts.

Shopping

Malls

Mérida has several shopping malls, but the largest and nicest, **Gran Plaza** (⊠ Calle 50 Diagonal 460, Fracc. Gonzalo Guerrero ☏ 999/944–7657), has more than 90 shops and a multiplex theater. It's just outside town, on the highway to Progreso (called Carretera a Progreso beyond the Mérida city limits). **Plaza Américas** (⊠ Calle 21 No. 331, Col. Miguel Hidalgo ☏ No phone) is a pleasant mall where you'll find the Cineopolis movie theater complex. Tiny **Pasaje Picheta** is on the north side of the town square. It has a bus ticket information booth and an upstairs art gallery, as well as souvenir shops and a food court.

Markets

The **Mercado Municipal** (⊠ Calles 56 and 67, Centro) has lots of things you won't need, but which are fascinating to look at: songbirds in cane cages, mountains of mysterious fruits and vegetables, dippers made of hollow gourds (the same way they've been made here for a thousand years). There are also lots of crafts for sale, including hammocks, sturdy leather *huaraches,* and piñatas in every imaginable shape and color.
▮ TIP→ Guides often approach tourists near this market. They expect a tip and won't necessarily bring you to the best deals. You're better off visiting some specialty stores first to learn about the quality and types of hammocks, hats, and other crafts; then you'll have an idea of what you're buying—and what it's worth—if you want to bargain in the market. Another thing you should look out for around the market is pickpockets.

Sunday brings an array of wares into Mérida; starting at 9 AM, the Handicrafts Bazaar, or **Bazar de Artesanías** (⊠ At main square, Centro), sells lots of *huipiles* (traditional, white embroidered dresses) as well as hats and costume jewelry. As its name implies, popular art, or handicrafts, are sold at the **Bazar de Artes Populares** (⊠ Parque Santa Lucía, at Calles 60 and 55, Centro) beginning at 9 AM on Sunday. If you're interested in handicrafts, **Bazar García Rejón** (⊠ Calles 65 and 62, Centro) has rows of indoor stalls that sell items like leather goods, palm hats, and handmade guitars.

Specialty Stores

BOOKS In addition to having a branch at all major shopping centers, **Librería Dante**
★ (⊠ Calle 62 No. 502, at Calle 61, Parque Principal, Centro ☏ 999/ 928–2611 ⊠ Calle 17 No. 138B, at Prolongación Paseo Montejo, Col.

Hamacas: A Primer

YUCATECAN ARTISANS are known for creating some of the finest *hamacas*, or hammocks, in the country. For the most part, the shops of Mérida are the best places in Yucatán to buy these beautiful, practical items—although if you travel to some of the outlying small towns, like Tixkokob, Izamal, and Ek Balam, you may find cheaper prices—and enjoy the experience as well.

One of the first decisions you'll have to make when buying a hamaca is whether to choose one made from cotton or nylon; nylon dries more quickly and is therefore well-suited to humid climates, but cotton is softer and more comfortable (though its colors tend to fade faster). You'll also see that hamacas come in both double-threaded and single-threaded weaves; the double-threaded ones are sturdiest because they're more densely woven.

Hamacas come in a variety of sizes, too. A *sencillo* (cen-*see*-oh) hammock is meant for just one person (although most people find it's a rather tight fit); a *doble* (*doh*-blay), on the other hand, is very comfortable for one but crowded for two. *Matrimonial* or king-size hammocks accommodate two; and *familiares* or *matrimoniales especiales* can theoretically sleep an entire family. (Yucatecans tend to be smaller than Anglos are, and also lie diagonally in hammocks rather than end-to-end.)

For a good-quality king-size nylon or cotton hamaca, expect to pay about $35; sencillos go for about $22. Unless you're an expert, it's best to buy a hammock at a specialty shop, where you can climb in to try the size. The proprietors will also give you tips on washing, storing, and hanging your hammock. There are lots of hammock stores near Mérida's municipal market on Calle 58, between Calles 69 and 73.

Itzimná (☎ 999/927–7676) has several others downtown and on Paseo Montejo. The stores carry lots of art and travel books, with at least a small selection of English-language books. The Paseo Montejo store doubles as a popular creperie and coffeehouse (*see* Where to Eat).

CLOTHING You might not wear a guayabera to a business meeting as some men in Mexico do, but the shirts are cool, comfortable, and attractive; for a good selection, try **Camisería Canul** (⊠ Calle 62 No. 484, between Calles 57 and 59, Centro ☎ 999/923–0158). Custom shirts take a week to construct, in sizes 4, for the tiny gentleman in your life, to 52.

Guayaberas Jack (⊠ Calle 59 No. 507A, between Calles 60 and 62, Centro ☎ 999/928–6002) has an excellent selection of guayaberas (18 delicious colors to choose from!) and typical women's cotton *filipinas* (house dresses), blouses, dresses, classy straw handbags, and lovely rayon *rebozos* (shawls) from San Luis Potosí. These can be made to order, allegedly in less than a day, to fit anyone from a year-old to a 240-pound man. The shop has a sophisticated Web site, www.guayaberasjack.com.mx, that allows online purchasing and browsing. **Mexicanísimo** (⊠ Calle 60 No. 496, at Parque Hidalgo, Centro ☎ 999/923–8132) sells sleek, clean-lined clothing made from natural fibers for both women and men.

JEWELRY Shop for malachite, turquoise, and other semiprecious stones set in silver at **Joyería Kema** (✉ Calle 60 No. 502-B, between Calle 61 and 63, at main plaza, Centro ☎ 999/923–5838). Beaders and other creative types flock to **Papagayo's Paradise** (✉ Calle 62 No. 488, between Calles 57 and 59, Centro ☎ 999/993–0383), where you'll find loose beads and semiprecious stones, lovely necklaces and earrings, and Brussels-lace-trimmed, hand-embroidered, tatted, and crocheted blouses. This small but exceptional store also sells men's handkerchiefs and place mats. **Tane** (✉ Hyatt Regency, Calle 60 No. 344, at Av. Colón, Paseo Montejo ☎ 999/942–0202) is an outlet for exquisite (and expensive) silver earrings, necklaces, and bracelets, some incorporating ancient Maya designs.

LOCAL GOODS & CRAFTS Visit the government-run **Casa de las Artesanías Ki-Huic** (✉ Calle 63 No. 503A, between Calles 64 and 62, Centro ☎ 999/928–6676) for folk art from throughout Yucatán. There's a showcase of hard-to-find traditional filigree jewelry in silver, gold, and gold-dipped versions. **Casa de los Artesanos** (✉ Calle 62 No. 492, between Calles 59 and 61, Centro ☎ 999/923–4523) , half a block from the main plaza, sells mainly small ceramics pieces, including more modern, stylized takes on traditional designs. The **Casa de Cera** (✉ Calle 74A No. 430E, between Calles 41 and 43, Centro ☎ 999/920–0219) is a small shop selling signed collectible indigenous beeswax figurines. Closed Sunday and afternoons after 3 PM.

A great place to purchase hammocks is **El Aguacate** (✉ Calle 58 No. 604, at Calle 73, Centro ☎ 999/928–6429), a family-run outfit with many sizes and designs. It's closed Sunday. **El Hamaquero** (✉ Calle 58 No. 572, between Calles 69 and 71, Centro ☎ 999/923–2117) has knowledgeable personnel who let you try out the hammocks before you buy. It's closed Sunday. **El Mayab** (✉ Calle 58 No. 553-A, at Calle 71, Centro ☎ 999/924–0853) has a multitude of hammocks and is open on Sunday until 2 PM. **El Sombrero Popular** (✉ Calle 65, between Calles 54 and 56, Centro ☎ 999/923–9501) has a good assortment of men's hats—especially *jipis*, better known as Panama hats, which cost between $12 and $65. The elder of this father-and-son team has been in the business for 40 years. Closed Sunday. You can get hammocks made to order—choose from standard nylon and cotton, super-soft processed sisal, Brazilian-style (six stringed), or crocheted—at **El Xiric** (✉ Calle 57-A No. 15, Pasaje Congreso, Centro ☎ 999/924–9906). You can also get *Xtabentún*—a locally made liqueur flavored with anise and honey—as well as jewelry, black pottery, woven goods from Oaxaca, and T-shirts and souvenirs.

Miniaturas (✉ Calle 59 No. 507A, Centro ☎ 999/928–6503) sells a delightful and diverse assortment of different crafts, but specializes in miniatures. **Tequilería Ajua** (✉ Calle 59 No. 506, at Calle 62, Centro ☎ 999/924–1453) sells tequila, brandy, and mezcal as well as Xtabentún and thick liqueurs made of local fruit from 10 AM to 9 PM.

CHICHÉN ITZÁ & THE MAYA INTERIOR

Although you can get to Chichén Itzá (120 km [74 mi] east of Mérida) along the shorter Carretera 180, there's a more scenic and interesting alternative. Head east on Carretera 281 through Tixkokob, a Maya community famous for its hammock weavers. Just 12 km (7 mi) from Tixkokob, on a signed road, the ruins of Aké can be visited briefly before returning to the highway and continuing through Citilcúm and Izamal; the latter is worthy of exploration, or at least a pit stop to see its amazing cathedral. From there, continue on through the small, untouristy towns of Dzudzal and Xanaba en route to Kantunil. There you can hop on the toll road or continue on the free road that parallels it through Holca and Libre Unión, both of which have very swimmable cenotes.

Aké

17 *35 km (22 mi) southeast of Mérida, 5 km (3 mi) southeast of Tixkokob.*

This compact archaeological site offers the unique opportunity to see architecture spanning two millennia in one sweeping vista. Standing atop a ruined Maya temple built more than a thousand years ago, you can see the incongruous nearby sight of workers processing sisal in a rusty-looking factory, which was built in the early 20th century. To the right of this dilapidated building are the ruins of the old Hacienda and Iglesia de San Lorenzo Aké, both constructed of stones taken from the Maya temples.

Experts estimate that Aké was populated between around 200 BC and AD 900; today many people in the area have Aké as a surname. The city seems to have been related to the very important and powerful one at present-day Izamal; in fact, the two cities were once connected by a sacbé (white road) 13 meters (43 feet) wide and 33 km (20 mi) long. All that's excavated so far are two pyramids, one with rows of columns (35 total) at the top, very reminiscent of the Toltec columns at Tula, north of Mexico City. $2.20 ⊙ Daily 9–5.

Izamal

18 *68 km (42 mi) southeast of Mérida.*

Although unsophisticated, Izamal is a charming and neighborly alternative to the sometimes frenetic tourism of Mérida. Hotels are humble, restaurants are few and offer basic fare. But for those who enjoy a quieter, slower-pace vacation, Izamal is worth considering as a base.

One of the best examples of a Spanish colonial town in the Yucatán, Izamal is nicknamed *Ciudad Amarillo* (Yellow City) because its most important buildings are painted a golden ocher color. It's also sometimes called "the city of three cultures," because of its combined pre-Hispanic, colonial, and contemporary influences. Calesas (horse-drawn carriages) are stationed at the town's large main square, fronting the lovely cathedral, day and night. The drivers charge about $5 an hour for sightseeing; many will also take you on a shopping tour for whichever items you're interested in buying (for instance, hammocks or jewelry). Pick up a brochure at the visitor center for details.

The drive to Izamal from Mérida takes less than an hour; take the Tixkokob road and follow the signs.

★ Facing the main plaza, the enormous 16th-century **Ex-Convento y Iglesia de San Antonio de Padua** (former monastery and church of St. Anthony of Padua) is perched on—and built from—the remains of a Maya pyramid devoted to Itzamná, god of the heavens. The monastery's ocher-painted church, where Pope John Paul II led prayers in 1993, has a gigantic atrium (supposedly second in size only to the Vatican's) facing a colonnaded facade and rows of 75 white-trimmed arches. The Virgin of the Immaculate Conception, to whom the church is dedicated, is the patron saint of the Yucatán. A statue of Nuestra Señora de Izamal, or Our Lady of Izamal, was brought here from Guatemala in 1562 by Bishop Diego de Landa. Miracles are ascribed to her, and a yearly pilgrimage takes place in her honor. Frescoes of saints at the front of the church, once plastered over, were rediscovered and refurbished in 1996.

The monastery and church are now illuminated in a light-and-sound show of the type usually shown at the archaeological sites. You can catch a Spanish-only narration and the play of lights on the nearly 500-year-old structure at 8:30 PM (buy tickets on-site at 8) Tuesday, Thursday, and Saturday.

Diagonally across from the massive cathedral, the small municipal market is worth a wander. It's a lot less frenetic than markets at major cities like Mérida. On the other side of the square, **Hecho a Mano** (✉ Calle 31 No. 308, Centro ☎ 988/954–0344), run by an American couple, sells a nice collection of framed photographs and handicrafts.

Kinich Kakmó pyramid is all that remains of the royal Maya city that flourished here between AD 250 and 600. Dedicated to Zamná, Maya god of the dew, the enormous structure is the largest of its kind in the state, covering about 10 acres. More remarkable for its size than for any remaining decoration, it's nonetheless an impressive monument, and you can scale it from stairs on the south face for a view of the cathedral and the surrounding countryside.

Where to Stay & Eat

¢ 🏠 **Green River Inn.** Individual block units are sprinkled around this landscaped property. Rooms have a dollhouse look and are decorated with lots of pinks, blues, and purples. Small TVs are mounted on the walls. Each ground-floor room has a whimsical-looking but clean bath, and a small terrace with a metal folding table and chairs. Things proceed slowly at this family-owned property; a swimming pool has been in the works for some time, and should be finished *mañana* (any day now). ✉ *Calle 39 No. 342, between Calles 38 and 40* ☎ *988/954–0337* ➷ *18 rooms* ♻ *Fans, minibars, cable TV, free parking; no room phones* ⊟ *No credit cards.*

¢ 🏠 **Macanché.** Each freestanding guest room here has its own theme decor: the Asian room has a Chinese checkers board and origami decorations; the safari room has artifacts from Mexico and Africa. All have screened windows and are surrounded by exhuberant gardens of bamboo, bird of paradise, and bougainvillea. Some have skylights, or hammock chairs on a front porch. The restaurant offers salads and other health-conscious fare. ✉ *Calle 22 No. 305, between Calles 33 and 35* ☎ *988/954–0287* ➷ *13 bungalows* ♻ *Restaurant, fans, some refrigerators, pool, bicycles, billiards, bar, laundry service, free parking; no a/c in some rooms, no room phones, no room TVs* ⊟ *No credit cards* ⦿ *BP.*

Pisté

⑲ *116 km (72 mi) east of Mérida.*

The town of Pisté serves as a base camp for travelers to Chichén Itzá. Hotels, campgrounds, restaurants, and handicrafts shops tend to be less expensive here than those at the ruins.

Across from the Dolores Alba hotel is the **Parque Ik Kil** (place of the winds). A $6 entrance fee is required if you want to swim in the lovely cenote here, open daily between 8 AM and 6 PM. If you're going to eat in the adjacent restaurant, or sleep overnight, you don't need to pay the entrance fee. ⊠ *Carretera Mérida–Puerto Juárez, Km 122* ☎ *985/858–1525.*

Where to Stay

★ ¢ **Dolores Alba.** The best low-budget choice near the ruins is this family-run hotel, a longtime favorite of international travelers. Spartan-ish rooms have hard beds and chunky, colonial-style furniture; but there are also two pools (one with palapas with hammocks), and a family-style restaurant where breakfast, lunch, and dinner are served. The convivial vibe, along with cheap prices, is the big draw here. Free transportation to Chichén Itzá is provided daily. ⊠ *Carretera 180, Km 122, 3 km (2 mi) east of Chichén Itzá, 99751* ☎ *985/858–1555* ⊕ *www.doloresalba.com* *40 rooms* *Restaurant, fans, 2 pools, free parking; no room phones, no room TVs* ▭ *MC, V* ⦿ *EP, MAP.*

⑳ Chichén Itzá **See Page 234**

Grutas de Balancanchén

㉑ *6 km (4 mi) east of Chichén Itzá.*

How often do you get the chance to wander below the earth? The caves translated as both "throne of the jaguar caves" or "caves of the hidden throne" are dank and sometimes slippery slopes to an amazing, rocky underworld. The caverns are lighted to best show off their lumpy limestone stalactites and niche-like side caves. It's a privilege also to view in situ vases, jars, and incense burners once used in sacred rituals, left right as they were. An arrangement of tiny *metates* (stone mortars for grinding corn) is particularly moving. At the end of the line is the underground cenote where Maya priests worshipped Chaac, the god of rain and water. Wear comfortable, nonslip walking shoes. Also at the site is a sound-and-light show that recounts Maya history. The caves are 6 km (4 mi) from Chichén Itzá; you can catch a bus or taxi or arrange a tour at the Mayaland hotel. Although there's a six-person minimum, the ticket vendor will often allow even a pair of visitors to tour. 🎟 *$4.50, including tour; sound-and-light show $5; parking $2 extra* ☉ *Daily 9–5; tours leave daily at 11, 1, and 3 (English); 9, noon, 2, and 4 (Spanish); and 10 (French).*

Valladolid

22 *44½ km (28 mi) east of Chichén Itzá.*

The second-largest city in Yucatán state, Valladolid (vay-ah-do-*lid*), is a picturesque provincial town that's been growing popular among travelers en route to or from Chichén Itzá (or Río Lagartos, to the north). Francisco de Montejo founded Valladolid in 1543 on the site of the Maya town of Sisal. The city suffered during the War of the Castes—when the Maya in revolt killed nearly all Spanish residents—and again during the Mexican Revolution.

Despite its turbulent history, Valladolid's downtown has many colonial and 19th-century structures. On Sunday evenings at 8 PM, the city's orchestra plays elegant, stylized *danzón*—waltzlike dance music to which unsmiling couples (think tango: no smiling allowed) swirl around the bandstand of the main square. On the west side of the plaza is the large **Iglesia de San Servacio**, which was pillaged during the War of the Castes.

★ Three long blocks away is the 16th-century, terra-cotta-color **Ex-Convento y Iglesia San Bernadino**, a Franciscan church and former monastery. ▪ TIP→ If the priest is around, ask him to show you the 16th-century frescoes, protected behind curtains near the altarpiece. The lack of proportion in the human figures shows the initial clumsiness of indigenous artisans in reproducing the Christian saints.

A large, round, and beautiful sinkhole at the edge of town, **Cenote Zací** (✉ Calles 36 and 37), is sometimes crowded with tourists and local boys clowning it up; at other times, it's deserted. Leaves from the tall old trees surrounding the sinkhole float on the surface, but the water itself is quite clean. If you're not up for a dip, visit the adjacent handicraft shop or have a bite or a drink at the well-loved, thatch-roof restaurant overlooking the water. Five kilometers (3 mi) west of the main square and on the old highway to Chichén Itzá, you can swim with the catfish in lovely,

★ ⏱ mysterious **Cenote X-Keken** (Cenote Dzitnup), which is in a cave lighted by a small natural skylight; admission is $3.

Valladolid is renowned for its **longaniza en escabeche**—a sausage dish, served in many of the restaurants facing the central square. In the shops and market you can also find good buys on sandals, baskets, and Xtabentún liqueur.

Where to Stay & Eat

$–$$ ✕▦ **El Mesón del Marqués.** On the north side of the main square, this well-preserved, old hacienda house was built around a lovely, colonnaded, open patio. The rooms are less impressive, although comfortable; Nos. 407, 408, and 409 are the newest, and have views of the cathedral. The charming restaurant ($–$$), in a courtyard with an old stone fountain and surrounded by porticoes, serves Yucatecan specialties. Again, the ambience is more impressive than the food itself, although the soups are pretty good. ✉ *Calle 39 No. 203, between Calle 40 and 42* ☎ *985/856–2073 or 985/856–3042* 🖷 *985/856–2280* ⊕ *www.mesondelmarques.com* ⌦ *88 rooms, 2 suites* ♻ *Restaurant, room service, fans, cable TV, pool, bar, laundry service, free parking* ⍀ *EP, CP* 🖃 *AE.*

Continued on page 242

The towering **El Castillo** pyramid, nearly 80 feet high, is the most striking structure at Chichén Itzá. Each side of the pyramid has 91 steps—which, with the addition of the topmost platform, equal 365, one for each day of the calendar year. At the vernal and autumnal equinoxes, thousands of people gather to watch as the shadow of the serpent god Kukulcán seems to slither down the side of the pyramid.

CHICHÉN ITZÁ

Carvings of ball players adorn the walls of the juego de pelota.

One of the most dramatically beautiful of the ancient Maya cities, Chichén Itzá draws some 3,000 visitors a day from all over the world. Since the remains of this once-thriving kingdom were discovered by Europeans in the mid-1800s, many of the travelers who make the pilgrimage here have been archaeologists and scholars, who study the structures and glyphs and try to piece together the mysteries surrounding them. While the artifacts here give fascinating insight into the Maya civilization, however, they also raise many, many unanswered questions.

The name of this ancient city, which means "the mouth of the well of the Itzás," is a mystery in itself. Although it likely refers to the valuable water sources at the site (there are several sinkholes here), and also to the Itzás, a group that occupied the city starting around the late 8th and early 9th centuries, experts have little information about who might have actually founded the city—some structures, which seem to have been built in the 5th century, pre-date the arrival of the Itzás. The reason why the Itzás eventually abandoned the city, around 1224, is also unknown.

Of course, most of the visitors that converge on Chichén Itzá come to marvel at its beauty, not ponder its significance. Even among laypeople, this ancient metropolis, which encompasses 6 square km (2½ square mi), is known around the world as one of the most stunning and well-preserved Maya sites in existence.

The sight of the immense ❶ **El Castillo** pyramid, rising imposingly yet gracefully from the surrounding plain, has been known to produce goose pimples on sight. El Castillo (The Castle) dominates the site both in size and in the sym-

CHICHÉN ITZÁ

The spiral-staircased El Caracol was used as an astronomical observatory.

7 Casa Roja

8 Casa del Venado

Templo del Osario

6

Grupo de las Monjas

10

9 El Caracol

13 Templo de los Panales Cuadrados

Akab Dzib

12

Structures at the Grupo de las Monjas have some of the site's most exquisite carvings and masks.

Xtaloc Sinkhole **5**

Cenote Xtaloc

← TO OLD CHICHÉN ITZÁ

THE CULT OF KUKULCÁN

Although the Maya worshipped many of their own gods, Kukulcán was a deity introduced to them by the Toltecs—who referred to him as Quetzacóatl, or the plumed serpent. The pyramid of El Castillo, along with many other structures at Chichén Itzá, was built in honor of Kukulcán.

Juego de Pelota

El Mercado

14

Plaza de Mil Columnas

15

Plaza de Mil Columnas

Temazcal

Juego de Pelota

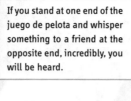

If you stand at one end of the juego de pelota and whisper something to a friend at the opposite end, incredibly, you will be heard.

Tourist Module

Juego de Pelota

❸

Anexo del Templo del los Jaguares ❷

Plataforma de Jaguares y Aguilas

Tzompantli

The tzompantli is where the bodies of sacrificial victims were displayed.

Main Plaza

❶ **El Castillo**

Plataforma de Venus

Saché (White Road)

Cenote Sagrado

❹

Cenote Sagrado (Sacred Well)

Templo de los Guerreros

❶❻

KEY	
🛈	*Information*
☕	*Cafe/Restaurant*
🚻	*Restroom*
S	*Souvenir*
📷	*View Point*
P	*Parking*

Juego de Pelota

The roof once covering the Plaza de Mil Columnas disintegrated long ago.

0   1/8 mi

0   1/8 km

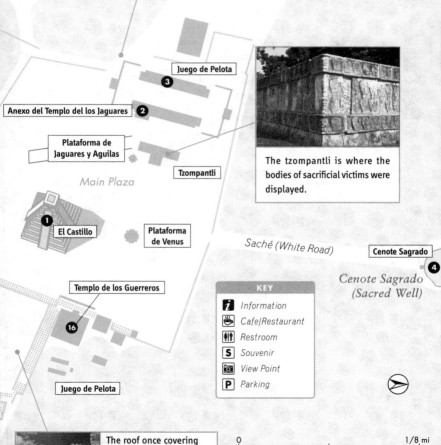

MAJOR SITES AND ATTRACTIONS

Rows of freestanding columns at the site have a strangely Greek look.

metry of its perfect proportions. Open-jawed serpent statues adorn the corners of each of the pyramid's four stairways, honoring the legendary priest-king Kukulcán (also known as Quetzalcóatl), an incarnation of the feathered serpent god. More serpents appear at the top of the building as sculpted columns. At the spring and fall equinoxes, the afternoon light strikes the trapezoidal structure so that the shadow of the snake-god appears to undulate down the side of the pyramid to bless the fertile earth. Thousands of people travel to the site each year to see this phenomenon.

At the base of the temple on the north side, an interior staircase leads to two marvelous statues deep within: a stone jaguar, and the intermediate god Chacmool. As usual, Chacmool is in a reclining position, with a flat spot on the belly for receiving sacrifices.

On the ❷ **Anexo del Templo de los Jaguares** (Annex to the Temple of the Jaguars), just west of El Castillo, bas-relief carvings represent more important deities. On the bottom of the columns is the rain god Tlaloc. It's no surprise that his tears represent rain—but why is the Toltec god Tlaloc honored here, instead of the Maya rain god, Chaac?

That's one of many questions that archaeologists and epigraphers have been trying to answer, ever since John Lloyd Stephens and Frederick Catherwood, the first English-speaking explorers to discover the site, first hacked their way through the surrounding forest in 1840. Scholars once thought that the symbols of foreign gods and differing architectural styles at Chichén Itzá proved it was conquered by the Toltecs of central Mexico. (As well as representations of Tlaloc, the site also has a *tzompantli*—a stone platform decorated with row upon row of sculpted human skulls, which is a distinctively Toltec-style structure.) Most experts now agree, however, that Chichén Itzá was only influenced—not conquered—by Toltec trading partners from the north.

Just west of the Anexo del Templo de los Jaguares is

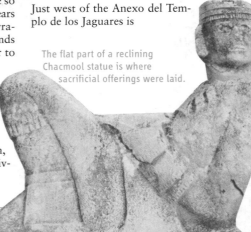

The flat part of a reclining Chacmool statue is where sacrificial offerings were laid.

Although the rules of the game that were played on the ball court aren't known, it's thought that players had to pass some sort of ball through high stone loops.

The walls of the ball field are intricately carved.

another puzzle: the auditory marvel of Chichén Itzá's main ball court. At 490 feet, this ❸ **juego de pelota** is the largest in Mesoamerica. Yet if you stand at one end of the playing field and whisper something to a friend at the other end, incredibly, you will be heard. The game played on this ball court was apparently something like soccer (no hands were used), but it likely had some sort of ritualistic significance. Carvings on the low walls surrounding the field show a decapitation, blood spurting from the victim's neck to fertilize the earth. Whether this is a historical depiction (perhaps the losers or winners of the game were sacrificed?) or a symbolic scene, we can only guess.

On the other side of El Castillo, just before a small temple dedicated to the planet Venus, a ruined *sacbe*, or white road, leads to the ❹ **Cenote Sagrado** (Holy Well, or Sinkhole), also probably used for ritualistic purposes. Jacques Cousteau and his companions recovered about 80 skeletons from this deep, straight-sided, subsurface pond, as well as thousands of pieces of jewelry and figures of jade, obsidian, wood, bone, and turquoise. In direct alignment with this cloudy green cenote, on the other side of El Castillo, the ❺ **Xtaloc sinkhole** was kept pristine, undoubtedly for bathing

TIPS

To get more in-depth information about the ruins, hire a multilingual guide at the ticket booth. Guides charge about $35 for a group of up to 7 people. Tours generally last about two hours. 🎫 $3.50
🕐 Ruins daily 8–5, museum Tues.–Sun. 9–4.

and drinking. Adjacent to this water source is a steam bath, its interior lined with benches along the wall like those you'd see in any steam room today. Outside, a tiny pool was used for cooling down during the ritual.

The older Maya structures at Chichén Itzá are south and west of Cenote Xtaloc. Archaeologists have been restoring several buildings in this area, including the ❻ **Templo del Osario** (Ossuary Temple), which, as its name implies, concealed several tombs with skeletons and offerings. Behind the smaller ❼ **Casa Roja** (Red House) and ❽ **Casa del Venado** (House of the Deer) are the site's oldest structures, including ❾ **El Caracol** (The Snail), one of the few round buildings built by the Maya, with a spiral staircase within. Clearly built as a celestial observatory, it has eight tiny windows precisely aligned with the points of the compass rose. Scholars now know that Maya priests studied the planets and the stars; in fact, they were able to accurately predict the orbits of Venus and the moon, and the appearance of comets and eclipses. To modern astronomers, this is nothing short of amazing.

The Maya of Chichén Itzá were not just scholars, however. They were skilled artisans and architects as well. South of El Caracol, the ❿ **Grupo de las Monjas** (The

The doorway of the Anexo de las Monjas represents an entrance to the underworld.

Nunnery complex) has some of the site's most exquisite facades. A combination of Puuc and Chenes styles dominates here, with playful latticework, masks, and gargoylelike serpents. On the east side of the ⓫ **Anexo de las Monjas,** (Nunnery Annex), the Chenes facade celebrates the rain god Chaac. In typical style, the doorway represents an entrance into the underworld; figures of Chaac decorate the ornate facade above.

South of the Nunnery Complex is an area where field archaeologists are still excavating (fewer than a quarter of the structures at Chichén Itzá have been fully restored). If you have more than a superficial interest in the site—and can convince the authorities ahead of time of your importance, or at least your interest in archaeology—you can explore this area, which is generally not open to the public. Otherwise, head back toward El Castillo past the ruins of a housing compound called ⓬ **Akab Dzib** and the ⓭ **Templo de los Panales Cuadrados** (Temple of the Square Panels). The latter of these buildings shows more evidence of Toltec influence: instead of weight-bearing Maya arches—or "false arches"—that traditionally supported stone roofs, this structure has stone columns but no roof. This means that the building was once roofed, Toltec-style, with perishable materials (most likely palm thatch or wood) that have long since disintegrated.

Beyond El Caracol, Casa Roja, and El Osario, the right-hand path follows an ancient sacbé ("white road"), now collapsed. A mud-and-straw hut, which the Maya called a **na,** has been reproduced here to show the simple implements used before and after the Spanish conquest. On one side of the room are a typical pre-Hispanic table, seat, fire pit, and reed baskets; on the other, the Christian cross and colonial-style table of the post-conquest Maya.

Behind the tiny oval house, several unexcavated mounds still guard their secrets. The path meanders through a small grove of oak and slender bean trees to the building known today as ⓮ **El Mercado.** This market was likely one end of a huge outdoor market whose counterpart structure, on the other side of the grove, is the ⓯ **Plaza de Mil Columnas.** (Plaza of the Thousand Columns). In typical Toltec-Maya style, the roof once covering the parallel rows of round stone columns in this long arcade has disappeared, giving the place a strangely Greek—and distinctly non-Maya—look. But the curvy-nosed Chaacs on the corners of the adjacent ⓰ **Templo de los**

Guerreros are pure Maya. Why their noses are pointing down, like an upside-down "U, " instead of up, as usual, is just another mystery to be solved

The Templo de los Guerreros shows the influence of Toltec architecture.

WHERE TO STAY AT CHICHÉN ITZÁ

★ **$$$** 🏨 **Mayaland.** This charming property is in a large garden, and close enough to the ruins to have its own entrance (you can even see some of the older structures from the windows). The large number of tour groups that come here, however, will make it less appealing if you're looking for privacy. Colonial-style guest rooms have decorative tiles; ask for one with a balcony, which doesn't cost extra. Bungalows have thatched roofs as well as wide verandas with hammocks. The simple Maya-inspired "huts" near the front of the property, built in the 1930s, are the cheapest option, but are for groups only. ⊠ *Carretera 180, Km 120* 🕾 *985/ 851–0100 or 800/235–4079* 🖷 *985/ 851–0128* 🕾🖨 *985/851–0129* ⊕ *www. mayaland.com* ➴ *60 bungalows, 30 rooms, 10 suites* ⚐ *4 restaurants, room service, fans, minibars, cable TV, tennis court, 3 pools, volleyball, 2 bars, shop, laundry service, free parking* 🖃 *AE, D, MC, V.*

★ **Fodor's Choice** **$$–$$$** 🏨 **Hacienda Chichén.** A converted 16th-century hacienda with its own entrance to the ruins, this hotel once served as the headquarters for the Carnegie expedition to Chichén Itzá. Rustic-chic, soap-scented cotes are simply but beautifully furnished in colonial Yucatecan style, with bedspreads and dehumidifiers; all of the ground-floor rooms have verandas, but only master suites have hammocks. There's a satellite TV in the library. An enormous (and deep) old pool graces the gardens. Meals are served on the patio overlooking the grounds, or in the air-conditioned restaurant. A big plus is the hotel's intimate size; it's a place for honeymoons and silver anniversaries, not tour groups. ⊠ *Carretera 180, Km 120* 🕾 *985/851–0045, 999/924–2150 reservations, 800/624–8451* 🕾🖨 *999/ 924–5011* ⊕ *www.haciendachichen. com.mx* ➴ *24 rooms, 4 suites* ⚐ *2 restaurants, fans, some minibars, pool, bar, laundry service, shop, free parking; no room phones, no room TVs* 🖃 *AE, DC, MC, V.*

5

CHICHÉN ITZÁ

Sacred Cenotes

TO THE ANCIENT (and tradition-bound modern) Maya, holes in the ground—be they sinkholes (*cenotes*) or caves—are considered conduits to the world of the spirits. A source of water in a land of no surface rivers, sinkholes are of special importance. The domain of Chaac, god of rain and water, cenotes like Balancanchén, near Chichén Itzá, were used as prayer sites and shrines. Sacred objects and sacrificial victims were thrown in the sacred cenote at Chichén Itzá, and in others near large ceremonial centers in ancient times.

There are at least 2,800 known cenotes in the Yucatán. Rainwater sinks through the peninsula's thin soil and porous limestone to create underground rivers, while leaving the dry surface river-free.

Some pondlike sinkholes are found near ground level; most require a bit more effort to access, however. Near downtown Valladolid, Cenote Zací is named for the Maya town conquered by the Spanish. It's a relatively simple saunter down a series of cement steps to reach the cool green water.

Lesser-known sinkholes are yours to discover, especially in the area labeled "zona de cenotes." To explore this area southeast of Mérida, you can hire a guide through the tourism office. Another option is to head directly for the ex-hacienda of Chunkanan, outside the village of the same name, about 30 minutes southeast of Mérida. There, former henequen workers will hitch their horses to tiny open railway carts to take you along the unused train tracks. The reward for this bumpy, sometimes dusty ride is a swim in several incredible cenotes.

Almost every local has a "secret" cenote; ask around, and perhaps you'll find a favorite of your own.

¢ ✕▦ **Ecotel Quinta Real.** This salmon-color hotel is a mix of colonial and modern Mexico. Each whitewashed room is accented with one brightly colored wall; wrought-iron ceiling and wall fixtures; and substantial, hand-carved furniture. Junior suites each have a balcony (overlooking the parking area), a wet bar and living–dining area, king bed, and spa bath. Of the standard rooms, the nicest have terraces overlooking the orchard. There's a game room, arboretum with local flora, and an uninspiring, fenced-in area for ducks. You can borrow racquets and and tennis balls to use on the recently resurfaced cement court. The main restaurant ($–$$) has a substantial menu ranging from nachos and pizza to filet mignon and lobster. ✉ *Calle 40 No. 160A, at Calle 27* ☎ *985/856–6372* ☒ *985/856–3479* ⊕ *www.ecotelquintaregia.com. mx* ⇨ *106 rooms, 8 suites* ⌂ *2 restaurants, room service, some in-room hot tubs, some minibars, cable TV, tennis court, pool, billiards, Ping-Pong, bar, laundry service, meeting room, free parking* ▤ *AE, MC, V.*

¢ ▦ **María de la Luz.** A worn but still somehow engaging budget hotel, Mary of the Light is on the main plaza. Motel-style buildings are centered around a swimming pool, where there are banana trees and tables for drinking or dining. The plain rooms are nothing to write home about, but consistently attract a diverse and bohemian clientele. The restaurant, where guests tend to gather, serves predictable but tasty Mexican dishes; pollo pibíl is a house specialty. You may be tempted to upgrade to the hotel's single suite—but it has the same uneventful decor, with a whirlpool tub and more beds of various sizes jammed in. ⊠ *Calle 42 No. 193C* 🖾🖾 *985/856–2071 or 985/856–1181* ⊕ *www. mariadelaluzhotel.com* 🔊 *68 rooms, 1 suite* ⚏ *Restaurant, cable TV, Wi-Fi, pool, bar, free parking,* 🖃 *MC, V.*

Ek Balam

★ ㉓ *30 km (18 mi) north of Valladolid, off Carretera 295.*

What's most stunning about the Ek Balam ("black jaguar") site are the elaborately carved and amazingly well-preserved stucco panels of one of the temples, **Templo de los Frisos.** A giant monster mask crowns its summit, and its friezes contain wonderful carvings of figures often referred to as "angels" (because of their wings)—but which more likely represented nobles in ceremonial dress.

As is common with ancient Maya structures, this Chenes-style temple is superimposed upon earlier ones. The temple was a mausoleum for ruler Ukit Kan Lek Tok, who was buried with priceless funerary objects, including pearls, countless perforated seashells, jade, mother-of-pearl pendants, and small bone masks with moveable jaws. At the bases at either end, the name of the leader is inscribed on the forked tongue of a carved serpent, which obviously hadn't the negative Bibical connotation ascribed to the snake in Western culture today. A contemporary of Uxmal and Cobá, the city may have been a satellite city to Chichén Itzá, which rose to power as Ek Balam waned.

Another unusual feature of Ek Balam are the two concentric walls—a rare configuration in Maya sites—that surround the 45 structures in the main part of the site. They may have provided defense, or perhaps they symbolized more than provided safety for the ruling elite that lived within.

Ek Balam also has a ball court and quite a few freestanding stelae (stone pillars carved with glyphs or images for commemorative purposes). New Age groups sometimes converge on the site for prayers and seminars, but it's usually quite sparsely visited, which adds to the mystery and allure. 🖾 *$3* ⊙ *Daily 8–5.*

Where to Stay

¢ 🖾 **Genesis Retreat.** Close to the Ek Balam site, this simple retreat is modeled on dwellings of the region. Cabins of stucco, wood, and thatch surround a casually maintained open area with a ritual temezcal steam hut and a small swimming pool. You can "adopt" a family of local residents for cultural exchange, language-learning, or hammock- or tortilla-making classes; you can also rent a bike to tour nearby ruins and sinkholes. ⊠ *Domicilio Conocido* 🖀 *985/852–7980 or 985/858–9375* ⊕ *www. genesisretreat.com* 🔊 *7 cabins, 3 tent-cabins* ⚏ *Restaurant, bicycles; no a/c, no room phones, no room TVs* 🖃 *No credit cards.*

¢ 🖾 **U-Najil Ek Balam.** Wooden, thatch-roof guesthouses at this ecohotel simulate traditional homes in the area (although, with private bathrooms, they're a step above the average rural dwelling). Local boys or men will guide you on bike or walking tours, to area sinkholes for swimming, or to see community events. ☒ *U-Najil, Hacienda Ek Balam* ☎ *999/994–7488* ⤴ *11 cabins* ⚭ *Restaurant, fans, pool, bicycles; no a/c, no room phones, no room TVs* ▭ *No credit cards* ⑩ *EP, MAP.*

UXMAL & THE RUTA PUUC

Passing through the large Maya town of Umán on Mérida's southern outskirts, you enter one of the Yucatán's least populated areas. The highway to Uxmal (ush-*mal)* and Kabah is relatively free of traffic and runs through uncultivated low jungle. The forest seems to become more dense beyond Uxmal, which was connected to a number of smaller ceremonial centers in ancient times by sacbé (white roads). Several of these satellite sites—including Kabah, with its 250 masks; Sayil, with its majestic, three-story palace; and Labná, with its iconic, vaulted *puerta* (gateway)—are open to the public along a route known as the Ruta Puuc, which winds its way eastward through the countryside.

The last archaeological site on the Ruta Puuc is the Grutas de Loltún, Yucatán's most mysterious and extensive cave system. You can make a loop to all these sites, ending in the little town of Oxcutzcab, or in somewhat larger Ticul, which produces much of the pottery (and the women's shoes) you'll see around the peninsula. There's daily transportation on the ATS bus line (*see* Bus Travel, *below*) to Uxmal, Labná, Xlapak, Sayil, Kabah, and Uxmal. For about $10, you can get transportation to each of these places, with 20–30 minutes to explore the lesser sites and nearly two hours to see Uxmal. A great value and convenience, this unguided tour leaves the second-class bus station (ATS line, platform 69) daily at 8 AM and gets back to Mérida by about 4.

Uxmal

 ㉔ *78 km (48 mi) south of Mérida on Carretera 261.*

Fodor'sChoice
★
If Chichén Itzá is the most expansive Maya ruin in Yucatán, Uxmal is arguably the most elegant. The architecture here reflects the Late Classical renaissance of the 7th to the 9th century and is contemporary with that of Palenque and Tikal, among other great Maya cities of the southern highlands.

The site is considered the finest and most extensively excavated example of Puuc architecture, which embraces such details as ornate stone mosaics and friezes on the upper walls, intricate cornices, rows of columns, and soaring vaulted arches. Although much of Uxmal hasn't been restored, the following buildings in particular merit attention:

At 125 feet high, the **Pirámide del Adivino** is the tallest and most prominent structure at the site. Unlike most other Maya pyramids, which are stepped and angular, the Temple of the Magician has a softer and more refined round-corner design. This structure was rebuilt five times over hundreds of years, each time on the same foundation, so artifacts found here represent several different kingdoms. The pyramid has a stairway

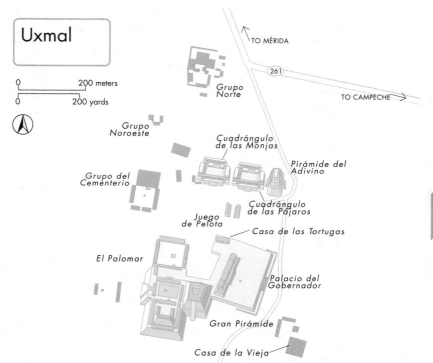

Uxmal

0 _____ 200 meters
0 _____ 200 yards

TO MÉRIDA

261

TO CAMPECHE →

Grupo
Norte

Grupo
Noroeste

Cuadrángulo
de las Monjas

Pirámide del
Adivino

Grupo del
Cementerio

Cuadrángulo
de las Pájaros

Juego
de Pelota

Casa de las Tortugas

El Palomar

Palacio del
Gobernador

Gran Pirámide

Casa de la Vieja

on its western side that leads through a giant open-mouthed mask to two temples at the summit. During restoration work in 2002, the grave of a high-ranking Maya official, a ceramic mask, and a jade necklace were discovered within the pyramid. Continuing excavations have revealed exciting new finds that are still being studied.

West of the pyramid lies the **Cuadrángulo de las Monjas,** considered by some to be the finest part of Uxmal. The name was given to it by the conquistadores because it reminded them of a convent building in Old Spain. You may enter the four buildings; each comprises a series of low, gracefully repetitive chambers that look onto a central patio. Elaborate and symbolic decorations—masks, geometric patterns, coiling snakes, and some phallic figures—blanket the upper facades.

Heading south from the Nunnery, you'll pass a small ball court before reaching the **Palacio del Gobernador,** which archaeologist Victor von Hagen considered the most magnificent building ever erected in the Americas. Interestingly, the palace faces east, while the rest of Uxmal faces west. Archaeologists believe this is because the palace was built to allow observation of the planet Venus. Covering 5 acres and rising over an immense acropolis, it lies at the heart of what may have been Uxmal's administrative center.

Apparently the house of an important person, the recently excavated **Cuadrángalo de los Pájaros** (Quadrangle of the Birds), located between the above-mentioned buildings, is composed of a series of small chambers. In one of these chambers, archaeologists found a statue of the royal who apparently dwelt there, by the name of Chac (as opposed to Chaac, the rain god). The building was named for the repeated pattern of birds decorating the upper part of the building's frieze.

Today, you can watch a sound-and-light show at the site that recounts Maya legends. The colored light brings out details of carvings and mosaics that are easy to miss when the sun is shining. The show is performed nightly in Spanish; earphones ($2.50) provide an English translation. ⌨ *Site, museum, and sound-and-light show $8.50; parking $1; use of video camera $3 (keep this receipt if visiting other archaeological sites along the Ruta Puuc on the same day)* ⊙ *Daily 8–5; sound-and-light show just after dusk.*

Where to Stay & Eat

$ ✕ **Cana Nah.** Although they mainly cater to the groups visiting Uxmal, the friendly folks at this large roadside venue are happy to serve small parties. The basic menu includes local dishes like lime soup and pollo pibíl, and such universals as fried chicken and vegetable soup. After your meal you can laze in one of the hammocks out back under the trees, or dive into the property's large rectangular swimming pool. There's a small shop as well, selling figurines of *los aluxes,* the mischievous "lords of the jungle" that Maya legend says protect farmers' fields. ⊠ *Carr. Muna–Uxmal, 4 km (2½ mi) north of Uxmal* ☎ *999/991–7978 or 999/ 910–3829* 🍴 *No credit cards.*

$ ✕🏨 **Villas Arqueológicas Uxmal.** Rooms at this pretty two-story Club Med
Fodor'sChoice property are small but functional, with wooden furniture and cozy twin
★ beds that fit nicely into alcoves. Half of the bright, hobbit-hole rooms have garden views. Since rooms are small, guests tend to hang out in the comfy library with giant-screen TV and lots of reading material, or at thatch-shaded tables next to the pool. The indoor restaurant ($$–$$$)—classy or old-Europe fussy, depending on your tastes—serves both regional fare and international dishes. With museum-quality reproductions of Maya statues throughout (even in the pool), it's several times less expensive than, and equally charming as, the other options at the ruins. ⊠ *Carretera 261, Km 76* ☎ *997/974–6020 or 800/258–2633* 🖷 *997/976–2040* ⊕ *www. clubmedvillas.com* 🛏 *40 rooms, 3 suites* ⌂ *Restaurant, in-room safes, tennis court, pool, billiards, bar, library, shop, laundry service, free parking; no room TVs* 🍴 *AE, MC, V.*

$$$$ 🏨 **Lodge at Uxmal.** The outwardly rustic, thatch-roof buildings here have red-tile floors, carved and polished hardwood doors and rocking chairs, and local weavings. The effect is comfortable yet luxuriant; the property feels sort of like a peace-

ful ranch. All rooms have bathtubs and screened windows; suites have king-size beds and spa baths. ☒ *Carretera Uxmal, Km 78* ☎ *997/976–2030 or 800/235–4079* 🖷 *997/976–2127* ⊕ *www.mayaland.com* ⇄ *40 suites ⚿ 2 restaurants, fans, some in-room hot tubs, minibars, cable TV, 2 pools, bar, laundry service, free parking* ⊟ *AE, MC, V.*

$$ 🏨 **Hacienda Uxmal.** The first hotel built in Uxmal, this pleasant colonial-style building was looking positively haggard before a recent facelift, when sheets, towels, and furnishings were finally replaced. Still in good shape are the lovely floor tiles, ceramics, and iron grillwork. The rooms are fronted with wide, furnished verandas; the courtyard has two pools surrounded by gardens. Each room has an ample bathroom with tub, comfortable beds, and coffeemaker. Ask about packages that include free or low-cost car rentals, or comfortable minivans traveling to Mérida, Chichén, or Cancún. ☒ *Carretera 261, Km 78* ☎ *997/976–2012 or 800/235–4079* 🖷 *997/976–2011, 998/884–4510 in Cancún* ⊕ *www.mayaland.com* ⇄ *80 rooms, 7 suites ⚿ Restaurant, room service, some in-room hot tubs, cable TV, 2 pools, billiards, bar, shop, laundry service, free parking* ⊟ *AE, MC, V.*

Kabah

 ㉕ *23 km (14 mi) south of Uxmal on Carretera 261.*

The most important buildings at Kabah, which means "lord of the powerful hand" in Maya, were built between AD 600 and 900, during the later part of the Classic era. A ceremonial center of almost Grecian beauty, it was once linked to Uxmal by a sacbé, at the end of which looms a great independent arch—now across the highway from the main ruins. The 151-foot-long **Palacio de los Mascarones**, or Palace of the Masks, boasts a three-dimensional mosaic of 250 masks of inlaid stones. On the central plaza, you can see ground-level wells called *chultunes*, which were used to store precious rainwater. 🎟 *$3* ⊙ *Daily 8–5.*

Sayil

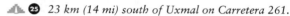 **㉖** *9 km (5½ mi) south of Kabah on Carretera 31 E.*

Experts believe that Sayil, or "place of the red ants," flourished between AD 800 and 1000. It's renowned primarily for its majestic **Gran Palacio.** Built on a hill, the three-story structure is adorned with decorations of animals and other figures, and contains more than 80 rooms. The structure recalls Palenque in its use of multiple planes, columned porticoes, and sober cornices. Also on the grounds is a stela in the shape of a phallus—an obvious symbol of fertility. 🎟 *$3* ⊙ *Daily 8–5.*

Labná

 ㉗ *9 km (5½ mi) south of Sayil on Carretera 31 E.*

The striking monumental structure at Labná (which means "old house" or "abandoned house") is a fanciful corbeled arch (also called the Maya arch, or false arch), with elaborate latticework and a small chamber on each side. One theory says the arch was the entrance to an area where

Yucatán's History

FRANCISCO DE MONTEJO'S conquest of Yucatán took three gruesome wars over a total of 24 years. "Nowhere in all America was resistance to Spanish conquest more obstinate or more nearly successful," wrote the historian Henry Parkes. In fact the irresolute Maya, their ancestors long incorrectly portrayed by archaeologists as docile and peace loving, provided the Spaniards and the mainland Mexicans with one of their greatest challenges. Rebellious pockets of Maya communities held out against the *dzulo'obs* (dzoo-loh-*obs*)— the upper class, or outsiders—as late as the 1920s and '30s.

If Yucatecans are proud of their heritage and culture, it's with good reason. Although in a state of decline when the conquistadores clanked into their world with iron swords and fire-belching cannons, the Maya were one of the world's greatest ancient cultures. As mathematicians and astromoners they were perhaps without equal among their contemporaries; their architecture in places like Uxmal was as graceful as that of the ancient Greeks.

To "facilitate" Catholic conversion among the conquered, the Spaniards superimposed Christian rituals on existing beliefs whenever possible, creating the ethnic Catholicism that's alive and well today. (Those defiant Maya who resisted the new ideology were burned at the stake, drowned, and hanged.) Having procured a huge workforce of free indigenous labor, Spanish agricultural estates prospered like mad. Mérida soon became a thriving administrative and military center, the gateway to Cuba and to Spain. By the 18th century, huge maize and cattle plantations were making the *hacendados* incredibly rich.

Insurrection came during the War of the Castes in the mid-1800s, when the enslaved indigenous people rose up with long-repressed furor and massacred thousands of non-Indians. The United States, Cuba, and Mexico City finally came to the aid of the ruling elite, and between 1846 and 1850 the Indian population of Yucatán was effectively halved. Those Maya who did not escape into the remote jungles of neighboring Quintana Roo or Chiapas or get sold into slavery in Cuba found themselves, if possible, worse off than before under the dictatorship of Porfirio Díaz.

The hopeless status of the indigenous people—both Yucatán natives and those kidnapped and lured with the promise of work from elsewhere in Mexico—changed little as the economic base segued from one industry to the next. After the thin limestone soil failed to produce fat cattle or impressive corn, entrepeneurs turned to dyewood and then to henequen (sisal), a natural fiber used to make rope. After the widespread acceptance of synthetic fibers, the entrepreneurs used the sweat of local labor to convert gum arabic from the peninsula's prevelant *zapote* tree into European vacations and Miami bank accounts. The fruits of their labor can be seen today in the imposing French-style mansions that stretch along Mérida's Paseo Montejo.

religious ceremonies were staged. The site was used mainly by the military elite and royalty. 🖾 *$3* ⊘ *Daily 8–5.*

Grutas de Loltún

★ ☺ 🏛 *19 km (12 mi) northeast of Labná.*

28

The Loltún ("stone flower" in Maya) is one of the largest and most fascinating cave systems in the Yucatán peninsula. Long ago, Maya ceremonies were routinely held inside these mysterious caves; artifacts found inside date as far back as 800 BC. The topography of the caves themselves is fascinating: there are stalactities, stalagmites, and limestone formations known by such names as Ear of Corn and Cathedral. Illuminated pathways meander a little over a kilometer (½ mi) through the caverns, most of which are quite airy (claustrophobics needn't worry). Nine different openings allow air and some (but not much) light to filter in.
■ TIP→ **You can enter only with a guide. Although these guides were once paid a small salary, they are now forced to work for tips only—so be generous.** Scheduled tours are at 9:30, 12:30, and 3:30 (in Spanish), and 11 and 2 (in English). 🖾 *$4.50* ⊘ *Daily 9–5.*

Ticul

29 *27 km (17½ mi) northwest of the Loltún Caves, 28 km (17 mi) east of Uxmal, 100 km (62 mi) south of Mérida.*

One of the larger towns in Yucatán, Ticul has a handsome 17th-century church. This busy market town is a good base for exploring the Puuc region—if you don't mind rudimentary hotels and a limited choice of simple restaurants. Many descendants of the Xiu dynasty, which ruled Uxmal until the conquest, still live here. Industries include fabrication of huipiles and shoes, as well as much of the pottery you see around
★ the Yucatán. **Arte Maya** (🖂 Calle 23 No. 301 ☏ 997/972–1669 ⊕ www.artemaya.com.mx) is a ceramics workshop that produces museum-quality replicas of archaeological pieces found throughout Mexico. The workshop also creates souvenir-quality pieces that are both more affordable and more easily transported.

OFF THE BEATEN PATH

MAYAPÁN – Those who are enamored of Yucatán and the ancient Maya may want to take a 42-km (26-mi) detour east of Ticul (or 43 km [27 mi] from Mérida) to Mayapán, the last of the major city-states on the peninsula, which flourished during the Postclassic era. It was demolished in AD 1450, presumably by war. It is thought that the city, with an architectural style reminiscent of Uxmal, was as big as Chichén Itzá, and there are more than 4,000 mounds to bear this out. At its height, the population could have been well over 12,000. A half dozen mounds have been excavated, including the palaces of Maya royalty and the temple of the benign god Kukulcán, where murals in vivid reds and oranges, plus stucco sculptures, have been uncovered. The ceremonial structures that were faithfully described in Bishop Diego de Landa's writings will look like they have jumped right out of his book when the work is completed. 🖂 *Off road to left before Telchaquillo; follow signs* 🖾 *$2* ⊘ *Daily 8–5.*

Where to Stay & Eat

$ ✕ **Pizzería La Góndola.** The wonderful smells of fresh-baked bread and pizza waft from this small corner establishment between the market and the main square. Scenes of Old Italy and the Yucatán adorn bright yellow walls; clients pull their padded folding chairs up to yellow-tile tables, or take their orders to go. Pizza is the name of the game here, although tortas and pastas are also for sale. To drink, you can choose from beer, wine, and soft drinks. ⊠ *Calle 23 No. 208, at Calle 26A* ☎ *997/972–0112* ▤ *No credit cards* ☾ *Daily 1–5* PM.

★ $ ✕ **El Príncipe Tutul-Xiu.** About 15 km from Ticul in the little town of Maní, this large open restaurant under a giant palapa roof is a great place for lunch or an early dinner (it closes at 7 PM). Though you'll find the same Yucatecan dishes here as elsewhere—pollo pibíl, lime soup—the preparation is excellent and portions are generous. Best of all is the poc chuc—little bites of pork marinated in sour orange, garlic, and chili and grilled over charcoal. ⊠ *Calle 26 No. 208, between Calles 25 and 27* ☎ *997/978–4086* ▤ *No credit cards.*

¢–$ ✕ **Los Almendros.** One of the few places in town open from 9 AM until 9 PM, "the Almonds" is a good place to sample regional fare, including handmade tortillas, although the food can be greasy. The *combinado yucateco* gives you a chance to try poc chuc and cochinita pibíl (two pork dishes) as well as *pavo relleno* (stuffed turkey) and sausage. The newish building at the edge of town is often full of tour groups, or completely empty. There's a pool out back where you can swim—but do like mama says and wait at least a half hour after eating. ⊠ *Calle 22 s/n, at Carretera Ticul–Chetumal* ☎ *997/972–0021* ▤ *V.*

¢ ▦ **Plaza.** There's not much to recommend about the Plaza except that it's about a block from the main plaza. It has clean bathrooms and firm mattresses, hammock hooks, telephones, fans, and TV. Choose a room with air-conditioning; it will only cost you $4 extra. A café serves breakfast, which at least gets you out of your extremely plain room. ⊠ *Calle 23 No. 202, between Calles 26 and 26A, 97860* ☎ *997/972–0484* 🖷 *997/972–0077* ⊕ *www.hotelplazayucatan.com* ⤙ *25 rooms, 5 suites* ♻ *Café, cable TV, free parking; no a/c in some rooms* ▤ *MC, V (with 6% surcharge).*

Oxcutzcab

㉚ *22 km (14 mi) southeast of Ticul; 122 km (76 mi) south of Mérida.*

This market town, hungry for tourism, is a good alternative to Ticul for those who want to spend the night in the Puuc area. Strangers will greet you as you walk the streets. Even the teenagers here are friendly and polite. Oxcutzcab (osh-coots-*cob*) supplies much of the state with produce: avocado, mango, mamey, papaya, watermelon, peanuts, and citrus fruits are all grown in the surrounding region and sold daily at the cheerful municipal market, directly in front of the town's picturesque Franciscan church. Pedicabs line up on the opposite side of the market, ready to take you on a three-wheeled tour of town for just a few pesos. The town's coat of arms tells the etymology of the name Oxcutzcab. In

Mayan, Ox means "ramon" (twigs cut for cattle fodder); "kutz" is tobacco, also grown in the area; and "cab" is honey. It's a sweet little town.

Where to Stay & Eat

¢ ✕⊞ **Hotel Puuc.** This two-story, motel-style property opened in 2004. Rooms are plain but clean, with comfy beds, decoupage scenes of Puuc area ruins, and blond-wood furniture. Each has a shower and toilet crammed into a tiny room around the corner from a sink. Noise from the street, the front desk, and other rooms creeps in through thin walls. The international food at Peregrino Restaurant ($) is as plain and simple as the guest rooms, but portions are generous and the waitstaff, like most of the town, is friendly. ⊠ *Calle 55 No. 80, at Calle 44* ☎ *997/975–0103* ⊅ *24 rooms* ⚘ *Restaurant, cable TV, laundry service, free parking; no a/c in some rooms, no room phones* ⊟ *No credit cards.*

Yaxcopoil

❸① *50 km (31 mi) north of Uxmal on Carretera 261.*

Yaxcopoil (yash-co-po-*il*), a restored 17th-century hacienda, makes for a nice change of pace from the ruins. The main building, with its distinctive Moorish double arch at the entrance, has been used as a film set and is the best-known henequen plantation in the region. The great house's rooms—including library, kitchen, dining room, drawing room, and salons—are fitted with late-19th-century European furnishings. You can tour these, along with the chapel, and the storerooms and machine room used in the processing of henequen. In the museum you'll see pottery and other artifacts recovered from the still-unexplored, Classic-era Maya site for which the hacienda is named. The hacienda has restored a one-room guesthouse ($) for overnighters, and will serve a continental breakfast and simple dinner of traditional tamales and *horchata* (rice-flavored drink) by prior arrangement. You can reserve the guest cottage by visiting the property's Web site. ⊠ *Carretera 261, Km 186* ☎ *999/934–0865 or 999/910–4469* ⊕ *www.yaxcopoil.com* ⊠ *$4* ⊗ *Mon.–Sat. 8–6, Sun. 9–1.*

Where to Stay

$$$$ ⊞ **Hacienda Temozón.** These luxurious accommodations may seem far from any town or city, but they're actually quite close to the ruins of Uxmal, the Ruta Puuc, and even Mérida. The converted henequen estate exudes luxury and grace, with mahogany furnishings, carved wooden doors, intricate mosaic floors in tile and stone, and a general air of genteel sophistication. Rooms have ceilings that are more than 20 feet high, with multiple ceiling fans, comfortable high beds with piles of pillows, armoires, and twin hammocks. Modern lighting and quiet, remote-controlled air-conditioning units add creature comforts to the rustic-style rooms. ⊠ *Carretera 261, Km 182, Temozón Sur, 97825* ☎ *999/923–8089 or 888/625–5144* ⊟ *999/923–7963* ⊕ *www.haciendamexico.com* ⊅ *26 rooms, 1 suite* ⚘ *Restaurant, room service, fans, in-room safes, minibars, tennis court, pool, exercise equipment, bar, laundry service, concierge, meeting rooms, car rental, travel services, free parking; no room TVs* ⊟ *AE, MC, V.*

Oxkintoc

 ② *50 km (31 mi) south of Mérida on Carretera 180.*

The archaeological site of Oxkintoc (osh-kin-*tok*) is 5 km (3 mi) east of Maxcanú, off Carretera 180, and contains the ruins of an important Maya capital that dominated the region from about AD 300 to 1100. Little was known about Oxkintoc until excavations began here in 1987. Structures that have been excavated so far include two tall pyramids and a palace with stone statues of several ancient rulers. ⊠ *Off Carretera 184, 1½ km (1 mi) west of Carretera 180* 🎫 *$3* ☉ *Daily 8–5.*

PROGRESO & THE NORTH COAST

Various routes lead from Mérida to towns along the coast, which are spread across a distance of 380 km (236 mi). Separate roads connect Mérida with the laid-back fishing village of Celestún, gateway to an ecological marine reserve that extends south to just beyond the Campeche border. Carretera 261 leads due north from Mérida to the relatively modern but humble shipping port of Progreso, where Meridians spend hot summer days and holiday weekends. To get to some of the small beach towns east of Progreso, head east on Carretera 176 out of Mérida and then cut north on one of the many access roads. Wide, white, and generally shadeless beaches here are peppered with bathers from Mérida during Holy Week and in summer—but are nearly vacant the rest of the year.

The terrain in this part of the peninsula is absolutely flat. Tall trees are scarce, because the region was almost entirely cleared for coconut palms in the early 19th century and again for henequen in the early 20th century. Local people still tend some of the old fields of henequen, even though there is little profit to be made from the rope fiber it produces. Other former plantation fields are wildly overgrown with scrub, and are only identifiable by the low, white, stone walls that used to mark their boundaries. Many bird species make their home in this area, and butterflies swarm in profusion throughout the dry season.

Celestún

 ③ *90 km (56 mi) west of Mérida.*

This tranquil and humble fishing village sits at the end of a spit of land separating the Celestún estuary from the Gulf of Mexico. Celestún is the point of entry to the **Reserva Ecológica de los Petenes**, a 100,000-acre wildlife reserve with extensive mangrove forests and one of the largest colonies of flamingos in North America. Clouds of the pink birds soar above the estuary all year, but the best months for seeing them in abundance are April through July. This is also the fourth-largest wintering ground for ducks of the Gulf-coast region, and more than 300 other species of birds, as well as a large sea-turtle population, make their home here. Conservation programs sponsored by the United States and Mexico protect the birds, as well as the endangered hawksbill and loggerhead marine tortoises, and other species such as the blue crab and crocodile.

The park is set among rocks, islets, and white-sand beaches. There's good fishing here, too, and several cenotes that are wonderful for swimming. Most Mérida travel agencies run boat tours of the *ría* (estuary) in the early morning or late afternoon, but it's not usually necessary to make a reservation in advance.

■ TIP➔ **To see the birds, hire a fishing boat at the entrance to town (the boats hang out under the bridge leading into Celestún). A 75-minute tour for up to six people costs about $50, a two-hour tour around $75. Popular with Mexican vacationers, the park's sandy beach is pleasant during the morning but tends to get windy in the afternoon.**

Where to Stay & Eat

$–$$$ ✕ **La Palapa.** Celestún's most popular seafood place has a conch-shell facade and is known for its *camarones a la palapa* (fried shrimp smothered in a garlic and cream sauce). Unless it's windy or rainy, most guests dine on the beachfront terrace. The menu has lots of fresh fish (including sea bass and red snapper), as well as crab, squid, and lobster. Although the restaurant's hours are 9 AM–6 PM, it sometimes closes early during the low season. ⊠ *Calle 12 No. 105, between Calles 11 and 13* ☎ *988/916–2063* ⊟ *AE, MC, V.*

$$$ ☒ **Hotel Eco Paraíso Xixim.** On an old coconut plantation outside town, this hotel offers classy comfort in thatch-roof bungalows along a shell-strewn beach. Each unit has two comfortable queen beds, tile floors, and attractive wicker, cedar, and pine furniture. The extra-large porch has twin hammocks and comfortable chairs. Biking and bird-watching tours as well as those to old haciendas or archaeological sites can be arranged; kayaks are available for rent. Vegetarian food is available for breakfast and dinner, included in the room price. ⊠ *Camino Viejo a Sisal, Km 10* ☎ *988/916–2100 or 800/400–3333 in U.S. and Canada* ⊟ *988/916–2111* ⊕ *www.ecoparaiso.com* ↻ *15 cabanas* ⌂ *Restaurant, fans, in-room safes, Wi-Fi, pool, beach, billiards, Ping-Pong, bar, library, no-smoking rooms; no a/c, no room phones, no room TVs* ⊟ *AE, MC, V* ❄ *MAP.*

¢ ☒ **Hotel Sol y Mar.** Gerardo Vasquez, the friendly owner of this small hotel across from the town beach, also owns the local paint store—so it's no accident that the walls here are a lovely cool shade of green. The spacious rooms are sparsely furnished; each has two double beds, a table, chairs, and a tile bathroom. The more expensive rooms downstairs also have air-conditioning, TV, and tiny refrigerators. Prices go down by about $5 in low season, which is everything except Easter, Christmas, and August. There's no restaurant, but La Palapa is across the street. ⊠ *Calle 12 No. 104, at Calle 10* ☎ *988/916–2166* ↻ *15 rooms* ⌂ *Fans, some refrigerators; no a/c in some rooms, no TV in some rooms* ⊟ *No credit cards.*

Dzibilchaltún

☾ ⛰ ③ *16 km (10 mi) north of Mérida.*

Dzibilchaltún (dzi-bil-chal-*tun*), which means "the place with writing on flat stones," is not somewhere you'd travel miles out of your way to see. But since it's located not far off the road, about halfway between Progreso and Mérida, it's convenient and, in its own small way, interesting. Although more than 16 square km (6 square mi) of land here are cluttered with mounds, platforms, piles of rubble, plazas, and stelae, only a few buildings have been excavated.

Scientists find Dzibilchaltún fascinating because of the sculpture and ceramics from all periods of Maya civilization that have been unearthed. Save what's in the museum, though, what you'll see is tiny **Templo de las Siete Muñecas** ("temple of the seven dolls," circa AD 500), one of a half dozen structures excavated to date. It's a long stroll down a flat dirt track sided by flowering bushes and trees to get to the low, trapezoidal temple exemplifying the Late Preclassic style. During the spring and fall equinoxes, sunbeams fall at the exact center of two windows opposite each other inside one of the temple rooms, an example of the highly precise mathematical calculations for which the Maya are known. Studies have found that a similar phenomenon occurs at the full moon between March 20 and April 20.

Dzibilchaltún's other main attraction is the ruined open chapel built by the Spaniards for the Indians. Actually, to be accurate, the Spanish forced Indian laborers to build it as a place of worship for themselves: a sort of pre-Hispanic "separate but equal" scenario.

One of the best reasons to visit Dzibilchaltún is **Xlacah Cenote,** the site's smoked-green-glass sinkhole, whose crystalline water is ideal for cooling off after walking around the ruins. The second reason to visit is the **Museo Pueblo Maya**: small, but attractive and impressive. The site museum (closed Monday) has the seven crude dolls that gave the Temple of the Seven Dolls its name, and outside in the garden, several huge sculptures found on the site. It also traces the area's Hispanic history and highlights contemporary crafts from the region.

The easiest way to get to Dzibilchaltún is to get a *colectivo* taxi from Mérida's **Parque San Juan** (✉ Calles 69 and 62, a few blocks south of Plaza Principal). The taxis depart whenever they fill up with passengers. Returns are a bit more dicey. If a colectivo taxi doesn't show up, you can take a regular taxi back to Mérida (it will cost you about $12–$15). You can also ask the taxi driver to drop you at the Mérida–Progreso highway, where you can catch a Mérida-bound bus for less than $2. ✏ *$5.50, including museum* ☉ *Daily 8–5.*

Progreso

35 *16 km (10 mi) north of Dzibilchaltún, 32 km (20 mi) north of Mérida.*

The waterfront town closest to Mérida, Progreso is not particularly historic. It's also not terribly picturesque; still, it provokes a certain sentimental fondness for those who know it well. On weekdays during most of the year the beaches are deserted, but when school is out (Easter week, July, and August) and on summer weekends it's bustling with families from Mérida. Low prices are luring more retired Canadians, many of whom rent apartments here between December and April. It's also started attracting cruise ships, and twice weekly arrivals also bring tourist traffic to town.

Progreso's charm—or lack of charm—seems to hinge on the weather. When the sun is shining, the water looks translucent green and feels bathtub-warm, and the fine sand makes for lovely long walks. When the wind blows during one of Yucatán's winter *nortes,* the water churns with white-caps and looks gray and unappealing, and the sand blows in your face. Whether the weather is good or bad, however, everyone ends up eventually at one of the restaurants lining the main street, Calle 19. Across the street from the oceanfront malecón, these all serve up cold beer, seafood cocktails, and freshly grilled fish.

Although Progreso's close enough to Mérida to make it an easy day trip, several B&Bs that have cropped up over the past few years make this a pleasant place to stay, and a great base for exploring the untouristy coast. Just west of Progreso, the fishing villages of Chelem and Chuburna are beginning to offer walking, kayaking, and cycling tours ending with a boat trip through the mangroves and a freshly prepared ceviche and beer or soft drink for about $33. This is ecotourism in its infancy, and it's best to set this up ahead of time through the Progreso tourism office (*see* Visitor Information *below*). Experienced divers can explore sunken ships at the Alacranes Reef, about 120 km (74 mi) offshore, although infrastructure is limited. Pérez Island, part of the reef, supports a large population of sea turtles and seabirds. Arrangements for the boat trip can be made through individuals at the private marina at neighboring Yucaltepén, 6 km (4 mi) from Progreso.

Where to Stay & Eat

$ ✕ **Flamingos.** This restaurant facing Progreso's long cement promenade is a cut above its neighbors. Service is professional and attentive, and soon after arriving you'll get at least one free appetizer—maybe black beans with corn tortillas, or a plate of shredded shark meat stewed with tomatoes. The creamy cilantro soup is a little too cheesy (literally, not figuratively), but the large fish fillets are perfectly breaded and lightly fried. Breakfast is served after 7:30 AM. There's a full bar, and although there's no air-conditioning, large, glassless windows let in the ocean breeze. ✉ *Calle 19 No. 144-D, at Calle 72* ☎ *969/935–2122* ▤ *MC, V.*

$ ▥ **Casa Isidora.** A couple of Canadian English teachers have restored this grand, 100-year-old house a few blocks from the beach. Each guest room is individually decorated, but all have beautiful tile floors and a cozy, beachy style; some have small private patios. Breakfast is served in the dining room or out back, where the small swimming pool is surrounded by cushioned chaise longues. Mexican and American bar food and lots of tequilas are served in the cozy, popular, street-side bar. Spanish lessons and Internet use are free for hotel guests. ✉ *Calle 21 No. 116* ☎ *969/935–4595* ⊕ *www.casaisidora.com* ⇨ *6 rooms* ᕲ *Restaurant, fans, in-room data ports, pool, bar, laundry service, free parking; no room TVs* ▤ *AE, MC, V* ⏏ *BP.*

Parque Natural Ría Lagartos

★ ᕲ ❸⑥ *115 km (71 mi) north Valladolid.*

This park, which encompasses a long estuary, was developed with ecotourism in mind—although most of the alligators for which it and the village were named have long since been hunted into extinction. The real spectacle these days is the birds; more than 350 species nest and

Bird-Watching in Yucatán

RISE BEFORE THE SUN and head for shallow water to see flamingos dance an intricate mating dance. From late winter into spring, thousands of bright pink and black flamingos crowd the estuaries of Ría Lagartos, coming from their "summer homes" in nearby Celestún as well as from northern latitudes, to mate and raise their chicks. The largest flocks of both flamingos and bird-watching enthusiasts can be found during these months, when thousands of the birds— 90% of the entire flamingo population of the Western Hemisphere—come to Ría Lagartos to nest.

Although the long-legged creatures are the most famous and best-appreciated birds found in these two nature reserves, red, white, black, and buttonwood mangrove swamps are home to hundreds of other species. Of

Ría Lagartos's estimated 350 different species, one-third are winter-only residents—the avian counterparts of Canadian and northern-U.S. "snowbirds." Twelve of the region's resident species are endemic: found nowhere else on earth. Ría Lagartos Expeditions now leads walks through the low deciduous tropical forest in addition to boat trips through the mangroves.

More than 400 bird species have been sighted in the Yucatán, inland as well as on the coast. Bird-watching expeditions can be organized in Mérida as well as Ría Lagartos and Celestún. November brings hundreds of professional ornithologists and bird-watching aficionados to the Yucatán for a weeklong conference and symposium with films, lectures, and field trips.

feed in the area, including flocks of flamingos, snowy and red egrets, white ibis, great white herons, cormorants, pelicans, and peregrine falcons. Fishing is good, too, and the protected hawksbill and green turtles lay their eggs on the beach at night.

You can make the 90-km (56-mi) trip from Valladolid (1½ hours by car or 2 hours by bus) as a day trip (add another hour if you're coming from Mérida; it's 3 hours from Cancún). There's a small information center at the entrance to town where Carretera 295 joins the coast road to San Felipe. Unless you're interested exclusively in the birds, it's nice to spend the night in Río Lagartos (the town is called *Río* Lagartos, the park *Ría* Lagartos) or nearby San Felipe, but this is not the place for Type AA personalities. There's little to do except take a walk through town or on the beach, and have a seafood meal. Buses leave Mérida and Valladolid regularly from the second-class terminals to either Río Lagartos or, 10 km (6 mi) west of the park, San Felipe.

The easiest way to book a trip is through the Núñez family at the Isla Contoy restaurant where you can also eat a delicious meal of fresh seafood. Call ahead to reserve an English- or Italian-speaking guide through their organization, Ría Lagartos Expeditions (www.riolagartosecotours. com). This boat trip will take you through the mangrove forests to the flamingo feeding grounds (where, as an added bonus, you can paint your face or body with supposedly therapeutic green mud). A 2½-hour tour, which accommodates five or six people, costs $60; the 3½-hour tour costs $75 (both per boat, not per person). You can take a shorter boat trip for slightly less money, or a two-hour, guided walking-and-boat tour ($35 for 1–6 passengers), or a night tour in search of crocs (2½ hours, 1–4 passengers, $70). You can also hire a boat ($20 for 1–10 passengers) to take you to an area beach and pick you up at a designated time.

Where to Stay & Eat

★ ¢ ✕🏨 **Isla Contoy Restaurante y Hotel.** Run by the amicable family that guides lagoon tours, this open-sided seafood shanty at the dock serves generous helpings of fish soup, fried fish fillets, shrimp, squid, and crab. If you come with a group, order the combo for four (it can easily feed six, especially if you order a huge ceviche or other appetizer). The delicious platter comes with four shrimp crepes, fish stuffed with seafood, a seafood skewer, and one each of grilled, breaded, garlic-chili, and battered fish fillets (usually grouper or sea trout, whatever is freshest). There are also a few regional specialties and red-meat dishes. It's open for breakfast, too, and breakfast is included in the inexpensive (¢) rate charged for their four simple rooms on the beach. ⊠ *Calle 19 No. 134, at Calle 14* ☎ *986/862–0000* ⊕ *www.riolagartos.com* ⊟ *No credit cards.*

¢ 🏨 **Hotel San Felipe.** This three-story white hotel in the beach town of San Felipe, 10 km (6 mi) west of Parque Natural Ría Lagartos, is basic (for example, toilets have no seats), but adequate. Each room has two twin beds or a double—some are mushy, some hard—and walls are decorated with regional scenes painted by the owner. The two most expensive rooms have private terraces with a marina view (ask for a hammock) and are worth the small splurge. The owner can arrange fly-fishing expeditions for tarpon. ⊠ *Calle 9 No. 13, between Calles 14 and 16, San Felipe* ☎ *986/862–2027* 🖶 *986/862–2036* ⤶ *18 rooms* ⚒ *Restaurant, fans, free parking; no a/c in some rooms, no room TVs* ⊟ *No credit cards.*

Isla Holbox

③⑦ *141 km (87 mi) northeast of Valladolid.*

Tiny Isla Holbox (25 km [16 mi] long) sits at the eastern end of the Ría Lagartos estuary and just across the Quintana Roo state line. A fishing fan's heaven because of the plentiful pompano, bass, barracuda, and shark just offshore, the island also pleases bird-watchers and seekers of tranquillity. Birds fill the air and the hunt in the mangrove estuaries on the island's leeward side; whale sharks cruise offshore April through September. Sandy beaches are strewn with seashells. And although the water is often murky—this is where the Gulf of Mexico and the Caribbean collide—the water is shallow and warm and there are some nice places to swim. Sandy streets lead to simple seafood restaurants where the fish fillets, conch, octopus, and other delicacies are always fresh.

Isla's lucky population numbers some 1,500 souls, and in the summer it seems there are that many biting bugs per person. Bring plenty of mosquito repellent. The Internet has arrived, and there's one Web café, but there are no ATMs, and most—if not all—businesses accept cash only, so visit an ATM before you get here. To get here from Río Lagartos, take Carretera 176 to Kantunilkin and then head north on the unnumbered road for 44 km (27 mi) to Chiquilá. Continue by ferry to the island; schedules vary, but there are normally five crossings a day. The fare is $3 and the trip takes about 35 minutes. A car ferry makes the trip at 11 AM daily, returning at 5 PM. (You can also pay to leave your car in a lot in Chicquilá, in Quintana Roo.)

There are less expensive lodgings for those who eschew conventional beds in favor of fresh air and a hammock. Since it's a small island, it's easy to check several lodgings and make your choice. Hotel owners can help you set up bird-watching, fishing, and whale shark-viewing expeditions.

Where to Stay & Eat

$–$$ ✕▥ **Villas Delfines.** Somewhat expensive by island standards, this fishermen's lodge consists of pleasant cabins on the beach. Deluxe bungalows have wood floors (rather than cement), larger balconies, and a few more creature comforts, such as hair dryers and safes. All are on stilts with round palapa roofs, and have waterless, "ecofriendly" toilets. You can get your catch grilled in the restaurant ($–$$), and if you're not into fishing, rent a kayak or arrange for a bird-watching trip. It's a 15-minute walk to the village's small main square. ⊠ *Domicilio Conocido* ☎ 998/884–8606 *reservations* 🖷 984/875–2196 *or* 984/875–2197 ⊕ *www.holbox.com* ⌦ *20 cabins* △ *Restaurant, fans, some in-room safes, some minibars, beach, bicycles, volleyball, bar, airport shuttle; no room phones, no room TVs* ▤ *AE, D, MC, V* ⅋ *BP, EP, MAP.*

$$ ▥ **Xaloc.** Each of these rustic bungalows has a tall, pointy, thatch roof, wood plank floors, and shuttered windows. Some are pushed right up next to the two swimming pools, which are lined with white limestone to re-create the look of the sand through the sea. Other bungalows face the garden; all have mosquito netting over the canopy beds to keep away biting bugs. The Maja'che restaurant serves mainly fish, with lots of fresh seasonal fruits. Rent a bike or golf cart to explore the 12-square-mi island, or a kayak to check out the marine life in incredibly shallow seas. ⊠ *Calle Chacchi s/n, at Calle Playa Norte* 🖷 *984/875–2160* ☎ *800/ 728–9098 in U.S. and Canada* ⊕ *www.mexicoboutiquehotels.com/ xaloc* ⌦ *18 bungalows* △ *Restaurant, fans, pool, beach, snorkeling, fishing, library, airport shuttle; no a/c, no room phones, no room TVs* ▤ *AE, MC, V* ⅋ *BP, FAP, MAP.*

CAMPECHE

Campeche, the Yucatán's least-visited corner, is the perfect place for adventure. This is the Yucatán at its most unspoiled; the friendliness of the locals is so legendary that, all over Mexico, a good-natured, open-minded attitude is often described as *campechano*. The state's colonial communities have retained an air of innocence, and its protected biospheres, farmland, and jungles are relatively unspoiled. ■ TIP→ **You'll need at least rudimentary Spanish; few people outside the capital speak English. If you plan to venture off the beaten path, pack a Spanish-English dictionary.**

Campeche City, the state's most accessible spot, makes a good hub for exploring other areas, many of which have only basic restaurants and primitive lodgings. Edzná archaeological site is a short detour south of Carreteras 180 and 188.

Campeche City

Within Mexico's most tranquil capital city are block upon block of lovely building facades, all painted in bright colors that might have been dreamed up by an artist. Tiny balconies overlook clean, geometrically paved streets, and charming old street lamps illuminate the scene at night.

In colonial days, the city center was completely enclosed within a 3-meter-thick wall. Two stone archways (originally there were four)—one facing the sea, the other the land—provided the only access. The defensive walls also served as a de facto class demarcation. Within them lived the ruling elite. Outside were the barrios of blacks and mulattoes brought as slaves from Cuba, and just about everyone else.

On strategic corners, seven *baluartes,* or bastions, gave militiamen a platform from which to fight off pirates and the other ruffians that continually plagued this beautiful city on the bay. But it wasn't until 1771, when Fuerte de San Miguel was built on a hilltop outside town, that pirates finally stopped attacking the city.

■ TIP→ **Campeche's historic center is easily navigable, in fact, it's a walker's paradise.** Narrow roads and lack of parking spaces can make driving a bit frustrating, although drivers here are polite and mellow. Streets running roughly north–south are even-numbered, and those running east–west are odd-numbered.

What to See

⑩ Baluarte de San Carlos. Named for Charles II, King of Spain, this bastion, where Calle 8 curves around and becomes Circuito Baluartes, houses the **Museo de la Ciudad.** The free museum contains a small collection of historical artifacts, including several Spanish suits of armor and a beautifully inscribed silver scepter. Captured pirates were once jailed in the stifling basement dungeon. The unshaded rooftop provides an ocean view that's lovely at sunset. ⊠ *Calle 8, between Calles 65 and 63, Circuito Baluartes, Centro* ☎ *No phone* ☜ *Free* ⊙ *Tues.–Fri. 8–8, Sat. 8–2 and 4–8, Sun. 9–1.*

❻ Baluarte de San Pedro. Built in 1686 to protect the city from pirate attacks, this bastion flanked by watchtowers now houses one of the city's few worthwhile handcraft shops. The collection is small but of high quality, and prices are reasonable. On the roof are well-preserved corner watchtowers; you can also check out (but not use) the original 17th-century potty. ⊠ *Calles 18 and 51, Circuito Baluartes, Centro* ☎ *No phone* ☜ *Free* ⊙ *Daily 9–9.*

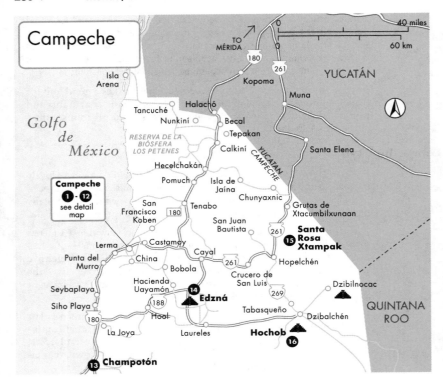

Campeche

5 Baluarte de Santiago. The last of the bastions to be built (1704) has been transformed into the **X'much Haltún Botanical Gardens.** It houses more than 200 plant species, including the enormous ceiba tree, which had spiritual importance to the Maya, symbolizing a link between heaven, earth, and the underworld. The original bastion was demolished at the turn of the 20th century, and then rebuilt in the 1950s. ⊠ *Calles 8 and 49, Circuito Baluartes, Centro* ☎ *No phone* 🎫 *Free* ☺ *Tues.–Fri. 8–2 and 5–8, weekends 8–2.*

★ 1 Baluarte de la Soledad. This is the largest of the bastions, originally built to protect the **Puerta de Mar,** a sea gate that was one of four original entrances to the city. Because it uses no supporting walls, it resembles a Roman triumphal arch. It has comparatively complete parapets and embrasures that offer views of the cathedral, municipal buildings, and the old houses along Calle 8. Inside is the **Museo de las Estelas** with artifacts that include a well-preserved sculpture of a man wearing an owl mask, columns from Edzná and Isla de Jaina, and at least a dozen well-proportioned Maya stelae from ruins throughout Campeche. ⊠ *Calles 8, between Calles 55 and 57, Centro* ☎ *No phone* 🎫 *$2.50* ☺ *Tues.–Sat. 8–8, Sun. 9–1.*

8 Calle 59. Some of Campeche's finest homes were built on this city street between Calles 8 and 18. Most were two stories high, with the ground floors serving as warehouses and the upper floors as residences. These days, behind the delicate grillwork and lace curtains, you can glimpse genteel scenes of Campeche life. The best-preserved houses are those between Calles 14 and 18; many closer to the sea have been remodeled or destroyed by fire. Campeche's INAH (Instituto Nacional de Antropología e Historia) office, between Calles 16 and 14, is an excellent example of one of Campeche City's fine old homes. Each month, INAH displays a different archaeological artifact in its courtyard. Look for the names of the apostles carved into the lintels of houses between Calles 16 and 18.

❸ Casa Seis. One of the first colonial homes in Campeche is now a cultural center. It has been fully restored—rooms are furnished with original antiques and a few reproductions. Original frescoes at the tops of the walls remain, and you can see patches of the painted "wallpaper" that once covered the walls, simulating European tastes in an environment where wallpaper wouldn't stick due to the humidity. The Moorish courtyard is used as an area for exhibits, lectures, and on some weekends theatrical performances at 7 PM. ⊠ *Calle 57,, between Calles 10 and 8, Plaza Principal, Centro* 🕾 *981/816–1782* 🎫 *Free* ☉ *Daily 9–9.*

★ ❷ Catedral de la Inmaculada Concepción. It took two centuries (from 1650 to 1850) to finish the Cathedral of the Immaculate Conception, and as a result, it incorporates both neoclassical and Renaissance elements. On the simple exterior, sculptures of saints in niches are covered in black netting to discourage pigeons from unintentional desecration. The church's neoclassical interior is also somewhat plain and spare. The high point of the collection, now housed in the side chapel museum, is a magnificent Holy Sepulchre carved from ebony and decorated with stamped silver angels, flowers, and decorative curlicues; each angel holds a symbol of the Stations of the Cross. ⊠ *Calle 55,, between Calles 8 and 10, Plaza Principal, Centro* 🕾 *No phone* ☉ *Daily 6 AM–9 PM.*

⓫ Ex-Templo de San José. The Jesuits built this fine Baroque church in honor of Saint Joseph just before they were booted out of the New World. Its block-long facade and portal are covered with blue-and-yellow Talavera tiles and crowned with seven narrow stone finials—resembling both the roof combs on many Maya temples and the combs Spanish women once wore in their elaborate hairdos. Next door is the **Instituto Campechano,** used for cultural events and art exhibitions. These events and exhibits are regularly held here Tuesday evening at 7 PM; at other times you can ask the guard (who should be somewhere on the grounds) to let you in. From the outside, you can admire Campeche's first lighthouse, built in 1864, now perched atop the right tower. ⊠ *Calles 10 and 65, Centro* 🕾 *No phone.*

★ ♺ Fuerte de San Miguel. Near the city's southwest end, Avenida Ruíz Cortínez winds its way to this hilltop fort with its breathtaking view of the Bay of Campeche. Built between 1779 and 1801 and dedicated to the archangel Michael, the fort was positioned to blast enemy ships with its long-range cannons. As soon as it was completed, pirates stopped attacking the city. In fact, the cannons were fired only once, in 1842, when General Santa Anna used Fuerte de San Miguel to put down a revolt by Yucatecan separatists seeking independence from Mexico. The fort houses the **Museo de la Cultura Maya,** whose exhibits include the

skeletons of long-ago Maya royals, complete with jewelry and pottery, which are arranged just as they were found in Calakmul tombs. Other archaeological treasures are funeral vessels, masks, many wonderfully expressive figurines and whistles from Isla de Jaina, stelae and stucco masks from the Maya ruins, and an excellent pottery collection. Although it's a shame that most information is in Spanish only, many of the pieces speak for themselves. The gift shop sells replicas of artifacts. ⊠ *Av. Francisco Morazán s/n, west of town center, Cerro de Buenavista* ☎ *No phone* 🌐 *$2.50* ⊙ *Tues.–Sun. 9–7:30.*

❾ Iglesia y Ex-Convento de San Roque. The elaborately carved main altarpiece and matching side altars here were restored inch by inch in 2005, and this long, narrow church now adds more than ever to historic Calle 59's old-fashioned beauty. Built in 1565, it was originally called Iglesia de San Francisco; in addition to a statue of Saint Francis, humbler-looking saints peer out from smaller niches. ⊠ *Calles 12 and 59, Centro* ⊙ *Daily 8:30–noon and 5–7.*

★ ⓬ Malecón. A broad sidewalk more than 4 km (2.4 mi) long runs the length of Campeche's waterfront boulevard, from northeast of the Debliz hotel to the Justo Sierra Méndez monument at the southwest edge of downtown. With its landscaping, sculptures, rest areas, and fountains

CLOSE UP

Campeche's History

CAMPECHE CITY'S Gulf location played a pivotal role in its history. Ah-Kim-Pech (Maya for "lord of the serpent tick," from which the name Campeche is derived) was the capital of an Indian chieftainship here, long before the Spaniards arrived in 1517. In 1540, the conquerors—led by Francisco de Montejo and later by his son—established a real foothold at Campeche (originally called San Francisco de Campeche), using it as a base to conquer the peninsula.

At the time, Campeche City was the Gulf's only port and shipyard. So Spanish ships, loaded with cargoes of treasure plundered from Maya, Aztec, and other indigenous civilizations, dropped anchor here en route from Veracruz to Cuba, New Orleans, and Spain. As news of the riches spread, Campeche's shores were soon overrun with pirates. From the mid-1500s to the early 1700s, such notorious corsairs as Diego the Mulatto, Lorenzillo, Peg Leg, Henry Morgan, and Barbillas swooped in repeatedly from Tris—or Isla de Términos, as Isla del Carmen was then known— pillaging and burning the city and massacring its people.

Finally, after years of appeals to the Spanish crown, Campeche received funds to build a protective wall, with four gates and eight bastions, around the town center. For a while afterward, the city thrived on its exports, especially *palo de tinte*—a

valuable dyewood more precious than gold because of demand by the nascent European textile industry—but also hardwoods, chicle, salt, and *henequen* (sisal hemp). But when the port of Sisal opened on the northern Yucatán coast in 1811, Campeche's monopoly on Gulf traffic ended, and its economy quickly declined. During the 19th and 20th centuries, Campeche, like most of the Yucatán peninsula, had little to do with the rest of Mexico. Left to their own devices, *Campechanos* lived in relative isolation until the petroleum boom of the 1970s brought businessmen from Mexico City, Europe, and the United States to its provincial doorstep.

Campeche City's history still shapes the community today. Remnants of its gates and bastions split the city into two main districts: the historical center (where relatively few people live) and the newer residential areas. Because the city was long preoccupied with defense, the colonial architecture is less flamboyant here than elsewhere in Mexico. The narrow flagstone streets reflect the confines of the city's walls; homes here emphasize the practical over the decorative. Still, government decrees, and an on-and-off beautification program, have helped keep the city's colonial structures in good condition despite the damaging effects of humidity and salt air. An air of antiquity remains.

5

lit up at night in neon colors, the promenade attracts joggers, strollers, and families. (Note the separate paths for walking, jogging, and biking.) On weekend nights, students turn the malecón into a party zone.

❹ Mansión Carvajal. Built in the early 20th century by one of the Yucatán's wealthiest plantation owners, this eclectic mansion is a reminder of the city's heyday, when Campeche was the peninsula's only port. Local legend insists that the art nouveau staircase with Carrara marble steps and iron balustrade, built and delivered in one piece from Italy, was too big and had to be shipped back and redone. ⊠ *Calle 10 No. 584, between Calles 51 and 53, Centro* ☎ *981/816–7644* ✆ *Free* ⊙ *Weekdays 9–3.*

Mercado Municipal. The city's heart is this municipal market, where locals shop for seafood, produce, and housewares in a newly refurbished setting. The clothing section has some nice, inexpensive embroidered and beaded pieces among the jeans and T-shirts. Beside the market is a small yellow bridge aptly named **Puente de los Perros**—where four white plaster dogs guard the area. ⊠ *Av. Baluartes Este and Calle 53, Centro* ⊙ *Daily dawn–dusk.*

⟳ **❼ Puerta de Tierra.** Old Campeche ends here; the Land Gate is the only one of the four city gates with its basic structure intact. The stone arch intercepts a stretch of the partially crenellated wall, 26 feet high and 10 feet thick, that once encircled the city. Walk the wall's full length to the **Baluarte San Juan** for excellent views of both the old and new cities. The staircase leads down to an old well, underground storage area, and dungeon. There's a two-hour light show ($2), accompanied by music and dance, at Puerta de Tierra; it's presented in Spanish with French and English subtitles. Shows are on Tuesday, Friday, and Saturday at 8:30 PM, and daily during spring, summer, and Christmas vacation periods. ⊠ *Calles 18 and 59, Centro* ⊙ *Daily 8 AM–9 PM.*

⟳ **Reducto de San José el Alto.** This lofty redoubt, or stronghold, at the northwest end of town, is home to the **Museo de Armas y Barcos.** Displays focus on 18th-century weapons of siege and defense. Also look for ships in bottles, manuscripts, and religious art. The view is terrific from the top of the ramparts, which were once used to spot invading ships. The "El Guapo" tram ($7) makes the trip here daily at 9 AM and 5 PM, departing from the east side of the main plaza. Visitors get about 10 minutes to admire the view before returning to the main plaza. ⊠ *Av. Escénica s/n, north of downtown, Cerro de Bellavista* ☎ *No phone* ✆ *$2.20* ⊙ *Tues.–Sun. 8–8.*

Where to Stay & Eat

$–$$$ ✕ **La Pigua.** This is the town's hands-down lunch favorite. The seafood
Fodor'sChoice   is delicious, and the setting is unusual: glass walls replicate an oblong
★   Maya house, incorporating the profusion of plants outside into a design element. A truly ambitious meal might start with a plate of stone crab claws, or *camarones al coco* (coconut-encrusted shrimp), followed by fresh local fish, pampano, prepared in one of many ways. For dessert, the classic choice is *ate,* slabs of super-condensed mango, sweet potato, or other fruit or vegetable jelly served with tangy Gouda cheese. It's open noon to 6. ⊠ *Av. Miguel Alemán 179A, Col. San Martin* ☎ *981/811–3365* ▤ *V* ⊙ *Open noon–6 PM and 7 PM–11 PM.*

★ $ ✕ **Casa Vieja.** Whether you're having a meal or an evening cocktail, try to snag a table on this eatery's outdoor balcony for a fabulous view over Campeche's main plaza. The interior is usually warm and humid, and the brightly painted walls are crammed with art. There's sometimes live Cuban music in the evening, and yes, that's your waiter dancing with the singer. (Service is not a strength.) On the menu is a rich mix of international dishes, including those from the owners' native lands: Cuba and Campeche. In addition to pastas, salads, and regional food, there's a good selection of aperitifs and digestifs. To get here look for the stairway on the plaza's east side. ✉ *Calle 10 No. 319 Altos, between Calles 57 and 55, Centro* ☎ *981/811–8016* ⊟ *No credit cards.*

★ ¢–$ ✕ **Cenaduría los Portales.** Campechano families come here to enjoy a light supper, perhaps a delicious sandwich *claveteado* of honey-and-clove-spiked ham, along with a typical drink such as *horchata* (rice water flavored with cinnamon). Although the place opens at 6 PM, most people come between 8 and midnight. Mark your choices on the paper menu: for tacos, "m" means "masa," or corn tortillas, while "h" stands for "harina," or flour. The dining area is a wide colonial veranda with tables decked out in checkered tablecloths. There's no booze, but a beer stall at one end of the colonnade is open until around 9 PM. ✉ *Calle 10 No. 86, at Portales San Francisco, 8 blocks northeast of Plaza Principal, San Francisco* ☎ *981/811–1491* ⊟ *No credit cards* ⊗ *No lunch.*

★ $$$–$$$$ ▥ **Hacienda Puerta Campeche.** Finally, Campeche has a hotel worth bragging about. The 17th-century mansions on most of a city block were reconfigured to create this lovely Starwood property just across from *la Puerta de Tierra,* the old city's historic landmark. Many of the original walls and lovely old tile floors have been retained, and the unusual indoor-outdoor heated swimming pool is surrounded by half-tumbled walls with hints of original paint. Rooms are sumptuously painted and decorated in classic Starwood style. ✉ *Calle 59 No. 71, Centro* ☎ *981/816–7508 or 888/625–5144 in U.S. and Canada* 🖷 *999/923–7963 in Mérida* ⊕ *www.starwoodhotels.com* ➟ *12 rooms, 3 suites* ⌂ *Restaurant, room service, fans, in-room safes, some refrigerators, cable TV with movies, in-room DVDs, pool, bar, lounge, laundry service, concierge, business services, free parking* ⊟ *AE, MC, V.*

$ ▥ **Francis Drake.** This small spiffy hotel sits right in the center of town. Its rooms offer few amenities, but their yellow walls, ocean-blue drapes, and bright patterned curtains and spreads lend a cheerful air. The restaurant is formal, and a bit sterile, and there's no bar or other place for guests to mingle. Still, it's a good place to park if you're looking to stay inexpensively in the heart of the old city. ✉ *Calle 12 No. 207, between Calles 63 and 65, Centro* ☎ *981/811–5626 or 981/811–5627* 🖷 *981/ 811–5628* ⊕ *www.hotelfrancisdrake.com* ➟ *13 rooms, 12 suites* ⌂ *Restaurant, room service, some in-room safes, minibars, cable TV, some in-room data ports, shop, laundry service, business services, free parking* ⊟ *AE, MC, V.*

¢–$ ▥ **Hotel América.** A converted colonial home, the aged América has scuffed black-and-white-check floors offsetting white Moorish arches. There's a small, formal sitting area near the front door and a plainer but quieter place to gather or play cards on the second floor's central interior balcony. Breakfast is served at the umbrella-shaded tables on the ground-floor patio. Rooms themselves are simple and plain with local television only, and bamboo or pressed-wood furniture. This is one of the few hotels in the town center with parking, and you can check your e-mail for free at the front desk. ✉ *Calle 10 No. 252, between Calles 59 and 61, Centro* ☎ *981/816–4588 or 981/816–4576* 🖷 *981/811–0556*

5

⊕ *www.hotelamericacampeche.com* ⤵ *49 rooms △ Fans, cable TV, meeting room, free parking; no a/c in some rooms* ☰ MC, V ◯ CP.

Nightlife & the Arts

Each Saturday between 3 and 10 PM, the streets around the main square are closed to traffic and filled with folk and popular dance performances, singers, comics, handicrafts, and food and drink stands. If you're in town on a Saturday, don't miss these weekly festivities, called *Un Centro Histórico para Disfrutar* ("A Historic Downtown to Enjoy")—the entertainment is often first-rate and always free. In December, concerts and other cultural events take place as part of the Festival del Centro Histórico.

Outdoor Activities

Fishing and bird-watching are popular throughout the state of Campeche. Contact **Fernando Sansores** (⊠ Calle 30 No. 1, Centro ☎☎ 982/828–0018) at the Snook Inn to arrange area sportfishing or wildlife photo excursions. **Francisco Javier Hernandez Romero** (⊠ La Pigua restaurant, Av. Miguel Alemán 179A, Centro ☎ 981/811–3365) can arrange boat or fishing trips to the Reserva Ecológica Peténes.

Champotón

⑬ *35 km (20mi) from Campeche City*

Carretera 180 curves through a series of hills before reaching Champotón's immensely satisfying vista of open sea. This is an appealing, untouristy little town with palapas at the water's edge, and plenty of swimmers and boats. The Spaniards dubbed the outlying bay the Bahía de la Mala Pelea, or "bay of the evil battle," because it was here that the troops of the Spanish conqueror and explorer Hernández de Córdoba were first trounced, in 1517, by pugnacious Indians armed with arrows, slingshots, and darts. The famous battle is commemorated with a small reenactment each year on March 21.

The 17th-century church of Nuestra Señora de la Inmaculada Concepción is the site for a festival honoring the Virgin Mary (Our Lady of the Immaculate Conception). The festival culminates each year on December 8. On that day the local fishermen carry the saint from the church to their boats for a seafaring parade. In the middle of town are the ruins of the Fortín de San Antonio. The Champotón area is ideal for birdwatching and fishing. More than 35 kinds of fish, including shad, snook, and bass, live in Río Champotón. The mangroves and swamps are home to cranes and other waterfowl. The town is primarily an agricultural hub—its most important exports are lumber and honey, as well as coconut, sugarcane, bananas, avocados, corn, and beans.

★ About a dozen small seafood restaurants make up **Los Cockteleros**, an area 5 km (3 mi) north of the center of Champotón. This is where Campechanos head on weekends to munch fried fish and slurp down seafood cocktails. The open-air palapa eateries at the beach are open daily during daylight hours.

Approximately 15 km (9 mi) southwest of Champotón, Punta Xen is a beautiful beach popular for its calm, clean water. It's a long stretch of deserted sand interrupted only by birds and seashells. Across the highway are a few good, basic restaurants.

★ The Expreso Maya train makes one of its few stops at **Cenote Azul,** a sinkhole about 1½ hours from the town of Champotón. The train stops a few hundred yards from stairs to the sinkhole, which is just outside the small community of Miguel Colorado. Infrastructure for getting to and from this private, special spot is still not in place, but those interested in visiting and swimming at this isolated spot can contact the Champotón tourism office (☎ 982/828–0343, 982/828–0067 Ext. 207) for help in arranging transportation or getting driving directions. A second sinkhole, Cenote de los Patos, is a short but rather rugged walk from the first. Both are gorgeous and isolated, though; most find the hike well worth it. The dirt road from Miguel Colorado may be impassable for two-wheel-drive vehicles during the rainy season.

Where to Stay & Eat

¢ 🏨 **Geminis.** Not far from the town's main plaza, this modest hotel is about as fancy as Champotón gets. In other words, it's quite plain, as reflected in the modest room rates. Some mattresses are mushy, others are firm; all have orange chenille spreads. The louvered windows have no screens to keep the bugs out, and TVs are tiny. Rooms surround a largish pool with a few tables and chairs. There's karaoke in the adjoining bar on weekend nights. ⊠ *Calle 30 No. 10* ☎ *982/828–0008* 🖨 *982/828–0094* 🛏 *42 rooms* ⚒ *Fans, cable TV, pool, bar, free parking; no a/c in some rooms, no room phones* ▭ *No credit cards.*

¢ 🏨 **Snook Inn.** Like its competition, Geminis, the Snook Inn is all business. Most clients are hunters or fishermen who have signed up for trips with the Sansore clan, the hotel's longtime owners and outdoor enthusiasts. The clean, kidney-shape pool has both a slide and a diving board, and it's surrounded by the two-story, L-shape, 1960s-era hotel. Simple rooms have remote-control TVs, tile floors, unadorned walls, and hammock hooks in the walls (bring your own hammock). The parking area is quite small. ⊠ *Calle 30 No. 1* ☎🖨 *982/828–0018* 🛏 *19 rooms* ⚒ *Cable TV, pool, laundry service, free parking* ▭ *MC, V.*

Edzná

 ⑭ *61 km (37 mi) southeast of Campeche City.*

Fodor'sChoice A leaf-strewn nature trail winds slowly toward the ancient heart of Edzná.
★ Although only 55 km (34 mi)—less than an hour's drive—southeast of Campeche City, the site receives few tour groups. The scarcity of camera-carrying humans intensifies the feeling of communion with nature, and with the Maya who built this once-flourishing commercial and ceremonial city.

Despite being refreshingly under-appreciated by 21st-century travelers, Edzná is considered by archaeologists to be one of the peninsula's most important ruins. A major metropolis in its day, it was situated at a crossroads of sorts between cities in modern-day Guatemala as well as Chiapas and Yucatán states, and this "out-of-state" influence can be appreciated in its melange of architectural elements. Roof combs and corbeled arches are reminiscent of those at Yaxchilán and Palenque, in Chiapas; giant stone masks are characteristic of the Peten-style architecture of southern Campeche and northern Guatemala.

Edzná began as a humble agricultural settlement around 300 BC, reaching its pinnacle in the Late Classic period, between AD 600 and 900, and gradually waning in importance until being all but abandoned in the early 15th century. Today, soft breezes blow through groves of slender trees where brilliant orange and black birds spring from branch to branch, gathering seeds. Clouds scuttle across a blue backdrop, perfectly framing the mossy, multistepped remains of once-great structures.

A guide can point out features often missed by the untrained eye, like the remains of arrow-straight sacbés. These raised roads in their day connected one important ceremonial building within the city to the next, and also connected Edzná to trading partners throughout the peninsula.

The best place to survey the site is 102-foot **Pirámide de los Cinco Pisos,** built on the raised platform of the **Gran Acrópolis** (Great Acropolis). The Five-Story Pyramid consists of five levels terminating in a tiny temple crowned by a roof comb. Hieroglyphs were carved into the vertical face of the 15 steps between each level; some were recemented in place by archaeologists, although not necessarily in the correct order. On these stones, as well as on stelae throughout the site, you can see faint depictions of the opulent attire once worn by the Maya ruling class— quetzal feathers, jade pectorals, and jaguar skin skirts.

In 1992 Campeche archaeologist Florentino Garcia Cruz discovered that the Pirámide de los Cinco Pisos was constructed so that on certain dates the setting sun would illuminate the mask of the creator-god, Itzamná, inside one of the pyramid's rooms. This happens annually on May 1, 2, and 3, the beginning of the planting season for the Maya—then and now. It also occurs on August 7, 8, and 9, the days of harvesting and giving thanks. On the pyramid's fifth level, the last to be built, are the ruins of three temples and a ritual steam bath.

West of the Great Acropolis, the Puuc-style **Plataforma de los Cuchillos** (Platform of the Knives) was so named by a 1970 archaeological exploration that found a number of flint knives inside. To the south, four buildings surround a smaller structure called the **Pequeña Acrópolis.** Twin sun-god masks with huge protruding eyes, sharply filed teeth, and oversize tongues flank the **Templo de los Mascarones** (Temple of the Masks, or Building 414), adjacent to the Small Acropolis. The mask at bottom left (east) represents the rising sun, while the one on the right represents the setting sun.

If you're not driving, consider taking one of the inexpensive day trips offered by tour operators in Campeche; this is far easier than trying to get to Edzná by municipal buses. ⊠ *Carretera 261 east from Campeche City for 44 km (27 mi) to Cayal, then Carretera 188 southeast for 18 km (11 mi)* ☎ *No phone* 🎟 *$3.30* ⊙ *Daily 8–5.*

Where to Stay

★ **$$$$** 🏨 **Hacienda Uayamón.** Abandoned in 1905, this former hacienda was resurrected nearly a century later and transformed into a luxury hotel with an elegant restaurant. The original architecture and decor have been carefully preserved: the library has exposed beam ceilings, cane chairs, sisal carpets, and wooden bookshelves at least 12 feet high. Each casita has its own private garden, hot tub, and bathroom as well as a cozy bedroom. The remaining two walls of the machine house shelter the outdoor pool, and candles are still lighted at the ruined chapel. ⊠ *9 km*

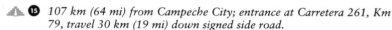

> **WORD OF MOUTH**
>
> "Hacienda Uayamón was incredibly luxurious with lovely tropical gardens, lotus flowers in the ponds, romantic ruins with pillars coming out of the swimming pool . . . it has to be seen to be believed."   —angela

(5½ mi) north of Edzná ☎ *981/829–7527, 888/625–5144 in U.S. or Canada* 🖷 *999/923–7963* ⊕ *www.starwood.com* 🛏 *2 suites, 10 casitas* ⌂ *Restaurant, room service, fans, in-room safes, minibars, cable TV, pool, massage, spa, lounge, babysitting, laundry service, concierge, meeting room, travel services, free parking, some pets allowed* ▭ *AE, MC, V.*

Santa Rosa Xtampak

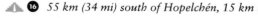 **⑮** *107 km (64 mi) from Campeche City; entrance at Carretera 261, Km 79, travel 30 km (19 mi) down signed side road.*

A fabulous example of the zoomorphic architectural element of Chenes architecture, Xtampak's **Casa de la Boca del Serpiente** (House of the Serpent's Mouth) has a perfectly preserved and integrated zoomorphic entrance. Here, the mouth of the creator-god Itzamná stretches wide to reveal a perfectly proportioned inner chamber. The importance of this city during the Classic period is shown by the large number of public buildings and ceremonial plazas; archaeologists believe there are around 100 structures here, although only 12 have been cleared. The most exciting find was the colossal **Palacio** in the western plaza. Inside, two inner staircases run the length of the structure, leading to different levels and ending in subterranean chambers. This combination is extremely rare in Maya temples. ⊠ *East of Hopelchén on Dzibalchén–Chencho road, watch for sign* ☎ *No phone* 🎫 *$2.50* ⊙ *Daily 8–5.*

Hochob

⑯ *55 km (34 mi) south of Hopelchén, 15 km (9 mi) west of Dzibilnocac.*

The small Maya ruin of Hochob is an excellent example of the Chenes architectural style, which flowered from about AD 100 to 1000. Most ruins in this area (central and southeastern Campeche) were built on the highest possible elevation to prevent flooding during the rainy season, and Hochob is no exception. It rests high on a hill overlooking the surrounding valleys. Another indication that these are Chenes ruins is the number of *chultunes,* or cisterns, in the area. Since work began at Hochob in the early 1980s, four temples and palaces have been excavated at the site, including two that have been fully restored. Intricate and perfectly preserved geometric designs cover the temple known as **Estructura II**; these are typical of the Chenes style.

The doorway represents the open mouth of Itzamná, the creator-god; above it the eyes bulge; fangs are bared on either side of the base. It takes a bit of imagination to see the structure as a mask; color no doubt enhanced the effects in the good old days. Squinting helps a bit: the figure's "eyes" are said to be squinting as well. But anyone can appreciate the intense geometric relief carvings decorating the facades, including long cascades of Chaac rain god masks along the sides. Evidence of roof combs can be seen at the top of the building. Ask the guard to show you the series of natural and man-made chultunes that extend back into the forest. ⊠ *Southwest of Hopelchén on Dzibalchén–Chencho Rd.* ☎ *No phone* ⌨ *Free* ☺ *Daily 8–5.*

Campeche Essentials

Transportation

BY AIR
Aeroméxico and Mexicana de Aviación have several flights daily from Mexico City to Campeche City. Campeche's Aeropuerto Internacional Alberto Acuña Ongay is 16 km (10 mi) north of downtown.

Taxis are the only means of transportation to and from the airport. The fare to downtown Campeche is about $7. At the airport you pay your fare ahead of time at the ticket booth outside the terminal; a dispatcher then directs you to your cab.

📶 **Aeroméxico** ☎ 981/830–4044, 981/823–4045 in Campeche City, 01800/021–4000 toll-free in Mexico, 800/237–6639 ⊕ www.aeromexico.com.mx. **Aeropuerto Internacional Alberto Acuña Ongay** ☎ 981/816–3109. **Mexicana de Aviación** ☎ 981/816–6656 in Campeche ⊕ www.mexicana.com.

BY BUS
Within Campeche City, the route of interest to most visitors is along Avenida Ruíz Cortínez; the ride costs the equivalent of about 30¢.

Buses from Campeche City's main ADO bus station leave for Mérida, Villahermosa, and Ciudad del Carmen almost every hour, with less frequent departures for Cancún, Chetumal, Oaxaca, and other destinations. Unión de Camioneros provides service to intermediate points throughout the Yucatán Peninsula, as well as second-class (and less desirable) service to Chetumal, Ciudad del Carmen, Escárcega, Mérida, Palenque, Tuxtla Gutiérrez, and Villahermosa.In eastern Campeche near Calakmul, several buses leave the Xpujil ADO bus station each day for Campeche City.

▪ TIP➔ **For destinations to (and from) major destinations within the Yucatán peninsula, purchase tickets with a credit card by phone through Ticketbus; make sure to ask from which station the bus departs.**

📶 **ADO** ⊠ Av. Patricio Trueba at Casa de Justicia 237, Campeche City ☎ 981/811–9910 Ext. 2402 ⊠ Periférica s/n and Av. Francisco Villa, Ciudad del Carmen ☎ 938/382–0680 ⊠ Carretera 186 s/n, Xpujil ☎ 983/871–6027 ⊕ www.ado.com.mx. **Ticketbus** ☎ 01800/702–8000 toll-free in Mexico ⊕ www.ticketbus.com.mx. **Unión de Camioneros** ⊠ Calle Chile and Av. Gobernadores, Campeche City ☎ 981/816–3445.

BY CAR

Highways in Campeche are two-lane, paved roadways that pose few problems beyond the need to pass slow-moving trucks. With the exception of the Champotón–Cuidad del Carmen segment, roads are generally narrow and have little shoulder. ⚠ **Drive with extreme caution on Highway 186 between Escárcega and the Quintana Roo state border; the road is curvy and narrow in many spots, and it's often under repair. It's best to avoid driving at night, especially on this highway. Military checkpoints pop up here and there, but the machine gun-wielding soldiers are nothing to fear; they'll usually just wave you right on.**

FROM MÉRIDA TO CAMPECHE CITY Campeche City is about 2 to 2½ hours from Mérida along the 180-km (99-mi) *via corta* (short way), Carretera 180. The alternative route, the 250-km (155-mi) *via ruinas* (ruins route), Carretera 261, takes three to four hours, but passes the major Maya ruins of Uxmal, as well as those of Kabah and Sayil.

FROM CAMPECHE CITY TO CHAMPOTÓN A toll road from Campeche City to Champotón costs $4.50 one-way and shortens the drive from 65 km (40 mi) to 45 km (28 mi). Look for the Carretera 180 CUOTA sign when leaving the city. Carretera 180 continues to Ciudad del Carmen (90 minutes to 2 hours); the bridge toll entering or leaving Ciudad del Carmen is about $3.

CHAMPOTÓN TO THE SOUTH & SOUTHEAST From Champotón, Carretera 261 heads inland to Escárcega (about 2 hours from Campeche City to Escárcega), where you pick up Carretera 186 east to Xpujil (about 157 km, or 97 mi—a drive of about 2 hours). From Xpujil it's about 140 km (87 mi) to Chetumal, on the coast of Quintana Roo. All of these, including Carretera 261, which connects Xpujil and Hopelchén in northeastern Campeche, are two-lane highways in reasonably good condition. If you're headed to Mérida, you can continue north on Carretera 261 from Hopelchén.

CAR RENTAL There are no international car rental agencies in Campeche. Expect to pay $28–$50 per day for a manual economy car with air-conditioning. 🔳 **Localiza** ✉ Hotel Baluartes, Av. 16 de Septiembre 128, Campeche City ☎ 981/811-3187 ⊕ www.localizarentacar.com. **Maya Rent-a-Car** ✉ Del Mar Hotel, Av. Ruíz Cortínez and Calle 59, Campeche City ☎ 981/816-4611 Ext. 352.

BY TAXI

You can hail taxis on the street in Campeche City; there are also stands by the bus stations, the main plaza, and the municipal market. The minimum fare is $2; it's $2.50 from the center to the bus station and $4 to the airport (it's cheaper to go to the airport than from it). After 11 PM, prices may be slightly higher. There's a small fee, less than 50¢, to call for a cab through Radio Taxis; you can also call Taxis Plus any time, day or night. 🔳 **Radio Taxis** ✉ Campeche City ☎ 981/815-5555, 983/832-1151.

Contacts & Resources

BANKS & EXCHANGE SERVICES

Campeche City banks will change traveler's checks and currency weekdays 9–4.

🏦 **Banamex** ⊠ Calle 29 No. 103, Champotón ☎ 01800/021-2345 toll-free in Mexico ⊕ www.banamex.com. **Bancomer** ⊠ Av. 16 de Septiembre 120, Campeche City ☎ 981/816-6622 ⊕ www.bancomer.com. **Banorte** ⊠ Calle 8 No. 237, between Calles 53 and 55, Campeche City ☎ 981/811-4250 ⊕ www.banorte.com.

EMERGENCIES

For general emergencies throughout Campeche, dial **060**.

The Hospital Manuel Campos and Clínicia Campeche both have 24-hour pharmacies on site.

🏥 Doctors & Hospitals **Clínica Campeche** ⊠ Av. Central No. 72, Centro Campeche City ☎ 981/816-5612. **Hospital Manuel Campos** ⊠ Av. Boulevard s/n, Campeche City ☎ 981/811-1709 (dial Ext. 138 for pharmacy) or 981/816-0957.

INTERNET, MAIL & SHIPPING

Cybercafés have popped up all over Campeche City and some lodgings have Internet access. The *correo* in Campeche City is open weekdays 8:30–3:30. For important letters or packages, it's best to use the DHL courier service.

📮 Mail & Shipping **Correo** ⊠ Av. 16 de Septiembre, between Calles 53 and 55, Campeche City ☎ 981/816-2134. **DHL** ⊠ Av. Miguel Alemán 140, Campeche City ☎ 981/816-0382 ⊕ www.dhl.com.

TOUR OPTIONS

Guided trolley tours of historic Campeche City leave from Calle 10 on the Plaza Principal on the hour 9–noon and 5–8. You can buy tickets ahead of time at the adjacent kiosk, or once aboard the trolley. (Trips run less frequently in the off-season, and it's always best to double-check schedules at the kiosk.) The one-hour tour costs $7; if English-speakers request it, guides will do their best to speak the language. For the same price, the green "El Guapo" trolley makes unguided trips to Reducto de San José at 9 AM and 5 PM (also at 10, 11, and noon during vacation periods such as Christmas and Easter). You'll only have about 10 minutes to admire the view, though.

You can take the Super Guapo tram hourly 9–noon or 5–8 in the evening to visit Fuerte de San Miguel. The tour doesn't allow enough time to visit the museum, but you can linger to see the worthwhile exhibits before calling a taxi or walking downhill to catch a downtown bus en route from Lerma.

Rappelling, spelunking, or mountain-bike tours are occasionally offered through Expediciones Ecoturísticos de Campeche. For tours of Isla de Jaina—where archaeologists are working and where you'll need special permission to visit—contact Hector Solis of Espacios Naúticos. If you like, you can augment the island tour with breakfast, lunch, or swimming at the beach. Espacios Naúticos also offers waterskiing, bay tours, snorkeling, and sportfishing.

🚃 **El Guapo and Super Guapo trams** ☎ 981/811-3989. **Espacios Naúticos** ⊠ Av. Resurgimiento 120, Campeche City ☎ 981/816-8082. **Expediciones Ecoturísticos de Campeche** ⊠ Calle 12 No. 168A, Centro, Campeche City ☎ 981/816-6373 or 981/816-1310.

TRAVEL AGENCIES

American Express/VIPs will replace lost traveler's checks and book hotel and airplane reservations. Intermar Campeche can arrange transfers to Mérida or Mexico City as well as the tours mentioned above.

American Express/VIPs ⌧ Prolongación Calle 59, Edificio Belmar, Depto. 5, Centro, Campeche City ☎ 981/811-1010 or 981/811-1000. **Intermar Campeche** ⌧ Av. 16 de Septiembre 128, Campeche City ☎ 981/811-3447.

VISITOR INFORMATION

Campeche's State Tourism Office is open daily 8 AM–9 PM. The Municipal Tourist Office is open daily 9–9.

Municipal Tourist Office ⌧ Calle 55, between Calles 8 and 10, Campeche City ☎ 981/811-3989 or 981/811-3990. **State Tourism Office** ⌧ Av. Ruíz Cortínez s/n, Plaza Moch Couoh, across from Gobierno, Campeche City Centro ☎ 981/811-9229 🖶 981/816-6767.

MÉRIDA, CHICHÉN ITZÁ & YUCATÁN STATE ESSENTIALS

Transportation

BY AIR

Mérida's airport, Aeropuerto Manuel Crescencio Rejón, is 7 km (4½ mi) west of the city on Avenida Itzaes. Getting there from the downtown area usually takes 20 to 30 minutes by taxi.

Aerocaribe, a subsidiary of Mexicana, has flights from Cancún, Cozumel, Mexico City, Oaxaca City, Tuxtla Gutiérrez, and Villahermosa, with additional service to Central America. Aeroméxico flies direct to Mérida from Miami with a stop in Cancún. Aviacsa flies from Mérida to Mexico City, Villahermosa, and Monterrey with connections to Los Angeles, Las Vegas, Chicago, Miami, Ciudad Juárez, Houston, and Tijuana, among other destinations. Continental flies daily nonstop from Houston. Mexicana has direct flights to Cancún from Los Angeles and Miami, and a number of connecting flights from Chicago and other U.S. cities via Mexico City.

Aeropuerto Internacional Alberto Acuña Ongay ☎ 981/816-3109. **Aeropuerto Manuel Crescencio Rejón** ☎ 999/946-1340. **Aerocaribe** ☎ 999/942-1862 or 999/942-1860 ⊕ www.aerocaribe.com. **Aeroméxico** ☎ 999/237-1782, 01800/021-4000 toll-free in Mexico ⊕ www.aeromexico.com. **Aviacsa** ☎ 999/925-6890, 01800/006-2200 toll-free in Mexico ⊕ www.aviacsa.com.mx. **Continental** ☎ 999/926-3100, 800/523-3273 in U.S. ⊕ www.continental.com. **Mexicana** ☎ 999/946-1332 ⊕ www.mexicana.com.mx.

BY BUS

WITHIN MÉRIDA Mérida's municipal buses run daily 5 AM–midnight. In the downtown area buses go east on Calle 59 and west on Calle 61, north on Calle 60 and south on Calle 62. You can catch a bus heading north to Progreso on Calle 56. Bus 79 goes from the airport to downtown and vice versa, departing from Calle 67 between Calles 60 and 62 about every 25 minutes; the ride takes about 45 minutes and is a hassle if you've got more than a day pack or small suitcase. City buses charge about 40¢ (4 pesos); having the correct change is helpful but not required.

WITHIN
YUCATÁN STATE

For travel outside the city, there are several bus lines offering deluxe buses with powerful (sometimes too powerful) air-conditioning and comfortable seats. ADO and UNO have direct buses to Cancún, Chichén Itzá, Playa del Carmen, Tulum, Uxmal, Valladolid, and other Mexican cities, with intermediate service to Izamal. They depart from the first-class CAME bus station. ADO and UNO also have direct buses to Cancún from their terminal at the Fiesta Americana hotel, on Paseo Montejo. Regional bus lines to intermediate or more out-of-the-way destinations leave from the second-class terminal. The most frequent destination of tourists using Autotransportes del Sureste (ATS), which departs from the Terminal de Autobuses de 2da Clase, is Uxmal. Buses to Celestún depart from the Autobuses del Occidente station; those to Progreso are found at the Terminal de Autobuses a Progreso.

🚌 **ADO/UNO at Fiesta Americana** ⊠ Av. Colón 451, at Calle 60, Paseo Montejo, Mérida ☎ 999/920-4444. **Autobuses de Occidente** ⊠ Calles 50 and 67, Centro, Mérida ☎ 999/924-8391 or 999/924-9741. **CAME** ⊠ Calle 70 No. 555, at Calle 71, Centro, Mérida ☎ 999/924-8391 or 999/924-9130. **Terminal de Autobuses a Progreso** ⊠ Calle 62 No. 524, between Calles 65 and 67, San Juan, Mérida ☎ 999/928-3965. **Terminal de Autobuses de 2da clase** ⊠ Calle 69 No. 544, between Calles 68 and 70, Centro, Mérida ☎ 999/923-2287.

BY CAR

Driving in Mérida can be frustrating because of the narrow one-way streets and dense traffic. Having your own wheels is the best way to take excursions from the city if you like to stop en route; otherwise, first- and second-class buses are ubiquitous, and even the latter are reasonably comfortable for short hauls. For more relaxed sightseeing, consider hiring a cab (most charge approximately $11 per hour). Carretera 180, the main road along the Gulf coast from the Texas border, passes through Mérida en route to Cancún. Mexico City is 1,550 km (961 mi) west, Cancún 320 km (198 mi) due east.

The autopista is a four-lane toll highway between Mérida and Cancún. Beginning at the town of Kantuníl, 55 km (34 mi) southeast of Mérida, it runs somewhat parallel to Carretera 180. The toll road cuts driving time between Mérida and Cancún—around 4½ hours on Carretera 180—by about an hour and bypasses about four dozen villages. Access to the toll highway is off old Carretera 180 and is clearly marked. The highway has exits for Valladolid and Pisté (Chichén Itzá), as well as rest stops and gas stations. Tolls between Mérida and Cancún total about $25.

CAR RENTAL

The major international chains are represented in Mérida, with desks at the airport and either downtown (many clumped together on Calle 60 between Calles 57 and 55) or on Paseo Montejo in the large chain hotels.

🚗 **Avis** ⊠ Calle 60 No. 319-C, near Av. Colón, Centro, Mérida ☎ 999/925-2525 ⊕ www.avis.com. **Budget** ⊠ Holiday Inn, Av. Colón No. 498, at Calle 60, Centro, Mérida ☎ 999/925-6877 Ext. 516 ⊠ Airport ☎ 999/946-1323 ⊕ www.budget.com. **Hertz** ⊠ Fiesta Americana, Av. Colón 451, Paseo Montejo, Mérida ☎ 999/925-7595 ⊠ Airport ☎ 999/946-1355 ⊕ www.hertz.com. **Thrifty** ⊠ Calle 55 No. 508, at Calle 60, Centro, Mérida ☎ 999/923-2040 ⊕ www.thrifty.com.

BY TAXI

Regular taxis in Mérida charge beach-resort prices, and so are a bit expensive for this region of Mexico. They cruise the streets for passengers and are available at 13 taxi stands (*sitios*) around the city, or in front of major hotels like the Hyatt Regency, Holiday Inn, and Fiesta Americana. The minimum fare is $3, which should get you from one downtown location to another. A ride between the downtown area and the airport costs about $8.

A newer fleet of metered taxis has recently started running in Mérida; their prices are usually cheaper than the ones charged by regular cabs. You can flag one of these down—look for the "Taximetro" signs on top of the cars—or call for a pickup.

Metered Taxis ☎ 999/928-5427. **Sitio 14 (Regular Taxis)** ☎ 999/924-5918. **Radio Taxis** ⊠ Campeche City ☎ 981/815-5555, 981/813-1333, or 981/813-3540.

BY TRAIN

The Expreso Maya is a private train that offers itineraries throughout the Maya world. Different tours visit a combination of one or more archaeological sites (Chichén Itzá, Uxmal, Edzná, Palenque) and major cities (Villahermosa, Mérida, Campeche) as well as laid-back Izamal, home of the beautiful St. Anthony of Padua Monastery and Church, and the lovely, little-visited Cenote Azul in Campeche state. Four- to six-night tours are available. Cost varies depending on tour selected and the level of accommodation, but expect to pay at least $1,400 per person, double occupancy. The train has four air-conditioned passenger cars with swivel seats, and dining, bar, snack, and luggage cars. Individual passengers are welcome, but a minimum number of passengers must be booked through tour operators for the train to depart as scheduled. Groups and conventions may book their own train cars.

Expreso Maya ⊠ Calle 1F No. 310, Fracc. Campestre, Mérida ☎ 999/944-9393 ⊕ www.expresomaya.com.

Contacts & Resources

BANKS & EXCHANGE SERVICES

Most banks throughout Mérida are open weekdays 9–4. Banamex has its main offices, open weekdays 9–4 and Saturday 9–1:30, in the handsome Casa de Montejo, on the south side of the main square, with branches at the airport and the Fiesta Americana hotel. All have ATMs. Several other banks, including Bital, can be found on Calle 65 between Calles 62 and 60, and on Paseo Montejo.

Banamex ⊠ Calle 59 No. 485, Mérida ☎ 01800/226-2639 toll-free in Mexico ⊠ Calle 26 No. 199D, Ticul ⊠ Calle 41 No. 206, Valladolid ⊠ Calle 29 No. 103, Champotón ⊕ www.banamex.com. **Bancomer** ⊠ Alvaro Baret No.3, Campeche City ☎ 981/816-6622 ⊕ www.bancomer.com. **Banorte** ⊠ Calle 28 No. 31B, Izamal ☎ 988/954-0425 ⊠ Calle 58 No. 524, between Calles 63 and 65, Centro, Mérida ☎ 999/926-6060 ⊕ www.banorte.com. **HSBC** ⊠ Paseo Montejo 467A, Centro, Mérida ☎ 999/942-2378 ⊕ www.hsbc.com. **Serfin** ⊠ Calle 30 No. 150, at Calle 80, Progreso ☎ 969/935-0855 ⊕ www.santander-serfin.com.

EMERGENCIES

For general emergencies throughout Yucatán State, dial **060** from any phone.

One of the largest and most complete medical facilities in Mérida is Centro Médico de las Américas. Clínica Santa Helena is less convenient to downtown Mérida, but the services—especially of Doctor Adolfo Baqueiro Solis, who specializes in emergency surgery and speaks excellent English—are highly recommended. Clínica San Juan is near the main plaza.

Farmacia Arco Iris, open 24 hours, offers free delivery before 9 PM. Farmacia Yza delivers and has 24-hour service, but at this writing, no English-speakers.

🏥 Doctors & Hospitals **Centro Médico de las Américas** ✉ Calle 54 No. 365, between Calle 33A and Av. Pérez Ponce, Centro, Mérida ☎ 999/926-2111. **Clínica San Juan** ✉ Calle 40 No. 238, Valladolid ☎ 985/856-2174. **Clínica Santa Helena** ✉ Calle 14 No. 81, between Calles 5 and 7, Col. Díz Ordaz, Mérida ☎ 999/943-1334 and 999/943-1335. 💊 Pharmacies **Farmacia Arco Iris** ✉ Calle 42 No. 207C, between Calles 43 and 45, Valladolid ☎ 985/856-2188. **Farmacia Yza** ☎ 999/926-6666 information and delivery. **Nova Farmacias** ✉ Calle 33-A No. 506, Local 1, across from Villa Mercedes, Paseo Montejo, Mérida ☎ 999/920-6660.

INTERNET, MAIL & SHIPPING

Mérida's post office is open weekdays 8–3 and Saturday 9–1. You can, however, buy postage stamps at some handicrafts shops and newspaper and magazine kiosks. The Mex Post service can speed delivery, even internationally, though it costs more than regular mail. Cybercafés are ubiquitous, though particularly prevalent along Mérida's main square and Calles 61 and 63. Most charge $1–$3 per hour.

💻 Cybercafés **Café La Habana** ✉ Calle 59 No. 511-A, at Calle 62, Centro, Mérida ☎ 999/928-6502. **Phonet** ✉ Calle 42 between Calles 39 and 41, main plaza, Valladolid ☎ No phone. **Vía Olimpo Café** ✉ Calles 62 and 61, Centro, Mérida ☎ 999/923-5843. ✉ Mail Service **Correo** ✉ Calles 65 and 56, Centro, Mérida ☎ 999/928-5404.

MEDIA

Librería Dante has a great selection of colorful books on Maya culture, although only a few are in English. There are many locations throughout town, including most of the malls, and there's also a large, happening shop–café–performance venue on Paseo Montejo. The Mérida English Library has novels and nonfiction in English; you can read in the library for five days without having to pay the $18 annual membership fee. The giveaway "Yucatán Today," in English and Spanish, has good maps of the state and city and lots of useful information for travelers.

📚 **Librería Dante** ✉ Calle 62 No. 502, at Calle 61 on main plaza, Centro, Mérida ☎ 999/928-2611 ✉ Calle 17 No. 138B, at Prolongación Paseo de Montejo, Centro, Mérida ☎ 999/927-7676. **Mérida English Library** ✉ Calle 53 No. 524, between Calles 66 and 68, Centro, Mérida ☎ 999/924-8401 ⊕ www.meridaenglishlibrary.com.

TOUR OPTIONS

Mérida has more than 50 tour operators, who generally go to the same places. Since there are many reputable and reasonably priced operators, there's no reason to opt for the less-predictable *piratas* ("pirates") who sometimes stand outside tour offices offering to sell you a cheaper trip.

MÉRIDA CITY TOURS A two- to three-hour group tour of the city, including museums, parks, public buildings, and monuments, costs $20 to $35 per person. Free guided tours are offered daily by the Municipal Tourim Department. These depart from City Hall, on the main plaza at 9:30 AM. The tourism department also runs open-air bus tours, which leave from Parque Santa Lucía and cost $7.50 (departures are Monday–Saturday at 10, 1, 4, and 7 and Sunday at 10 and 1).

An even more intriguing idea, however, is to take a tour on the Turibus, one of the city's new double-decker buses. This can be used as a standard, hour-long city tour ($10), or use it like a combo of transportation and guided tour. Buses pass the following sites, and you can stay on the bus or get off and jump on the next one (or any one; they stop on the half hour) after you're done sightseeing in the area. Buses run between 8:30 AM and 10 PM and stop at the Holiday Inn, Fiesta Americana, and Hyatt hotels, clustered near one another on Paseo Montejo; the plaza principal, downtown; Palacio Cantón; the old barrio of Izimná, east of Prolongación Paseo Montejo; the Gran Plaza shopping center (with multiplex theater); and the Monument to the Flag, near the Paseo Montejo hotels.

The Mérida English-Language Library (*see* Media, *above*) conducts home and garden tours (2½ hours costs $18) every Wednesday morning. Meet at the library at 9:30 AM.

ARCHAEOLOGICAL TOURS Amigo Travel is a reliable operator offering group and private tours to the major archaeological sites and Celestún. They have transfer–accommodation packages, and well-crafted tours, like their Campeche and Yucatán combo, at a pace that allows one to actually enjoy the sites visited, and have some free time as well.

If you don't have your own wheels, a great option for seeing the ruins of the Ruta Puuc is the unguided ATS tour that leaves Mérida at 8 AM from the second-class bus station (Terminal 69, ATS line). The tour stops for a half hour each at the ruins of Labná, Xlapak, Sayil, and Kabah, giving you just enough time to scan the plaques, poke your nose into a crevice or two, and pose before a pyramid for your holiday card picture. You get almost two hours at Uxmal before heading back to Mérida at 2:30 PM. The trip costs $10 per person (entrance to the ruins isn't included) and is worth every penny.

Ecoturismo Yucatán also has a good mix of day and overnight tours. Their Calakmul tour includes several nights camping in the biosphere reserve for nature spotting, as well as visits to Calakmul, Chicanná, and other area ruins. The one-day biking adventure packs in biking as well as brief visits to two archaeological sites, a cave, and two cenotes for swimming or snorkeling.

Mayaland Tours specializes in tours to the archaeological sites and is owned by the Barbachano clan, members of which own the Mayaland hotel at Chichén Itzá and several lodgings at Uxmal. In addition to standard tours they offer "self-guided tours," which are basically a road map and itinerary, rental car, and lodgings at the archaeological sites. When you consider the price of lodgings and rental car, this is a pretty sweet deal.

5

🚶 **Amigo Travel** ✉ Av. Colón 508C, Col. García Ginerés, Mérida ☎ 999/920-0104 or 999/920-0103 ⊕ www.amigoyucatan.com. **ATS** ✉ Calle 69 No. 544, between Calles 68 and 70, Centro, Mérida ☎ 999/923-2287. **Ecoturismo Yucatán** ✉ Calle 3 No. 235, between Calles 32A and 34, Col. Pensiones, Mérida ☎ 999/920-2772 ⊕ www.ecoyuc.com. **Mayaland Tours** ✉ Calle Robalo 30, Sm 3, Cancún ☎ 998/887-2495 in Cancún, 01800/719-5465 toll-free from elsewhere in Mexico, 800/235-4079. **Municipal Tourism Department Tours** ☎ 999/928-2020 Ext. 833. **Turibus** ☎ 55/5563-6693 in Mexico City ⊕ www.turibus.com.mx

TRAVEL AGENCIES

English-speaking agents at Carmen Travel Service sell airline tickets, make hotel reservations throughout the Yucatán peninsula, and book cruises. Viajes Valladolid offers services typical of any travel agency, including hotel reservations and airline bookings. They also arrange tours throughout the Yucatán and to Cuba and Central America, and will change your traveler's checks, too.

🚶 **Carmen Travel Service** ✉ Hotel María del Carmen, Calle 63 No. 550, at Calle 68, Centro, Mérida ☎ 999/924-1212 ⊕ www.carmentravel.com. **Viajes Valladolid** ✉ Calle 42 No. 206, Valladolid ☎ 985/856-1881.

VISITOR INFORMATION

The Mérida city, municipal, and state tourism departments are open daily 8–8. The Progreso municipal tourism office is open weekdays 8–2 and Saturday 9–1. The Izamal tourism office is open Monday–Saturday 9–6.

The Municipal Tourist Information Center offers brochures of area hotels and attractions, and maps of the city. The Municipal Tourism Department, in the State Government palace, is mainly recommended because of its location right on the main plaza. The young staffers and usually more experienced supervisor of the State Secretary of Tourism Office speak good English and are knowledgeable about what's going on in both the city and the state. They have the most complete information of all the city's tourism info booths.

🚶 **Izamal Tourism Department** ✉ Calle 30 No. 323, between 31 and 31-A, Centro, Izamal ☎ 988/954-0009. **Municipal Tourism Department** ✉ Calles 61 and 60, Centro, Mérida ☎ 999/930-3101. **Municipal Tourist Information Center** ✉ Calle 62, ground floor of Palacio Municipal, Centro, Mérida ☎ 999/928-2020 Ext. 133. **Progreso Municipal Tourism Office** ✉ Casa de la Cultura, Calles 80 and 25, Centro, Progreso ☎ 969/935-0104. **State Secretary of Tourism Office** ✉ Teatro Peón Contreras, Calle 60 between Calles 57 and 59, Centro, Mérida ☎ 999/924-9290 or 999/924-9389.

UNDERSTANDING CANCÚN, COZUMEL & THE YUCATÁN

A PLACE APART

THE YUCATÁN PENINSULA has captivated travelers since the early Spanish explorations. "A place of white towers, whose glint could be seen from the ships—temples rising tier on tier," is how the expeditions' chroniclers described the peninsula, then thought to be an island. Rumors of a mainland 10 days west of Cuba were known to Columbus, who obstinately hoped to find "a very populated land," and one that was richer than any he had yet discovered. Subsequent explorers and conquistadores met with more resistance there than in almost any other part of the New World, and this rebelliousness continued for centuries.

Largely because of their geographic isolation, Yucatecans tend to preserve ancient traditions more than many other indigenous groups in the country. This can be seen in such areas as housing (the use of the ancient Maya thatched hut, or *na*); dress (*huipiles* have been made and worn by Maya women for centuries); and occupation (most modern-day Maya are farmers, just as their ancestors were). Maya culture is also evident in today's Yucatecan language (although it has evolved, it is still very similar to what was spoken in the area 500 years ago); and religion. Ancient deities persist, particularly in the form of gods associated with agriculture, such as the *chacs*, or rain gods, and festivals to honor the seasons and benefactor spirits maintain the traditions of old.

This vast peninsula encompasses 113,000 square km (43,630 square mi) of a flat limestone table covered with sparse topsoil and scrubby jungle growth. Geographically, it comprises the states of Yucatán, Campeche, and Quintana Roo, as well as Belize and a part of Guatemala (these two countries are not discussed in this book). Still one of the least-Hispanicized (or Mexicanized) regions of the country, Yucatán catapulted into the tourist's vocabulary with the creation of its most precious man-made asset, Cancún.

Mexico's most popular resort destination owes its success to its location on the superb eastern coastline of the Yucatán Peninsula, which is washed by the exquisitely colored and translucent waters of the Caribbean. The area is also endowed with a semitropical climate, unbroken stretches of beach, and the world's second-longest barrier reef, which separates the mainland from Cozumel. Cancún and, to a lesser extent, Cozumel incarnate the success formula for sun-and-sand tourism: luxury hotels, sandy beaches, water sports, nightlife, and restaurants that specialize in international fare.

Cancún's popularity has allowed the peninsula's Maya ruins—long a mecca for archaeology enthusiasts—to become satellite destinations of their own. The proximity of such compelling sites as Chichén Itzá, Uxmal, and Tulum allows Cancún's visitors to explore the vestiges of one of the most brilliant civilizations in the ancient world without having to journey too far from their base.

Yucatán offers a diversity of other charms, too. The waters of the Mexican Caribbean are clearer and bluer than those of the Pacific; many of the beaches are unrivaled. Scuba diving (in natural sinkholes, caves, and along the impressive barrier reef), snorkeling, deep-sea fishing, and other water sports attract growing numbers of tourists—who can also bird-watch, camp, spelunk, and shop for Yucatán's splendid handicrafts. There is a broad spectrum of settings and accommodations to choose from: the pricey strip of hotels along Cancún's Boulevard Kukulcán; the less showy properties on Cozumel, beloved of scuba divers; and the relaxed ambience of Isla Mujeres, where most lodgings consist of rustic bungalows with ceiling fans and hammocks.

There are also the cities of Yucatán. Foremost is Mérida, wonderfully unaltered by time, where Moorish-inspired, colonnaded colonial architecture blends handsomely with turn-of-the-19th-century pomposity. In Mérida, café life remains an art, and the Maya still live proudly as Maya. Campeche, one of the few walled cities in North America, possesses an eccentric charm; it is slightly out of step with the rest of the country and not the least bothered by the fact. Down on the border with Belize stands Chetumal, a modest commercial center that is pervaded by the hybrid culture of coastal Central America and the pungent smell of the sea. Progreso, at the other end of the peninsula on the Gulf of Mexico, is Chetumal's northern counterpart, an overgrown fishing village–turned–commercial port. Hotels in these towns, although for the most part not as luxurious as the beach resort properties, range from the respectable if plain 1970s buildings to the undated fleabags so popular with filmmakers and writers exploring the darker side of Mexico (for example, *Under the Volcano*, by Malcolm Lowry). As a counterpoint to this, the Yucatán countryside now shines with magnificently restored haciendas turned into luxury lodgings.

The peninsula is also rich in wildlife. Iguanas, lizards, tapirs, deer, armadillos, and wild boars thrive on this alternately parched and densely foliated plain. Flamingos and herons, manatees and sea turtles, their once-dwindling numbers now rising in response to Mexico's newly awakened ecological consciousness, find idyllic watery habitats in and above the coastline's mangrove swamps, lagoons, and sandbars, acres of which have been made into national parks. Both Ría Lagartos and the coast's Reserva de la Biosfera Sian Ka'an sparkle with Yucatán's natural beauty. Orchids, bougainvillea, and poinciana are ubiquitous, and the region's edible tropical flora—coconuts, limes, papaya, bananas, and oranges—supplements the celebrated Yucatecan cuisine.

But it may be the colors of Yucatán that are most remarkable. From the stark-white sun-bleached sand, the sea stretches out like some immense canvas painted in bands of celadon green, pale aqua, and deep dusty blue. At dusk the sea and the horizon meld in the sumptuous glow of lavender sunsets, the sky just barely tinged with periwinkle and violet. Inland, the beige, gray, and amber stones of ruined temples are set off by riotous greenery. The colors of newer structures are equally intoxicating: the tawny, gray-brown thatched roofs of traditional huts; the creamy pastels and white arches, balustrades, and porticoes of colonial mansions. Cascades of dazzling red, pink, orange, and white flowers spill into courtyards and climb up the sides of buildings.

The Yucatán is historically colorful, too. From the conquistadores' first landfall off Cape Catoche in 1517, to the bloody skirmishes that wiped out most of the Indians, to the razing of Maya temples and burning of their sacred books, the peninsula was a battlefield. Pirates wreaked havoc off the coast of Campeche for centuries. Half the Indian population was killed during the 19th-century uprising known as the War of the Castes, when the enslaved indigenous population rose up and massacred thousands of Mexicans; Yucatán was attempting to secede from Mexico, and dictator Porfirio Díaz sent in his troops. These events, like the towering Maya civilization, have left their mark throughout the peninsula: in its archaeological museums, its colonial monuments, and the opulent mansions of the hacienda owners who enslaved the natives to cultivate their henequen.

But despite the violent conflicts of the past, the people of Yucatán treat today's visitors with hospitality and friendliness, especially outside the beach resorts. If you learn a few words of Spanish, you will be rewarded with an even warmer welcome.

MEXICAN FOOD & BEVERAGE GLOSSARY

By Marilyn Tausend

ADOBO—Combine dry chiles with vinegar, herbs, spices, and salt, and the result is this potent marinade. Meat is coated with *adobo* then broiled, fried, or roasted; in some areas you'll find meat braised in a very soupy *adobo*.

AGUAS FRESCAS—Some of the most delightful beverages in Mexico are the thirst-quenching *aguas frescas* made from various fruits, flowers, or other more unusual ingredients, all mixed with water. The most common are *agua de jamaica,* tinted scarlet from the brilliantly hued calyxes of the hibiscus flower; *agua de tamarindo,* made from the molasses-brown pulp of tamarind pods; and the milky-white *horchata,* from ground rice, which truly tastes like a liquid rice pudding, complete with cinnamon.

ARROZ—Forget about those combination plates with beans and rice. Rice in Mexico is traditionally served as a dry soup or *arroz seco,* coming before the main course. It's golden-fried and simmered in chicken broth, or transformed by the addition of classic Mexican flavors: tomatoes for *arroz Mexicana* (red rice); *chiles poblanos* and herbs for *arroz verde* (green rice); or with black beans to make *arroz negro* (black rice).

BARBACOA—The traditional Sunday meal throughout much of Mexico is *barbacoa.* In the central part of the country, the roads are lined with stands selling sheep or goat covered with the spearlike leaves of the huge century plant, maguey. In Tlaxcala and Puebla, meat wrapped with the parchment-thin membrane covering the leaves is called *mixiote.* Go to the Yucatán Peninsula and you'll find pig or chicken seasoned with *achiote* paste, wrapped in banana leaves, and steamed overnight in a *pib* (Maya for "pit"), becoming *cochinita* or *pollo pibíl.* In all cases, the delicious broth is collected and served as a consommé and the meat wrapped in tortillas to eat.

CHILES—All chiles, whether fresh or dried, have distinctive flavors and degrees of pungency. They aren't used interchangeably, and fresh chiles have different names than their dried counterparts. The familiar chiles *jalapeños* and *serranos* are the ones that show up most often in the multitude of fresh salsas. Be aware that on the Yucatán Peninsula, the fruity-tasting but close-to-lethal *habanero* is the chile of choice. The similarly shaped *chile manzano,* from the highlands around Mexico City, is also made into deceivingly potent salsas.

The shiny, dark-green *poblano* is the favorite fresh chile for cooking. You can find it made into soups, stuffed, or sliced into *rajas* (strips). The *poblano* is truly the flavoring anchor of Mexican cuisine: it has a distinctive taste when fresh; when dried, it's called *chile ancho,* and is an essential ingredient in *moles,* stews, and red sauces. *Chiles mulatos* are a rather chocolaty black variety of the *ancho.* Although there are numerous other dried chiles, from tiny *chiles pequíns* to the aromatic, smoky *chiles chipotles,* the two other most important chiles used throughout Mexico are the sharp *guajillo* and the shiny, raisin-colored *pasilla.*

CEVICHE—Raw fish that has been marinated or "cooked" in lime juice can be found in different variations in all of the coastal regions of Mexico, as well as in restaurants throughout the country. Found throughout Latin America, *ceviche's* origins may have first come from Asia during the early trade routes through the Philippines.

CHOCOLATE—Even *Theobroma*—the scientific name of the *cacao* plant from whose seeds chocolate is made—means "food of the gods." Indeed it was considered a sacred drink by the indigenous people of Mexico. Chocolate in Mexico is most often enjoyed as a beverage made from the roasted *cacao* beans, sugar, and often almonds. Enjoying a bowl of hot, frothy chocolate with a chunk of egg bread for dunking is an early-morning ritual. This same chocolate mixture is added to certain *moles* to create depth of flavor.

FRIJOLES—Dried beans play an indispensable role in Mexican cuisine. They come in an incredible variety of colors and sizes. Beans are served at virtually every meal. They may be refried and paired with *huevos rancheros* (fried eggs topping a crispy tortilla blanketed with a pungent tomato sauce) for a hearty breakfast; spread as a paste inside a puffy tortilla, where with the addition of chicken and pickled red onions it becomes a Yucatécan *panucho;* or they may appear as *frijoles de olla,* brothy beans served in a small bowl after a meal.

MEZCAL & TEQUILA—These beverages are the spirit of Mexico. Both are distilled from different species of the maguey plant, commonly called by its botanical name, *agave,* of which the familiar century plant is one of the more than 500 varieties in existence. It takes the maguey 8 to 12 years to reach maturity; before the plant flowers, the central stalk is cut, changing the growth of the plant so that the lower heart or *piña* (so called as it resembles a giant pineapple) will weigh up to 100 pounds. It is from the crushed and fermented *piña* that distilled mezcal and tequila is obtained. Mezcal can be made from various types of maguey; the *piña* is buried and cooked over coals in a large pit before being crushed, fermented, and then distilled, maintaining its distinctive smoky flavor. Mezcal is consumed throughout Mexico, but Oaxaca is the center of mezcal production.

Tequila is also a mezcal, but can, by law, only be made from the piña of the blue agave (*Agave tequilana Weber*), which grows mainly in Jalisco. It's cooked in ovens or autoclaves (instead of a pit) before being fermented and distilled. There are two types of tequila, those made from 100% blue agave, and those made from at least 51% blue agave blended with sugars, called *mixtos*. Those from 100% blue agave are preferred for drinking straight. These are further divided into other categories, all established by law; *Blanco* or *Plata* (white or silver); *Reposado* (rested); and *Añejo* (aged). Which is best? That's definitely a matter of taste. A high-quality Blanco has that distinct aroma and the strong fresh flavor of the blue agave—a quality that many connoisseurs prefer. Reposado accounts for most of the sales in Mexico; it must be placed in wooden storage tanks or barrels for at least two months to smooth out the taste, while retaining the distinctive agave nose and flavor. Añejo must be aged in wood barrels for no less than one year. It has a darker color, a smoother flavor, and, because it's usually aged in old bourbon barrels, it often has a richer flavor, making it an excellent after-dinner drink.

MOLES AND PIPIANES—Discard the notion that *mole* is a dark brown, chocolate-flavored sauce. In fact, only some *moles* contain chocolate, the most famous being *mole poblano* from Puebla. Coming from an indigenous word meaning a "concoction," *mole* is simply a mixture of ingredients, typically including chiles, spices, and often seeds and nuts. Although Oaxaca is often called the "Land of the Seven Moles," there are virtually hundreds of other varieties to sample throughout Mexico in shades of red, green, yellow, and black. *Pipianes,* which are thick with nuts, pumpkin seeds, or sesame seeds, are another similar dish.

NOPALES—Cactus paddles—the flat fleshy stems of the edible *Opuntia* cactus—are a nutritious food source when cooked; they are primarily used in salads or as a taco filling.

QUESO—Almost without exception, Mexican cheeses are simple and made from cow's milk. The most common ones available are *quesos frescos* (sometimes called *quesos rancheros*), fresh cheeses that are crumbled on top of dishes or stuffed into *chiles rellenos*. *Queso añejo* (or more properly called *queso Cotija,* for the town where it was first made) is a rather salty aged cheese often grated over dishes. *Quesillo de Oaxaca* is a stringy cheese rolled into balls of all sizes; it's popular as both a snack and as a melting cheese. Up north you'll find *queso asado* and *queso Chihuahua,* which are used for such rich cheese dishes as *chiles con queso.*

TAMALES—Corn *masa,* or dough, usually beaten with lard, is traditionally spread with a layer of cooked meat and a sauce of chiles, and then carefully cupped in softened dry corn husks, twisted inside fresh corn leaves or other aromatic leaves, or tenderly folded in a sheet of banana leaves, and then steamed. The regional variations are endless, from the delicate banana-leaf-wrapped *tamales de mole negro* of Oaxaca; the unfilled, pyramid-shape *corundas* of Michoacán; to the *zacahuiles* of northern Veracruz, which are so huge that they have special ovens to hold these 3-foot-long creations. In addition to the many savory tamales, search out the various types of sweet ones, often distinguished by the pink or green tinting of the masa.

TORTAS—These hefty, layered, crusty-roll sandwiches (think hoagies) are usually sold from vendors specializing just in *tortas.* Although all varieties can be a satisfying and economical meal, there are two special ones that are worth a trip. In Guadalajara, search for *tortas ahogadas* ("drowned tortas"), crusty French rolls filled with pork and almost drowned in a fiery sauce made of *chiles de arbol.* In Puebla, in any of the many mercados, look for fondas selling *cemitas.* Order one of these chewy round rolls encrusted with sesame seeds and choose one of the myriad fillings, such as shredded chicken or breaded beef cutlets. It will also be full of avocado, Oaxacan cheese, *chiles chipotle en adobe,* and the aromatic herb *papalo.*

CANCÚN AT A GLANCE

Origin: "Cancún" is Maya for "pit of snakes."

State: Quintana Roo is the most easterly state in Mexico. Until 1974, it was a territory where dissidents were sent to be eaten alive by mosquitoes and die of malaria; only after Cancún was built and became a successful tourist destination did it become a recognized state. It covers 50,212 square km (19,382 square mi), and represents 2.6% of Mexico's landmass.

Common traffic signs: *Obedezca las señales* (Obey the signs); *No maltrate las señales* (Do not mistreat the signs); *No deje piedras sobre el pavimento* (Do not leave rocks on the road).

What's nearby: Cancún is 847 km (526 mi) away from Miami; that's closer than Mexico City, which is 1,300 km (808 mi) away. Closest of all, however, is Cuba, which is just 90 km (48 mi) away.

Flag: The Mexican flag was formed in 1821 by the Ejército Trigarante (Army of the Three Guarantees), after the Mexicans won their independence from Spain. Each color stands for one part of the agreement. Green is for independence; white is for religion; red is for union. The flag of Quintana Roo symbolizes the ocean and forests of the state.

Mayor: The first municipal president took charge when the seat of the Municipality Government was established on April 10, 1975.

Legal system: There are three judicial levels: the Lower Court, the High Court, and the Supreme Court. As the interpreter of civil law, the Supreme Court is the highest court, and has 11 judges.

And you thought American politics were complicated: There are 11 main political parties: CDPPN (Democratic Convergence National Political Party); PAN (National Action Party); PARM (Authentic Revolutionary Mexican Party); PAS (Social Alliance Party); PCD (Democratic Center Party); PDS (Social Democracy Party); PRD (Party of the Democratic Revolution); PRI (Institutional Revolutionary Party); PSN (Nationalist Society Party); PT (Labor Party); PVEM (Green Ecological Mexican Party). At present, the PRI is the party in power.

Population: 450,000; expected to grow to 475,000 by the end of 2006. Prior to 1974 there were only 117 people living in the area.

Density: 296 inhabitants per square kilometer.

Language: Spanish and Maya. English is used in the tourist areas.

Sunshine: Cancún has 285 days of sunshine per year.

Ethnic groups: 60% of the inhabitants of Cancún come from Yucatán, Campeche, and Quintana Roo; 24% of the population comes from Guerrero, Tabasco, Veracruz, and Mexico City; and the remaining 16% are natives of Cancún or foreigners.

Visitors: In 2004, 3,616,450 tourists arrived at Cancún's international airport.

Contribution to Western cuisine: Gum was first invented using the sap from the chicle tree found in Quintana Roo.

Contribution to romance: Cancún is the sixth most popular place in the world to get married or have a honeymoon. Four witnesses are required for each ceremony, though.

Religion: There are over 29 gods in the Maya religion. Among the most important are Itzamná, the creator-god, the feathered serpent called Kukulcán, and Chaac, the god of rain.

CHRONOLOGY

11,000 BC   Hunters and gatherers settle in Yucatán.

Preclassic Period: 2000 BC–AD 100

2,000 BC   Maya ancestors in Guatemala begin to cultivate corn and build permanent dwellings.

1500–900 BC   The powerful and sophisticated Olmec civilization develops along the Gulf of Mexico in the present-day states of Veracruz and Tabasco.

Primitive farming communities develop in Yucatán.

900–300 BC   Olmec iconography and social institutions strongly influence the Maya populations in neighboring areas. The Maya adopt the Olmecs' concepts of tribal confederacies and small kingships as they move across the lowlands.

600 BC   Edzná is settled. It will be inhabited for nearly 900 years before the construction of the large temples and palaces found there today.

400 BC– AD 100   Dzibilchaltún develops as an important center in Komchen, an ancient state north of present-day Mérida. Becán, in southern Campeche, is also settled.

300 BC   Major construction begins in the Maya lowlands as the civilization begins to flourish.

300 BC– AD 200   New architectural elements, including the corbeled arch and roof comb, develop in neighboring Guatemala and gradually spread into the Yucatán.

300 BC– AD 900   Edzná becomes a city; increasingly large temple-pyramids are built.

Classic Period: AD 100–AD 1000

The calendar and the written word are among the achievements that mark the beginning of the Classic period. The architectural highlight of the period is large, stepped pyramids with frontal stairways topped by limestone and masonry temples, arranged around plazas and decorated with stelae (stone monuments), bas-reliefs, and frescoes. Each Maya city is painted a single bright color, often red or yellow.

200–600   Economy and trade flourish. Maya culture achieves new levels of scientific sophistication and some groups become warlike.

250–300   A defensive fortification ditch and earthworks are built at Becán.

300   The first structures are built at San Gervasio on Cozumel.

300–600   Kohunlich rises to dominate the forests of southern Quintana Roo.

400–1100   Cobá grows to be the largest city in the eastern Yucatán.

432   The first settlement is established at Chichén Itzá.

6th Century   Influenced by the Toltec civilization of Teotihuacán in Central Mexico, larger and more elaborate palaces, temples, ball courts, roads, and fortifications are built in southern Maya cities, including Becán, Xpujil, and Chicanná in Campeche.

600–900   Northern Yucatán ceremonial centers become increasingly important as centers farther south reach and pass developmental climax; the influence of Teotihuacán wanes. Three new Maya architectural styles develop: Puuc (exemplified by Chichén Itzá and Edzná) is the dominant style; Chenes (in northern Campeche) is characterized by ornamental facades with serpent masks; and Río Bec features small palaces with high towers exuberantly decorated with serpent masks.

850–950   The largest pyramids and palaces of Uxmal are built. By 975, however, Uxmal and most other Puuc sites are abandoned.

Postclassic Period: AD 1000–AD 1521

900–1050   The great Classic Maya centers of Guatemala, Honduras, and southern Yucatán are abandoned. The reason for their fall remains one of archaeology's greatest mysteries.

circa 920   The Itzá, a Maya tribe from the Petén rain forest in Guatemala, establish themselves at Champotón and then at Chichén Itzá.

987–1007   The Xiu, a Maya clan from the southwest, settle near the ruins of Uxmal.

1224   An Itzá dynasty known as Cocomes emerges as a dominant group in northern Yucatán, building its capital at Mayapán.

1263–1440   Mayapán, under the rule of Cocomes aided by Canul mercenaries from Tabasco, becomes the most powerful city-state in Yucatán. The league of Mayapán—including the key cities of Uxmal, Chichén Itzá, and Mayapán—is formed in northern Yucatán. Peace reigns for almost two centuries. To guarantee the peace, the rulers of Mayapán hold members of other Maya royal families as lifelong hostages.

1441   Maya cities under Xiu rulers sack Mayapán, ending centralized rule of the peninsula. Yucatán henceforth is governed as 18 petty provinces, with constant internecine strife. The Itzá return to Lake Petén Itzá in Guatemala and establish their capital at Tayasal (modern-day Flores), one of the last un-Christianized Maya capitals, which will not be conquered by the Spanish until 1692.

15th Century   The last ceremonial center on Cancún island is abandoned. Other Maya communities are developing along the Caribbean coast.

1502   A Maya canoe is spotted during Columbus's fourth voyage.

1511   Spanish sailors Jerónimo de Aguilar and Gonzalo Guerrero are shipwrecked off Yucatán's Caribbean coast and taken to a Maya village on Cozumel.

1517   Fernández de Córdoba discovers Isla Mujeres.

Trying to sail around Yucatán, which he believes to be an island, Córdoba lands at Campeche, marking the first Spanish landfall on the mainland. He is defeated by the Maya at Champotón.

1518   Juan de Grijalva sights the island of Cozumel but does not land there.

1519   Hernán Cortés lands at Cozumel, where he rescues Aguilar. Guerrero chooses to remain on the island with his Maya family.

Colonial Period: 1521–1821

1527, 1531   The Spanish make unsuccessful attempts to conquer Yucatán.

1540   Francisco de Montejo founds Campeche, the first Spanish settlement in Yucatán.

1541   Another takeover is attempted—unsuccessfully—by the Spanish.

1542   Maya chieftains surrender to Montejo at T'ho; 500,000 Indians are killed during the conquest of Yucatán. Indians are forced into labor under the *encomienda* system, by which conquistadores are charged with their subjugation and Christianization. The Franciscans contribute to this process.

Mérida is founded on the ruins of T'ho.

1543   Valladolid is founded on the ruins of Zací.

1546   A Maya group attacks Mérida, resulting in a five-month-long rebellion.

1562   Bishop Diego de Landa burns Maya codices at Maní.

1600   Cozumel is abandoned after smallpox decimates the population.

1686   Campeche's city walls are built for defense against pirates.

1700   182,500 Indians account for 98% of Yucatán's population.

1736   The Indian population of Yucatán declines to 127,000.

1761   The Cocomes uprising near Sotuta leads to the death of 600 Maya.

1771   The Fuerte (fort) de San Miguel is completed on a hill above Campeche, ending the pirates' reign of terror.

1810   The Port of Sisal opens, ending Campeche's ancient monopoly on peninsular trade and its economic prosperity.

Postcolonial/Modern Period: 1821–Present

1821   Mexico wins independence from Spain by diplomatic means. Various juntas vie for control of the new nation, resulting in frequent military coups.

1823   Yucatán becomes a Mexican state encompassing the entire peninsula.

1839–42   American explorer John Lloyd Stephens visits Yucatán's Maya ruins and describes them in two best-selling books.

1840–42   Yucatecan separatists revolt in an attempt to secede from Mexico. The Mexican government quells the rebellion, reduces the state of Yucatán to one-third its previous size, creates the federal territories of Quintana Roo and Campeche, and recruits Maya soldiers into a militia to prevent further disturbance.

1846 Following years of oppression, violent clashes between Maya militiamen and residents of Valladolid launch the War of the Castes. The entire non-Indian population of Valladolid is massacred.

1848 Rebels from the Caste War settle in the forests of Quintana Roo, creating a secret city named Chan Santa Cruz. An additional 20 refugee families settle in Cozumel, which has been almost uninhabited for centuries. By 1890 Cozumel's population numbers 500, Santa Cruz's 10,000.

1850 Following the end of the Mexican War with the United States in 1849, the Mexican army moves into the Yucatán to end the Indian uprising. The Maya flee into the unexplored forests of Quintana Roo. Military attacks, disease, and starvation reduce the Maya population of the Yucatán Peninsula to fewer than 10,000.

1863 Campeche achieves statehood.

1872 The city of Progreso is founded.

1880–1914 Yucatán's monopoly on henequen, enhanced by plantation owners' exploitation of Maya peasants, leads to its golden age as one of the wealthiest states in Mexico. Prosperity will last until the beginning of World War II.

Waves of Middle Eastern immigrants arrive in Yucatán and become successful in commerce, restaurants, cattle ranching, and tourism.

Payo Obispo (present-day Chetumal) is founded on the site of a long-abandoned Spanish colonial outpost.

1901 The Cult of the Talking Cross reaches the height of its popularity in Chan Santa Cruz (later renamed Felipe Carrillo Puerto). The Cruzob Indians continue to resist the Mexican army.

U.S. consul Edward Thompson buys Chichén Itzá for $500 and spends the next three years dredging the Sacred Cenote for artifacts.

1902 Mexican president Porfirio Díaz asserts federal jurisdiction over the Territory of Quintana Roo to isolate rebellious pockets of Indians and increase his hold on regional resources.

1915 The War of the Castes reaches an uneasy truce after the Mexican Army leaves the Cruzob Indians to rule Quintana Roo as an independent territory.

1915–24 Felipe Carrillo Puerto, Socialist governor of Yucatán, institutes major reforms in land distribution, labor, women's rights, and education during Mexican Revolution.

1923–48 A Carnegie Institute team led by archaeologist Sylvanus Moreley restores the ruins of Chichén Itzá.

1934–40 President Lázaro Cárdenas implements significant agrarian reforms in Yucatán.

1935 Chan Santa Cruz rebels in Quintana Roo relinquish Tulum and sign a peace treaty.

1940–70 With the collapse of the world henequen markets, Yucatán gradually becomes one of the poorest states in Mexico.

1968 The Mexican government selects Cancún as the site of the country's largest tourist resort.

1974 Quintana Roo achieves statehood. The first resort hotels at Cancún open for business.

1988 Hurricane Gilbert shuts down Cancún hotels and devastates the north coast of the Yucatán. The reconstruction is immediate. Within three years, the number of hotels on Cancún triples.

1993 Under the guise of an environmentalist platform, Quintana Roo's newly elected governor Mario Villanueva begins systematically selling off state parks and federally owned land to developers.

1994 Mexico joins the United States and Canada in NAFTA (North American Free Trade Association), which will phase out tariffs over a 15-year period.

Institutional Revolutionary Party (PRI) presidential candidate Luis Donaldo Colosio is assassinated while campaigning in Tijuana. Ernesto Zedillo, generally thought to be more of a technocrat and "old boy"–style PRI politician, replaces him and wins the election.

Zedillo, blaming the economic policies of his predecessor, devalues the peso in December.

1995 Recession sets in as a result of the peso devaluation. The former administration is rocked by scandals surrounding the assassinations of Colosio and another high-ranking government official; ex-president Carlos Salinas de Gortari moves to the United States.

Quintana Roo governor Mario Villanueva is suspected of using his office to smuggle drugs into the state.

1996 Mexico's economy, bolstered by a $28 billion bailout led by the United States, turns around, but the recovery is fragile. The opposition National Action Party (PAN), which is committed to conservative economic policies, gains strength. New details emerge of scandals within the former administration.

1997 Mexico's top antidrug official is arrested on bribery charges. Nonetheless, the United States recertifies Mexico as a partner in the war on drugs. Party elections are scheduled for midyear. When Mexican environmentalists discover that Villanueva has sold the turtle sanctuary on Xcacel beach to a Spanish hotel chain, they begin an international campaign to save the site; Greenpeace stages a protest on the beach.

1998 Mexican author Octavio Paz dies.

U.S. Congress demands an investigation into the office of Mario Villanueva. Villanueva is refused entry into the United States when the DEA reveals that it has an open file on his activities.

1999   Raúl Salinas, brother of former Mexican president Carlos Salinas di Gortari (in exile in Ireland), is sentenced for the murder of a PRI leader.

Joaquin Hendricks, a retired military officer, is elected the new governor of Quintana Roo. Although he is thought to be an enemy of Mario Villanueva, the ex-governor sanctions Hendricks's rise to power. The Mexican government decides to arrest Villanueva on drug charges; Villanueva disappears.

2000   Spurning the long-ruling PRI, Mexicans elect opposition candidate Vicente Fox president.

Fox government implements the "Financial Strengthening Program 2000–2001" as part of an economic reform and vows to clean up corruption. Fox also appeals to the United Nation for help in reducing the country's long-standing human rights problems—mostly associated with political corruption—and promises to launch an investigation.

2001   Ex-governor Mario Villanueva is captured, aided by DEA agents. A bitter dispute erupts over the election of PAN candidates. The old guard, led by the PRI, demands a reelection. The PAN wins for a second time.

Fox's Human Rights Commission presents a 3,000-page report concluding that federal, state, and municipal authorities have been guilty of abducting and torturing citizens over the past three decades, beginning with a massacre of student protesters in 1968. The report sets off a backlash against political activists.

2002   Fox continues to clean house, charging 25 prominent public officials after uncovering a network that aided and abetted drug traffickers and organized-crime groups.

Fox urges President Bush to legalize the millions of Mexicans who work in the United States illegally. He reveals that money sent home to Mexico by workers in the United States is Mexico's second-largest source of income. Bush promises to begin work on a new immigration policy.

The presidency of the Gulf of Mexico States Accord was transferred from Jeb Bush, Governor of Florida, to Joaquin Hendricks, Governor of Quintana Roo. It is primarily a figurehead role.

Pope John Paul II comes to Mexico to beatify two Mexican Indian martyrs, Juan Bautista and Jacinto de los Angeles, after declaring Juan Diego the first Indian saint in the Americas.

Hurricane Isidore hits Mérida and dozens of smaller coastal communities, destroying buildings, tearing down power lines, and uprooting thousands of trees. More than 300,000 people are left homeless; many towns are still recovering today.

2003   Mexico's foreign minister closes the country's first high-level human rights office on the same day Amnesty International releases a report criticizing the government's role in the killings and disappearances of more than 300 women in Ciudad Juárez. Another independent inquiry investigating the massacre of student protesters before the 1968 Mexico City Olympics is closed and the Zapatista (Indian rights revolutionaries) from Chiapas begin protesting over human rights violations.

In July, voters held Fox to account, cutting back by 51 the number of seats the PAN holds in the lower house of Mexico's Congress.

Quintana Roo registers 8% growth, and 3,013,708 foreign tourists come through its borders.

2004   Scandal hits Cancún when Mayor "Chacho" (Juan Ignacio Garcia Zalvidea) is accused of mismanaging city funds and jailed; during his incarceration, a citizens' group begins running the city. After an investigation, the Supreme Court of Mexico orders Chacho reinstated as mayor declaring his prosecution as unconstitutional.

The discovery of several murdered federal agents sparks concern about the possible resurgence of a drug cartel that made the Cancún area infamous during the 1990s. An investigation results in the arrest and firing of several high-ranking officers who may have collaborated with the cartel; authorities continue to monitor the situation.

The Cozumel thrasher, a bird indigenous to Cozumel and thought to have been extinct since 1995, was spotted several times by scientists on the island. Thrashers (cousins to the mockingbird) were plentiful on Cozumel before the 1970s—and seem to be making a comeback.

2005   The newly developed cruise-ship port of Puerto Costa Maya, built by private developers and the Mexican government outside the Caribbean coastal town of Majahual, receives its millionth visitor.

VOCABULARY

	English	Spanish	Pronunciation
Basics			
	Yes/no	Sí/no	see/no
	Please	Por favor	pore fah-*vore*
	May I?	¿Me permite?	may pair-*mee*-tay
	Thank you (very much)	(Muchas) gracias	(*moo*-chas) *grah*-see-as
	You're welcome	De nada	day *nah*-dah
	Excuse me	Con permiso	con pair-*mee*-so
	Pardon me/what did you say?	¿Como?/Mánde?	ko-mo/mahn-dey
	Could you tell me?	¿Podría decirme?	po-*dree*-ah deh-*seer*-meh
	I'm sorry	Lo siento	lo see-*en*-toe
	Hello	Hola	*oh*-lah
	Good morning!	¡Buenos días!	*bway*-nohs *dee*-ahs
	Good afternoon!	¡Buenas tardes!	*bway*-nahs *tar*-dess
	Good evening!	¡Buenas noches!	*bway*-nahs *no*-chess
	Goodbye!	¡Adiós!/¡Hasta luego!	ah-dee-*ohss*/ *ah*-stah-*lwe*-go
	Mr./Mrs.	Señor/Señora	sen-*yor*/sen-*yore*-ah
	Miss	Señorita	sen-yo-*ree*-tah
	Pleased to meet you	Mucho gusto	*moo*-cho *goose*-to
	How are you?	¿Cómo está usted?	*ko*-mo es-*tah* oo-*sted*
	Very well, thank you.	Muy bien, gracias.	*moo*-ee bee-*en*, grah-see-as
	And you?	¿Y usted?	ee oos-*ted*
	Hello (on the telephone)	Bueno	*bwen*-oh
Numbers			
	1	un, uno	oon, *oo*-no
	2	dos	dos
	3	tres	trace
	4	cuatro	*kwah*-tro
	5	cinco	*sink*-oh
	6	seis	sace
	7	siete	see-*et*-ey
	8	ocho	*o*-cho

9	nueve	new-*ev*-ay
10	diez	dee-*es*
11	once	*own*-sey
12	doce	*doe*-sey
13	trece	*tray*-sey
14	catorce	kah-*tor*-sey
15	quince	*keen*-sey
16	dieciséis	dee-es-ee-*sace*
17	diecisiete	dee-*es*-ee-see-*et*-ay
18	dieciocho	dee-*es*-ee-*o*-cho
19	diecinueve	*dee-es*-ee-new-*ev*-ay
20	veinte	*bain*-tay
21	veinte y uno/ veintiuno	*bain*-te-oo-no
30	treinta	*train*-tah
32	treinta y dos	train-tay-*dose*
40	cuarenta	kwah-*ren*-tah
43	cuarenta y tres	kwah-*ren*-tay-*trace*
50	cincuenta	seen-*kwen*-tah
54	cincuenta y cuatro	seen-*kwen*-tay *kwah*-tro
60	sesenta	sess-*en*-tah
65	sesenta y cinco	sess-*en*-tay *seen*-ko
70	setenta	set-*en*-tah
76	setenta y seis	set-*en*-tay *sace*
80	ochenta	oh-*chen*-tah
87	ochenta y siete	oh-*chen*-tay see-*yet*-ay
90	noventa	no-*ven*-tah
98	noventa y ocho	no-*ven*-tah *o*-cho
100	cien	see-*en*
101	ciento uno	see-en-toe *oo*-no
200	doscientos	doe-see-*en*-tohss
500	quinientos	keen-*yen*-tohss
700	setecientos	set-eh-see-*en*-tohss
900	novecientos	no-veh-see-*en*-tohss
1,000	mil	meel
2,000	dos mil	dose meel
1,000,000	un millón	oon meel-*yohn*

Colors

black	negro	*neh*-grow
blue	azul	ah-*sool*
brown	café	kah-*feh*
green	verde	*vair*-day
pink	rosa	*ro*-sah
purple	morado	mo-*rah*-doe
orange	naranja	na-*rahn*-hah
red	rojo	*roe*-hoe
white	blanco	*blahn*-koh
yellow	amarillo	ah-mah-*ree*-yoh

Days of the Week

Sunday	domingo	doe-*meen*-goh
Monday	lunes	*loo*-ness
Tuesday	martes	*mahr*-tess
Wednesday	miércoles	me-*air*-koh-less
Thursday	jueves	who-*ev*-ess
Friday	viernes	vee-*air*-ness
Saturday	sábado	*sah*-bah-doe

Months

January	enero	eh-*neh*-ro
February	febrero	feh-*brair*-oh
March	marzo	*mahr*-so
April	abril	ah-*breel*
May	mayo	*my*-oh
June	junio	*hoo*-nee-oh
July	julio	*who*-lee-yoh
August	agosto	ah-*ghost*-toe
September	septiembre	sep-tee-*em*-breh
October	octubre	oak-*too*-breh
November	noviembre	no-vee-*em*-breh
December	diciembre	dee-see-*em*-breh

Useful Phrases

Do you speak English?	¿Habla usted inglés?	*ah*-blah oos-*ted* in-*glehs*
I don't speak Spanish	No hablo español	no *ah*-blow es-pahn-*yol*

I don't understand (you)	No entiendo	no en-tee-*en*-doe
I understand (you)	Entiendo	en-tee-*en*-doe
I don't know	No sé	no *say*
I am from the United States/ British	Soy de los Estados Unidos/ inglés(a)	soy deh lohs ehs-*tah*-dohs oo-*nee*-dohs/ in-*glace*(ah)
What's your name?	¿Cómo se llama usted?	*koh*-mo say *yah*-mah oos-*ted*
My name is . . .	Me llamo . . .	may *yah*-moh
What time is it?	¿Qué hora es?	keh *o*-rah es
It is one, two, three . . . o'clock.	Es la una; son las dos, tres	es la *oo*-nah/sone lahs dose, trace
How?	¿Cómo?	*koh*-mo
When?	¿Cuándo?	*kwahn*-doe
This/Next week	Esta semana/ la semana que entra	*es*-tah seh-*mah*-nah/ lah say-*mah*-nah keh *en*-trah
This/Next month	Este mes/el próximo mes	*es*-tay mehs/el *proke*-see-mo mehs
This/Next year	Este año/el año que viene	*es*-tay *ahn*-yo/el *ahn*-yo keh vee-*yen*-ay
Yesterday/today/ tomorrow	Ayer/hoy/mañana	ah-*yair*/oy/mahn-*yah*-nah
This morning/ afternoon	Esta mañana/tarde	*es*-tah mahn-*yah*-nah/*tar*-day
Tonight	Esta noche	*es*-tah *no*-cheh
What?	¿Qué?	keh
What is this?	¿Qué es esto?	keh es *es*-toe
Why?	¿Por qué?	pore *keh*
Who?	¿Quién?	kee-*yen*
Where is . . . ?	¿Dónde está . . . ?	*dohn*-day es-*tah*
the train station?	la estación del tren?	la es-tah-see-*on* del *train*
the subway station?	la estación del Metro?	la es-ta-see-*on* del *meh*-tro
the bus stop?	la parada del autobús?	la pah-*rah*-dah del oh-toe-*boos*
the bank?	el banco?	el *bahn*-koh
the ATM?	el cajero automática?	el *kah*-hehr-oh oh-toe-*mah*-tee-kah
the . . . hotel?	el hotel . . . ?	el oh-*tel*
the store?	la tienda . . . ?	la tee-*en*-dah
the cashier?	la caja?	la *kah*-hah
the . . . museum?	el museo . . . ?	el moo-*seh*-oh

the hospital?	el hospital?	el ohss-pea-*tal*
the elevator?	el ascensor?	el ah-*sen*-sore
the bathroom?	el baño?	el *bahn*-yoh

| Here/there | Aquí/allá | ah-*key*/ah-*yah* |

| Open/closed | Abierto/cerrado | ah-be-*er*-toe/
ser-*ah*-doe |

| Left/right | Izquierda/derecha | iss-key-*er*-dah/
dare-*eh*-chah |

| Straight ahead | Derecho | der-*eh*-choh |

| Is it near/far? | ¿Está cerca/lejos? | es-*tah* *sair*-kah/
leh-hoss |

I'd like . . .	Quisiera . . .	kee-see-air-ah
a room	un cuarto/una habitación	oon *kwahr*-toe/ *oo*-nah ah-bee- tah-see-*on*
the key	la llave	lah *yah*-vay
a newspaper	un periódico	oon pear-ee-*oh*- dee-koh

I'd like to buy . . .	Quisiera comprar . . .	kee-see-*air*-ah kohm-*prahr*
cigarettes	cigarrillo	ce-gar-*reel*-oh
matches	cerillos	ser-*ee*-ohs
a dictionary	un diccionario	oon deek-see-oh- *nah*-ree-oh
soap	jabón	hah-*bone*
a map	un mapa	oon *mah*-pah
a magazine	una revista	*oon*-ah reh-*veess*-tah
paper	papel	pah-*pel*
envelopes	sobres	*so*-brace
a postcard	una tarjeta postal	*oon*-ah tar-*het*-ah post-*ahl*

| How much is it? | ¿Cuánto cuesta? | *kwahn*-toe *kwes*-tah |

| Do you accept
credit cards? | ¿Aceptan tarjetas
de crédito? | ah-*sehp*-than
tahr-*heh*-tahs deh
creh-dee-toh? |

| A little/a lot | Un poquito/
mucho . . . | oon poh-*kee*-toe/
moo-choh |

| More/less | Más/menos | mahss/*men*-ohss |

| Enough/too
much/too little | Suficiente/de-
masiado/muy poco | soo-fee-see-*en*-tay/
day-mah-see-*ah*-
doe/*moo*-ee *poh*-koh |

| Telephone | Teléfono | tel-*ef*-oh-no |

| Telegram | Telegrama | teh-leh-*grah*-mah |

| I am ill/sick | Estoy enfermo(a) | es-*toy*
en-*fair*-moh(ah) |

Please call a doctor	Por favor llame un médico	pore fa-*vor ya*-may oon *med*-ee-koh
Help!	¡Auxilio! ¡Ayuda!	owk-*see*-lee-oh/ ah-*yoo*-dah
Fire!	¡Encendio!	en-*sen*-dee-oo
Caution!/Look out!	¡Cuidado!	kwee-*dah*-doh

On the Road

Highway	Carretera	car-ray-*ter*-ah
Causeway, paved highway	Calzada	cal-*za*-dah
Speed bump	Tope	*toh*-pay
Toll highway	Carretera de cuota	car-ray-*ter*-ha day dwoh-tah
Toll booth	Caseta	kah-*set*-ah
Route	Ruta	*roo*-tah
Road	Camino	cah-*mee*-no
Street	Calle	*cah*-yeh
Avenue	Avenida	ah-ven-*ee*-dah
Broad, tree-lined boulevard	Paseo	pah-*seh*-oh
Waterfront promenade	Malecón	mal-lay-*cone*
Wharf	Embarcadero	em-bar-cah-*day*-ro

In Town

Church	Templo/Iglesia	*tem*-plo/e-*gles*-se-*ah*
Cathedral	Catedral	cah-tay-*dral*
Neighborhood	Barrio	*bar*-re-o
Foreign exchange shop	Casa de cambio	*cas*-sah day *cam*-be-o
City hall	Ayuntamiento	ah-yoon-tah-mee-*en*-toe
Main square	Zócalo	*zo*-cal-o
Traffic circle	Glorieta	glor-e-*ay*-tah
Market	Mercado (Spanish)/ Tianguis (Indian)	mer-*cah*-doe/ tee-*an*-geese
Inn	Posada	pos-*sah*-dah
Group taxi	Colectivo	co-lec-*tee*-vo
Mini-bus along fixed route	Pesero	pi-*seh*-ro

Dining Out

I'd like to reserve a table	Quisiera reservar una mesa.	kee-*syeh*-rah rreh-sehr-*vahr* oo-nah *meh*-sah
A bottle of . . .	Una botella de . . .	oo-nah bo-*tay*-yah deh
A cup of . . .	Una taza de . . .	oo-nah *tah*-sah deh
A glass of . . .	Un vaso de . . .	oon *vah*-so deh
Ashtray	Un cenicero	oon sen-ee-*seh*-roh
Bill/check	La cuenta	lah *kwen*-tah
Bread	El pan	el pahn
Breakfast	El desayuno	el day-sigh-*oon*-oh
Butter	La mantequilla	lah mahn-tay-*key*-yah
Cheers!	¡Salud!	sah-*lood*
Cocktail	Un aperitivo	oon ah-pair-ee-*tee*-voh
Mineral water	Agua mineral	*ah*-gwah mee-neh-*rahl*
Beer	Cerveza	sehr-*veh*-sah
Dinner	La cena	lah *seh*-nah
Dish	Un plato	oon *plah*-toe
Dish of the day	El platillo de hoy	el plah-*tee*-yo day oy
Enjoy!	¡Buen provecho!	bwen pro-*veh*-cho
Fixed-price menu	La comida corrida	lah koh-*me*-dah co-*ree*-dah
Is the tip included?	¿Está incluida la propina?	es-*tah* in-clue-*ee*-dah lah pro-*pea*-nah
Fork	El tenedor	el ten-eh-*door*
Knife	El cuchillo	el koo-*chee*-yo
Spoon	Una cuchara	oo-nah koo-*chah*-rah
Lunch	La comida	lah koh-*me*-dah
Menu	La carta	lah *cart*-ah
Napkin	La servilleta	lah sair-vee-*yet*-uh
Please give me	Por favor déme	pore fah-*vor* *day*-may
Pepper	La pimienta	lah pea-me-*en*-tah
Salt	La sal	lah sahl
Sugar	El azúcar	el ah-*sue*-car
Waiter!/Waitress!	¡Por favor Señor/Señorita!	pore fah-*vor* sen-*yor*/sen-yor-*ee*-tah

SMART TRAVEL TIPS

Finding out about your destination before you leave home means you won't spend time organizing everyday minutiae once you've arrived. You'll be more streetwise when you hit the ground as well, better prepared to explore the aspects of Cancún, Cozumel, and the Yucatán Peninsula that drew you here in the first place. The organizations in this section can provide information to supplement this guide; contact them for up-to-the-minute details, and consult the A to Z sections that end each chapter for facts on the various topics as they relate to the different regions. Happy landings!

ADDRESSES

The Mexican method of naming streets can be exasperatingly arbitrary, so **be patient when searching for addresses.** Streets in the centers of many colonial cities are laid out in a grid surrounding the *zócalo* (main square) and often have different names on opposite sides of the square. Other streets simply acquire a new name after a certain number of blocks or when they cross a certain street. Numbered streets are sometimes designated *norte* (north), *sur* (south), *oriente* (east), or *poniente* (west) on either side of a central avenue.

Blocks are often labeled numerically, according to distance from a chosen starting point, as in "la Calle de Pachuca," "2a Calle de Pachuca," and so on. Many Mexican addresses have "s/n" for *sin número* (no number) after the street name. This is common in small towns where there aren't many buildings on a block.

Addresses all over Mexico are written with the street name first, followed by the street number (or "s/n"). A five-digit *código postal* (postal code) precedes, rather than follows, the name of the city: *Hacienda Paraíso, Calle Allende 211, 68000 Oaxaca.* Apdo. (*apartado*) means box; Apdo. Postal, or A. P., means post-office box number.

In many cities, most addresses include their *colonia* (neighborhood), which is abbreviated as Col. Other abbreviations used in addresses include: Sm (*Super Manzana,* meaning block or square); Av. (*avenida,* or avenue); Calz. (*calzada,* or road); Fracc. (*fraccionamiento,* or housing estate); and Int. (interior).

Mexican states have postal abbreviations of two or more letters. To send mail to the regions of Mexico covered in this book, you can use the following: Campeche: Camp.; Quintana Roo: Q. Roo; Yucatán: Yuc.

AIR TRAVEL

There are direct flights to Cancún from hub airports such as New York, Houston, Dallas, Miami, Chicago, Los Angeles, Charlotte, or Atlanta. From other cities, you must generally change planes. Some flights go to Mexico City, where you must pass through customs before transferring to a domestic flight to Cancún. This applies to air travel from the United States, Canada, the United Kingdom, Australia, and New Zealand. Be sure to have all your documents in order for entry into the United States, otherwise you may be turned back.

BOOKING

When you book, look for nonstop flights and remember that "direct" flights stop at least once. Try to avoid connecting flights, which require a change of plane. Two airlines may operate a connecting flight jointly, so ask whether your airline operates every segment of the trip; you may find that the carrier you prefer flies you only part of the way. To find more booking tips and to check prices and make online flight reservations, log on to www.fodors.com.

CARRIERS

You can reach the Yucatán either by U.S., Mexican, or regional carriers. The most convenient flight from the United States is a nonstop one on a domestic or Mexican airline. Booking a carrier with stopovers adds several hours to your travel time. Flying within the Yucatán, although not cost-efficient, saves you precious time if you're on a tight schedule. A flight from Cancún to Mérida, for example, can cost as much as one from Mexico City to Cancún. Select your hub city for exploring before making

your reservation from abroad.

Since all the major airlines listed here fly to Cancún, and often have the cheapest and most frequent flights there, it's worthwhile to consider it as a jumping-off point even if you don't plan on visiting the city. Aeroméxico, American, Continental, and Mexicana also fly to Cozumel. Aeroméxico, Delta, and Mexicana fly to Mérida. Aviacsa also connects many major U.S. cities with Cancún, Mérida, and Chetumal via their hubs in Monterrey and Mexico City.

Within the Yucatán, Aerocaribe serves Cancún, Cozumel, Mérida, Chichén Itzá, Palenque, Chetumal, and Playa del Carmen. Flight service from the new Kuau airport near Pisté connects to Palenque, Cancún, and Cozumel. Aeroméxico flies to Campeche and Ciudad del Carmen from Mexico City. Aviacsa serves Cancún, Chetumal, and Mérida. Interjet, a low-cost carrier, has affordable flights on new planes to Cancún from its base in Toluca, about 45 minutes by car from Mexico City.

🛪 Major Airlines **Aeroméxico** ☎ 800/237-6639. **American** ☎ 800/433-7300. **Continental** ☎ 800/231-0856. **Delta** ☎ 800/221-1212. **Mexicana** ☎ 800/531-7921. **Northwest** ☎ 800/447-4747. **US Airways** ☎ 800/428-4322.

🛪 Smaller Airlines 🛪 Within the Yucatán **Aeroméxico** ☎ 800/021-4010, 55/5133-4010 in Mexico City. **Aviacsa** ☎ 01800/006-2200 toll-free in Mexico. **InterJet** ☎ 01800/011-2345 toll-free in Mexico, 55/1102-5555 in Mexico City. **Mexicana** ☎ 01800/581-3729 toll-free in Mexico, 55/5448-0990 in Mexico City.

CHECK-IN & BOARDING

Always **find out your carrier's check-in policy.** Plan to arrive at the airport about two hours before your scheduled departure time for domestic flights and 2½ to 3 hours before international flights. You may need to arrive earlier if you're flying from one of the busier airports or during peak air-traffic times.

There are three departure terminals at Cancún airport. If you are flying to Mexico City to catch a connecting flight you will be leaving from the Domestic Departures Terminal. This is at the east end of the main terminal (also known as the International Departures Terminal). Regular flights leave from the main terminal. Charter flights leave from a separate terminal, ½ km (¼ mi) west of the main terminal. In peak season lines can be long and slow-moving; plan accordingly. Be sure to ask your airline about your check-in location and departure terminal. To avoid delays at airport-security checkpoints, try not to wear any metal. Jewelry, belt and other buckles, steel-toe shoes, barrettes, and underwire bras are among the items that can set off detectors.

Assuming that not everyone with a ticket will show up, airlines routinely overbook planes. When everyone does, airlines ask for volunteers to give up their seats. In return, these volunteers usually get a several-hundred-dollar flight voucher, which can be used toward the purchase of another ticket, and are rebooked on the next available flight out. If there are not enough volunteers, the airline must choose who will be denied boarding. The first to get bumped are passengers who checked in late and those flying on discounted tickets, so get to the gate and check in as early as possible, especially during peak periods.

Always **bring a government-issued photo I.D.** to the airport; even when it's not required, a passport is best.

CUTTING COSTS

The least-expensive airfares to Cancún are priced for round-trip travel and must usually be purchased in advance. Some airlines also have a 30-day restriction for discount tickets. After 30 days the price goes up. Airlines generally allow you to change your return date for a fee; most low-fare tickets, however, are nonrefundable. It's smart to call a number of airlines and check the Internet; when you are quoted a good price, book it on the spot—the same fare may not be available the next day, or even the next hour. Always check different routings and look into using alternate airports. Also, price off-peak flights, which may be significantly less expensive than others.

It's smart to call a number of airlines and check the Internet; when you are quoted a good price, book it on the spot—the same fare may not be available the next day, or even the next hour. Always check different routings and look into using alternate airports. Also, price off-peak flights and red-eye, which may be significantly less expensive than others. Travel agents, especially low-fare specialists (⇨ Discounts & Deals), are helpful.

Consolidators are another good source. They buy tickets for scheduled flights at reduced rates from the airlines, then sell them at prices that beat the best fare available directly from the airlines. (Many also offer reduced car-rental and hotel rates.) Sometimes you can even get your money back if you need to return the ticket. Carefully read the fine print detailing penalties for changes and cancellations, purchase the ticket with a credit card, and confirm your consolidator reservation with the airline.

When you fly as a courier, you trade your checked-luggage space for a ticket deeply subsidized by a courier service. There are restrictions on when you can book and how long you can stay. Some courier companies list with membership organizations, such as the Air Courier Association and the International Association of Air Travel Couriers; these require you to become a member before you can book a flight. Most courier traffic to Mexico goes to Mexico City, where you can catch a cheap domestic flight into Cancún.

Many airlines, singly or in collaboration, offer discount air passes that allow foreigners to travel economically in a particular country or region. These visitor passes usually must be reserved and purchased before you leave home. Information about passes often can be found on most airlines' international Web pages, which tend to be aimed at travelers from outside the carrier's home country. Also, try typing the name of the pass into a search engine, or search for "pass" within the carrier's Web site.

🔲 Courier Resources **Air Courier Association/ Cheaptrips.com** ☎ 800/461-8856 ⊕ www.

aircourier.org or www.cheaptrips.com; $39 annual membership. **Courier Travel** 📠 303/570-7586 🌐 www.couriertravel.org; $40 one-time membership fee. **International Association of Air Travel Couriers** 📠 308/632-3273 🌐 www.courier.org; $45 annual membership.

📶 **Online Consolidators AirlineConsolidator.com** 🌐 www.airlineconsolidator.com; for international tickets. **Best Fares** 📠 800/880-1234 🌐 www.bestfares.com; $59.90 annual membership. **Cheap Tickets** 🌐 www.cheaptickets.com. **Expedia** 🌐 www.expedia.com. **Hotwire** 🌐 www.hotwire.com. **lastminute.com** 🌐 www.lastminute.com specializes in last-minute travel; the main site is for the UK, but it has a link to a U.S. site. **Luxury Link** 🌐 www.luxurylink.com has auctions (surprisingly good deals) as well as offers at the high-end side of travel. **Onetravel.com** 🌐 www.onetravel.com. **Orbitz** 🌐 www.orbitz.com. **Priceline.com** 🌐 www.priceline.com. **Travelocity** 🌐 www.travelocity.com.

ENJOYING THE FLIGHT

State your seat preference when purchasing your ticket, and then repeat it when you confirm and when you check in. For more legroom, you can request one of the few emergency-aisle seats at check-in, if you're capable of moving obstacles comparable in weight to an airplane exit door (usually between 35 pounds and 60 pounds)—a Federal Aviation Administration requirement of passengers in these seats. Seats behind a bulkhead also offer more legroom, but they don't have under-seat storage. Don't sit in the row in front of the emergency aisle or in front of a bulkhead, where seats may not recline. SeatGuru.com has more information about specific seat configurations, which vary by aircraft.

Ask the airline whether a snack or meal is served on the flight. If you have dietary concerns, request special meals when booking. These can be vegetarian, low-cholesterol, or kosher, for example. It's a good idea to pack some healthful snacks and a small (plastic) bottle of water in your carry-on bag. On long flights, try to maintain a normal routine, to help fight jet lag. At night, get some sleep. By day, eat light meals, drink water (not alcohol), and **move around the cabin** to stretch your legs. For additional jet-lag tips consult

Fodor's FYI: Travel Fit & Healthy (available at bookstores everywhere).

Most of the larger U.S. airlines no longer offer meals on flights to the Yucatán Peninsula. The flights are considered short-haul flights because there's a stopover at a hub airport (where you can purchase your own overprice meals). The snacks provided on such flights are measly at best, so you may want to **bring food on board** with you. Aeroméxico and Mexicana both provide full meals.

All flights to and within Mexico are no-smoking.

FLYING TIMES

Cancún is 3½ hours from New York and Chicago, 4½ hours from Los Angeles, 3 hours from Dallas, 11¾ hours from London, and 18 hours from Sydney. Add another 1–4 hours if you change planes at one of the hub airports. Flights to Cozumel and Mérida are comparable in length, but are more likely to have a change along the way.

HOW TO COMPLAIN

If your baggage goes astray or your flight goes awry, complain right away. Most carriers require that you **file a claim immediately.** The Aviation Consumer Protection Division of the Department of Transportation publishes *Fly-Rights,* which discusses airlines and consumer issues and is available online. You can also find articles and information on mytravelrights.com, the Web site of the nonprofit Consumer Travel Rights Center.

📶 **Airline Complaints Aviation Consumer Protection Division** ✉ U.S. Department of Transportation, Office of Aviation Enforcement and Proceedings, C-75, Room 4107, 400 7th St. SW, Washington, DC 20590 📠 202/366-2220 🌐 airconsumer.ost.dot.gov. **Federal Aviation Administration Consumer Hotline** ✉ for inquiries: FAA, 800 Independence Ave. SW, Washington, DC 20591 📠 866/835-5322 🌐 www.faa.gov.

RECONFIRMING

Check the status of your flight before you leave for the airport. You can do this on your carrier's Web site, by linking to a flight-status checker (many Web booking services offer these), or by calling your carrier or travel agent. Always confirm international flights at least 72 hours ahead of the scheduled departure time. Charter flights, especially those leaving from Cancún, are notorious for last-minute changes. Be sure to ask for an updated telephone number from your charter company before you leave so you can call to check for any changes in flight departures. Most recommend you call within 48 hours. This check-in also applies for the regular airlines, although their departure times are more regular. Their changes are usually due to weather conditions rather than seat sales.

AIRPORTS

Cancún Aeropuerto Internacional (CUN) and Cozumel Aeropuerto Internacional (CZM) are the area's major gateways. The inland Hector José Vavarrette Muñoz Airport (MID), in Mérida, is smaller but closest to the major Maya ruins. Campeche, Chetumal, and Playa del Carmen have even smaller airports served primarily by domestic carriers. The ruins at Palenque and Chichén Itzá also have airstrips that handle small planes.

Airfares to Cancún are generally cheaper than fares to Mérida and Cozumel. All three airports are no more than 20 minutes from downtown. Car rentals are a bit less expensive in Mérida than in Cancún and Cozumel, but not enough to warrant a four-hour drive from Cancún if it's your hub.

🖪 Airport Information **Cancún Aeropuerto Internacional** ☎ 998/848-7200. **Cozumel Aeropuerto Internacional** ☎ 987/872-0485. **Aeropuerto Internacional de Mérida** ☎ 999/946-1340.

DUTY-FREE SHOPPING

Cancún and Cozumel are duty-free shopping zones with more variety and better prices than the duty-free shops at the airports.

BOAT & FERRY TRAVEL

The Yucatán is served by a number of ferries and boats. Most popular are the efficient speedboats that run between Playa del Carmen and Cozumel or from Puerto Juárez, Punta Sam, and Isla Mujeres.

Smaller and slower boat carriers are also available in many places.

FARES & SCHEDULES

Most carriers follow schedules, with the exception of boats going to the smaller, less-visited islands. However, departure times can vary with the weather and the number of passengers.

For specific fares and schedules, *see* Boat & Ferry Travel *in* the A to Z section in each chapter.

BUSINESS HOURS

In well-traveled places such as Cancún, Isla Mujeres, Playa del Carmen, Mérida, and Cozumel, businesses generally are open during posted hours. In more off-the-beaten-path areas, neighbors can tell you when the owner will return.

BANKS & OFFICES

Most banks are open weekdays 9–5. Some banks open on Saturday morning. Most banks will exchange money only until noon. Most businesses are open weekdays 9–2 and 4–7.

GAS STATIONS

Most gas stations are open 24 hours. However, in the remote areas, some gas stations close from midnight until 6 AM.

MUSEUMS & SIGHTS

Most museums throughout Mexico are closed on Monday and open 8–5 the rest of the week. But it's best to call ahead or ask at your hotel. Hours of sights and attractions in this book are denoted by a clock icon, ☉.

PHARMACIES

The larger pharmacies in Cancún and Cozumel are usually open daily 8 AM–10 PM, and each of the big cities has at least one 24-hour pharmacy. Ask at your hotel if you need to find the all-night place. Smaller pharmacies are often closed on Sunday.

SHOPS

Stores in the tourist areas such as Cancún and Cozumel are usually open 10–9 Monday through Saturday and on Sunday afternoon. Shops in more traditional areas, such as Campeche and Mérida, close weekdays between 1 PM and 4 PM, opening again in the evening. They are generally closed Sunday.

BUS TRAVEL

The Mexican bus network is extensive and also the best means of getting around, since passenger trains have just about become obsolete. Service is frequent and tickets can be purchased on the spot (except during holidays and on long weekends, when advance purchase is crucial). Bring something to eat on long trips in case you don't like the restaurant where the bus stops; **bring toilet tissue**; and **wear a sweater,** as the air-conditioning is often set on high. Most buses play videos or television continually until midnight, so if you are bothered by noise **bring earplugs.** Smoking is prohibited on a growing number of Mexican buses, though the rule is occasionally ignored.

CLASSES

Buses range from comfortable, fast, air-conditioned coaches with bathrooms, televisions, and complimentary beverages (*especial,* deluxe, and first-class) to dilapidated "vintage" buses (second-class), which stop at every village along the way and pick up anyone who flags them from the highway. On the more rural routes passengers will include chickens, pigs, or baby goats. A second-class bus ride can be interesting if you're not in a hurry and want to see the sights and experience the local culture. The fare is usually at least 20% cheaper. For comfort's sake alone, travelers planning a long-distance haul are advised to buy first-class or especial tickets. Several truly first-class bus companies offer service connecting Mexico's major cities. ADO (Autobuses del Oriente) is the Yucatán's principal first-class bus company.

FARES & SCHEDULES

Bus travel in the Yucatán, as throughout Mexico, is inexpensive by U.S. standards, with rates averaging $2–$6 per hour depending on the level of luxury (or lack of it). Schedules are posted at bus stations; the bus leaves more or less around the listed time. Often, if all the seats have been sold, the bus will leave early. Check with the driver.

RESERVATIONS

Most bus tickets, including first-class or especial and second-class, can be reserved in advance in person at ticket offices. ADO allows you to reserve tickets 48 hours in advance over the Internet. ADO and ADO GL (deluxe service) travel to Cancún, Chiapas, Oaxaca, Tampico, Veracruz, Villahermosa, and Yucatán from Mexico City.

🚌 Bus Information **ADO** ☎ 55/5133-2424, 01800/ 702-8000 toll-free in Mexico.

CAMERAS & PHOTOGRAPHY

Mexico, with its majestic landscapes, ruins, and varied cityscapes, is a photographer's dream. Mexicans seem amenable to having picture-taking visitors in their midst, but you should always **ask permission before taking pictures in churches or of individuals.** They may ask you for a *propina,* or tip, in which case a few pesos is customary. (Note that most indigenous peoples don't ever want to be photographed; taking pictures is also forbidden in some churches.) Also, **don't snap pictures of military or high-security installations** anywhere in the country. It's forbidden.

To avoid the blurriness caused by shaky hands, get a mini-tripod—they're available in sizes as small as 6 inches. (Although cameras are permitted at archaeological sites, many of them strictly prohibit the use of tripods.) Buy a small beanbag to support your camera on uneven surfaces. If you plan to take photos on some of the country's many beaches, bring a skylight (81B or 81C) or polarizing filter to minimize haze and light problems. If you're visiting forested areas, bring high-speed film or a digital camera to compensate for low light under the tree canopy and invest in a telephoto lens to photograph wildlife; standard zoom lenses in the 35–88 range won't capture enough detail.

Casual photographers should **consider using inexpensive disposable cameras** to reduce the risks inherent in traveling with sophisticated equipment. One-use cameras with panoramic or underwater functions are also nice supplements to a standard camera and its gear.

🖪 Photo Help **Kodak Information Center** ☎ 800/242-2424 ⊕ www.kodak.com.

EQUIPMENT PRECAUTIONS
Don't pack film or equipment in checked luggage, where it is much more susceptible to damage. X-ray machines used to view checked luggage are extremely powerful and therefore are likely to ruin your film. Try to ask for hand inspection of film, which becomes clouded after repeated exposure to airport X-ray machines, and keep videotapes and computer disks away from metal detectors. Always keep film, tape, and computer disks out of the sun. Carry an extra supply of batteries, and be prepared to turn on your camera, camcorder, or laptop to prove to airport security personnel that the device is real.

Humidity and heat are problems for cameras in this region. Always **keep your camera, film, tape, and computer disks out of the sun.** Try to **keep sand out of your camera.** You may want to invest in a UV or skylight filter to protect your lens from sand. After a trip to the beach be sure to clean your lens, since salt air can leave a film on the lens and grains of sand may scratch it. Keep a special cleansing solution and cloth for this purpose. Also, as petty crime can be a problem, **keep a close eye on your gear.**

FILM & DEVELOPING
Film is widely available in Cancún, Cozumel, Playa del Carmen, Campeche City, and Mérida, and all have one-hour photo development places. (Check to see that all the negatives were developed into pictures; sometimes a few are missed.) Prices are a bit more expensive than those in the United States. Fuji and Kodak are the most popular brands with prices for a roll of 36-exposure color print film starting at about $5. The more sophisticated brands of film, such as Advantix, will be available at American outlet stores such as Wal-Mart and Costco. These stores also offer bulk packages of film.

VIDEOS
The local standard for videotape in Mexico is the same as in the United States. All videos are NTSC (National Television Standards Committee). Prices are a bit more expensive than those in the United States. American outlet stores like Wal-Mart and Costco will have more variety and lower prices. Be careful buying DVDs while in Mexico. Most have been programmed for use only in Latin America and will not play on your machine back home.

CAR RENTAL
An economy car with no air-conditioning, manual transmission, and unlimited mileage begins at $40 a day or about $200 a week in Cancún; in Mérida, rates are about $40 a day or $230 a week; and in Campeche, $30 a day or $200 a week. Count on about $10 a day more with air-conditioning and automatic transmission. This does not include tax, which is 10% in Cancún and on the Caribbean coast and 15% elsewhere. If you reserve online before your departure you can save up to 50% and often get upgraded.

🖪 Major Agencies **Alamo** ☎ 800/522-9696 ⊕ www.alamo.com. **Avis** ☎ 800/331-1084, 800/272-5871 in Canada, 0870/606-0100 in the U.K., 02/9353-9000 in Australia, 09/526-2847 in New Zealand ⊕ www.avis.com. **Budget** ☎ 800/527-0700 ⊕ www.budget.com. **Hertz** ☎ 800/654-3001, 800/263-0600 in Canada, 0870/844-8844 in the U.K., 02/9669-2444 in Australia, 09/256-8690 in New Zealand ⊕ www.hertz.com. **National Car Rental** ☎ 800/227-7368 ⊕ www.nationalcar.com.

CUTTING COSTS
For a good deal, book through a travel agent who will shop around. Do look into wholesalers, companies that do not own fleets but rent in bulk from those that do and often offer better rates than traditional car-rental operations. Prices are best during off-peak periods. Rentals booked through wholesalers often must be paid for before you leave home.

🖪 Local Agencies **Buster Renta Car** ☎ 998/883-0511. **Econorent** ☎ 998/887-6487. **Executive** ☎ 998/886-0201 airport, 998/884-2699 downtown in Cancún, 999/946-1387 airport, 999/920-3732 downtown in Mérida ⊕ www.executive.com.mx. **Lo-**

caliza ☎ 998/884-9197, 998/887-3109 in Cancún ⊕ www.localizarentacar.com.

INSURANCE

When driving a rented car you are generally responsible for any damage to or loss of the vehicle. You also may be liable for any property damage or personal injury that you may cause while driving. Before you rent, see what coverage you already have under the terms of your personal auto-insurance policy and credit cards.

Regardless of any coverage afforded to you by your credit-card company, you must **obtain Mexican auto-liability insurance.** This is usually sold by car-rental agencies and included in the cost of the car. Be sure that you have been provided with proof of such insurance; if you drive without it, you're not only liable for damages, but you're also breaking the law. If you're in a car accident and you don't have insurance, you may be placed in jail until you are proven innocent. If anyone is injured you'll remain in jail until you make retribution to all injured parties and their families—which will likely cost you thousands of dollars. Mexican laws favor nationals.

REQUIREMENTS & RESTRICTIONS

In Mexico the minimum driving age is 18, but most rental-car agencies have a minimum age requirement between 21 and 25. Your own driver's license is acceptable, but an international driver's license is a good idea. It's available from the U.S. and Canadian automobile associations, and, in the United Kingdom, from the Automobile Association or Royal Automobile Club.

SURCHARGES

substantial. Also inquire about early-return policies; some rental agencies charge extra if you return the car before the time specified in your contract while others give you a refund for the days not used. Most agencies note the tank's fuel level on your contract; to avoid a hefty refueling fee, return the car with the same tank level. If the tank was full, refill it just before you turn in the car, but be aware that gas stations near the rental outlet may overcharge. It's almost never a deal to buy a tank of gas with the car when you rent it; the understanding is that you'll return it empty, but some fuel usually remains.

CAR TRAVEL

Your driver's license may not be recognized outside your home country. International driving permits (IDPs) are available from the American and Canadian automobile associations and, in the United Kingdom, from the Automobile Association and Royal Automobile Club. These international permits, valid only in conjunction with your regular driver's license, are universally recognized; having one may save you a problem with local authorities.

Though convenient, cars are not a necessity in this part of Mexico. Cancún offers excellent bus and taxi service; Isla Mujeres is too small to make a car practical. Cars are not needed in Playa del Carmen because the downtown area is quite small and the main street is blocked off to vehicles. You'll need a car in Cozumel only if you wish to explore the eastern side of the island. Cars are actually a burden in Mérida and Campeche City because of the narrow cobbled streets and the lack of parking spaces. Driving is the easiest way to explore other areas of the region, especially those off the beaten track. But even then a car is not absolutely necessary, as there is good bus service.

Before setting out on any car trip, **check your vehicle's fuel, oil, fluids, tires, and lights.** Gas stations and mechanics can be hard to find, especially in more remote areas. Consult a map and have your route in mind as you drive. Be aware that Mexican drivers often think nothing of tailgating, speeding, and weaving in and out of traffic. **Drive defensively** and keep your cool. When stopped for traffic or at a red light, always **leave sufficient room between your car and the one ahead** so you can maneuver to safety if necessary.

EMERGENCY SERVICES

The Mexican Tourism Ministry operates a fleet of some 350 pickup trucks, known as Angeles Verdes, or the Green Angels, to render assistance to motorists on the major highways. You can call the Green

Angels directly or call the Ministry of Tourism's hotline and they will dispatch them. The bilingual drivers provide mechanical help, first aid, radio-telephone communication, basic supplies and small parts, towing, and tourist information. Services are free, and spare parts, fuel, and lubricants are provided at cost. Tips are always appreciated.

The Green Angels patrol fixed sections of the major highways twice daily 8 AM to dusk, later on holiday weekends. If your car breaks down, **pull as far as possible off the road,** lift the hood, hail a passing vehicle, and ask the driver to **notify the patrol.** Most bus and truck drivers will be quite helpful. Do not accept rides from strangers. If you witness an accident, do not stop to help but instead find the nearest official.

🚹 **Angeles Verdes** ☎ 078, nationwide three-digit Angeles Verdes and tourist emergency line. Ministry of Tourism hotline, 55/3002–6300.

GASOLINE
Pemex, Mexico's government-owned petroleum monopoly, franchises all gas stations, so prices throughout the Yucatán are the same. Prices tend to be about 30% higher than those in the United States. Gas is always sold in liters and you must pay in cash since none of the Pemex stations accept foreign credit cards. Premium unleaded gas is called *super*; regular unleaded gas is *magna sin*. At some of the older gas stations you may find leaded fuel called *nova*. Avoid using this gas; it's very hard on your engine. Fuel quality is generally lower than in the United States and Europe.

There are no self-service stations in Mexico. When you have your tank filled, **ask for a specific amount in pesos** to avoid being overcharged. Check to make sure that the attendant has set the meter back to zero and that the price is shown. Even then, some gas station pumps are rigged to overcharge customers. Theoretically, pumps are checked at least once per year by Mexico's consumer protection agency, PROFECO. You can check pumps for a hologram sticker with the Profeco logo and the year on it. Watch the attendant

check the oil as well—to make sure you actually need it—and watch while he pours it into your car. **Never pay before the gas is pumped,** even if the attendant asks you to. Always **tip your attendant** a few pesos. Finally, keep your gas tank full, because gas stations are not plentiful in this area. If you run out of gas in a small village and there's no gas station for miles, ask if there's a store that sells gas from containers.

PARKING
Always **park your car in a parking lot,** or at least in a populated area. Tip the parking attendant or security guard a few dollars and ask him to look after your car. **Never park your car overnight on the street.** Never leave anything of value in an unattended car. There's usually a parking attendant available who will watch your car for a few pesos.

ROAD CONDITIONS
The road system in the Yucatán Peninsula is extensive and generally in good repair. Carretera 307 parallels most of the Caribbean coast from Punta Sam, north of Cancún, to Tulum; here it turns inward for a stretch before returning to the coast at Chetumal and the Belize border. Carretera 180 runs west from Cancún to Valladolid, Chichén Itzá, and Mérida, then turns southwest to Campeche, Isla del Carmen, and on to Villahermosa. From Mérida, the winding, more scenic Carretera 261 also leads to some of the more off-the-beaten-track archaeological sites on the way south to Campeche and Francisco Escárcega, where it joins Carretera 186 going east to Chetumal. These highways are two-lane roads. Carretera 295 (from the north coast to Valladolid and Felipe Carrillo Puerto) is also a good two-lane road.

The *autopista,* or *carretera de cuota,* a four-lane toll highway between Cancún and Mérida, was completed in 1993. It runs roughly parallel to Carretera 180 and cuts driving time between Cancún and Mérida—otherwise about 4½ hours— by about 1 hour. Tolls between Mérida and Cancún total about $25, and the stretches between highway exits are long. Be careful when driving on this road, as it retains the heat from the sun and can make your tires blow if they have low pressure or worn threads.

Many secondary roads are in bad condition—unpaved, unmarked, and full of potholes. If you must take one of these roads, the best course is to **allow plenty of daylight hours and never travel at night.** Slow down when approaching towns and villages—which you are forced to do by the *topes* (speed bumps)—because small children and animals are everywhere. Children selling oranges, candy, or other food will almost certainly approach your car.

ROAD MAPS

Maps published by Pemex are available in bookstores and papelerías, but gas stations don't sell them. The best guide is Guía Roji.

RULES OF THE ROAD

There are two absolutely essential points to remember about driving in Mexico. First and foremost is to **carry Mexican auto insurance.** If you injure anyone in an accident, you could well be jailed—whether it was your fault or not—unless you have insurance. Second, **if you enter Mexico with a car, you must leave with it.** In recent years, the high rate of U.S. vehicles being sold illegally in Mexico has caused the Mexican government to enact stringent regulations for bringing a car into the country. You must be in your foreign vehicle at all times when it is driven. You cannot lend it to another person. Do not, under any circumstances, let a national drive your car. It's illegal for Mexicans to drive foreign cars and if they're caught by the police your car will be impounded by customs and you will be given a very stiff fine to pay. Newer models of vans, SUVs, and pickup trucks can be impossible to get back once impounded.

You must cross the border with the following documents: title or registration for your vehicle; a birth certificate or passport; a credit card (AE, DC, MC, or V); and a valid driver's license with a photo. The title holder, driver, and credit-card owner must be one and the same—that is, if your spouse's name is on the title of the

car and yours isn't, you cannot be the one to bring the car into the country. For financed, leased, rental, or company cars, you must **bring a notarized letter of permission** from the bank, lien holder, rental agency, or company. When you submit your paperwork at the border and pay the approximately $27 charge on your credit card, you'll receive a car permit and a sticker to put on your vehicle. The permit is valid for the same amount of time as your tourist visa, which is up to 180 days. You may go back and forth across the border during this six-month period, as long as you check with immigration and bring all your permit paperwork with you. If you're planning to stay and keep your car in Mexico for longer than six months, however, you will have to get a new permit before the original one expires.

One way to minimize hassle when you cross the border with a car is to **have your paperwork done in advance** at a branch of Sanborn's Mexico Auto Insurance; look in the Yellow Pages to find an office in almost every town on the U.S.–Mexico border. You'll still have to go through some of the procedures at the border, but all your paperwork will be in order, and Sanborn's express window will ensure that you get through relatively quickly. There's a $10 charge for this service on top of the $10 per day and up for auto insurance. The fact that you drove in with a car is stamped on your tourist card, which you must give to immigration authorities at departure. If an emergency arises and you must fly home, there are complicated customs procedures to face.

When you sign up for Mexican car insurance, you should receive a booklet on Mexican rules of the road. It really is a good idea to read it to avoid breaking laws that differ from those of your country. If an oncoming vehicle flicks its lights at you in daytime, slow down: it could mean trouble ahead. When approaching a narrow bridge, the first vehicle to flash its lights has right of way. One-way streets are common. One-way traffic is indicated by an arrow; two-way, by a double-pointed arrow. Other road signs follow the widespread system of international symbols.

Mileage and speed limits are given in kilometers: 100 kph and 80 kph (62 mph and 50 mph, respectively) are the most common maximums. A few of the toll roads allow 110 kph (68 mph). In cities and small towns, observe the posted speed limits, which can be as low as 20 kph (12 mph). Seat belts are required by law throughout Mexico.

🚗 **Sanborn's Mexican Auto Insurance** ☎ 1800/222-0158 ⊕ www.sanbornsinsurance.com.

SAFETY ON THE ROAD

Never drive at night in remote and rural areas. Although there are few *banditos* on the roads here, there are large potholes, free-roaming animals, cars with no working lights, road-hogging trucks, and difficulty in getting assistance. If you must travel at night, use the toll roads whenever possible; although costly, they're much safer.

Some of the biggest hassles on the road might be from police who pull you over for supposedly breaking the law, or for being a good prospect for a scam. Remember to **be polite**—displays of anger will only make matters worse—and be aware that a police officer might be pulling you over for something you didn't do. Although efforts are being made to fight corruption, it's still a fact of life in Mexico, and the $5 it costs to get your license back is definitely supplementary income for the officer who pulled you over with no intention of taking you down to police headquarters.

If you're stopped for speeding, the officer is supposed to take your license and hold it until you pay the fine at the local police station. But the officer will always prefer a *mordida* (small bribe) to wasting his time at the station. If you decide to dispute a charge that seems preposterous, do so with a smile, and tell the officer that you would like to talk to the police captain when you get to the station. The officer usually will let you go rather than go to the station. However, if you're in a hurry, you may choose to negotiate a payment.

Although pedestrians have the right of way by law, Mexican drivers tend to disregard it. And more often than not, if a driver hits a pedestrian, he'll drive away as fast as he can without stopping, to avoid jail. Many Mexican drivers don't carry auto insurance, so you'll have to shoulder your own medical expenses.

CHILDREN IN CANCÚN

If they enjoy travel in general, your children will do well throughout the Yucatán.

Note that Mexico has one of the strictest policies about children entering the country. All children, including infants, must have proof of citizenship (a birth certificate) for travel to Mexico. All children up to age 18 traveling with a single parent must also have a notarized letter from the other parent stating that the child has his or her permission to leave their home country. If the other parent is deceased or the child has only one legal parent, a notarized statement saying so must be obtained as proof. In addition, parents must now fill out a tourist card for each child over the age of 10 traveling with them.

If you are renting a car, don't forget to arrange for a car seat when you reserve. For general advice about traveling with children, consult *Fodor's FYI: Travel with Your Baby* (available in bookstores everywhere).

BABYSITTING

Most hotels offer babysitting services, especially if there's a kids' club at the hotel. The sitters will be professionally trained nannies who speak English. Rates range from $20 to $30 per hour.

🚼 **Agency Cancún Baby Sitting Services** C/o Veronica C. Flores ⊠ Torres Cancún M003, Dep. 01, Sm 28 ☎ 998/880-9098 ⊕ www.cancun-baby-sitting-services.com.

FLYING

If your children are two or older, ask about children's airfares. As a general rule, infants under two not occupying a seat fly at greatly reduced fares or even for free. But if you want to guarantee a seat for an infant, you have to pay full fare. Consider flying during off-peak days and times; most airlines will grant an infant a seat without a ticket if there are available seats. When booking, confirm carry-on allowances if you're traveling with infants. In general, for babies charged 10% to 50% of the adult fare you are allowed one carry-on bag and a collapsible stroller; if the flight is full, the stroller may have to be checked or you may be limited to less.

Experts agree that it's a good idea to use safety seats aloft for children weighing less than 40 pounds. Airlines set their own policies: if you use a safety seat, U.S. carriers usually require that the child be ticketed, even if he or she is young enough to ride free, because the seats must be strapped into regular seats. And even if you pay the full adult fare for the seat, it may be worth it, especially on longer trips. Do **check your airline's policy about using safety seats during takeoff and landing.** Safety seats are not allowed everywhere in the plane, so get your seat assignments as early as possible.

When reserving, request children's meals or a freestanding bassinet (not available at all airlines) if you need them. But note that bulkhead seats, where you must sit to use the bassinet, may lack an overhead bin or storage space on the floor.

FOOD

The more populated areas, such as Cancún, Mérida, Campeche City, Cozumel, and Playa del Carmen, have U.S. fast-food outlets, and most restaurants that serve tourists have a special children's menu with the usual chicken fingers, hot dogs, and spaghetti. Yucatecan cuisine also has plenty of dishes suited for children's taste buds. It's common for parents to share a plate with their children, so no one will look twice if you order one meal with two plates.

LODGING

Most hotels in Yucatán Peninsula allow children under 12 to stay in their parents' room at no extra charge, but others charge for them as extra adults; be sure to find out the cutoff age for children's discounts. Most of the chain hotels offer services that make it easier to travel with children. These include connecting family rooms,

wading pools and playgrounds, and kids' clubs with special activities and outings. Check with your hotel before booking to see if the price includes the services you're interested in.

🎯 Best Choices **Fiesta Americana Mérida** ✉ Paseo del Montejo 451 at Colón, 97000 Mérida ☎ 800/343-7821 or 999/942-1111 ⊕ www. fiestaamericana.com. **Gran Caribe Real Club** ✉ Blvd. Kulkucán, Km 11.5, 77500 Cancún ☎ 998/881-7300 ⊕ www.real.com.mx. **Occidental Caribbean Village** ✉ Blvd. Kulkucán, Km 13.5, Zona Hotelera, 77500 Cancún, Quintana Roo ☎ 800/858-2258 ⊕ www.occidentalhotels.com.

PRECAUTIONS

Children are particularly prone to diarrhea, so be especially careful with their food and beverages. Peel all fruits, cook vegetables, and stay away from ice unless it comes from a reliable source. Ice cream from vendors should also be avoided. Infants and young children may be bothered by the heat and sun; make sure they drink plenty of fluids, wear sunscreen, and stay out of the sun at midday (⇨ Health).

SIGHTS & ATTRACTIONS

The larger tourist areas have plenty of activities for children, including museums, zoos, aquariums, and theme parks. Places that are especially appealing to children are indicated by a rubber-duckie icon (🦆) in the margin.

SUPPLIES & EQUIPMENT

Fresh milk is hard to find—most of the milk here is reconstituted and sold in cartons. Most other necessities, including *pañales desechables* (disposable diapers) and *fórmula infantil* (infant formula), can be found in almost every small town.

COMPUTERS ON THE ROAD

If you're traveling with your laptop, watch it carefully. The biggest danger, aside from theft, is the constantly fluctuating electricity, which will eventually damage your hard drive. Invest in a Mexican surge protector (available at most electronics stores for about $45) that can handle the frequent brownouts and fluctuations in voltage. The surge protectors you use at home probably won't give you much protection. It's best to leave repairs until you are back home.

CONSUMER PROTECTION

Whether you're shopping for gifts or purchasing travel services, **pay with a major credit card** whenever possible, so you can cancel payment or get reimbursed if there's a problem (and you can provide documentation). If you're doing business with a particular company for the first time, contact your local Better Business Bureau and the attorney general's offices in your state and (for U.S. businesses) the company's home state as well. Have any complaints been filed? Finally, if you're buying a package or tour, always consider travel insurance that includes default coverage (⇨ Insurance).

The Mexican consumer protection agency, the Procuraduría Federal de Consumidor (PROFECO), also helps foreigners. However, the complaint process with PRO-FECO is cumbersome and can take up to several months to resolve.

🖪 BBBs **Council of Better Business Bureaus** ✉ 4200 Wilson Blvd., Suite 800, Arlington, VA 22203 ☎ 703/276-0100 🖷 703/525-8277 ⊕ www. bbb.org. **Procuraduría Federal de Consumidor (PROFECO)** ☎ 998/884-2634 in Cancún, 55/5625-6700 in Mexico City, or 01800/468-8722 toll-free in Mexico.

CRUISE TRAVEL

Cozumel and Playa del Carmen have become increasingly popular ports for Caribbean cruises. The last few years have seen many changes in the cruise business. Several companies have merged and several more are suffering financial difficulties. Due to heavy traffic, Cozumel and Playa del Carmen have limited the amount of traffic coming into their ports. Carnival and Cunard leave from Galveston, New Orleans, and Miami while Norwegian departs from Houston, New Orleans, Miami, and Charleston, SC. Holland America, Cunard, Carnival, Princess, Royal Caribbean, and Celebrity Cruises dock at Cozumel. Princess Cruises calls at the Puerto Costa Maya in Majahual, an increasingly popular destination on the southern Yucatan peninsula.

To learn how to plan, choose, and book a cruise-ship voyage, consult *Fodor's Complete Guide to Caribbean Cruises* (available in bookstores everywhere).

🖪 Cruise Lines **Carnival Cruise Lines** ☎ 800/304-2319 or 877/222-2027 ⊕ www.cruise-carnival.net. **Cunard** ☎ 800/728-6273 ⊕ www.cunard.com. **Norwegian** ☎ 800/327-7030 or 800/327-7030 ⊕ www.ncl.com. **Princess** ☎ 800/774-6237 ⊕ www.princess.com. **Royal Caribbean International** ☎ 800/398-9819 ⊕ www.royalcaribbean. com.

DISCOUNT CRUISES

Usually, the best deals on cruise bookings can be found by consulting a cruise-only travel agency.

🖪 **National Association of Cruise Oriented Agencies (NACOA)** ✉ 3191 Coral Way, Suite 622, Miami, FL 33145 ☎ 305/663-5626 ⊕ www.nacoaonline.com.

CUSTOMS & DUTIES

When shopping abroad, keep receipts for all purchases. Upon reentering the country, **be ready to show customs officials what you've bought.** Pack purchases together in an easily accessible place. If you think a duty is incorrect, appeal the assessment. If you object to the way your clearance was handled, note the inspector's badge number. In either case, first ask to see a supervisor. If the problem isn't resolved, write to the appropriate authorities, beginning with the port director at your point of entry.

IN AUSTRALIA

Australian residents who are 18 or older may bring home A$900 worth of souvenirs and gifts (including jewelry), 250 cigarettes or 250 grams of cigars or other tobacco products, and 2.25 liters of alcohol (including wine, beer, and spirits). Residents under 18 may bring back A$450 worth of goods. If any of these individual allowances are exceeded, you must pay duty for the entire amount (of the group of products in which the allowance was exceeded). Members of the same family traveling together may pool their allowances. Prohibited items include meat products. Seeds, plants, and fruits need to be declared upon arrival.

🔃 **Australian Customs Service** ⌂ Customs House, 10 Cooks River Dr., Sydney International Airport, Sydney, NSW 2020 ☎ 02/6275-6666 or 1300/363263, 02/8334-7444 or 1800/020-504 quarantine-inquiry line 🖷 02/8339-6714 ⊕ www.customs.gov.au.

IN CANADA

Canadian residents who have been out of Canada for at least seven days may bring in C$750 worth of goods duty-free. If you've been away fewer than seven days but more than 48 hours, the duty-free allowance drops to C$200. If your trip lasts 24 to 48 hours, the allowance is C$50; if the goods are worth more than C$50, you must pay full duty on all of the goods. You may not pool allowances with family members. Goods claimed under the C$750 exemption may follow you by mail; those claimed under the lesser exemptions must accompany you. Alcohol and tobacco products may be included in the seven-day and 48-hour exemptions but not in the 24-hour exemption. If you meet the age requirements of the province or territory through which you reenter Canada, you may bring in, duty-free, 1.5 liters of wine *or* 1.14 liters (40 imperial ounces) of liquor *or* 24 12-ounce cans or bottles of beer or ale. Also, if you meet the local age requirement for tobacco products, you may bring in, duty-free, 200 cigarettes, 50 cigars or cigarillos, and 200 grams of tobacco. You may have to pay a minimum duty on tobacco products, regardless of whether or not you exceed your personal exemption. Check ahead of time with the Canada Border Services Agency or the Department of Agriculture for policies regarding meat products, seeds, plants, and fruits.

You may send an unlimited number of gifts (only one gift per recipient, however) worth up to C$60 each duty-free to Canada. Label the package UNSOLICITED GIFT—VALUE UNDER $60. Alcohol and tobacco are excluded.

🔃 **Canada Border Services Agency** ✉ Customs Information Services, 191 Laurier Ave. W, 15th floor, Ottawa, Ontario K1A 0L5 ☎ 800/461-9999 in Canada, 204/983-3500, 506/636-5064 ⊕ www.cbsa.gc.ca.

IN MEXICO

Upon entering Mexico, you'll be given a baggage declaration form and asked to itemize what you're bringing into the country. You're allowed to bring in 3 liters of spirits or wine for personal use; 400 cigarettes, 25 cigars, or 200 grams of tobacco; a reasonable amount of perfume for personal use; one movie camera and one regular camera and 12 rolls of film for each; and gift items not to exceed a total of $300. If driving across the U.S. border, gift items must not exceed $50. You aren't allowed to bring firearms, meat, vegetables, plants, fruit, or flowers into the country. You can bring in one of each of the following items without paying taxes: a cell phone, a beeper, a radio or tape recorder, a musical instrument, a laptop computer, and a portable copier or printer. Compact discs are limited to 20 and DVDs to five.

Mexico also allows you to bring one cat, one dog, or up to four canaries into the country if you have two things: (1) a pet health certificate signed by a registered veterinarian in the United States and issued not more than 72 hours before the animal enters Mexico; and (2) a pet vaccination certificate showing that the animal has been treated for rabies, hepatitis, pip, and leptospirosis. Aduana Mexico (Mexican Customs) has a striking and informative Web site, though everything is in Spanish.

🔃 **Aduana Mexico** ⊕ www.aduanas.sat.gob.mx. **Mexican Consulate** ✉ 2401 W. 6th St., Los Angeles, CA 90057 ☎ 231/351-6800 ✉ 27 E. 39th St., New York, NY 10016 ☎ 212/217-6400 ⊕ www.consulmexny.org.

IN NEW ZEALAND

All homeward-bound residents may bring back NZ$700 worth of souvenirs and gifts; passengers may not pool their allowances, and children can claim only the concession on goods intended for their own use. For those 17 or older, the duty-free allowance also includes 4.5 liters of wine or beer; one 1,125-ml bottle of spirits; and either 200 cigarettes, 250 grams of tobacco, 50 cigars, *or* a combination of the three up to 250 grams. Meat products, seeds, plants, and fruits must be declared upon arrival to the Agricultural Services Department.

🔁 **New Zealand Customs** ⊠ Head office: The Customhouse, 17–21 Whitmore St., Box 2218, Wellington ☎ 04/473–6099 or 0800/428–786 ⊕ www.customs. govt.nz.

IN THE U.K.

From countries outside the European Union, including Mexico, you may bring home, duty-free, 200 cigarettes, 50 cigars, 100 cigarillos, or 250 grams of tobacco; 1 liter of spirits or 2 liters of fortified or sparkling wine or liqueurs; 2 liters of still table wine; 60 ml of perfume; 250 ml of toilet water; plus £145 worth of other goods, including gifts and souvenirs. Prohibited items include meat and dairy products, seeds, plants, and fruits.

🔁 **HM Customs and Excise** ⊠ Portcullis House, 21 Cowbridge Rd. E, Cardiff CF11 9SS ☎ 0845/010– 9000 or 0208/929–0152 advice service, 0208/929– 6731 or 0208/910–3602 complaints ⊕ www.hmce. gov.uk.

IN THE U.S.

U.S. residents who have been out of the country for at least 48 hours may bring home, for personal use, $800 worth of foreign goods duty-free, as long as they haven't used the $800 allowance or any part of it in the past 30 days. This exemption may include 1 liter of alcohol (for travelers 21 and older), 200 cigarettes, and 100 non-Cuban cigars. Family members from the same household who are traveling together may pool their $800 personal exemptions. For fewer than 48 hours, the duty-free allowance drops to $200, which may include 50 cigarettes, 10 non-Cuban cigars, and 150 ml of alcohol (or 150 ml of perfume containing alcohol). The $200 allowance cannot be combined with other individuals' exemptions, and if you exceed it, the full value of all the goods will be taxed. Antiques, which U.S. Customs and Border Protection defines as objects more than 100 years old, enter duty-free, as do original works of art done entirely by hand, including paintings, drawings, and sculptures. This does-

n't apply to folk art or handicrafts, which are in general dutiable.

You may also send packages home duty-free, with a limit of one parcel per addressee per day (except alcohol or tobacco products or perfume worth more than $5). You can mail up to $200 worth of goods for personal use; label the package PERSONAL USE and attach a list of its contents and their retail value. If the package contains your used personal belongings, mark it AMERICAN GOODS RETURNED to avoid paying duties. You may send up to $100 worth of goods as a gift; mark the package UNSOLICITED GIFT. Mailed items do not affect your duty-free allowance on your return.

To avoid paying duty on foreign-made high-ticket items you already own and will take on your trip, register them with a local customs office before you leave the country. Consider filing a Certificate of Registration for laptops, cameras, watches, and other digital devices identified with serial numbers or other permanent markings; you can keep the certificate for other trips. Otherwise, bring a sales receipt or insurance form to show that you owned the item before you left the United States.

For more about duties, restricted items, and other information about international travel, check out U.S. Customs and Border Protection's online brochure, *Know Before You Go*. You can also file complaints on the U.S. Customs and Border Protection Web site, listed below.

🔁 **U.S. Customs and Border Protection** ⊠ for inquiries and complaints, 1300 Pennsylvania Ave. NW, Washington, DC 20229 ⊕ www.cbp.gov ☎ 877/227– 5551, 202/354–1000.

DISABILITIES & ACCESSIBILITY

For people with disabilities, traveling in the Yucatán can be both challenging and rewarding. Travelers with mobility impairments used to venturing out on their own should not be surprised if locals try to prevent them from doing things. This is mainly out of concern; most Mexican families take complete care of relatives who use wheelchairs, so the general public is not accustomed to such independence. Additionally, very few places in the Yucatán have handrails, let alone special facilities and means of access. Although some of the newer hotels are accessible to wheelchairs, not even Cancún offers wheelchair-accessible transportation. Knowing how to ask for assistance is extremely important. If you're not fluent in Spanish, be sure to take along a pocket dictionary. Travelers with vision impairments who have no knowledge of Spanish probably need a translator; people with hearing impairments who are comfortable using body language usually get along very well.

LODGING

Le Meridien, and the Occidental Caribbean Village in Cancún, the Presidente InterContinental Cozumel, and the Fiesta Americana Mérida are the only truly wheelchair-accessible hotels in the region. Individual arrangements must be made with other hotels.

Best Choices Fiesta Americana Mérida ✉ Paseo de Montejo 451 at Av. Colón, 97000 Mérida, Yucatán ☎ 800/343-7821 or 999/942-1111 ⊕ www.fiestaamericana.com. **Le Meridien** ✉ Retorno Del Rey, Km. 14, 77500 Cancún, Quintana Roo ☎ 800/543-4300 or 998/881-2200 ⊕ www. meridiencancun.com.mx. **Occidental Caribbean Village** ✉ Blvd. Kulkulcán, Km 13.5, Zona Hotelera, 77500 Cancún, Quintana Roo ☎ 800/858-2258 or 998/848-8000 ⊕ www.occidentalhotels.com. **Presidente InterContinental Cozumel** ✉ Carretera Chankanaab, Km 6.5, 77600 Cozumel, Quintana Roo ☎ 800/327-0200 or 987/872-9500 ⊕ www. interconti.com.

RESERVATIONS

When discussing accessibility with an operator or reservations agent, ask hard questions. Are there any stairs, inside *or* out? Are there grab bars next to the toilet *and* in the shower/tub? How wide is the doorway to the room? To the bathroom? For the most extensive facilities meeting the latest legal specifications, opt for newer accommodations. If you reserve through a toll-free number, consider also calling the hotel's local number to confirm the information from the central reservations office. Get confirmation in writing when you can.

SIGHTS & ATTRACTIONS

Few beaches, ruins, and sites around the Yucatán are accessible for people who use wheelchairs. The most accessible museums are found in Mérida (although there are stairs and no ramp) and in Cancún. Xcaret is wheelchair accessible; special transport is available but must be arranged in advance.

Xcaret Guest Services ✉ Blvd. Kulkulcán, Km 9.5, Zona Hotelera, Cancún ☎ 998/883-0470 ⊕ www.xcaret.com ✍ info@grupoxcaret.com.

TRANSPORTATION

The U.S. Department of Transportation Aviation Consumer Protection Division's online publication *New Horizons: Information for the Air Traveler with a Disability* offers advice for travellers with a disability, and outlines basic rights. Visit DisabilityInfo.gov for general information.

There isn't any special transportation for travelers who use wheelchairs. Public buses are simply out of the question, there are no special buses, and some taxi drivers are not comfortable helping travelers with disabilities. Have your hotel arrange for a cab.

Complaints Information and Complaints Aviation Consumer Protection Division (⇨ Air Travel) for airline-related problems; ⊕ airconsumer.ost.dot. gov/publications/horizons.htm for airline travel advice and rights. **Departmental Office of Civil Rights** ✉ for general inquiries, U.S. Department of Transportation, S-30, 400 7th St. SW, Room 10215, Washington, DC 20590 ☎ 202/366-4648, 202/366-8538 TTY ♿ 202/366-9371 ⊕ www.dotcr.ost.dot.gov. **Disability Rights Section** ✉ NYAV, U.S. Department of Justice, Civil Rights Division, 950 Pennsylvania Ave. NW, Washington, DC 20530 ☎ ADA information line 202/514-0301, 800/514-0301, 202/514-0383 TTY, 800/514-0383 TTY ⊕ www.ada.gov. **U.S. Department of Transportation Hotline** ☎ for disability-related air-travel problems, 800/778-4838 or 800/455-9880 TTY.

TRAVEL AGENCIES

In the United States, the Americans with Disabilities Act requires that travel firms serve the needs of all travelers. Some agencies specialize in working with people with disabilities.

Travelers with Mobility Problems Access Adventures/B. Roberts Travel ✉ 1876 East Ave.,

Rochester, NY 14610 ☏ 800/444-6540 ⊕ www. brobertstravel.com, run by a former physical-rehabilitation counselor. **CareVacations** ✉ No. 5, 5110-50 Ave., Leduc, Alberta, Canada, T9E 6V4 ☏ 780/986-6404 or 877/478-7827 ᕱ 780/986-8332 ⊕ www.carevacations.com, for group tours and cruise vacations. **Flying Wheels Travel** ✉ 143 W. Bridge St., Box 382, Owatonna, MN 55060 ☏ 507/451-5005 ᕱ 507/451-1685 ⊕ www. flyingwheelstravel.com.

🔲 Travelers with Developmental Disabilities **New Directions** ✉ 5276 Hollister Ave., Suite 207, Santa Barbara, CA 93111 ☏ 805/967-2841 or 888/967-2841 ᕱ 805/964-7344 ⊕ www.newdirectionstravel.com.

DISCOUNTS & DEALS

The best discounts you can find in Cancún are those offered on the various coupons handed out—often by welcoming committees at airports. These coupons offer discounts on restaurants, gifts, and entrance fees to local attractions.

Be a smart shopper and compare all your options before making decisions. A plane ticket bought with a promotional coupon from travel clubs, coupon books, and direct-mail offers or purchased on the Internet may not be cheaper than the least expensive fare from a discount ticket agency. And always keep in mind that what you get is just as important as what you save.

DISCOUNT RESERVATIONS

To save money, look into discount reservations services with Web sites and toll-free numbers, which use their buying power to get a better price on hotels, airline tickets (⇨ Air Travel), even car rentals. When booking a room, always **call the hotel's local toll-free number** (if one is available) rather than the central reservations number—you'll often get a better price. Always ask about special packages or corporate rates.

When shopping for the best deal on hotels and car rentals, look for guaranteed exchange rates, which protect you against a falling dollar. With your rate locked in, you won't pay more, even if the price goes up in the local currency.

🔲 Hotel Rooms **Accommodations Express** ☏ 800/444-7666 or 800/277-1064. **Hotels.com**

☏ 800/219-4606 or 800/364-0291 ⊕ www.hotels. com. **Turbotrip.com** ☏ 800/473-7829 ⊕ w3. turbotrip.com.

PACKAGE DEALS

Don't confuse packages and guided tours. When you buy a package, you travel on your own, just as though you had planned the trip yourself. Fly/drive packages, which combine airfare and car rental, are often a good deal. In cities, ask the local visitor's bureau about hotel and local transportation packages that include tickets to major museum exhibits or other special events.

EATING & DRINKING

The restaurants we list are the cream of the crop in each price category. Properties indicated by a ✖🔲 are lodging establishments whose restaurant warrants a special trip.

MEALS & SPECIALTIES

Desayuno can be either a breakfast sweet roll and coffee or milk or a full breakfast of an egg dish such as *huevos a la mexicana* (scrambled eggs with chopped tomato, onion, and chilies), *huevos rancheros* (fried eggs on a tortilla covered with salsa), or *huevos con jamón* (scrambled eggs with ham), plus juice and tortillas. Lunch is called *comida* or *almuerzo* and is the biggest meal of the day. Traditional businesses close down between 2 PM and 4 PM for this meal. It usually includes soup, a main dish, and dessert. Regional specialties include *pan de cazón* (baby shark shredded and layered with tortillas, black beans and tomato sauce), in Campeche; *pollo pibíl* (chicken baked in banana leaves), in Mérida; and *tikinchic* (fish in a sour-orange sauce), on the coast. Restaurants in tourist areas also serve American-style food such as hamburgers, pizza, and pasta. The lighter evening meal is called *cena*.

MEALTIMES

Most restaurants are open daily for lunch and dinner during high season (December–April), but hours tend to be more erratic during the rest of the year. It's always a good idea to **phone ahead.**

Unless otherwise noted, the restaurants listed in this guide are open daily for lunch and dinner.

PAYING
Most small restaurants do not accept credit cards. Larger restaurants and those catering to tourists take credit cards, but their prices reflect the fee placed on all credit-card transactions.

RESERVATIONS & DRESS
Reservations are always a good idea; we mention them only when they're essential or not accepted. Book as far ahead as you can, and reconfirm as soon as you arrive. (Large parties should always call ahead to check the reservations policy.) We mention dress only when men are required to wear a jacket or a jacket and tie.

WINE, BEER & SPIRITS
Almost all restaurants in the region serve beer and some also offer wine. Larger restaurants have beer, wine, and spirits. The Mexican wine industry is relatively small, but notable producers include L.A. Cetto, Bodegas de Santo Tomás, Domecq, and Monte Xanic; as well as offering Mexican vintages, restaurants may offer Chilean, Spanish, Italian, and French wines at reasonable prices. You pay more for imported liquor such as vodka, brandy, and whiskey; tequila and rum are less expensive. Take the opportunity to try some of the higher-end small-batch tequila—it's a completely different experience from what you might be used to. Some small lunch places called *loncherias* don't sell alcohol. Almost all corner stores sell beer and tequila; grocery stores carry all brands of beer, wine, and spirits. Liquor stores are rare and usually carry specialty items. You must be 18 to buy liquor, but this rule is often overlooked.

ECOTOURISM
Ecoturismo is fast becoming a buzzword in the Mexican tourism industry, even though not all operators and establishments employ practices that are good for the environment. For example, in the Riviera Maya, an area south of Cancún, hotel developments greatly threaten the ecosys-

tem, including the region's coral reefs. Nevertheless, President Vicente Fox has pledged to support more ecotourism projects, and recent national conferences have focused on this theme. For more information about ecotourism in the Yucatán region, check out **www.gocancun.com/ ecoturism.asp.**

DOLPHIN ENCOUNTERS
One of the most heavily advertised activities in Cancún is swimming with dolphins. The water parks offering such "dolphin encounters" often bill the experience as "educational" and "enchanting," and every year, thousands of tourists who understandably love dolphins pay top dollar to participate in the activity. Many environmental and anti-cruelty organizations, however, including the Humane Society of the United States, Greenpeace, WDCS (Whale and Dolphin Conservation Society), and CSI (Cetacean Society International), have spoken out against such activities. One contention these organizations make is that several water parks have broken international laws regulating the procurement of dolphins from restricted areas; another is that the confined conditions at such parks have put dolphins' health at risk. Some of the animals are kept in overcrowded pens and suffer from stress-related diseases; others have died from illnesses that may have come from human contact; some have even behaved aggressively toward the tourists swimming with them.

These organizations believe that keeping any dolphins in captivity is wrong, and have been putting pressure on the water parks to adhere to international regulations and treat their dolphins with better care. Until conditions improve, however, you may wish to visit dolphins at a facility like Xcaret, which has a track record of handling its animals humanely. You might consider applying the current $100-plus fee for swimming with dolphins toward a snorkeling or whale-watching trip, where you can see marine life in its natural state.
🔲 **Cetacean Society International** ⊕ http://csi-whalesalive.org. **Greenpeace** ⊕ www.greenpeace. org. **Humane Society of the United States**

⊕ www.hsus.org. **Whale and Dolphin Conservation Society** ⊕ www.wdcs.org.

ELECTRICITY

Electrical converters are not necessary because Mexico operates on the 60-cycle, 120-volt system; however, many outlets have not been updated to accommodate three-prong and polarized plugs (those with one larger prong), so **bring an adapter.**

EMBASSIES

🔲 Australia **Australian Embassy** ✉ Calle Rubén Darío 55, Col. Polanco, 11580 Mexico City ☎ 55/1101-2265 ⊕ www.mexico.embassy.gov.au.

🔲 Canada **Canadian Embassy** ✉ Calle Schiller 529, Col. Polanco, 11560 Mexico City ☎ 55/5724-7900 ⊕ www.dfait-maeci.gc.ca/mexico-city/menu-en.asp.

🔲 Mexico **Australia** ✉ 14 Perth Ave., Yarralumla ACT 2600 ☎ 02/6273-3963 ⊕ www.embassyofmexicoinaustralia.org. **Canada** ✉ 45 O'-Connor St., Suite 1000, Ottawa K1P 1A4 ☎ 613/233-8988 ⊕ www.embamexcan.com. **New Zealand** ✉ 111 Customhouse Quay, Level 8, Wellington, Box 11-510 Post Code 6001 ☎ 644/472-5555 🖷 644/496-3559 ⊕ www.mexico.org.nz. **United Kingdom** ✉ 16 St. George St., London W1S 1LX ☎ 44/20-7499-8586 ⊕ www.embamex.co.uk. **United States** ✉ 1911 Pennsylvania Ave, Washington, DC 20006 ☎ 202/728-1600 🖷 202/728-1615 ⊕ www.embassyofmexico.org.

🔲 New Zealand **New Zealand Embassy** ✉ José Luis Lagrange No.103, 10th fl., Colonia Los Morales, Col. Polanco, 11510 Mexico City ☎ 55/5281-5486.

🔲 United Kingdom **British Embassy** ✉ Av. Río Lerma 71, Col. Cuauhtémoc, 06500 Mexico City ☎ 55/5242-8500 ⊕ www.embajadabritanica.com.mx.

🔲 United States **U.S. Embassy** ✉ Paseo de la Reforma 305, Col. Cuauhtémoc, 06500 Mexico City ☎ 55/5080-2000 ⊕ www.usembassy-mexico.gov/emenu.html.

EMERGENCIES

It's helpful, albeit daunting, to know ahead of time that you're not protected by the laws of your native land once you're on Mexican soil. However, if you get into a scrape with the law, you can call the Citizens' Emergency Center in the United States. In Mexico, you can also call INFOTUR, the 24-hour English-speaking hotline of the Mexico Ministry of Tourism

(Sectur). The hotline can provide immediate assistance as well as general, nonemergency guidance. **In an emergency, call** ☎ 060 from any phone.

🔲 **Air Ambulance Network** ☎ 800/327-1966 or 95800/010-0027 ⊕ www.airambulancenetwork.com. **Angeles Verdes** (Emergency roadside assistance in Mexico City) ☎ 078. **Citizens' Emergency Center** ☎ 202/647-5226 weekdays 8:15 AM-10 PM EST and Sat. 9 AM-3 PM, 202/647-4512 after hrs and Sun. **Global Life Flight** ☎ 01800/305-9400 toll-free in Mexico, 888/554-9729 in U.S., 877/817-6843 in Canada ⊕ www.globallifeflight.com. **INFOTUR** ☎ 800/482-9832 in U.S., 01800/903-9200 toll-free in Mexico ⊕ www.sectur.gob.mx.

ETIQUETTE & BEHAVIOR

In the United States, being direct, efficient, and succinct are highly valued traits. In Mexico, where communication tends to be more diplomatic and subtle, this style is often perceived as rude and aggressive. People will be far less helpful if you lose your temper or complain loudly, as such behavior is considered impolite. Remember that things move at a much slower rate here. There is rarely a stigma attached to being late. Try to accept this pace gracefully. Learning basic phrases such as *por favor* (please) and *gracias* (thank you) in Spanish will make a big difference.

BUSINESS ETIQUETTE

Business etiquette is much more formal and traditional in Mexico than in the United States. Personal relationships always come first, so developing rapport and trust is essential. A handshake is an appropriate greeting, along with a friendly inquiry about family members. With established clients, do not be surprised if you are welcomed with a kiss on the check or full hug with a pat on the back. Mexicans love business cards—be sure to present yours in any business situation. Without a business card you may have trouble being taken seriously. In public always be respectful of colleagues and keep confrontations private. Meetings may or may not start on time, so be patient with delays. When invited to dinner at the home of a customer or business associate, it's not necessary to bring a gift.

GAY & LESBIAN TRAVEL

Gender roles in Mexico are rigidly defined, especially in rural areas. Openly gay couples are a rare sight, and two people of the same gender may have trouble getting a *cama matrimonial* (double bed) at hotels. All travelers, regardless of sexual orientation, should be extra cautious when frequenting gay-friendly venues, as police sometimes violently crash these clubs, and there's little recourse or sympathy available to victims. The companies below can help answer your questions about safety and travel to the Yucatán.

Gay- & Lesbian-Friendly Travel Agencies Different Roads Travel ⊠ 155 Palm Colony Palm Springs, CA 92264 ☏ 310/289–6000 or 800/429–8747 🖷 310/855–0323 ✍ lgernert@tzell.com. **Skylink Travel and Tour/Flying Dutchmen Travel** ⊠ 1455 N. Dutton Ave., Suite A, Santa Rosa, CA 95401 ☏ 707/546–9888 or 800/225–5759 🖷 707/636–0951; serving lesbian travelers.

HEALTH

Medical clinics in all the main tourist areas have English-speaking personnel. Many of the doctors in Cancún have studied in Miami and speak English fluently. You'll pay much higher prices than average for the services of English-speaking doctors or for clinics catering to tourists. Campeche and the more rural areas have few doctors who speak English.

DIVERS' ALERT
Do not fly within 24 hours of scuba diving.

FOOD & DRINK

In Mexico the major health risk, known as *turista,* or traveler's diarrhea, is caused by eating contaminated fruit or vegetables or drinking contaminated water. So **watch what you eat.** Stay away from ice, uncooked food, and unpasteurized milk and milk products, and **drink only bottled water** or water that has been boiled for at least 10 minutes, even when you're brushing your teeth. When ordering at a restaurant, be sure to ask for *agua mineral* (mineral water) or *agua purificada* (purified water). Mild cases of turista may respond to Imodium (known generically as loperamide or Lomotil) or Pepto-Bismol (not as strong), both of which you can buy over the counter; keep in mind, though, that these drugs can complicate more serious illnesses. Drink plenty of bottled water or tea; chamomile tea (*te de manzanilla*) is a good folk remedy and it's readily available in restaurants throughout Mexico. In severe cases, rehydrate yourself with Gatorade or a salt-sugar solution (½ teaspoon salt and 4 tablespoons sugar per quart of water). If your fever and diarrhea last longer than three days, see a doctor—you may have picked up a parasite that requires prescription medication.

When ordering cold drinks at untouristed establishments, **skip the ice:** *sin hielo.* (You can usually identify ice made commercially from purified water by its uniform shape and the hole in the center.) Hotels with water-purification systems will post signs to that effect in the rooms; even then, be wary. As a general rule, don't eat any raw vegetables that haven't been, or can't be, peeled (e.g., lettuce and raw chili peppers). Ask for your plate *sin ensalada* (without the salad). Some people choose to bend these rules at the most touristy establishments in cities like Cancún and Cozumel, where the risks are relatively less, though still present. When eating food that's sold on the street or in very simple *taquerías,* be sure to avoid the usual garnishes like cilantro, onions, chili peppers, and salsas: they're delicious but dangerous. It's also a good idea to pass up ceviche, raw fish cured in lemon juice—a favorite appetizer, especially at seaside resorts. The Mexican Department of Health warns that marinating in lemon juice does not constitute the "cooking" that would make the shellfish safe to eat. Also, be wary of hamburgers sold from street stands, because you can never be certain what meat they are made with.

MEDICAL PLANS

No one plans to get sick while traveling, but it happens, so consider signing up with a medical-assistance company. Members get doctor referrals, emergency evacuation or repatriation, hotlines for medical consultation, cash for emergencies, and other assistance.

Medical Assistance Companies International SOS Assistance ⊕ www.internationalsos.com

✉ 3600 Horizon Blvd., Suite 300, Trevose, PA 19053 ☎ 215/942-8000 or 800/523-6586 🖷 215/354-2338 ✉ Landmark House, Hammersmith Bridge Rd., 6th floor, London, W6 9DP ☎ 20/8762-8008 🖷 20/8748-7744 ✉ 12 Chemin Riantbosson, 1217 Meyrin 1, Geneva, Switzerland ☎ 22/785-6464 🖷 22/785-6424 ✉ 331 N. Bridge Rd., 17-00, Odeon Towers, Singapore 188720 ☎ 6338-7800 🖷 6338-7611.

OVER-THE-COUNTER REMEDIES

Farmacias (pharmacies) are the most convenient place for such common medicines as *aspirina* (aspirin) or *jarabe para la tos* (cough syrup). You'll be able to find many U.S. brands (e.g., Tylenol, Pepto-Bismol, etc.), especially at American chain outlets such as Wal-Mart. There are pharmacies in all small towns and on practically every corner in larger cities.

PESTS & OTHER HAZARDS

It's best to be cautious and go indoors at dusk (called the "mosquito hour" by locals). An excellent brand of *repelente de insectos* (insect repellent) called Autan is readily available; do not use it on children under age two. If you want to bring a mosquito repellent from home, make sure it has at least 10% DEET or it won't be effective. If you're hiking in the jungle, wear repellent and long pants and sleeves; if you're camping in the jungle use a mosquito net and invest in a package of mosquito coils (sold in most stores). Another local flying pest is the *tabaño*, a type of deer fly, which resembles a common household fly with yellow stripes. Some people swell up after being bitten, but taking an antihistamine can help. Some people may also react to ant bites. Watch out for the small red ants, in particular, as their bites can be quite irritating. Scorpions also live in the region; their sting is similar to a bee sting. They are not poisonous but can cause strong reactions in small children. Those who are allergic to bee stings should go to the hospital. Again, antihistamines help. Clean all cuts carefully, as the rate of infection is much higher here. The Yucatán has many poisonous snakes; in particular, the coral snake, easily identified by its black and red markings, should be avoided at all

costs, since its bite is fatal. If you're planning any jungle hikes, be sure to wear hard-sole shoes and stay on the path. For more remote areas hire a guide and make sure there's an antivenin kit accompanying you on the trip.

Other hazards to travelers in Mexico are sunburn and heat exhaustion. The sun is strong here; it takes fewer than 20 minutes to get a serious sunburn. Avoid the sun between 11 AM and 3 PM all year round. Wear a hat and use sunscreen. You should **drink more fluid than you do at home**—Mexico is probably hotter than what you're used to and you will perspire more. Rest in the afternoons and stay out of the sun to avoid heat exhaustion. The first signs of dehydration and heat exhaustion are dizziness, extreme irritability, and fatigue.

SHOTS & MEDICATIONS

According to the U.S. government's National Centers for Disease Control and Prevention (CDC) there's a limited risk of malaria and dengue fever in certain rural areas of the Yucatán Peninsula, especially the states of Campeche and Quintana Roo. Travelers in mostly urban or easily accessible areas need not worry. However, if you plan to visit remote regions or stay for more than six weeks, **check with the CDC's International Travelers' Health Hotline.** In areas where mosquito-borne diseases like malaria and dengue are prevalent, use mosquito nets, wear clothing that covers the body, apply repellent containing DEET, and use spray for flying insects in living and sleeping areas. You might **consider taking antimalarial pills,** but the side effects are quite strong and the current strain of Mexican malaria can be cured with the right medication. There's no vaccine to combat dengue.

🛈 Health Warnings **National Centers for Disease Control and Prevention** (CDC) ✉ Office of Health Communication, National Center for Infectious Diseases, Division of Quarantine, Travelers' Health, 1600 Clifton Rd. NE, Atlanta, GA 30333 ☎ 877/394-8747 international travelers' health line, 800/311-3435 other inquiries, 404/498-1600 Division of Quarantine and international health information 🖷 888/232-3299 ⊕ www.cdc.gov/travel. **Travel**

Health Online ⊕ tripprep.com. **World Health Organization (WHO)** ⊕ www.who.int.

HOLIDAYS

The lively celebration of holidays in Mexico interrupts most daily business, including banks, government offices, and many shops and services, so plan your trip accordingly: New Year's Day; February 5, Constitution Day; May 5, Anniversary of the Battle of Puebla; September 1, the State of the Union Address; September 16, Independence Day; October 12, Day of the Race; November 1, Day of the Dead; November 20, Revolution Day; December 12, Feast of Our Lady of Guadalupe; and Christmas Day.

Banks and government offices close during Holy Week (the Sunday before Easter until Easter Sunday), especially the Thursday and Friday before Easter Sunday. Some private offices close from Christmas to New Year's Day; government offices usually have reduced hours and staff.

INSURANCE

The most useful travel-insurance plan is a comprehensive policy that includes coverage for trip cancellation and interruption, default, trip delay, and medical expenses (with a waiver for preexisting conditions).

Without insurance you'll lose all or most of your money if you cancel your trip, regardless of the reason. Default insurance covers you if your tour operator, airline, or cruise line goes out of business—the chances of which have been increasing. Trip-delay covers expenses that arise because of bad weather or mechanical delays. Study the fine print when comparing policies.

If you're traveling internationally, a key component of travel insurance is coverage for medical bills incurred if you get sick on the road. Such expenses aren't generally covered by Medicare or private policies. U.K. residents can buy a travel-insurance policy valid for most vacations taken during the year in which it's purchased (but check preexisting-condition coverage). British and Australian citizens need extra medical coverage when traveling overseas.

Always **buy travel policies directly from the insurance company**; if you buy them

from a cruise line, airline, or tour operator that goes out of business you probably won't be covered for the agency or operator's default, a major risk. Before making any purchase, review your existing health and home-owner's policies to find what they cover away from home.

⚑ Travel Insurers In the U.S.: **Access America** ⊠ 2805 N. Parham Rd., Richmond, VA 23294 ☎ 800/729-6021 ⊟ 804/673-1469 or 800/346-9265 ⊕ www.accessamerica.com. **Travel Guard International** ⊠ 1145 Clark St., Stevens Point, WI 54481 ☎ 715/345-1041 or 800/826-4919 ⊟ 800/955-8785 or 715/345-1990 ⊕ www.travelguard.com.

⚑ In the U.K.: **Association of British Insurers** ⊠ 51 Gresham St., London EC2V 7HQ ☎ 020/7600-3333 ⊟ 020/7696-8999 ⊕ www.abi.org.uk. In Canada: **RBC Insurance** ⊠ 6880 Financial Dr., Mississauga, Ontario L5N 7Y5 ☎ 800/565-3129 ⊕ www.rbcinsurance.com. In Australia: **Insurance Council of Australia** ⊠ Level 3, 56 Pitt St. Sydney, NSW 2000 ☎ 02/9253-5100 ⊟ 02/9253-5111 ⊕ www.ica.com.au. In New Zealand: **Insurance Council of New Zealand** ⊠ Level 7, 111-115 Customhouse Quay, Box 474, Wellington ☎ 04/472-5230 ⊟ 04/473-3011 ⊕ www.icnz.org.nz.

LANGUAGE

Spanish is the official language, although Indian languages are spoken by approximately 7% of the population and some of those people speak no Spanish at all. Basic English is widely understood by most people employed in tourism, less so in the less-developed areas. At the very least, shopkeepers will know the numbers for bargaining purposes. As in most other foreign countries, knowing the mother tongue has a way of opening doors, so **learn some Spanish words and phrases.** Mexicans welcome even the most halting attempts to use the language.

Castilian Spanish, the kind spoken in Spain, is different from Latin American Spanish not only in pronunciation and grammar but also in vocabulary. If you've been schooled in Castilian grammar, you'll find that Mexican Spanish ignores the *vosotros* form of the second person plural, using the more formal *ustedes* in its place. As for pronunciation, the lisped Castilian "c" or "z" is dismissed in Mexico as a sign of affectation. The most obvious differences are in vocabulary: Mexican Spanish has thousands of indigenous words and uses *¿mande?* instead of *¿cómo?* (what?). Also, be aware that words or phrases that are harmless or everyday in one country can offend in another. The most striking example is the verb *coger,* which means to catch in the sense of catching a cab, train, or plane in Spain. Its meaning in Mexican Spanish is thoroughly vulgar. Unless you're lucky enough to be briefed on these nuances by a native coach, the only way to learn is by trial and error. Most Mexicans are very forgiving of errors and will appreciate your efforts.

LANGUAGE-STUDY PROGRAMS

There's a recommended Spanish-language study center in Playa del Carmen, the Playalingua del Caribe. Students can stay at the center while they learn or lodge with a local family.

🚩 Program **Playalingua del Caribe** ⊠ Calle 20 Norte between Avs. 5A and 10A, 77710 Playa del Carmen ☎ 984/873-3876 ⊕ www.playalingua.com.

LANGUAGES FOR TRAVELERS

A phrase book and language-tape set can help get you started.*Fodor's Spanish for Travelers* (available at bookstores everywhere) is excellent.

LODGING

The price and quality of accommodations in Mexico vary from superluxurious, international-class hotels and all-inclusive resorts to modest budget properties, seedy places with shared bathrooms, *casas de huéspedes* (guesthouses), youth hostels, and *cabañas* (beach huts). You may find appealing bargains while you're on the road, but if your comfort threshold is high, look for an English-speaking staff, guaranteed dollar rates, and toll-free reservation numbers.

The lodgings we list are the cream of the crop in each price category. Properties are assigned price categories based on the range from their least-expensive standard double room at high season (excluding holidays) to the most expensive. We always list the facilities that are available—but we don't specify whether they cost

extra; when pricing accommodations, **always ask what's included and what costs extra.** Lodgings are denoted in the text with a house icon, ⌂ ; establishments with restaurants that warrant a special trip have ✕⌂ .

Assume that hotels operate on the **European Plan** (EP, with no meals) unless we specify that they use either the **Continental Plan** (CP, with a continental breakfast), the **Modified American Plan** (MAP, with breakfast and dinner), the **Full American Plan** (FAP, with all meals included), or **all-inclusive** (AI, including all meals and most activities).

APARTMENT & VILLA RENTALS

If you want a home base that's roomy enough for a family and comes with cooking facilities, consider a furnished rental. These can save you money, especially if you're traveling with a group. Home-exchange directories sometimes list rentals as well as exchanges.

Local rental agencies can be found in Isla Mujeres, Cozumel, and Playa del Carmen. They specialize in renting out apartments, condos, villas, and private homes.

🚩 International Agents **Hideaways International** ⊠ 767 Islington St., Portsmouth, NH 03801 ☎ 603/430-4433 or 800/843-4433 🖷 603/430-4444 ⊕ www.hideaways.com, annual membership $185. **Vacation Home Rentals Worldwide** ⊠ 235 Kensington Ave., Norwood, NJ 07648 ☎ 201/767-9393 or 800/633-3284 🖷 201/767-5510 ⊕ www.vhrww.com. **Villas International** ⊠ 4340 Redwood Hwy., Suite D309, San Rafael, CA 94903 ☎ 415/499-9490 or 800/221-2260 🖷 415/499-9491 ⊕ www.villasintl.com.

🚩 Local Agents **Akumal Villas** ⊠ Carretera 307, Km 104, 77600 Akumal, Quintana Roo ☎ 984/875-9088 ⊕ www.akumal-villas.com. **Caribbean Realty** ⊠ Centro Commercial Marina, Local 4-A Edificio (building) D, 77750 Puerto Aventuras ☎ 984/873-5218 ⊕ www.caribbean-realty.com. **Cozumel Vacation Villas** ⊠ 3300 Airport Rd., Boulder, CO 80301 ☎ 800/224-5551 or 303/442-7644 🖷 303/442-0380 ⊕ www.cozumel-villas.com. **Lost Oasis Property Rentals** ⊠ 77400 Isla Mujeres, Quintana Roo ☎ 998/877-0951 ⊕ www.lostoasis.net/. **Playa Beach Rentals** ⊠ Retorno Copan Lote 71, Sm 22, 77710 Playa del Carmen, Quintana Roo 🖷 984/873-2952 ⊕ www.playabeachrentals.com. **Turquoise Waters** ⊠ Aka Liza Piorkowski, 77500

Puerto Morelos, Quintana Roo ☎ 877/254-9791
⊕ www.turquoisewater.com.

BED-AND-BREAKFASTS

B&Bs are relatively new to Mexico and
consequently there are only a handful
found throughout the Yucatán peninsula.
The establishments listed in this guide are
closer to small hotels that offer breakfast.

CAMPING

There are few official campgrounds in the
Yucatán. Since all beachfront is federal
property, you can legally camp on the
beach. However, there are no services and
this can be a dangerous practice, especially
for women traveling alone. Those interested in comfortably roughing it should try
Turqoise Reef Group's "Camptel"
Kailuum, just north of Majahual. Las Ruinas Camp Grounds in Playa del Carmen
have palapas, tents, and RV spaces.
🖪 **Turquoise Reef Group** ⌂ Box 2664, Evergreen,
CO 81439 ☎ 800/538-6802 ⊕ www.mexicoholiday.
com. **Las Ruinas Camp Grounds** ⊠ Calle 2 and Av.
5 Norte, 77400 Playa del Carmen, Quintana Roo
☎ 984/873-0405.

HOME EXCHANGES

If you would like to exchange your home
for someone else's, join a home-exchange
organization, which will send you its updated listings of available exchanges for a
year and will include your own listing in at
least one of them. It's up to you to make
specific arrangements.
🖪 Exchange Clubs **HomeLink USA** ⊠ 2937 NW
9th Terrace, Fort Lauderdale, FL 33311 ☎ 954/566-
2687 or 800/638-3841 🖷 954/566-2783 ⊕ www.
homelink.org; $75 yearly for a listing and online ac-
cess; $45 additional to receive directories.

HOSTELS

No matter what your age, you can save on
lodging costs by staying at hostels.In some
4,500 locations in more than 70 countries
around the world, Hostelling International
(HI), the umbrella group for a number of
national youth-hostel associations, offers
single-sex, dorm-style beds and, at many
hostels, rooms for couples and family accommodations. Membership in any HI national hostel association, open to travelers

of all ages, allows you to stay in HI-affili-
ated hostels at member rates; one-year
membership is about $28 for adults in the
United States (C$35 for a two-year mini-
mum membership in Canada, £15.50 in
the U.K., A$52 in Australia, and NZ$40
in New Zealand); hostels charge about
$10–$30 per night. Members have priority
if the hostel is full; they're also eligible for
discounts around the world, even on rail
and bus travel in some countries.
🖪 Organizations **Hostelling International–USA**
⊠ 8401 Colesville Rd., Suite 600, Silver Spring, MD
20910 ☎ 301/495-1240 🖷 301/495-6697 ⊕ www.
hiusa.org. **Hostelling International–Canada**
⊠ 205 Catherine St., Suite 500, Ottawa, Ontario
K2P 1C3 ☎ 613/237-7884 or 800/663-5777 🖷 613/
237-7868 ⊕ www.hihostels.ca. **YHA England and
Wales** ⊠ Trevelyan House, Dimple Rd., Matlock,
Derbyshire DE4 3YH, U.K. ☎ 0870/870-8808, 0870/
770-8868, 01629/592-600 🖷 0870/770-6127
⊕ www.yha.org.uk. **YHA Australia** ⊠ 422 Kent St.,
Sydney, NSW 2001 ☎ 02/9261-1111 🖷 02/9261-1969
⊕ www.yha.com.au. **YHA New Zealand** ⊠ Level 1,
Moorhouse City, 166 Moorhouse Ave., Box 436,
Christchurch ☎ 03/379-9970 or 0800/278-299
🖷 03/365-4476 ⊕ www.yha.org.nz.

HOTELS

Hotel rates are subject to the 10%–15%
value-added tax, in addition to a 2% hotel
tax. Service charges and meals generally
aren't included in the hotel rates.

The Mexican government categorizes hotels, based on qualitative evaluations, into
gran turismo (superdeluxe, or five-star-
plus, properties, of which there are only
about 30 nationwide); five-star down to
one-star; and economy class. Keep in mind
that many hotels that might otherwise be
rated higher have opted for a lower category to avoid higher interest rates on loans
and financing.

High- versus low-season rates can vary significantly. In the off-season, Cancún hotels
can cost one-third to one-half what they
cost during peak season. Keep in mind,
however, that this is also the time that
many hotels undergo necessary repairs or
renovations.

Hotels in this guide have private bathrooms with showers, unless stated other-

wise; bathtubs aren't common in inexpensive hotels and properties in smaller towns.

RESERVING A ROOM

Reservations are easy to make in this region over the Internet. If you call hotels in the larger urban areas, there will be someone who speaks English. In more remote regions you will have to make your reservations in Spanish.

🔢 Local Contacts **Cancún Hotel Association** ✉ Av. García de la Torre 6, Sm 15, 77500 ☎ 998/881-8730 ⊕ www.ahqr.com.mx. **Cozumel Island Hotel Association** ✉ Calle 2 Norte 299, 77600 ☎ 987/872-3132 ⊕ www.islacozumel.com.mx. **Hotels Tulum** ⊕ www.hotelstulum.com.

🔢 Toll-Free Numbers **Best Western** ☎ 800/780-7234 ⊕ www.bestwestern.com. **Choice** ☎ 877/424-6423 ⊕ www.choicehotels.com. **Doubletree Hotels** ☎ 800/222-8733 ⊕ www.doubletree.com. **Hilton** ☎ 800/445-8667 ⊕ www.hilton.com. **Holiday Inn** ☎ 800/465-4329 ⊕ www.ichotelsgroup.com. **Howard Johnson** ☎ 800/446-4656 ⊕ www.hojo.com. **Hyatt Hotels & Resorts** ☎ 800/233-1234 ⊕ www.hyatt.com. **InterContinental** ☎ 888/424-6835 ⊕ www.ichotelsgroup.com. **Marriott** ☎ 800/236-2427 ⊕ www.marriott.com. **Le Meridien** ☎ 800/543-4300 ⊕ www.lemeridien.com. **Omni** ☎ 800/843-6664 ⊕ www.omnihotels.com. **Ritz-Carlton** ☎ 800/241-3333 ⊕ www.ritzcarlton.com. **Sheraton** ☎ 800/325-3535 ⊕ www.starwood.com/sheraton. **Westin Hotels & Resorts** ☎ 800/228-3000 ⊕ www.starwood.com/westin.

MAIL & SHIPPING

Mail can be sent from your hotel or the local post office. Be forewarned, however, that mail service to, within, and from Mexico is notoriously slow and can take anywhere from 10 days to 12 weeks. **Never send anything of value to or from Mexico via the mail,** including cash, checks, or credit-card numbers.

🔢 Major Services **AeroMexpress** ☎ 998/886-0123 ⊕ www.aeromexpress.com. **DHL** ☎ 998/892-8306 ⊕ www.dhl.com. **Estafeta** ☎ 998/898-6002 ⊕ www.estafeta.com. **Federal Express** ☎ 998/887-4003 ⊕ www.federalexpress.com.

POSTAL RATES

It costs 10.50 pesos (about 95¢) to send a postcard or letter weighing under 20 grams to the United States or Canada; it's 13 ($1.17) to Europe and 14.50 ($1.30) to Australia.

RECEIVING MAIL

To receive mail in Mexico, you can have it sent to your hotel or use *poste restante* at the post office. In the latter case, the address must include the words "a/c Lista de Correos" (general delivery), followed by the city, state, postal code, and country. To use this service, you must first register with the post office at which you wish to receive your mail. Mail is held for 10 days, and a list of recipients is posted daily. Postal codes for the main Yucatán destinations are as follows: Cancún, 77500; Isla Mujeres, 77400; Cozumel, 77600; Campeche, 24000; Mérida, 97000. Keep in mind that the postal service in Mexico is very slow; it can take up to 12 weeks for mail to arrive.

Holders of American Express cards or traveler's checks can have mail sent to them in care of the local American Express office. For a list of offices worldwide, write for the *Traveler's Companion* from American Express.

🔢 **American Express** ✎ Box 678, Canal St. Station, New York, NY 10013 ☎ 55/5326-2626 Mexican service center ⊕ www.americanexpress.com.

SHIPPING PARCELS

Hotel concierges can recommend international carriers, such as DHL, Estafeta, or Federal Express, which give your package a tracking number and ensure its arrival back home.

Despite the promises, *overnight* courier service is rare in Mexico. It's not the fault of the courier service, which may indeed have the package there overnight. Delays occur at customs. Depending on the time of year, all courier packages are opened and inspected. This can slow everything down. You can expect one- to three-day service in Cancún and two- to four-day service elsewhere. **Never send cash through the courier services.**

MONEY MATTERS

Prices in this book are quoted most often in U.S. dollars. We would prefer to list costs in pesos, but because the value of the currency fluctuates considerably, what costs 90 pesos today might cost 120 pesos in six months.

If you travel only by air or package tour, stay at international hotel-chain properties, and eat at tourist restaurants, you might not find Mexico such a bargain. If you want a closer look at the country and aren't wedded to standard creature comforts, you can spend as little as $35 a day on room, board, and local transportation. Speaking Spanish is also helpful in bargaining situations and when asking for dining recommendations.

As a general rule when traveling in Mexico, always pay in pesos. Hotels, restaurants, passenger bus lines, and market vendors readily accept dollars but usually do not offer a good exchange rate. Many businesses and most highway toll booths do not accept dollars. If you run out of pesos, pay with a credit card or make a withdrawal from an ATM.

Cancún is one of the most expensive destinations in Mexico. Cozumel is on par with Cancún, and Isla Mujeres in turn is slightly less expensive than Cozumel. You're likely to get the best value for your money in Mérida and the other Yucatán cities less frequented by visitors, like Campeche. For obvious reasons, if you stay at international chain hotels and eat at restaurants designed with tourists in mind (especially hotel restaurants), you will find the Yucatán's prices are similar to other popular international destinations.

Peak-season sample costs: cup of coffee, 10 pesos–20 pesos; bottle of beer, 20 pesos–50 pesos; plate of tacos with trimmings, 25 pesos–100 pesos; grilled fish platter at a tourist restaurant, 75 pesos–300 pesos; 2-km (1-mi) taxi ride, 20–50 pesos.

Prices throughout this guide are given for adults. Substantially reduced fees are almost always available for children, students, and senior citizens. For information on taxes, *see* Taxes.

ATMS

ATMs (*cajeros automáticos*) are becoming more commonplace. Cirrus and Plus are the most frequently found networks. Be-fore you leave home, **ask what the transaction fee will be** for withdrawing money in Mexico. (It can be up to $5 a pop, plus a fee charged by the Mexican ATM.) Ask your bank if it has an agreement with a Mexican bank to waive or charge lower fees for cash withdrawals. For example, Bank of America account holders can withdraw money from Santander-Serfin ATMs free of charge.

Many Mexican ATMs cannot accept PINs (personal identification numbers) with more than four digits; if yours is longer, **ask your bank about changing your PIN (*número de clave*) before you leave home,** and keep in mind that processing such a change often takes a few weeks. If your PIN is fine but you still cannot complete your ATM transaction—a regular occurrence—chances are that the computer lines are busy or that the machine has run out of money or is being serviced.

For cash advances, plan to use Visa or MasterCard, as many Mexican ATMs don't accept American Express. Some may not accept foreign credit cards for cash advances or may impose a cap of $300 per transaction. The ATMs at Banamex, one of the oldest nationwide banks, tend to be the most reliable. Bancomer is another bank with many ATM locations, but they usually provide only cash advances. Santander-Serfín banks have reliable ATMs that accept credit cards as well as Plus and Cirrus cards. *See also* Safety, on avoiding ATM robberies.

CREDIT CARDS

Credit cards are accepted in most tourist areas. Smaller, less expensive restaurants and shops, however, tend to take only cash. In general, credit cards aren't accepted in small towns and villages, except in hotels. Diners Club is usually accepted only in major chains; the most widely accepted cards are MasterCard and Visa. When shopping, you can usually get better prices if you **pay with cash.**

At the same time, when traveling internationally you'll **receive wholesale exchange rates** when you make purchases with credit cards. These exchange rates are usually better than those that banks give you for changing money. In Mexico the decision to pay cash or use a credit card might depend on whether the establishment in which you're making a purchase finds bargaining for prices acceptable. To avoid fraud, it's wise to **make sure that "pesos" or the initials M.N., "moneda nacional" (national currency), is clearly marked on all credit-card receipts.**

Before you leave for Mexico, be sure to **find out the lost-card telephone numbers** of your credit card issuer banks that work in Mexico. (Foreign toll-free numbers often don't work in Mexico. U.S. and Canada toll-free numbers are normally reached by dialing 001–880 instead of 1–800 before the seven-digit number.) **Carry these numbers separately from your wallet** so you'll have them if you need to call to report lost or stolen cards.

Throughout this guide, the following abbreviations are used: **AE**, American Express; **D**, Discover; **DC**, Diners Club; **MC**, MasterCard; and **V**, Visa.

🔢 Reporting Lost Cards **American Express** ☎ 55/5326-2522 ⊕ www.americanexpress.com. **Diners Club** ☎ 52/5258-3320 ⊕ www.dinersclub.com. **Discover** ☎ 801/902-3100 U.S. number, call collect ⊕ www.discovercard.com. **MasterCard** ☎ 55/5480-8000 ⊕ www.mastercard.com. **Visa** ☎ 410/581-9994 U.S. number, call collect ⊕ www.visa.com.

CURRENCY

Mexico uses a floating exchange rate, introduced in 1994 after the devaluation enacted by the Zedillo administration. The peso has since become increasingly strong and stable as an international currency. Approximate exchange rates in 2006 were 10.75 pesos to US$1, 9 pesos to C$1, 19 pesos to £1, 7.3 pesos to NZ$1, 8 pesos to A$1, and 12.8 pesos to one Euro. Check with your bank, the financial pages of your local newspaper, or www.xe.com for current exchange rates. For quick, rough estimates of how much something costs in U.S. dollar terms, divide prices given in pesos by 10. For example, 50 pesos would be just under $5.

Mexican currency comes in denominations of 10-, 20-, 50-, 100-, 200-, 500-, and 1,000-peso bills. The latter are not very common and many establishments refuse to accept them due to a lack of change. Coins come in denominations of 1, 5, 10, 20, and 100 pesos and 5, 10, 20, and 50 centavos. Many of the coins are very similar, so check carefully.

U.S. dollar bills (but not coins) are widely accepted in border towns and in many parts of the Yucatán, particularly in Cancún and Cozumel, where you'll often find prices in shops quoted in dollars. However, you'll get your change in pesos. Many tourist shops and market vendors, as well as virtually all hotel service personnel, also accept dollars. Wherever you are, though, watch out for bad exchange rates—you'll generally do better paying in pesos.

CURRENCY EXCHANGE

For the most favorable rates, **change money through banks.** Although ATM transaction fees may be higher abroad than at home, ATM rates are excellent because they're based on wholesale rates offered only by major banks. You won't do as well at exchange booths in airports or rail and bus stations, in hotels, in restaurants, or in stores. To avoid lines at airport exchange booths, get a bit of local currency before you leave home.

Most banks only change money on weekdays until noon (though they stay open until 5), while *casas de cambio* (private exchange offices) generally stay open until 6 or 9 and often operate on weekends. Bring your photo ID or passport when you exchange money. Bank rates are regulated by the federal government but vary slightly from bank to bank, while casas de cambio have slightly more variable rates. Exchange houses in the airports and in areas with heavy tourist traffic tend to have the worst rates, often considerably lower than the banks. Some hotels also exchange money, but for providing you with this convenience they help themselves to a bigger commission than banks.

When changing money, count your bills before leaving the bank, and don't accept any partially torn, ink-marked, or taped-together bills; they will not be accepted anywhere. Also, many shop and restaurant owners are unable to make change for large bills. Enough of these encounters may compel you to request *billetes chicos* (small bills) when you exchange money.

🗐 **Exchange Services International Currency Express** ✉ 427 N. Camden Dr., Suite F, Beverly Hills, CA 90210 ☎ 888/278-6628 orders 🖷 310/278-6410 ⊕ www.foreignmoney.com. **Travel Ex Currency Services** ☎ 800/287-7362 orders and retail locations ⊕ www.travelex.com.

TRAVELER'S CHECKS

When traveling abroad meant having to move around with large wads of cash, traveler's checks were a godsend, because lost checks could be replaced, usually within 24 hours. But nowadays, credit cards and ATM cards have all but eliminated the need for traveler's checks, and as a result, fewer establishments accept them in Mexico. If you want to carry traveler's checks as a last line of defense, however, be sure to buy them from American Express, or at a bank. You must always show a photo ID when cashing traveler's checks.

PACKING

Pack light, because you may want to save space for purchases: the Yucatán is filled with bargains on clothing, leather goods, jewelry, pottery, and other crafts.

Bring lightweight clothes, sundresses, bathing suits, sun hats or visors, and cover-ups for the Caribbean beach towns, but also pack a jacket or sweater to wear in the chilly, air-conditioned restaurants, or to tide you over during a rainstorm or an unusual cool spell. For trips to rural areas or Mérida, where dress is typically more conservative and shorts are considered inappropriate, women may want to pack one longer skirt. If you plan to visit any ruins, **bring comfortable walking shoes** with rubber soles. Lightweight rain gear is a good idea during the rainy season. Cancún is the dressiest spot on the peninsula, but even fancy restaurants don't require men to wear jackets.

Pack sunscreen, sunglasses, and umbrellas for the Yucatán. Other handy items—especially if you're traveling on your own or camping—include toilet paper, facial tissues, a plastic water bottle, and a flashlight (for occasional power outages or use at campsites). Snorkelers should consider bringing their own equipment unless traveling light is a priority; shoes with rubber soles for rocky underwater surfaces are also advised. Bring a signed doctor's note for any prescription drugs you are carrying to avoid problems at customs.

In your carry-on luggage, pack an extra pair of eyeglasses or contact lenses and enough of any medication you take to last a few days longer than the entire trip. You may also ask your doctor to write a spare prescription using the drug's generic name, as brand names may vary from country to country. In luggage to be checked, **never pack prescription drugs, valuables, or undeveloped film.** And don't forget to carry with you the addresses of offices that handle refunds of lost traveler's checks. Check *Fodor's How to Pack* (available at online retailers and bookstores everywhere) for more tips.

To avoid customs and security delays, carry medications in their original packaging. Don't pack any sharp objects in your carry-on luggage, including knives of any size or material, scissors, nail clippers, and corkscrews, or anything else that might arouse suspicion.

To avoid having your checked luggage chosen for hand inspection, don't cram bags full. The U.S. Transportation Security Administration suggests packing shoes on top and placing personal items you don't want touched in clear plastic bags.

CHECKING LUGGAGE

You're allowed to carry aboard one bag and one personal article, such as a purse or a laptop computer. Make sure what you carry on fits under your seat or in the overhead bin. Get to the gate early, so you can board as soon as possible, before the overhead bins fill up.

Baggage allowances vary by carrier, destination, and ticket class. On international flights from the U.S., as of September 2005, you're allowed to check two bags weighing up to 50 pounds (23 kilograms) each, although a few airlines allow checked bags of up to 88 pounds (40 kilograms) in first class. Some international carriers don't allow more than 66 pounds (30 kilograms) per bag in business class and 44 pounds (20 kilograms) in economy. If you're flying to or through the United Kingdom, your luggage cannot exceed 70 pounds (32 kilograms) per bag. On domestic flights, the limit is usually 50 to 70 pounds (23 to 32 kilograms) per bag. In general, carry-on bags shouldn't exceed 40 pounds (18 kilograms). Most airlines won't accept bags that weigh more than 100 pounds (45 kilograms) on domestic or international flights. Expect to pay a fee for baggage that exceeds weight limits. Check baggage restrictions with your carrier before you pack.

Airline liability for baggage is limited to $2,500 per person on flights within the United States. On international flights it amounts to $9.07 per pound or $20 per kilogram for checked baggage (roughly $540 per 50-pound bag), with a maximum of $634.90 per piece, and $400 per passenger for unchecked baggage. You can buy additional coverage at check-in for about $10 per $1,000 of coverage, but it often excludes a rather extensive list of items, shown on your airline ticket.

Before departure, itemize your bags' contents and their worth, and label the bags with your name, address, and phone number. (If you use your home address, cover it so potential thieves can't see it readily.) Include a label inside each bag and **pack a copy of your itinerary.** At check-in, make sure each bag is correctly tagged with the destination airport's three-letter code. Because some checked bags will be opened for hand inspection, the U.S. Transportation Security Administration recommends that you leave luggage unlocked or use the plastic locks offered at check-in. TSA screeners place an inspection notice inside searched bags, which are re-sealed with a special lock.

If your bag has been searched and contents are missing or damaged, file a claim with the TSA Consumer Response Center as soon as possible. If your bags arrive damaged or fail to arrive at all, file a written report with the airline before leaving the airport.

⤬ Complaints U.S. Transportation Security Administration Contact Center ☏ 866/289-9673 ⊕ www.tsa.gov.

PASSPORTS & VISAS

When traveling internationally, carry your passport even if you don't need one. Not only is it the best form of I.D., but it's also being required more and more. As of December 31, 2005, for instance, Americans need a passport to re-enter the country from Bermuda, the Caribbean, and Panama. Such requirements also affect re-entry from Canada and Mexico by air and sea (as of December 31, 2006) and land (as of December 31, 2007). **Make two photocopies of the data page** (one for someone at home and another for you, carried separately from your passport). If you lose your passport, promptly call the nearest embassy or consulate and the local police.

U.S. passport applications for children under age 14 require consent from both parents or legal guardians; both parents must appear together to sign the application. If only one parent appears, he or she must submit a written statement from the other parent authorizing passport issuance for the child. A parent with sole authority must present evidence of it when applying; acceptable documentation includes the child's certified birth certificate listing only the applying parent, a court order specifically permitting this parent's travel with the child, or a death certificate for the nonapplying parent. Application forms and instructions are available on the Web site of the U.S. State Department's Bureau of Consular Affairs (⊕ travel.state.gov).

ENTERING MEXICO

For stays of up to 180 days, Americans must prove citizenship through either a valid passport, certified copy of a birth certificate, or voter-registration card (the last two must be accompanied by a government-issue photo ID). Minors traveling with one parent need notarized permission from the absent parent. For stays of more than 180 days, all U.S. citizens, even infants, need a valid passport to enter Mexico, and you have to apply for a visa other than a tourist visa. Minors also need parental permission.

Canadians need only proof of citizenship to enter Mexico for stays of up to 180 days. U.K. citizens need only a valid passport to enter Mexico for stays of up to three months.

Mexico has instituted a visitor fee of about $20 (not to be confused with the V.A.T. taxes or with the airport departure tax) that applies to all visitors—except those entering by sea at Mexican ports who stay less than 72 hours, and those entering by land who do not stray past the 26-km–30-km (16-mi–18-mi) checkpoint into the country's interior. For visitors arriving by air, the fee, which covers visits of more than 72 hours and up to 30 days, is usually tacked on to the airline ticket price. You must pay the fee each time you extend your 30-day tourist visa. The fee is usually automatically added into the cost of your plane ticket.

You get the standard tourist visas on the plane without even asking for them. They're also available through travel agents and Mexican consulates and at the border if you're entering by land. The visas can be granted for up to 180 days, but this is at the discretion of the Mexican immigration officials. Although many officials will balk if you request more than 90 days, be sure to ask for extra time if you think you'll need it; this way you avoid the $20 visa extension fee and a trip to a Mexican immigration office that can easily take a whole day.

PASSPORT OFFICES

The best time to apply for a passport or to renew is in fall and winter. Before any trip, check your passport's expiration date, and, if necessary, renew it as soon as possible.

⚑ Australian Citizens **Passports Australia** Australian Department of Foreign Affairs and Trade ☎ 131-232 ⊕ www.passports.gov.au.

⚑ Canadian Citizens **Passport Office** ✉ to mail in applications: Foreign Affairs Canada, Gatineau, Québec K1A 0G3 ☎ 800/567-6868 ⊕ www.ppt.gc.ca.

⚑ New Zealand Citizens **New Zealand Passports Office** ☎ 0800/22-5050 or 04/474-8100 ⊕ www. passports.govt.nz.

⚑ U.K. Citizens **U.K. Passport Service** ☎ 0870/ 521-0410 ⊕ www.passport.gov.uk.

⚑ U.S. Citizens **National Passport Information Center** ☎ 877/487-2778, 888/874-7793 TDD/TTY ⊕ travel.state.gov.

RESTROOMS

Expect to find clean flushing toilets, toilet tissue, soap, and running water at public restrooms in the major tourist destinations and at tourist attractions. Although many markets, bus and train stations, and the like have public facilities, you may have to pay a couple of pesos for the privilege of using a dirty toilet that lacks a seat, toilet paper (keep tissues with you at all times), and possibly even running water. You're better off popping into a restaurant, buying a little something, and using its restroom, which will probably be simple but clean and adequately equipped.

SAFETY

The Yucatán remains one of the safest areas in Mexico. But even in resort areas like Cancún and Cozumel, you should use common sense. Make use of hotel safes when available, and carry your own baggage whenever possible unless you're checking into a hotel. Leave expensive jewelry at home, since it often entices thieves and will mark you as a *turista* who can afford to be robbed.

When traveling with all your money, be sure to keep an eye on your belongings at all times and distribute your cash and any valuables between different bags and items of clothing. Do not reach for your money stash in public. If you carry a purse, choose one with a zipper and a thick strap that you can drape across your body; adjust the length so that the purse sits in front of you at or above hip level.

There have been reports of travelers being victimized after imbibing drinks that have been drugged in Cancún nightclubs. Never drink alone with strangers.

Avoid driving on desolate streets, and don't travel at night, pick up hitchhikers, or hitchhike yourself. Use luxury buses (rather than second- or third-class vehicles), which take the safer toll roads. It's best to take only registered hotel taxis or have a hotel concierge call a *sitio* (regulated taxi stand). If you plan on hiking in remote areas, leave an itinerary with your hotel and hire a local guide to help you. Several of the more deserted beaches in the Playa del Carmen area are not safe and should be avoided by single women.

Use ATMs during the day and in big, enclosed commercial areas. Avoid the glass-enclosed street variety of banks where you may be more vulnerable to thieves who force you to withdraw money for them. This can't be stressed strongly enough.

Bear in mind that reporting a crime to the police is often a frustrating experience unless you speak excellent Spanish and have a great deal of patience. If you're victimized, contact your local consular agent or the consular section of your country's embassy in Mexico City.

WOMEN IN THE YUCATÁN PENINSULA

If you carry a purse, choose one with a zipper and a thick strap that you can drape across your body; adjust the length so that the purse sits in front of you at or above hip level. (Don't wear a money belt or a waist pack.) Store only enough money in the purse to cover casual spending. Distribute the rest of your cash and any valuables between deep front pockets, inside jacket or vest pockets, and a concealed money pouch.

A woman traveling alone will be the subject of much curiosity, since traditional Mexican women do not venture out unless accompanied by family members or friends. Violent crimes against women are rare here, but you should still be cautious. Part of the machismo culture is being flirtatious and showing off in front of *compadres*, and lone women are likely to be subjected to catcalls, although this is less true in the Yucatán than in other parts of Mexico.

Although annoying, it's essentially harmless. The best way to get rid of unwanted attention is to simply ignore the advances. Avoid direct eye contact with men on the streets—it invites further acquaintance. It's best not to enter into a discussion with harassers, even if you speak Spanish. When

the suitor is persistent say "no" to whatever is said, walk briskly, and leave immediately for a safe place, such as a nearby store. Dressing conservatively may help; clothing that seems innocuous to you, such as brief tops or Bermuda shorts, may be inappropriate in more conservative rural areas. Never go topless on the beach unless it's a recognized nude beach with lots of other people and **never** be alone on a beach—no matter how deserted it appears to be. Mexicans, in general, do not sunbathe nude, and men may misinterpret your doing so as an invitation.

SENIOR-CITIZEN TRAVEL

There are no established senior-citizen discounts in Cancún, so ask for any hotel or travel discounts before leaving home.

To qualify for age-related discounts, mention your senior-citizen status up front when booking hotel reservations (not when checking out) and before you're seated in restaurants (not when paying the bill). Be sure to have identification on hand. When renting a car, ask about promotional car-rental discounts, which can be cheaper than senior-citizen rates.

🎓 Educational Programs **Elderhostel** ✉ 11 Ave. de Lafayette, Boston, MA 02111 ☎ 877/426-8056, 978/323-4141 international callers, 877/426-2167 TTY 🖶 877/426-2166 ⊕ www.elderhostel.org.

SHOPPING

You often get better prices by paying with cash (pesos or dollars) or traveler's checks because Mexican merchants frequently tack the 3%–6% credit-card company commission on to your bill. If you can do without plastic, you may even get the 12% sales tax lopped off.

If you're just window-shopping, use the phrase "*Sólo estoy mirando, gracias*" (*so-lo ess-toy* mee-*ran*-do, *gras*-yas; I'm just looking, thank you). This will ease the high-pressure sales pitch that you invariably get in most stores.

Most prices are fixed in shops, but bargaining is expected at markets. Start by offering half the price, and let the haggling begin. Keep in mind, though, that many small-town residents earn their livelihoods from the tourist trade; rarely are the prices in such places outrageous. Shopping around is a good idea, particularly in crafts markets where things can be very competitive. Just be sure to examine merchandise closely: some "authentic" items—particularly jewelry—might be poor imitations. And don't plan to use your ceramic plates, bowls, and cups for anything other than decoration—despite a decrease in use of lead-tainted glaze in Mexican ceramics, there's no guarantee that what you're buying is actually *sin plomo,* lead free.

KEY DESTINATIONS

Cozumel is famous for its jewelry, and there are many good deals to be found on diamonds and other precious gemstones. For authentic arts and crafts, you must journey inland to Mérida and Campeche. To buy hammocks, shoes, and pottery directly from artisans go to the tiny village of Ticul, one hour south of Mérida. Perhaps the richest source of crafts and the least-visited area is La Ruta de los Artesanos in Campeche along Carretera 180. Here you will find villages filled with beautiful crafts: Calkiní, famed for its lovely pottery; Nunkiní, known for its beautiful woven mats and rugs; Pomuch, with its famous bakery; and Becal, where the renowned Panama hats are woven by locals.

SMART SOUVENIRS

T-shirts and other commonplace souvenirs abound in the area. But there are also some unique gifts to be found. This area is well-known for its vanilla. There's also a special variety of bees on the peninsula that produces Yucatecan honey—a rich, aromatic honey that is much sought after. Supermarkets and outdoor markets carry a variety of brands, which are priced considerably lower than in the United States.

The Yucatecan hammock is considered the finest in the world and comes in a variety of sizes, color, and materials. You can find the best hammocks from street vendors or at the municipal markets. Prices start from $25 and go up to $100. A hand-embroidered *huipile* (the traditional dress of Maya women) or a *guayabera* shirt both make lovely souvenirs. Prices depend on

the material and amount of embroidery done. The simplest dresses and shirts start at $25 and can go as high as $100. You can also pick up handwoven shawls for under $30.

Mexico is also famous for its amber. Most of the "amber" sold by street merchants is plastic, but there are several fine amber shops to be found in Playa del Carmen. Prices depend on the size of the amber.

WATCH OUT

If you pay with a credit card, watch that your card goes through the machine only once. If there's an error and a new slip needs to be done make sure the original is destroyed before your eyes. Another favorite scam is to ask you to wait while the clerk runs next door to use their phone or verify your number. Often they are making extra copies. Don't let your card leave the store without you.

Items made from tortoiseshell (or any sea turtle products) and black coral aren't allowed into the United States. Neither are birds or wildlife curios such as stuffed iguanas or parrots. Sea turtle products are also illegal in Mexico. Cowboy boots, hats, and sandals made from the leather of endangered species such as crocodiles will also be taken from you at customs. Both the U.S. and Mexican governments also have strict laws and guidelines about the import–export of pre-Hispanic antiquities. The same applies to paintings by such Mexican masters as Diego Rivera and Frida Kahlo, which, like antiquities, are defined as part of the national patrimony.

Although Cuban cigars are readily available, American visitors will have to enjoy them while in Mexico. However, Mexico has been producing some fine alternatives to Cuban cigars. If you're bringing any Mexican cigars back to the States, make sure they have the correct Mexican seals on both the individual cigars and on the box. Otherwise they may be confiscated.

SIGHTSEEING GUIDES

In the states of Quintana Roo and the Yucatán most of the tour guides found outside the more popular ruins are not official guides. Some are professionals, but others make it up as they go along (which can be highly entertaining). Official guides will be wearing a name tag and identification issued by INAH, Instituto Nacional de Antropología e Historia (National Institute of Anthropology and History). These guides are excellent and can teach you about the architecture and history of the ruins. At the smaller ruins, guides are usually part of the research or maintenance teams and can give you an excellent tour.

All guides in Campeche have been trained by the state and are very knowledgeable. They must be booked through the Campeche tourist office. Costs vary. At the smaller sites usually a $5 tip will suffice. At the larger ruins the fees can run as high as $30. Those charging more are scam artists. The larger ruins have the more aggressive guides. Turn them down with a very firm *No, gracias,* and if they persist, lose them at the entrance gate.

STUDENTS IN THE YUCATÁN PENINSULA

enrolled in a local school (and therefore considered a resident), there aren't many established discounts for students. Cancún offers deals for spring breakers on hotels, meals, and drinks but this is only for a few weeks in spring.

▧ IDs & Services **STA Travel** ✉ 10 Downing St., New York, NY 10014 ☎ 212/627-3111, 800/781-4040 24-hr service center in the U.S. ⊕ www.sta.com. **Travel Cuts** ✉ 187 College St., Toronto, Ontario M5T 1P7, Canada ☎ 800/592-2887 in the U.S., 416/979-2406, 888/359-2887 and 888/359-2887 in Canada ⊕ www.travelcuts.com.

TAXES

AIRPORT TAXES

An air-departure tax of $18—not to be confused with the fee for your tourist visa—or the peso equivalent must be paid at the airport for international flights from Mexico. For domestic flights the departure tax is around $10. It's important that you save a little cash for this transaction, as traveler's checks and credit cards are not accepted, but U.S. dollars are. However, many travel agencies and airlines automatically add this cost to the ticket price.

HOTELS

Hotels in the state of Quintana Roo charge a 12% tax, which is a combined 10% Value Added Tax with the 2% hotel tax; in Yucatán and Campeche, expect a 17% tax since the V.A.T. is 15% in these states.

VALUE-ADDED TAX (V.A.T.)

Mexico has a value-added tax (V.A.T.), or IVA (*impuesto de valor agregado*), of 15% (10% along the Cancún–Chetumal corridor). Many establishments already include the IVA in the quoted price. Occasionally (and illegally) it may be waived for cash purchases.

TELEPHONES

AREA & COUNTRY CODES

Most towns and cities throughout Mexico now have standardized three-digit area codes (LADAs) and seven-digit phone numbers. (In Mexico City, Monterrey, and Guadalajara, the LADA is two digits followed by an eight-digit local number.) While increasingly rare, numbers in brochures and other literature—even business cards—are sometimes written in the old style, with five or six digits. To call national long-distance, dial 01, the area code, and the seven-digit number.

The country code for Mexico is 52. When calling a Mexico number from abroad, dial the country code and then all of the numbers listed for the entry.

DIRECTORY & OPERATOR ASSISTANCE

Directory assistance is 040 for telephone lines run by Telmex, the former government-owned telephony monopoly that still holds near-monopoly status in Mexico. While you can reach 040 from other phone lines, operators generally do not give you any information, except, perhaps, the directory assistance line for the provider you are using. For international assistance, dial 00 first for an international operator and most likely you'll get one who speaks English; tell the operator in what city, state, and country you require directory assistance, and he or she will connect you.

INTERNATIONAL CALLS
To make an international call, dial 00 before the country code, area code, and number. The country code for the United States and Canada is 1, the United Kingdom 44, Australia 61, New Zealand 64, and South Africa 27.

LOCAL & LONG-DISTANCE CALLS
The cheapest and most dependable method for making local or long-distance calls is to buy a prepaid phone card and dial direct (*see* Phone Cards). Another option is to find a *caseta de larga distancia*, a telephone service usually operated out of a store such as a papelería, pharmacy, restaurant, or other small business; look for the phone symbol on the door. Casetas may cost more to use than pay phones, but you have a better chance of immediate success. To make a direct long-distance call, tell the person on duty the number you'd like to call, and she or he will give you a rate and dial for you. Rates seem to vary widely, so shop around. Sometimes you can make collect calls from casetas, and sometimes you cannot, depending on the individual operator and possibly your degree of visible desperation. Casetas will generally charge 50¢–$1.50 to place a collect call (some charge by the minute); it's usually better to call *por cobrar* (collect) from a pay phone.

LONG-DISTANCE SERVICES
AT&T, MCI, and Sprint access codes make calling long-distance relatively convenient, but you may find the local access number blocked in many hotel rooms. First ask the hotel operator to connect you. If the hotel operator balks, ask for an international operator, or dial the international operator yourself. One way to improve your odds of getting connected to your long-distance carrier is to travel with more than one company's calling card (a hotel may block Sprint, for example, but not MCI). If all else fails, call from a pay phone. If you are travelling for a longer period of time, consider renting a cellphone from a local company.

Access Codes AT&T Direct ☎ 01800/288-2872 toll-free in Mexico. **MCI WorldPhone** ☎ 01800/

674-7000. **Sprint International Access** ☎ 01800/234-0000 toll-free in Mexico.

PHONE CARDS
In most parts of the country, pay phones accept prepaid cards, called Ladatel cards, sold in 30-, 50-, or 100-peso denominations at newsstands or pharmacies. Many pay phones accept only these cards; coin-only pay phones are usually broken. Still other phones have two unmarked slots, one for a Ladatel (a Spanish acronym for "long-distance direct dialing") card and the other for a credit card. These are only for Mexican bank cards, but some accept Visa or MasterCard. Mexican pay phones do not accept U.S. phone cards.

To use a Ladatel card, simply insert it in the appropriate slot, dial 001 (for calls to the States) or 01 (for long-distance calls in Mexico) and the area code and number you're trying to reach. Local calls may also be placed with the card. Credit is deleted from the card as you use it, and your balance is displayed on a small screen on the phone.

TOLL-FREE NUMBERS
Toll-free numbers in Mexico start with an 800 prefix. To reach them, you need to dial 01 before the number. In this guide, Mexico-only toll-free numbers appear as follows: 01800/123-4567. Some toll-free numbers use 95 instead of 01 to connect. The 800 numbers listed simply 800/123-4567 are U.S. numbers and generally work north of the border only. Try dialing these numbers with a prefix of 001800 or 001880, or call directory assistance at 040 to ask about how to connect.

TIME
Mexico has two time zones. The west coast and middle states are on Pacific Standard Time. The rest of the country is on Central Standard Time, which is one hour behind Pacific Time.

TIPPING
When tipping in Mexico, remember that the minimum wage is the equivalent of $4 a day and that most workers in the tourism industry live barely above the poverty line. There are also Mexicans who

think in dollars and know, for example, that in the U.S. porters are tipped about $2 a bag. Many of them expect the peso equivalent from foreigners and may complain if they feel they deserve more—you must decide.

What follows are some guidelines. Naturally, larger tips are always welcome: porters and bellhops, 10 pesos per bag at airports and moderate and inexpensive hotels and 20 pesos per person per bag at expensive hotels; maids, 10 pesos per night (all hotels); waiters, 10%–15% of the bill, depending on service, and less in simpler restaurants (anywhere you are, make sure a service charge hasn't already been added, a practice that's particularly common in resorts); bartenders, 10%–15% of the bill, depending on service (and, perhaps, on how many drinks you've had); taxi drivers, 5–10 pesos is nice, but only if the driver helps you with your bags as tipping cabbies isn't necessary; tour guides and drivers, at least 50 pesos per half day; gas-station attendants, 3–5 pesos unless they check the oil, tires, and so on, in which case tip more; parking attendants, 5–10 pesos, even if it's for valet parking at a theater or restaurant that charges for the service.

TOURS & PACKAGES

Because everything is prearranged on a prepackaged tour or independent vacation, you spend less time planning—and often get it all at a good price.

BOOKING WITH AN AGENT

Travel agents are excellent resources. But it's a good idea to collect brochures from several agencies, as some agents' suggestions may be influenced by relationships with tour and package firms that reward them for volume sales. If you have a special interest, find an agent with expertise in that area. The American Society of Travel Agents (ASTA) has a database of specialists worldwide; you can log on to the group's Web site to find one near you.

Make sure your travel agent knows the accommodations and other services of the place being recommended. Ask about the hotel's location, room size, beds, and

whether it has a pool, room service, or programs for children, if you care about these. Has your agent been there in person or sent others whom you can contact?

Do some homework on your own, too: local tourism boards can provide information about lesser-known and small-niche operators, some of which may sell only direct.

BUYER BEWARE

Each year consumers are stranded or lose their money when tour operators—even large ones with excellent reputations—go out of business. So check out the operator. Ask several travel agents about its reputation, and try to **book with a company that has a consumer-protection program.** (Look for information in the company's brochure.) In the United States, members of the United States Tour Operators Association are required to set aside funds (up to $1 million) to help eligible customers cover payments and travel arrangements in the event that the company defaults. It's also a good idea to choose a company that participates in the American Society of Travel Agents' Tour Operator Program; ASTA will act as mediator in any disputes between you and your tour operator.

Remember that the more your package or tour includes, the better you can predict the ultimate cost of your vacation. Make sure you know exactly what is covered, and beware of hidden costs. Are taxes, tips, and transfers included? Entertainment and excursions? These can add up.

Tour-Operator Recommendations American Society of Travel Agents (⇨ Travel Agencies). **CrossSphere-The Global Association for Packaged Travel** ⊠ 546 E. Main St., Lexington, KY 40508 ☎ 859/226-4444 or 800/682-8886 🖷 859/226-4414 ⊕ www.CrossSphere.com. **United States Tour Operators Association** (USTOA) ⊠ 275 Madison Ave., Suite 2014, New York, NY 10016 ☎ 212/599-6599 🖷 212/599-6744 ⊕ www.ustoa.com.

THEME TRIPS

Adventure TrekAmerica ⌖ Box 189, Rockaway, NJ 07866 ☎ 800/221-0596 or 973/983-1144 ⊕ www.trekamerica.com.

Art & Archaeology Far Horizons Archaeological & Cultural Trips ⌖ Box 2546, San Anselmo, CA

94979 ☏ 800/552-4575 or 415/482-8400 ⊕ www.
farhorizons.com. **Maya Sites** ☏ 877/620-8715 or
719/256-5186 ⊕ www.mayasites.com. **The Mayan
Traveler** ⊠ 5 Grogan's Park, Suite 102, The Wood-
lands, TX 77380 ☏ 800/451-8017 or 281/367-3386
⌨ 281/298-2335 ⊕ www.themayantraveler.com.

🚲 Bicycling **Aventuras Tropicales de Sian** ⊠ 37
S. Clearwater Rd., Grand Marais, MN 55604 ☏ 218/
388-9455 ⊕ www.boreal.org/yucatan. **Backroads**
⊠ 801 Cedar St., Berkeley, CA 94710-1800 ☏ 800/
462-2848 or 510/527-1555 ⊕ www.backroads.com.

🌿 Ecotourism **Ecoturismo Yucatán** ⊠ Calle 3 No.
235, between Calles 32A and 34, Col. Pensiones,
97219 Mérida ☏ 999/920-2772 or 999/925-2187
⊕ www.ecoyuc.com. **Emerald Planet** ⊠ 1706 Constitution Ct., Fort Collins, CO 80528 ☏ 888/883-
0736 or 970/204-4484 ⊕ www.emeraldplanet.com.

🎣 Fishing **Costa de Cocos** ⊠ 2 km [1 mi] outside
of Xcalak, Quintana Roo ⊕ www.costadecocos.com.
Fishing International ⊠ 5510 Skylane Blvd. Suite
200, Santa Rosa, CA 95403 ☏ 800/950-4242 or
707/542-4242 ⌨ 707/526-3474 ⊕ www.
fishinginternational.com.

TRAVEL AGENCIES

A good travel agent puts your needs first.
Look for an agency that has been in business at least five years, emphasizes customer service, and has someone on staff
who specializes in your destination. In addition, **make sure the agency belongs to a
professional trade organization.** The
American Society of Travel Agents (ASTA)
has more than 10,000 members in some
140 countries, enforces a strict code of
ethics, and will step in to mediate agent-
client disputes involving ASTA members.
ASTA also maintains a directory of agents
on its Web site; ASTA's TravelSense.org, a
trip planning and travel advice site, can
also help to locate a travel agent who
caters to your needs. (If a travel agency is
also acting as your tour operator, *see*
Buyer Beware *in* Tours & Packages.)

📍 Local Agent Referrals **American Society of
Travel Agents** (ASTA) ⊠ 1101 King St., Suite 200,
Alexandria, VA 22314 ☏ 703/739-2782 or 800/965-
2782 24-hr hotline ⌨ 703/684-8319 ⊕ www.
astanet.com and www.travelsense.org. **Association
of British Travel Agents** ⊠ 68-71 Newman St.,
London W1T 3AH ☏ 0901/201-5050 ⊕ www.abta.
com. **Association of Canadian Travel Agencies**
⊠ 350 Sparks St., Suite 510, Ottawa, Ontario K1R

7S8 ☏ 613/237-3657 ⌨ 613/237-7052 ⊕ www.acta.
ca. **Australian Federation of Travel Agents**
⊠ Level 3, 309 Pitt St., Sydney, NSW 2000 ☏ 02/
9264-3299 or 1300/363-416 ⌨ 02/9264-1085
⊕ www.afta.com.au. **Travel Agents' Association of
New Zealand** ⊠ Level 5, Tourism and Travel House,
79 Boulcott St., Box 1888, Wellington 6001 ☏ 04/
499-0104 ⌨ 04/499-0786 ⊕ www.taanz.org.nz.

VISITOR INFORMATION

Learn more about foreign destinations by
checking government-issued travel advisories and country information. For a
broader picture, consider information
from more than one country.

📍 Mexico Tourism Board **Canada** ⊠ 1 Pl. Ville
Marie, Suite 1931, Montréal, Québec H3B 2C3
☏ 800/446-3942 (44-MEXICO) ⊠ 2 Bloor St. W,
Suite 1801, Toronto, Ontario M4W 3E2 ☏ 800/446-
3942 ⊠ 999 W. Hastings St., Suite 1110, Vancouver,
British Columbia V6C 2W2 ☏ 800/446-3942.

United Kingdom ⊠ Wakefield House, 41 Trinity Sq.,
London EC3N 4DJ ☏ 020/7488-9392.

United States ☏ 800/446-3942 (44-MEXICO)
⊕ www.visitmexico.com ⊠ 21 E. 63rd St., 3rd fl.,
New York, NY 10021 ☏ 800/446-3942 ⊠ 300 N.
Michigan Ave., 4th fl., Chicago, IL 60601 ☏ 800/
446-3942 ⊠ 2401 W. 6th St., 5th fl., Los Angeles,
CA 90057 ☏ 800/446-3942 ⊠ 4507 San Jacinto,
Suite 308, Houston, TX 77004 ☏ 800/446-3942
⊠ 5975 Sunset Dr., Suite 305, South Miami, FL
33143 ☏ 800/446-3942.

📍 Government Advisories **U.S. Department of
State** ⊠ Bureau of Consular Affairs, Overseas Citizens Services Office, 2201 C St. NW Washington, DC
20520 ☏ 888/407-4747 or 202/501-4444 from overseas ⊕ www.travel.state.gov. **Consular Affairs Bureau of Canada** ☏ 800/267-6788 or 613/944-6788
from overseas ⊕ www.voyage.gc.ca. **U.K. Foreign
and Commonwealth Office** ⊠ Travel Advice Unit,
Consular Directorate, Old Admiralty Building, London SW1A 2PA ☏ 0845/850-2829 or 020/7008-1500
⊕ www.fco.gov.uk/travel. **Australian Department
of Foreign Affairs and Trade** ☏ 300/139-281 travel
advisories, 02/6261-3305 Consular Travel Advice
⊕ www.smartraveller.gov.au. **New Zealand Ministry of Foreign Affairs and Trade** ☏ 04/439-8000
⊕ www.mft.govt.nz.

WEB SITES

Do check out the World Wide Web when
planning your trip. You'll find everything

from weather forecasts to virtual tours of famous cities. Be sure to visit Fodors.com (⊕ www.fodors.com), a complete travel-planning site. You can research prices and book plane tickets, hotel rooms, rental cars, vacation packages, and more. In addition, you can post your pressing questions in the Travel Talk section. Other planning tools include a currency converter and weather reports, and there are loads of links to travel resources.

The official Web site for Mexico tourism is ⊕ www.visitmexico.com; it has information on tourist attractions and activities, and an overview of Mexican history and culture. If you would like to get a feel for the country's political climate, check out the president's site at ⊕ www.presidencia. gob.mx; he also has a site for children at ⊕ www.elbalero.gob.mx. For more information specifically on the Yucatán Peninsula, try ⊕ www.yucatantoday.com, or www.locogringo.com; these are two comprehensive sites with information on nightlife, hotel listings, archaeological sites, area history, and other useful information for travelers.

INDEX

PHOTO CREDITS

NOTES

NOTES

NOTES

NOTES

NOTES

NOTES

NOTES